Springer-Lehrbuch

Clemens Kirschbaum

Biopsychologie von A bis Z

 Springer

Prof. Dr. Clemens Kirschbaum
Technische Universität Dresden
Professur Biopsychologie
01062 Dresden

ISBN-13   978-3-540- 39603-1   Springer Medizin Verlag Heidelberg

Bibliografische Information der Deutschen Nationalbibliothek
Die Deutsche Nationalbibliothek verzeichnet diese Publikation in der Deutschen Nationalbibliografie;
detaillierte bibliografische Daten sind im Internet über http://dnb.d-nb.de abrufbar.

Dieses Werk ist urheberrechtlich geschützt. Die dadurch begründeten Rechte, insbesondere die der Übersetzung,
des Nachdrucks, des Vortrags, der Entnahme von Abbildungen und Tabellen, der Funksendung, der Mikroverfil-
mung oder der Vervielfältigung auf anderen Wegen und der Speicherung in Datenverarbeitungsanlagen, bleiben,
auch bei nur auszugsweiser Verwertung, vorbehalten. Eine Vervielfältigung dieses Werkes oder von Teilen dieses
Werkes ist auch im Einzelfall nur in den Grenzen der gesetzlichen Bestimmungen des Urheberrechtsgesetzes der
Bundesrepublik Deutschland vom 9. September 1965 in der jeweils geltenden Fassung zulässig. Sie ist grundsätzlich vergütungspflichtig. Zuwiderhandlungen unterliegen den Strafbestimmungen des Urheberrechtsgesetzes.

Springer Medizin Verlag
springer.de
© Springer Medizin Verlag Heidelberg 2008

Produkthaftung: Für Angaben über Dosierungsanweisungen und Applikationsformen kann vom Verlag keine
Gewähr übernommen werden. Derartige Angaben müssen vom jeweiligen Anwender im Einzelfall anhand anderer
Literaturstellen auf ihre Richtigkeit überprüft werden.

Die Wiedergabe von Gebrauchsnamen, Warenbezeichnungen usw. in diesem Werk berechtigt auch ohne besondere Kennzeichnung nicht zu der Annahme, dass solche Namen im Sinne der Warenzeichen- und Markenschutz-
gesetzgebung als frei zu betrachten wären und daher von jedermann benutzt werden dürfen.

Planung: Dr. Svenja Wahl
Projektmanagement: Michael Barton
Layout und Einbandgestaltung: deblik Berlin
Einbandfoto: © Fotolia.de
Satz: Fotosatz-Service Köhler GmbH, Würzburg

SPIN: 1154 7235

Gedruckt auf säurefreiem Papier   2126 – 5 4 3 2 1 0

*Meinem akademischen Ziehvater Dirk Hellhammer
in Dankbarkeit gewidmet.*

Geleitwort

Auf dieses Buch haben die Studenten der Biologischen Psychologie gewartet! Aber nicht nur die Studenten: auch die Lehrenden werden erfreut und erleichtert sein, dass die Studenten nun die verschiedenen Einführungslehrbücher in die Biopsychologie besser und tiefer verarbeiten und damit auch besser verstehen und wiedergeben werden. Ich bin davon überzeugt, dass damit die Inhalte und die Anliegen der Biologischen Psychologie auch für das Hauptstudium und für die späteren Berufsfelder ein breiteres Lesepublikum finden. Denn zweifellos ist die zukünftige Entwicklung der Psychologie und ihre Rolle in der Gesellschaft zu einem wichtigen Teil von der zunehmenden Fundierung psychologischen Wissens und psychologischer Modifikationsstrategien im biologischen Substrat abhängig. Dazu gehört nicht nur das Gehirn und Nervensystem, genauso wichtig ist die Interaktion des Hirns mit Hormonen und peripheren Körpersystemen. Dies ist in diesem Handbuch besser berücksichtigt als in den meisten einführenden Lehrbüchern, die oft vergessen, dass unser Hirn zur Steuerung seiner Körper-»Anhänge« entstanden ist.

Prof. Clemens Kirschbaum ist die sorgfältige Redaktion und Aufarbeitung der studentischen Beiträge zu einer insgesamt höchst niveauvollen Sammlung zu danken, man erkennt darin den breit gebildeten, aber erfolgreichst in Teildisziplinen der Biologischen Psychologie forschenden Hochschullehrer.

Das Buch kann besonders als Ergänzung zu dem von den meisten Studierenden benützten Lehrbuch von Birbaumer und Schmidt: »Biologische Psychologie«, 6. Auflage 2006, im selben Verlag, empfohlen werden. Wir werden in der demnächst (2009) erscheinenden 7. Auflage explizit auf »Biopsychologie von A bis Z« eingehen. Die Abbildungen in Birbaumer/Schmidt »Biologische Psychologie« dienen als informative Illustrationen für viele Begriffe im Kompendium.

Clemens Kirschbaum und seinen Studenten ist nachhaltig zu gratulieren, sie haben uns allen, Studenten und Wissenschaftlern einen großen Dienst erwiesen!

Niels Birbaumer

Vorwort

Für viele Studierende der Psychologie stellt die Biopsychologie eine besonders interessante und spannende Teildisziplin dar, spiegelt sich doch in ihr die zunehmend naturwissenschaftliche Ausrichtung des gesamten Faches wider. Fragen nach den neuronalen, biochemischen oder molekulargenetischen Grundlagen menschlichen Verhaltens und Erlebens stehen häufig im Fokus wissenschaftlicher und öffentlicher Diskussionen. Parallel zu diesem wachsenden Interesse ist eine rasante Entwicklung von Methoden und Instrumenten zu beobachten, die eine immer detailliertere Aufschlüsselung grundlegender biopsychologischer Prozesse erlauben. Verfahren zur nicht-invasiven Bildgebung, der Messung von Hormonen und Immunparametern oder zur Bestimmung von Genotypen finden zusätzlich zu den »klassischen« psychophysiologischen Methoden Anwendung in vielen psychologischen Forschungslaboratorien.

Dieser Entwicklung muss die Ausbildung im Psychologie-Studium Rechnung tragen. Detaillierte Kenntnisse über Aufbau und Funktion der Strukturen unseres Körpers, die für die Entstehung und Veränderung von psychischen Prozessen verantwortlich sind, öffnen den geistigen Horizont für kreative und innovative Antworten auf Fragen zur psychologischen Natur des Menschen. In biopsychologischen Vorlesungen und Seminaren erhalten die Studierenden einen ersten Zugang zu diesen Grundlagen. Hier werden sie jedoch mit einer Vielzahl von Fachbegriffen aus Medizin, Biologie, Chemie oder Physik konfrontiert, die beherrscht werden müssen, um eine erfolgreiche Prüfung »Biopsychologie« ablegen zu können. Zwar werden diese Fachbegriffe in Lehrveranstaltungen und Fachbüchern benutzt, oft fehlt jedoch eine kurze und klare Erklärung, die der Studierende bei Bedarf rasch nachschlagen kann.

Die »Biopsychologie von A bis Z« will diese Lücke schließen; begleitend zur Lektüre der entsprechenden Lehrbücher werden den Studierenden hier die wichtigsten Fachbegriffe kurz und doch umfassend erklärt. Vorlesungsbegleitend und als Unterstützung in der Prüfungsvorbereitung soll »Biopsychologie von A bis Z« Wissen in kompakter Form vermitteln. Um die erläuterten Begriffe noch stärker miteinander verknüpfen zu können, wird das Lexikon zudem auch online unter www.lehrbuch-psychologie.de bereitgestellt.

Um möglichst nah an den Bedürfnissen der Studierenden zu bleiben, wurden in Deutschland und in der Schweiz Mitarbeiter für das Projekt »Studierende schreiben für Studierende: Biopsychologie von A bis Z« gesucht. Aus den zahlreichen Bewerbern wurden letztlich 30 Psychologie-Studierende im Hauptstudium ausgesucht, die zur Entstehung des vorliegenden Lexikons beitrugen. Mit großem Engagement hat jede/jeder von ihnen Dutzende von Fachbegriffen wissenschaftlich fundiert und für die Kommilitonen gut verständlich bearbeitet. Die Qualität der Beiträge war zuweilen überragend, viele Einträge hätten auch langjährige Experten nicht besser beschreiben und erklären können! Für ihr großes Engagement und die hervorragende Arbeit möchte ich allen ganz herzlich danken. Darüber hinaus gilt mein Dank meinen Dresdner Mitarbeitern, die mit zusätzlicher Expertise und viel Kreativität zum Gelingen dieses Projektes maßgeblich beitrugen.

Dresden, im März 2008
Clemens Kirschbaum

Autorenverzeichnis

Elvira A. Abbruzzese, lic. phil.
Universität Zürich, Psychologisches Institut
Klinische Psychologie und Psychotherapie
Binzmühlestrasse 14/Box 26, 8050 Zürich, Schweiz

Carmen Bärtschi, M.Sc. Psychology
Universität Zürich, Psychologisches Institut
Klinische Psychologie und Psychotherapie
Binzmühlstrasse 14/Box 26, 8050 Zürich, Schweiz

Ina Böneke, Dipl.-Psych.
Zürcher Hochschule für Angewandte Wissenschaften
Behandlungsevaluation,
Integrierte Psychiatrie Winterthur
Wieshofstrasse 102, Postfach 144, 8408 Winterthur,
Schweiz

Christiane Breu, cand. psych.
Technische Universität Dresden

Daniela Bulach, Dipl.-Psych.
Universität Konstanz, Fachbereich Psychologie
Klinische Psychologie
und Verhaltensneurowissenschaften
Universitätsstraße 10, 78464 Konstanz

Stephen Crawcour, Dipl.-Psych.
The University of Tennessee Knoxville (UTK)
Dept. of Audiology & Speech Pathology
578 South Stadium Hall
Knoxville, TN 37996, USA

Sara M. Dainese, lic. phil.
Universität Zürich, Psychologisches Institut
Klinische Psychologie und Psychotherapie
Binzmühlestrasse 14/Box 26, 8050 Zürich, Schweiz

Cindy Eckart, Dipl.-Psych.
Universität Konstanz, Fachbereich Psychologie
Klinische Psychologie
und Verhaltensneurowissenschaften
Universitätsstraße 10, 78464 Konstanz

Luljeta Emini, lic. phil.
Universität Zürich, Psychologisches Institut
Klinische Psychologie und Psychotherapie
Binzmühlestrasse 14/Box 26, 8050 Zürich, Schweiz

Katja Erni, lic. phil.
Universität Zürich, Psychologisches Institut
Klinische Psychologie und Psychotherapie
Binzmühlestrasse 14/Box 26, 8050 Zürich, Schweiz

Nele Gläser, Dipl.-Biol.
Universität Rostock, Institut für Biowissenschaften
Lehrstuhl Sensorische und Kognitive Ökologie
Albert-Einstein-Straße 3, 18059 Rostock

Imke Gogollok, M.Sc. Psychology
Neurologisches Therapiezentrum NETZ
Abteilung für Neuropsychologie
Laarmannstraße 14, 45359 Essen

Josephine Hartwig, cand. psych.
Technische Universität Dresden

Melanie Hassler, cand. psych.
Technische Universität Dresden

Andrea Horn, cand. psych.
Technische Universität Dresden

Katharina Johann, cand. psych.
Ruhr-Universität Bochum

Susan Jolie, cand. psych.
Technische Universität Dresden

Nina Kahlbrock, Dipl.-Psych.
Heinrich-Heine-Universität Düsseldorf
Universitätsklinikum
Neurologische Klinik, MEG Labor
Moorenstraße 5, 40225 Düsseldorf

Heiko Keller, Dipl.-Biol.
Max-Planck-Institut für Entwicklungsbiologie
Abteilung II – Biochemie
Arbeitsgruppe Kristallographie
Spemanstraße 35, 72076 Tübingen

Dorothea Kluczniok, cand. psych.
University of Oxford

Anja Lindig, cand. psych.
Otto-von-Guericke-Universität Magdeburg

Christine Naegele, cand. psych.
Universität Konstanz

Sebastian Ocklenburg, M.Sc. Psychology
Ruhr-Universität Bochum
Fakultät für Psychologie, Abteilung Biopsychologie
Universitätsstraße 140, 44780 Bochum

Katharina Panse, cand. psych.
Hochschule Zittau/Görlitz

Jutta Peterburs, B.Sc. Psychology
Ruhr-Universität Bochum
Fakultät für Psychologie, Abteilung Biopsychologie
Universitätsstraße 140, 44780 Bochum

Jana Rambow, cand. psych.
Technische Universität Dresden

Karoline Röbisch, cand. psych.
Technische Universität Dresden

Andrea Schöpe, cand. psych.
Technische Universität Dresden

Kerstin Suarez, lic. phil.
Universität Zürich, Psychologisches Institut
Klinische Psychologie und Psychotherapie
Binzmühlestrasse 14/Box 26, 8050 Zürich

Elisabeth Wolff, cand. psych.
Technische Universität Dresden

Bastian Zwissler, Dipl.-Psych.
Universität Konstanz
Zentrum für Psychiatrie Reichenau
Feuersteinstraße 55, 78479 Reichenau

A

Achromatopsie *(engl. achromatopsia; Syn. Farbenblindheit)* Betroffene können keine Farben wahrnehmen, sondern nur Helligkeiten (▶ Sehen, skotopisches) unterscheiden. Die Sehschärfe ist um rund 1/10 des Normalwertes beeinträchtigt. Ursachen für diese Erkrankung können z. B. erbliche Zapfenblindheit, Albinismus, Netzhauterkrankungen, Schädigung der optischen Nerven zwischen Retina und Kortex oder Beschädigung visueller Assoziationsareale im Okzipitallappen sein.

Adaptation *(engl. adaptation)* Adaptation bezeichnet im sinnesphysiologischen Zusammenhang die Anpassung des Auges (i.e.S. der Photorezeptoren) an verschiedene Lichtstärken im Gesichtsfeld. Durch die Kontraktion verschiedener Muskeln kann die Pupille (d. h. das Sehloch der Iris) erweitert (bei geringem Lichteinfall) oder verengt (bei hoher Lichtintensität) und schnell an die relative Lichtmenge angepasst werden. Die Anpassung der Pupillenöffnung bezeichnet man als Pupillenlichtreflex oder Pupillenreflex. In einem zweiten Schritt können die Photorezeptoren der Netzhaut (Zapfen und Stäbchen) ihre Lichtempfindlichkeit verändern. Dieser Prozess dauert deutlich länger als die Regulation der Pupillenöffnung. Die (maximale) Anpassung bei einem Übergang von einem sehr hellen Raum in einen sehr dunklen Raum bezeichnet man als Dunkeladaptation. Dabei ist die Adaptationszeit der Stäbchen (bis 30 min.) weit größer als die der Zapfen (zirka 6 min.). Die (maximale) Anpassung an einen Übergang von einem dunklen Raum ins Tageslicht wird Helladaptation genannt (Dauer zirka 1 min.).

Adenohypophyse *(engl. anterior pituitary; Syn. Hypophysenvorderlappen)* Als Adenohypophyse wird der vordere Teil der Hypophyse bezeichnet, welche eine außerhalb des Gehirns liegende wichtige endokrine Drüse ist. Sie befindet sich unmittelbar unter dem Hypothalamus und ist durch den Hypophysenstiel mit diesem verbunden. Im Hypothalamus erfolgt die Freisetzung sog. Releasing- oder Inhibiting-Hormone. Diese Hormone gelangen über kleine Blutgefäße, das sog. Pfortadersystem, in die Adenohypophyse und beeinflussen dort die Produktion und Ausschüttung tropischer Hormone: Adrenokortikotropin, Prolaktin, Follikel-stimulierendes Hormon (FSH), luteinisierendes Hormon (LH), Wachstumshormon (GH), Schilddrüsen-stimulierendes Hormon (TSH), alpha-Melanozyten-stimulierendes Hormon (alpha MSH) und beta-Endorphin.

Adenosin *(engl. adenosine)* Adenosin ist ein aus der Base Adenin und dem Zucker β-D-Ribose aufgebautes Nukleosid. Das kleine Molekül ist ein wichtiger Bestandteil des ADP/ATP-Systems (Adenosindiphosphat- und Adenosintriphosphatsystem), ein wichtiger Energieträger innerhalb der Zelle. Adenosin wird von vielen Zellen freigesetzt und reguliert die Funktion fast jeder Körperzelle. Zusammen mit Phosphorsäure bildet es Nukleotide wie z. B. ATP. Adenosin hat eine sedierende Wirkung, indem es die Ausschüttung aktivierender Neurotransmitter wie Dopamin, Azetylcholin und Noradrenalin blockiert. Als Zusatz in Arzneimitteln führt Adenosin in der Peripherie auch zur Gefäßerweiterung.

Adenosindiphosphat *(engl. adenosine diphosphate)* Adenosindiphosphat (ADP) spielt als Vorstufe des Adenosintriphosphats (ATP) eine Rolle beim Energiestoffwechsel bei Pflanzen, Tieren und Menschen. Es fällt bei Verbrauch von ATP in den Mitochondrien der Zelle an. ADP besteht aus Adenin, Ribose und einer zweiteiligen Phosphatkette. Das ATP stellt durch Abgabe einer seiner drei Phosphatgruppen Energie zur Verfügung, die für viele wichtige Stoffwechselvorgänge (z. B. die Zellatmung) gebraucht wird. Zurück bleibt das ADP, welches unter Energieverbrauch wieder zu ATP phosphoriliert wird, d. h. es wird wieder eine dritte Phosphatgruppe angehängt.

Adenosinmonophosphat, zyklisches *(engl. cyclic adenosine monophosphate)* Zyklisches Adenosinmonophosphat (cAMP) ist ein Second Messenger (oder zweiter Botenstoff), der über einen ersten Botenstoff (z. B. Hormone oder Neurotransmitter) aktiviert wird und eine Kaskade von Transport- und Enzymsystemen in der Zelle in Gang setzt. Vorrangig entfaltet cAMP seine Wirkungen über die Aktivierung der cAMP-abhängigen Proteinkinase (PKA). Dabei wirkt cAMP über einen G-Protein gekoppelten Rezeptor (metabotroper Rezeptor) und wird aus Adenosintriphosphat (ATP) unter Einsatz des Enzyms Adenylatzyklase synthetisiert. Durch Phosphodiesterase erfolgt weiterhin eine Spaltung in Adenosinmonophosphat (AMP) und cAMP, welches eine Adenylatkinase aktiviert, die wiederum die katalytische Untereinheit C freisetzt. Diese sorgt durch Phosphorilierung (Anhang eines Phosphatrestes an Proteine) für die Aktivierung von intrazellulären Funktionsproteinen.

Adenosintriphosphat *(engl. adenosine triphosphate)* Ein aus Adenin, Ribose und 3 Phosphorsäuren bestehendes Molekül, das als Energiespender der Zellen agiert. Adenosintriphosphat (ATP) wird in den Mitochondrien (den »Kraftwerken« der Zellen) gebildet, indem Adenosindiphosphat (ADP) unter Energieaufwand eine weitere Phosphorsäure angehängt wird. Diese Verbindung ist äußerst energiereich und leicht wieder lösbar. ATP fungiert sowohl als Energieträger als auch als Neurotransmitter. Bei Energiebedarf, z. B. bei einer Muskelkontraktion, wird nun die letzte Verbindung zwischen Molekül und Phosphorsäure schlagartig aufgelöst und die frei werdende Energie kann sofort eingesetzt werden. Durch die Abspaltung der Phosphorsäure wird aus ATP wieder ADP und der Energieträger Adenosintriphosphat muss unter neuerlichem Energieaufwand wieder hergestellt werden.

Adenylatzyklase *(engl. adenylate cyclase, cAMP synthetase)* Die Adenylatzyklase ist ein membrangebundenes Enzym, welches die Bildung des zyklischen Adenosinmonophosphats (cAMP) aus Adenosintriphosphat (ATP) katalysiert. Neben zahlreichen Membrandomänen hat das Enzym auch zwei katalytische Untereinheiten, die ins Zytoplasma der Zelle ragen. G-Proteine können an die Adenylatzyklase binden und diese aktivieren. Das dann freigesetzte cAMP ist an zahlreichen intrazellulären Reaktionen als Second Messenger beteiligt.

Adipsie *(engl. adipsia)* Bezeichnet die sog. Durstlosigkeit bzw. ein mangelndes Durstgefühl. Dieser Begriff wird im Zusammenhang mit der »Dual Center Hypothesis of Eating« diskutiert. Läsionen im Bereich des lateralen Hypothalamus können Adipsie verursachen und lokalisieren damit ein »Durstzentrum«.

Adrenalin *(engl. adrenaline, epinephrine; Syn. Epinephrin)* Adrenalin ist ein wichtiges Hormon des Nebennierenmarks, das in Reaktion auf psychische oder physische Anforderungen produziert und ins Blut ausgeschüttet wird. Adrenalin ist ein von der Aminosäure Tyrosin abgeleitetes Hormon und wird durch Methylierung von Noradrenalin gebildet. Es zählt zur Gruppe der Katecholamine, zu der auch Noradrenalin und Dopamin gehören. Adrenalin wird bei Erregung des Sympathikus freigesetzt und ist in erster Linie ein Stoffwechselhormon, das freie Fettsäuren, Glucose und Laktat bereitstellt. Adrenalin reguliert den Tonus der Gefäßmuskulatur, die Steigerung der Herzfrequenz und -schlagstärke und dient neben Noradrenalin einer verstärkten Durchblutung der Herz- und Skelettmuskulatur sowie als Bereitsteller von Energieträgern in Belastungssituationen. Es reguliert ebenso die Durchblutung bzw. die Magen-Darm-Tätigkeit und kann als Neurotransmitter im ZNS wirken.

Adrenokortikotropes Hormon (ACTH) *(engl. adrenocorticotropin; Syn. Kortikotropin)* Als Teil des hypothalamo-hypophyso-adrenalen Regelkreises wird das 39-Aminosäuren-lange Peptidhormon im Hypophysenvorderlappen aus dem Vorläufermolekül Proopiomelanokortin (POMC) abgespalten. Die ACTH-Freisetzung ins Blut wird von Kortikotropin-Releasing-Hormon (CRH) im Hypothalamus gesteuert. Als Reaktion auf u.a. psychisch und physisch belastende Reize steuert das ACTH die Ausschüttung von Glukokortikoiden (z. B. Kortisol) aus der Nebennierenrinde, welche durch negative Rückkopplung hemmend auf die weitere Freisetzung von CRH und ACTH wirken. Stress hingegen fördert die Produktion von ACTH. Die Wirkung erfolgt vor allem über G-Protein-gekoppelte Rezeptoren; ACTH besitzt u.a. Effekte auf Aufmerksamkeits-, Lern- und Gedächtnisprozesse.

Adrenozeptoren *(engl. pl. adenoceptors)* Adrenozeptoren sind transmembranäre Rezeptoren in sympathisch innerviertem Gewebe, an die Katecholamine – also Adrenalin und Noradrenalin – binden und Signalkaskaden auslösen können. Adrenozeptoren gehören zur Gruppe der metabotropen, G-Protein gekoppelten Rezeptoren und werden je nach Struktur, Verteilung und Second Messenger in verschiedene Subtypen aufgeteilt. Man unterscheidet drei Haupttypen und deren Wirkweisen: α1- (erhöht intrazelluläre Konzentration von Ca^{++}); α2-(hemmt Adenylatzyklase) und β-(stimuliert Adenylatzyklase) Rezeptoren. Innerhalb der Haupttypen wird in mehrere Subtypen unterteilt (α1A, α1B, α1D; α2A, α2B, α2C; β1, β2, β3). Diese Wirkungen können durch Pharmaka wie α- und β-Blocker selektiv unterdrückt werden. Andererseits können Stimulanzien, die an Adrenozeptoren binden – ebenso wie Katecholamine – eine Signalkaskade auslösen.

afferent *(engl. afferent)* Als afferent werden Nervenfasern bezeichnet, die eine Erregung von der Peripherie (Organe, Rezeptoren) ins zentrale Nervensystem (ZNS) weiterleiten. Das Gegenteil von afferent ist efferent.

Afferenzen, vagale *(engl. pl. vagal afferences)* Hinleitende Fasern des Nervus vagus (X. Hirnnerv). Als Teil des Parasympathikus leiten diese Fasern Informationen aus den inneren Organen zu den im Hirnstamm befindlichen Nervenzellkörperchen des Vagusnervs.

Afferenzen, viszerale *(engl. pl. visceral afferences)* dienen der Informationsweiterleitung von Rezeptoren der inneren Organe zum zentralen Nervensystem über afferente/aufsteigende Bahnen. Sie treten durch die Hinterhornwurzel ins Rückenmark ein und leiten die Informationen weiter an die Hinterhornzelle, kreuzen dann zur Gegenseite und gehen über den Tractus spinothalamicus lateralis in die übergeordnete Gehirnstruktur ein. Die Rezeptoren erfassen unter anderen den Füllungszustand (Mechanorezeptoren; z. B. Lungenvolumen), chemische Reize (Chemorezeptoren; z. B. pH-Wert des Blutes) und Schmerzen.

Affinität *(engl. affinity)* Als Affinität bezeichnet man generell die Neigung von Molekülen oder Materialien, mit anderen Molekülen oder Materialien eine Verbindung einzugehen. Unter anderem ist mit Affinität die Fähigkeit von Antikörpern gemeint, reversibel und spezifisch an bestimmte Antigene zu binden. Außerdem wird damit die Bindungspräferenz von Hormonen und anderen Signal vermittelnden Molekülen an spezifische oder unspezifische Rezeptoren bezeichnet. Die Affinität wird in der Histologie genutzt, um bestimmte Gewebeteile durch Einfärben mikroskopisch sichtbar zu machen.

Ageusie *(engl. ageusia)* Ageusie bezeichnet den Ausfall der Geschmacksempfindung (Gustatorik), d. h. die Betroffenen können keinen Geschmack mehr wahrnehmen. Ageusie kann durch Schädigung der Hirnnerven VII, IX und X (z. B. durch Tumore) bedingt sein, da diese Nerven die Zunge innervieren. Auch ein Ausfall der Riechzellen (Anosmie) kann Ageusie mit bedingen, da Geschmack und Geruch zusammen das Aroma eines Stoffes erfassen. Der Wegfall des Geruchs führt daher zu einer eingeschränkten Geschmackswahrnehmung, wobei z. B. gesättigte Kochsalz- oder Zuckerlösungen nicht von Wasser unterschieden werden können.

Aggregation *(engl. aggregation; Syn. Agglomeration)* Darunter wird die Zusammenlagerung einzelner Zellen zu Zellverbänden verstanden, wobei die Zellen ihre ursprüngliche, individuelle Funktion beibehalten. Aggregation kann aktiv durch Zusammenwandern oder passiv durch Zusammenstoßen bzw. -kleben von Zellen erfolgen. In der Molekularbiologie bezeichnet der Begriff die Zusammenlagerung von Proteinen zu Aggregaten in der Zelle.

Agnosie, visuelle apperzeptive *(engl. visual apperceptive agnosia)* Visuelle apperzeptive Agnosie ist die Unfähigkeit zur Identifikation von Objekten. Ursache ist ein nicht abgeschlossener Perzeptionsprozess, d. h. Gegenstände können nicht erkannt werden. Patienten mit dieser Störung können ihnen dargebotene Objekte weder beschreiben noch kopieren. Allerdings haben sie weniger Probleme, Dinge aus dem Gedächtnis zu zeichnen, da hier die Wahrnehmung von außen keine Rolle spielt. Die visuelle apperzeptive Agnosie wird durch eine Schädigung im inferioren temporalen Kortex hervorgerufen. Diese liegt im posterioren (hinteren/dorsalen) Bereich des ventralen Pfades (▶ Agnosie, visuelle assoziative). Durch Nutzung anderer Modalitäten (z. B. Tastsinn oder Gehör) können die Gegenstände meist dennoch erkannt werden.

Agnosie, visuelle assoziative *(engl. visual associative agnosia)* Visuelle assoziative Agnosie ist die Unfähigkeit, bereits gespeichertes Wissen über Objekte abzurufen. Der Wahrnehmungsprozess läuft dabei aber vollständig ab (▶ Agnosie, visuelle apperzeptive). Objekte können korrekt beschrieben und auch relativ gut kopiert werden, allerdings ist der Name des Gegenstandes für Betroffene nicht abrufbar. Durch Nutzung anderer Sinne (z. B. Tastsinn oder Gehör) können sie Gegenstände dennoch benennen. Patienten sind nicht in der Lage, Objekte aus dem Gedächtnis zu zeichnen. Der visuellen assoziativen Agnosie liegt eine Schädigung des inferioren temporalen Kortex zugrunde. Die Verletzung liegt im anterioren (vorderen/ventralen) Teil dieser Struktur, am Ende des ventralen Pfades. Hier ist der Perzeptionsprozess bereits abgeschlossen, kann aber nicht mehr mit dem Wissen aus anderen Hirnregionen integriert werden.

Agonist *(engl. agonist)* Agonisten sind Moleküle, die an Rezeptoren binden und dabei eine ähnliche Antwort auslösen wie der eigentliche Transmitter bzw. endogene Ligand (z. B. Muskarin, Nikotin). Sie imitieren quasi die Wirkung dieser Transmitter. Einige der Agonisten binden dabei an die gleiche Stelle, an der sonst auch der endogene Ligand bindet (kompetitive/direkte Agonisten), andere binden an sekundären Bindestellen und konkurrieren somit nicht mit dem endogenen Molekül um die Bindung (nichtkompetitive/indirekte Agonisten, z. B. Wirkung der Benzodiazepine an GABA-A-Rezeptoren).

Agonist, inverser *(engl. inverse agonist)* Inverse Agonisten binden an entsprechende Rezeptoren und lösen eine Antwort aus, welche der durch den normalen Transmitter ausgelösten Antwort entgegengesetzt ist.

Agonist, partieller *(engl. partial agonist)* Partielle Agonisten erzeugen am Rezeptor im Vergleich zu endogenen Liganden/Agonisten nur eine partielle physiologische Reaktion.

Agoraphobie *(engl. agoraphobia)* Die Agoraphobie gehört zur Gruppe der Angststörungen und wird im Deutschen als Platzangst bezeichnet. Fälschlicherweise wird darunter die Angst vor/in engen Räumen verstanden, welche in der Wissenschaft mit Klaustrophie (Raumangst) bezeichnet wird. Agoraphobie ist eine Störung, die durch eine Vermeidung von und/oder Furcht vor (öffentlichen) Plätzen oder Situationen (z. B. Menschenmengen, Reisen in öffentlichen Verkehrsmittel wie Flugzeug oder Bahn gekennzeichnet ist, in denen eine Flucht kaum möglich oder Hilfe nicht zu erwarten ist. Betroffene fürchten dabei, dass peinliche, unkontrollierbare, unangenehme und/oder gefährliche Symptome oder Situationen (z. B. plötzlicher Durchfall, Übertragung von Krankheiten etc.) auftreten könnten. Die Störung tritt häufig zusammen mit einer Panikstörung auf.

Agouti-Maus *(engl. agouti-mouse)* Die Agouti-Maus ist eine Variante der gewöhnlichen Hausmaus (mus musculus), umgangssprachlich ist sie auch als Farbmaus bekannt. Durch eine Veränderung des Gens Agouti besitzen diese Mäuse eine hellere Fellfarbe als ihre genetisch unveränderten Artgenossen. Das Agouti-Gen spielt eine Rolle bei Fettleibigkeit, Diabetes und Krebsentwicklung bei diesen Nagern.

Agouti-related Peptid *(engl. agouti-related peptide)* Das agouti-bezogene Peptid (AgRP) ist ein Neuropeptid, das im Nucleus arcuatus des Hypothalamus hergestellt wird (AgRP/NPY-Komplex). Das AgRP ist an metabolischen Prozessen beteiligt und reguliert über Appetitstimulation das Essverhalten und – indirekt – das Körpergewicht. Es konnte gezeigt werden, dass AgRP ein inverser Agonist der Melanokortinrezeptoren ist. AgRP stellt einen wichtigen Ansatzpunkt zur medikamentösen Adipositasbehandlung dar.

Agrammatismus *(engl. agrammatism)* Als Agrammatismus wird eine Sprachstörung (Aphasie) bezeichnet, die sich durch eine stark vereinfachte Syntax auszeichnet. Betroffene teilen sich in Ein- bis Dreiwortsätzen mit, Funktionswörter (Präpositionen, Konjunktionen) und Beugungsformen werden gänzlich vernachlässigt. Zudem wird keine grammatikalische Differenzierung zwischen Subjekt-Objekt oder Haupt- und Nebensatz vorgenommen. Agrammatismus geht oft mit Symptomen anderer zugrunde liegender Erkrankungen einher, wie etwa Gehörschäden, Störungen anderer Sinne oder der Hirnfunktionen.

Agraphie *(engl. agraphia)* Als Agraphie wird die Unfähigkeit bezeichnet, sich schriftlich auszudrücken, obwohl die dafür notwendige Beweglichkeit der Hand und die Intelligenz vorhanden sind. Die Schrift wirkt unvollständig, ungeordnet und fehlerhaft. Als Ursache werden lokale Störungen oder Verletzungen des Gehirns angenommen.

Akinetopsie *(engl. akinetopsia; Syn. visuelle Bewegungsblindheit)* Akinetopsie ist die Unfähigkeit zur Bewegungswahrnehmung. Die Ursache ist eine Schädigung des Areals V5 (Area MT), welches im Übergang zwischen Okzipital- und Temporallappen liegt und zum extrastriaten Kortex gehört. Patienten mit einer solchen Schädigung sind vielen Schwierigkeiten im Alltag ausgesetzt. Es ist z. B. ein Problem, Straßen zu überqueren, da Betroffene nicht sehen können, wie sich ein Fahrzeug nähert (»In einem Moment ist es noch weit weg, im nächsten ist es schon direkt vor mir.«). In einem gesunden Gehirn kann eine Stimulation des V5 einen derart starken Bewegungseindruck erzeugen, dass er die tatsächliche Wahrnehmung überlagert.

Akkommodation *(engl. accomodation; Syn. Anpassung)* Der Begriff wird in verschiedenen Disziplinen mit unterschiedlichen Bedeutungen verwendet: u. a. als Anpassung an einen Gegenstand oder einen Reiz (Physiologie), des Körpers an Training (Sportwissenschaft) oder eines Schemas an eine neue Erfahrung (Entwicklungspsychologie). In der Sinnesphysiologie wird unter Akkommodation die Anpassungsfähigkeit des Auges an die unterschiedliche Entfernung von Objekten verstanden. Werden Gegenstände betrachtet, wird durch die Akkommodation des Auges der Gegenstand »scharf gestellt«: Die durch die Pupille in das Auge einfallenden Licht-

strahlen müssen von der Linse so stark gebrochen werden, dass sie auf der Netzhaut am Punkt des schärfsten Sehens (Fovea centralis) zusammentreffen. Nur dann entsteht auf der Netzhaut (und später auch im Gehirn) ein scharfes Abbild des Gegenstands. Es gibt verschiedene Theorien, wodurch die unterschiedliche Brechkraft im Auge verursacht wird (Theorie von H. Helmholtz vs. Theorie von R.A. Schachar). Ein Zusammenspiel beider Augen ist nötig (Konvergenzreaktion), um einen dreidimensionalen Seheindruck zu erreichen.

Akromegalie *(engl. acromegaly; Syn. Akromegalia)* Akromegalie bezeichnet die übermäßige Vergrößerung sog. gipfelnder Körperteile bzw. vorspringender Körperpartien (Akren) wie Nase, Ohren, Kinn, Extremitäten (Arme und Beine) sowie Finger und Zehen. Akromegalie wird durch die unkontrollierte Produktion von Wachstumshormon (GH) hervorgerufen, zumeist verursacht durch einen Tumor (Adenom) in der Adenohypophyse (Hypophysenvorderlappen). Dabei kommt es nach Schließen der Wachstumsfugen in den Knochen (Epiphysenfugenschluss) und damit des Wachstumsabschlusses zu einer übermäßigen Produktion des tropischen Hormons Somatotropin. Dieses sorgt nicht nur für die Vergrößerung der Akren, sondern mitunter auch der Lippen und Zunge sowie einiger innerer Organe wie Herz und Leber.

Aktin *(engl. actin; Syn. Muskelprotein)* Aktin ist eines der fünf häufigsten Proteine, da es ein wesentlicher Bestandteil des Zytoskeletts in den Zellen ist. Es tritt vorwiegend in zwei Varianten auf: als monomeres G-Aktin (»globuläres Aktin«) und als F-Aktin (»fibrilläres Aktin«). Bei F-Aktin kommt es zu einer Polymerisation von G-Aktin, die zur Bildung einer Doppelhelix führt. In Muskelzellen hat Aktin seine wichtigste Funktion. Dort führt es in Zusammenwirkung mit dem Myosin zur Bewegung einzelner Zellen oder des gesamten Muskels, durch das Wechselspiel von Kontraktion und Entspannung. Hier bildet F-Aktin dynamische Aktinfilamente aus, welche der Stabilisierung der Zellmembranen dienen und den intrazellulären Transport unterstützen.

Aktinfilament *(engl. actin filament)* Aktinfilamente sind zwei helikal umeinander gewundene Aktineinzelfäden, die hauptsächlich aus Aktin bestehen und zusammen mit dicken Fadenmolekülen, den Myosinfilamenten, Bestandteile der Sakromere bilden. Die Aktinfilamente liegen zwischen den Myosinfilamenten und sind mit diesen über die Köpfchen am Ende der langen Myosinmoleküle verbunden. Diese molekulare Bindung wird von Ca^{2+}-Ionen gefördert. Bei einer Muskelkontraktion gleiten die Aktinfilamente zwischen die Myosinfilamente und bewirken so eine Verkürzung der Sakromere. Dabei wird durch die Spaltung von ATP Energie verbraucht. Erreicht ein Nervenimpuls eine neuromuskuläre Endplatte und entsteht dort ein Aktionspotenzial, wird eine willkürliche oder unwillkürliche Muskelkontraktion ausgelöst.

Aktionspotenzial (engl. action potential) Das Aktionspotenzial (AP) ist eine charakteristische, schnelle Veränderung des Membranpotenzials. Zu Beginn wird in der Initiationsphase das Ruhepotenzial von ca. −70 mV aufgrund einer genügend starken Erregung bis zu einem Schwellenwert angehoben, so dass sich Na^+-Kanäle öffnen, die Na^+-Ionen in das Zellinnere einströmen lassen. Dabei wächst die Durchlässigkeit der Membran für Na^+-Ionen, so dass sich schließlich alle Na^+-Kanäle öffnen und es zu einer schlagartigen Depolarisation der Membran kommt. Das Potenzial steigt vom negativen Bereich hin zu ca. +10 bis +30 mV (Overshoot). Auf die Positivierung des intrazellulären Raumes reagieren nun die K^+-Kanäle, indem sie sich öffnen und K^+-Ionen massiv nach außen abfließen und somit der Na^+-Einstrom kompensiert wird. Hierbei kann es zu einer Hyperpolarisation kommen, wobei die Spannungsumkehr über das Ruhepotenzial hinausgeht. Während der Refraktärzeit (absolute R. und relative R.) kann zunächst kein und später nur durch einen sehr starken Reiz ein weiteres AP ausgelöst werden. Mittels der Na^+-K^+-Pumpe wird das Ruhepotenzial aufrechterhalten. Ein AP läuft nach dem Alles-oder-Nichts-Prinzip ab, d. h. beim Überschreiten eines Schwellenwertes wird ein AP ausgelöst. Jedoch ist die Form und Höhe des AP vom auslösenden Reiz unabhängig und immer gleichförmig.

Aktivierungseffekt (engl. activational effect) Aktivierungseffekte sind Wirkungen von Hormonen, die im voll entwickelten Organismus nach Ausbildung der Sexualorgane einsetzen und zeitweilig dessen Verhalten beeinflussen. Zu diesen Effekten (z. B. von Sexualhormonen) zählen die Aktivierung der Spermienproduktion, Ovulationsanregung und die Ermöglichung von Ercktion und Ejakulation.

Aktivierungssystem, aufsteigendes retikuläres (engl. ascending reticular activating system; Syn. unspezifisches sensorisches Subsystem) Als aufsteigendes retikuläres Aktivierungssystem (ARAS) bezeichnet man nach D. B. Lindsley (1949) das Neuronengeflecht zwischen Medulla oblongata und Thalamus mit zum zerebralen Kortex aufsteigenden und absteigenden Verbindungen. Dieses System, dessen zentrale Anteile in der Formatio reticularis liegen, soll für die allgemeine Aktivierung des Organismus verantwortlich sein. Eine Stimulation dieser Nervenfasern bewirkt eine erhöhte Aktivität des autonomen und motorischen Nervensystems und führt auf diese Weise den Organismus von einem wachen Ruhezustand in einen Zustand erhöhter Aufmerksamkeit. Dieses System reguliert den Wachheitszustand/Wachheitsgrad und die kortikale Erregung (Arousal). Das ARAS ist unidirektional mit dem limbischen System verflochten, welches wesentliche Teile des autonomen Nervensystems steuert und eine große Bedeutung für das menschliche Gefühlserleben hat.

Aktivität, elektrodermale (engl. electrodermal/cutaneous activity) Die elektrodermale Aktivität (EDA) – früher als psychogalvanische Hautreaktion bezeichnet – gilt als einer der zuverlässigsten Indikatoren für eine Erhöhung des Sympathikotonus bei emotional-affektiven Reaktionen, wobei Azetylcholin die Überträgersubstanz an der postganglionären Synapse ist. Bei der EDA kommt es zu einer erhöhten Schweißsekretion, die ein kurzzeitiges Absinken des elektrischen Leitungswiderstandes der Haut bewirkt. Das führt wiederum zu einer Zunahme der Hautleitfähigkeit. Die Maßeinheit des Leitwerts ist das Siemens (S), wobei gilt: $1\ S = 1\ Ohm^{-1}$. Basierend auf der Annahme, dass verstärkte sympathische Erregung das Lügen begleitet, wird die EDA zuweilen als Indikator für Falschaussagen im sog. Lügendetektortest verwendet.

Aktivität, kardiovaskuläre (engl. cardiovascular activity) Das kardiovaskuläre System besteht aus den

Gefäßen und dem Herzen. Das Blut zirkuliert durch die Pumpbewegung des Herzens im Körper, wobei Körper- und Lungenkreislauf unterschieden werden. Das Blut wird durch eine Kontraktion der linken Kammer ausgeworfen und durch die Arterien den Organen zugeführt. Danach gelangt es durch die Venen zunächst in den rechten Vorhof, dann in die Kammer. Hier beginnt der Lungenkreislauf. Das Blut wird vom rechten Herzen weiter zur Lunge gepumpt und fließt angereichert mit Sauerstoff wieder zum linken Herzen zurück. Aufgaben des kardiovaskulären Systems sind u. a. der Transport von Atemgasen und Nährstoffen sowie Abfallprodukten des Zellstoffwechsels, die Regulation des Säure- und Basenhaushalts und der Transport von Wärme zur Körperoberfläche. Weiterhin werden Botenstoffe des Hormon- und Immunsystems über das Blut transportiert.

Aktivzone (engl. active zone) Die Aktivzone ist ein Bereich im Inneren der präsynaptischen Membran, in dem sich die synaptischen Vesikel festsetzen und ihren Neurotransmitter in den synaptischen Spalt entlassen. Das wird ermöglicht durch spannungsgesteuerte Kalziumkanäle, welche sich infolge der Depolarisation der Endknopfmembran öffnen und Kalzium in die Zelle einströmen lassen. Das eingeströmte Kalzium lagert sich an der Fusionsstelle des synaptischen Vesikels mit der Membran an und es entsteht eine Fusionspore, durch die der Neurotransmitter ausgeschüttet werden kann. Anschließend wird der Vesikel von der Membran des Endknopfes aufgenommen.

Albumin (engl. albumin) Albumin ist ein kleines Eiweißmolekül (ein sog. Kolloid), das einen 40%igen Anteil am Blutplasma hat. Albuminmoleküle sind zu 80% für den kolloidosmotischen Druck zuständig, welcher verhindert, dass die Eiweißmoleküle in das Interstitium diffundieren.

Aldosteron (engl. aldosterone) Aldosteron gehört zur Gruppe der Mineralokortikoide und bezeichnet ein Steroidhormon der Nebennierenrinde. Dort wird es in der Zona glomerulosa (äußere Schicht) produziert und sorgt als Teil des Renin-Angiotensin-Aldosteron-Mechanismus für die Rückresorption von Natrium$^+$ aus den Nierentubuli bzw. dem distalen Tubulus. Damit wirkt es einer Abnahme des Blutvolumens und des Blutdruckes entgegen und sorgt für einen Anstieg beider Parameter.

Alexie (engl. alexia) Der Ausdruck Alexie bezeichnet die vollkommene Leseunfähigkeit als optische Agnosie. Trotz erhaltenen Sehvermögens ist der betroffene Patient nicht in der Lage, Buchstaben zu erkennen, vermutlich infolge einer Herdstörung im Gyrus angularis (mit Störung der Verbindung zum Okzipitalhirn).

Algesimetrie (engl. algesimetry) Algesimetrie bezeichnet die Möglichkeit, Intensität und Ausmaß von Schmerzen zu objektivieren. Dabei gibt es vielfältige Verfahren, das eigentlich subjektive Konstrukt »Schmerz« zu erfassen und zu messen: objektive Algesimetrie (Messung vegetativer, reflexhafter Körperreaktionen wie Blutdruck, Herzfrequenz, Zurückziehen der betroffenen Extremität etc.); subjektive Algesimetrie (Messung der Beziehung zwischen physikalischer Reizeinwirkung und subjektiver Reizempfindung mittels Schwellenbestimmungen) und klinische Algesimetrie (Messung krankhafter Schmerzzustände mittels Ratingskalen, Schmerztagebüchern, intermodalem Intensitätsvergleich (Bezug der Schmerzintensität zu einer Intensität einer anderen Sinnesmodalität) sowie Schmerzfragebögen wie dem McGill Pain Questionnaire).

Alkaloid (engl. alkaloid) Alkaloide sind stickstoffhaltige, oftmals leicht basische Verbindungen, die in der Pflanzenwelt und in Mikroorganismen vorkommen. Die Stoffe zeichnen sich durch starke physiologische und psychische Wirkungen aus, viele Rausch-, Genuss- und Arzneimittel werden zu dieser Gruppe gezählt. Die verschiedenen Alkaloide werden in Gruppen klassifiziert (z. B. nach Biogenese oder struktureller Verwandtschaft). Zu den bekanntesten Alkaloiden gehören Atropin, Kokain, Kodein, Koffein, Morphin, Nikotin und Strychnin. Therapeutisch genutzte Alkaloide entfalten ihre Wirkung häufig in Zusammenhang mit dem Nervensystem. Da Alkaloide oft Strukturähnlichkeiten mit Neurotransmittern aufweisen, können sie als volle Agonisten, partielle Agonisten oder Antagonisten an Neurotransmitterrezeptoren wirken.

Alkoholsyndrom, fetales *(engl. alcoholic embryo-pathy; Syn. Alkoholembryofetopathie)* Das fötale Alkoholsyndrom (FAS) bezeichnet eine durch Alkoholkonsum der Mutter während der Schwangerschaft hervorgerufene Schädigung des Kindes. Bereits 60 g Alkoholkonsum der Mutter pro Woche kann zu einem FAS führen. In Deutschland werden mehr als 2000 Kinder jährlich mit FAS geboren. Das Syndrom ist durch folgende Symptome des Neugeborenen gekennzeichnet: typische Auffälligkeiten v. a. des Gesichts (schmales Lippenrot, kurze Lidspalten, kurzer Nasenrücken, fliehendes Kinn u. a.), Ess- und/oder Schluckstörungen, Fehlbildungen innerer Organe, verzögerte geistige Entwicklung und Verhaltensauffälligkeiten (u. a. Hyperaktivität und Konzentrationsstörungen).

Allel *(engl. allel/e)* Ein Allel ist eine der möglichen Ausprägungen (»Schalterstellung«) eines Gens, das an einem bestimmten Genlokus auf einem Chromosom sitzt. Allele können sich aufgrund von Mutationen in den Nukleotidsequenzen unterscheiden. Diese Unterschiede führen bei der Eiweißsynthese zu nicht identischen Molekülen. Diploide Lebewesen können auf den beiden homologen Chromosomen am betreffenden Genort entweder zwei unterschiedliche Allele eines Gens (Heterozygotie) oder zwei gleiche Allele (Homozygotie) des betreffenden Gens besitzen. Im heterozygoten Zustand können Allele kodominant sein (beide Zustandsformen werden ausgeprägt; intermediärer Erbgang) oder ein Allel kann über das andere dominieren, d. h. die Ausprägung des Merkmals vom rezessiven Allel wird unterdrückt und das Merkmal des dominanten Allels wird ausgeprägt. Treten mehr als zwei Allele an einem Genort auf, spricht man von multipler Allelie (z. B. Allele für Blutgruppeneigenschaften).

Allergen *(engl. allergen)* Allergene sind Stoffe oder Substanzen, die eine Allergie (eine übermäßig starke Immunreaktion des Körpers) auslösen. Sie gehören zur Gruppe der Antigene, d.h. sie werden vom Immunsystem bekämpft, da sie von diesem als körperfremd erkannt werden. Es gibt verschiedene Arten von Allergenen, die meisten sind jedoch Eiweiße oder Eiweißverbindungen. Beispiele sind Nahrungsmittelallergene (z. B. Milch/Milcheiweiß oder Erd-beeren) oder Allergene, die durch Insektenstiche übertragen werden (z. B. Bienengift).

Allergie *(engl. allergy)* Eine Allergie ist eine unerwünscht heftige Abwehrreaktion des Immunsystems gegenüber bestimmten und normalerweise harmlosen Umweltstoffen (Allergene), welche der Körper fälschlicherweise als schädlich identifiziert. Das Immunsystem verteidigt den Organismus heftiger als notwendig, obwohl die Substanz keine tatsächliche Bedrohung darstellt. Infolgedessen treten Entzündungszeichen auf und es kommt zur Bildung von Antikörpern (Antigen/Allergen-Antikörper-Reaktion). Hieraus resultiert eine spezifische Änderung der Immunität im Sinne einer krankmachenden Überempfindlichkeit. Allergien können vielfältige Symptome wie Atemwegserkrankungen, Hautirritationen, Augenprobleme, Schlaflosigkeit, Fieber und andere mehr auslösen.

Alles-oder-Nichts-Antwort *(engl. all-or-none reaction)* Bei einer Alles-oder-Nichts-Antwort erfolgt eine bestimmte Reaktion entweder in vollem Umfang oder sie bleibt vollkommen aus. Dabei tritt die Reaktion nur ein, wenn ein bestimmter Schwellenwert überschritten wird. Sobald ein Reiz eintritt, der über diesen Schwellenwert hinausgeht, wird die Reaktion in vollem Umfang ausgelöst, unabhängig davon, wie stark der auslösende Reiz war. Bei einem Reiz, der unter dem Schwellenwert liegt, findet keine Reaktion statt. Typische Alles-oder-Nichts-Antworten sind Aktionspotenziale.

Alles-oder-Nichts-Gesetz *(engl. all-or-none law)* Das Alles-oder-Nichts-Gesetz bezeichnet ein Phänomen, das an erregbaren Strukturen von Nervenzellen festgestellt werden kann. Dabei überschreiten eine Erregung oder ein Reiz den Schwellenwert bzw. das Schwellenpotenzial, und sie werden unabhängig von der Reizstärke in uniformer und maximaler Intensität, also ohne jegliche Abstufung, weitergeleitet.

Allokortex *(engl. allocortex)* Als Allokortex bezeichnet man phylogenetisch alte Hirnregionen, die sich vom Rest des Kortex v. a. dadurch unterscheiden, dass sie weniger als sechs (meistens vier) Zellschichten besitzen. Zum Allokortex werden der limbische sowie der olfaktorische Kortex und der Hippocampus gezählt. Der Allokortex wird in Paleokortex und Archikortex unterteilt.

Allostase *(engl. allostasis)* Während bei der Homöostase ein körperlicher/physiologischer Sollzustand aufrechterhalten werden soll (z. B. Körpertemperatur), bezieht sich dieses Konzept auf die Aufrechterhaltung einer Stabilität durch Veränderung und Anpassung von Stellsystemen. Hierbei können biologische Systeme über längere Zeit auf extrem niedrigem oder hohem Niveau arbeiten, z. B. bei extremer körperlicher oder emotionaler Belastung. Bei chronischem Stress kann es z. B. zu einer langfristig erhöhten Ausschüttung von Stresshormonen kommen, auf die der Körper eine Reihe von Anpassungsreaktionen einleitet. Diese Anpassungsreaktionen haben kurzfristig positive Effekte, langfristig führen sie jedoch zu stressbedingten körperlichen Erkrankungen und vermutlich zu strukturellen und funktionellen Veränderungen im Gehirn. Diese Veränderungen können wiederum Grundlage für eine Reihe von psychischen Erkrankungen sein.

Allglyzin *(engl. allyglycin)* Allglyzin, eine ungesättigte Aminosäure (AS), ist ein Wirkstoff, der die Synthese von GABA (Gammaaminobuttersäure) blockiert, indem er die Aktivität von GAD (Glutaminsäure Decarboxylase) hemmt.

Alphaaktivität ▶ Alphawellen

Alphafetoprotein *(engl. alpha-fetoprotein)* Alphafetoprotein (AFP) ist ein Glykoprotein, das während der Schwangerschaft in der Leber und im Magen-Darm-Trakt sowie im Dottersack des ungeborenen Kindes hergestellt wird. Das AFP des Kindes geht in das Blut der Mutter über, weswegen während einer Schwangerschaft höhere AFP-Spiegel bei der Mutter nachweisbar sind. Unübliche Konzentrationen im Fruchtwasser können einen Hinweis auf körperliche Fehlbildung und Chromosomenbesonderheiten des Kindes geben. Im Körper von Erwachsenen ist AFP normalerweise nur in kleinen Restmengen vorhanden. Ein erhöhter AFP-Wert wird als Indikator für Leberkrebs, Leberentzündung (Hepatitis), Leberzirrhose, Magen- oder Darmkrebs sowie Tumoren der Hoden oder des Eierstocks verwendet.

Alphamelanozyten-stimulierendes Hormon *(engl. alpha melanocyte stimulating hormone)* Das Alphamelanozyten-stimulierende Hormon (Alpha-MSH) ist ein Neuropeptid, welches häufig mit Neurotransmittern als spezifischer Regulator der Erregungsschwellen wirksam ist. Alpha-MSH kommt im Hypothalamus, in der Hypophyse (Vorderlappen) und im limbischen System vor. Neben hormonellen Effekten in der Peripherie wirkt es vorwiegend inhibitorisch und hat fördernden Einfluss auf Aufmerksamkeit, Lernen und Gedächtnis. Es wirkt über cAMP als Second Messenger auf die Zielzelle ein.

Alphamotoneuron *(engl. alpha motor neuron)* Alphamotoneurone sind multipolare Nervenzellen im Vorderhorn des Rückenmarks, deren Fortsätze die periphere Skelettmuskulatur des Körpers innervieren.

Alphawellen *(engl. alpha rhythm)* Alphawellen bezeichnen sinusförmige Schwingungen des Elektroenzephalogramms (EEG) mit einer Frequenz von 8–12 Hz und einer Amplitude von ca. 50 µV. Sie treten im entspannten Wachzustand bei geringer visueller Aufmerksamkeit oder geschlossenen Augen auf und können auch kurz vor dem Einschlafen im EEG beobachtet werden. Zu messen sind sie dabei v. a. am Hinterkopf, also parietookzipital. Als Taktgeber der langsamen Wellen gilt der Thalamus. Bei (plötzlicher) Konzentration oder Aufmerksamkeit kommt es zu einem sog. *Alphablock*: Bei visueller Konzentration oder Aufmerksamkeit werden die Alphawellen blockiert und gehen bei den meisten Personen in höherfrequente Betawellen (13–30 Hz) über. Die Alphawellen werden gelegentlich auch nach dem bekannten Neurologen Hans Berger – einem Pionier der EEG-Forschung – »Berger-Rhythmus« genannt.

Alveole *(engl. alveolus; Syn. kleiner Hohlraum)* Der Begriff Alveole bezeichnet (a) dünnwandige, vom Epithel ausgekleidete Lungenbläschen, die den Gasaustausch der äußeren Atmung in der Lunge ermöglichen. Die Lungenbläschen sind ca. 0,2 mm groß und bestehen aus 3 Zelltypen: den Pneumozyten Typ 1 (kleine Alveolarzellen, sitzen einer Basalmembran auf), den Pneumozyten Typ 2 (große Alveolarzellen, produzieren das Surfaktant, dessen Phospholipide das Zusammenfallen der Alveolen beim Ausatmen verhindern) und den Alveolarmakrophagen (stammen aus dem Blut und phagozytieren Staub (Staubzellen) oder nehmen nach Blutungen Hämoglobin auf (Herzfehlerzellen). Die Basalmembranen von Alveolen und Lungenkapillaren sind größtenteils miteinander verschmolzen. (b) Zahnfächer, d. h. Vertiefungen in den Kieferknochen, in der der Zahn mit seiner Wurzel steckt; sie kommen im Ober- und Unterkieferknochen sowie dem Zwischenkieferbein vor und sind Teil des Zahnhalteapparats. (c) Milchbläschen in der weiblichen Brustdrüse (Mamma).

Alzheimer-Demenz *(engl. Alzheimer's dementia; Syn. Morbus Alzheimer)* Eine unheilbare Demenzerkrankung (benannt nach dem deutschen Psychiater Alois Alzheimer, der die Krankheit 1906 erstmals beschrieb), deren Auftretensrate alterskorreliert ansteigt. Die Krankheit zeigt sich in Beeinträchtigung verschiedener kognitiver Funktionen, einhergehend mit einer Persönlichkeitsveränderung. Sie beginnt schleichend und ihr Verlauf lässt sich in mehrere Stadien unterteilen, von einer anfänglichen milden Vergesslichkeit über Orientierungslosigkeit, Vergessen von Aspekten der persönlichen Geschichte, Verleugnung des Problems, Unfähigkeit des Erkennens enger Bezugspersonen sowie Sprachverlust, bis hin zum Tod. Hirnveränderungen, die mit Alzheimer einhergehen, konzent-rieren sich weitestgehend auf den Neokortex und den limbischen Kortex. So finden z. B. pathologische Eiweißablagerungen zwischen und in den Zellen statt (amyloidhaltige senile Plaques und neurofibrilläre »*Tangles*«, NFT). Auch wird eine Verringerung der Neurotransmittermenge (z. B. Azetylcholin, Serotonin) bei Alzheimer-Patienten beobachtet. Zu Lebzeiten des Patienten ist lediglich eine Verdachtsdiagnose durch Ausschlussverfahren möglich. Eine gesicherte Diagnose ist erst post mortem durch Zählen der NFT möglich.

Amboss ▶ Incus

Amin *(engl. amine)* Amine sind basische Derivate (Abkömmlinge) des Ammoniaks. Sie entstehen bei chemischen Reaktionen, speziell durch den Einfluss von Enzymen auf den Stoffwechsel von Pflanzen, Tieren und Menschen. Es gibt primäre, sekundäre, tertiäre und quaternäre Amine, die alle auch auf synthetischem Weg hergestellt werden können. Amine,

die bei Pflanzen, Tieren und Menschen natürlich vorkommen, heißen biogene Amine. Dazu zählen primäre Amine, die als Hormone oder Transmitter wirken oder an der Synthese von Koenzymen, Vitaminen und Phospholipiden beteiligt sind. Biogene Amine können auch in Wechselwirkung mit der DNA treten. Wichtige biogene Amine sind Serotonin, Tyramin und Histamin.

Aminogruppe *(engl. amino group)* Die Aminogruppe (-NH2) ist eine basische funktionelle Gruppe, die aus einem Stickstoffatom besteht, an das zwei Wasserstoffatome gebunden sind. Organische Moleküle mit einer Aminogruppe werden als Amine, wenn sie zusätzlich noch eine Karboxylgruppe besitzen als Aminosäuren bezeichnet.

Aminosäure *(engl. amino acid)* Aminosäuren (AS) sind organische Verbindungen und dienen als Grundbausteine von Peptiden und Proteinen (Eiweißen). Sie enthalten eine Aminogruppe (-NH2) sowie eine Karboxylgruppe (-COOH) und unterscheiden sich untereinander durch die Seitenketten (auch Aminosäurenrest oder Rest). In Proteinen eingebaut, hat man bislang 20 AS im menschlichen Körper gefunden (sog. kanonische AS). Man unterscheidet acht essentielle und zwölf nicht essentielle AS. Erstere müssen über die Nahrung aufgenommen und können nicht selbstständig vom Körper gebildet werden. Die nicht essentiellen AS werden hingegen direkt synthetisiert oder durch Modifikation aus anderen AS gewonnen. Die Information zur Zusammensetzung von AS befindet sich in der DNS. Durch Peptidbindungen werden AS zu Proteinen verkettet, die als Strukturproteine, Enzyme, Hormone oder Transportproteine wirken. Neben proteinogenen AS sind auch über 150 nichtproteinogene AS bekannt, also AS, die nicht in Proteinen vorkommen.

Aminosäureketten *(engl. pl. amino acid chains)* Aminosäureketten (Polypeptide) sind die Verbindung zahlreicher Aminosäuren über deren Karboxyl- und Aminogruppen (Peptidbindung). Entsprechend befindet sich an einem Ende der Kette eine Amino-, am anderen Ende eine Karboxylgruppe. Neben dem Rückgrat bestimmen zahlreiche Seitenketten der einzelnen Aminosäuren die Eigenschaften des Gesamtmoleküls. Aminosäureketten mit bis zu

10 Aminosäuren (AS) werden als Oligopeptide bezeichnet. Aminosäureketten mit bis zu 50 AS werden häufig als Peptide, mit mehr als 100 AS als Proteine bezeichnet. Die räumliche Anordnung bezeichnet man als Sekundärstruktur. Dabei unterscheidet man alpha-Helix, beta-Faltblätter, beta-turns und random-coil-Strukturen.

Aminosäurenderivat-Hormone *(engl. pl. amine derived hormones)* Dieser Begriff bezeichnet Hormone, die durch wenige Zwischenschritte aus einer Aminosäure synthetisiert werden. Viele dieser Hormone lassen sich von der Aminosäure Tyrosin ableiten; Vertreter dieser Kategorie sind die Katecholamine (Dopamin, Noradrenalin und Adrenalin), die auch als Neurotransmitter fungieren und die Schilddrüsenhormone (Thyroxin und Triiodthyronin).

Ammonshorn *(engl. ammon's horn; Syn. Cornu ammonis, Pes hippocampi)* Das Ammonshorn bildet das vordere Ende des Hippocampus und gehört zum limbischen System. Es wird in vier Unterregionen, CA1 bis CA4, eingeteilt. CA steht hier für Cornu ammonis. Histologisch können drei Schichten unterschieden werden. Außen befindet sich die zellarme Molekularschicht, gefolgt von der Pyramidenzellschicht (sie bildet das efferente System des Archikortex) und im Inneren befindet sich die Korbzellschicht.

Amnesie *(engl. amnesia)* Form der Gedächtnisstörung mit partiellem bis totalem Verlust der Erinnerungen, der zeitlich begrenzt oder permanent sein kann. Betroffen sind meist Langzeit- und episodisches Gedächtnis, wobei Kurzzeitgedächtnis sowie prozedurales Gedächtnis oft intakt bleiben. Amnesien treten im Zusammenhang mit verschiedenen Auslösern wie bspw. organischen Erkrankungen, Vergiftungen, Unfällen oder traumatischen Erlebnissen auf. Man unterscheidet zwischen anterograder (vorwärtswirkender) und retrograder (rückwirkender) Amnesie. Erstere betrifft das Gedächtnis für Ereignisse nach dem Beginn der Störung (es können keine neuen Gedächtnisinhalte gebildet werden), die retrograde Amnesie solche vor der Störung. Mit kongrader Amnesie wird das Nichterinnern des eigentlichen Auslösers ohne Verlust rückwirkender oder vorwärtswirkender Erinnerungen bezeichnet.

Die psychogene Amnesie beschreibt die psychische Verdrängung unangenehmer Erlebnisse.

Amnesie, anterograde *(engl. anterograde amnesia)* Bei der anterograden Amnesie sind Gedächtnisfunktionen in einem Ausmaß gestört, dass es unmöglich wird, neue Informationen zu speichern. Das bedeutet, alle Informationen, die vor einem kritischen Ereignis gespeichert worden sind, können weiterhin abgerufen werden. Informationen nach diesem Ereignis werden nicht mehr in das Langzeitgedächtnis transferiert. Ein solches Ereignis kann ein hirnchirurgischer Eingriff, ein Schlaganfall, eine Infektion oder ein Schädelhirntrauma sein. Jedoch ist nur das explizite Gedächtnis betroffen, wohingegen das implizite Gedächtnis (d. h. Erwerb von Fertigkeiten, implizites Lernen, Priming, Konditionieren) unbeeinträchtigt bleibt. Amnestiker zeigen keine Beeinträchtigungen der Intelligenz, der Sprache, der Wahrnehmung und in Funktionen des Arbeitsgedächtnisses. Unter anterograder Amnesie wird außerdem eine verringerte Merkfähigkeit verstanden (neue Inhalte können bspw. nicht enkodiert, gespeichert, konsolidiert oder abgerufen werden). Die Störung kann einen bestimmten Zeitraum umfassen oder dauerhaft bestehen bleiben.

Amnesie, globale *(engl. global amnesia)* Die Amnesie ist eine Form der Gedächtnisstörung, wobei Erinnerungslücken für den Zeitraum vor (retrograde Amnesie), während (kongrade Amnesie) oder nach (anterograde Amnesie) einem bestimmten Ereignis bestehen. Dieses Ereignis kann eine Gehirnerschütterung, ein epileptischer Anfall, ein Schädel-Hirn-Trauma, Alkoholmissbrauch, ein Hirnschlag, eine Vergiftung, aber auch eine Hypnose oder ein traumatisches Erlebnis sein. Von globaler Amnesie spricht man, wenn die Amnesie sämtliche sensorischen Wahrnehmungen betrifft.

Amnesie, posttraumatische *(engl. posttraumatic amnesia; Syn. fehlendes Tag-zu-Tag-Gedächtnis)* Die posttraumatische Amnesie stellt den Zeitbereich nach einem Schädel-Hirn-Trauma ohne kontinuierliches Gedächtnis dar. In diesem Zeitraum tritt eine anterograde Amnesie auf, d. h. eine Unfähigkeit, sich an die ersten Stunden oder Tage nach dem Unfall zu erinnern. Es können also keine neuen Eindrücke im Gedächtnis gespeichert werden. In den ersten Monaten kann sich jedoch die Hirnschädigung bessern und die Gedächtnisleistungen zurückkehren.

Amnesie, retrograde *(engl. retrograde amnesia)* Bei der retrograden Amnesie sind die zeitlich vor einer Schädigung liegenden Gedächtnisinhalte ausgelöscht bzw. nicht verfügbar. Die retrograde Amnesie kann einen kurzen Zeitraum von bis zu wenigen Jahren betreffen, sie kann aber auch sehr ausgedehnt sein und mehrere Jahrzehnte umfassen. Weiterhin kann sie zeitliche Abstufungen im Erinnerungsvermögen aufweisen und in Kombination mit einer anterograden Amnesie auftreten. Die Störung kann sich darauf beschränken, dass den Erinnerungen an einzelne Episoden die Lebendigkeit fehlt. Weitergehende Störungen löschen auch das Wissen über autobiographische Episoden, wobei dieser Verlust zur Änderung des Selbstbildes des Patienten führen kann. Sprachstörungen sind eine mögliche Folge der semantischen Gedächtnisstörungen. Implizites Wissen und prozedurale Fähigkeiten können selbst bei schwersten Verlusten erhalten sein. Ursachen sind bspw. Schädigungen verschiedener Hirnregionen (Dienzephalon, Hippocampus u. a.).

Amniozentese *(engl. amniocentesis, amniotic puncture; Syn. Fruchtwasseruntersuchung)* Die Amniozentese ist eine Form der pränatalen Diagnostik. Dabei wird mit einer dünnen Punktionsnadel unter örtlicher Betäubung und mit Ultraschallkontrolle durch die Bauchdecke in die Fruchtblase gestochen und etwa 15–20 ml Fruchtwasser entnommen. Anschließend werden die so entnommenen fetalen Zellen kultiviert und können auf über 100 genetische Funktionsstörungen, vererbte Stoffwechselleiden und das Geschlecht untersucht werden. Eine Amniozentese kann ab der 15. Schwangerschaftswoche (in seltenen Fällen auch ab der 11.) durchgeführt werden. Das Fehlgeburtrisiko liegt bei 0,5–1 % (bei einer Frühamniozentese höher) und hängt z. T. von der Erfahrung des Arztes ab.

Amöboid *(engl. amoeboid; Syn. amöbenartig)* Der Ausdruck amöboid bezieht sich auf die Eigenschaft von Amöben, ihre Gestalt beliebig ändern zu können. Diese Einzeller (Protozoen) können ihren Zellinhalt (Protoplasma) in jede Richtung fließen lassen.

Sie nehmen ihre Nahrung auf, indem sie ihre Beute (wie Algen und andere organische Substanzen) umfließen, sie einschließen und ins Zellinnere aufnehmen. Unverdautes wird an beliebiger Stelle wieder ausgeschieden.

Amphetamin *(engl. amphetamine)* Amphetamin (Alpha-Methylphenethylamin) ist neben Kokain die bekannteste Stimulanzdroge. Sie führt zu erhöhter Aktiviertheit und einer motorischen Antriebssteigerung. Diese synthetische Droge ist ein Dopamin- und Noradrenalinagonist, d. h. sie blockiert den Rücktransport dieser Katecholamine in die Zelle und stimuliert deren Produktion. Erstmals wurde A. in Form von Benzedrin® zur Behandlung von Asthma verwendet. Heutzutage wird es in der Klinik vereinzelt in der Therapie von Hyperaktivität benutzt. Als »Designerdroge« (Speed) wird A. oral, aber auch intravenös eingenommen, das synthetische A.-Derivat, MDMA (Ecstasy), ist ebenfalls weit verbreitet. Psychische Wirkungen sind u. a. die Verbesserung der Aufmerksamkeit und Konzentration sowie Appetitminderung. Als Nebenwirkungen können Reizbarkeit, Schlafstörungen und Sucht auftreten. Bei langer Einnahme kann eine Amphetaminpsychose, ähnlich einer psychotischen Störung, auftreten.

Amphetaminpsychose *(engl. amphetamine psychosis)* Eine Amphetaminpsychose ist eine Psychose, die durch die Einnahme von Amphetaminen hervorgerufen wird. Dieser Zustand ist dem der paranoiden Schizophrenie ähnlich oder kann eine bestehende Schizophrenie verschlimmern. Da Neuroleptika als wirksame Therapie gelten, scheint es wahrscheinlich, dass die Amphetaminpsychose durch einen Überschuss an Dopamin und nicht durch Noradrenalin induziert wird.

Ampulle *(engl. ampulla)* Als Teil des Gleichgewichtsorgans beherbergen die Ampullen genannten Erweiterungen der Bogengänge die Sinneszellen (Haarzellen). Die Ampullen finden sich zwischen den drei flüssigkeitsgefüllten Bogengängen und dem Utrikel.

Amygdala *(engl. amygdala, Syn. Mandelkern)* Die Amygdala ist Teil des limbischen Systems und besteht aus rund 15 verschiedenen, getrennt arbeitenden Kernen. Sie arbeitet im Vorbewussten und wird häufig als diejenige Hirnstruktur betrachtet, die für das emotionale Färben von Informationen zuständig ist. Die Amygdala ist mit einer Vielzahl von Gehirnregionen verschaltet und erhält sensorische Informationen aus dem Thalamus und Neokortex. Die Nervenzellen der Amygdala sind unverzichtbare Strukturen für kognitive Funktionen wie soziale Kognition, Gedächtnis oder Furchtkonditionierung.

Amyloidplaques *(engl. pl. amyloid plaques; Syn. neuristische/senile Plaques)* Amyloidplaques sind ein anatomisches Korrelat der Alzheimerschen Krankheit. Hierbei handelt es sich um »Zellklumpen«, deren Kern aus dem Protein Amyloid besteht und von anderen degenerativen Zellfragmenten umgeben ist. Die Plaques bilden sich in verschiedenen Regionen des Gehirns und lagern sich im Kortex ab. Sie entstehen beim Aufbau der Substanz β-Amyloid. Allerdings finden sie sich nicht nur bei Alzheimer-Patienten, sondern auch bei Betroffenen mit anderen Demenzen, Down-Syndrom sowie – in wesentlich geringerem Ausmaß – auch bei gesunden älteren Menschen.

Amyloidprotein *(engl. amyloid protein)* Amyloidproteine sind pathologische Glykoproteine, die sich in verschiedenen peripheren Bereichen ablagern können. Sie werden in Untergruppen geteilt: AA-Amyloid (klassisches Amyloid; zu finden bei chronischen Entzündung wie Rheuma oder Tumoren), AL-Amyloid (Immunamyloid; z. B. bei B-Zell-Tumoren) und AE-Amyloid (endokrines Amyloid, z. B. bei medullärem Schilddrüsenkarzinom).

Analgesie *(engl. analgesia)* Analgesie bezeichnet eine Unempfindlichkeit gegenüber Schmerzen, welche entweder durch eine Aufhebung oder Unterdrückung der Schmerzempfindung ermöglicht wird. Anatomisch geschieht dies durch eine Verringerung oder eine Unterbrechung der Erregungsweiterleitung – temporär oder auch dauerhaft. Eine Analgesie kann durch Wirkstoffe (Analgetika) wie Azetylsalizylsäure, Parazetamol® oder Ibuprofen® hervorgerufen werden. Eine nicht medikamentöse Herbeiführung der Analgesie kann durch Krankengymnastik, Massage oder Hypnose erfolgen. Analgesien können krankhaft bedingt sein, wie z. B. bei Querschnittlähmungen, aber auch durch Nervendurchtrennung oder Nervenquetschungen auftre-

ten. Als Ursache sind weiterhin eine angeborene Schmerz-unempfindlichkeit oder traumatische Ereignisse denkbar.

Analgetika *(engl. pl. analgetics)* Analgetika sind Medikamente, die akute und pathophysiologische Schmerzen hemmen oder ausschalten. Man unterscheidet (1.) Narkotisierende Analgetika, die größtenteils auf Opium oder Opiat-ähnlichen Stoffen basieren. Sie haben neben der schmerzstillenden auch eine einschläfernde (narkotisierende) Wirkung. Narkotisierende Analgetika sind generell stärker schmerzhemmend als die nicht narkotisierenden Analgetika und können bei längerer Anwendung süchtig machen (z. B. Kodein und Morphium). (2.) Nichtnarkotisierende Analgetika sind weniger schmerzhemmend als die narkotisierenden Analgetika und funktional sehr unterschiedlich aufgebaut. Das bekannteste nichtnarkotisierende Analgetikum ist die Azetylsalizylsäure, welche in vielen rezeptfreien Schmerztabletten als Wirkstoff enthalten ist.

Analyse, grammatikalische *(engl. grammatical analysis)* In dieser Art der Analyse geht es um die Analyse der Syntax der Sprache. Die Syntax beinhaltet Regeln des Satzbaus. Eine syntaktische Komponente gliedert den Satz in seine Bestandteile und identifiziert deren Funktionen. Solche Strukturen werden durch eine Grammatik, die ein System von eben diesen syntaktischen Regeln darstellt, sehr exakt formuliert. Diese Analyse ist besonders wichtig, um z. B. festzustellen, zu welcher Zeit das Gesagte/Gelesene spielt. Durch sie kann die wirkliche Bedeutung eines mehrdeutigen Satzes erkannt werden.

Analyse, phonologische *(engl. phonological analysis)* Worte werden als eine Aneinanderreihung von Phonemen (die kleinsten Sprachlaute) gesehen. Die Untersuchung der Art und Weise, wie diese kleinsten Sprachlaute verarbeitet werden, nennt sich phonologische Analyse. Auch wird beim phonologischen Lesen, das beim Lesenlernen gebraucht wird, eine Art phonologische Analyse unternommen. Die Worte werden Laut für Laut gelesen. So können auch Nonsenswörter wie »Gnzm« gelesen werden.

Analyse, semantische *(engl. semantic analysis)* Bei dieser Art der Analyse von Sprache und Texten handelt es sich um eine Analyse des Inhalts. Es geht hierbei um die Bedeutung, die die Worte und eventuell vorhandenen Sätze haben.

Anandamid *(engl. anandamid; Syn. Arachidonyle-thanolamid)* Anandamid ist das am besten erforschte endogene Cannabinoid. Die Substanz (wie auch andere Endocannabinoide) wurde entdeckt, nachdem die zwei Cannabinoidrezeptoren (CB1 und CB2) lokalisiert wurden, an denen Tetrahydrocannabinol (THC), der Hauptwirkstoff von Marihuana, bindet. Die Forschung über die Wirkung von Anandamid betrifft v. a. die Bereiche Schmerzverarbeitung, Gedächtnis und die Stimulation von Hunger. Außerdem vermutet man einen regulierenden Einfluss von Endocannabinoiden auf das dopaminerge System (Verhinderung von Muskelüberaktivierungen), wofür die positive Wirkung von Cannabis bei Personen mit (durch ein gestörtes Dopaminsystem verursachten) Bewegungsstörungen spricht. Endocannabinoide haben eine wesentlich kürzere Wirkungsspanne als Cannabis, sie werden bereits im Minutenbereich wieder abgebaut.

Androgen *(engl. androgen)* Androgene sind männliche Geschlechtshormone, die in den Eierstöcken, im Hoden und in der Nebennierenrinde produziert werden. Grundgerüst ist das Androstan. Sie sind verantwortlich für die Ausbildung und Entwicklung der typischen männlichen Geschlechtsmerkmale. Außerdem steuern sie die Drüsentätigkeit im Genitaltrakt, das Reifen der Spermien und haben eine anabole, d. h. muskelaufbauende Wirkung (daher der Missbrauch von Androgenen als Dopingmittel). Das bekannteste Androgen ist das Testosteron, das auch bei Frauen gebildet wird, jedoch in deutlich geringeren Mengen. Weitere Vertreter von Androgenen sind Androstendion, Dehydroepiandrosteron (DHEA) oder Androsteron.

Androstendion Androstendion ist ein direktes Vorläuferhormon von Testosteron. Neben Dehydroepiandrosteron (DHEA) ist es das wichtigste Androgen der Frau und wird sowohl in der Nebennierenrinde (Zona reticularis), als auch im Ovar (unter Einfluss von Luteinisierendem Hormon (LH) im Stroma ovarii) gebildet. Androstendion unterliegt einer zirkadianen Rhythmik mit Peakwerten am Morgen und ist bei der Frau zusätzlich zyklusabhängig mit Peakwerten in der Follikelphase zu finden. Androstendionwerte werden grundsätzlich erhoben, um Störungen des Androgenhaushalts zu eruieren wie bspw. im Falle von Vermännlichung (Androgenisierung), bei Funktionsstörung der Eierstöcke (bspw. Amenorrhö), bei Hohlraumbildungen (Zysten) im Ovar, bei Sterilität bzw. unerfülltem Kinderwunsch oder bei Verdacht auf ein Adrenogenitales Syndrom.

Aneurysma *(engl. aneurysm)* Ein Aneurysma ist eine krankhafte, ballonförmige Erweiterung eines Blutgefäßes. Es wird bevorzugt an Stellen gebildet, an denen die Elastizität der Blutgefäßwand vermindert ist. Beim Platzen eines Aneurysmas (bspw. bei zunehmendem Durchmesser der Ausweitung), kommt es zur Einblutung im umliegenden Gewebe (Hämorrhagie). Aneurysmen können angeboren (congenital) sein, aber auch durch Gefäßgifte oder Infektionen entstehen. Zu hoher Blutdruck kann für Menschen mit Aneurysmen tödlich sein.

Anfall, partieller einfacher *(engl. simple partial seizure)* Der einfache partielle (fokale) Anfall ist eine Art des epileptischen Anfalls, also eine plötzliche, zeitlich begrenzte, rhythmische und synchrone Entladung eines neuronalen Zellverbandes. Dabei ist nur ein Teilgebiet des Gehirns betroffen. Der Anfall geht mit motorischen, sensiblen, sensorischen, vegetativen und/oder psychischen Symptomen einher: (1.) Motorische einfache partielle Anfälle haben ihren Ursprung im motorischen Kortex des Frontallappens. Es kommt aufgrund der Kreuzung der Nervenbahnen vom Gehirn zum Rückenmark zum Muskelzucken auf der kontralateralen Seite, welches sich auch auf weitere Extremitäten oder die ganze Körperseite ausbreiten kann. Diese besondere Art heißt Jackson-Anfall. (2.) Sensible oder sensorische einfache partielle Anfälle haben ihren Ursprung im sensiblen Kortex des Parietallappens. Es kommt zu Miss- oder Fehlempfindungen in den Körperabschnitten der Gegenseite, wie z. B. Kribbeln, Taubheit, Wärme- und Kälteempfindungen. Sensorische Anfälle können aber alle Sinnesmodalitäten betreffen: eigenartige Gerüche, eigenartige Geschmackswahrnehmungen, optische Wahrnehmungen sowie unbekannte Töne oder Melodien. (3.) Sensorische

Anfälle können alle Sinne betreffen und zu Seh-, Hör-, Geruchs-, Geschmacks- und Gleichgewichtsstörungen führen. Entsprechende Störungen können in Sehen von Lichtblitzen oder sonstigen optischen Wahrnehmungen, Hören von klopfenden, klingelnden oder pfeifenden Geräuschen, Riechen bestimmter Düfte, Geschmacksempfindungen oder Schwindel bestehen. Die Ursprünge der sensorischen Anfälle befinden sich im Hinterhaupts- und Schläfenlappen (4.) Vegetative einfache partielle Anfälle betreffen das vegetative Nervensystem mit Empfindungen wie z. B. einem schnelleren oder langsameren Herzschlag, Schweißausbrüchen, Störungen der Atmung, Gänsehaut oder Erblassen. (5.) Anfälle mit psychischen Symptomen haben ihren Ursprung meist im Temporallappen und verursachen z. B. ein plötzliches Angstgefühl, Halluzinationen, Stimmungsschwankungen oder Denkbeeinträchtigungen. Die Betroffenen sind in jeder Phase des Anfalls bewusstseinsfähig und nach dem Anfall kann es noch geraume Zeit zu Verlangsamung der Bewegungsabläufe oder Taubheitsgefühlen kommen.

Anfall, partieller generalisierter (*engl. secondary generalized seizure*) Der partielle oder sekundäre generalisierte Anfall ist eine Art des epileptischen Anfalls, also eine plötzliche, zeitlich begrenzte, rhythmische und synchrone Entladung eines neuronalen Zellverbandes. Dabei ist anfangs ein Teilgebiet des Gehirns betroffen, der Anfall weitet sich aber schnell auf das ganze Gehirn aus. Dieser Vorgang äußert sich in Auren, die wiederum alle Sinnesmodalitäten betreffen können, gefolgt vom völligen Bewusstseinsverlust sowie in den meisten Fällen der tonischen Streckung und dem klonischen Krampfen.

Anfall, partieller komplexer (*engl. complex partial seizure*) Der partiell komplexe Anfall ist eine Art des epileptischen Anfalls, also eine plötzliche, zeitlich begrenzte, rhythmische und synchrone Entladung eines neuronalen Zellverbandes. Dabei ist anfangs ein Teilgebiet des Gehirns betroffen, zumeist im Temporallappen, der Anfall weitet sich aber auf andere Bereiche des Gehirns aus. Die Folge davon sind Bewusstseinsbeeinträchtigungen, unter denen allerdings noch einfache Handlungen, Automatismen, ausführbar sind. Zu diesen quasi von allein ablaufenden Bewegungen gehören z. B. Blinzeln, Kauen, Schlucken. Aber auch etwas komplexere Handlungsabläufe wie Herumlaufen, Aus- oder Anziehen und Sprechen sind unter Umständen noch möglich. Das Gesprochene besteht allerdings aus gleich bleibenden Floskeln oder immer wieder den gleichen Fragen. Die Dauer des komplex partiellen Anfalls beträgt ungefähr eine halbe bis zwei Minuten. Die Betroffenen haben hinterher keinerlei Erinnerung an den Anfall.

Angina pectoris (*engl. angina; Syn. Stenokardie, Herzenge*) Angina pectoris ist eine Durchblutungsstörung des Herzmuskels, d. h. eine Erkrankung der Herzkranzgefäße (Koronararterien). Häufigste Ursache ist Arterienverkalkung (Arteriosklerose). Auch Krämpfe können zu diesem Krankheitsbild führen. Symptome für A. p. sind Schmerzen im Brustraum, Atembeschwerden, Taubheitsgefühle, starke Angstzustände und Schweißausbrüche. Sie treten meist unter körperlicher Anstrengung oder bei hohen Temperaturen auf. Die Anzeichen können allerdings auch auf einen akuten Herzinfarkt hinweisen, daher ist es wichtig, diesen bei einer Diagnose auszuschließen.

Angiographie (*engl. angiography*) Die Angiographie ist eine Röntgenuntersuchung, bei der Gefäße wie Arterien (Arteriographie), Venen (Phlebographie) und Lymphgefäße (Lymphographie) mit Hilfe von Röntgenkontrastmitteln sichtbar gemacht werden. Die Gefäße werden durch das zuvor gespritzte Mittel vom umgebenden Gewebe deutlich hervorgehoben. Das Röntgen-Kontrastmittel absorbiert die Röntgenstrahlung, wodurch eine weiße Färbung entsteht. Die Dichte bestimmter Strukturen wird ebenfalls verändert, welche dadurch besser sichtbar sind. Angewandt wird die Angiographie v. a. bei Gefäßverengungen, -verschlüssen oder -missbildungen sowie bei der Tumordiagnostik, nach Operationen oder zum Auffinden von Blutungsquellen in verletzten Gefäßen.

Angiotensin I (*engl. angiotensin I*) Angiotensin I ist ein aus zehn Aminosäuren bestehendes Peptid, das ein wichtiger Regulator des peripheren Kreislaufsystems ist. Es ist ein wesentlicher Bestandteil des Renin-Angiotensin-Aldosteron-Systems (RAAS). Bei einer Minderdurchblutung der Nieren infolge

A

von Hypovolämie (Verminderung der Flüssigkeitsmenge im Körper) wird das Enzym Renin ausgestoßen, das ein im Blut zirkulierendes Globulin (Angiotensinogen) in das Peptid Angiotensin I umwandelt. Dieses wird in Gegenwart des Angiotensin-Converting-Enzyms (ACE) in Angiotensin II gespalten, welches das tatsächlich aktive Hormon darstellt.

Angiotensin II *(engl. angiotensin II)* Angiotensin II ist ein aus acht Aminosäuren bestehendes Peptid, das enzymatisch aus Angiotensin I synthesiert wird. Es übernimmt die Schlüsselposition im Renin-Angiotensin-Aldosteron-System (RAAS). Angiotensin II löst eine starke vasokonstriktorische Reaktion an Arterien (und in leichterer Form auch an Venen) aus, wodurch der Blutdruck erhöht wird. Zudem fördert es die Aldosteron- und Adrenalin-Freisetzung aus der Nebennierenrinde und stimuliert die Freisetzung von Vasopressin durch den Hypothalamus. Eine Injektion von Angiotensin II in das präoptische Areal der Ratte löst verstärktes Trinkverhalten aus, weshalb dieser Stoff auch mit der Induktion des Durstgefühls (Dipsogen) assoziiert wird. Durch einen negativen Rückkopplungsprozess hemmt Angiotensin II schließlich die weitere Freisetzung von Renin.

Angst, antizipatorische *(engl. anticipatory anxiety; Syn. Erwartungsangst)* Die antizipatorische Angst, auch »Angst vor der Angst«, bezeichnet die Vorwegnahme der eigenen Angst bzw. Angstreaktion aufgrund früherer Erfahrungen in ähnlichen Situationen und ist kennzeichnend für Angststörungen, speziell für Panikattacken.

Angststörung, generalisierte *(engl. generalized anxiety disorder)* Eine Form der Angststörung, die durch chronische und persistierende Ängstlichkeit in vielen Lebenssituationen gekennzeichnet ist. Betroffene leiden unter einem Gefühl der allgegenwärtigen Angst, dem Gefühl, Belastungen nicht standhalten zu können, Angespanntheit, Grübeln, allgemeiner Besorgnis über drohendes Unheil, Gesundheit, Geld, Familie oder die Arbeit sowie Verlust der Selbstkontrolle. Die Patienten sind ungeduldig, ruhelos, leicht reizbar, extrem kritikempfindlich, schlaflos, leicht depressiv und entschlusslos. Somatische Beschwerden sind Schwitzen, Hitze-/Kältewellen, Herzrasen, erhöhte Puls-/Herzfrequenz, empfindlicher Magen, Diarrhö, häufiges Urinieren, feuchtkalte Hände, trockener Mund, leichte Ermüdbarkeit und Muskelspannungen oder -schmerzen.

Anion *(engl. anion)* Ein Anion ist ein elektrisch negativ geladenes Atom bzw. Molekül (Ion). Die Bezeichnung Anion wurde von der Tatsache abgeleitet, dass Ionen bei der Elektrolyse zum Pluspol, der Anode, wandern. Gemäß ihren Ladungen unterscheidet man einfach, zweifach und dreifach geladene Anionen. Anionen, die aus mehreren Atomen zusammengesetzt sind, werden als Molekülionen bezeichnet. Häufig vorkommende Anionen sind z. B. Fluoride, Chloride, Karbonate, Oxide und Phosphate. Formell gekennzeichnet werden sie durch ein hochgestelltes Minuszeichen am Element, z. B. F^-.

Anomie *(engl. anomia; Syn. anomische Aphasie)* Menschen, die unter Anomie leiden, haben Schwierigkeiten Objektnamen zu finden. Dabei haben sie ein intaktes Sprachverständnis, können sinnvolle Sprache produzieren und Gesagtes nachsprechen. Das Besondere an dieser Schädigung, die an verschiedenen Orten im temporalen Kortex auftreten kann, ist, dass die Betroffenen das Wort in Verbform, allerdings nicht in Substantivform finden können (z. B. umschreiben sie: »Man kann damit kleben«, finden aber dennoch das Wort »Kleber« nicht).

Anorexia nervosa *(engl. anorexia nervosa; Syn. Anorexia mentalis, Magersucht)* Eine psychogene Essstörung mit einem selbst herbeigeführten Gewichtsverlust, wobei das eigene Körpergewicht mindestens 15 % unter dem Normalgewicht liegt. Der Beginn ist oftmals früh, darum auch Pubertätsmagersucht genannt. Die Prävalenz liegt bei etwa 1 % für Frauen und 0,08 % für Männer; der Altersgipfel findet sich im Bereich von 10–25 Jahren. Symptome können Nahrungsverweigerung, panische Angst vor Übergewicht, exzessive sportliche Aktivität, Erbrechen und Abführen sein. Die Patienten zeigen eine verzerrte Körperwahrnehmung, Schlankheitswahn und hohe Leistungsorientierung. Oft kommt es zur sozialen Isolation. Körperliche Folgeschäden können Amenorrhö, Wachstumsstörung, ausbleibende Brustentwicklung und Osteoporose sein. Die Letalität liegt bei 5 %, in Kliniken mit speziellen Stationen sogar bei 80 %. Als ätiologische Faktoren werden Traumata, Beziehungskonflikte, soziokulturelle Rahmenbedingungen, Wunsch nach Selbstkontrolle und genetische Faktoren diskutiert.

Anosmie *(engl. anosmia)* Mit Anosmie bezeichnet man den vollständigen (totale Anosmie) oder anteiligen (selektive Anosmie) Verlust des Geruchssinns. Das Fehlen des Geruchssinnes kann sowohl angeboren als auch erworben sein. Mögliche Ursachen hierfür können Beschädigungen des Nervus olfactorius (periphere Anosmie) oder des Nervus trigeminus (zentrale Anosmie) sowie Virusinfektionen, Hirntumore, Depressionen oder Rissverletzungen (z. B. nach einem Schädel-Hirn-Trauma) sein. Eine Sonderform stellt die gustatorische Anosmie dar, welche durch Verlegung der Riechspalte entstehen kann. Aufgrund der ortselektiven Empfindlichkeit der Riechschleimhaut auf bestimmte Geruchsqualitäten lässt sich mit bestimmten Reizstoffen der Ort der Schädigung ausfindig machen. Außerdem lässt sich mittels elektrischer Reaktionsolfaktometrie (oder Magnetresonanztomographie des Bulbus olfactorius) eine Anosmie diagnostizieren. Mit der Anosmie geht ein großer Verlust der Lebensqualität einher, da auch die Geschmackswahrnehmung beträchtlich eingeschränkt ist. Partieller Geschmacksverlust kann ggf. mit Gewichtsabnahme und dem Verlust der Wahrnehmung von Warnreizen (Fäulnisgeruch, Brandgeruch) einhergehen.

Anosognosie *(engl. anosognosia)* Anosognosie ist das Nichterkennen einer neurologischen Krankheit. Sie ist kein eigenständiges neuropsychologisches Syndrom, sondern eine Begleiterscheinung bestimmter Ausfälle, v. a. nach Neglekt, kortikaler Blindheit, Hemianopsie, Hemiparese und Hemiplegie. Sie tritt meist nach rechtshemisphärischen Schädigungen auf, nach linkshemisphärischen Schädigungen ist sie sehr selten und von kürzerer Dauer. Die betroffenen Personen leugnen ihre Behinderung, versuchen sie mit rationalen Argumenten zu erklären, entschuldigen sich oder konfabulieren (stellen erfundene Erlebnisse als selbst erlebt dar). Anosognosie ist von großer klinischer Bedeutung, da ohne Krankheitseinsicht eine Therapie gar nicht oder nur schlecht

erfolgen kann. Im Allgemeinen bildet sich die Anosognosie in den ersten drei Monaten zurück, sie kann aber auch bleibend sein. Auf den genauen Ort der Schädigung gibt es bisher keine eindeutigen Hinweise, es wird aber davon ausgegangen, dass eine Schädigung der Insula oder ihrer Verbindungen damit zusammenhängen könnte. Von einer neurologischen Grundlage wird inzwischen ausgegangen; die tiefenpsychologische Erklärung als Verdrängungsmechanismus ist als überholt anzusehen. Unterformen der Anosognosie sind (1.) die Asomatognosie (das Zugehören einer Extremität wird geleugnet), (2.) Somatoparaphrenie (die eigene Extremität wird einer anderen Person zugeordnet) und (3.) Anosodiaphorie (eine schwere Krankheit wird als Lappalie abgetan).

Anreiz *(engl. stimulus, incentive)* Einen Anreiz kann man als einen verstärkenden Stimulus definieren, welcher auf natürlichem (wie z. B. Futter, Wasser, soziale und sexuelle Partner) oder künstlichem Wege (wie z. B. Drogen oder intrakranielle Selbstreizung) die Neurone des Dopaminsystems erregt und somit homöostatische Bedürfnisse anspricht. Anreize können die Funktion eines primären, aber auch eines sekundären Verstärkers übernehmen (z. B. das Läuten einer Glocke, welches einer Nahrungszugabe in zeitlicher Nähe vorausgegangen ist).

Anreiztheorie *(engl. positive incentive theory)* Nach der Anreiztheorie werden Menschen und Tiere nicht durch ein internes Energiedefizit zum Essen getrieben, sondern eher durch die angenehmen Effekte der Nahrung. Nach der Anreiztheorie ist der Grad des Hungers vor allem mit den durch das Essen erzeugten Reizen verbunden. Dazu gehört neben dem Geschmack der Nahrung auch die bisher damit gemachten Erfahrungen, das Wissen, das darüber vorliegt, wie viel Zeit seit der letzten Nahrungsaufnahme vergangen ist, wie viel Nahrung noch im Verdauungstrakt vorhanden ist, wie hoch der Blutzuckerspiegel ist und ob weitere Personen anwesend sind. All diese miteinander interagierenden Faktoren sind ausschlaggebend für den Hunger, nicht aber ein Energiedefizit vor der Mahlzeit.

Ansatzplättchen Ansatzplättchen sind kleine Heftpunkte an den Zilien und verbinden über die »Tipp-

Links« (Spitzenverbindungen) die einzelnen Zilien der Haarzellen miteinander. In jedem Ansatzplättchen befindet sich ein Kationen-Kanal, der sich durch Streckung bzw. Dehnung der Zilien öffnet und Kationen (K^+) in die Zilien einströmen lässt. Beim Zurückbiegen der Zilien schließt sich dieser Kanal wieder und verhindert weiteres Einströmen der Kationen. An den Ansatzplättchen wird ein Rezeptorpotenzial ausgelöst.

Antagonist *(engl. antagonist)* Antagonisten können an Rezeptoren binden, verhindern aber im Gegensatz zu den Agonisten die Aktivierung dieser Rezeptoren (z. B. Curare am azetylcholinergen Rezeptor). Sie verhindern dabei die Bindung der Agonisten bzw. Transmitter an die jeweiligen Bindestellen. Direkte Antagonisten (kompetitive A.) binden dabei an dieselbe Bindungsstelle wie der Transmitter, indirekte Antagonisten (nichtkompetitive A.) binden an sekundäre Bindestellen und verhindern die Aktivierung des Rezeptors durch entsprechende Transmitter (u. a. durch Konforma-tionsänderungen, Änderung der Affinität zum Liganden), konkurrieren dabei aber nicht mit dem Transmitter um die Bindung am Rezeptor.

Antagonist, inverser *(engl. inverse antagonist)* Inverse Antagonisten binden am gleichen Rezeptor wie der ursprüngliche Transmitter und erzeugen einen umgekehrten Effekt der normalen Rezeptorenfunktion. Diese Antagonisten kommen auf natürlichem Wege im Körper selten vor.

anterior *(engl. anterior; v. lat. vorn, vorgelagert)* Anatomische Lagebezeichnung in der Medizin, z. B. Lobus frontalis (Frontallappen) liegt anterior zum Lobus parietalis (Scheitellappen). Gegenteil von ante-rior: posterior.

Anteriorer Gyrus zinguli ▶ Gyrus cinguli, anteriorer

anterograd *(engl. anterograde; v. lat. nach vorn gerichtet)* Anterograd ist die Bezeichnung für einen Zeitraum, der nach vorne gerichtet ist. In der Medizin benennt dieser Begriff das Phänomen, das sich Patienten an Ereignisse nicht mehr erinnern können, die nach einer bestimmten Erkrankung eintreten. Dabei wird dieser Erinnerungsverlust von der vorher eintretenden Erkrankung ausgelöst. Bei der anterograden Amnesie sind Patienten nicht mehr in der Lage, nach dem verursachenden Ereignis neue Gedächtnisinhalte zu bilden. In Bezug auf Nervenfasern bedeutet anterograd, dem Verlauf der Erregungsausbreitung folgend.

Antidepressiva, tetrazyklische *(engl. pl. tetracyclic antidepressants)* Tetrazyklische Antidepressiva sind Medikamente gegen depressive Erkrankungen mit stimmungsaufhellender Wirkung und sogenannte Antidepressiva der zweiten Generation. Da sie jedoch nur eine geringe antidepressive Wirkung und viele Nebenwirkungen aufweisen, werden sie nur noch selten verschrieben. In ihrer chemischen Struktur finden sich statt drei (wie bei trizyklischen Antidepressiva) vier Benzolringe. In ihrer Wirkung unterscheiden sie sich kaum von trizyklischen Antidepressiva.

Antidepressiva, trizyklische *(engl. pl. tricyclic antidepressants)* Trizyklische Antidepressiva (TZA) wirken positiv auf eine Depression, jedoch erst mit einer 1- bis 3-wöchigen Verzögerung nach Beginn der Einnahme. Der genaue Wirkungsmechanismus ist noch nicht zweifelsfrei geklärt; wahrscheinlich hemmen sie die Wiederaufnahme der Neurotransmitter Serotonin, Dopamin und Noradrenalin, die eine entscheidende Rolle bei affektiven Störungen spielen. Das führt dazu, dass diese Neurotransmitter länger im synaptischen Spalt wirken. Der Name geht auf den charakteristischen Aufbau der Moleküle zurück – die Strukturformel weist ein Grundgerüst aus drei zusammenhängenden Ringen auf. Die Nebenwirkungen von TZA sind beträchtlich, so dass nur noch selten auf diese Gruppe der Psychopharmaka zurückgegriffen wird.

Antidiuretisches Hormon *(engl. antidiuretic hormone; Syn. Adiuretin, Vasopressin [alte Bezeichnung])* Antidiuretisches Hormon (ADH) dient als Peptidhormon in erster Linie der Regulation des Körperwasserhaushalts und wird bei einer Verminderung des intra- und/oder extrazellulären Zellvolumens ausgeschüttet. ADH wird in den Neuronen der hypothalamischen Nuclei paraventricularis und supraopticus synthetisiert und von dort axonal in den Hypophysenhinterlappen transportiert. Seine Ausschüttung erfolgt direkt in das Blut und wird durch Hyperosmolarität (zu geringer Flüssigkeitsanteil in Relation zu den darin gelösten Teilchen), Hypovolämie (Verminderung der allgemeinen Flüssigkeitsmenge im Körper), Stress, Angst, Erbrechen, sexuelle Erregung, Angiotensin II, Dopamin und Endorphine stimuliert. ADH ist ein »Dursthormon«, dessen Wirkung in renaler Wasserresorption und arterieller Vasokonstriktion liegt.

antidrome Leitung *(engl. antidromic conduction)* Bei der antidromen Leitung wandern die Aktionspotenziale in entgegengesetzter Richtung, d. h. vom Axon zurück zum Soma der Nervenzelle.

antiemetisch *(engl. antiemetic)* Antiemetische Medikamente wirken Übelkeit und Erbrechen entgegen. Der obere Gastrointestinaltrakt wird sowohl cholinerg (Förderung der Peristaltik und rasche Beförderung des Mageninhaltes durch den Magen-Darm-Trakt) als auch dopaminerg (Hinderung der raschen Peristaltik zur Magenentleerung) innerviert. Die Gabe eines Dopaminantagonisten kann Stase und Erbrechen entgegenwirken und die Magenentleerung und Beschleunigung der Dünndarmpassage fördern. Antiemetika werden bei Übelkeit und Erbrechen, Magenentleerungsstörungen oder Refluxbeschwerden, aber auch zur unterstützenden Therapie bei Migräne eingesetzt.

Antigen *(engl. antigen)* Ein Antigen ist ein Molekül, dass von der Immunabwehr eines Organismus als Fremdstoff erkannt und die Bildung von spezifisch gegen dieses Antigen gerichteten Antikörpern hervorruft (humorale Immunantwort). Der Begriff des Antigens stammt aus der Immunologie. Werden körpereigene Moleküle fälschlicherweise als Antigene erkannt, führt dies zu einer Autoimmunreaktion. Dies ist bei Autoimmunkrankheiten wie z. B. Multiple Sklerose der Fall. Wenn für den Körper eigentlich harmlose Antigene eine übermäßige Produktion von Antikörpern anregen, werden sie als Allergene bezeichnet.

Antihypnotika *(engl. pl. antihypnotika)* Antihypnotika sind blutdrucksteigernde Mittel mit schlafhemmender Wirkung. Sie gehören zur Gruppe der Stimulanzien.

antikonvulsiv *(engl. anticonvulsive, anticonvulsant; Syn. antiepileptisch)* Antikonvulsiv bedeutet krampflösend oder mit hemmender Wirkung auf Krämpfe. Ein Antikonvulsivum/Antiepileptikum ist ein Arzneimittel zur Behandlung oder Verhinderung des wiederholten tonischen oder klonischen muskulären Krampfgeschehens.

Antikörper *(engl. antibody; Syn. Immunglobulin)* Antikörper (AK oder Ig) sind eine heterogene Gruppe von Eiweißstoffen und Träger der humoralen Immunität. Ihre Aufgabe ist die Abwehr von Infektionserregern und körperfremdem Material (sog. Antigene). Sezerniert werden sie von B-Lymphozyten, den Plasmazellen. Sie kommen sowohl im Blut als auch in der extrazellulären Gewebeflüssigkeit vor. Sie reagieren auf Antigene, wobei sie meist nur einen Teil von deren Struktur erkennen. Antikörper besitzen zwischen zwei (z. B. IgG) und zehn (IgM) identische spezifische Bindungsstellen für Antigene. Ihre Wirkung besteht darin, das Antigen zu binden und so dessen Wirkung an membranständigen Rezeptoren zu verhindern (Neutralisation) und/oder das Antigen für Phagozyten (Fresszellen) »schmackhaft« zu machen (Opsonierung). In einem dritten Mechanismus stoßen Antigen-Antikörper-Komplexe die Komplement-Kaskade an. Alle AK basieren trotz struktureller Unterschiede auf der gleichen Y-förmigen Grundstruktur mit je einer spezifischen Antigenbindungsstelle an den Enden der beiden Arme des Y-förmigen Eiweißmoleküls.

Antimüllersches Hormon *(engl. Anti-Muellerian hormone; Syn. Müllersches inhibierendes Hormon)* Das antimüllersche Hormon wird beim männlichen Fetus im dritten Monat von den Hoden ausgeschüttet. Es hemmt die Entwicklung der Müllerschen Gänge (weibliches »Vorläuferorgan«, aus dem sich die weiblichen Geschlechtsorgane bilden), was zu deren Rückbildung führt. Außerdem bewirkt es die Absenkung der Hoden in den Hodensack.

Antipsychotika *(engl. pl. antipsychotic drugs)* Antipsychotika sind Medikamente, die antipsychotisch und sedierend (beruhigend) wirken. Sie werden zur Behandlung von Psychosen eingesetzt, besonders zur Beseitigung von Halluzinationen und Wahnvorstellungen bei Schizophreniepatienten. Antipsychotika wirken auch gegen die manische Phase der bipolaren Störung. Diese Medikamente beeinflussen die synaptische Erregungsübertragung zwischen den Nervenzellen im Gehirn. Typische A. hemmen die Übertragung von Dopamin; atypische A. wirken hingegen antagonistisch auf bestimmte Serotoninrezeptoren. Diese Variante der Antipsychotika wurde entwickelt, um die gravierenden Nebenwirkungen auf Bewegungsabläufe und -kontrolle (Extrapyramidalsymptomatik) zu verringern.

antipyretisch *(engl. antipyretic)* Antipyretisch bedeutet »fiebersenkend«, d. h. ein fiebersenkendes Medikament wird als Antipyretikum bezeichnet. Eine solche Substanz erhöht die Wärmeabgabe der Haut, indem durch Hemmung der Prostagladin-E-Synthese im Hypothalamus die Hautgefäße geweitet werden und vermehrt Schweiß abgesondert wird.

antitussiv *(engl. antitussive)* Mit Antitussiva werden hustenstillende Medikamente bezeichnet. Diese Präparate wirken auf das Hustenzentrum des Stammhirnes (in der Medulla oblongata). Die meisten dieser Hustenstiller sind Abkömmlinge von Opioiden (z. B. Kodein) und haben daher leistungsbeeinträchtigende, ermüdende Wirkungen. Außerdem bergen sie in unterschiedlichem Maß die Gefahr einer Abhängigkeit. Einige Präparate, z. B. Clobutinol® (Silomat®), haben kein Suchtpotenzial, da sie nicht an Opioidrezeptoren binden.

Anxiolytika *(engl. pl. anxiolytic drugs)* Anxiolytika sind angstlösende bzw. -hemmende Psychopharmaka, die bei der Therapie von verschiedensten Angststörungen eingesetzt werden. Die zwei wichtigsten Medikamentengruppen dabei sind die Benzodiazepine (z. B. Valium), die am $GABA_A$ Rezeptor verstärkend wirken, sowie Serotoninagonisten (z. B. Buspiron, das seinen Effekt am $5\text{-}HT_{1A}$-Rezeptor entfaltet). Benzodiazepine haben eine Reihe von Nebenwirkungen, wie etwa Übelkeit, Müdigkeit, sowie eine enorm schnelle Suchtentwicklung mit den entsprechenden Entzugserscheinungen. Buspiron zeigt seine Wirkung ohne diese unerwünschten Nebeneffekte. Neben Buspiron wirken auch andere Serotoninagonisten (wie etwa die v. a. in der Depressionstherapie heute häufig verwendeten selektiven Serotonin-Wiederaufnahmehemmer, SSRIs) anxiolytisch.

Apex *(engl. apex)* Apex bedeutet Spitze oder Kuppe. In der Anatomie ist damit der vordere Teil oder Abschnitt eines Körperteils etc. gemeint (z. B. Apex linguae = Zungenspitze). Das Adjektiv »apikal« meint »auf die Spitze bezogen«. Als Apex wird zum Beispiel die Spitze der Gehörschnecke bezeichnet.

Aphagie *(engl. aphagia)* Aphagie bezeichnet die Unfähigkeit zu essen oder zu schlucken.

Aphasie, globale *(engl. global aphasia)* Aphasien sind Sprachstörungen, die sich auf die Expression oder das Verstehen von Sprache beziehen. Sie sind auf neurologische Erkrankungen oder Läsionen (meist in der sprachdominanten linken Hemisphäre) zurückzuführen. Während die Broca-Aphasie die Sprachproduktion negativ beeinflusst und bei der Wernicke-Aphasie vorwiegend das Sprachverständnis im Vordergrund steht, bezeichnet die globale Aphasie eine Störung, die sämtliche Sprachmodalitäten betrifft. Bei dieser schwersten Form kann eine Kommunikation mit dem betroffenen Patienten beinahe unmöglich sein, selbst ein Nachsprechen durch den Patienten ist nicht mehr möglich. Bei der globalen Aphasie betrifft die Schädigung alle sprachrelevanten Regionen um die sylvische Fissur. Globalaphasiker können sich häufig nur in geringem Umfang, sehr stockend und unter großer Anstrengung äußern, wobei Artikulation und Prosodie oft schwer beeinträchtigt sind. Aphasien können auch Lese- (Alexie) und Schreibstörungen (Agraphie) mit sich bringen.

Apikaldendriten *(engl. pl. apical dendrites)* Apikaldendriten sind einer von zwei Typen von Dendriten (basale sowie apikale Dendriten) pyramidenförmiger Nervenzellen. Beide entspringen an der Spitze der Pyramidenzellen (Perikaryon); apikale Dendriten sind jedoch länger als basale Dendriten und weisen in die dem Axon entgegengesetzte Richtung. Sie erstrecken sich quer vertikal durch die Schichten der Großhirnrinde.

Aplysia *(engl. aplysia)* Aplysia bezeichnet eine Gattung von Meeresnacktschnecken, die sich in der neurologischen Forschung großer Beliebtheit erfreuen. Grund sind die besonders großen Neuronen dieser Gattung, die eine einfache Handhabung und

Beobachtung ermöglichen. Das Studium der Aplysia hat in der Vergangenheit zu vielen grundlegenden Erkenntnissen um Lernen und Gedächtnis beigetragen. Aplysia erlangte ihre heutige Berühmtheit durch das Phänomen der Habituation: Bespritzt man die Schnecke an ihrem Siphon leicht mit Wasser, zieht sie sich zusammen, da dieser Reiz als bedrohlich wahrgenommen wird. Wartet man, bis sie sich wieder gestreckt hat und wiederholt die Prozedur, zieht sich Aplysia nach ein paar Durchgängen den Siphon nicht mehr ein. Die Gewöhnung (Habituation) hat eingesetzt, da der Reiz nach mehreren Durchgängen als nicht gefährlich eingestuft wurde.

Apomorphin *(engl. apomorphine)* Der Wirkstoff Apomorphin ist ein Morphinderivat mit starker Wirkung auf das Brechzentrum ohne gleichzeitig wesentliche allgemeine Vergiftungssymptome oder Stoffwechselveränderungen auszulösen. Es ist ein Dopamin-D2-Agonist und wurde so auch zur Diagnose und Behandlung der Parkinson-Krankheit eingesetzt. Aufgrund seiner starken Nebenwirkungen ist die Verwendung jedoch weitgehend eingeschränkt. Es wird selten bei Vergiftungen zur schnellen Magenentleerung (v. a. in der Veterinärmedizin) benutzt oder zur Beendigung eines Anfalls von essentieller paroxysmaler Tachykardie. In geringer Dosierung hat Apomorphin eine erektionsstimulierende Wirkung. Derartige potenzsteigernde Medikamente wurden unter den Handelsnamen Ixense® und Uprima® vertrieben, welche 2004 jedoch vom Markt genommen wurden.

Apoptose *(engl. apoptosis)* Apoptose bezeichnet einen programmierten Zelltod, der von der Zelle selbst herbeigeführt wird. Die betroffene Zelle schrumpft und zerfällt in Fragmente. Die Apoptose verläuft immer nach demselben Schema und ist ein normales, funktional wichtiges zelluläres Programm. Vor allem während der Entwicklung des zentralen Nervensystems kommt es zu einem massiven programmierten Zelltod (in manchen Bereichen sterben bis zu 50 % der Zellen durch Apoptose). Zu Beginn der Bildung des ZNS entstehen zu viele Neurone und diejenigen, die keinen oder zu wenig synaptischen Input erhalten, sterben durch Apoptose ab. Damit kann das Nervensystem optimal an die Umweltbedingungen angepasst werden. Im erwach-

senen Organismus spielt die Apoptose eine große Rolle beim Abbau kranker oder geschädigter Zellen. Chronischer Stress kann Apoptose reduzieren und damit zur Anhäufung von Gen- und Zelldefekten führen.

Apraxie, allgemeine *(engl. apraxia)* Störung der Bewegung, die nicht durch z. B. einen schwachen Muskeltonus, intellektuelle Verwirrtheit oder andere Bewegungsstörungen hervorgerufen ist, sondern durch eine Störung der Verbindungen zwischen dem parietalen Kortex und dem Motorkortex. Apraxie tritt häufig gemeinsam mit Aphasie auf.

Apraxie, konstruktive *(engl. constructive apraxia)* Konstruktive Apraxie bezeichnet eine Störung von gestaltenden Handlungen, die unter visueller Kontrolle ausgeführt werden, ohne dass primär sensorische Ausfälle oder Parese vorliegen. Sie wird durch Läsionen im rechten posterioren Parietallappen hervorgerufen. Menschen, die unter konstruktiver Apraxie leiden, haben Schwierigkeiten Gestaltungsaufgaben (z. B. Mosaik- oder Puzzleaufgaben) zu lösen, da ihre visuell-räumlichen Fähigkeiten eingeschränkt sind.

Apraxie, linksparietale *(engl. left parietal apraxia; Syn. ideomotorische Apraxie)* Bei der linksparietalen Apraxie können Patienten Bewegungen, wie z. B. mit der Schere schneiden, ausführen, sind aber nicht in der Lage, Bewegungen zu kopieren, diese auf Zuruf auszuführen oder zu gestikulieren. Die Störung kann sich außerdem durch Parapraxien (an sich richtige Einzelbewegungen werden in falscher Reihenfolge ausgeführt und erfolgen mit unnötigen zusätzlichen Bewegungen) ausdrücken. Diese Form der A. wird meist durch Läsionen in linksseitigen posterior parietalen Arealen und in der Kommissurenbahn zum motorischen Assoziationskortex ausgelöst.

Apraxie, okuläre *(engl. oculomotoric apraxia)* Diese Form der Apraxie ist eine massive Störung der Steuerung der Augenbewegungen, die z. B. im Zusammenhang mit dem Balint-Syndrom auftritt. Der Patient ist nicht mehr in der Lage, seinen Blick zu steuern bzw. auf ein Objekt gerichtet zu halten. Gesehenes kann örtlich nicht lokalisiert werden.

A

Apraxie, sympathetische *(engl. sympathetic apraxia)* ist eine Bewegungsstörung der linken Hand, die auf einer Läsion des linken Frontallappens beruht.

Aquaeductus cerebri *(engl. aquaeductus cerebri, cerebral aquaeduct, sylvian aquaeduct; Syn. Aqueductus mesencephali, Aqueductus sylvii)* Der Aquaeductus cerebri ist Teil des Ventrikelsystems im Gehirn und verbindet als schmaler Kanal den dritten Ventrikel (im Dienzephalon) mit dem vierten Ventrikel (im Rhombenzephalon). Eine Verengung oder Blockade des Aquädukts (etwa durch einen Tumor) führt zu einem Stau der durch die Ventrikel fließenden Zerebrospinalflüssigkeit (CSF). Durch das verhinderte Abfließen der CSF schwillt mit den Ventrikeln das ganze Gehirn an und es kommt zu einem Hydrozephalus, dem sog. Wasserkopf. Zur Behandlung muss die überflüssige CSF abgeleitet werden, um die Ursache der Verengung zu eliminieren.

Arachidonsäure *(engl. arachidonic acid)* Arachidonsäure ist eine vierfach ungesättigte Fettsäure, die nur in tierischen Fetten vorkommt und mit der Nahrung aufgenommen wird. Sie kann aber auch vom Körper selbst aus Omega-6 Fettsäuren gebildet werden. A. ist ein Second Messenger und kann durch die Plasmamembran diffundieren, wird außerdem in den Zellwänden der Körperzellen eingelagert, was durch hormonelle Steuerung geschieht. Durch oxidative Prozesse wird die A. freigesetzt und ein entzündungsvermittelnder Stoff entsteht, der gleichzeitig Ursache für gesteigertes Schmerzempfinden ist. Der Arachidonsäure-Stoffwechsel ist somit bei unterschiedlichen Erkrankungen wie u. a. Rheuma, Allergien, Neurodermitis oder Arteriosklerose von Bedeutung. A. kann verschiedene Enzyme aktivieren bzw. inhibieren, bspw. Phospholipase oder Proteinkinase C.

Arachnoidea mater *(engl. arachnoid mater; Syn. Spinnengewebshaut)* Die Arachnoidea mater ist von vielen Gefäßen durchzogen, die ihr ein spinnenwebartiges Aussehen verleihen. Sie ist die mittlere der drei Hirnhäute und besteht aus einer bindegewebshaltigen beidseits endothelbedeckten Membran, die eng an der Dura mater (harte Hirnhaut) anliegt. Von der unter ihr liegenden Pia mater ist sie durch den Subarachnoidalraum, der den Liquor enthält, getrennt. Sie

zieht gerade über das Gehirn hinweg, dringt aber nicht wie die Pia mater in die Sulci (Gehirnfurchen) ein. Ihre Arachnoidalzotten reichen in die venösen Blutleiter der Dura mater und dienen der Liquorresorption. An der Grenze zur Dura mater weist die Arachnoidea außerdem mehrere Lagen von flachen Zellen auf, die durch tight junctions miteinander verbunden sind. Diese stellen einen Teil der Diffusionsbarriere (Blut-Hirn-Schranke) des Gehirns dar.

Arbeitsgedächtnis *(engl. working memory; Syn. unmittelbares Gedächtnis)* Das Arbeitsgedächtnis (AG) dient der vorübergehenden Speicherung (short-term storage) und gleichzeitigen Verarbeitung von Informationen. Das AG ist eine Unterform des Kurzzeitgedächtnisses (KZG), welches einen begrenzten Speicher von 7+/-2 Elementen über Sekunden bis Minuten im ventromedialen präfrontalen Kortex enthält. Das AG besteht aus mehreren Subsystemen, ist in seiner Kapazität begrenzt und eng mit dem Langzeitgedächtnis (LZG) verbunden. Nach dem 1986 von A. Baddeley entwickelten Modell wird das AG in eine zentrale Exekutive und die zwei untergeordnete Systeme (»Sklavensysteme«) *phonological loop* (Aufrechterhaltung phonologisch kodierbarer Information) und *visuospatial sketchpad* (Aufrechterhaltung visuell-räumlicher Information) untergliedert.

Archikortex *(engl. archicortex)* Der entwicklungsgeschichtlich alte Archikortex gehört zum Großhirn (Telenzephalon) und besteht aus Hippocampus, Regio entorhinalis und Teilen des Gyrus cinguli. Er liegt im unteren medialen Temporallappen und besitzt einen gleichförmigen dreischichtigen Aufbau. Hippocampus und Gyrus cinguli bilden zusammen das Zentrum des limbischen Systems. Der Hippocampus ist maßgeblich an der Gedächtnisbildung, Aggressionen, Motivation und Bewusstsein beteiligt. Er erhält afferente Impulse aus der Regio entorhinalis, d. h. Informationen über somatische, motorische, auditive und olfaktorische Vorgänge. Efferente Impulse werden durch den Fornix (Faserstruktur) abgegeben an das Septum, Corpus amygdaloideum und den Hypothalamus.

Area peribrachiales *(engl. peribrachial area)* Eine Ansammlung von azetylcholinergen Neuronen in der dorsolateralen Brücke des Hirnstamms, die sich um das Brachium conjunktivum herum gruppieren. Die Aktivität dieser Neurone steht im Zusammenhang mit dem Wach-Schlafrhythmus des Organismus. Eine erhöhte Feuerrate dieser Neurone kann während aktiver Wachheit des Organismus und in Phasen des REM-Schlafes beobachtet werden. Die Neurone der Area peribrachiales projizieren u. a. zur medialen pontinen Formatio reticularis, deren Aktivität die REM-Schlaf-Initiierung mitbewirkt. Andere Projektionen sind ins Vorderhirn und in die Hirnstammbereiche, die für Augenmuskelbewegungen zuständig sind, gerichtet.

Area postrema *(engl. Area postrema)* Die Area postrema beinhaltet den Bereich der Formatio reticularis am kaudalen Ende der Rautengrube unmittelbar unter der Hirnoberfläche, welcher den zirkumventrikulären Organen zugeordnet wird (d. h. keine Blut-Hirn-Schranke besitzt). Dieser aktiviert und koordiniert zusammen mit angrenzenden Kerngebieten und dem ventral liegenden Kernkomplex der Ncl. tractus solitarii einen Reflexbogen, welcher für das Erbrechen verantwortlich ist.

Area praepiriformis *(engl. prepiriform area)* Die Area praepiriformis ist ein Riechareal (hirnbasales Feld vor dem parahippocampalen Gyrus), welches bei der Geruchsdiskrimination aktiv ist.

Area striata *(engl. striate cortex; Syn. V1, primärer visueller Cortex)* Unter Area striata versteht man den primären visuellen Kortex (V1), der okzipital begrenzt vom Sulcus calcarinus und Sulcus occipitoparietalis liegt. Dieses Areal erhält Input, d. h. visuelle Informationen, vom im Thalamus gelegenen Corpus geniculatum laterale. Die Bezeichnung Area striata (gestreifter Kortex) bezieht sich auf den Kortex dieser Region, der aus dunklen Zellschichten (Striation) besteht. In den verschiedenen Schichten des primären visuellen Kortex kommen alle Arten visueller Information an und werden hier überden dorsalen bzw. den ventralen Verarbeitungspfad zur weiteren Analyse und Differenzierung sowie letztlich zur Integration in die höheren visuellen Areale geschickt (V2, V4, V5).

Area tegmentalis ventralis *(engl. ventral tegmental area)* Dieses Gebiet ist zusammen mit der Substantia nigra Zentrum verschiedener dopaminerger Systeme und Teil des ventralen Mittelhirns (Mesenzephalon). Die Nervenzellkörper der hier liegenden Neurone sind Ausgangspunkt des sog. mesolimbokortikalen Bahnensystems, welches weite Teile des zerebralen Kortex und des limbischen Systems (u.a. Nucles accumbens, Amygdala und Hippocampus) mit dem Neurotransmitter Dopamin versorgt. Die Region wird in Verbindung gebracht mit selbststimulativen Prozessen und Suchterkrankungen. Im ventralen tegmentalen Areal (VTA) beginnt und schließt sich die »ventrale Schleife« (= System von Faserbahnen, das vom orbitofrontalen und zingulären Kortex zu subkortikalen limbischen Zentren läuft).

Areal, medio-superior-temporales *(engl. superior mediotemporal area)* Das medio-superior-temporale Areal (MST) schließt sich an das MT-Areal (mediotemporales Areal, V5) an und steht im Dienste der Verarbeitung von Bewegungen und visueller Bewegungs- und Tiefeninformation. Es erhält Informationen aus dem V5, reagiert allerdings auf komplexere Bewegungen als dieses Areal. Dazu gehören z. B. Spiralbewegungen. Der dorso-laterale Teil des MST (MSTd) ist für die Analyse des optischen Fließens zuständig, welches wesentlich für das Einschätzen der Eigenbewegung im Raum ist.

Areal, medio-temporeales *(engl. mediotemporal area, midtemporal area, area MT)* Das medio-temporale (MT; V5) Areal gehört zur Dorsalbahn (sog. »Wo-Bahn«). Hier werden die visuellen Bewegungs- und Tiefeninformationen analysiert. Dabei sind die Neurone nicht nur richtungsselektiv, sondern auch geschwindigkeitsselektiv und sensitiv für binokuläre Unterschiede. Daher führen Läsionen in V5 zu Akinetopsie (Unfähigkeit sich bewegende Objekte wahrzunehmen). Das V5 ist retinotop organisiert. Vom MT-Areal aus zieht der dorsale Pfad weiter in den posterioren Parietallappen.

Areal, supplementär-motorisches *(engl. supplementary motor area)* Das supplementär-motorische Areal (SMA) bildet den medialen Anteil der prämotorischen Rinde und wird dem Brodmann-Areal 6 zugeordnet. Die Efferenzen des SMA bilden einen wesentlichen Bestandteil des Regelsystems des Zere-

A

bellum-Thalamus-motorischen Kortexes. Seine Funktion besteht hauptsächlich in der Organisation von Bewegungssequenzen, die an die primäre motorische Rinde weitergeleitet werden. Die neuronale Aktivität im supplementär-motorischen Areal nimmt bereits bei der Vorstellung verschiedener Bewegungsfolgen zu. Läsionen des supplementär-motorischen Areals führen oft zur Hypokinesie (Bewegungsarmut) der kontralateralen Extremitäten.

Aroma *(engl. flavour)* Das Aroma eines Stoffes ist eine Mischung von Geschmack und Geruch. Es entsteht durch Kombination vieler Einzelsubstanzen, den sog. Aromastoffen (flüchtige chemische Verbindungen). Man unterscheidet natürliche, naturidentische und künstliche Aromen. Natürliche Aromen sind Substanzen, die in der Natur vorkommen. Naturidentische Aromen werden im Labor künstlich erzeugt, haben allerdings dieselbe chemische Zusammensetzung wie ihre natürlichen Pendants. Künstliche Aromen sind synthetisch bzw. künstlich hergestellte Substanzen, die keinerlei chemische Ähnlichkeit mit dem natürlichen Aroma haben und in der Natur nicht vorkommen.

Aromatenbiosynthese *(engl. aroma biosynthesis; Syn. Aromatisierung)* Die Aromatenbiosynthese ist die Biosynthese von Aromaten oder Verbindungen, die mit dem Benzol verwandt sind. Die Bezeichnung »Aromat« entstand durch die historisch bedingte Wahrnehmung des typischen Geruchs dieser Verbindung. Aromaten sind zyklische Moleküle, die in mehrfach ungesättigten Verbindungen auftreten, d. h., dass sie mindestens einen Ring bilden, der oft einem Benzolring entspricht. Zu den Beispielen zählen u. a. aromatische Kohlenwasserstoffe (Arene), wie das Benzol (C_6H_6) oder das Toluol (Methylbenzol, C_6H_5-CH_3) und Kohlenwasserstoffe mit mehreren Ringen (polyzyklische aromatische Kohlenwasserstoffe), wie das Naphthalin ($C_{10}H_8$) oder das Azulen ($C_{10}H_8$).

Aromatisierung *(engl. aromatization)* Aromatisierung ist ein biochemischer Prozess, bei dem Aromate an Hormone gebunden werden. Aromate sind Kohlenstoff-Ring-Verbindungen mit mindestens sechs Kohlenstoffatomen, jedes zweite hat eine Doppelbindung. Aromate sind bspw. Benzol und Anaphalin. Eine wichtige Aromatisierung ist die Umwandlung von Testosteron in Östradiol im ZNS. Bei perinatalem Testosteron geht man von einer Vermännlichung des Gehirns durch A. aus.

Arousal *(engl. arousal)* Arousal ist eine Alarmreaktion des Organismus, bei der Stresshormone ausgeschüttet werden, die im ganzen Körper wirken, v. a. im Gehirn, im vegetativen Nervensystem und auf den Stoffwechsel. Der Mensch empfindet dabei eine Erregung, bspw. durch sexuelles Verlangen, Ärger oder Angst. Das Niveau des A. kann situationsabhängig verschieden hoch ausfallen und wird mit Hilfe des EEG als elektrische Spannung gemessen. Ein niedriges A. ist dabei durch eine niedrige Frequenz (< 10 Hz) und eine hohe Amplitude gekennzeichnet, höheres A. dagegen durch schnelle, unregelmäßige Fluktuationen und kleine Amplituden. In der Neuropsychologie bezeichnet man mit A. eine allgemeine Aktivierung des Kortex, die durch ankommende sensorische Impulse ausgelöst wird. Die Vermittlung dieser Impulse erfolgt über die Bahnen der Formatio reticularis des Hirnstammes. Resultat einer Stimulation dieser Bahnen ist eine erhöhte Aufmerksamkeit oder Wachheit sowie eine schnellere Reaktionsfähigkeit.

Arterie *(engl. artery; Syn. Pulsader, Schlagader)* Im »großen Blutkreislauf« leiten Arterien sauerstoff- und nährstoffreiches Blut vom Herzen weg in den Körper. Im Lungenkreislauf dagegen führen A. relativ sauerstoffarmes Blut vom Herzen zur Lunge. Arterien enthalten nur ungefähr 20 % des gesamten Blutvolumens. Mit einem Durchmesser von ca. 3 cm ist die größte menschliche Arterie die Aorta. Man unterscheidet zwei Arterienarten: (1.) Muskulärer Typ: Kleinere, herzfern gelegene und aus glatter Muskulatur bestehende Gefäße. Sie sind verantwortlich für die Aufrechterhaltung des Blutdrucks. (2.) Elastischer Typ: Große, herznahe sowie sehr elastische Gefäße, die den pulsatilen (ruckartigen) Blutfluss in eine kontinuierliche Strömung umwandeln. Die Wand der Arterie ist aus drei Schichten aufgebaut: Tunica interna (einschichtiges Endothel und Bindegewebe), Tunica media (Muskelschicht) und Tunica externa (Bindegewebe, Nerven und Gefäße).

Arteriosklerose *(engl. atherosclerosis; Syn. Arterienverkalkung)* Arteriosklerose ist der medizinische Fachbegriff für eine in der Alltagssprache als »Arterienverkalkung« bekannte Erkrankung. Sie ist die häufigste krankhafte Veränderung der Arterien, die mit Verhärtung, Verdickung, Verengung und Elastizitätsverlust der Arterien einhergeht. Die Ursachen für A. sind vielfältig. Hypertonie, Diabetes mellitus, Nikotin, Hypoxie, Entzündungen, psychischer Stress, Alter und familiäre Belastung zählen zu den bekanntesten Risikofaktoren. Die Folgen dieser Gefäßerkrankung sind Herz-Kreislaufstörungen und Blutdruckerhöhung bis hin zu psychischen Veränderungen (arteriosklerotische Demenz).

Asomatognosie *(engl. asomatognosia)* Asomatognosie bezeichnet den Wahrnehmungs- oder Wissensverlust über eigene Körperteile und deren Erkrankungen. Es können eine oder beide Körperhälften betroffen sein. Da häufig eine Läsion im rechten posterioren Parietallappen vorliegt, betrifft es meist die linke Körperseite. Es gibt verschiedene Formen der A., z. B. (1.) Asymbolie: Unfähigkeit zur Verwendung gebräuchlicher Zeichen; (2.) Anosognosie, somatosensorische: Unfähigkeit, körperliche Krankheiten zur Kenntnis zu nehmen; (3.) Autotopagnosie (Syn. Körperbildagnosie): Unfähigkeit, eigene Körperteile zu benennen und im Raum zu lokalisieren.

Aspirationsmethode *(engl. aspiration)* Die Aspirationsmethode ist eine Läsionsmethode aus der invasiven Hirnforschung mit Tieren. Hierbei wird jener Bereich des Gehirns, über dessen Funktion man spekuliert, abgesaugt und dann die läsionierten Tiere in Experimenten mit nichtläsionierten verglichen. Voraussetzung für den Eingriff ist, dass das entsprechende Areal gut zugänglich und nicht zu klein ist.

Assoziationsfaser *(engl. association fiber)* Eine Assoziationsfaser ist ein Neurit der Großhirnnervenzelle (Assoziationszelle). Er verknüpft verschiedene Hirnrindengebiete einer Hirnhemisphäre miteinander, wobei er meist zu Assoziationsbahnen gebündelt auftritt. Assoziationsfasern findet man in der äußeren der sechs Schichten der Großhirnrinde.

Assoziationskortex, motorischer *(engl. association motor cortex)* Der motorische Assoziationskortex gehört zum Neokortex und hat wie alle Assoziationsareale keine eindeutig abgrenzbare Funktion. Er liegt im Frontalbereich, wo Informationen aus anderen Rindenfeldern und dem limbischen System zusammenlaufen. Efferente Verbindungen hat der motorische Assoziationskortex zu Striatum und Kleinhirn. Bei Bewegungsabläufen ist dieser Assoziationskortex an der Strategiegewinnung (wie ein bestimmtes Ziel zu erreichen ist) beteiligt. Bei einer Schädigung im motorischen Kortex kann es zu schweren Störungen der Willkürmotorik kommen. Es fehlt ein Verhaltensplan und motorische Handlungen werden zwar korrekt durchgeführt, sind aber nicht an die Situation angepasst.

Assoziationskortex, posteriorer parietaler *(engl. posterior parietal association cortex)* Eine Hirnregion im hinteren Bereich des Parietallappens, die visuelle und propriozeptive Informationen integriert und verschiedene motorische Zentren (z. B. den dorsolateralen frontalen Assoziationskortex) ansteuert und so bspw. die Augenbewegung, räumliche Wahrnehmung oder das Greifen und Manipulieren von Objekten mit beeinflusst. Schädigungen dieser Hirnregion führen häufig zu Apraxien (Beeinträchtigung in der Ausführung gezielter Bewegungen) oder zu kontralateralem Neglekt (Unfähigkeit auf Stimuli, die sich im Gesichtsfeld kontralateral zur beeinträchtigten Hirnregion befinden, zu reagieren).

Assoziationskortex, sensorischer *(engl. sensory association cortex)* Beim sensorischen Assoziationskortex handelt es sich um eine Region des zerebralen Kortex, in die alle Informationen aus den Regionen des primären sensorischen Kortex zusammenlaufen. Hier findet Wahrnehmung und Gedächtnisbildung statt, indem die Informationen aus dem primären sensorischen Assoziationskortex analysiert werden. Die Regionen des sensorischen Assoziationskortex, die nur einem primären sensorischen Areal direkt benachbart liegen, erhalten nur Informationen aus diesem einen Areal. Regionen, die sich weit entfernt von den primären sensorischen Arealen befinden, erhalten Informationen von mehreren sensorischen Systemen und erlauben somit die Integration der Informationen aus den unterschiedlichen primären sensorischen Arealen. Auf diesem Weg findet z. B.

A

die Integration von visueller und motorischer Informationen statt.

Astereognosie *(engl. astereognosia)* Als Astereognosie wird die Unfähigkeit bezeichnet, Objekte mittels des Tastsinns zu erkennen. Ausschlusskriterien sind allgemeine intellektuelle Beeinträchtigung oder einfache sensorische Defekte. Durch eine Störung der taktilen Wahrnehmung ist es nicht möglich, Umrisse eines Körpers (wie Münze, Schlüssel oder Sicherheitsnadel) auf der Handoberfläche zu ertasten. Dagegen wird die Fähigkeit der Gestalt- und Raumwahrnehmung durch Betasten oder Tasterkennung als Stereognosie bezeichnet. Tastblindheit gehört zu den somatosensorischen Agnosien, die durch Läsionen des Parietallappens hervorgerufen werden.

Astrozyt *(engl. astrocyte, astroglia; Syn. Sternzelle, Spinnenzelle)* Die sternförmigen Astrozyten kommen nur im Zentralnervensystem vor und sind die größten Gliazellen. Ihre Fortsätze können stark verästelt und dick (protoplasmatische Astrozyten) oder weniger stark verästelt und schlank sein (fibrilläre Astrozyten). Die protoplasmatischen Astrozyten kommen v. a. in der grauen Substanz vor, die fibrillären Astrozyten in der weißen. Die generelle Funktion der Astrozyten ist die Stützung des ZNS, so wird z. B. zugrunde gegangenes Hirngewebe durch Astrozyten ersetzt. Durch die Umhüllung der Hirnblutgefäße gewährleisten sie den Austausch von Nährstoffen und Stoffwechselprodukten zwischen Neuronen und Blut. Astrozyten sind am Aufbau der Blut-Hirn-Schranke nachhaltig beteiligt. Weitere Funktionen von Astrozyten umfassen die Immunabwehr (Phagozytose), die Differenzierung von Neuronen, die Aufnahme von ausgeschütteten Transmittern, die Erregbarkeitsmodulation benachbarter Nervenzellen, die Cholesterinversorgung der Nervenzellen und die Synthese antioxidativer Substanzen.

Ataxie *(engl. ataxia)* Ataxie bezeichnet den Verlust der Bewegungskoordination, ausgelöst durch eine Läsion oder Degeneration von Nervenzellen im Zerebellum (Kleinhirn) oder im Rückenmark. Ataxie ist ein Symptom unterschiedlichster Erkrankungen, die Degenerationen zur Folge haben (z. B. Multiple Sklerose, Parkinson, Creutzfeldt-Jakob oder Amyo-

trophe Lateralsklerose). Auch Vergiftungen (etwa Alkoholmissbrauch) können Ataxien nach sich ziehen. Sie können in verschiedenen Lebensaltern ausbrechen, verschiedene Körperregionen betreffen (spezifische Ataxien werden danach benannt, etwa eine Extremitäten-Ataxie) und je nach Art auch einen progredienten Verlauf haben.

Atemzeitvolumen *(engl. respiratory minute volume)* Das Atemzeitvolumen lässt sich mittels einer Formel berechnen: Atemzeitvolumen = Atemzugvolumen * Atemfrequenz. Eine erwachsene Person atmet pro Atemzug ca. 500 ml Luft ein und aus. Die Atemfrequenz bezeichnet die Anzahl der Atemzüge innerhalb eines bestimmten Zeitraumes. Eine erwachsene Person hat eine Atemfrequenz von circa 14–16 Atemzügen pro Minute. Das Atemzeitvolumen bezeichnet also die Luftmenge, die in einer bestimmten Zeitspanne ein- und ausgeatmet wird.

Atonie *(engl. atonia)* Unter Atonie wird Abspannung oder Schlaffheit der Muskulatur verstanden (im Spannungszustand = Tonus). Gründe für Muskelschwäche können z. B. Krankheiten, mangelnde oder falsche Ernährung, hohes Alter oder lange Ruhephasen sein. Um Muskeln wieder aufzubauen, muss zunächst die Ursache für die Atonie entdeckt werden. Danach kann ein gezieltes Aufbautraining, unterstützt durch z. B. Akupunktur der Muskeln, vorgenommen werden. Bei der schweren Erbkrankheit Muskeldystrophie, bei der Muskeln systematisch bis zum Tod abgebaut werden, ist die Wiederherstellung der Muskelkraft nicht möglich.

Atrophie *(engl. atrophy; Syn. Gewebsschwund)* Atrophie bedeutet Gewebsschwund, bei dem sich sowohl Muskeln als auch Knochen und Fleisch zurückbilden. Dieser kann durch eine zu geringe Nutzung der Muskulatur (Inaktivitätsatrophie), aber auch in Folge von Stoffwechselstörungen, Mangelernährung oder nach Infektionen oder Schädigungen auftreten. Einen Gewebsschwund, der durch Größenabnahme der Zellen auftritt, nennt man Hypotrophie; tritt er durch Abnahme der Zellzahl auf, wird er Hypoplasie genannt.

Atropin *(engl. atropine)* Atropin ist eine den Parasympathikus hemmende Substanz, die in Nachtschattengewächsen (z. B. Tollkirsche oder Stechapfel) vorkommt. Sie besetzt als kompetitiver Antagonist muskarinerge Azetylcholinrezeptoren, d. h. das aktivierende Azetylcholin (ACh) kann nicht mehr an den Rezeptoren binden. Zu den Wirkungen des Atropin gehören Pupillenerweiterung, Akkommodationslähmung, Schweiß- und Speichelreduktion (Hautleitfähigkeit wird erniedrigt, Mundtrockenheit), Spasmolyse (Spasmen werden gelöst), Peristaltikhemmung und Herzbeschleunigung (durch Steigerung der Sinusknotenfrequenz, bei sehr geringen Dosen auch Verlangsamung). Atropin wirkt weiterhin auf das zentrale Nervensystem; so wird die Leistungsfähigkeit meist beeinträchtigt, sehr hohe Dosen können auch Halluzinationen verursachen.

Attacke, psychomotorische *(engl. psychomotoric attack)* Die psychomotorische Attacke ist ein Symptom der Epilepsie. Es zeigt sich bspw. bei spontan auftretenden epileptischen Anfällen in ausfallenden motorischen Bewegungen oder beim Clusterkopfschmerz durch Verengung der Pupille und Hängen des Augenlids.

Aufmerksamkeit, selektive *(engl. selective attention)* Unter selektiver Aufmerksamkeit versteht man die Hinwendung zu einem bestimmten Stimulus unter Vernachlässigung anderer umgebender Stimuli.

Aufmerksamkeit, visuelle *(engl. visual attention)* Visuelle Aufmerksamkeit ist die konzentrierte Hinwendung zu visuellen Stimuli. Dies kann einen sehr begrenzten visuellen Raum oder einzelne, spezifische Objekte betreffen (fokussierte Aufmerksamkeit) oder aber einen eher unspezifischen, großen Raum umfassen (globale Aufmerksamkeit).

Aufmerksamkeitsdefizit-Hyperaktivitätsstörung *(engl. attention deficit hyperactivity disorder, ADHD)* Aufmerksamkeitsdefizit-Hyperaktivitätsstörung (ADHS) ist eine langwierige und schwere Verhaltensstörung. Sie äußert sich durch gestörte Konzentrationsfähigkeit, Impulsivität und Hyperaktivität. ADHD entfaltet sich besonders im Kinder- und Jugendalter, die Folgen können aber auch noch im Erwachsenenalter sichtbar sein (z. B. Alkohol- und Drogenmissbrauch). Betroffene Kinder haben Probleme und Anpassungsschwierigkeiten im sozialen und schulischen Bereich, zudem treten häufig Konflikte mit Gleichaltrigen und in der Familie auf. Zusätzlich zeigen sich Begleiterkrankungen wie Störungen des Sozialverhaltens, aggressive Störungen, Depressionen, Angststörungen, Lese-Rechtschreibschwäche und Rechenschwäche. Neben einer genetischen Disposition für ADHS, findet man auch eine Störung des Neurotransmitteraustausches zwischen Stirnhirn und Basalganglien. Als ADHS-begünstigende psychosoziale Faktoren werden u.a. ungünstige Familienverhältnisse und chaotische Umweltbedingungen genannt. Die Behandlung von ADHS erfolgt durch Medikamente (z.B. Ritalin) und Psychotherapie.

Auge *(engl. eye)* Das Auge ist das Sehorgan von Menschen und Tieren. Das menschliche Auge reagiert auf elektromagnetische Wellen mit einer Wellenlänge von etwa 350 nm bis 750 nm (sichtbares Licht). Das Auge besteht im Wesentlichen aus Cornea, Iris, Linse, vorderer und hinterer Augenkammer, Ziliarmuskel, Zonulafasern, Glaskörper, Retina, Pigmentepithel, der Ader- und Lederhaut. Die Stellung jedes Auges wird von sechs äußeren Augenmuskeln kontrolliert. Die am einfachsten aufgebauten »Augen« sind lichtempfindliche Sinneszellen auf der Haut von Tieren (Hautlichtsinn). Mit ihnen ist nur eine Hell-Dunkel-Unterscheidung möglich. Die Augen von Insekten bestehen aus vielen Einzelaugen (Fazettenaugen) und liefern ein rasterartiges Bild der Umgebung. Bei den meisten Wirbeltieren und vielen Weichtieren wird ein Abbild der Umgebung auf eine lichtempfindliche Schicht projiziert (Netzhaut, Retina), die Photorezeptoren (Sinneszellen) enthält. Die Augen von Wirbeltieren und Weichtieren ähneln sich im Aufbau stark, trotzdem haben sie sich phylogenetisch (in der Evolution) unabhängig voneinander entwickelt.

Augenbewegungen *(engl. pl. eye movements)* Die Augen können durch sechs Muskeln, die antagonistisch arbeiten, bewegt werden. Durch diese extraokulären Muskeln können die Augen horizontal, vertikal und rotierend bewegt werden. Man unterscheidet drei Typen von Augenbewegungen: (1.) Sakkadische Bewegungen: beim visuellen Abtasten einer Szenerie bewegen sich die Augen nicht gleich-

A

mäßig, sondern sprunghaft (in sog. Sakkaden), d. h. der Blick wird von einem fixierten Punkt ruckartig (so schnell die Augen können) zum nächsten bewegt. Die Länge einer Sakkade beträgt zwischen 15 und 100 ms. Sakkadische Bewegungen werden sowohl bewusst als auch unbewusst ausgelöst. (2.) Glatte Folgebewegungen: diese Art der Augenbewegung dient dazu, ein bewegtes Ziel in der Fovea zu halten. Sie werden bewusst ausgeführt. (3.) Vergenzbewegungen: Um ein Ziel auf korrespondierenden Netzhautpunkten der beiden Augen zu halten, müssen diese kooperativen Bewegungen der Augen ausgeführt werden. So wird z. B. eine Vergenzbewegung der Augen nach innen (Richtung Nase) vollzogen, wenn sich das fixierte Objekt dem Gesicht nähert, um das Objekt weiterhin scharf zu sehen.

Augendominanzsäulen (engl. ocular dominance columns) Augendominanzsäulen dienen der Organisation des visuellen Systems im visuellen Kortex und sind eine Voraussetzung für binokulares Sehen. Die Mehrheit der Zellen im visuellen Kortex sprechen optimal auf ein Auge an (Augendominanz). Sie sind übereinander in ungefähr 0,5 mm dicken Säulen organisiert und in Augendominanzsäulen für das rechte und linke Auge abwechselnd angeordnet.

Aura, epileptische (engl. epileptic aura) Gelegentlich haben Epileptiker kurz vor einem epileptischen Anfall eine sog. epileptische Aura. Dies sind psychische Empfindungen, die verschiedene Formen annehmen können, z. B. ein bestimmter Gedanke, ein bestimmter Geruch, eine Halluzination oder ein Engegefühl in der Brust. Eine epileptische Aura ermöglicht einer betroffenen Person vor einem Anfall Vorkehrungen zu treffen oder ihn durch bestimmte Methoden, wie z. B. der Konzentration auf ein bestimmtes Wort, abzuwenden. Außerdem ermöglicht die Art der epileptischen Aura einen Rückschluss auf die Lage des epileptischen Herds.

Aurikula (engl. auricle; Syn. Ohrmuschel) Die Aurikula bildet mit dem äußeren Gehörgang den äußeren Teil des Ohres, der durch das Trommelfell vom Mittelohr abgegrenzt ist. Die mit Knochenhaut (Periost) des Schädels verwachsene Ohrmuschel ist aus elastischem Knorpelgewebe geformt (Ausnahme Ohrläppchen) und mit Haut überdeckt. Dem aus

einem Stück bestehenden Ohrknorpel, der für die Form der Ohrmuschel verantwortlich ist, verdankt die Aurikula ihre Biegsamkeit. Die starke Faltung des Ohrknorpels führt zum typischen Ohrrelief mit zahlreichen Erhebungen und Vertiefungen (wie Helix, Scapha, Antihelix), das als Filter für den eintreffenden Schall agiert. An den Kanten des Reliefs wird der Schall gebrochen und abhängig von Frequenzanteilen verschieden gedämpft. Aus dieser Modulation ermittelt das Gehirn Informationen über die räumliche Lage der Schallquelle.

Aussprossen, kollaterales (engl. collateral sprouting) Bei der Degeneration oder Durchtrennung eines Axons bilden benachbarte, nicht beschädigte Axone Fortsätze zu den Synapsen, die zuvor durch die degenerierten Neurone genutzt wurden. Diese neuen Fortsätze werden Kollaterale genannt. Kollaterale können neben den ehemals benachbarten Axonen auch von Fasersystemen gebildet werden, die vorher keine Kontakte zu den degenerierten Neuronen hatten. Sie können sowohl am Axon-Ende neu wachsen, als auch aus den Ranvierschen Schnürringen gebildet werden. Dieser Vorgang dauert etwa sieben bis zehn Tage.

Autapse (engl. autapse) Eine Autapse ist ein Axon, dessen Synapsen auf dem eigenen Zellkörper enden.

Autismus (engl. autism) Autismus zählt zu den tief greifenden Entwicklungsstörungen. Dies bedeutet, dass die Entwicklung autistischer Kinder qualitativ anders und in keinem Entwicklungsstadium wie bei gesunden Kindern verläuft. Im Krankheitsbild des Autismus kommt es zu sehr großen interindividuellen Unterschieden. Bei rund 94 % der Betroffenen äußern sich autistische Verhaltensweisen schon vor der Vollendung des dritten Lebensjahres. Die Diagnose kann heutzutage aber erst im 5. oder 6. Lebensjahr zuverlässig gestellt werden. Die Prävalenz liegt bei 0,002–0,005 %, wobei Jungen etwa 4-mal häufiger als Mädchen betroffen sind. 75 % der Patienten sind zusätzlich geistig behindert und ungefähr 25 % haben Anfälle unterschiedlicher Art. Bei 10–20 % ist im Erwachsenenalter eine Symptomverschlechterung zu beobachten. Die folgende Übersicht stellt die nach DSM IV und ICD 10 gestellten Kriterien zusammen, um eine autistische Störung zu klassifizieren: (1.) Beeinträchtigung der sozialen Interaktion im Bereich: – nonverbaler Verhaltensweisen (Blickkontakt, Mimik, Gestik, Körperhaltung); – Beziehung zu Gleichaltrigen aufbauen (mit gemeinsamen Interessen, Aktivitäten, Gefühlen); – Freude, Interessen und Erfolge mit Anderen teilen; – sozioemotionale Gegenseitigkeit: keine Reaktion auf Gefühle Anderer. (2.) Beeinträchtigung der Kommunikation: – verzögertes Einsetzen/ Fehlen gesprochener Sprache, was nicht begleitet ist durch Kompensationsversuche anhand nonverbaler Kommunikation; – Probleme Gespräch zu beginnen/aufrecht zu erhalten; stereotyper Gebrauch oder häufige Wiederholung; – keine entwicklungsgemäßen Rollenspiele oder Imitation (3.) Beschränkte, wiederholende oder stereotype Verhaltensweisen, Interessen und Aktivitäten: – eine oder mehrere stereotype und begrenzte Interessen mit abnormen Inhalt und Intensität; – starres Festhalten an spezifischen Gewohnheiten ohne Funktion; – ständiges Beschäftigen mit Teilen von Objekten; – stereotype oder wiederholte motorische Manierismen (Hand- oder Fingerschlagen, Verbiegen oder komplexe Bewegungen des ganzen Körpers). Oft zeigen Personen mit einer autistischen Störung auffällige Reaktionen auf sensorische Reize, Selbst- und Fremdaggressionen sowie Schlaf- und Essstörungen. Die Diagnose einer autistischen Störung wird vorwiegend anhand der Anamnese, Autismusfragebögen und Verhaltensbeobachtungen gestellt. Man geht von einer Prädisposition, genetischen Faktoren und neurologischen Auffälligkeiten der Betroffenen aus. Zu diesen Vulnerabilitäten kommen auslösende Bedingungen hinzu, wie z. B. Komplikationen während der Schwangerschaft oder bei der Geburt, Überforderung im familiären Bereich (Umzüge, Geburt eines Geschwisterkindes, Zweisprachigkeit), körperliche Erkrankungen mit hohem Fieber oder zahlreiche Krankenhausaufenthalte mit stets wechselnden Bezugspersonen. Die Therapie der autistischen Störung besteht in anhaltenden Erziehungs- und Verhaltensmaßnahmen. Das bedeutet, erwünschtes Verhalten wird dauerhaft positiv verstärkt und unangemessenes Verhalten ignoriert oder Verstärker dafür werden entzogen. Ziel ist es, den Betroffenen grundlegende Anpassungsfähigkeiten zu zeigen, um ihre Selbstständigkeit zu ermöglichen. Die völlige Selbstständigkeit gelingt allerdings nur rund 2 % der Patienten.

Eine gute Prognose weisen Kinder mit einem IQ über 55 auf, bei denen die umfassende und intensive Frühförderung vor dem 4. Lebensjahr beginnt.

Autoimmunerkrankung (engl. autoimmune disease; Syn. Autoaggressionskrankheit) Eine Autoimmunerkrankung ist eine gegen körpereigene Substanzen (sog. Autoantigene) gerichtete Immunabwehr. Ursache ist eine fehlerhafte Aussonderung von autoreaktiven Lymphozyten und/oder eine mangelhafte Inaktivierung dieser Immunzellen im Laufe der individuellen Immunsystem-Entwicklung. Autoimmunkrankheiten lassen sich in organspezifische, nichtorganspezifische und Mischformen einteilen. Da sie meist familiär gehäuft vorkommen, geht man von einer genetischen Mitbedingung aus.

autokrin (engl. autocrine) Das in einer Zelle produzierte und freigesetzte Hormon wirkt auf seine Erzeugerzelle oder auf Zellen des gleichen Zelltyps ein. Die autokrine Sekretion ist ein Sonderfall der parakrinen Sekretion (Abgabe von Produkten der Drüsenzellen in die unmittelbare Umgebung).

Autoradiographie (engl. autoradiography) Ein Verfahren, mit dessen Hilfe radioaktive Stoffe in Gewebeproben nachgewiesen werden können. Das Gewebe wird dafür zunächst mit einem radioaktiven Präparat (z. B. mit den Isotopen ^{3}H oder ^{14}C) markiert, welches sich in bestimmten Geweberegionen mit unterschiedlicher Häufigkeit ablagert. Die Wahl des Isotops ist dabei von dem zu untersuchenden Gewebe abhängig. Der Nachweis der radioaktiven Substanz erfolgt mittels einer hoch lichtempfindlichen photographischen Emulsion, die zumeist auf Platten aufgebracht ist. Diese Photoplatten werden in Kontakt mit dem Gewebe gebracht, weshalb man von einem Kontaktverfahren spricht. Die Isotope reduzieren die in der Emulsion enthaltenen Silbersalze. Auf diese Weise werden die Stellen im Gewebe, an denen sich die radioaktiven Stoffe abgelagert haben, im Strahlungsbild (Autoradiogramm) als Schwärzungen sichtbar. Aus den Autoradiogrammen lassen sich so die Häufigkeiten und die örtliche Verteilung der radioaktiven Atome ablesen. Anwendung findet diese Methode v. a. bei Stoffwechsel und Durchblutungsuntersuchungen oder in der Erforschung von Rezeptor-Verteilungsmustern.

A

Autorezeptor *(engl. autoreceptor)* Autorezeptoren sind Rezeptoren synaptischer Transmitter, die auf der präsynaptischen Membran lokalisiert sind und meist eine negative Rückkoppelung bedingen. Sie können über die gesamte Oberfläche des Neurons verteilt sein und entfalten je nach Lokalisation unterschiedliche Wirkweisen: Auf dem Soma reagieren sie i. d. R. auf Moleküle, die von den Dendriten ausgeschüttet werden und bedingen eine Hyperpolarisation des Neurons; auf den Dendriten reagieren sie auf eigene Überträgerstoffe und verursachen einen verringerten Ausstoß des entsprechenden Transmitters. Inzwischen wurden Autorezeptoren für viele Transmitterarten (Noradrenalin, Dopamin, Serotonin und GABA) identifiziert, am besten erforscht sind sie bei den Monoaminen. Autorezeptoren wirken meist inhibitorisch, jedoch gibt es auch exzitatorisch wirkende. So finden sich im peripheren Nervensystem auch Typen, die den Ausstoß eines Transmitters verstärken. Momentan werden Autorezeptoren v. a. im Zusammenhang mit Bewegungs- und affektiven Störungen untersucht.

Autosome *(engl. autosome)* Als Autosome werden alle Chromosomen außer den Geschlechtschromosomen bezeichnet. Der Mensch hat 22 Autosomenpaare und ein Geschlechtschromosomenpaar (Gonosomen). Als autosomal dominant oder rezessiv werden die Erbgänge bezeichnet, bei denen das verantwortliche Gen auf einem Autosom liegt.

Autotopagnosie *(engl. autotopagnosia)* Die Autotopagnosie ist eine Imitationsstörung, die nach Läsionen des linken unteren Parietallappens auftritt. Patienten mit dieser Störung sind nicht in der Lage, einzelne Körperteile bei sich, bei anderen Personen oder bei Zeichnungen von Menschen zu lokalisieren. Dabei ist es unwesentlich, ob die Körperteile, auf die sie zeigen sollen, benannt werden, oder das Zeigen vorgemacht und vom Patienten imitiert werden soll.

Autotransplantation *(engl. autotransplantation)* Die Autotransplantation meint eine spezielle Form der Transplantation, bei der Gewebe von einer Körperstelle an eine andere Stelle desselben Individuums verpflanzt wird. Durch das körpereigene Gewebe besteht keine Gefahr einer Unverträglichkeits-

oder gar Abstoßungsreaktion. Auf diese Weise können z. B. Haut, Nerven, Knochen, Blutgefäße, Sehnen oder zu kosmetischen Zwecken Haare transplantiert werden. Eine spezielle Form der Autotransplantation ist die Retransplantation, bei der durch Unfälle abgetrennte Körperglieder wieder angesetzt werden.

Axon *(engl. axon; Syn. Neurit)* Als Axon wird der röhrenförmige, faserartige Fortsatz einer Nervenzelle bezeichnet, der nicht oder nur sehr wenig verzweigt ist, wobei die Verzweigungen als Kollaterale bezeichnet werden. Die Länge der Axone kann stark variieren, von wenigen Mikrometern bis weit über einem Meter (z. B. beim Menschen). Ihr Durchmesser liegt zwischen 0,05 und 20 mm und bleibt über die gesamte Länge relativ konstant. Axone sind für die Weiterleitung von elektrischen Impulsen zuständig, bei entsprechend großer Erregung erfolgt eine Übertragung des Aktionspotenzials auf die nächste Muskel- oder Nervenzelle. Man unterscheidet myelinisierte und nichtmyelinisierte Axone.

Axon, afferentes *(engl. afferent axon; Syn. Afferenz, sensible Nervenfaser)* Das afferente Axon leitet Informationen von den Sinnesorganen zum ZNS hin. Dabei unterscheidet man zwischen somatischen Afferenzen, die meist von der Körperoberfläche stammen, und viszeralen Afferenzen, die aus den Eingeweiden kommen.

Axon, efferentes *(engl. efferent axon; Syn. Efferenz, motorische Nervenfaser)* Efferente Neurite leiten Impulse vom ZNS zu den peripheren Effektoren bzw. zu den Erfolgsorganen wie Muskeln und Drüsen. Es wird zwischen somatischen und viszeralen Efferenzen unterschieden, wobei erstere motorische Nervenbahnen zur Skelettmuskulatur sind, während letztere Informationen an die glatte Muskulatur sowie an die Herzmuskulatur und Drüsen weiterleiten.

Axonhügel *(engl. axon hillock)* Der Axonhügel ist der Übergang zwischen Axon und Soma (Zellkörper). Hier treffen alle inhibitorischen (hemmenden) postsynaptischen Potenziale (IPSPs) und exzitatorischen (erregenden) postsynaptischen Potenziale (EPSPs) des Neurons ein und werden verrechnet. Wenn alle IPSPs und EPSPs in ihrer Gesamtwirkung die Membran am Axonhügel so stark depolarisieren, dass ein Schwellenwert erreicht oder überschritten wird, wird ein Aktionspotenzial (AP) ausgelöst und das Axon entlang geleitet. Außerdem gewährleistet die Nähe des Axonhügels zum Soma, dass die APs nur an einem Ort des Neurons entstehen und gerichtet weitergeleitet werden (gerichtete Erregungsleitung).

Axotomie *(engl. axotomy)* Mit dem Begriff Axotomie ist die Durchtrennung eines Axons gemeint, z. B. infolge eines Autounfalls, einer Quetschung o. Ä. Im Anschluss daran kommt es zu einer anterograden Degeneration (Degeneration der distalen Anteile des betroffenen Neurons, d. h. des Axon-Endes inkl. der Kollateralen). Falls die durchtrennte Stelle nah am Zellkörper gelegen ist, kann es zur Degeneration des proximalen Segments kommen, was als retrograde Degeneration bezeichnet wird. Im schlimmsten Fall können auch angrenzende Neurone degenerieren. Je nach Lage der dann zusätzlich betroffenen Neurone spricht man hier von anterograder bzw. retrograder transneuraler Degeneration.

A

Babinski-Reflex *(engl. Babinski's reflex; Syn. Groß-*
zehenreflex, Zehenreflex, Babinski-Zeichen) Bei Kindern bis zu einem Jahr ist der Babinski-Reflex, also
das fächerartige Ausspreizen der Zehen und die
Dorsal-Flexion der großen Zehe, noch ein normaler
Kleinkind-Reflex, der durch Streicheln der Fußsohle
ausgelöst wird. Bei älteren Kindern und Erwachsenen ist diese Reflex-Umkehr bei der großen Zehe
allerdings als pathologische Variante des bei ihnen
normalen Fußsohlenreflexes (der in der Plantar-
flexion aller Zehen, also einer Art »Greifreaktion«,
besteht) anzusehen und weist auf eine Schädigung
der Pyramidenbahnen hin. Benannt wurde der Babinski-Reflex nach seinem Entdecker, dem bekannten Neurologen J.F.F. Babinski (1857–1932).

Bahn, extrapyramidale *(engl. extrapyramidal path-*
way) Das extrapyramidale System gehört neben der
Pyramidenbahn zu den efferenten motorischen
Bahnen. Es entspringt dem Kortex und zahlreichen
anderen Kerngebieten und besitzt viele Umschalt-
stationen, wie z. B. zum Nucleus ruber und zur Formatio reticularis, deren Bahnen dann direkt zum
2. Motoneuron im Rückenmark weiterziehen. Außerdem verfügt es über eine Verschaltung zum Kleinhirn und den Basalganglien. Damit werden gröbere
Bewegungsabläufe, die Harmonie in der Bewegung
und die Korrektur der Körperhaltung ermöglicht.
Zuständig ist das extrapyramidale System bei
Mensch und Primat für unwillkürliche Bewegungen,
und es beeinflusst den Muskeltonus. Dopamin ist in
diesem System der am häufigsten anzutreffende
Neurotransmitter. Bei Schädigung des extrapyramidalen Systems fällt der inhibitorische Einfluss auf
das erste Motoneuron aus und hyperkinetische
Krankheiten, wie die Parkinson-Krankheit und
Chorea Huntington, sind die Folge.

Bahn, nigrostriatale *(engl. nigrostriatal pathway)*
Als nigrostriatale Bahn bezeichnet man die dopaminergen Projektionen der Substantia nigra pars com-
pacta (SNc) zum Nucleus caudatus (NC) und zum
Putamen (bilden zusammen das Striatum). Einige
Neurone ziehen auch zum Globus pallidus. Die
nigrostriatale Bahn spielt eine wichtige Rolle bei
der Regulation der extrapyramidalen Motorik, d. h.
bei der unwillkürlichen langsamen Haltungs- und
Bewegungsmotorik. Die Parkinsonkrankheit (Morbus Parkinson) ist charakterisiert durch eine Degeneration der nigrostriatalen Bahn, infolge dessen die
typischen Symptome wie Rigor, Tremor und Akinese
auftreten.

Bahn, retino-genikulo-striäre *(engl. retina-geniuc-*
late-striate pathway) Bezeichnung der visuellen Bahn
von der Retina über den thalamischen Corpus geniculatum laterale (CGL) bis in den primären visuellen
Kortex (V1).

Bahnen, absteigende motorische *(engl. pl. descend-*
ing motor pathways) Die absteigenden motorischen
Bahnen sind das Gesamtsystem der Fasern, die
aus dem Kortex zu den Alphamotoneuronen des Rückenmarks verlaufen und somit für die Motorik verantwortlich sind. Sie lassen sich in zwei Gruppen
aufteilen, die nach ihrer Position im Rückenmark
benannt werden. Die laterale Gruppe beinhaltet
den Tractus corticospinalis lateralis, den Tractus
rubrospinalis und den Tractus corticobulbaris. Zur
ventromedialen Gruppe gehören der Tractus vestibulospinalis, der Tractus tectospinalis, der Tractus
reticulospinalis sowie der Tractus corticospinalis
ventralis.

Bahnen, nozizeptive spinofugale *(engl. pl. nocicep-*
tive spinofugal pathways) Diese Bahnen sind dünne
afferente Nervenfasern, welche die Verbindung von
Schmerzrezeptoren der Haut, des Bewegungsappa-
rates und den Hohlorganen zum Gehirn bilden. Sie
bestehen aus Aδ- und C-Fasern, wobei die Aδ-Fasern

dünner sind und schneller leiten als die C-Fasern. Die Fasern treten durch die Hinterhornwurzel des Rückenmarks ein und werden dort auf die kontralaterale Seite verschaltet. Als Tractus spinothalamicus geht die Bahn über in den Nervus trigeminus und endet im Thalamus. Von hier gehen Impulse zum somatosensorischen Kortex, dem zingulären Kortex, der Insula und anderen Rindenbereichen. Die Bahnen vermitteln das bewusste Schmerzempfinden, Schmerzlokalisation und -intensität. Die Informationen der vegetativen Schmerzreaktion gehen über den Hypothalamus.

Bahnung, präsynaptische *(engl. presynaptic facilitation)* Als präsynaptische Bahnung bezeichnet man die Erregbarkeitssteigerung eines Neurons, die erreicht wird, wenn mehrere Reize gleichzeitig oder kurz nacheinander auftreten, so dass die resultierende Feuerrate der Neurone größer ist als die Summe der Einzelreize. Bei der räumlichen Bahnung summieren sich kurz hintereinander ausgelöste EPSPs, bei der zeitlichen Bahnung werden mehrere Axone gleichzeitig gereizt und reagieren so überschwellig, während die Reizung eines Neurons allein nur ein unterschwelliges EPSP hervorgerufen hätte. In beiden Fällen wird ein Aktionspotenzial ausgelöst und das Signal weitergeleitet. Aufgrund der synaptischen Plastizität einer Zelle nimmt durch diese Aktivität die synaptische Effizienz zu, d. h. das synaptische Potenzial wird größer, wenn die Synapse wiederholt benutzt wird. Den umgekehrten Fall beschreibt die Okklusion; hier ist die Summe der Einzelreize größer als die resultierende Feuerrate.

Balint-Syndrom *(engl. Balint's syndrome)* Das Balint-Syndrom wird durch bilaterale Läsionen im parieto-okzipitalen Bereich ausgelöst. Es ist durch drei Symptome gekennzeichnet, die alle Störungen der Raumwahrnehmung darstellen. (1.) Optische Ataxie: Defizite beim Ergreifen von Gegenständen auf der Basis visueller Informationen (2.) Okuläre Apraxie: Unfähigkeit, ein Objekt längerfristig zu fixieren. (3.) Simultanagnosie: Unfähigkeit des Patienten bei Aufmerksamkeitsfokussierung auf ein Objekt noch weitere Objekte wahrzunehmen.

Balken *(Syn. Corpus callosum)* Der Balken ist die größte Kommissur des Gehirns und spielt eine wichtige Rolle für den Informationsaustausch der beiden Hemisphären. Er besteht aus Rostrum (Schnabel), Genu (Knie), Truncus (Stamm) und Splenium (Hinterende).

Barbiturate *(engl. pl. barbiturates)* Barbiturate sind Derivate der Barbitursäure und gehören zur Gruppe der Hypnotika und Anxiolytika. Sie haben eine sedierende, hypnotische sowie narkotische Wirkung. 1863 wurden Barbiturate von A. von Baeyer entdeckt und seit 1903 häufig als Schlafmittel verschrieben und eingenommen. Ihre Wirkung entfalten sie als funktionelle Antagonisten von konvulsiv wirkenden Substanzen (Bsp. Strychnin). Sie werden unterteilt in lang, mittellang und kurz wirkende Barbiturate. Aufgrund der hohen Risiken (Toxizität, Abhängigkeitsentwicklung, zentrale Atemlähmung) und der vielen Nebenwirkungen (Sedierung, Schwindel, Amnesie, Erbrechen, Verkürzung des REM-Schlafes u. a.) werden Barbiturate heute zum größten Teil durch neuere Schlafmedikamente ersetzt und meist nur noch als Injektionsnarkotika verwendet. Barbiturate führen schnell zu einer Toleranzentwicklung und bei Überdosierung existiert kein spezifisches Gegenmittel.

Barorezeptoren *(engl. pl. baroreceptors; Syn. Pressorezeptoren, Depressoren)* Barorezeptoren sind in der Wand der Aorta oder in der inneren Halsschlagader (Karotissinus) lokalisierte Drucksinneskörperchen, die den Druck des fließenden Blutes auf die Gefäßwände registrieren. Ihre Aufgabe ist es, einen durchschnittlichen Druck in den Arterien aufrecht zu erhalten und so die Blutversorgung der einzelnen Organe zu gewährleisten. Das geschieht, indem sie Signale über den aktuellen Druck an das ZNS senden, um die Menge des vom Herz ausgegebenen Blutes pro Minute ggf. zu verändern. Als Mechanorezeptoren reagieren sie auf Streckung. Dabei gilt: Je höher der Druck auf die Gefäßwände, desto stärker werden die Barorezeptoren gestreckt und desto höher ist die Frequenz der weitergegebenen Signale. Dies führt zu einer vermehrten Vasodilation sowie zu einer Erniedrigung der Herzfrequenz und damit zum Absinken des Blutdrucks auf einen normalen Wert.

basal *(engl. basal)* Basal ist ein Begriff aus der Medizin mit zwei Hauptbedeutungen: (1.) »an der Basis liegend« (z. B. die Basis des Gehirns), (2.) sich auf einen Ausgangswert beziehend (z. B. Temperatur, Pulsrate).

Basaldendrit *(engl. basal dendrite)* Der Basaldendrit ist einer von zwei Typen von Dendriten (basale und apikale Dendriten) der pyramidenförmigen Nervenzellen. Sie entspringen an der Spitze der Pyramidenzellen. Basale Dendriten sind kürzer als apikale Dendriten und weisen in unterschiedliche Richtungen (▶ Apikaldendriten). Sie verlassen die Basis des Zellkörpers und breiten sich horizontal aus.

Basalganglien *(engl. pl. basal ganglions; Syn. Stammganglien)* Der Begriff Basalganglien ist nur unscharf definiert. Im engeren Sinne versteht man darunter den Globus pallidus (Pallidum) und das Striatum. Letzteres setzt sich aus Nucleus caudatus und Putamen zusammen. Oft werden diese beiden Kerne des Großhirns um funktionell zusammenhängende Strukturen erweitert: den Nucleus subthalamicus und die Substantia nigra, beide liegen nicht in der Großhirnrinde. Allen Strukturen ist gemeinsam, dass sie eine wichtige Rolle bei der zentralnervösen Regulation der Motorik spielen. Bezüglich der Nomenklatur finden sich in der Literatur heterogene Bezeichnungen (bspw. Corpus striatum für Striatum und Pallidum oder Nucleus lentiformis für Putamen und Pallidum). Schädigungen der Basalganglien führen zu Dystonie und Hyperkinese.

Basic rest-activity cycle ▶ BRAC

Basilarmembran *(engl. basilar membrane)* Die Basilarmembran ist die mittlere Schicht der Cochlea (Schnecke) im Innenohr. Die Schwingungen der Basilarmembran, ausgelöst durch den Druck der Gehörknöchelchen auf das ovale Fenster, sind die unmittelbare Ursache für die Aktivierung der Transformation des mechanischen Drucksignals in ein elektrisches Signal, welches in den inneren und äußeren Haarzellen geschieht. Die Weiterleitung des elektrischen Signals in Form von Aktionspotenzialen entlang des Hörnerves ist die Grundlage für das eigentliche Hörgeschehen.

Bayliss-Effekt *(engl. bayliss effect)* Der Bayliss-Effekt geht auf den Londoner Physiologen W. Bayliss

(1860–1924) zurück. Dieser Effekt bezeichnet eine Kontraktion der glatten Muskulatur der Gefäßwände. Diese Reaktion wird durch eine Druckerhöhung innerhalb der Gefäße (intravasal) hervorgerufen und ist ein wichtiger Faktor der Selbstregulation des Kreislaufs. Die Durchblutung eines Organs wird konstant gehalten, indem bei Blutdruckerhöhung durch die Muskelkontraktion der Radius des Gefäßes verkleinert wird und dadurch der Strömungswiderstand steigt. Lässt der Blutdruck nach, entspannt sich die Gefäßmuskulatur wieder.

Bedrohungsverhalten *(engl. threatening behaviour)* Bezeichnet Verhalten von Lebewesen mit dem Ziel, das Gegenüber einzuschüchtern oder zu vertreiben. Bedrohungsverhalten tritt auf, wenn das Individuum an der Erreichung eines Ziels gehindert wird, eine Frustration vorausgeht oder wenn es von anderen Personen/Tieren ernstlich bedroht wird. Gegenteiliges Verhalten wäre Flucht oder Rückzug.

Benzodiazepine *(engl. pl. benzodiazepines)* Psychopharmaka aus der Gruppe der Tranquilizer mit anxiolytischer, sedativer, muskelrelaxierender und antikonvulsiver Wirkung. Chemisch handelt es sich um bizyklische Verbindungen aus einem Benzolring (Benzo-) verknüpft mit einem siebengliedrigen Ring, der zwei Stickstoffatome (-diazepin) enthält. Die Wirkung entfaltet sich als Agonist des Benzodiazepin-Rezeptors und somit Sensitivierung des GABA-Rezeptors, d. h. Benzodiazepine verstärken die hemmende Wirkung von GABA. Eine Anwendung erfolgt bei Angst- und Spannungszuständen, Schlafstörungen oder in der Anästhesie als Prämedikation. In der Neurologie finden Benzodiazepine als Antikonvulsiva und Muskelrelaxanzien Anwendung (bspw. bei Epilepsie). Der Gebrauch von Benzodiazepinen hat viele Nebenwirkungen und kann zur Abhängigkeit führen (Medikament mit der höchsten Missbrauchsrate, unterliegt dem Betäubungsmittelgesetz).

Bereitschaftspotenzial *(engl. readiness potential)* Das Bereitschaftspotenzial bezeichnet eine Negativierung einer EEG-Kurve, kurz bevor eine willentliche Handlung ausgeführt wird. Werden z. B. Probanden instruiert, zu einem von ihnen selbstbestimmten zufälligen (nicht zuvor festgelegten) Zeitpunkt einen

Knopf zu drücken, kann im EEG eine Negativierung beobachtet werden, kurz bevor diese Handlung ausgeführt wird. Das Bereitschaftspotenzial wird daher oft als neuronales Korrelat der Intention gesehen.

Betarezeptoren-Blocker *(engl. beta-blocker; Syn. β-Blocker)* Betarezeptoren-Blocker (bspw. Propanolol) sind Antagonisten von Noradrenalin und Adrenalin an den Betaadrenorezeptoren. Ihre therapeutische Wirkung besteht in der Abschirmung des Herzens vor Übererregungen des Sympathikus und somit einer Schonung des Herzens, da eine Steigerung der Herzarbeit nicht mehr möglich ist. Neben ihrer erwünschten therapeutischen Wirkung gibt es auch unerwünschte Nebenwirkungen wie Durchblutungsstörungen, Herzinsuffizienz und Bronchialasthma.

Betäubungsmittelgesetz *(engl. Narcotics Law, controlled substances legislation)* Der volle Namen des Betäubungsmittelgesetzes (BtMG) lautet »Gesetz über den Verkehr mit Betäubungsmitteln«. Es handelt sich dabei um ein Bundesgesetz, das den generellen Umgang mit Drogen beinhaltet. Das Opiumgesetz von 1929 regelte als erstes den Handel, die Herstellung und den Verbrauch von Betäubungsmitteln. Diese Verordnung wurde am 10. Januar 1972 durch das Betäubungsmittelgesetz abgelöst. Das BtMG legt fest, was als (illegale) Droge definiert wird und regelt alle rechtlichen Fragen im Zusammenhang mit Betäubungsmitteln. Laut dem Gesetz sind u. a. der Handel, der Besitz, die Verabreichung und die Herstellung von Drogen verboten und Verstöße können mit bis zu 15 Jahren Freiheitsentzug geahndet werden. Zu den verbotenen Substanzen zählen Amphetamine, Cannabiswirkstoffe, Ecstasywirkstoffe und Zauberpilze.

Betawellen *(engl. beta rhythm; Syn. Betaaktivität)* Desynchronisiertes EEG-Muster, das bei visueller Stimulation, Aufmerksamkeit und anderen internen und externen Reizen die synchronisierten Alphawellen ablöst und als Index für Aktivität und Alarmbereitschaft gilt. Betawellen sind durch eine hohe Frequenz (13–30 Hz) und geringe Amplitude (2–20 mV) charakterisiert, wobei mit steigender Aufmerksamkeit auch die Amplitude der Betawellen ansteigt. Sie treten am ausgeprägtesten in frontalen Bereichen auf

und sind gelegentlich mit überlagernden Spitzenpotenzialen (engl. spikes) versetzt. Mitunter wird der Betarhythmus auch noch in langsame (Aufmerksamkeit, Konzentration) und schnelle Betawellen (Aufmerksamkeit, Stress, Angst) unterteilt.

Betzsche Zellen *(engl. pl. Betz cells, giant pyramidal cells; Syn. Pyramidenzellen)* Die Betzschen Zellen sind die Pyramidenzellen der Lamina pyramidalis interna. Die Axone dieser Zellen besitzen große Myelinhüllen und bilden den wesentlichen Teil der Pyramidenbahn beim Menschen. Mit einem Durchmesser von 100 μm sind die Betzschen Zellen die größten Zellen der Großhirnrinde und werden somit auch häufig als Betzsche Riesenzellen bezeichnet. Bei einigen Lähmungserscheinungen sind diese Zellen neben anderen ebenfalls vom Krankheitsverlauf betroffen, so z. B. bei der spinalen Kinderlähmung.

Beuger *(engl. flexor; Syn. Flexor, Beugemuskel, Adduktor)* Beuger sind Muskeln, die dem Heranziehen eines Körpergliedes dienen. Sie gehören zu den Skelettmuskeln und ihre Antagonisten sind die Strecker(-muskeln). Der Armbeuger bspw. ermöglicht die Beugung des Armes durch die Aktivierung entsprechender Muskelgruppen.

Beugereflex *(engl. flexion reflex)* Der Beugereflex dient dazu, den Körper vor Schädigungen zu schützen. Werden durch einen Stimulus Nozizeptoren oder Thermosensoren des Organismus ausreichend stark aktiviert, so führt dies zum Beugereflex, der bewirkt, dass die Gliedmaßen von der Gefahrenquelle weg zum Körper hin gezogen werden. Der Weg des Beugereflexes läuft über die Rezeptoren in der Haut über Schmerzfasern zum Rückenmark, wo Interneuronen aktiviert werden. Diese sind mit ipsilateralen Motoneuronen verschaltet, welche wiederum über synaptische Verbindungen Muskeln zur Kontraktion bringen können, so dass die entsprechenden Gliedmaßen zurückgezogen werden können. Der Beugereflex ist bereits von Geburt an vorhanden.

Beuteverhalten *(engl. preying)* Beuteverhalten bezeichnet das Angreifen eines Beutetieres, welches als Nahrung dienen soll, durch eine andere Tierart. Beuteverhalten ist meist sehr effizient und wird – im

Gegensatz zu aggressivem innerartlichem Verhalten – nicht durch allzu starke Aktivierung des sympathischen Nervensystems begleitet.

Bewältigungsreaktion (engl. *coping reaction*) Die Bewältigungsreaktion ist ein erlerntes Verhalten eines Organismus, dass die Funktion hat, die Wirkung eines aversiven Reizes zu minimieren, oder diesen Reiz vollständig zu vermeiden (z. B. durch Flucht). Wird z. B. nach einer konditionierten emotionalen Reaktion auf einen Reiz hin eine Bewältigungsreaktion gelernt, so treten auch die emotionalen Reaktionen auf den Reiz hin nicht mehr auf.

Bewegung, sakkadische ▶ Augenbewegungen

Bewegungssinn (engl. *movement sense; kinesthesia; Syn. Kinästhesie*) Der Bewegungssinn wird auch als Tiefensensibilität bezeichnet. Man versteht darunter die meist unbewusste Lage- und Bewegungsempfindung, die nicht durch das Sehen vermittelt wird und auf die man, aufgrund mehrfacher Übung, automatisch zurückgreifen kann. Sie ist eine Selbstwahrnehmung der Raum-, Zeit-, Kraft- und Spannungsverhältnisse des eigenen Körpers. Rezeptoren nehmen Reize aus den Gelenken, Muskeln und Sehnen auf, die im Gehirn verarbeitet werden.

Bezugspunkt (engl. *settling point*) Der Bezugspunkt beschreibt in der Psychologie jenen Punkt, an dem die Variablen, die den Zustand eines bestimmten Systems beeinflussen, im Gleichgewicht sind. Abweichungen vom Bezugspunkt werden durch negative Feedbackmechanismen registriert, einer weiteren Vergrößerung des Unterschieds wird entgegengewirkt. Allerdings wird nicht »aktiv« zum Bezugspunkt zurückgesteuert. Beispiele sind das neuronale Ruhepotenzial oder das Essverhalten, was im Leaky-Barrel-Model (Undichtes-Fass-Modell) veranschaulicht wird. Auch der Sollwert (Setpoint) beschreibt den Punkt innerhalb eines Systems, an dem dieses System im Gleichgewicht (Homöostase) ist. Jedoch wird der Sollwert durch negative Feedback-Mechanismen »aktiv« angestrebt. Innerhalb eines solchen Systems muss also der Sollwert definiert sein, eine Diskrepanz vom Sollwert registriert werden und schließlich in die entgegengesetzte Richtung reguliert werden. Das gilt bspw. für die Körpertemperatur (für optimales Funktionieren zwischen 36° und 37 °C) und wird in ähnlicher Weise für die Energieaufnahme postuliert. Allerdings sprechen zahlreiche Befunde gegen eine Gültigkeit des Modells in diesem Kontext (▶ Sollwert).

Bicucullin (engl. *bicucullin*) Bicucullin ist ein GABA-Antagonist, der spezifisch an GABA$_A$-Rezeptoren bindet und die Wirkung von Benzodiazepinen reduziert oder verhindert.

Binding-Phänomen (engl. *binding phenomenon*) Das Binding-Phänomen ist die Konstruktion eines visuellen Bildes im Gehirn beim Betrachten eines Objektes. Es erfolgt aufgrund einer Verknüpfung von Wahrnehmung und Interpretation. Die verschiedenen Merkmale eines Objektes werden parallel in separaten Modulen verarbeitet. Zur merkmalsspezifischen und lokalen Verarbeitung kommt demnach noch eine globale Verarbeitungsebene hinzu, in der die einzelnen Fragmente wieder zu einer perzeptiven Einheit zusammengefügt werden. Auf neurophysiologischer Ebene wird dies durch das Konzept der Bindung durch Synchronisation, dem Binding-Phänomen, beschrieben. Das gleichzeitige, synchrone Feuern von Zellverbänden führt dazu, dass die entsprechenden Objektmerkmale als zusammengehörig wahrgenommen werden. Das Feuern von Zellen im neuronalen Zusammenschluss wäre eine Erklärung zur Interpretation des entstandenen Gesamteindrucks. Synchronisation könnte somit das Bindungselement zur einheitlichen Wahrnehmung darstellen.

Bindung, nichtkompetitive (engl. *non-competitive binding*) Der Begriff »nichtkompetitive Bindung« wird vornehmlich im Zusammenhang mit (Neurotransmitter-) Rezeptorenbesetzung benutzt: Hierbei binden Agonisten oder Antagonisten an eine Untereinheit des Rezeptors, ohne direkt mit dem endogenen Liganden um die Bindungsstelle zu konkurrieren (daher: »nichtkompetitiv«). Auch findet der Begriff Anwendung im Zusammenhang mit der Aktivität von Enzymen: Bei der nichtkompetitiven Bindung oder auch Hemmung bindet ein nichtkompetitiver Inhibitor an eine Stelle des Enzyms, die nicht mit der Substratbindungsstelle identisch ist. Das heißt, der Inhibitor hat keine Ähnlichkeit mit dem

Substrat, konkurriert deshalb auch nicht mit dem Substrat und führt daher auch nicht zur Inhibition der Substratbindung. Bei der nichtkompetitiven Bindung wird stattdessen das Enzym durch Veränderung seiner dreidimensionalen Struktur inaktiviert.

binokular *(engl. binocular)* Der Begriff bezeichnet das gleichzeitige Sehen mit beiden Augen (auch stereoskopes Sehen genannt), was aufgrund der dadurch gewonnenen Tiefeninformationen eine notwendige Vorraussetzung für das räumliche Sehen darstellt (▶ Querdisparation).

Biofeedback *(engl. biofeedback)* Durch Rückmeldung von physiologischen Prozessen (z. B. Hirnpotenzialen, Herzschlag, Hauttemperatur) lernt das Individuum diese gezielt zu steuern oder zu verändern. Biofeedback wird u. a. bei der Behandlung von Schmerzzuständen, wie z. B. chronischen Schmerzen (v. a. Rückenschmerzen) und Migräne, eingesetzt. Es wird meist mit anderen Verfahren der Verhaltensmodifikation kombiniert und ist immer dann angebracht, wenn dem Patienten der enge Bezug zwischen psychischen Vorgängen und körperlichen Prozessen nicht bewusst ist (wie etwa bei einer Angststörung). Biofeedback besteht aus dem Organismus, einem Messsystem und einem Signalgeber, der Informationen über die zu regelnde Größe liefert. Die Wirkungsweise besteht in der direkten Beeinflussung des biologischen Zielparameters sowie in einer verbesserten Körperwahrnehmung. Ziel ist die Erhöhung der Übereinstimmung zwischen subjektivem Empfinden und körperlichen Prozessen.

Biokatalysator *(engl. biocatalyst)* Biokatalysatoren sind polymere Biomoleküle. Darunter versteht man Moleküle, die aus vielen gleichen organischen Substanzen aufgebaut sind. Sie kommen in den Zellen meist in Form von Enzymen vor. Ihre hauptsächliche Aufgabe besteht in der Beschleunigung von chemischen Reaktionen, indem sie die Aktivierungsenergie herabsetzt, die für solche Reaktionen erforderlich ist. Sie werden bei der Reaktion nicht verbraucht und setzen ihre Wirkung schon in geringen Mengen frei.

Biopolymer *(engl. biopolymer)* Ein Biopolymer ist ein Polymer, das in der Natur vorkommt. Ein Polymer ist ein Stoff, der aus vielen Monomereinheiten aufgebaut ist: die Monomere gehen über sog. Polyreaktionen (wie bspw. Polymerisation, Polykondensation oder Polyaddition) Verbindungen ein und werden so zu Polymeren. Beispiele für Monomere und die daraus aufgebauten Biopolymere: Monosaccharide und Polysaccharide werden zu Stärke, Aminosäuren zu Proteinen und Peptiden, Nukleinsäuren zu DNA bzw. RNA verbunden. (Bio-)Polymere sind dementsprechend Makromoleküle. Die oben erwähnten sind zugleich die wichtigsten Biopolymere (Stärke, Proteine/Peptide, DNA und RNA), da sie die Grundlage aller Lebensfunktionen bilden.

Biopsychologie *(engl. biopsychology; Syn. Psychobiologie)* Allgemeine, umfassende Bezeichnung für ein Teilgebiet der Psychologie, das die Zusammenhänge zwischen biologischen (neuronalen, hormonellen, biochemischen) Prozessen/Mechanismen im Körper und Verhalten erforscht. Sie versucht mit Hilfe von experimentellen und klinischen Methoden abzuklären, inwiefern sich psychologische Zustände und Vorgänge (Verhalten) und biologische bzw. physiologische Strukturen und Funktionen wechselseitig beeinflussen. Die Biopsychologie betrachtet Lebensprozesse aller Organe, vorrangig die Funktionsweise des Gehirns. Die wichtigsten Teilgebiete der Biopsychologie sind u. a. Psychophysiologie, Neuropsychologie, Verhaltenspsychologie, Psychopharmakologie, Physiologische Psychologie.

Biosynthese *(engl. biosynthesis; Syn. Anabolismus)* Die Biosynthese ist ein Begriff aus der Biochemie und bezeichnet den Aufbau komplexer organischer Strukturen wie z. B. Proteine (Proteinbiosynthese), Fettsäuren, Kohlenhydrate, Hormone etc. im lebenden Organismus.

Bipolarzellen *(engl. pl. bipolar cells)* Als Bipolarzellen werden alle Zellen im peripheren oder zentralen Nervensystem bezeichnet, die vom Zellkörper ausgehend genau zwei Fortsätze besitzen (Beispiel: Bipolarzellen der Netzhaut).

Bipolarzellen, retinale *(engl. pl. retinal biopolar cells)* Eine Bipolarzelle ist ein Neuron, das in der Netzhaut (Retina) lokalisiert und für vertikale und laterale Verschaltungen in der Retina zuständig ist.

Es lassen sich drei funktionell verschiedene retinale Neuronen identifizieren: Photorezeptoren (Zapfen und Stäbchen), Bipolarzellen (von denen es verschiedene Formen gibt; davon nur eine für Stäbchen zuständig) und multipolare Ganglienzellen, deren Neuriten schließlich als Sehnerv zum Corpus geniculatum laterale verlaufen. Die Bipolarzellen liegen zwischen den Photorezeptoren und den Ganglienzellen. Aufgabe der Bipolar- und Ganglienzellen ist es, die Photorezeptoren zu Schalteinheiten (Reizfelder) zusammenzufassen. In der zentralen Retina konvergieren 15 bis 20 Stäbchen auf eine Bipolarzelle, peripher sind es mehr (größere Reizfelder). In der Fovea sind die Zapfen 1:1 mit den Bipolarzellen verknüpft, was zu einer hohen Auflösung und Farbdifferenzierung führt.

Bisexualität *(engl. bisexuality; Syn. Doppelgeschlechtlichkeit, Ambisexualität)* Bisexuelle Menschen fühlen sich zu beiden Geschlechtern hingezogen. Ihre Neigungen sind also homosexuell und heterosexuell zugleich. Die Anziehung an beide Geschlechter beschränkt sich nicht zwangsläufig auf sexuelle Gefühle, sondern bezieht sich auch auf die emotionale Ebene und schließt somit Zärtlichkeit, Liebe und Phantasien mit ein. Vor allem in der Jugend und Pubertät treten bisexuelle Neigungen in einer Art Entdeckungsphase häufig auf. Bisexualität kann in der Biologie auch das gleichzeitige Vorhandensein von männlichen und weiblichen Geschlechtsmerkmalen bezeichnen (Zwittertum, Hermaphroditismus).

Bläschen, synaptisches *(eng. synaptic vesicle; Syn. synaptisches Vesikel)* Die synaptischen Bläschen sind kugelförmige Strukturen, die sich in der präsynaptischen Endigung befinden. Ihr Durchmesser beträgt ca. 50 nm. Diese Bläschen enthalten die Überträgersubstanz (Transmitter), die bei der Erregung der Präsynapse in den synaptischen Spalt freigesetzt wird, indem das Bläschen mit der synaptischen Membran verschmilzt. An der postsynaptischen Membran löst dieser Stoff dann Erregung oder Hemmung aus.

Blastozyste *(engl. blastocyst; Syn. Keimbläschen)* Bei der Bildung der Blastozyste handelt es sich um ein Entwicklungsstadium der Embryogenese bei Säugetieren. Zu dieser Zeit befindet sich der Embryo im 4. Tag seiner Entwicklung. Der Prozess folgt auf die Bildung der Morula (3.–4. Tag der Embryonalentwicklung). Es kommt zu der Ausbildung einer flüssigkeitsgefüllten Höhle. Dabei werden Flüssigkeiten in das Innere des Hohlraums abgesondert und die Blastozyste entsteht. Sie ist umgeben von einer Zellschicht, dem Trophoblasten. Anfangs dient er als schützende Hülle, später werden aus ihm Plazantanteile gebildet. Im Inneren der Blastozyste befindet sich ein Zellhaufen, der Embryoblast, aus dem später der Embryo wächst. An dieses Stadium schließt sich die Ausbildung der Keimblätter an, die sog. Gastrulation.

Blaupausen-Hypothese *(engl. blueprint hypothesis; Syn. Wegweiserneuronen-Hypothese)* Laut dieser Hypothese gibt es im noch unausgereiften Nervensystem bestimmte Merkmale (chemischer oder mechanischer Natur), die auswachsende Axone zur Orientierung nutzen. Die Wachstumskegel finden dabei ihren vorgesehenen Weg, indem sie mit neuronalen Zelladhäsionsmolekülen entlang des Pfades (Wegweiserneuronen) Kontakt aufnehmen. So wird jedes sich entwickelnde Axon zu seinem eigentlichen Bestimmungsort geführt.

Blindheit, kortikale *(engl. cortical blindness)* Dieses Phänomen bezeichnet eine Blindheit bei intakten Augen, die durch Schädigung der Sehstrahlung oder des primären visuellen Kortex verursacht wird. Sie tritt häufig nach Kopfverletzungen, Schlaganfällen oder Hirntumoren auf. Da meistens nicht alle Nervenzellen zerstört sind, können überlebende Zellen nach intensivem Computertraining die Aufgaben ihrer beschädigten Nachbarn übernehmen (Voraussetzung: Sehnerv und Augen müssen intakt sein; Patient muss Lichtreize erkennen können). Bei einseitiger Schädigung können Patienten Stimuli im kontralateralen Gesichtsfeld nicht sehen, sind allerdings in der Lage, sie zu ergreifen.

Blindsehen *(engl. blindsight)* Mit dem Begriff Blindsehen wird ein Phänomen bezeichnet, bei dem Patienten mit Läsionen im primären visuellen Kortex trotz subjektiv empfundener Blindheit überzufällig gute Lokalisationsleistungen oder Leistungen im Erkennen von Farben und Bewegungen erbringen können. Eine Erklärungsmöglichkeit bietet die Einteilung des visuellen Systems in den ventralen Pfad,

(»Was«-)Pfad, und dem dorsalen, (»Wo«-)Pfad. Während der ventrale Pfad mit dem primären visuellen Kortex beginnt und durch den Temporallappen verläuft, können Informationen für den dorsalen Pfad auch von subkortikalen Strukturen, wie dem Thalamus, stammen, ohne direkte Informationen aus dem primären visuellen Kortex zu erhalten. Der dorsale Pfad verläuft durch den Parietallappen und enthält Neurone, die für die Vorbereitung visuomotorischer Handlungen von Bedeutung sind. Der ventrale Pfad enthält unterdessen sehr spezialisierte Areale, die Farbe, Form und Textur von Objekten detektieren und ist verantwortlich für das bewusste Erleben bei der Objektwahrnehmung. Eine Läsion im primären visuellen Kortex hat zur Folge, dass nur der dorsale Pfad, nicht aber der ventrale Pfad, aktiv ist. Durch indirekte Eingänge vom dorsalen zum ventralen Pfad ist eine Bewegungs- und Farbwahrnehmung bei Blindsicht-Patienten möglich, jedoch keine vollständige Objekterkennung.

Blindsight effect ▶ Blindsehen

Blobs (engl. pl. blobs; Syn. Zytochromoxidase-Blobs) Diese sind die zentralen Teile der Module im primären visuellen Kortex und befinden sich dort in den Schichten 2, 3, 5 und 6. Sie gehören zum parvozellulären System und enthalten Neurone, die für bestimmte Wellenlängen sensibel sind und somit Farbinformationen verarbeiten. Mithilfe einer Zytochromaoxidase-Färbung konnten Blobs als säulenartige Strukturen sichtbar gemacht werden.

Blockade, kryogene (engl. cryogene blockade) Unter kryogener Blockade wird das Herbeiführen einer Läsion (Schädigung) im Gehirn durch Kälte verstanden, welche allerdings zeitlich begrenzt ist. Dabei wird die Neuronaktivität durch Kälte verlangsamt oder unterbunden. Die kryogene Blockade dient der Erforschung von Zusammenhängen zwischen Verhalten und Zellverbänden.

Block-tapping memory-span test (Syn. CORSI) Der Block-Tapping-Test dient der Erfassung der visuell-räumlichen Gedächtnisspanne (UBS) und des impliziten visuell-räumlichen Lernens (SBS). Der Test kann ab 6 Jahren durchgeführt werden und dauert ca. 10 Minuten.

Blut-Hirn-Schranke (engl. blood brain barrier) Durch den speziellen Aufbau der Blutgefäßwände im Gehirn können Substanzen wie z. B. Giftstoffe kaum aus dem Blutstrom in das Hirngewebe eindringen. Dieser selektiv durchlässige Filter besteht aus drei Schichten: dem Endothel der Kapillaren, der Basalmembran und den Fortsätzen der Astrozyten. Ungehindert durchgelassen werden Sauerstoff, Kohlendioxid, D-Glukose, D-Hexose, einige L-Aminosäuren und lipidlösliche Stoffe, die für die Versorgung des Gehirns notwendig sind. Ebenso werden Abbauprodukte ins Blut abgegeben. Eine gewisse Barriere stellen die Endfortsätze der Astrozyten für zahlreiche Stoffe wie bestimmte Hormone, lipidunlösliche, wasserlösliche und chemische Substanzen sowie Proteine dar und sichern dadurch die Aufrechterhaltung eines konstanten Milieus für die Neuronen des Nervensystems. Bei Stress-Situationen, Schädel-Hirn-Trauma und verschiedenen Krankheiten kann es zu einer Störung der Blut-Hirn-Schranke kommen, die in der Regel vom Körper selbst wieder beseitigt wird.

B-Lymphozyt (engl. B-lymphocyte; Syn. B-Zelle) B-Lymphozyten gehören zu den Leukozyten und werden wie auch T-Lymphozyten und natürliche Killerzellen im Knochenmark gebildet. Hier erhalten sie – im Gegensatz zu den T-Lymphozyten – ihre Ausbildung, d.h. ihre spezifischen Bindungsstellen. Sie zirkulieren im Blut und den lymphatischen Organen (Milz, Thymus, Lymphknoten, Knochenmark) und stellen einen wichtigen Teil des zellulären Immun-systems dar. B-Zellen reagieren spezifisch auf Antigene, die zu ihren Rezeptoren passen und lösen so eine Primärantwort aus, welche den Lymphozyten zur Proliferation veranlasst. Dabei entstehen einerseits Plasmazellen, die Antikörper produzieren, um das Antigen zu besetzen (Neutralisation und Erleichterung der Phagozytose); andererseits geht ein Teil der Zellen vorübergehend in einen Ruhezustand über und stellt so das immunologische Gedächtnis dar. Bei einer erneuten Infektion können sich diese Gedächtniszellen nun schneller und effektiver zu Antikörper-produzierenden Plasmazellen entwickeln (Sekundärantwort). An ihrer Oberfläche tragen B-Lymphozyten Proteine, anhand derer sie identifizierbar sind (CD19 und CD21).

Bogengang *(engl. semicircular canal)* Der Bogengang ist eine oval geformte Röhre von etwa 0,2 bis
0,3 mm Durchmesser, befindet sich im Innenohr
und ist mit einer Flüssigkeit, der Endolymphe, gefüllt. In jedem Ohr sind drei Bogengänge vorhanden: der laterale, der anteriore und der posteriore.
Zusammen mit den beiden Vorhofsäckchen (Utriculus und Sacculus) bilden sie das Gleichgewichtsorgan (Vestibulärorgan). Die drei Bogengänge stehen senkrecht zueinander und haben die Aufgabe,
Drehbewegungen im dreidimensionalen Raum zu
detektieren. Dies geschieht mit Hilfe der Endolymphe, die bei der geringsten Bewegung aufgrund der
Trägheit zu einem Flüssigkeitsstrom führt, der gegen
eine im Bogengang befestigte Gallertkuppel (Cupula)
drückt, die wiederum die Sinneshärchen beeinflusst.
Neben dem Vestibulärorgan gehören auch die Kontrolle der Körperstellung durch das visuelle System
und den Muskeltonus zum Gleichgewichtssystem.

Boten-Ribonukleinsäure *(engl. messenger ribonucleic acid; Syn. mRNA)* Die mRNS (Messenger-RNS)
ist ein einzelsträngiges RNS-Molekül aus den Nukleotiden Adenin, Urazil, Zytosin und Guanin, die in beliebiger Reihenfolge über Phosphatbrücken miteinander verbunden sind. Die mRNS wird während des
Ablesens eines DNS-Strangs durch eine RNS-Polymerase synthetisiert (Transkription). Die Sequenz der
Nukleoside der mRNS ist entsprechend komplementär zur DNS-Sequenz des abgelesenen DNS-Bereichs.
Diese Information wird in Form der mRNS zu den
Ribosomen transportiert und dort in ein bestimmtes
Protein umgesetzt. Im Gegensatz zu Prokaryonten
wird die zuerst gebildete mRNS (primäres Transkript)
in Eukaryonten nachträglich modifiziert. Dabei werden nichtkodierende Bereiche (Introns) entfernt. Diesen Prozess nennt man RNS-Splicing.

Botenstoff, sekundärer *(engl. second messenger)*
Ein sekundärer Botenstoff ist ein kleines Molekül
(z. B. cAMP, cGMP, Ca^{2+}, IP3), welches an der intrazellulären Signalweiterleitung beteiligt ist. Die Aktivierung membrangebundener Rezeptoren durch
extrazelluläre Signale induziert die Ausschüttung sekundärer Botenstoffe ins Zellinnere und kann somit
zahlreiche Stoffwechselwege beeinflussen. Durch die
Vielzahl freigesetzter sekundärer Botenstoffe wird
das ankommende extrazelluläre Signal verstärkt.

Botulinustoxin *(engl. botulinal toxin, botulin; Syn.
Botox)* Botulinustoxin ist ein natürlich vorkommendes Nervengift (Subtypen A bis G), das die Übertragung von Nervenimpulsen zum Muskel hemmt
(die Wirkung von Azetylcholin wird unterbunden).
Es kommt zu einer etwa drei bis sechs Monate andauernden, schlaffen Muskellähmung. Botulinustoxin wird vom Bakterium Clostridium botulinum
(natürliches Vorkommen z. B. in verdorbenen Nahrungsmitteln) erzeugt und ist v. a. in Zusammenhang mit Lebensmittelvergiftungen (Botulismus)
bekannt geworden. Heute wird Botulinustoxin z. B.
zur Behandlung von Spastik nach Schlaganfall, von
Hyperhidrose (vermehrte Schweißsekretion), in der
Schmerztherapie und im kosmetischen Bereich zur
Faltenbehandlung eingesetzt.

BRAC *(engl. basic rest-activity cycle, basaler Ruhe-
Aktivitäts-Zyklus)* Der basale Ruhe-Aktivitäts-Zyklus (BRAC) ist der von N. Kleitman (1961) postulierte basale ultradiane Rhythmus, der nach dem Erwachen einen Zyklus von 90–100 min aufweist und alle
Aktivitäten (metabolisch, biochemisch, Verhalten)
beeinflussen soll. Obwohl einige Studien die Existenz des BRAC unterstützen, wird dieser von Studien zur Schlafphysiologie generell abgelehnt.

Bradikynin *(engl. bradykinin)* Bradykinin ist ein
Neuropeptid im Blutplasma. Es senkt durch Gefäßerweiterung (Vasodilatation) den Blutdruck und
stimuliert die glatte Muskulatur des Darmes, zudem
wird die Durchlässigkeit (Permeabilität) der Kapil-
larwände erhöht. Primäre Wirkorte befinden sich im
limbischen System bzw. im Rückenmark. Das Ge-
webshormon ist vermutlich an verschiedenen Erkrankungen beteiligt, z. B. Asthma, entzündliche
Ödeme, Diarrhö, Bauchspeicheldrüsenentzündung
und traumatische Schocks.

Brain-Imaging *(engl. brain imaging)* Brain-Imaging
bezeichnet eine Gruppe von bildgebenden Untersuchungsmethoden zur Darstellung des Gehirns im
lebenden Organismus. Brain-Imaging wird in zwei
Kategorien unterteilt: in das strukturelle und in das
funktionelle Imaging. Das strukturelle Brain-Imaging dient in der Klinik der Diagnose von Hirnschädigungen und -krankheiten. Das funktionelle Brain-
Imaging findet hauptsächlich Anwendung in der

Hirnforschung, da es Änderungen in der Hirnaktivität bzw. der Durchblutung bei körperlichen oder geistigen Tätigkeiten abbildet. Zu den Brain-Imaging-Verfahren gehört die Computertomographie (CT), die Kernspintomographie (MRI und funktionelles MRI (fMRI)), die Positronenemissionstomographie (PET), die Single-Photonen-Emissionscomputertomographie (SPECT) sowie die Magnetenzephalographie (MEG).

Brain-Map *(engl. brain map)* Eine »Brain-Map« ist eine Karte des Gehirns. Beim Brainmapping bzw. bei der Gehirnkartierung werden strukturelle Eigenschaften, z. B. die Zellverteilung oder funktionelle Merkmale (bspw. Komponenten der Motorik oder Sensorik) des Gehirns zeitlich und räumlich erfasst und abgebildet. Funktionelle Eigenschaften lassen sich im Lebendzustand erfassen (in vivo), strukturelle Eigenschaften werden oft erst nach dem Tod des Lebewesens kartiert (post mortem). Für die Kartierung können Methoden der funktionalen Bildgebung (MRT, fMRT), die Elektroenzephalographie (EEG), die intraoperative Mikroelektrodenstimulation und Methoden der Neuroanatomie und Neurophysiologie verwendet werden.

Bregma *(eng. bregma)* Das Bregma stellt den Kreuzungspunkt der zwei Schädelnähte, der Pfeilnaht (Satura sagitalis) und der Kranznaht (Satura coronaria), dar. Die Kranznaht ist eine Knochenverbindung am Schädel, zwischen Stirn- und Scheitelbein gelegen, die Pfeilnaht befindet sich zwischen den beiden Scheitelbeinen. Im Säuglingsalter wird das Bregma auch als große Fontanelle bezeichnet. Der Bereich beschreibt eine noch nicht verknöcherte Stelle am Schädel, welche sich erst in den ersten zwei Lebensjahren vollständig verschließt.

Breitengradeffekt *(eng. latitudinal effect)* Unter Breitengradeffekt wird die geomedizinische Verteilung von Erkrankungen verstanden. Als Beispiel soll an dieser Stelle die Multiple Sklerose angeführt werden. Es ist zu beobachten, dass die Häufigkeit von Multipler Sklerose zum Äquator hin abnimmt. Die höchsten Erkrankungsraten kann man in Kanada, Nordeuropa und im Norden der USA finden, die Häufigkeit sinkt, je mehr man sich dem Äquator nähert. Allerdings bestehen Ausnahmen, die an

einem reinen geographischen Effekt zweifeln lassen: in Grönland, Japan und Norwegen ist die Multiple Sklerose sehr viel seltener zu finden als in anderen nördlichen Ländern. Umwelteinflüsse und vor allem Ernährungsgewohnheiten werden dafür verantwortlich gemacht, denn in diesen Regionen gehören Kaltwasserfische zu den Grundnahrungsmitteln. Diese enthalten spezielle ungesättigte Fettsäuren (Omega-3-Fettsäuren), welche sich positiv auf den Krankheitsverlauf auswirken und in pharmazeutischen Präparaten (Fischölkapseln) enthalten sind.

Brennstoffwechsel *(engl. energy regulation)* Der Brennstoffwechsel ist die Umwandlung von Nährstoffen in Energie. Es werden Fette, Eiweiße und Kohlenhydrate unter Zunahme von Sauerstoff in für den Körper verwertbare Energie umgewandelt. Die Energie wird in Kilojoule (kJ) oder Kilokalorie (kcal) angegeben (1 kcal = 4,187 kJ). Für die Gewinnung von 20 kJ Energie wird beispielsweise 1 Liter Sauerstoff benötigt. Mit Hilfe des Sauerstoffs werden die Nährstoffe zu energieärmeren Stoffwechselprodukten verbrannt. Die freiwerdende Energie steht dem Organismus zur Verfügung. Eiweiße werden für den Baustoffwechsel verwertet (Muskelaufbau), Kohlenhydrate und Fette für den Betriebsstoffwechsel. Die Energie, die bei der Verbrennung von 1 Gramm des Nährstoffs entsteht, bezeichnet man als ihren Brennwert. Der Organismus benötigt Energie, um sich selbst und seine Steuerprozesse erhalten zu können, sowie um alltägliche Leistungen zu erbringen. Man unterscheidet zwischen dem Ruheumsatz, welcher bei ca. 4 kJ pro kg Körpergewicht und Stunde liegt, einem Grundumsatz von ca. 2000 kJ pro Tag und einem Arbeitsumsatz von 10000 kJ pro Tag. Wie viel Energie ein Organismus benötigt, ist zudem abhängig von Geschlecht, Alter, Größe, Gewicht und der Art körperlicher oder geistiger Anstrengung.

Broca-Aphasie *(engl. Broca's aphasia)* Die Broca-Aphasie ist eine Form der Aphasie, welche hauptsächlich die Sprachproduktion beeinträchtigt. Sie kann durch die Schädigung des inferioren Frontallappens und somit des Broca-Areals bzw. angrenzender Hirnregionen verursacht werden oder durch Gefäßstörungen im Versorgungsgebiet der Arteria cerebri media. Die Broca-Aphasie zeichnet sich

B

durch Artikulationsprobleme, Anomie und Agrammatismus aus. Die Betroffenen sprechen viele Worte falsch aus, wobei ausgesprochene Worte zumeist bedeutungshaltig sind. Die Anomie zeigt sich bei Betroffenen in Wortfindungsschwierigkeiten, so dass der Sprachfluss langsam, unflüssig, angestrengt und mühevoll erscheint. Durch den Agrammatismus bestehen große Schwierigkeiten beim Benutzen grammatikalischer Konstruktionen, wie beispielsweise bei Passivsätzen oder beim Benutzen von Funktionswörtern (Präpositionen, Artikel). Auch das Nachsprechen von Sätzen bereitet dem Betroffenen Probleme.

Broca-Areal *(engl. Broca's area)* Das Broca-Areal befindet sich im Großhirn, im präfrontalen Kortex. Dort ist es lokalisiert im unteren Teil der dritten Stirnwindung, in der Nähe der sylvischen Furche (Sulcus lateralis) und in der dominanten Hirnhälfte. Nach Brodmann befindet es sich auf den Arealen 44 und 45. Neben dem Wernicke-Areal (posterior gelegene sensorische Sprachregion), das verantwortlich für das Sprachverständnis ist, ist das Broca-Areal eines der wichtigsten Sprachzentren, zuständig für die motorische Erzeugung der Sprache. Erstmals beschrieben wurde dieser Zusammenhang von dem französischen Neurologen Paul Pierre Broca, 1861. Einer seiner Patienten, der eine Läsion im entsprechenden Hirnareal aufwies, zeigte Störungen bei der Sprachproduktion. Erst durch die Entwicklung funktioneller Bildgebungsverfahren (wie PET und fMRI) waren große Fortschritte bei der Erforschung der menschlichen Sprachverarbeitungsareale möglich. Es gilt als gesichert, dass noch weitere Hirnareale Anteile an der Sprachentstehung und Verarbeitung haben. Die Sprachzentren bilden sich während der frühen Sprachentwicklung der Kindheit aus.

Broca-Sprachzentrum ▶ Broca-Areal.

Brodmann-Areale *(engl. pl. Brodmann's areas)* Die Brodmann-Areale (BA) beruhen auf einer histologischen Einteilung des Neokortex (besser: Isokortex), die nach dem Mediziner Korbinian Brodmann (1868–1819) benannt wurde. Er beschrieb erstmals die Struktur der Großhirnrinde, welche in sechs Schichten (I-VI) eingeteilt wird, und unterschied

einzelne Felder in Abhängigkeit von der Anordnung und Dichte der Neuronen. Es existieren zwei Haupttypen von Neuronen: die Pyramidenzellen (80%) und die Sternzellen. In die Schichten III, IV und V, in denen die Zellkörper der Pyramidenzellen liegen, gelangen die spezifischen thalamischen Fasern aus den Sinnessystemen. Die unspezifischen thalamischen Fasern erreichen die Dendriten der Schichten I und II. Einzelne Schichten enthalten auch jeweils spezifische Projektionsgebiete. Brodmann unterteilte nach diesen zytoarchitektonischen Merkmalen die Großhirnrinde in 52 verschiedene Areale: Primäre Sehrinde (BA: 17), Sekundäre Sehrinde (BA: 18, 19, 20, 21, 37), Primäre Hörrinde (BA: 41), Sekundäre Hörrinde (BA: 22, 42), Primäre Körpersensorik (BA: 1, 2, 3), Sekundäre Körpersensorik (BA: 5, 7), weitere sensorische Verarbeitungen (BA: 7, 22, 37, 39,40), Primäre Motorik (BA: 4), Sekundäre Motorik (BA: 6), Augenbewegungen (BA: 8), Sprechen (BA: 44) und weitere Motorik (BA: 9, 10, 11, 45, 46, 47).

Bruce-Effekt *(engl. Bruce effect)* Der Bruce-Effekt bezeichnet einen frühen Schwangerschaftsabbruch, der bei Mäusen und Ratten festgestellt werden kann. Man bezeichnet ihn auch als Pregnancy-Block-Effekt. Grund für den Abbruch ist ein Geruch, verursacht durch Pheromone eines fremden Männchens, kurz nach der Befruchtung durch ein anderes männliches Tier. Diese Pheromone sind geschlechtsspezifische Duftstoffe, welche das Fortpflanzungsverhalten der Tiere beeinflussen. Der Geruchssinn ist eng mit dem limbischen System und dem Hypothalamus verbunden, obwohl die genauen Mechanismen bisher noch nicht geklärt sind. Pheromone bewirken, dass sich die befruchtete Eizelle nicht einnisten kann. Ausreichend für den Schwangerschaftsabbruch ist schon die Wahrnehmung des Urins des fremden Männchens. Damit ein Einnisten erfolgen kann, muss das weibliche Tier mindestens drei Stunden den Pheromonen des Befruchters ausgesetzt sein (Pheromonkommunikation).

Brücke *(eng. pons; Syn. Pons)* Die Brücke ist ein Teil des Hirnstamms, welcher zwischen der Medulla oblongata (verlängertes Mark) und dem Mesenzephalon (Mittelhirn) gelegen ist. Der Hirnstamm ist mit verschiedenen anderen motorischen Schaltstellen des Gehirns verbunden: kranial mit den motorischen Regionen der Basalganglien und dem Motorkortex, kaudal mit dem Rückenmark. Kranial schließt sich an den Hirnstamm das Dienzephalon (Zwischenhirn) an, welches die sensiblen Kerne des Thalamus und Hypothalamus, mit wichtigen Zentren des autonomen Nervensystems, enthält. Zudem hat der Hirnstamm Kontakt mit Sensoren aus der Körperperipherie (Muskeln und Gelenken), mit dem Kleinhirn sowie dem Gleichgewichtsorgan. Im Hirnstamm sind motorische Zentren gelegen, welche die unwillkürliche Kontrolle der Körperstellung im Raum gewährleisten. Der Nucleus ruber ist das motorische Zentrum des Mesenzephalons. Die Formatio reticularis liegt jeweils mit einem Teil in der Brücke (pontiner Teil) und in der Medulla oblongata (medullärer Teil) und bildet zusammen mit den Vestibulariskernen die motorischen Zentren.

Brückenhaube (engl. tegmentum of pons) Die Brückenhaube (tegmentum pontis) formt den oberen Abschnitt der Rautengrube im Gehirn und ist damit anatomisch gesehen der dorsale (hintere, rückseitig gelegene) Teil der Pons.

Brunft (engl. oestrus) Die Brunft ist eine Phase bei Tieren, in denen sie fortpflanzungsbereit sind und spezielles Paarungsverhalten zeigen. Diese Phase kann einmal jährlich auftreten (monöstrisch), aber auch mehrmals im Jahr (polyöstrisch). Der Zyklus ist hormonell gesteuert. Der Begriff »Brunft« wird v. a. bei Jägern für die Paarungszeit bei Paarhufern verwendet. Es werden für verschiedene Säugetierarten unterschiedliche Begriffe benutzt.

Buchstabier-Dyslexie (engl. dyslexia) Unter Dyslexie versteht man Lese- und Schreibschwierigkeiten bei normaler Intelligenz und altersentsprechendem Intelligenzquotienten. Vorläufer der Dyslexie können Sprachentwicklungsstörungen sein, welche bereits vor dem Schulalter auftreten. Sie sind gekennzeichnet durch einen späten Sprechbeginn im Kleinkindalter, einem schlechten Sprach- oder Wortverständnis und gehäuft auftretenden grammatikalischen Fehlern. Hinter den Sprachentwicklungsstörungen wird ein phonologisches Defizit

vermutet, bei dem die betroffenen Personen schon im Kleinkindalter schnell aufeinander folgende Sprachlaute, vor allem Vokale (ba, da), nicht unterscheiden können. Ursache für dieses Problem ist wahrscheinlich ein polygenetischer Defekt, der zu einer mangelnden Verschaltung der involvierten posterioren und inferioren temporalen Regionen führt. Die Störung wird in erworbene und entwicklungsbedingte Dyslexie unterteilt. Erstere kann durch Gehirnverletzungen entstehen, letztere ist eine angeborene Lese-Schreibstörung, wie beispielsweise die Legasthenie. Weiterhin findet eine Unterscheidung von peripherer und zentraler Dyslexie statt. Bei einer peripheren Dyslexie ist nur die Lesefähigkeit betroffen, bei gleichzeitigem Vorliegen von Aufmerksamkeitsstörungen. Bei der zentralen Dyslexie ist neben der Lesefähigkeit auch die Semantik und die Sprache mit betroffen. Ein Beispiel dafür wäre die Alexie, bei der das Lesen nur durch ein vorangegangenes Buchstabieren der Wörter möglich ist oder die Oberflächendyslexie, bei der das Hauptproblem darin besteht, dass einzelne Phoneme nicht zu einer Wortstruktur zusammengezogen werden können. Dabei werden die Wortelemente zerlegt und einzeln ausgesprochen, als wäre das Wort an sich völlig unbekannt.

Buerger-Krankheit (engl. Buerger's disease) Die Buerger-Krankheit wird auch als Endangitis obiterans oder Morbus Winiwarter bezeichnet. Sie wurde von Buerger 1908 und von Winiwarter 1879 beschrieben. Es handelt sich um eine an den Arterien der unteren Extremitäten beginnende entzündliche Erkrankung der inneren Gefäßwandschichten, welche mit oder auch ohne Thrombose zu bindegewebiger Veröpung und damit zu Durchblutungsstörungen und zum Gefäßverschluss führt. Der arterielle Verschluss in den kleinen und mittleren Gefäßen der Extremitäten kann mit so starken Gewebeschädigungen einhergehen, dass Finger oder Zehen amputiert werden müssen. Venen können ebenso vom Gefäßverschluss betroffen sein. Als Ursache wird starker Nikotinmissbrauch vermutet.

Bulbus olfactorius (engl. olfactory bulb; Syn. Riechkolben) Der Bulbus olfactorius ist ein vorgelagerter Teil des Gehirns. Er liegt am Siebbein, nimmt die

Riechnerven auf und dient als synaptische Schaltstelle zur Informationsweiterleitung zum Riechhirn. Der Bulbus olfactorius stellt den Beginn des Tractus olfactorius dar und wird von Mitralzellen, in denen die Bündelung vieler Axone auf wenige Kanäle stattfindet, und den Körnerzellen gebildet. Der Tractus olfactorius führt im weiteren Verlauf über wenige Schaltstellen zum Riechhirn und zum Neokortex sowie zum limbischen System, zum Hypothalamus und zur Formatio reticularis.

Bulimia nervosa *(engl. bulimia nervosa; Syn. Ess-Brech-Sucht)* Bei der Bulimia nervosa handelt es sich um eine psychogen bedingte Essstörung, welche durch Essanfälle, das Aufnehmen großer Nahrungsmengen (meist hochkalorische Speisen) und anschließenden gegensteuernden Maßnahmen (Purging Verhalten) wie Erbrechen, exzessiven Sport, Fasten sowie Missbrauch von Diuretika und Laxantia, gekennzeichnet ist. Die Prävalenz beträgt 1–3 % für Frauen und 0,01 % für Männer, Spitzenwerte finden sich im Alter zwischen 18–35 Jahren. Die Essstörung beginnt meist in der Adoleszenz, also später als die Anorexia nervosa (Magersucht). Oftmals geht der Erkrankung ein extremes Übergewicht oder eine Anorexia nervosa voraus. Bulimie-Patientinnen sind oft normalgewichtig, leiden meist an einer gestörten Selbstwahrnehmung, schätzen sich aber dennoch realistischer ein als Anorexie-Patientinnen. Ihr Selbstwert ist in besonderem Maße von ihrem Gewicht abhängig. Das regelmäßige Erbrechen kann zu schwerwiegenden körperlichen Folgeschäden führen wie bspw. Speiseröhrenentzündung, Zahnproblemen oder gestörtem Elektrolythaushalt, der langfristig mit kardiovaskulären Problemen einhergeht. Häufige komorbide Störungen sind Substanzmissbrauch (besonders Abführmittel) oder Depressionen.

Burdachscher Strang *(engl. tract of Burdach; Syn. Fasciculus cuneatus)* Der Burdachsche Strang ist der lateral gelegene Teil des Hinterstranges des Rückenmarks. Er entspringt im oberen Brustmark und zieht lateral vom Goll-Strang Richtung verlängertes Mark, wo er im Burdachkern endet. Der Burdachsche Strang enthält Fasern der Hinterwurzelganglien der oberen Körperhälfte. Diese leiten Tast- und Lageempfindungen.

Bursts *(engl. pl. bursts)* Unter Bursts versteht man Perioden von intensiver Zellaktivität. Bei Zellen oder Neuronen wird die Aktivität meist in »Bursts pro Min.« angegeben, die auf einer Kurve abgebildet werden kann. Dabei wird abgezählt, wie viele solcher schnellen Anstiege der Zellaktivität in einem bestimmten Zeitraum auftreten.

Büschelzellen *(engl. pl. olfactory cilia)* Büschelzellen sind neben Mitralzellen die zweite Form von Projektionsneuronen (Pyramidenzellen) im Bulbus olfactorius (Riechkolben). Ihre myelinisierten Axone bilden den Tractus olfactorius. Sie werden stimuliert durch odorant-spezifische Glomeruli, die Geruchsrezeptoren, welche wiederum von den nichtmyelinisierten Axonen der primären Sinneszellen erregt werden. Die Signalverarbeitung im Bulbus olfactorius sorgt für die selektive Weiterleitung bzw. Unterdrückung bestimmter Gerüche.

Buspiron *(engl. buspiron)* Buspiron wird unter dem Handelsnamen Buspar® oder Bespar® vertrieben und gehört zur Gruppe der Azapirone. Diese wiederum sind Anxiolytika, d. h. Medikamente, die Angstzustände lösen. Die Wirkung von Buspiron ist mit der von Tranquilizern, zum Beispiel Benzodiazepinen, vergleichbar. Im Gegensatz zu diesen wirkt Buspiron als Agonist an den 5-HT1A Rezeptoren des Gehirns und hat zudem Einfluss auf das dopaminerge System. Die Effekte werden allerdings erst drei Wochen nach Beginn der Einnahme sichtbar. Der Vorteil gegenüber Benzodiazepinen besteht darin, dass Buspiron kein Abhängigkeitspotenzial besitzt, nicht übermäßig ermüdend wirkt und keine Muskelerschlaffung verursacht. Als Nebenwirkungen können Kopfschmerzen, Schwindel und Übelkeit auftreten.

Butyrophenone *(engl. pl. butyrophenones)* Butyrophenone gehören zu der Gruppe der Neuroleptika und werden zur medikamentösen Therapie psychischer Störungen, z. B. Psychosen oder Schizophrenie angewandt. Wirkstoffe sind z. B. Haloperidol®, Melperon® und Pipamperon®, welche in der psychiatrischen Praxis eine breite Anwendung finden. Butyrophenone sind hoch potent und haben eine starke Affinität zu Dopamin-Rezeptoren in bestimmten Bereichen des Zentralnervensystems, wo sie in erster Linie als Antagonisten von D2-Rezeptoren wirken. Durch Blockade der dopaminergen Übertragung in den Basalganglien kommt es zu typischen Begleiterscheinungen, darunter die extrapyramidal-motorischen Störungen (EPMS).

Dabei handelt es sich um A-, Früh-, Spät- und Dyskinesien sowie Parkinsonismus. Außerdem können Depressionen, Krampfanfälle, hormonelle Störungen oder Kopfschmerzen als Nebenwirkungen auftreten.

cAMP *(engl. cyclic adenosine monophosphate)* Adenosinmonophosphat ist ein Salz der Adenylsäure und gehört zur Klasse der Nukleosidmonophosphate. Zyklisches Adenosinmonophosphat ist ein universeller Effektor zur Regulation von Genaktivitäten und Enzymsystemen. Es wird bei der zellulären Signalweiterleitung (Signaltransduktion) als Second Messenger eingesetzt und führt zu einer Aktivierung der Proteinkinasen. cAMP entsteht durch die Katalysierung von ATP (Adenosintriphosphat) mit Hilfe des Enzyms Adenylat-Cyclase, durch die Abspaltung von Pyrophosphat. cAMP kann die intrazellulären Transkriptionsfaktoren von einem inaktiven Zustand in einen aktiven Zustand bringen, so dass sie in der Lage sind, an die DNA zu binden und die Genexpression einzuleiten. CREP (cAMP-Reaktionselement-Bindungsprotein) ist ein solcher Transkriptionsfaktor, welcher unter der Einwirkung von cAMP und Proteinkinasen (häufig vorkommende Formen sind die Proteinkinase A, die Kalzium/Calmodulinkinase und die Mitogen aktivierte Proteinkinase) phosphoriliert und damit aktiv wird. Er stimuliert dann durch die Bildung verschiedener Co-Enzyme die RNA-Polymerase und somit die RNA-Synthese. Die RNA wird anschließend aus dem Zellkern ins Zytoplasma transportiert, wo sie als mRNA (messenger RNA) wirkt und die Translation in ein Protein veranlasst. Die Rückumwandlung von cAMP zu AMP erfolgt über eine spezifische Phosphordiesterase.

CAMs *(engl. pl. cell adhesion molecules)* Zelladhäsionsmoleküle sind integrale Membranproteine, welche den Zusammenhalt von Gewebsstrukturen und die Kommunikation von Zellen untereinander ermöglichen. Sie befinden sich auf der Zellmembran oder ragen aus der Zelle heraus und stellen so Kontakte zwischen den Zellen oder der Zelle und der extrazellulären Matrix dar.

CA1-Region *(engl. CA1 region)* Der Hippocampus ist aufgrund seines histologischen Aufbaus in vier Felder (Cornu Ammonis, CA, 1–4) einteilbar. Die einzelnen Schichten werden als Stratum oriens, Stratum pyramidale, Stratum radiatum und Stratum moleculare bezeichnet. Aus strukturellen Gründen sind diese Regionen unterschiedlich vulnerabel für Schädigungen, z. B. gegenüber einer leichten Anoxie, wobei die Region CA1 am empfindlichsten und die CA4 am resistentesten erscheint. CA1 ist der inferiore Teil des Ammonshorns und enthält viele kleine Pyramidenzellen (ca. 10 Mio.), die ihren Input von der Region CA3 via Schaffer-Kollaterale erhalten. Bekannt wurde die CA1-Region dadurch, dass sie eine der bevorzugten Gebiete zur Erforschung der Langzeitpotenzierung ist. Es bestehen Evidenzen, dass die Langzeitpotenzierung in der CA1 mittels NMDA-Rezeptoren (ionotrope Glutamatrezeptoren) vermittelt wird; werden diese blockiert, findet keine Langzeitpotenzierung mehr statt. Zudem wurden an der CA1 die Postulate des Gedächtnisforschers Donald Hebb (Hebbsche Plastizität) zur Langzeitpotenzierung geprüft und bestätigt.

Cannabinoide *(engl. pl. cannabionoids)* Cannabinoide sind chemische Stoffe, die im Cannabis (Cannabis sativa), der Hanfpflanze, vorkommen. Es existieren über 70 verschiedene Cannabinoide im Harz der Hanfpflanze, wovon einige, wie z. B. das Tetrahydrocannabinol (THC), psychotrope Wirkungen besitzen, und andere, wie das Cannabidiol (CBD) oder das Cannabigerol (CBG), diese Wirkung modulieren. Bisher wurden zwei Cannabinoid-Rezeptoren (CB1 und CB2) im Körper identifiziert. Als vom Körper selbst produzierte Cannabinoide (»Endocannabinoide«) wurde u. a. Anandamid identifiziert. Exogene wie endogene Cannabinoide haben neben psychotropen Wirkungen auch vielfältige Effekte auf die Nahrungsaufnahme, das Herz-Kreislaufsystem und das Immunsystem.

Cannabis sativa (*engl. cannabis*) Cannabis sativa ist die indische Hanfpflanze. Die weiblichen Pflanzen sondern einen harzähnlichen Stoff ab, der verschiedene Cannabinoide enthält. Wegen der Rausch erzeugenden Wirkung dieser psychotropen Substanz wird sie meist in Form von Haschisch oder Marihuana geraucht. Die Wirkung reicht von Entspannungsgefühlen, Entfernung von Alltagsproblemen, angenehmer Apathie, leichter Stimmungssteigerung und assoziationsreichem Denken bis hin zum verlangsamten Zeitempfinden, Halluzinationen oder depressiven Zuständen. Hauptwirkstoff von Cannabis sativa ist das Delta-9-Tetrahydrocannabinol (Delta-9-THC).

Cannon-Bard-Theorie (*engl. Cannon-Bard theory*) Die Cannon-Bard-Theorie, die »Thalamustheorie«, oder die »Theorie der zentralen neuralen Prozesse«, ist eine 1927 von Walter Cannon und im Folgejahr mit derselben Grundidee von Philip Bard postulierte emotionspsychologische Theorie. Für die Emotionsgenese spielen, laut der Cannon-Bard-Theorie, zentralnervöse und nicht etwa periphere Prozesse eine entscheidende Rolle. Das Postulat kritisiert die vorher entwickelte James-Lange-Theorie insofern, als dass: (1) die gleichen viszeralen (organischen) Veränderungen oft mit ganz unterschiedlichen Emotionen einhergehen, (2) viele Emotionen viszeral nicht zu unterscheiden sind, (3) organische Prozesse irrelevant für die emotionale Erfahrung sind und (4) das autonome Nervensystem langsamen Änderungen unterworfen ist, wohingegen Emotionen oft schon in Sekundenschnelle entstehen. Die Cannon-Bard-Theorie geht von zwei gleichzeitig ablaufenden Reaktionen auf einen Umweltreiz aus, die sich gegenseitig nicht bedingen. Mit der Wirkung des Reizes auf den Organismus setzt zum einen die physiologische Erregung ein, zum anderen findet die Wahrnehmung einer Reaktion statt. Es gibt eine Reihe von Befunden, die für die Cannon-Bard-Theorie sprechen: Bei Durchtrennung oder komplettem Ausfall der Verbindung zwischen dem autonomen und dem zentralen Nervensystem können weiterhin Emotionen entstehen. Ferner zeigen künstlich erzeugte organische Veränderungen keine entsprechende Emotionsgenese. Die Theorie geht davon aus, dass der Thalamus alle sensorischen Informationen umschaltet (außer dem Geruch) und dass diese Informationen erst in dieser Struktur ihre emotionale Tönung erhalten. Im Thalamus herrschen außerdem neuronale Erregungsmuster, die vom Kortex abgetrennt sind. Wenn ein starker Reiz zum Organismus dringt, wird die Erregung an den Kortex, die Skelettmuskulatur und die Viszera weitergeleitet.

Capgras-Syndrom (*engl. Capgras syndrome*) Dieses seltene Syndrom gehört zu den Wahrnehmungsstörungen und kann im deutschen als »Doppelgängerillusion« bezeichnet werden. Dabei nimmt der Betroffene an, dass eine ihm nahe stehende Person (z. B. ein Elternteil, Ehepartner, Kind) ausgetauscht und durch einen Doppelgänger ersetzt worden ist. Als Erklärung dieses Phänomens wird eine Unterbrechung der Verbindung zwischen den Hirnregionen für die Gesichtserkennung (Gyrus fusiformis) und der emotionalen Verarbeitung (Amygdala) diskutiert. Somit erkennen die Betroffenen zwar das Gesicht, aber die erwartete zugehörige emotionale Reaktion bleibt aus, was sie an der »Echtheit« der Person zweifeln lässt.

Carbachol (*engl. carbachol*) Carbachol ist ein direkt wirkendes Parasympathomimetikum, welches besonders auf die Darm- und Blasenmuskulatur wirkt. Parasympathomimetika sind Medikamente, welche in ihrer Wirkung dem Vagusreiz ähnlich sind: Sie führen zu einer Verlangsamung der Herzfrequenz, einer Verengung der Bronchien, einer peripheren Gefäßerweiterung und regen die Darmperistaltik an. Ihre Wirkung ist länger anhaltend als die des Azetylcholins. Carbachol findet Anwendung im postoperativen Bereich vor allem bei Blasen- und Darmatonien.

Carbamazepin (*engl. carbamazepin*) Carbamazepin ist ein Wirkstoff, der als Antiepileptikum zur Unterdrückung und Vermeidung zerebraler Krampfanfälle eingesetzt wird, indem er die Erregungsleitung der Nervenzellen blockiert. Carbamazepin blockiert die Natrium- und Kaliumkanäle der Zellmembran und kann so die Ausbreitung des epileptischen Herds verhindern. Carbamazepin ist eines der am häufigsten eingesetzten Antiepileptika und wirkt insbesondere zur Behandlung fokaler Anfälle, wird aber auch zur Medikation bei Grand-mal-Anfällen oder anderen psychomotorischen Anfallsleiden eingesetzt. Bei der Gabe von Carbamazepin zeigen sich normaler-

C

weise nur geringe Nebenwirkungen (z. B. Allergien), es können jedoch Ödeme oder Leberschäden auftreten.

Carrier *(engl. carrier; Syn. Transportprotein)* Zum einen wird das Modell des Carriers herangezogen, um den aktiven Stofftransport zu erklären. Ein Molekül oder Ion bindet sich an ein solches Trägermolekül und kann auf diese Weise – gegen das Konzentrationsgefälle – durch die Zellmembran oder in einem Medium (z. B. Blut) transportiert werden. Zum anderen wird der Begriff Carrier in der Mikrobiologie verwendet und bezeichnet Krankheits- und Infektionsüberträger.

CART *(engl. CART, cocain and amphetamine regulated transcript)* CART ist ein Neuropeptid, welches gebildet wird, wenn dem Organismus Amphetamine oder Kokain injiziert werden. Es ist ein Bestandteil des Appetit-Kontrollschaltkreises des Hypothalamus und führt zu einer starken Hemmung der Nahrungsaufnahme. Die CART-Neuronen sind mit den POMC- (Proopiomelanocortin) Neuronen verschaltet, weswegen dieser Bereich häufig zum CART/POMC-Komplex zusammengefasst wird. Die Rezeptoren dieses Gehirnabschnittes sind sensitiv für Leptin, Ghrelin, Insulin und das Neuropeptid YY3-36, Transmitter, die vor oder während der Nahrungsaufnahme gebildet werden und Informationen über Hunger und Sättigung des Organsimus liefern. Wird der POMC/CART-Neuronenkomplex aktiviert, kommt es zur Ausschüttung des Alpha-Melanozyten stimulierenden Hormons (MSH), welches den Hunger reduziert. CART ist bei Magersucht in extrem erhöhter Konzentration im Körper vorhanden.

Cauda equina *(engl. cauda equina)* Die Cauda equina wird in der deutschen Sprache auch als »Pferdeschweif« bezeichnet. Sie ist die Wurzel der Rückenmarksnerven, die von den Lumbal- und Sakralsegmenten des Rückenmarkes abgehen und außerordentlich lang sind, deshalb das untere Rückenmarkende einhüllen und weit darüber hinausgehen. Die Cauda equina ist ebenso wie das Rückenmark und alle Nervenwurzeln bis zum Austritt der Nervenwurzeln aus dem Rückenmarkskanal von der Dura mater spinalis, der harten Rückenmarkshaut, zum Schutz umhüllt. Durch Läsionen des Rückenmarkes

oder Bandscheibenvorfälle kann das so genannte »Cauda-equina-Syndrom« entstehen. Dabei treten verschiedene Komplikationen auf, wie Blasen- und Mastdarmstörungen, Störungen der Erektion und Ejakulation, Atrophie der kleinen Fußmuskeln und Anästhesien im Bereich des Gesäßes (»Reithosenanästhesie«).

CCK ▶ Cholecystokinin

cGMP *(engl. cyclic guanosin monophosphate)* Zyklisches Guanosinmonophosphat ist die Bezeichnung für einen zellulären Botenstoff, einen Second Messenger. Die Art der Signalvermittlung ist abhängig von den betroffenen Zellstrukturen. In Niere und Darm ist cGMP verantwortlich für den Ionentransport und unterstützt die Relaxation der glatten Muskulatur. In den Sehzellen (Stäbchen) im Auge führt es zu einer Steigerung des Natriumeinflusses durch die Kontrolle der Natriumkanäle. Das Phosphat wirkt unter dem Einfluss der cGMP-abhängigen Proteinkinase (Proteinkinase G).

Cerveau isolé *(engl. isolated forebrain)* Cerveau isolé bedeutet »isoliertes Vorderhirn«. Darunter versteht man eine Präparation, die v. a. in der EEG- und Schlafforschung an Versuchstieren eingesetzt wurde. Eine Durchtrennung des Gehirns auf Höhe der medialen Anteile des Mesenzephalons und Dienzephalons (cerveau isolé), im Bereich der Vierhügelplatte, führt zu einem synchronisierten EEG und Schlaf. Bei einer lateralen Durchtrennung des Mesenzephalons oder der Trennung der Medulla oblongata (encephale isolè) vom Rückenmark konnte man die EEG-Synchronisation oder die Induktion von Schlaf nicht beobachten. Die ersten Experimente dieser Art wurden von F. Brèmer (1892–1959) 1939 durchgeführt. Mit Hilfe dieser Untersuchungen konnten Aussagen über den Schlaf-Wachrhythmus und die Lokalisation entsprechend verantwortlicher Zentren getroffen werden.

Change blindness *(engl. change blindness)* Veränderungsblindheit ist ein Phänomen aus dem Bereich der visuellen Wahrnehmung, bei dem Veränderungen nicht bemerkt werden. Es handelt sich nicht um ein Defizit der Wahrnehmung sondern um ein Aufmerksamkeitsproblem. Das Phänomen zeigt sich, wenn während einer bildlich dargestellten Szene kurze Unterbrechungen von mindestens 80 ms auftreten. Die hier beschriebene Technik simuliert die Augenbewegung. Veränderungen werden nur dann wahrgenommen, wenn das Objekt der Veränderung genau im Moment des Wechsels im Fokus der Aufmerksamkeit steht. Ist das nicht der Fall, wird das Bild nach einer Veränderung abgesucht, welche aufgrund der begrenzten Kapazität des visuellen Gedächtnisses nicht bemerkt wird, da jedes Objekt mit dem Aussehen vor der Unterbrechung verglichen werden muss. Die kurzen Zwischenbilder lenken die Aufmerksamkeit vom Ort der Veränderung ab. Das funktioniert, wenn das ganze Bild unterbrochen wird. Change blindness tritt auch bei sehr langsamen Veränderungen auf, die nicht in den Aufmerksamkeitsfokus fallen. Das Phänomen der Veränderungsblindheit zeigt, dass das visuelle Gedächtnis sparsam und kategorial funktioniert, da nur wenige Aspekte in die bewusste Wahrnehmung gelangen.

Chemoaffinität (engl. chemoaffinity) Der Begriff Chemoaffinität beschreibt die chemischen Anziehungskräfte zwischen prä- und postsynaptischen Elementen. Für die embryonale Entwicklung ist die präzise Passung der hochspezifischen neuronalen, synaptischen Verbindungen von entscheidender Bedeutung. Axone und Dendriten besitzen an ihren Spitzen so genannte Wachstumskegel oder Wachstumskolben, welche in Wechselwirkung mit der Zellumgebung stehen und für das weitere Verhalten der Neuronen verantwortlich sind. Die Chemoaffinitätshypothese erklärt, wie es möglich ist, dass während der Neuralentwicklung die »funktionell richtigen« Zellen zusammenwachsen. Man geht davon aus, dass die Zielzellen jeweils eine spezielle Substanz freisetzen. Auf jede dieser Substanzen reagieren wiederum nur bestimmte Axone, welche sich dann in Richtung der Zielzelle ausbreiten und mit dieser Zelle Synapsen ausbilden. Die Axone und Zielzellen finden also aufgrund chemischer Anziehungskräfte (Affinität) zueinander. Damit die Axone während der Embryonalphase ihr vorbestimmtes Ziel finden, muss eine Selektion unter den verschiedenen Möglichkeiten stattfinden. Wenn sie an ihrem vorbestimmten Zielort angekommen sind, bilden die Axone mehrere Neuronenverbindungen, welche sie im Zeitverlauf selektieren. Nach der Geburt findet unter Einwirkung neuronaler Aktivität eine Verfeinerung und Präzision der axonalen Verbindungen statt. Eine ähnliche Hypothese, die »labelled pathways hypothesis«, besagt, dass jedes Axonbündel spezifisch markiert ist und dass in der zellulären Umgebung ebenso spezielle Markierungen existieren, welche das weitere Wachstumsverhalten der Axone bedingen.

Chemoaffinitätshypothese (engl. chemoaffinity theory) Die Theorie geht davon aus, dass das Wachstum von Dendriten und Synapsen in der prä- und postnatalen Phase durch chemotropische Faktoren der Zielzelle bestimmt wird. Eine Beschreibung der Vorgänge ist unter dem Stichwort Chemoaffinität zu finden. Dieses Phänomen wurde zuerst am optischen Nerv des Frosches nachgewiesen. Wird bei Amphibien oder Fischen der Sehnerv in der Augenhöhle durchtrennt, regenerieren sich die Axone vollständig und das Tier erlangt seine Sehfähigkeit wieder. Transplantiert man ein Auge von einer Augenhöhle in die andere und rotiert es um 180 Grad, so zeigt das Tier nach der Transplantation ein Verhalten, als ob das Sehfeld selbst um 180 Grad rotiert wäre. Die Axone erkennen aufgrund der chemischen Affinität zwischen Prä- und Postsynapse ihre ehemaligen Standorte wieder.

Chemoattraktorhypothese ▶ Chemoaffinitätshypothese

Chemokine (engl. pl. chemokines; Syn. chemotaktische Zytokine) Chemokine sind relativ kleine Proteine mit geringem Molekulargewicht, die aus ca. 70–80 Aminosäuren bestehen und lokal im Gewebe produziert werden. Als Untergruppe der Zytokine zeigen sie eine starke Aktivität bei der Antwort auf Entzündungssignale. Sie sind in der Lage, Leukozyten zu Infektions- und Entzündungsherden zu locken und zu aktivieren. Von einer Chemotaxis wird gesprochen, wenn eine gerichtete Leukozytenwanderung in ein Entzündungsgebiet stattfindet, die durch einen Chemokingradienten im Gewebe geleitet wird.

Chemorezeptor (engl. chemoreceptor) Chemorezeptoren sind spezialisierte Zellen oder auch freie Nervenendigungen im Gewebe, die auf Änderungen in der chemischen Zusammensetzung ihrer Umgebung reagieren. Man unterteilt sie grob in periphere und zentrale Chemosensoren. Periphere Chemorezeptoren befinden sich bspw. in den Blutgefäßen an der Karotisgabel (Glomus caroticum) im Herzen, wo sie auf Schwankungen des CO_2- und O_2-Gehaltes reagieren. Weitere Chemosensoren können am Aortenbogen lokalisiert werden. Diese Sensoren reagieren mit Aktivitätssteigerung bei einer Abnahme des O_2-Partialdruckes und bei einer Zunahme des CO_2-Partialdruckes. Zentrale Chemosensoren, welche ebenso eine entscheidende Rolle für die Atemregulation spielen, befinden sich im Hirnstamm, in der Nähe der für die Atmung verantwortlichen neuronalen Strukturen. Diese Sensoren reagieren sehr stark auf die Zunahme des CO_2-Partialdruckes und weniger oder gar nicht auf Sauerstoffmangel. Andere Chemorezeptoren befinden sich im Verdauungstrakt, Osmosensoren in der Leber und Glukosesensoren im Darm. Externe Chemosensoren befinden sich auf der Zunge und in den oberen Nasengängen. Sie sind zentral für den Geruchs- und Geschmackssinn.

Chemosensor ▶ Chemorezeptor

Chiasma opticum *(engl. optic chiasm; Syn. optisches Chiasma)* Das Chiasma opticum ist die Bezeichnung für die Sehnervenkreuzung. Im Chiasma opticum kreuzen die Sehnervenfasern beider Augen, so dass jeweils die Fasern, die die nasalen Anteile des Gesichtsfeldes nach zentral tragen, auf die andere Hirnhälfte kreuzen. Nach der Sehnervenkreuzung verlaufen die Ganglienaxone der Sehnervenfasern zum Corpus geniculatum laterale (CGL; seitlicher Kniehöcker), einem Kerngebiet des Thalamus. Von dort aus findet die Weiterleitung in höhere Sehzentren, u.a. der primären Sehrinde, statt.

Chirurgie *(engl. surgery)* Das Wort Chirurgie stammt vom lateinischen Wort für »Handwerk«. Die Chirurgie ist ein spezielles Fachgebiet der Medizin, in dem die operative Heilkunst im Vordergrund steht. Dieses Fachgebiet gliedert sich in weitere spezifische Fachbereiche, wie bspw. in die Herz-, Augen-, Kiefer-, Unfall-, Gefäß-, Kinder- und in die plastische Chirurgie. Dieses Gebiet ist von den Erkenntnissen und Erfahrungen der gesamten medizinischen Wissenschaft abhängig; Wissen über Anatomie, Herz-Kreis-

laufsysteme, Anästhesieverfahren, Schmerzstillung, Wundheilung, Blutstillung, Bluttransfusionen, Antisepsis, Hygiene und postoperative Pflege sind unabdingbar. Bereits in der Steinzeit fanden nachweislich erste chirurgische Eingriffe, wie die Trepanation (Öffnung des knöchernen Schädels), statt. In einer Jahrtausende langen Weiterentwicklung konnte das Leistungsspektrum und das Wissen um die Vorgänge im Körper maßgeblich weiterentwickelt werden. Die heutige Chirurgie ist von einer zunehmenden Spezialisierung und Miniaturisierung der operativen Zugänge geprägt. Ein Beispiel ist die minimal invasive Chirurgie. Dabei wird möglichst auf größere Schnitte bei der Körpereröffnung verzichtet und stattdessen werden mehrere kleine Inzisionen angelegt, durch die die Mikroinstrumente an das Operationsgebiet gelangen können. Der Eingriff kann über einen Monitor beobachtet werden. Der Einsatz von Robotern, die bei Operationen standardisierte Eingriffe durchführen können, wird für die Zukunft immer wahrscheinlicher.

Chlorpromazin *(engl. chlorpromazin)* Chlorpromazin, ein Phenothiazin-Derivat, ist die »Muttersubstanz« vieler heutiger Neuroleptika, welche in den 50er Jahren eingeführt wurden. Es war das erste Medikament in der Gruppe der Neuroleptika, welches erfolgreich bei der Therapie der Schizophrenie eingesetzt werden konnte. Das Wirkspektrum von Chlorpromazin ist durch seine vielfältigen Einflüsse auf unterschiedliche Neurotransmitterrezeptoren breit gefächert. Neben der bei der Schizophrenie gewünschten antipsychotischen Wirkung zeigt es bei der Anwendung eine stark sedierende sowie eine antihistaminische, antiemetische, anticholinerge und antiadrenerge Wirkung. Die schwerwiegendsten Nebenwirkungen umfassen extrapyramidal-motorische Störungen. Es treten parkinsonähnliche Bewegungsstörungen wie Akinesen, Dyskinesen oder Ruhetremor auf, welche durch die blockierende Wirkung des Chlorpromazin auf das mesolimbische und mesokortikale Dopaminsystem verursacht werden.

Cholezystokinin *(engl. cholecystokinin)* Cholezystokinin (CCK) ist ein 33-Aminosäurepeptid, welches sowohl als Darmhormon wie auch als Neurotransmitter wirkt. Die Sekretion wird über den Plexus myentericus (Nervengeflecht der Darmwand), die

Gallenblasenkontraktion, die Pankreasenzym- und Magensäuresekretion beeinflusst. CCK reguliert die Magenentleerung, stimuliert sowohl die Dünn- als auch die Dickdarmmotilität und hat wachstumsfördernde Effekte auf das Pankreas. Außerdem potenziert es die Insulinsekretion, kontrolliert die Nahrungsaufnahme und ist an der Regulation des Sättigungsgefühls beteiligt. Hergestellt und sezerniert wird es in den endokrinen Zellen des oberen Zwölffingerdarms (I-Zellen) und dem Jejunum (Dünndarmabschnitt). Eine exokrine Pankreasfunktionsstörung kann mit Hilfe veränderter Cholezystokininwerte nachgewiesen werden. Neben diesen Wirkungen spielt es auch zentralnervös im Gehirn, speziell im ventromedialen Hypothalamus, welcher über eine große Anzahl an CCK-Rezeptoren verfügt, eine wichtige Rolle bei der Steuerung des Sättigungsgefühls. Auch wurden CCK-Effekte auf Gedächtnisprozesse und Angst in der Literatur beschrieben.

Cholesterin (*engl. cholesterol*) Cholesterin ist ein Lipid, aufgebaut aus einwertigem, ungesättigtem hydroaromatischem Kohlenwasserstoff. Cholesterin wird für den Aufbau von Steroidhormonen wie bspw. Östrogenen, Gestagenen oder Androgenen verwendet. Zudem wird es für den Gewebsaufbau, speziell für den Aufbau der Zellmembran und für die Synthese des Gallensaftes in den Leberzellen benötigt, der wesentlich an der Verdauung beteiligt ist. Cholesterin kommt in Blut, Lymphe und Galle als Fettsäureester oder in freier Form vor, aber auch im Rückenmark, in den Nerven oder im Gehirn. Dieser wichtige Körperbaustein kann vom Körper selbst gebildet werden, wird aber in der Mehrzahl mit Hilfe tierischer Fette über die Nahrung aufgenommen. Ein erhöhter Cholesterinspiegel (Hypercholesterinämie) im Blut geht mit einem steigenden Risiko für Herz-Kreislauf-Erkrankungen einher. Ist zu viel Cholesterin im Blut vorhanden oder existieren zu wenige Rezeptoren, welche Cholesterin aufnehmen, kann es zu Ablagerungen von Fetten an den Gefäßwänden kommen, die langfristig zu Arteriosklerose (Arterienverkalkung) und Herzerkrankungen führen. Als mögliche Ursachen dafür werden bspw. genetische Anlagen und fettreiche Ernährung diskutiert.

Cholinazetylase (*engl. choline acetylase*) Cholinazetylase ist ein Enzym, das für die Synthese von Aze-

tylcholin notwendig ist. Durch die enzymatische Azetylierung des Cholins, mit Hilfe der Cholinazetylase, wird unter Einwirkung von Essigsäure und Adenosintriphosphat (ATP) Azetylcholin gebildet.

cholinerg (*engl. cholinergic*) Als cholinerg werden Neurone bezeichnet, welche Azetylcholin als Überträgersubstanz während der Reizweiterleitung von Synapse zu Synapse ausschütten. Neben zahlreichen Hirnstrukturen wird Azetylcholin als Neurotransmitter im parasympathischen System, in den präganglionären Sympathikusfasern sowie in peripheren motorischen Neuronen verwendet. Die Synthese des Neurotransmitters erfolgt in den präsynaptischen Endigungen aus Cholin und Essigsäure. Auf der postsynaptischen Membran öffnet Azetylcholin Kanalproteine für Natrium- und Kaliumionen und kann auf diese Weise das Aktionspotenzial weiterleiten. Der Abbau des Azetylcholins wird mit Hilfe des Enzyms Azetylcholinesterase gesteuert. Die Abbauprodukte Cholin und Essigsäure werden wieder in die präsynaptische Endigung aufgenommen und für die Neusynthese des Neurotransmitters benutzt.

Chorda tympani (*engl. cord of tympanum*) Die Chorda tympani ist ein Nervenast des parasympathischen Nervus intermedius. Dieser ist ein Begleitnerv des Nervus facialis, der die Paukenhöhle durchzieht, sich anschließend dem Nervus lingualis anlegt und zum Ganglion submandibulare zieht. Seine Aufgaben bestehen in der Geschmackswahrnehmung der vorderen 2/3 der Zunge sowie in der Speichelsekretion.

Chordaten (*engl. pl. chordata*) Der Stamm der Chordaten zählt im Reich der Metazoa, in der Abteilung der Eumetazoa, zu den bilateralsymmetrischen Tieren und umfasst die Unterstämme Wirbeltiere (Vertebrata), Manteltiere (Tunicata) und die Schädellosen (Acrania). Namensgebend für diese Lebewesen ist ihr dorsaler ungegliederter Achsenstab (Chorda dorsalis), der später bei den Wirbeltieren durch eine Wirbelsäule ersetzt wurde. Weitere Kennzeichen der Chordaten sind das dorsal über der Chorda dorsalis liegende Neuralrohr, ein als Atmungssystem dienender Kiemendarm, der sich aus dem Vorderdarm abgeschnürt hat, und ein Blutkreislauf, welcher von einem ventral liegendem Antriebsorgan, dem Herz, angetrieben wird.

Chordotomie *(engl. chordotomy, spinal tractotomy)* Bei der Chordotomie handelt es sich um die operative Durchtrennung der Vorderseitenstrangbahn des Rückenmarkes bei schweren Schmerzzuständen auf organischer Grundlage, die durch schmerzstillende Mittel nicht ausreichend beeinflusst werden können. Die Methode wurde 1912 von Martin und Spiller entwickelt und wird heute nur noch sehr selten, erst nach Versagen aller anderen Therapiemöglichkeiten, eingesetzt. Man unterscheidet die offene Chordotomie, eine operative, direkte thorakale Durchtrennung des Schmerznervs (Tractus spinothalamicus) und die perkutane zervikale Chordotomie, einer Wärmeverödung des Schmerz leitenden Nervenstrangs im Rückenmark über eine Sonde. Der Effekt ist eine Thermanästhesie und Analgesie in den abhängigen Körperpartien. Den häufigsten Einsatz findet diese Methode bei Malignomschmerzen. Nach einem unterschiedlich langen Intervall (Wochen bis Monate) können die Schmerzen allerdings wieder auftreten. Außerdem existieren verschiedene Nebenwirkungen wie Störungen der Sphinkterfunktionen, Paresen (verursacht durch die Mitschädigung motorischer Bahnen), Dysästhesien (Sensibilitätsstörungen), Blasenentleerungs- und Atemfunktionsstörungen.

Chorea Huntington *(engl. Huntington's disease; Syn. Veitstanz)* Chorea Huntington ist eine degenerative Nervenkrankheit, die auf einem dominant vererbten genetischen Defekt auf dem 4. Chromosom beruht. Sie wurde nach George Huntington benannt, der die Krankheit 1872 erstmals detailliert beschrieb. Charakteristisch für diese Erkrankung ist ein zwischen dem 30. und 45. Lebensjahr einsetzender degenerativer Prozess des Nervensystems, der fortschreitend zu schweren körperlichen Beschwerden und psychischen Störungen, wie Demenz, Persönlichkeitsverlust oder Wahnvorstellungen, führen kann. Der Erkrankte zeigt unwillkürliche, ausfahrende, schleudernde Bewegungen der Arm- und Schultermuskulatur (Hyperkinesen), aber auch ein starkes Grimassieren. Die Symptomatik entsteht durch einen progressiven Neuronenverlust in den Basalganglien und im Kortex, der durch ein

anormales Protein (Huntingtin) zustande kommt. Dieses wirkt als Zellgift und unterdrückt die Herstellung eines wichtigen Wachstumsfaktors. Die Inzidenz in Europa, mit länderspezifischen Schwankungen, liegt bei 1:20.000, mit einem Häufigkeitsgipfel der Manifestation zwischen dem 30.–50. Lebensjahr.

Chromatin *(engl. chromatin)* In den Chromosomen befindet sich ein Komplex aus DNA und Eiweißen, der eine lange Faser bildet und eng zusammengefaltet vorliegt. Funktionell kann man ein Chromosom aufgrund des unterschiedlichen Verpackungsgrades in heterochromatische und euchromatische Bereiche unterteilen. In den euchromatinen Regionen im Karyoplasma ist die DNA in aufgelockerter, wenig dicht gepackter Form zu finden. Im Euchromatin findet fast die gesamte Genaktivität statt und fast alle Gene sind hier lokalisiert. Teilweise sind im Euchromatin die Doppelstränge durch Enzyme aufgetrennt und liegen als parallele Einzelstränge vor. Im Gegensatz dazu befindet sich in den heterochromen Regionen ein verdichtetes Chromatingerüst. Die DNA liegt hier als spiralisierter, an Histon- und an Nichthiston-proteine gebundener Doppelstrang vor und ist inaktiv. Eine noch genauere Unterscheidung bietet die Unterteilung in konstitutives, fakultatives und funktionelles Heterochromatin. Eine visuelle Unterscheidung von Hetero- und Euchromatin unter dem Mikroskop ist durch Färbetechniken entsprechender Präparate möglich.

Chromosom *(engl. chromosome)* Ein Chromosom stellt die höchste Form der Verkürzung eines langen DNA-Moleküles dar, das nur während des Zellzyklus (Mitose/Meiose) sichtbar ist. Die Darstellung eines Chromosomensatzes einer Zelle nach Form, Größe und Zahl bezeichnet man als Karyotyp. Jeder gesunde Mensch ohne Chromosomenanomalie verfügt über 46 Chromosomen, die zu 23 Chromosomenpaaren angeordnet werden können. Dabei wird unterschieden zwischen Autosomen (44 Chromosomen), bei beiden Geschlechtern in Form und Struktur paarweise vorhanden, und in Heterosomen (Geschlechtschromosomen; 2 Chromosomen), die nur bei Frauen strukturell gleichartig (homogamet) und bei Männern ungleichartig (heterogamet) auftreten. Frauen verfügen über zwei X-Chromosomen,

Männer über ein Y- und ein X-Chromosom. Bei verschiedenen Anomalien kann die Chromosomenzahl 46 überschreiten (z. B. Trisomie 21 oder Down-Syndrom; 3-faches Vorliegen des 21. Chromosoms) oder unterschreiten (Turner Syndrom; Fehlen des zweiten X-Chromosoms bei Frauen). Bei der normalen Zellteilung, der Mitose, wird der unveränderte doppelte komplette Chromosomensatz auf die Tochterzellen übertragen. Die Phasen der Zellteilung werden als Pro-, Meta, Ana- und Telophase bezeichnet. Bei der Reifeteilung, der Meiose, die zur Fortpflanzung notwendig ist und in den Ei- und Samenzellen stattfindet, kommt es zu einer Halbierung des Chromosomensatzes. Die Meiose stellt einen vielstufigen Teilungsprozess dar und besteht aus der Inter-, Pro-, Meta-, Ana- und der Metaphase II. Der einstmals diploide Chromosomensatz liegt danach in haploider Form in den Gameten vor und wird bei einer Verschmelzung von Ei- und Samenzelle wieder diploid. In den Chromosomen befindet sich ein Komplex aus DNA und Eiweiß, der als Chromatin bezeichnet wird.

Claustrum *(engl. claustrum of insula)* Das Claustrum (subinsuläre Region), eine 1–2 mm dicke Platte aus grauer Substanz, stellt einen flächenhaft ausgebreiteten Großhirnkern zwischen der Capsula externa nuclei lentiformis und der Capsula extrema, in der äußeren Markkapsel des Linsenkerns, dar. Das Klaustrum liegt anatomisch betrachtet lateral vom Putamen. Es gehört zum Endhirn und wird zu den Strukturen der Basalganglien gezählt. Das Claustrum zeigt eine enge Verbindung mit dem sekundären somatosensorischen System und verarbeitet viszerale und vibrotaktile Geschmacks- und Geruchsreize, welche mit sexueller Reizung verbunden sind.

Clonidin *(engl. clonidine)* Clonidin, zur chemischen Gruppe der Imidazoline gehörend, ist ein Medikament zur Behandlung der Hypertonie (Bluthochdruck), welches ebenso bei Anästhesieverfahren oder bei Drogenentzugsbehandlungen eingesetzt wird. Clonidin senkt den Blutdruck und die Herzfrequenz sowie den Sympathikotonus. Außerdem besitzt es eine leicht sedierende und schmerzlindernde Wirkung. Es gehört zur Gruppe der Alpha-2-Adrenorezeptor-Agonisten und steht in Wechselwirkung mit den G-Protein-Rezeptoren. Dort bewirkt es eine verminderte Ausschüttung von Noradrenalin. Rezeptoren finden sich unter anderem im Thalamus, Hypothalamus, der Medulla oblongata und der Formatio reticularis.

Clozapin *(engl. clozapin)* Clozapin, ein trizyklisches Dibenzodiazepin-Derivat, ist ein atypisches Neuroleptikum, welches bei Psychosen und Schizophrenie eingesetzt wird. Es war das erste Medikament der Klasse der atypischen Neuroleptika und führt nicht zu den, für die typischen Neuroleptika charakteristischen, extrapyramidal-motorischen Bewegungsstörungen. Clozapin mindert die Aktivität von Dopamin im zentralen Nervensystem, außerdem beeinflusst es das adrenerge, cholinerge und serotonerge Transmittersystem. Seine Wirkung ist antipsychotisch und beruhigend, so dass es erfolgreich bei der Behandlung schizophrener Symptome eingesetzt werden kann. Allerdings zeichnet sich das Mittel durch folgende Nebenwirkungen aus: Schädigung des Blutbildes, Agranulozytose (Absinken der Leukozyten und Granulozyten), Krampfanfälle, Müdigkeit, Schwindelattacken und Kreislaufprobleme.

Cluster of differentiation *(engl. cluster of differentiation, CD)* Zur Unterscheidung von Antikörpern mit gleicher Antigenspezifität (monoklonale Antikörper) wurden CD-Nummern eingeführt. Die Nummern geben zum einen an, welches Oberflächenmolekül die monoklonalen Antikörper binden und zum anderen werden sie auch zur Bezeichnung der Oberflächenmoleküle genutzt. Verschiedene Funktionszustände und Differenzierungsgrade von Lymphozyten sind ebenfalls durch unterschiedliche CD-Antigene gekennzeichnet.

Cochlea *(engl. cochlea; Syn. Schnecke)* Die Cochlea ist der spiralförmige Bestandteil des Innenohrs. Sie hat einen Durchmesser von ca. 4 mm und ausgerollt eine Länge von rund 35 bis 40 mm. Die Cochlea besteht aus drei flüssigkeitsgefüllten Kanälen: der Scala tympani, der Scala vestibuli und der zwischen diesen beiden gelegenen Scala media, dem Sitz des Cortischen Organs, welches für die Umwandlung von Schallwellen in neuronale Signale zuständig ist. Die Unterseite des Cortischen Organs bildet die Basilarmembran. In diese bewegliche Membran sind zwei Rezeptortypen eingebettet: die kolbenförmigen inneren Haarzellen und die zylindrischen äußeren Haarzellen. An der Oberseite jeder Haarzelle befinden sich kleine 2–6 μm lange Härchen, die Stereozilien, welche in die Tektorialmembran münden. Diese liegt an der der Scala vestibuli zugewandten Oberseite des Cortischen Organs. Treffen Schallwellen am Fuß der Scala vestibuli auf das ovale Fenster, entsteht durch den Übergang des Schalls von der Luft auf die nicht komprimierbare Flüssigkeit des Innenohrs eine Druckwelle. Diese pflanzt sich zunächst von der Basis der Cochlea bis zu ihrer Spitze, dem Apex, fort. Dabei wird die Basilarmembran in Schwingung versetzt, wodurch die Stereozilien der Haarzellen gegen die Tektorialmembran verschoben werden. Durch die daraus folgende Öffnung von Ionenkanälen in den Stereozilien entsteht ein Aktionspotenzial. Dieses wird über den Hörnerv in das auditive Zentrum des Kortex weiter geleitet. Anschließend wird die Druckwelle vom Apex zum runden Fenster an der Basis der Scala tympani zurückgeleitet. Das Fenster stülpt sich nach außen und gewährleistet so einen Druckausgleich.

Cochleaimplantat *(engl. cochlear implant)* Das Cochleaimplantat ist eine Hörprothese, die durch einen medizinischen Eingriff in die Hörschnecke eingeführt wird. Durch das Implantat wird der Schall außerhalb des Ohres durch ein Mikrophon aufgefangen und in einem Sprachprozessor verarbeitet. Dieser wandelt die eingehenden Signale in elektrische Reize um und übermittelt diese durch eine Induktionsspule an das Implantat. Von dort wird das Signal mit Hilfe von 20 Elektroden durch die Reizung der Nervenzellen auf den Hörnerv übertragen. Daher muss für den Einsatz des Implantats der Hörnerv noch intakt sein. Durch die begrenzte Anzahl an Elektroden kann nur ein kleiner Ausschnitt des natürlichen Frequenzspektrums von Schallwellen kodiert werden, was selbst nach einer Operation zu einem massiv eingeschränkten Hörerlebnis und der Einstufung als Schwerhöriger führt. Zudem sind Implantate wenig Erfolg versprechend bei langer oder früher Ertaubung. Nach der Operation muss ein langwieriges Training zur Nutzung des Implantats stattfinden und Patienten wird zusätzlich empfohlen, die Gebärdensprache oder das Lippenlesen zu erlernen. Die Hörleistungen variieren zwischen der Möglichkeit, ein Telefongespräch zu führen und

der Möglichkeit, lediglich einige wenige Geräusche zu identifizieren.

Codon *(engl. codon)* Ein Codon ist eine lineare Sequenz von 3 benachbarten Nukleotiden in der DNA (desoxyribonucleic acid) oder der RNA (ribonucleic acid). Ein Nukleotid der DNA setzt sich aus einem Phosphatbaustein, aus Desoxyribose und einer der vier Basen Adenin, Guanin, Zytosin oder Thymin zusammen. Ein Nukleotid der RNA besteht ebenfalls aus einem Phosphorbaustein, aber enthält Ribose und Urazil anstatt der Base Thymin. Die Aneinanderreihung der verschiedenen Codons verschlüsselt die genetische Information und somit den gesamten Bauplan des Organismus. Bei der Proteinbiosynthese (bestehend aus Transkription und Translation) werden die genetischen Informationen der Codons genutzt, um Proteine (Eiweiße), die im Körper als Enzyme oder Eiweiße der Zellstruktur fungieren, aufzubauen. Für den Aufbau der jeweiligen Proteine existieren spezifische Start- bzw. Stopcodons, die für den Beginn bzw. für das Ende des Ableseprozesses der Proteinsynthese verantwortlich sind.

Colliculi inferiores *(engl. pl. colliculi inferiores)* Die Colliculi inferiores gehören zusammen mit den Colliculi superiores zur Vierhügelplatte, die am Tectum im Mittelhirn (Mesenzephalon) sitzt. Die Colliculi inferiores stellen hierbei die unteren zwei Hügel dar. Sie sind dem auditorischen System zugeordnet und empfangen neuronale Signale vom Nucleus cochlearis. Die C. i. selbst projizieren auf den Corpus geniculatum mediale und besitzen Faserverbindungen zu motorischen Zentren. Die auditorischen Informationen sind bei Ankunft in den Colliculi bereits so stark aufbereitet, dass dort eine erste Repräsentation der Umwelt stattfinden kann. Die Frequenzen sind tonotop organisiert. Die Fasern verlaufen sowohl gekreuzt (kontralateral) als auch ungekreuzt (ipsilateral), allerdings sind die gekreuzten Bahnen sehr viel stärker ausgeprägt. Deswegen kommt es bei einer Schädigung der Colliculi inferiores zu einer einseitigen kontralateralen Hörverminderung.

Colliculi superiores *(engl. pl. colliculi superiores)* Die Colliculi superiores bilden gemeinsam mit den Colliculi inferiores die Vierhügelplatte des Mittelhirns (Mesenzephalon). Die Colliculi superiores stellen dabei die oberen zwei Hügel dar, die Colliculi inferiores die unteren zwei. Das visuelle System ist die übergeordnete Organisationsform der Colliculi. Sie steuern als kleines Subsystem vor allem Verhaltensweisen, die mit optischen Reizen zusammenhängen. Ihre Signale empfangen sie direkt von der Retina über den Nervus opticus, aus der Sehrinde im Okzipitallappen und von den Colliculi inferiores. Sie selbst projizieren zu den Hirnnervenkernen, ins Rückenmark und zur Formatio reticularis. Die C. s. wirken bei den Sakkadenbewegungen der Augen mit, außerdem beeinflussen sie die Kopfbewegung zu Objekten hin oder von ihnen weg. Durch die Verbindung der Colliculi superiores mit den Colliculi inferiores kann das visuelle System in Abstimmung mit dem auditorischen System den Ursprung eines Geräusches ausmachen und den Kopf der Quelle des Lautes zuwenden. Weiterhin regulieren die Colliculi superiores den schreckhaften Lidschlussreflex und die Akkommodation. Bei einer Schädigung der Colliculi superiores kommt es zu einem Wegfall der reflexhaften Augenbewegungen und des schreckhaften Lidschlussreflexes.

Columna (*engl. column/a/; Syn. Wirbelsäule*) Columna ist eine andere Bezeichung für die Wirbelsäule. Sie dient als bewegliche Stütze des Körpers und ist ein in sich funktionell ausbalanciertes, stabiles und leistungsfähiges System. Die Columna setzt sich aus Wirbeln (Vertebrae), Bandscheiben (Disci intervertebrales) und verbindenden Bandsystemen zusammen. Grundsätzlich wird die Wirbelsäule in fünf Abschnitte unterteilt: die Halswirbelsäule mit 7 Wirbeln (V. cervicales), die Brustwirbelsäule mit 12 Wirbeln (V. thoracicale), die Lendenwirbelsäule mit 5 Wirbeln (V. lumbales), welche miteiander verwachsen sind, dem Kreuzbein mit 5 Wirbeln (V. sacrales) und dem Steißbein mit 4–5 Wirbeln (V. coccygeae). Die Wirbel werden von der Hals- bis zur Lendenwirbelsäule durchnummeriert. Dabei sind die V. cervicales C1 bis C7, die V. thoracales Th1 bis Th12 und die V. lumbales L1 bis L5. 23 Bandscheiben bilden die Zwischenwirbelscheiben. Spezifisch für die Columna ist die zweifache S-Form in der lateralen Ansicht.

Commotio cerebri (*engl. brain concussion; Syn. Gehirnerschütterung*) Die Gehirnerschütterung stellt eine Reaktionsform des Gehirns auf kurze, aber intensive mechanische Einwirkungen, meist verursacht durch Verkehrsunfälle, dar. Dabei liegen keine nachweisbaren hirnorganischen Störungen vor. Die typischen Symptome sind Bewusstseinsstörungen (bspw. eine Bewusstlosigkeit von wenigen Sekunden, die bis maximal 1 Stunde nach dem Trauma anhalten kann) sowie Atmungs- oder Kreislaufstörungen, häufig verbunden mit Erbrechen oder anderen leichten vegetativen Probleme. Nach dem Wiedereinsetzen des Bewusstseins ist das Auftreten einer retrograden Amnesie wahrscheinlich, d. h. dass sich der Betroffene nicht an die Zeit kurz vor dem Trauma oder an das Trauma selbst erinnern kann. Seltener sind anterograde Amnesien, bei denen Gedächtnisprobleme nach der Gehirnerschütterung im Vordergrund stehen. Als Langzeitfolgen können Kopfschmerzen, Schwindelgefühle oder Konzentrationsstörungen von verschiedener Intensität und Dauer auftreten.

Compliance (*engl. compliance*) Compliance bedeutet im psychologischen oder medizinischen Verständnis eine Therapietreue des Patienten, welche sich im konsequenten Befolgen der ihm aufgegebenen Vorschriften des Therapeuten oder Arztes auszeichnet. Bei allen psychischen Störungen oder körperlichen Erkrankungen ist die Kooperation des Patienten für die Genesung unabdingbar. Beispiele für therapieförderliches Verhalten von Patienten wären das Einhalten der therapeutisch vereinbarten Regeln, das Leben nach einem bestimmten Tagesablauf, das Führen von Patientatagebüchern, eine rechtzeitige Medikamenteneinnahme, das bewusste Absetzten von Medikamenten oder das Befolgen einer Diät. Compliance kann durch verschiedene Mittel des Therapeuten oder Arztes erreicht oder verbessert werden. Dazu gehören Psychoedukation, Rücksicht auf Wünsche und Lebensumstände des Patienten, sichtbare Therapieerfolge, Lob, Motivation oder Kontrolle durch den Arzt bzw. Angehörige. Die Missachtung der ärztlichen Regeln kann zu einer Verzögerung der Genesung oder zu einer Verschlimmerung des Krankheitsbildes führen.

Computertomografie (*engl. computer tomography*) Die Computertomographie (CT) ist ein in der Medizin häufig eingesetztes diagnostisches Verfahren, welches als nichtinvasive Methode einen Einblick in das Körperinnere gewährt. Das Verfahren ist eine computergestützte Röntgenuntersuchung, deren Grundlage die unterschiedliche Gewebsdichte und damit die differentielle Durchlässigkeit für Röntgenstrahlen ist. Je dichter ein Gewebe ist, umso weniger Strahlung kann es durchdringen. Auf diese Weise lassen sich Knochen von Flüssigkeiten oder Weichgeweben unterscheiden. Der Unterschied zur herkömmlichen Röntgenuntersuchung ist, dass der Körper bei dieser Methode in einzelnen Schichten, optischen Querscheiben von weniger als 1 cm Dicke, dargestellt werden kann. Der Vorteil besteht in der Vermeidung von Überlagerungseffekten und Schattenbildungen durch benachbarte Gewebe, wie sie normalerweise auf Röntgenbildern zu finden sind. Mit Hilfe der CT können auch sehr kleine Unterschiede zwischen oder innerhalb von Geweben (z. B. bei Tumoren) gefunden werden. Die grundlegende Funktionsweise eines CT beruht auf dem Durchdringen des Körpers mit Röntgenstrahlen, die auf der gegenüberliegenden Körperseite von Detektoren empfangen werden. Diese berechnen einen Differenzwert aus der abgesendeten und der empfangenen Intensität, die durch die Gewebedichte verändert wurde. Beim älteren Inkremental-CT befindet sich der Patient auf einer Liege im Tomograph, die sich millimeterweise bewegt, wobei der Körper in kleinen Schritten gescannt wird. Moderne Geräte (Spiral-CT, Mehrzeilenspiral-CT) arbeiten schneller und effektiver. Röntgenstrahlen sind ab einer gewissen Dosis schädlich, und so müssen Risiko und Nutzen bei der CT-Anwendung gegeneinander abgewogen werden.

Contre-coup-Verletzung *(engl. contre-coup injury)* Bei einem gedeckten Schädel-Hirn-Trauma kommt es zusätzlich zu den Hirnverletzungen am Ort des Schlages (»coup«) zu Verletzungen auf der gegenüberliegenden Seite des Gehirns, die als Contre-coup-Verletzungen (Gegenstoß-Verletzungen) bezeichnet werden. Sie entstehen durch Unterdruck auf der gegenüberliegenden Seite des Aufpralls, welcher eine Zerreissung von Gefäßen und eine Schädigung der Hirnsubstanz verursacht.

Contusio *(engl. contusion; Syn. Kontusion)* Als Contusio wird die Prellung von Organen oder Körperge-

webe bezeichnet, die durch direkte und stumpfe Gewalteinwirkung verursacht wird. Bei der Contusio treten, im Gegensatz zur Commotio (Erschütterung), sichtbare Folgen auf. Bei einem Übergang zur Quetschung spricht man von Compressio. Je nach betroffener Körperregion werden verschiedene Beinamen hinzugefügt. So beschreibt Contusio cerebri die Prellung von Gehirngewebe als Folge stumpfer Gewalteinwirkung mit den klassischen Symptomen Bewusstlosigkeit und retrograde Amnesie. Unter Contusio bulbi wird die Prellung des Augapfels durch stumpfe Gewalteinwirkung (z. B. durch Faustschläge, Tennisbälle oder Sektkorken) verstanden, wobei die Verletzungsfolgen am Auge von der Schwere der Gewalteinwirkung abhängig sind.

Contusio cerebri Hirnquetschung (▶ Contusio)

Coolidgeeffekt *(engl. Coolidge effect)* Der Coolidgeeffekt ist ein Phänomen, das zuerst an Ratten beobachtet wurde. Er wurde nach dem US-amerikanischen Präsidenten Calvin Coolidge benannt. Dieser Effekt besagt, dass eine sexuell ermüdete Ratte, die die Kopulation am gleichen Sexualpartner nicht fortführen kann, mit einem neuen Sexualpartner sehr wohl in der Lage ist, wieder zu kopulieren. Durch diesen Effekt kann außerdem die Refraktärzeit, die zwischen den einzelnen Kopulationen besteht, verkürzt werden. Der Effekt wurde nicht nur an männlichen, sondern auch an weiblichen Nagern nachgewiesen. Als biochemischer Mechanismus wird ein dem Orgasmus folgender Abfall des Dopaminspiegels im Gehirn diskutiert.

Cornea *(engl. cornea; Syn. Hornhaut)* Als Cornea wird der von Tränenflüssigkeit benetzte, konvexe vordere Teil der äußeren Augenhaut bezeichnet. Sie ist durchsichtig und aus sechs Schichten aufgebaut. Die Hauptsubstanz der Hornhaut, das kollagenreiche Stroma, wird von zwei elastischen und widerstandsfähigen Membranen, der Bowman-Membran und der Descement-Membran, begrenzt. Oberste Deckschicht ist das mehrschichtige Epithel, das vom Tränenfilm bedeckt ist. Im Inneren begrenzt das einschichtige sogenannte Endothel als unterste Deckschicht die Cornea vom Augeninneren (der mit Kammerwasser gefüllten Vorderkammer). Zusammen mit Kammerwasser, Linse und Glaskörper bildet die Cornea den dioptrischen Apparat des Auges. Die Brechkraft der Cornea macht mit 41 bis 45 Dioptrien (dpt) Hauptteil der Gesamtbrechkraft aus. Der Rest von 15–18 dpt entfällt auf die gut verformbare Linse. Die Cornea ist durch ihre hohe Anzahl von Nervenfasern sehr schmerzempfindlich. Verletzungen durch Fremdkörper oder Erkrankungen (z. B. durch virale oder bakterielle Infekte) führen zu Störungen des Sehens.

Corpus callosum ▸ Balken

Corpus geniculatum laterale (*engl. lateral geniculate nucleus; lateral geniculate body; Syn. seitlicher Kniehöcker*) Der Corpus geniculatum laterale (CGL) ist ein Kerngebiet des Thalamus, welcher seine Hauptafferenzen aus dem Tractus opticus erhält, streng retinotop aufgebaut ist (jeder Ort im CGL entspricht einem Ort auf der Retina) und seine Ausgänge als Sehstrahlung (Radiato optica) zum primären visuellen Kortex sendet. Die Signalverarbeitung im CGL findet in 6 Neuronenschichten statt, die von ventral nach dorsal mit Schicht 1 bis 6 bezeichnet werden und die abwechselnd dem ipsilateralen (2, 3, 5) und kontralateralen (1, 4, 6) Auge zugeordnet sind. Es bestehen relativ geringe Interaktionen zwischen sich entsprechenden kontralateralen Schichten – es findet noch keine binokulare Verarbeitung (stereoskopes Sehen) statt. Aufgrund ihrer Zellgrößen werden die Schichten des CGL in drei Gruppen eingeteilt: ventrale magnozelluläre (M-Schichten, 1 und 2), dorsale parvozelluläre (P-Schichten, 3 bis 6) und koniozelluläre (K-Schichten über Schicht 6 oder zwischen den Schichten) Schichten. In den M-Schichten befinden sich hauptsächlich konzentrisch organisierte rezeptive Felder, während dies in den P- und K-Schichten weitgehend farbspezifische sind. Daher wird den magnozellulären Schichten v. a. eine Rolle bei der Bewegungs-, Orts- und Handlungswahrnehmung zugeschrieben und der parvozellulären Schicht eine Rolle bei der Form- und Farbwahrnehmung.

Corpus geniculatum mediale (*engl. medial geniculate nucleus, medial geniculate body; Syn. innerer Kniehöcker*) Der Corpus geniculatum mediale (CGM) ist ein Kerngebiet im Thalamus und dient als Umschaltstelle der zentralen Hörbahn. Der CGM

erhält seine Informationen vom Colliculus inferior, mit dem er in doppelseitiger Verbindung steht und verschaltet die auditiven Impulse auf das letzte Neuron der Hörbahn, welches dann die Signale über die Radiatio acustica zu der Hörrinde im Temporallappen weiterleitet.

Corpus luteum (*engl. yellow body; Syn. Gelbkörper*) Der Corpus luteum entsteht nach dem Eisprung aus den Resten des Follikels im Eierstock. Seine charakteristische Färbung erhält er durch die Einlagerung von gelblich gefärbten Lipiden. Er dient der Produktion von Östrogenen und Progesteron (sog. Gelbkörperhormon). Wird das Ei befruchtet, entwickelt sich der bis zur Befruchtung bezeichnete Corpus luteum menstruationis weiter zum Corpus luteum graviditatis. Andernfalls bildet er sich zurück.

Corpus pineale ▸ Epiphyse

Corpus trapezoideum (*engl. trapezoid body; Syn. Trapezkörper*) Der Corpus trapezoideum befindet sich hinter dem Pons und gehört zur Hörbahn. Er ist ein starkes Faserbündel zwischen den Nuclei cochleares (Schneckenkerne) und dem Nucleus olivaris (Olive), der die Informationen zur kontralateralen Seite leitet und von dort als Lemnicus lateralis zum Collicus inferior weiterzieht. Am Corpus trapezoideum treten der VI., VII. und VIII. Hirnnerv an die Hirnoberfläche.

Corsi-Würfeltest (*engl. Corsi's block-tapping test*) Der Corsi-Würfeltest ist ein neuropsychologischer Test zur Überprüfung der räumlichen Erinnerungsfähigkeit und des impliziten räumlichen Lernens. In seiner ursprünglichen Form besteht der Corsi-Würfeltest aus einer Platte, auf der neun Würfel liegen. Diese sind auf der dem Patienten zugewandten Seite nicht voneinander zu unterscheiden, während sie auf der dem Untersucher zugewandten Seite mit den Zahlen von »Eins« bis »Neun« nummeriert sind. Der Untersucher tippt mit der Hand die Würfel in einer vorgegebenen Reihenfolge an und bittet anschließend den Probanden dieselbe Sequenz vorzuführen. Dies wird diverse Male mit verschiedenen Sequenzen gemacht, wobei sich eine Sequenz in jedem dritten Durchgang wiederholt. Gesunde Probanden können sich nach einigen Durchgängen an die wie-

derholte Sequenz erinnern und diese gut wiedergeben, während Patienten mit Störungen der räumlichen Erinnerungsfähigkeit, z. B. nach rechtsparie-
talen Läsionen, Defizite zeigen.

Corti-Organ *(engl. Corti's organ; Syn. Cortisches
Organ)* Das Corti-Organ ist ein sensorischer Apparat
in der Basilarmembran der Hörschnecke (Cochlea)
im Ohr, welches, eingebettet in die Stützzellen, die
Hörsensorzellen (Haarsinneszellen) enthält. Es ist
der eigentliche Ort in der Cochlea, wo akustisch
mechanische Schwingungen in Nervensignale umgewandelt werden.

Crack *(engl. crack)* Als Crack bezeichnete man die
Mitte der 80er Jahre aufgetretene Erscheinungsform
der Droge Kokain. Durch Kochen von Kokain gemeinsam mit einer Backpulverlösung erhält man das
Konzentrat »Crack«. In dieser Form lässt sich der
Stoff verdampfen, über die Atemwege aufnehmen
und ruft so eine schnellere Wirkung hervor. Wie andere Psychostimulanzien wirkt Kokain, indem es
Transportstoffe für Monoamine, v. a. aber für Dopamin, blockiert, dabei die Wiederaufnahme der
Transmitter hemmt und somit deren Wirkung verstärkt. Als Crack geraucht gelangt das Kokain noch
schneller in die Blutbahn und somit ins Gehirn, wodurch sich die im Vergleich zu Kokain gesteigert
süchtig machende Wirkung erklärt. Chronischer
Kokain-Konsum kann zu psychoseähnlichen Symptomen führen, mit Nachlassen der Wirkung treten
oft äußerst starke Entzugserscheinungen (der sog.
Crash), wie innere Unruhe, starkes Verlangen nach
der Droge gefolgt von Depression und der Unfähigkeit, andere Dinge genießen zu können, auf. Neben
der nachhaltigen Veränderung der Lungenfunktion
(»Crack«-Lunge) kann Kokain auch neurotoxische
Wirkung haben. Eine Überdosis kann zu bedeut-
samen Veränderungen im zerebralen Blutstrom bis
hin zum Schlaganfall führen. Veränderungen im zerebralen Glukose-Stoffwechsel sind noch einige Monate nach Beendigung des Kokainkonsums nachweisbar.

Craving Das Wort stammt aus dem Englischen und
bedeutet übersetzt soviel wie »die Begierde« oder
»heftiges Verlangen«. Im Deutschen wird Craving
v. a. in der Medizin sowie als wissenschaftlicher
Fachbegriff der Suchtforschung verwendet. Er um-
schreibt das begierige Verhalten eines Süchtigen auf
der Suche nach einem Suchtmittel (dabei kann zwischen stofflicher und nichtstofflicher Sucht unterschieden werden). Meist ist das Verlangen so heftig,
dass die daraus folgenden Handlungen nicht der wil-
lentlichen Kontrolle unterliegen. Die Behandlung
Abhängiger kann durch sog. Anti-Craving-Substan-
zen ergänzt werden, bei deren Herstellung Befunde
über neurobiologische Korrelate der Suchterkran-
kung berücksichtigt werden.

CREB *(engl. CREB, cAMP–responsive element binding
protein)* CREB ist ein universell verfügbarer Transkriptionsfaktor, der in der nicht erregten Zelle inaktiv am Beginn einer Gensequenz auf der DNA liegt.
In diesem Zustand wird er als CRE (cAMP-Reak-
tionselement) bezeichnet. Bei länger andauernder
Phosphorilierung von CRE durch den Einfluss von
Proteinkinasen wird das CREB aktiv und führt zur
Transkription verschiedener Gene, die beispielsweise die Vorläufer der Katecholamine, Neuropeptide
und Neurotrophine kodieren. Im Zusammenhang
mit Langzeitpotenzierung (LTP) und Lernen wird
CREB eine wichtige Rolle in der Proteinsynthese
und Synapsenneubildung im Hippocampus zugeschrieben, wodurch es die Struktur und die Antworteigenschaften eines Neurons permanent ändern
kann.

CRH *(engl. corticotropin releasing hormone)* Das
Kortikotropin-Releasing-Hormon (CRH) ist ein
41-Aminosäuren-langes Peptidhormon des Hypothalamus, welches primär die Produktion und Freisetzung von Adrenokortikotropin (ACTH) aus dem
Hypophysenvorderlappen (HVL) steuert. Neben
dem hypothalamischen CRH wird das gleiche Peptid auch in der Amygdala (Mandelkern), von der
Plazenta während der Schwangerschaft und in ent-
zündeten peripheren Geweben produziert. Über
zwei unterschiedliche Rezeptortypen entfaltet CRH
unterschiedlichste Effekte im Organismus. Aufgrund deutlicher anxiogener Effekte von CRH gelten CRH-Antagonisten als möglicherweise spezifische Pharmaka gegen Angststörungen.

Cro-Magnon-Menschen *(engl. pl. Cro-Magnons)*
Die Cro-Magnon-Menschen sind nach dem Fund-

ort ihrer Skelette in einer Höhle in Frankreich benannt. Sie lebten vor ca. 45.000–10.000 Jahren und sind die direkten Vorfahren der heutigen Menschen (Homo sapiens). Dieser moderne Typ des Homosapiens war etwa 170 cm groß, hatte einen etwas kräftigeren Körperbau als der durchschnittliche Mensch heute und besaß ein Hirnvolumen bis zu 1590 ccm. Forscher entdeckten kunstvolle und sehr realistische Höhlenmalereien und Skulpturen auch an vielen weiteren Fundstätten. Vor etwa 20.000 Jahren hatten sich die Cro-Magnon-Menschen ausgefeilte Jagdtechniken mit Speeren und Bögen angeeignet, gleichzeitig stellten sie Alltagsgegenstände wie Nähnadeln, Kämme oder Landkarten her. Wahrscheinlich verdrängten sie im Laufe der Jahrtausende auch den Neandertaler (Homo neanderthalensis) aus Europa.

Crossing-over *(engl. crossing over; Syn. Rekombination)* Crossing-over ist ein Begriff aus der Genetik und bezeichnet den Vorgang während der Meiose, bei dem es zu einem »Austausch« von Abschnitten von Chromosomen kommt. Zu Beginn liegen sich die homologen Zwei-Chromatid-Chromosomen in der Prophase I gegenüber und bilden so eine Chromatidentetrade. Dabei können sich die Chromosomen überlappen und es kommt zum Bruch der Chromosomenstücke. Um diesen Bruch herum bildet sich ein Komplex von Proteinen, der die Bruchstellen schützt. Diese Bruchstellen werden nun »über Kreuz« zusammengesetzt und es entstehen neu kombinierte homologe Zwei-Chromatid-Chromosomen. Zwei Gene werden umso häufiger voneinander getrennt werden, je weiter diese auf dem Chromosomen voneinander entfernt liegen. Wenn ein Crossing-over stattgefunden hat, bleiben die Chromatiden an der Stelle des verschmolzenen Bereichs länger aneinander haften, was man im Lichtmikroskop gut erkennen kann und als Chiasma (aufgrund seiner Form nach dem griech. Chi) bezeichnet wird. Das Crossing-over, als intrachromosomale Rekombination, ermöglicht neue Merkmalskombinationen und somit eine bessere Anpassung von Generationen von Lebewesen an die sich wechselnde Umwelt. Diese Kombination macht die Variabilität der Merkmale innerhalb einer Population aus.

CT ▶ Computertomografie

Cuneus *(engl. cuneus)* Mit Cuneus bezeichnet man den medialen Anteil des linken und rechten Okzipitallappens, der nach unten durch den Sulcus calcarinus sowie nach oben durch den Sulcus parietooccipitalis begrenzt wird. Dieser keilförmige Bereich des Kortex gehört z. T. zum visuellen Kortex.

Cupula *(eng. cupula)* Als Cupula bezeichnet man in der Anatomie der Säugetiere die gallertartige Masse auf den Sinneshärchen der Bogengänge (▶ Gleichgewichtssinn).

Curare *(engl. curare)* Der pflanzliche Wirkstoff Curare wird von südamerikanischen Indianern seit langem als Pfeilgift bei der Jagd genutzt, da es Lähmungen hervorruft. Diese sind Folge einer Blockade der nikotinergen Azetylcholinrezeptoren an den motorischen Endplatten der Muskelfasern. Curare bindet an diese Rezeptoren, verhindert damit das Andocken von Azetylcholin, verkleinert das Endplattenpotenzial und unterbricht dadurch die Erregungsübertragung zwischen Motoneuron und Muskel. Hohe Dosen von Curare können zu einer Lähmung der Atmung und somit zum Tod führen.

Cushing-Syndrom *(engl. Cushing's syndrome; Syn. Hyperkortisolismus, Morbus Cushing)* Beim Cushing-Syndrom handelt es sich um eine endokrine Störung, bei der es entweder endogen verursacht (z. B. durch Nebennierentumore) oder iatrogen verursacht (z. B. durch hohe Dosen synthetischer Glukokortikoide) zu übermäßigen Konzentrationen des Hormons Kortisol kommt. Die Störung wurde zuerst vom amerikanischen Neurologen Harvey Williams Cushing (1869–1939) beschrieben und nach ihm benannt. Die Symptome des Cushing-Syndroms sind u. a. eine starke Gewichtszunahme (Vollmondgesicht, Stammfettsucht im Bereich des Rumpfes), Akne, rötliche Färbung und Verdünnung der Haut, Diabetes, Osteoporose, Ödembildung, Hypertonie, Muskelschwund sowie kognitive Störungen und psychotische Depression. Behandelt wird dieser Zustand, je nach Ursache, durch operative Entfernung der Adenome/Karzinome der Hypophyse oder der Nebennieren. Alternativ wurde eine Reihe von Medikamenten entwickelt (Ketoconazole®, Metyrapone®), die die Kortisolsynthese inhibieren.

Cycling *(engl. weight cycling; Syn. Jojo-Effekt)* beschreibt ein Phänomen, welches bei Esstörungen wie Obesitas (»Fettsucht«) auftritt und in diesem Zusammenhang eine Folge von exzessivem Fasten, also dem Einhalten von Diäten, darstellt. Dabei bewirkt die Diät bei Menschen und Tieren zwar kurzzeitig eine Gewichtsabnahme, nach Ende der Diät nehmen sie jedoch wieder zu, wobei sich das Gewicht auf einem höheren Niveau einpegelt. Langfristig kommt es so zu einem Gewichtsanstieg, wobei das Problem durch häufige Diäten noch verschlimmert wird. Als Ursache wird eine erbliche Neigung zur Fettleibigkeit diskutiert, die durch eine Störung der Temperaturregulation hervorgerufen wird. Überschüssig aufgenommene Kalorien werden dabei gespeichert und nicht, wie normalerweise der Großteil der Stoffwechselenergie, als Wärme abgegeben. Während bei Nagern ein Defekt dieser Thermogenese nachgewiesen werden konnte, fehlt beim Menschen bisher ein solcher Nachweis.

Cytokine ▶ Zytokin

Cytoplasma ▶ Zytoplasma

DA ▶ Dopamin

Dale-Prinzip *(engl. Dale's principle)* Das Dale-Prinzip wurde von Sir Henry Dale (1875–1968), Physiologe und Pharmakologe, formuliert. Die ursprüngliche Annahme des Prinzips besagt, dass jedes Neuron grundsätzlich immer denselben chemischen Botenstoff (Neurotransmitter) an all seinen axonalen Endigungen (Synapsen) verwendet. Dies ist zwar häufig der Fall, inzwischen ist jedoch bekannt, dass Neurone bzw. deren synaptische Endigung oft auch mehr als nur einen Neurotransmitter enthalten (Kolokalisation) und freisetzen. In der Regel handelt es sich dabei um einen nieder- (z. B. Monoamine) und einen hochmolekularen Transmitter (Neuropeptid). Die Erweiterung des Dale-Prinzips von Reichert (1990) besagt, dass Neurone an allen Synapsen die gleiche Kombination von chemischen Botenstoffen verwenden.

Dantrolen® *(engl. dantrolene)* Dantrolen® ist ein Medikament, das zur Entspannung der Muskulatur eingesetzt wird. Es findet in der Behandlung neuroleptischer Anfälle, spastischer Anfälle und in der Drogentherapie Verwendung. Dantrolen® unterdrückt die Erregungskontraktion in Muskeln, indem es an bestimmte Rezeptoren bindet und die Freisetzung von Kalzium verhindert. Das Medikament kann je nach Bedarf in Kapselform oder intravenös verabreicht werden. In der Notfallmedizin wird es nach Komplikationen beim Einsatz bestimmter Narkosemittel (z. B. gefährlicher Anstieg der Körpertemperatur) eingesetzt. Das größte Hindernis besteht in der geringen Wasserlöslichkeit von Dantrolen®, weshalb seine Anwendung in Notsituationen schwierig ist. Eine mögliche Nebenwirkung kann die Erschlaffung der Muskeln sein, welche über mehrere Stunden und Tage andauern kann.

Darmnervensystem *(engl. enteric nervous system; Syn. enterisches Nervensystem)* Das Darmnervensys-

tem (ENS) bildet zusammen mit dem Sympathikus und dem Parasympatikus das vegetative Nervensystem und besitzt ebenso viele Neuronen wie das Rückenmark. Dieses komplexe Geflecht aus Nervenzellen ist nahezu in der gesamten Wand des gastrointestinalen Traktes verteilt. Die beiden Hauptnervengeflechte, der Plexus myentericus (Auerbach-Plexus) und der Plexus submucosus (Meißner-Plexus), sind hauptsächlich für lokale Reflexe verantwortlich. Die Neurone des gastrointestinalen Traktes verfügen sowohl über exzitatorische (erregende) als auch inhibitorische (hemmende) Efferenzen zu Muskulatur sowie sekretorischen und endokrinen Zellen. Das ENS vermittelt seine Wirkung über eine große Anzahl verschiedener Botenstoffe wie Azetylcholin, Noradrenalin, Serotonin, Dopamin, verschiedene Neuropeptide sowie Darmhormone (bspw. Cholezystokinin). Grundsätzlich arbeitet das ENS selbständig (autonom), kann aber in seiner Funktion durch das autonome (vegetative) und das zentrale Nervensystem moduliert werden.

Daueraufmerksamkeit *(engl. permanent vigilance)* Unter Daueraufmerksamkeit versteht man die Fähigkeit, trotz hoher Reizdichte auch über einen langen Zeitraum hinweg aufmerksam zu bleiben. Ein typisches, im Zusammenhang mit Daueraufmerksamkeit immer wieder genanntes Alltagsbeispiel ist das Autofahren. Daueraufmerksamkeit kann mit dem Wiener Testsystem (Untertest Daueraufmerksamkeit, DAUF) getestet werden und muss von Vigilanz abgegrenzt werden. Vigilanz bezeichnet die Fähigkeit, auch bei sehr niedriger Reizfrequenz längerfristig aufmerksam zu bleiben. Ein Test hierfür ist die Mackworth-Uhr, bei der der Proband 24 rote Punkte in einem Kreis angeordnet auf einem Bildschirm sieht. Ein gelber Punkt wandert diese »Uhr« aus roten Punkten entlang und wann immer ein Punkt ausgelassen wird (was relativ selten geschieht), muss der Proband einen Knopf drücken.

Deadaptation *(engl. deadaptation)* Deadaptation spielt in der Reizwahrnehmung und -verarbeitung eine wichtige Rolle. Bei der vorausgehenden Adaptation passen sich die der Sinnesmodalität entsprechenden Sinneszellen an die Intensität des Reizes an. Bei langandauernden Reizen nimmt dadurch die Empfindungsintensität ab. Nach Beendigung des Reizes setzt der Prozess der Deadaptation ein. Dabei steigt die subjektive Empfindlichkeit (Sensitivität) für den Reiz mit einem ähnlichen Zeitverlauf wie bei der Adaptation wieder an. Die Fähigkeit zur Adaptation und Deadaptation lässt uns Veränderungen von Reizparametern in der Umwelt besser wahrnehmen und ermöglicht so eine Selektion wichtiger Informationen.

Deafferenzierung *(engl. deafferentation)* Der Begriff Deafferenzierung beschreibt die Durchtrennung des afferenten Informationsflusses, z. B. nach Durchtrennung eines peripheren Nervs wie der afferenten Fasern ins Rückenmark. Dies kann eine reversible motorische und autonome Areflexie (spinaler Schock) zur Folge haben.

Deaktivierung, enzymatische *(engl. enzymatic deactivation; Syn. enzymatische Spaltung)* Die enzymatische Deaktivierung findet im synaptischen Spalt statt. Dabei werden Neurotransmitter enzymatisch aufgespalten und als einzelne Bestandteile mittels Endozytose wieder in den präsynaptischen Endkopf aufgenommen(»re-uptake«). So enthält die postsynaptische Membran z. B. das Enzym Azetylcholinesterase (AChE), das ACh in seine Bestandteile Cholin und Azetat zerlegt, die dann im Endkopf zu ACh resynthetisiert und in Vesikel gespeichert werden.

Degeneration, anterograde *(engl. anterograde degeneration; Syn. Wallersche D.)* Der Begriff (neuronale) Degeneration beschreibt die Zerstörung von Nervenzellen bzw. ihrer Fortsätze mit den dadurch verursachten Funktionsausfällen. Bei der anterograden Degeneration (vom Soma zu den Axonendigungen) wird das Axon einer Nervenzelle distal geschädigt, so dass der periphere Abschnitt des Axons von der Versorgung abgeschnitten ist und sich das Endstück mit der Synapse zurückentwickelt. Es ist allerdings möglich, dass das Axon sich wieder regeneriert. Freigesetzte neurotrophische Faktoren können

eine Verlängerung des Axons und eine Neubildung einer Axonendigung (das sog. »sprouting«, Aussprossung) bewirken.

Degeneration, retrograde *(engl. retrograde degeneration)* Die retrograde Degeneration ist wie die anterograde Degeneration eine Form der Zellentartung mit Schädigung des Axons. Hier betrifft es die Axone von Nervenzellen, die nahe am Zellkörper geschädigt werden. Das Axon bildet sich mehr oder weniger vollständig in Richtung der geschädigten Zelle (proximal) zurück.

Degeneration, retrograde transneuronale *(engl. transneuronal retrograde degeneration)* Diese, auch absteigend genannte, Degeneration kommt durch den Verlust trophischer Substanzen, die durch das untergegangene Zielneuron abgegeben wurden, zustande. Dabei wurde ein Axon nahe des Zellkörpers geschädigt, wodurch die Zelle abstirbt und es möglich ist, dass auch die Zielzelle, zu der das Axon hinführte, mit abstirbt.

Dehnungsreflex, monosynaptischer *(engl. monosynaptic stretch reflex)* Ein monosynaptischer Dehnungsreflex ist ein Muskeleigenreflex (propriozeptiver Reflex), der die Muskellänge konstant hält. Durch plötzliche passive Dehnung eines Muskels werden die Dehnungsrezeptoren in den Muskelspindeln erregt. Die Erregung wird über Ia-Fasern ins Hinterhorn des Rückenmarks weitergeleitet und innerviert dort das Alphamotoneuron desselben Muskels, der sich daraufhin kontrahiert. Da nur eine zentrale Synapse an der Umschaltung von Afferenz auf Efferenz beteiligt ist, nennt man diese Reflexart monosynaptisch. Sie ist die einfachste und schnellste Variante eines Reflexbogens. Der bekannteste Dehnungsreflex ist der Patellarsehnenreflex.

Dehydrierung, zelluläre *(engl. cellular dehydration)* Zelluläre Dehydrierung bedeutet, dass die Wassermenge innerhalb einer Zelle abnimmt, wobei z. B. salzhaltige Nahrungsmittel zu einem Wasserentzug führen, der alle Zellen des Körpers betrifft. Auf diesen Wasserverlust reagieren Osmorezeptoren im Gehirn, senden Signale an den Hypothalamus, der daraufhin ein Durstgefühl vermittelt. Hinweis: In der Chemie wird unter Dehydrierung oder Dehydrogenierung die Abspaltung von Wasserstoff von Molekülen verstanden. Umgangssprachlich wird mit Dehydrierung hingegen der Verlust von Wasser bezeichnet. Der Fachbegriff hierfür lautet Dehydratation oder Dehydratisierung.

Dehydroepiandrosteron *(engl. dehydroepiandrosterone)* Dehydroepiandrosteron (DHEA) gehört zur Gruppe der Steroidhormone und ist die Vorstufe der Androgene (männliche Geschlechtshormone) und der Östrogene (weibliche Geschlechtshormone). Es wird aus Cholesterol in der Nebennierenrinde und in den Ovarien (Eierstock) synthetisiert.

Deiters-Stützzellen *(engl. pl. Deiter's cells, phalangeal cells; Syn. äußere Phalangeal-Zellen)* Deiters-Zellen sind die nach dem Bonner Anatom Otto Deiters (1834–1863) benannten Stützzellen im Cortischen Organ, auf denen die äußeren Haarzellen aufliegen. Sie werden wegen ihres phalangenförmigen (fingergliedrigen) Baus auch Phalangeal-Zellen genannt.

Deklaratives Gedächtnis ▶ Gedächtnis, deklaratives

dekortizieren *(engl. decorticate)* Chirurgisches Entfernen des Kortex bzw. eines Organs.

Delayed matching-to-sample *(dt. Mustervergleich mit Verzögerung)* Mit Hilfe dieser experimentellen Versuchsanordnung werden Gedächtnisfunktionen untersucht. Die grundlegende Aufgabe besteht darin, einen dargebotenen Reiz mit einem vorher gezeigten zu vergleichen. Im Gegensatz zur simultanen matching-to-sample-Aufgabe werden hier Beispiel- und Zielreiz zeitlich verzögert (delayed) dargeboten.

Delirium tremens *(engl. alcohol delirium; Syn. Alkoholdelir)* Unter Delirium tremens, im ICD-10 als F10.4 kodiert, versteht man das Auftreten einer typischen Symptomkonstellation, welche meist 48–72 Std. nach dem letzten Alkoholkonsum auftritt und für den Patienten lebensbedrohlich sein kann. Die Letalitätsrate liegt bei Nichtbehandlung bei ca. 20 % und bei adäquater Behandlung bei ca. 2 %. Auch bei anderen Suchterkrankungen kann ein Delirium tremens beim Entzug auftreten. Die Symptome für ein Alkoholentzugssyndrom können den Gastrointestinaltrakt (Nausea, Diarrhö), das kardiovaskuläre System (Hypertonie, Tachykardie), das vegetative Nervensystem (Fieber, Schlafstörungen, Gesichtsrötung, Hyperhidrosis) und das somatische Nervensystem (Tremor, Artikulationsschwierigkeiten) sowie die Psyche (Agitiertheit, Angst, Depression) betreffen. Bei einem Delir treten zusätzlich Desorientiertheit, optische und akustische Halluzinationen und eine schwere Agitiertheit auf. Die Überwachung der Vitalparameter gilt als wichtigste Sofortmassnahme.

Deltaaktivität *(engl. delta activity)* Die Deltaaktivität beschreibt langsame hochamplitudige EEG-Wellen mit einer Frequenz von 0,5–4 Hz. Bei gesunden Personen treten sie v. a. während des Tiefschlafs (Slow-Wave-Schlaf) im zentral-frontalen und zentral-parietalen Bereich auf und werden mit Konsolidierungsprozessen in Verbindung gebracht. Diese regelmäßige, synchronisierte elektrische Aktivität tritt auch unter Hypnose auf. Findet man solche fokalen Deltawellen im Wachzustand vor, gilt dies als Indikator für das Vorhandensein dysfunktionaler neuronaler Netzwerke. Ursache dessen kann eine Schädigung umliegender Neurone bei raumfordernden Prozessen (Tumoren) sein oder es tritt als charakteristisches Muster bei psychischen Störungen (Schizophrenie, Depression) auf.

Deltaschlaf *(engl. delta sleep)* Als Deltaschlaf wird der Schlaf der Schlafphasen 3 und 4 bezeichnet. Diese stellen Phasen des Tiefschlafs (non-REM-Schlaf) dar, welche durch das Auftreten von Deltawellen im Schlaf-EEG gekennzeichnet sind. Während des Deltaschlafs sind Körperfunktionen wie Herz- und Atemfrequenz herabgesetzt. Gleichzeitig sind eine verminderte sympathische und eine erhöhte parasympathische Aktivität zu verzeichnen. Beim Säugling nehmen die Phasen des Deltaschlafs ca. 50 % der Gesamtschlafzeit ein. Mit zunehmendem Alter vermindert sich der Anteil des Tiefschlafs an der Gesamtschlafdauer deutlich, so dass er bei einem 20-Jährigen nur noch ca. 20 % beträgt. Dem Deltaschlaf werden hauptsächlich restaurative Funktionen (z. B. Restrukturierung des Gedächtnis) zugeschrieben.

Delta-9-THC *(engl. delta 9 THC)* Delta-9-Tetrahydrocannabinol (Delta-9-THC) ist der Hauptwirkstoff der Pflanze Cannabis sativa (Indischer Hanf). Diese psychotrope Substanz erzeugt rauschähnliche Zustände. In Form von Marihuana oder Haschisch geraucht, kommt es zur Auslösung von Entspannungsgefühlen, einem verminderten Zeitgefühl (Zeit vergeht subjektiv langsamer), einer leichten Stimmungssteigerung und angenehmer Apathie. Delta-9-THC bindet an eigene Rezeptoren im Gehirn (Cannabinol- oder kurz CB1-Rezeptoren). Bei regelmäßig hohem Konsum von Cannabis kann es zu kognitiven Einschränkungen, insbesondere zu Gedächtnis- und Aufmerksamkeitsdefiziten kommen. Während das körperliche Abhängigkeitspotenzial dieser Substanz eher gering ist, spielt vor allem das Risiko der psychischen Abhängigkeit eine große Rolle für Konsum und Therapie.

Deltawellen *(engl. pl. delta waves)* Deltawellen (▶ Deltaaktivität) sind mittels Elektroenzephalogramm (EEG) messbare schwache elektrische Ströme von 1–4 Hz. Sie kennzeichnen den traumlosen Tiefschlaf (non-REM), Bewusstlosigkeit oder auch meditative Zustände. Über EEG abgeleitet, lassen sich in Verbindung mit Alpha-, Beta- und Gammawellen Rückschlüsse über Gehirnerkrankungen ziehen. Spielt man Deltawellen einem Patienten vor (bspw. unhörbar über CD), kann man sein Gehirn zu Tiefschlaf anregen bzw. seine Tiefschlafphasen verlängern.

Demaskulinisierung *(engl. demasculinisation)* Der Begriff Demaskulinisierung (aus dem Lat. übersetzt »Entmännlichung«) kann in verschiedenen Bereichen verwendet werden: (1.) In Bezug auf die pränatale somatosexuelle Entwicklung bezeichnet er die Verkümmerung des Wolffschen Gangs (▶ Wolffscher Gang) bei weiblichen Embryonen aufgrund fehlender bzw. geringer Mengen männlicher Hormone. Das Gegenteil dazu wäre die Maskulinisierung, wobei sich beim männlichen Embryo aufgrund hormoneller Einflüsse der Wolffsche Gang zu Nebenhoden, Samenleiter, Bläschendrüse und Prostata weiterentwickelt. (2.) Als Demaskulinisierung kann aber bspw. auch eine Entmännlichung bzw. Verweiblichung (Feminisierung) aufgrund endogen wirkender Chemikalien bezeichnet werden. (3.) Im operativen Sinn bezeichnet der Begriff die Amputation des männlichen Geschlechtsorgans. (4.) Demaskuli-

nisierung wird auch im soziologischen Zusammenhang gebraucht, so kann bspw. eine Gesellschaft demaskulinisiert sein.

Demenz, semantische *(engl. semantic dementia)* Semantische Demenz ist ein relativ neuer Begriff, der für ein degeneratives Syndrom steht, das durch eine Blässe im linken inferolateralen temporalen Neokortex (linkstemporale Atrophie) auffällt. Symptome dieser Krankheit sind typischerweise eine schleichende, aber fortschreitende Verschlechterung des sprachlichen Wissens über Menschen, Dinge, Tatsachen und die Bedeutung von Wörtern (Semantikwissen). Weitere Symptome sind ein eigenartiger Wortgebrauch sowie ein schwindendes visuelles Wissen, was sich besonders dadurch auszeichnet, dass ehemals vertraute Gegenstände und Gesichter weder erkannt noch benannt werden können. Relativ gut erhalten bleiben bei dieser Störung jedoch Syntax und Sprachproduktion (z. B. Nachsprechen) ebenso wie das episodische Gedächtnis.

Dendrit *(engl. dendrite)* Mit Dendriten (griech. dendrites = zum Baum gehörend) bezeichnet man in der Biologie die verzweigten Fortsätze einer Nervenzelle. Sie bilden die Inputzone eines Neurons, indem sie synaptisch übertragene Informationen bzw. Erregungen aufnehmen und zum Soma, dem Zellkörper, weiterleiten. Sogenannte Dendritendornen ermöglichen die Bildung neuer Synapsen und somit die Verbindung zu weiteren Nervenzellen. Zu den wesentlichen Zellbestandteilen, die sich im Neuroplasma der Dendriten befinden, gehören u. a. Ribosomen, Mitochondrien, Mikrotubuli, Mikrofilamente (Aktin) und das glatte endoplasmatische Retikulum.

Depolarisation *(engl. depolarization)* Physiologisch bezeichnet Depolarisation eine Abnahme des (negativen) Ruhepotenzials der Zellmembran, welches normalerweise bei -70 mV liegt, d. h. das Membranpotenzial nimmt einen weniger negativen Wert an. Bei einer unterschwelligen Depolarisation werden die spannungsabhängigen Natriumkanäle (manchmal auch Kalziumkanäle) nicht geöffnet; wird allerdings die Schwelle (-50 mV) überschritten, nennt man diese Depolarisation überschwellig, die Natriumkanäle öffnen sich und es kann ein Aktionspotenzial ausgelöst werden. Das Gegenteil dieser Depolarisation ist eine Hyperpolarisation, wobei es hier zu einer Veränderung des Ruhepotenzials in negativer Richtung kommt (bspw. –90 mV). Neurologisch versteht man unter einer paroxysmalen Depolarisation (Depolarisationsverschiebung) eine typische Sequenz von Membranpotenzialänderungen zentraler Neuronen, die im Verlauf eines epileptischen Anfalls auftreten können.

Depolarisationsphase *(engl. phase of depolarization; Syn. Phase 0)* Die Depolarisationsphase ist jene Phase bei der Weiterleitung eines Aktionspotenzials (AP) am Axon, bei dem sich das Potenzial von ca. –70 mV auf ca. +30 mV verschiebt. Dies geschieht durch eine Ladungsveränderung an der Membran, wodurch die Permeabilität für NA^+-Ionen erhöht wird und diese in großen Mengen in den Zellinnenraum eindringen können. An die Phase der Depolarisation schließt sich die der Repolarisation an.

Depotbindung *(engl. depot binding)* Bei einer Depotbindung handelt es sich um die Bindung einer Wirksubstanz an verschiedene Gewebe des Körpers oder an Proteine im Blut. Die Depotbindung kann die Wirkung einer Substanz sowohl verzögern, als auch verlängern, denn solange die Substanzen an ein Depot gebunden sind, können sie ihren spezifischen Wirkungsort nicht erreichen. Mögliche »Partner« für Depotbindungen sind Albumin (ein Protein im Blut), das Fettgewebe, die Knochen, die Muskeln und die Leber. Dabei ist eine Depotbindung innerhalb der Blutbahn (an Albumin) wahrscheinlicher als eine außerhalb, da die Wirksubstanz dafür zunächst die Blutbahn verlassen muss.

Deprenyl *(engl. deprenyl)* Deprenyl gehört zur Gruppe der Monoaminoxidasehemmer (MAOI) und verhindert den Abbau von Noradrenalin, Dopamin und Serotonin. Durch diesen Effekt trägt Deprenyl zum Schutz und Erhalt der Nervenzellen bei. Die Einnahme führt zur Steigerung des Antriebes und zur Stimmungsaufhellung. In der Medizin wird Deprenyl häufig eingesetzt, um den Verlauf von Parkinson zu verlangsamen, da es im Vergleich zu anderen Mitteln kaum Nebenwirkungen zeigt. Zudem hat dieser Stoff einen günstigen Effekt auf die Eindämmung von Hyperaktivitäts-Symptomen. Außerdem werden Medikamente mit Deprenylanteil als Rausch- und Auf-putschmittel verwendet, da sie u. a. zur Verbesserung von Gedächtnisleistung führen können. Präparate, die Deprenyl enthalten, sind Serene®, Jumexal® und Selegilin®.

Depression, endogene *(engl. endogenous depression)* Der Begriff der endogenen Depression stammt aus einem veralteten Klassifizierungssystem für Depressionen. Bei einer endogenen Depression glaubte man, die Depression käme »von innen«, auch wenn es keine bekannte organische Ursache der Krankheit gibt. Im Leben der Betroffenen scheint meist alles in Ordnung, doch plötzlich tritt ohne erkennbare körperliche oder psychische Gründe die negative Stimmung auf. Wahrscheinlich ist, dass diese Erkrankung auf einen fehlerhaften Stoffwechsel im Gehirn zurückzuführen ist, der möglicherweise genetisch bedingt und somit auch vererbbar ist. Die Symptome (Traurigkeit, Niedergeschlagenheit, Antriebslosigkeit, geringer Appetit) beginnen meist langsam, dauern dann einige Monate an und verschwinden auch ohne Therapie wieder. Eine Behandlung mit Medikamenten ist möglich, doch dabei werden nur die Symptome beseitigt. Fraglich bleibt, ob verdrängte Ereignisse oder unbewusste Probleme nicht doch eine Ursache sind. Besonders schwere endogene Depressionen bezeichnet man heute als rezidivierende depressive Störung, die dringend behandelt werden muss.

Depression, reaktive *(engl. reactive depression; Syn. exogene Depression)* Die Bezeichnung der reaktiven Depression ist ebenfalls eine ältere, wobei hier belastende Lebensereignisse und Probleme als (äußere) Ursache angesehen werden. Meist sind dies plötzliche einschneidende Begebenheiten oder Schicksalsschläge im Leben des Betroffenen wie z. B. der Tod eines nahen Verwandten, Scheidung, Krankheit oder ein selbst verschuldeter Unfall sowie Probleme im Beruf. Eine reaktive Depression kann aber auch entstehen, wenn im Alltag zu viele Probleme auftreten und kein Lebensbereich mehr als Ausgleich dienen kann. Bei solchen sog. »Anpassungsstörungen« kommt die psychische Stabilität ins Schwanken, was sich in Symptomen wie Ein- und Durchschlafstörungen, Kloß im Hals, Atemenge, Verlust sexuellen Interesses und plötzlichen emotionalen Gefühlsausbrüchen äußert. Therapiert wird die reaktive Depression sowohl mit Hilfe von Gesprächspsychotherapie und soziotherapeutischen Maßnahmen als auch mit Medikamenten wie z. B. Schlafmitteln oder niedrig dosierten Tranquilizern. Häufig wird auch ein Spaziergang (»Gesundheitsmarsch«) bei Tageslicht empfohlen.

Depression, synaptische *(engl. synaptic depression)* Als synaptische Depression (nicht zu verwechseln mit dem Krankheitsbild!) wird die Abschwächung der synaptischen Übertragung durch synaptische Plastizität bezeichnet (Ermüdungsprozess). Dabei können längere hochfrequente Serien von Depolarisationen auch das Gegenteil von Bahnung, nämlich synaptische Depression, auslösen. Wahrscheinlich kommt sie an vielen Stellen des Nervensystems als neuronales Korrelat von Gewöhnung (Habituation) vor, da die Habituation einfacher Verhaltensreaktionen auf eine Depression der beteiligten Synapsen zurückzuführen ist. Entsprechend ihrer Dauer unterscheidet man eine Langzeit- und Kurzzeitdepression.

Deprivation *(engl. deprivation)* Psychisch gesehen beschreibt Deprivation eine besonders schwere Art der emotionalen Vernachlässigung (emotionale Deprivation). In der Pädiatrie meint man damit fehlende Zuwendung und Aufmerksamkeit für das Baby und Kleinkind, wodurch das Kind seelische Schäden davontragen kann. Betrifft Deprivation den Körper oder die Organe, spricht man von sensorischer Deprivation, also einem Mangel an Sinneseindrücken (ausgelöst durch Außenreize und Mitmenschen) oder unbefriedigten Grundbedürfnissen wie bspw. Schlafen oder Essen. Folgen dieser Deprivation von Sinnesreizen können Halluzinationen, Illusionen sowie andere Denkstörungen sein. Abzugrenzen sind außerdem die perzeptive (verminderter Informationsgehalt von Außenreizen) und die subjektive (also lediglich subjektiv erlebte) Deprivation.

Dermatom *(engl. dermatome)* Ein Dermatom ist ein umschriebenes Hautareal, welches von den Afferenzen der Hinterwurzel des Rückenmarks (Spinalnerv, der aus hunderten von Nervenfasern besteht) innerviert wird. Der Mensch verfügt über genauso viele Dermatome wie Spinalnerven, also 31.

Desensitivierung *(engl. desensitization)* Unter Desensitivierung versteht man in der Physiologie eine Verringerung der zellulären Reaktion bei länger andauernder oder mehrmaliger Wirkung eines Liganden (Molekül, das an ein Zielprotein binden kann). Sie kann an jedem Schritt der Signalübertragung ansetzen und wird durch eine veränderte Funktion oder Anzahl der jeweiligen Rezeptoren ausgelöst. Von einer homologen Desensitivierung spricht man, wenn die Abnahme der zellulären Reaktion nur für den Agonisten gilt, der die Desensitivierung ausgelöst hat. Eine heterologe Desensitivierung beschreibt die Abnahme der zellulären Reaktion auf einen Liganden aufgrund der Aktivität anderer Signale.

Desoxyribonukleinsäure *(engl. desoxyribonucleic acid, DNA)* Die Desoxyribonukleinsäure (DNS) ist ein polares Makromolekül, dessen Rückgrat aus abwechselnd angeordneten Phosphat- und Zuckerresten (Desoxyribose) aufgebaut ist. Am Zuckerrest ist stets eine der vier Basen Adenin, Thymin, Guanin oder Zytosin gebunden. Einzelstränge der DNS binden sich über Basenpaarungen (Adenin mit Thymin, Guanin mit Zytosin) zu einem Doppelstrang (Doppelhelix). Die Doppelstrang-DNS liegt in Form von ungeordneten Chromatinfäden im Zellkern vor; nur während der Zellteilung ist sie in Form von Chromosomen organisiert. Auf der DNS unterscheidet man proteinkodierende Bereiche (Gene), in denen aus der Reihenfolge der Basen (Sequenz) eine bestimmte Information abgeleitet werden kann, die in Form von Eiweißen realisiert wird. Sog. intergenische Bereiche hingegen kodieren keine Proteine, können aber regulatorische Sequenzen für die Genexpression enthalten.

Desynchronisation *(engl. desynchronization)* Der Zustand pflanzlicher und tierischer Organismen ist verschiedenen zirkadianen Rhythmen unterworfen, die v. a. durch die Aktivität angeborener endogener Oszillatoren bestimmt sind (die sog. innere biologische Uhr). Synchronisiert und beeinflusst werden sie durch Umweltreize, sog. Zeitgeber, wie der Hell-Dunkel-Rhythmus des Tages. Bei der Desynchronisation wird der externe Zeitgeber ausgeschaltet. Danach laufen die endogenen Rhythmen mit veränderter Periodik weiter, die dann meist etwas länger als 24 Std. ist. Die Ausschaltung exogener Zeitgeber (auch Freilaufbedingung) kann die Desynchronisation zweier endogener Rhythmen (z. B. von Aktivitätszyklus und Rektaltemperatur beim Menschen) hervorrufen. Der Möglichkeit der Anpassung endogener Uhren an veränderte exogene Zeitgeber entspringt jedoch ein Selektionsvorteil.

Detektor *(engl. detector)* Der Detektor oder auch Sensor dient dem Nachweis eines Objektes bzw. eines Sachverhaltes.

Deuteranopie *(engl. deuteranopia; Syn. Grünblindheit)* Die Deuteranopie ist ein genetisch bedingter Defekt des Farbsehens. Die Betroffenen sind nicht in der Lage, die Farben Rot und Grün zu unterscheiden. Es wird angenommen, dass die Grün-Zapfen auf der Retina des Auges das Opsin der Rot-Zapfen enthalten. Die Sehschärfe der Betroffenen verschlechtert sich durch Deuteranopie nicht. Die Störung wird X-chromosomal vererbt und tritt daher häufiger bei Männern auf.

Dezerebration *(engl. decerebration; Syn. Dezerebrierung)* Dezerebrierung bedeutet wörtlich übersetzt »Enthirnung« und bezeichnet einen Ausfall der Großhirnfunktionen nach Durchtrennung bzw. Entkoppelung des Großhirns vom Hirnstamm. Solche schwersten, unwiderruflichen Großhirnschädigungen können durch einen Unfall, einen Tumor, eine andere Erkrankung, einen lang anhaltenden Sauerstoffmangel oder eine Hirndrucksteigerung induziert werden. Die Folgen können je nach Art der anatomisch betroffenen Areale unterschiedlich sein, sind aber immer durch eine tiefe Bewusstlosigkeit gekennzeichnet (bspw. Apallisches Syndrom). Die lebenserhaltenden, vom Hirnstamm gesteuerten Funktionen hingegen bleiben erhalten. Im tierexperimentellen Setting (bspw. bei Fröschen) bezeichnet eine Dezerebrierung die komplette Entfernung des Großhirns.

Dezerebrationsstarre *(engl. decerebrate rigidity; Syn. Enthirnungsstarre)* Die Dezerebrationsstarre ist gekennzeichnet durch eine starke Tonuserhöhung der gesamten Extensormuskulatur und ist eine typische Charakteristik einer Hirnstammunterbrechung (Dezerebration). Beim Menschen tritt diese nach Hirnverletzung, Mittelhirneinklemmung (bei Hirndruck oder Tumor) oder nach Einbrechen einer Hirnblutung in die Ventrikel auf. Es kommt zu einer

unter Bewusstseinsverlust auftretenden, spastischen Streckhaltung der Gliedmaßen und des Rumpfes. Im Tierexperiment konnte gezeigt werden, dass ein aufgerichtetes, dezerebriertes Tier stehen bleibt, da die Gelenke aufgrund des hohen Muskeltonus nicht einknicken. Die überstreckte Haltung des Tieres wird als »Karikatur des Stehens« bezeichnet.

Dezerebrierung ▶ Dezerebration

DHEA ▶ Dehydroepiandrosteron

Dialyse, zerebrale *(engl. cerebral dialysis)* Die zerebrale Dialyse ist ein neurochemisches Verfahren zur Messung von extrazellulären neurochemischen Substanzen, das am lebenden Tier durchgeführt werden kann. Dabei wird ein dünnes Röhrchen mit einem semipermeablen Abschnitt am gewünschten Ort ins Gehirn eingeführt. Die zu untersuchenden Substanzen diffundieren in das Röhrchen hinein und können anschließend mit einem Chromatographen analysiert werden. Mit der zerebralen Dialyse kann bei Tieren die aktivitätsinduzierte Veränderung der Konzentration von neurochemischen Substanzen gemessen werden.

Diastole *(engl. diastole)* Als Diastole wird die Erschlaffungs- oder Relaxionsphase des Herzens bezeichnet, welche bis zum Moment der Herzklappenöffnung und dem Blutausstoß in die Herzarterie andauert. Während dieser Phase, die in eine Entspannungsphase, eine frühe und eine späte Füllungsphase eingeteilt wird, fällt der Blutdruck bis zu seinem tiefsten Wert ab. Dieser Wert wird bei der Blutdruckmessung als diastolischer Blutdruck bezeichnet, dessen Normalwert bei 80 mmHg bis maximal 89 mmHg (Millimeter Quecksilbersäule) liegt. Ab 90 mmHg spricht man von erhöhten diastolischen Blutdruckwerten.

Dienzephalon *(engl. diencephalon, thalamencephalon; Syn. Zwischenhirn)* Das Dienzephalon ist Teil des Hirnstamms und liegt kranial (kopfwärts) zum Mesenzephalon (Mittelhirn). Das aus zwei eiförmigen Strukturen bestehende Dienzephalon umschließt den dritten Ventrikel. Es kann aufgrund unterschiedlicher Funktionen in verschiedene Unterstrukturen aufgeteilt werden. Dazu gehören der Thalamus als

Umschaltstation fast aller Afferenzen (z. B. vom Auge, Ohr oder der Haut), der Epithalamus, der Subthalamus, der Hypothalamus als das übergeordnete Zentrum des vegetativen Nervensystems (▶ Nervensystem, autonomes) und Regulator der meisten endokrinen Prozesse (▶ Drüsen, endokrine; ▶ Hormon) sowie der Metathalamus.

Diffusion *(engl. diffusion)* Diffusion ist der aufgrund der Eigenbewegung der Teilchen ermöglichte Konzentrationsausgleich von der höheren zur niedrigeren Konzentration entlang eines Konzentrationsgefälles. Physikalische Grundlage dieses Vorgangs ist, dass in Flüssigkeiten gelöste Stoffe ionisiert vorkommen. Diese Teilchen haben bei Temperaturen über dem absoluten Nullpunkt eine Eigenbewegung und nehmen so den gesamten für sie zur Verfügung stehenden Raum ohne externe Energiezufuhr ein. Aufgrund dessen ist bei der Diffusion von einem passiven Transportvorgang zu sprechen. Eine Spezialform der Diffusion stellt die Osmose dar. Dabei handelt es sich um einen einseitigen Konzentrationsausgleich durch eine halbdurchlässige (semipermeable) Membran.

Diffusionsdruck *(engl. diffusion pressure)* Als Diffusionsdruck bezeichnet man die Bestrebung von Teilchen zum Ausgleich eines Konzentrationsgefälles an einer Membran durch Diffusion. Je größer ein Ungleichgewicht von Stoffen wie z. B. Ionen ausgeprägt ist, umso größer ist auch der Diffusionsdruck. Ein Sonderfall des Diffusionsdruckes ist der osmotische Druck, der entlang einer semipermeablen Membran entstehen kann.

Diffusionsgradient *(engl. diffusion gradient; Syn. Konzentrationsgradient)* Der Diffusiongradient beschreibt die Richtung des Konzentrationsunterschiedes (Konzentrationsgefälle) zwischen zwei Stoffen und gibt so die Richtung der Diffusion vor. Ist der Diffusionsgradient gleich Null, findet keine Diffusion mehr statt und die Konzentrationen zweier Medien, über die der Austausch stattfindet, haben sich angeglichen. Aufgrund dieses Gradienten kann bspw. Wasser vom Boden in die Spitze der Pflanze transportiert werden. Der Gradient wirkt immer aus Richtung der höheren in die Richtung der niedrigeren Konzentration.

Digit-span plus 1-Test ▶ Zahlengedächtnistest

Dihydrotestosteron *(engl. dihydrotestosterone)* Dihydrotestosteron (DHT) ist die erst in verschiedenen Zielorganen (z. B. äußere Genitalien, Prostata, Talgdrüsen) gebildete biologisch stärker wirksame Form des Testosteron, das für die Entwicklung der äußeren Geschlechtsorgane, die Entwicklung und Funktion der Prostata, den Bartwuchs und die männliche Körperbehaarung verantwortlich ist. Bei der Reduktion des Testosterons erfolgt die DHT-Synthese durch das Enzym 5-alpha-Reduktase, nach dessen Anbindung an spezifische Rezeptoren sich ein Hormon-Rezeptorkomplex bildet, der zum Zellkern transportiert wird und die Genexpression beeinflusst. Bei Aknepatienten kann häufig eine stärkere Aktivität der 5-alpha-Reduktase nachgewiesen werden, weshalb ein Überschuss an DHT mit dieser Erkrankung in Verbindung gebracht wird. Eine iatrogene Hemmung des DHT wird demnach nicht nur bei der Behandlung androgenen Haarausfalls, sondern auch bei der Aknebehandlung eingesetzt.

Dimorphismus *(engl. dimorphism; Syn. Zweiförmigkeit, Zweigestaltigkeit)* In der Biologie versteht man darunter die Existenz zweier deutlich verschiedener Erscheinungsbilder von Individuen derselben Art. Die bekannteste Form ist der Geschlechtsdimorphismus. Bei diesen Arten unterscheiden sich männliche und weibliche Individuen deutlich voneinander. Dieser Unterschied drückt sich z. B. in Körpergröße oder -färbung aus. Dabei ist die Anlage des Embryos ursprünglich zweigeschlechtig und bildet sich erst allmählich einseitig aus. Eine andere Form des Dimorphismus ist der Saisondimorphismus. Dabei haben z. B. Pflanzen in Abhängigkeit von der Jahreszeit Blätter verschiedener Form und Größe (▶ auch Polymorphismus).

Dioptrie *(engl. diopter)* Dioptrie (dpt) ist eine Maßeinheit für die Brechkraft von optischen Linsen, also auch dem menschlichen Auge. Mit Brechkraft ist der Kehrwert der Brennweite von Objektiven und Linsen gemeint (Angaben in m). Die Dioptrienwerte können vom Augenarzt oder Optiker mittels sog. Refraktion (Lichtbrechung) bestimmt werden. Bei Kurzsichtigkeit steht vor dem absoluten Dioptrienwert ein Minuszeichen, während bei Weitsichtigkeit die Werte mit einem Pluszeichen versehen werden. Gemäß den Gesetzen der Strahlenoptik können bei Hintereinanderreihung von Linsen mit geringem Abstand die Kehrwerte ihrer Brennweiten addiert werden, wobei man mit dieser Summe die Brechkraft des ganzen Linsensystems (bspw. Auge plus Brille) erhält. Sammellinsen haben dabei eine positive Brechkraft und dienen der Korrektur von Weitsichtigkeit, während Zerstreuungslinsen eine negative Brechkraft haben und der Korrektur von Kurzsichtigkeit dienen.

diploid *(engl. diploid)* Ein Chromosomensatz wird als diploid bezeichnet, wenn jedes Chromosom doppelt im Zellkern vorliegt (doppelter Chromosomensatz). Bei den Gonosomen männlicher Individuen wird hierbei nicht zwischen eigentlich unterschiedlichen X- und Y-Chromosomen unterschieden. Die Zellen im menschlichen Körper besitzen einen diploiden Chromosomensatz, die Keimzellen (Samen- und Eizellen) hingegen nur einen haploiden (einfacher Chromosomensatz).

dipsogen *(engl. dipsogen)* Dipsogen wirkt jede Substanz, die das Trinken stimuliert. Ein sehr potentes endogenes Dipsogen ist das Peptid Angiotensin II, das eine wichtige Rolle in der Regulation des Wasserhaushaltes spielt.

Disparität, retinale *(engl. retinal disparity)* Die retinale Disparität oder auch Disparation gehört zusammen mit Akkommodation und Konvergenz zu den primären Tiefenkriterien (Einschätzung der Entfernung von Objekten). Retinale Disparität beschreibt die leichte Abweichung der retinalen Bilder beider Augen beim Betrachten eines Objektes (bedingt durch eine leicht unterschiedliche Position der Augen relativ zum Objekt), die es ermöglicht, Entfernungen einzuschätzen. Dabei bedeutet ein größerer Unterschied bzw. Disparität eine größere Nähe zum Objekt.

Diuretikum *(engl. diuretic; pl. Diuretika, Syn. Wassertablette)* Diuretika sind Medikamente, die in den Wasser- und Elektrolythaushalt eingreifen, deren Ausscheidung über die Niere vermehren und dadurch harntreibend (diuretisch) wirken. Aus diesem Grund sind sie elementarer Therapiebestandteil bei Herz-Kreislauferkrankungen, z. B. bei Hypertonie oder Herzinsuffizienz. Diuretika wirken entlastend auf das Herz, Ödeme (z. B. an den Beinen) können beseitigt werden und das intravasale Volumen wird verringert. Man unterscheidet verschiedene Gruppen von Diuretika, die unterschiedliche Einsatzbereiche, aber auch unterschiedliche Nebenwirkungen aufweisen. Beispiele sind Schleifendiuretika oder Aldosteronantagonisten, die u. a. die Aldosteronwirkung hemmen und zu einer Natriumausscheidung führen. Bei der Einnahme von Diuretika ist darauf zu achten, dass es zu keiner Elektrolytentgleisung und somit zu gefährlichen Symptomen, wie Austrocknung, Krampfanfällen und Herzrhythmusstörungen (die beiden Letzteren sind salzmangelbedingt), kommen kann.

Divergenz *(engl. divergence)* In seiner ursprünglichen Bedeutung meint Divergenz die Auseinanderentwicklung zweier Objekte oder Prozesse. Im sensorischen System bezeichnet Divergenz die Erregungsausbreitung, wodurch auch schwache Reize wahrgenommen werden können. Dabei wird die Information einer Zelle parallel an mehrere andere Zellen weitergeleitet, das Signal »streut« also. Dies führt allerdings zu einer Erschwerung bei der Lokalisierung dieser Reize.

DNA ▶ Desoxyribonukleinsäure

DNS ▶ Desoxyribonukleinsäure

dominant *(engl. dominant)* Dominant beschreibt in der Genetik eine Eigenschaft bzw. ein Merkmal, das sich im Gegensatz zu einem rezessiven Allel in jedem Fall durchsetzt und den Phänotyp (Merkmalsausprägung) auch bei Mischerbigkeit bestimmt. Dominante Allele werden durch Großbuchstaben symbolisiert.

Dominanz, okuläre *(engl. ocular dominance; Syn. Augendominanz)* Neurone im visuellen Kortex zeigen eine bevorzugte Reaktion auf den Input des einen Auges, während Signale aus dem anderen Auge eine untergeordnete Rolle spielen. Dabei werden Zellen mit der gleichen Präferenz für ein Auge in sog. Augendominanzsäulen organisiert. Man spricht von einer starken okulären Dominanz, wenn das Neuron nur auf die Reizung eines Auges anspricht, bzw. von keiner Dominanz, wenn das Neuron auf die Inputs beider Augen gleich stark antwortet.

Dominanzsäulen, okuläre *(engl. pl. ocular dominance columns)* Okuläre Dominanzsäulen sind kortikale Säulen von Neuronen, die senkrecht zur Schichtung im visuellen Kortex stehen. Dabei sind sog. Orientierungssäulen, die die Informationen über einen Punkt der Netzhaut eines Auges verarbeiten, in einem Bündel zusammengefasst. Für jeden Ort des binokularen Gesichtsfeldes gibt es jeweils eine okuläre Dominanzsäule für das rechte und das linke Auge. Farbempfindliche Säulen werden als »Blobs« bezeichnet (▶ Blobs).

DOPA *(engl. dopa)* Dihydroxyphenylalanin (DOPA) wird z. B. als L-Dopa (Abk. f. L-3,4-Dihydroxyphenylalanin; Syn. Levodopa) bei der Behandlung von Parkinson eingesetzt. Tyrosin wird durch Tyrosin-Hydroxylase in L-DOPA umgewandelt und dieses wiederum durch Aminosäure-Decarboxylase in Dopamin.

Dopamin *(engl. dopamine)* Dopamin (DA) gehört als biogenes Monoamin zur Gruppe der Katecholamine, die aus der Aminosäure Tyrosin gebildet werden und zu denen auch Noradrenalin und Adrenalin gehören. DA ist ein unmittelbarer Vorläufer bei der Biosynthese von Adrenalin bzw. Noradrenalin, zudem wirkt es als Neurohormon (im Hypothalamus) und Neurotransmitter. Im Zentralen Nervensystem finden sich spezielle dopaminerge Bahnensysteme: das tuberohypophyseale, das mesostriatale und das mesolimbokortikale System. Das dopaminerge System spielt eine wichtige Rolle für psychische Prozesse und scheint an der Entstehung psychischer und neurologischer Störungen wie Schizophrenie oder der Parkinson-Krankheit beteiligt zu sein. Das mesolimbische System, das sog. Belohnungszentrum, ist einer der wichtigsten dopaminergen Verarbeitungspfade. Auch Drogen (insbesondere Stimulanzien wie Kokain und Amphetamine) beeinflussen dieses System und bewirken eine Ausschüttung von Dopamin im Nucleus accumbens. Wichtige von Dopamin vermittelte Funktionen betreffen die Motorik, Aktivierung und Antrieb, Emotionalität sowie kognitive Prozesse. Bei Suchterkrankungen scheint ein gestörter Dopaminhaushalt relevant für auftretende Entzugssymptome zu sein.

Dopaminhypothese *(engl. dopamine hypothesis)* Die einfache Dopaminhypothese geht davon aus, dass Schizophrenie und psychotisches Erleben auf eine übermäßige (v. a. mesolimbische) Aktivität von Dopamin zurückzuführen sind. Diese Annahme wurde entwickelt aufgrund der Dopamin-antagonistischen Wirkung von Neuroleptika, die die DA-Rezeptoren blockieren. Außerdem können bestimmte Substanzen, die dasselbe Neurotransmittersystem beeinflussen, psychotische Symptome hervorrufen (Amphetaminpsychose). Diese These konnte aber bisher nicht bestätigt werden. Ein Widerspruch zeigt sich bspw. darin, dass keine vermehrten Dopaminabbauprodukte im Blut Schizophrener gefunden werden konnten. Daher wurde die erweiterte Dopaminhypothese entwickelt, die besagt, dass einige Bereiche des Gehirns einen Dopaminmangel aufweisen (präfrontaler Kortex), was die Negativsymptomatik erklären soll, während in den mesolimbischen Arealen eine Überproduktion herrscht, was eine Erklärung der Positivsymptomatik darstellt. Aber auch diese Hypothese konnte bisher noch nicht ausreichend belegt werden.

Dopaminsystem, mesotelenzephales *(engl. mesotelencephalic dopaminergic system)* Das mesotelenzephale System ist eines von vier Dopaminsystem und gilt als das wichtigste System, welches Dopamin als Neurotransmitter verwendet. Es umfasst die dopaminerge Innervation der Basalganglien und man unterscheidet innerhalb des Systems zwischen drei Hauptverbindungen: von der Substantia nigra zum Nucleus caudatus und Putamen (nigrostratiales System), vom ventralen Tegmentum zum Nucleus accumbens (mesolimbisches System) und zum präfrontalen Kortex und zur Amygdala (mesokortikales System). Das nigrostratiale System ist an motorischen Funktionen beteiligt. Bei Parkinson-Patienten konnte ein Dopaminmangel in diesem Gebiet festgestellt werden. Das mesolimbische und mesokortikale Dopaminsystem hingegen spielen bei Motivations- und Belohnungsprozessen eine entscheidende Rolle. Außerdem konnte nachgewiesen werden, dass Halluzinationen und Wahnideen mit einer erhöhten Dopaminaktivität in dieser Region einhergehen.

Doppelhelix *(engl. double helix)* In der Biochemie ist das bekannteste Beispiel die DNS-Doppelhelix als Bezeichnung der DNS-Struktur. Dabei besteht die Doppelhelix aus zwei parallelen gegenläufigen Strängen, die aus Polynukleotiden bestehen. Beide Stränge dieses Doppelstrangs sind schraubenförmig umeinander gewunden. Diese Struktur wurde als erstes von James Watson und Francis Crick im Jahre 1953 entdeckt und beschrieben, die dafür den Nobelpreis für Medizin erhielten.

Doppler-Verschiebung *(engl. Doppler effect, Doppler shift; Syn. Doppler-Effekt)* Die Dopplerverschiebung bezeichnet eine Änderung der Frequenz von Schall- und Lichtwellen, wenn sich die Lage des Senders zum Empfänger verändert. Nähern sich Beobachter (Empfänger) und Quelle (Sender) einander an, so erhöht sich die Frequenz, anderenfalls verringert sich die Frequenz. Ein bekanntes Beispiel ist die Veränderung der Tonhöhe des Martinshorns eines Rettungswagens. Benannt wurde die Dopplerverschiebung nach dem Österreicher Christian Doppler (1803–1853), der sie Mitte des 19. Jahrhunderts entdeckte.

Dornen, dendritische *(engl. dendritic spines)* Dendritische Dornen sind Strukturen auf den Dendriten, auf denen exzitatorische Synapsen sitzen. Diese knollenförmigen Gebilde ersetzen die Filopodien der frühen Hirnentwicklung und sind in ständiger Entwicklung und Bewegung. Die Dornen besitzen spezielle Membransysteme, in denen unabhängig vom restlichen Dendriten die Proteinbiosynthese stattfinden kann. Diese Dornenapparate sind außerdem Ausgleichsspeicher für Kalzium-Ionen, wobei über den Kalziumhaushalt die Synapsenaktivität verändert wird. Die dendritischen Dornen stellen einen wichtigen Faktor für die Langzeitpotenzierung dar und gelten damit als Grundlage für Lernen und Gedächtnis. So schwellen bei andauernder Aktivierung die Köpfchen der Dornen an und neue Dornen mit Synapsen können entstehen. Defekte dendritischer Dornen werden oft mit Krankheiten wie z. B. Alzheimer, Down-Syndrom und Epilepsie in Verbindung gebracht.

dorsal *(engl. dorsal)* Dorsal ist eine anatomische Lagebezeichnung und bedeutet (lat.) »rückenwärts, den Rücken betreffend«. Liegt eine Struktur dorsal zu einer anderen, liegt sie soz. näher am Rücken. Die Bezeichnung bezieht sich demnach immer auf die Relationen zwischen den Strukturen. Das Gegenteil von dorsal ist ventral.

Dorsalbahn *(engl. dorsal stream)* Die Dorsalbahn ist neben der Ventralbahn der zweite wichtige Pfad der Verarbeitung visueller Informationen. Eingehende Informationen werden von V1, dem primären visuellen Kortex, in Richtung Parietallappen zunächst zu V2 und V3 (dorsaler prästriatärer Kortex) und dann zu V5 (posteriorer parietaler Kortex) geschickt. Entsprechend der »Wo versus Was«-Theorie ist die Dorsalbahn an der Analyse des »Objekts in Bewegung« (dynamic form) beteiligt, wobei in späteren Arealen die Wo- und Was-Komponenten zur Steuerung der Visuomotorik integriert werden. Eine Läsion im Areal V5 hat zur Folge, dass betroffene Patienten Bewegungen nicht mehr verarbeiten bzw. keinen flüssigen Bewegungseindruck mehr erzeugen können (Akinetopsie).

Dosis-Wirkungskurve *(engl. dose-effect curve, dose-response curve)* Aus Pharmakologie und Suchtforschung ist bekannt, dass größere Drogendosen mit größeren Effekten einhergehen. Sie erhöhen die Konzentration der Droge im Kreislauf und somit den Anteil gebundener und beeinflusster Rezeptoren. Als Graph gezeichnet nennt man diese Verbindung zwischen Drogendosis (x-Achse, logarithmische Skala) und beobachteten Effekten Dosis-Wirkungskurve (DRC). Die Kurve hat für die meisten Drogen eine charakteristisch abgeschrägte s-Form. Diese Form resultiert daraus, dass bei sehr geringen Dosen oft eine zu geringe Stoffkonzentration verfügbar ist, um eine messbare Reaktion zu verursachen. Bei sehr hohen Dosen sind dann so viele hochaffinitive Rezeptoren gebunden, dass die zusätzliche Einnahme der Droge keine weitere Wirkung hat. DRCs können zur Bewertung verschiedener wichtiger Eigenschaften von Drogen genutzt werden, so geben sie z. B. die effektive Dosis einer Droge an und erlauben Vergleiche der Stärke verschiedener Drogen auf Basis der mittleren Effektivdosis (ED50 als die Dosis, die bei 50% der Individuen die gewünschte Wirkung erzeugt). Weiterhin wird so die Möglichkeit geschaffen, die Sicherheit einer Droge über die Angabe der therapeutischen Breite (Verhältnis therapeutischer zu toxischer Dosis) auszudrücken.

Down-Syndrom (*engl. Down syndrome; Syn. Trisomie 21, Mongolismus*) Die ursprüngliche Bezeichnung »Mongolismus« geht auf den britischen Arzt Haydon Langdon-Down (1828–1896) zurück, wird aber heute nicht mehr verwendet. Die heute als Down-Syndrom bezeichnete Anomalie ist eine spezielle Genommutation beim Menschen, nämlich die Verdreifachung (Trisomie) des 21. Chromosoms oder Teilen davon. Die Wahrscheinlichkeit einer Trisomie 21 liegt in Deutschland bei etwa 1:500. Diese autosomale (▸ Autosome) Anomalie bewirkt charakteristische körperliche Besonderheiten bei den Betroffenen (Größe, Gewicht, Auffälligkeiten im Bereich der Kopfform, der Augen und der Ohren). Häufig auftretende Probleme sind Schwäche des Bindegewebes und der Muskeln, Infektanfälligkeit und Fehlfunktion der Schilddrüse. Auch Probleme wie Herzfehler, Magen- und Darmstörungen oder Veränderungen am Skelettsystem können vorkommen. Alle diese Probleme sind durch geeignete Maßnahmen weitgehend therapierbar. Weiterhin sind in der Regel die kognitiven Fähigkeiten des betroffenen Menschen beeinträchtigt, so dass es zu einer geistigen Behinderung kommt. Die geistigen Fähigkeiten von Menschen mit Down-Syndrom weisen allerdings eine enorme Streubreite auf, von schwerer Behinderung bis zu fast durchschnittlicher Intelligenz. Während früher die Sterblichkeit mit bis zu 60 % bis zum Schulalter angegeben wurde, geht man heute davon aus, dass nur max. 5 % bis 10 % der Kinder mit Down-Syndrom aufgrund massiver zusätzlicher Schädigungen im ersten Lebensjahr versterben. Kinder über fünf Jahre haben heute eine annähernd normale Lebenserwartung.

Dreifarbensehen (*engl. trichromatic vision; Syn. Trichromatizität*) Das Dreifarbensehen (Dreifarbentheorie, trichromatische Theorie des Farbsehens) ist eine 1850 von Hermann von Helmholtz auf der Basis einer älteren Theorie von Thomas Young entwickelte Theorie über die Farbwahrnehmung. Laut dem Dreifarbensehen gibt es drei verschiedene Zapfentypen in der Retina des menschlichen Auges, die jeweils eine unterschiedliche spektrale Empfänglichkeit aufweisen, d. h. sie absorbieren Licht mit unterschiedlicher Wellenlänge. Die Farbe, die wir wahrnehmen, ist abhängig von der Stärke der Aktivierung, die ein Lichtreiz in diesen drei Zapfenarten verursacht. Die menschliche Retina enthält 3 Zapfentypen: den L-Typ für lange Wellen im gelben und roten Spektralbereich, den M-Typ für mittlere Wellenlängen im grünen Bereich und den S-Typ für kurze Wellenlängen im blauen Bereich. Jede Farbe des für den Menschen sichtbaren Spektrums lässt sich aus einer Mischung dieser drei verschiedenen Wellenlängen erzeugen, eine Primärfarbe allerdings nicht aus einer Mischung der anderen beiden. Weiß wird wahrgenommen, wenn alle drei Rezeptorentypen gleich stark angeregt werden, schwarz, wenn keiner der Rezeptorentypen stimuliert wird.

Drogen-Diskriminationsverfahren (*engl. drug discrimination technique*) Das Drogen-Diskriminationsverfahren beschreibt ein tierexperimentelles Vorgehen, das sich der instrumentellen Konditionierung bedient, um zu zeigen, dass die Wirkung von zwei Drogen einander ähnlich ist. Dabei wird ein Tier trainiert, nach der Verabreichung einer Droge einen Hebel zu drücken, um Futter zu erhalten. Zusätzlich wird das Tier trainiert, einen zweiten Hebel zu drücken, um mit Futter belohnt zu werden, wenn es eine Salzlösung oder anderes Placebo injiziert bekommt. Die physiologischen Effekte der Droge dienen dabei als diskriminative Reize. Ist das Tier trainiert, zwischen Droge und Placebo zu unterscheiden und den entsprechenden Hebel zu drücken, wird an Prüftagen eine andere Droge verabreicht. Daraus, ob das Tier den »Drogenhebel« drückt, schlussfolgert man, ob die Wirkung der zweiten Drogen der der ersten gleicht.

Druck, osmotischer (*engl. osmotic pressure*) Der osmotische Druck ist ein mechanischer oder chemischer Druck, der durch ein Ungleichgewicht von z. B. Ionen oder Volumina auf zwei Seiten einer semipermeablen Membran entsteht. Dieser Druck führt zur Diffusion der Teilchen, die die Membran passieren können (▸ Osmose).

Drüsen, endokrine (*engl. pl. endocrine glands*) Endokrine Drüsen sind spezialisierte Epithelzellen, die Substanzen (Sekrete oder Hormone) bilden und diese direkt ins Blut oder die Lymphbahnen abgeben. Im Gegensatz zu exokrinen Drüsen besitzen sie keinen Ausführungsgang, über den das Sekret nach außen abgegeben werden kann. Das größte endokrine Organ ist die Leber, die große Mengen von Plasmaeiweißen in die Blutbahn abgibt. Die meisten endokrinen Drüsen sind allerdings Hormondrüsen (z. B. Schilddrüse, Nebenniere, Hypophyse), in denen spezielle Hormone produziert und abgegeben werden, die körperliche Vorgänge regulieren.

Drüsen, exokrine (*engl. exocrine glands*) Exokrine Drüsen sind in die (Schleim-)Haut eingebettet. Bei Bedarf wird das von ihnen gebildete Sekret über einen Ausführungsgang auf die Oberfläche der Haut oder Schleimhaut geführt oder in einen Körperhohlraum abgegeben, wobei sich die Drüsen entleeren. Drüsen der Haut sind z. B. Schweißdrüsen, Talgdrüsen, Giftdrüsen, Brustdrüsen, Duft- und Stinkdrüsen sowie die Tränendrüsen. Drüsen der Schleimhaut sind alle Anhangdrüsen des Verdauungstraktes (bspw. Speicheldrüsen, Leber durch die Produktion von Galle) und des Genitaltraktes.

DSM IV (*engl. DSM IV*) Das Diagnostic and Statistical Manual of Mental Disorders (DSM IV) ist ein Klassifikationssystem für psychische Störungen, das von der American Psychiatric Association (APA) herausgegeben wird und momentan in der 4. Auflage erhältlich ist. Mit dem DSM IV wird eine multiaxiale Diagnose erstellt, wobei der Zustand eines Patienten auf fünf Achsen beurteilt wird. Dabei kodieren die ersten beiden Achsen die eigentliche Störung. Achse 1 erfasst psychische Störungen und Achse 2 Persönlichkeitsstörungen und geistige Behinderungen. Die anderen drei Achsen dienen einer umfassenderen Beurteilung des Patienten. Achse 3 erfasst körperliche Störungen, die im Zusammenhang mit psychischen Störungen von Bedeutung sein könnten, Achse 4 die Schwere der psychosozialen und umweltbedingten Belastungsfaktoren und auf Achse 5 wird eine globale Beurteilung der sozialen und beruflichen Anpassung vorgenommen.

Duchenne-Lächeln (*engl. Duchenne smile*) Nach Paul Ekman (geb. 1934; amerikanischer Anthropologe und Psychologe) gibt es nur ein einziges echtes Lächeln: das Duchenne-Lächeln, welches nach dem gleichnamigen französischen Physiologen Guillaume Benjamin Duchenne de Boulogne benannt wurde. Er reizte mit elektrischem Strom durch Elektroden auf dem Gesicht verschiedene Gesichtsmuskeln und

konnte zeigen, dass ein echtes Lächeln die Anspannung des Zygomaticus major (großer Jochbeinmuskel), der die Mundwinkel nach oben zieht, und der Musculus orbicularis oculi (Augenringmuskel), der für die Lachfalten zuständig ist, einschließt.

Ductus cochlearis (*engl. ductus cochlearis; Syn. Scala media, Schneckengang*) Der Ductus cochlearis oder der gebräuchlichere Begriff Scala media ist die wissenschaftliche Bezeichnung für den Schneckengang im Innenohr. Dieser 3–4 cm lange, zweieinhalb Mal gewundene Gang liegt zwischen Scala vestibuli und Scala tympani in der Schnecke und erscheint im Querschnitt dreieckig. Der Ductus cochlearis enthält die kaliumreiche, natriumarme Endolymphe.

Dunkeladaptation (*engl. dark adaptation*) Dunkeladaptation ist die Anpassung der Sensitivität des Auges, wenn die Helligkeit der Umgebung abnimmt. Sie findet in 2 Phasen statt, wobei die erste durch die Zapfen bestimmt wird, die sich schneller, aber nicht so stark anpassen wie die Stäbchen. Kurz nachdem die Zapfen ihre Maximalanpassung erreicht haben, beginnt, nach dem sog. rod-cone-break, die zweite Phase, welche von den Stäbchen dominiert wird. Diese sind wesentlich empfindlicher und erreichen nach rund 20–30 Min. ihre maximale Anpassungsrate. Grund für die Dunkeladaptation ist die Pigmentregeneration, also die Wiederherstellung des Sehpigments Rhodopsin aus Retinaldehyd und Opsin durch Enzyme aus dem Pigmentepithelium. Dieser Prozess vollzieht sich in Zapfen schneller als in Stäbchen.

Duodenum (*engl. duodenum; Syn. Zwölffingerdarm*) Das Duodenum bildet zusammen mit dem Jejunum (Leerdarm) und dem Ileum (Krummdarm) den Dünndarm. Das Duodenum folgt direkt auf den Magen und ist der erste Teil des Dünndarms. Er entspringt am Pylorus (sog. »Pförtner« des Magens), ist ca. 25 cm lang und C-förmig. Er umschließt einen Teil der Bauchspeicheldrüse. Der Ausführungsgang der Bauchspeicheldrüse und der Gallengang enden gemeinsam in der Papilla vateri im Duodenum. Um ausreichend Nährstoffe aufzunehmen und Verdauungssekrete zurück zu resorbieren, weist der komplette Dünndarm eine starke Oberflächenvergrößerung auf. Eine typische Erkrankung des Duodenums ist das Ulcus duodeni (Zwölffingerdarmgeschwür).

Duplizitätstheorie des Sehens *(engl. duplexity theory of vision)* Die Duplizitätstheorie des Sehens entstammt der Feststellung, dass Stäbchen und Zapfen verschiedene Arten des Sehens vermitteln und jeweils unterschiedliche Sensitivitäten aufweisen. So sind die Zapfen für das photopische (Farben-)Sehen bei Helligkeit, die Stäbchen für das skotopische (Hell-Dunkel-)Sehen zuständig.

Dura mater *(engl. dura mater)* Die Dura mater ist gemäß ihrem Namen eine harte und straffe Bindegewebsschicht. Sie gehört zu den drei Hirnhäuten (Meningen) und ist die äußerste Schicht, die das Gehirn vom Schädel abgrenzt und einhüllt. Außerdem umgibt sie das Rückenmark vollständig als äußerste Schicht. Daher unterscheidet man ja nach Lage zwischen der Dura mater cranialis (Bereich des Gehirns) und der Dura mater spinalis (Bereich des Rückenmarks). Die D. m. besteht aus derbem, kollagenem Bindegewebe und im Inneren einer aufgelagerten flachen Epithelschicht. Im Bereich des Gehirns ist sie mit dem Periost (dünne Gewebeschicht auf der Außenfläche der Knochen) der Schädelknochen verwachsen. Sie setzt sich als harte Rückenmarkhaut in das Rückenmark fort. In diesem Bereich befindet sich zwischen Dura mater und Wirbelkanal ein mit Fettgewebe gefüllter Spaltraum (Epidural- oder Periduralraum), d. h. sie ist nur punktuell mit den Wirbeln verbunden.

Durst, osmotischer *(engl. osmotic thirst)* Osmotischer Durst wird dadurch ausgelöst, dass durch Atmung, Hautatmung, Urinieren und Stuhlgang mehr Salz als Wasser ausgeschieden wird. Demnach befindet sich weniger Flüssigkeit im extrazellulären Raum (Extrazellulärflüssigkeit) und die Salzkonzentration ist gegenüber dem Intrazellulärraum erhöht. Osmotischer Durst kann auch entstehen, wenn die Konzentration an Salzen im Extrazellulärraum erhöht wird (z. B. durch salziges Essen). Es entsteht in beiden Fällen ein osmotischer Druck, der Wasser aus dem Intrazellulärraum zieht. Osmosensoren, die sich v. a. im Hypothalamus und in den Wänden des dritten Hirnventrikels befinden, erkennen diese Änderungen im osmotischen Druck. Sie sind sehr dehnbar und ihre Membran besitzt mechanisch gesteuerte Ionenkanäle, die sich bei Formänderung öffnen und ein Aktionspotenzial erzeugen. Die Information wird an andere Teile des Gehirns weitergeleitet und es werden gegenregulierende Mechanismen eingeleitet wie z. B. das Trinkverhalten.

Durst, volumetrischer *(engl. hypovolemic thirst; Syn. hypovolämischer Durst)* Volumetrischer Durst entsteht durch massiven Blutverlust oder den Verlust anderer Körperflüssigkeiten (z. B. durch Erbrechen oder Durchfall), die Salze und Wasser enthalten. Das Volumen der extrazellulären Flüssigkeit verringert sich, allerdings ohne eine Änderung der Stoffkonzentration. Aufgrund des Flüssigkeitsverlustes im Extrazellulärraum sind die Blutgefäße nicht mehr voll und gedehnt. Diesen Druckverlust erkennen Barorezeptoren in den Hauptblutgefäßen und im Herzen, die ihre Informationen über das autonome Nervensystem weiterleiten. Registrieren Sensoren in den Nieren, dass ein verminderter Zustrom von Blut zu den Nieren vorliegt, wird in den Nieren das Hormon Renin ausgeschüttet, was wiederum eine hormonelle Kaskade auslöst. Am Ende dieser Kaskade steht Angiotensin II (als aktive Form des Hormons Angiotensin), was die Blutgefäße veranlasst sich zusammenzuziehen (Vasokonstriktion) und Aldosteron auszuschütten. Außerdem wird das Signal an den Hypophysenhinterlappen (HHL) weitergeleitet, der Vasopressin (auch antidiuretisches Hormon, ADH) ausschüttet, was eine weitere Verengung der Blutgefäße zur Folge hat und die Nieren veranlasst, weniger Wasser an die Blase abzugeben. Somit stimuliert Durst Trinkverhalten und verbleibendes Wasser wird im Körper gespeichert.

Dynorphine *(engl. pl. dynorphins)* Dynorphine bezeichnen eine zu endogenen Opioiden zählende Gruppe von Neuropeptiden und werden aus dem Vorläufermolekül Prodynorphin gebildet. Sie sind wie Endorphine und Enkephaline körpereigene Liganden und werden in Neuronen in Kernen des Hypothalamus, Strukturen des limbischen Systems (Corpus amygdaloideum) sowie in Regionen des Hirnstamms (rostroventrale Medulla oblongata) synthetisiert. Dynorphine konnten auch im sympathischen Nervensystem, im Rückenmark (periaquäduktales Grau), im Nebennierenmark und im Gastrointestinaltrakt nachgewiesen werden. Dynorphine besitzen eine hohe Affinität zu Kappa-Rezeptoren und zeigen eine schwache analgetische (schmerzhemmende) Wirkung. Vermutet wird zudem eine Modulatorfunktion.

Dysgraphie, orthographische *(engl. orthographical dysgraphia)* Bei der orthographischen Dysgraphie handelt es sich um eine Störung des visuell-basierten Schreibens, bei der der Betroffene nicht mehr in der Lage ist, sich ein Wort »visuell ins Gedächtnis« zu rufen und dieses dann »abzuschreiben«. Es ist den Betroffenen allerdings möglich, Worte zu lautieren und auf diesem »phonologischen Weg« zu schreiben. Aus diesem Grund haben Betroffene keine Probleme, übliche Worte zu buchstabieren oder regulär ausgesprochene »Nicht-Worte« zu schreiben. Allerdings entstehen Probleme beim Aussprechen irregulärer Wörter. Die orthographische Dysgraphie resultiert aus einer Schädigung des inferioren Parietallappens.

Dysgraphie, phonologische *(engl. phonological dysgraphia)* Phonologische Dysgraphie ist das Gegenteil der orthographischen Dysgraphie. Diese Störung bezeichnet die Unfähigkeit ein Wort in seinen phonologischen Einzelteilen zu verarbeiten. So wird ein Wort nicht Buchstabe für Buchstabe, sondern als Einheit erfasst. Es wird vermutet, dass das Niederschreiben möglich ist, da der Patient sich das Wort als Bild ins Gedächtnis ruft und dann »abschreiben« kann. Diese Art der Dysgraphie kann bei Läsionen des superioren Temporallappens, der Inselregion, des Wernicke-Areals oder der Stammganglien auftreten.

Dyskinesie *(engl. dyskinesia)* Als Dyskinesie bezeichnet man Fehlbewegungen, insbesondere an den Hohlorganen wie Speiseröhre, Magen-Darm-Trakt, Gallenblase, Luftröhre, Herz, weiblicher Genitaltrakt und die Strukturen der Harnableitung. Nach dem Zeitpunkt des Auftretens werden Früh- und Spätdyskinesien unterschieden. D. können nach der Behandlung mit Neuroleptika auftreten.

Dyskinesie, tardive *(engl. tardive dyskinesia)* Bei der tardiven Dyskinesie handelt es sich um verzerrte Mimik, Gesichts- und Zungenticks wie z. B. Schmatzen. Es handelt sich um ein extrapyramidales Syndrom, welches als Nebenwirkung bei der Behandlung mit Dopaminantagonisten, z. B. bei Neuroleptika auftritt. Diese Nebenwirkung entsteht durch eine dauerhafte Hemmung der Rezeptoren, was eine kompensatorische Überempfindlichkeit hervorruft. Die t. D. ist meist irreversibel und tritt häufiger bei Frauen und bei älteren Menschen auf. Um die Symptome der tardiven Dyskinesie zu verringern, empfiehlt es sich, andere Präparate zur Behandlung der psychotischen Symptome zu benutzen.

Dyslexie *(engl. dyslexia; Syn. Leseschwäche, Dysorthografie, Rechtschreibeschwäche, Legasthenie)* Dyslexie ist der international anerkannte Begriff für Lese- und Rechtschreibeschwäche. Er bezeichnet Probleme beim Erlernen von Lesen und Schreiben und tritt meist in Form von Schwächen beim Lesen und Verstehen von Wörtern oder Texten auf. Dyslexiepatienten lesen andere Wörter, als tatsächlich dastehen, lesen nur buchstabenweise, haben meist Schwierigkeiten mit der Grammatik und selbst einfache Wörter werden meist falsch geschrieben. Die Krankheit zeigt sich im Kindesalter oft zuerst im Rahmen einer sog. Lese-Rechtschreibschwäche (Legasthenie), wobei das Kind eine normale Intelligenz aufweist. Im Erwachsenenalter kann Dyslexie durch Hirnverletzungen und -erkrankungen ausgelöst werden. Da sich diese Erkrankung in bestimmten Familien häuft, wird von einer erblichen Komponente ausgegangen. Behandelt wird Dyslexie durch Logopäden, klinische Linguisten und Sprachheilpädagogen. Der komplette Verlust der Lesefähigkeit wird als Alexie bezeichnet.

Dyslexie, direkte *(engl. direct dyslexia)* Dyslexien sind Lesestörungen ohne verminderte Intelligenz, die in Folge von Hirnschädigungen oder aufgrund von entwicklungsbedingten Lese- und Schreibschwierigkeiten auftreten. Zu den zentralen Dyslexien zählen die Oberflächendyslexie, die Tiefendyslexie, die phonologische und die direkte Dyslexie. Bei der direkten Dyslexie können die Betroffenen Wörter korrekt und flüssig lesen, haben jedoch keinen Zugriff auf die Bedeutung des Gelesenen. Zudem treten häufig Lexikalisierungsfehler auf, während jedoch das Schreiben derselben Wörter, das mündliche Benennen entsprechender Bilder oder das Lesen von unregelmäßigen Wörtern kaum Probleme bereitet.

Dyslexie, entwicklungsbedingte *(engl. congenital oder developmental dyslexia; Syn. kongenitale Dyslexie)* Entwicklungsbedingte Dyslexien bezeichnen Störungen, bei denen die Lesefähigkeiten nie vollständig erworben werden. Sie werden der Lese-Rechtschreibschwäche, einer heterogenen Klasse von Sprachschwierigkeiten, zugeordnet. Auffälligkeiten in der Neuroanatomie, Neurophysiologie sowie Störungen der visuellen und sprachlichen Informationsverarbeitung scheinen ätiologisch bedeutsam. Die Lesestörung oder -schwäche ist angeboren und es treten familiäre Häufungen auf, was für eine genetische Prädisposition spricht. Im Gegensatz dazu treten die erworbenen Dyslexien infolge von durch Unfälle oder Krankheiten ausgelöste Gehirnverletzungen auf.

Dyslexie, phonologische *(engl. phonological dyslexia)* Die phonologische Dyslexie meint eine neuropsychologische Störung der Lesefähigkeit, bei der das lautierende Lesen gestört ist. Die Betroffenen sind nicht mehr in der Lage unbekannte Worte oder sinnlose Silbenabfolgen zu lesen und auszusprechen, können jedoch bekannte Worte problemlos lesen und verfügen über ein gutes Sprachverständnis. Die phonologische Dyslexie wird häufig durch Läsionen im linken Frontallappen ausgelöst.

Dyspareunie *(engl. pain with intercourse; Syn. Algopareunie)* Die Dyspareunie ist eine sexuelle Funktionsstörung, die sich u. a. durch Schmerzen beim Geschlechtsverkehr äußert. Diese Sexualstörung der Frau kann in der Regel gut behandelt werden. Zu den häufigsten organischen Ursachen für D. gehören akute oder chronische Harnwegsinfektionen, Lubrikationsstörungen (mangelnde Befeuchtung der Scheide), welche durch einen Hormonmangel während oder nach der Menopause ausgelöst sein können, oder Scheidenverengungen (Stenosen) durch krankhafte Veränderungen und Gebärmuttersenkungen. Bei jüngeren Frauen sind oft Narben nach Unterleibsoperationen, Endometriosen, chronische oder akute Entzündungen, schlecht verheilte Geburtsverletzungen oder Lageanomalien der Gebärmutter (z. B. Knickung) Ursache solcher Beschwerden. Psychische Ursachen sind Stress, Partnerschaftskonflikte oder negative sexuelle Erlebnisse. Diese können zu unbewussten Abwehrreaktionen mit Anspannungen und Verkrampfungen der Unterleibsmuskulatur führen, woraus sich auch Vaginismus (Scheidenkrampf) entwickeln kann.

Dysprosodie *(engl. dysprosodia)* Dysprosodie bezeichnet eine Störung der Sprachmelodie, des Sprechrhythmus, des Sprechtempos und der Satzintonation, d. h. der prosodischen Elemente der Sprache (Prosodie). Die Sprechweise ist häufig abgehackt oder monoton (Skandieren). Abweichungen im silbischen Sprechen sowie Wort- und Satzakzent (Pseudoakzent) können beobachtet werden. Diese Merkmale von Dysprosodie sind charakteristisch für die Sprachstörungen von Broca-Aphasikern, und sie treten bei der Parkinson-Krankheit oft in Kombination mit Artikulationsstörungen auf.

Dystonie *(engl. dystonia)* Die Dystonie gilt als organische, genetisch vererbte Störung, welche unwillkürliche Muskelkontraktionen (Hypertonie) und Muskelschwäche (Hypotonie) umfasst. Ihren neurologischen Ursprung finden diese Störungen der Bewegung in motorischen Zentren im Gehirn. Die Dystonie kann anhand der betroffenen Körperteile eingeteilt werden in fokale Dystonie (wenn ein diskreter Muskel betroffen ist), in segmentale Dystonie (wenn ein gesamter Körperteil oder benachbarte Muskeln mit betroffen sind), in Hemidystonie (wenn der halbe Körper betroffen ist) und in generalisierte Dystonie (wenn zwei oder mehr Körperteile betroffen sind). Im Fall der fokalen Handdystonie (»Musiker- oder Schreibkrampf«) scheint sie mit übermäßigem motorischen Üben und hoher Kraftausübung von Bewegungen sowie mit einer anomalen somatosensorischen Repräsentation der Finger, die mit einer anomalen taktilen Diskriminationsfähigkeit einhergeht, in Verbindung zu stehen.

Echolalie *(engl. echolalia)* Die Echolalie beschreibt einerseits sinnloses, oft zwanghaftes Wiederholen von Geräuschen, Äußerungen, Worten oder Phrasen Anderer und andererseits die Beschränkung der Sprache auf das Nachsprechen. Dabei kann es auch zu einer leichten Umformung der Wortwahl und Wortstellung kommen. Echolalie gilt als Merkmal einer Aphasie und des fortgeschrittenen Tourette-Syndroms. Bis zum zweiten Lebensjahr ist Echolalie als Wiederholung vorgesagter Phrasen in der frühkindlichen Entwicklung normal (physiologische Echolalie).

ECT ▶ Elektrokrampftherapie

EDA ▶ Aktivität, elektrodermale

EEG ▶ Elektroenzephalogramm

Effektor *(engl. effector; Syn. Erfolgsorgan)* In der Medizin und Physiologie versteht man unter Effektoren Teile des Körpers, die einen Befehl des ZNS, der über die Efferenzen zum Effektor kommt, ausführen. Ein Beispiel für ein solches Erfolgsorgan sind die Muskeln, die kontrahieren, um bspw. die Hand von der heißen Herdplatte wegzuziehen. Das Gegenteil von Effektoren sind die Sensoren.

efferent *(engl. efferent; Syn. absteigende Bahnen, motorische Bahnen)* Als efferent werden Nervenfasern bezeichnet, die die Erregung vom zentralen Nervensystem zu Effektoren im peripheren Nervensystem (wie etwa Muskeln) weiterleiten. Das Gegenteil von efferent ist afferent.

Efferenz *(engl. efference)* Im Gegensatz zu Afferenz bezeichnet eine Efferenz eine Nervenverbindung, welche die Signale vom Zentralnervensystem zur Peripherie leitet.

Efferenzkopie *(engl. efference copy)* Nach dem Reafferenzprinzip von von Holst und Mittelstaedt werden bei einer Augenbewegung efferente motorische Signale vom Gehirn zu den Augenmuskeln geleitet, wobei von der Information der intendierten Augenbewegung eine sog. Efferenzkopie erstellt wird. Diese wird dann im Komparator mit der Reafferenz, dem afferenten Signal über die retinale Bildverschiebung, verglichen, so dass die Bewegungsabfolge kontrolliert und die Wahrnehmung bestimmt werden kann.

Eifollikel *(engl. ovarian/graafian follicle)* Eifollikel liegen in der Rindenzone des Eierstocks und bestehen aus Eizelle (Oozyte) und Epithelgewebe. Je nach Entwicklungsstadium ist das Epithelgewebe unterschiedlich aufgebaut, so liegt der Primordialfollikel schon bei Neugeborenen vor und besteht aus einer Eizelle, die von flachen Epithelzellen umgeben ist. Ist die Eizelle nun von kubischen Epithelzellen umgeben, spricht man vom Primärfollikel. Wächst die Eizelle und wird durch die Zona pellucida von den mehrschichtigen hochprismatischen Epithelzellen abgegrenzt, entsteht der Sekundärfollikel. Werden nun die Epithelzellen zu Granulosazellen und bilden sich Hohlräume mit Flüssigkeit, bezeichnet man den Eifollikel als Tertiärfollikel, der, sofern er sprungbereit ist, als Graaf-Follikel bezeichnet wird. Dieser wird nach dem Eisprung (Ovulation) zum Gelbkörper.

Eigenreflex *(engl. monosynaptic reflex)* Ein Eigenreflex ist ein Reflex, bei dem Reizverarbeitung und motorische Antwort des Organismus im selben Organ erfolgen. Eigenreflexe sind häufig monosynaptisch und dienen der relativen Anpassung der Muskelspannung gegenüber Veränderungen der Gelenkstellung. Beispiele für Eigenreflexe sind der Patellarsehnenreflex und der Archillessehnenreflex.

Einheit, motorische *(engl. motor unit)* Die motorische Einheit ist die kleinste Funktionseinheit der

Motorik und besteht aus einem Motoneuron und den von ihm innervierten Muskelfasern. Eine Muskelfaser wird somit nur durch ein Motoneuron angeregt, aber ein Neuron kann eine und mehrere Muskelfasern versorgen. Das Axon des Motoneurons spaltet sich dabei in mehrere Kollaterale auf, die jeweils über die motorische Endplatte den Kontakt zur Faser herstellen. Wie viele Muskelfasern ein Motoneuron innerviert, hängt von der Anforderung an die muskuläre Feinsteuerung ab. Je feiner die Kontrolle der Bewegungen sein soll, desto geringer ist die Anzahl der innervierten Fasern. Bei Augenbewegungen innerviert ein Motoneuron nur drei Muskelfasern, während das Verhältnis bei der Beinbewegung 1:300 beträgt.

Einnahme, orale *(engl. oral application)* Bei der oralen Einnahme werden Medikamente in fester (Tabletten, Kapseln u. Ä.) oder flüssiger Form (Tropfen, Hustensaft u. Ä.) durch den Mund aufgenommen, also über den oralen Weg. Die Stoffe gelangen anschließend in den Verdauungstrakt, durchqueren ihn und werden meist über den Dünndarm ins Blut aufgenommen (Resorption), können aber auch schon früher ihre Wirkung entfalten. Ein Nachteil der oralen Einnahmen besteht darin, dass die Wirkstoffe beim Passieren der Leber chemisch verändert werden können. Andere Darreichungsformen von Medikamenten sind die Injektion und Infusion ins Blut (intravenös) oder die Aufnahme über den After (anal).

Einnahme, sublinguale *(engl. sublingual application)* Bei der sublingualen Einnahme werden Medikamente oder Drogen unter die Zunge verabreicht. So kann der Stoff schneller ins Blut gelangen, denn das venöse Blut aus der Mundschleimhaut fließt direkt in die obere Hohlvene. Ein Vorteil ist, dass diese Verabreichung auch bei Schluckbeschwerden durchgeführt werden kann. Außerdem wird die Leber nicht passiert, in der der Stoff eventuell verändert werden könnte.

Einzelzellableitung *(engl. single cell conductance)* Bei der Einzelzellableitung wird die Aktivität eines einzigen Neurons gemessen. Dabei kann die Mikroelektrode in die Zelle eingeführt werden, was die Gefahr der Zerstörung der Zelle beinhaltet. Die Elek-

trode kann auch außerhalb der Zelle platziert werden, ein Vorgang, der nicht immer gewährleistet, dass tatsächlich die Aktivität der Zelle gemessen wird, die angestrebt war. Mit neuester Technik kann durch die Transplantation einer Mikroelektrode auch die Aktivität von Neuronen im Gehirn von sich frei bewegenden Tieren gemessen werden. Die Signale werden dann mit einem Oszilloskop sichtbar und über einen Lautsprecher hörbar gemacht. Einzellableitungen werden bei verschiedensten Studien – z. B. zur Untersuchung der Richtungssensitivität einzelner Zellen – eingesetzt.

Eiweiß ▸ Protein

Ejaculatio praecox *(engl. premature ejaculation; Syn. vorzeitiger Samenerguss)* Ejaculatio praecox bezeichnet das wiederholte vorzeitige Einsetzen des Samenergusses des Mannes vor dem von ihm gewünschten Zeitpunkt, z. B. bei manueller Stimulation bzw. beim Geschlechtsverkehr bereits vor oder kurz nach dem Eindringen in die Vagina. Die Diagnose des E. p. wird gestellt, wenn der Mann den Samenerguss nicht kontrollieren kann bzw. die Partnerin aufgrund der fehlenden Kontrolle des Mannes nicht zum Orgasmus kommt. Es existieren verschiedene Therapiemöglichkeiten, u. a. die sog. Squeeze-Technik, durch die der Ejakulationsreflex des Mannes durch Druck auf die Eichel kurz vor dem Samenerguss unterbrochen werden soll.

Ejakulation *(engl. ejaculation, Syn. Samenerguss)* Ejakulation bezeichnet die Ausschüttung eines Sekrets der Geschlechtsorgane bei Menschen und Tieren, was i. d. R. beim Orgasmus geschieht. Dabei kommt es zu Muskelkontraktionen, wobei die Flüssigkeit transportiert und herausgeschleudert (lat.: eiaculare = herausschleudern) wird. Die Farbe des Ejakulates ist milchig-weiß bis hellgelb. Beim männlichen Geschlecht sind in dieser Flüssigkeit die Spermien enthalten, weshalb man es auch als Sperma bezeichnet. Im Normalfall treten bei einer E. 2 bis 6 ml Sperma aus. Auch bei der Frau kann es während des Orgasmus zur Ejakulation kommen. Das Sekret wird hier in den sog. Skene-Drüsen gebildet, die sich rechts und links der Harnröhre befinden. Die Menge variiert von ein paar Tropfen bis zu einigen Millilitern.

EKG ▶ Elektrokardiogramm

EKP ▶ Potenzial, ereigniskorreliertes

EKT ▶ Elektrokrampftherapie

Elektrochemie *(engl. electrochemistry)* Das Gebiet der Elektrochemie befasst sich zum einen mit den Zusammenhängen elektrischer und chemischer Vorgänge und meint zum anderen eine Synthesemethode (Elektrosynthese). Ist eine chemische Reaktion mit einem elektrischen Strom verknüpft, so ist dies ein elektrochemischer Vorgang, die sog. Redoxreaktion. Redoxreaktionen (eigentlich Reduktions-Oxidations-Reaktionen) sind Vorgänge, bei denen von einem Reaktionspartner Elektronen auf den anderen Reaktionspartner übertragen werden. Bei elektrochemischen Reaktionen werden die beiden miteinander reagierenden Stoffe räumlich getrennt, so dass der Elektronenfluss zwischen den beiden Stoffen zur Erzeugung elektrischen Stroms genutzt werden kann. Angewendet wird dieses Verfahren etwa bei Batterien, Brennstoffzellen oder bei der Herstellung unedler Metalle wie Lithium oder Aluminium durch spezielle Elektrolyseverfahren.

Elektrode *(engl. electrode)* Elektroden sind elektrisch leitende Teile, die aus elektrisch leitendem Material wie Metall, Graphit oder Glas (gefüllt mit einer leitfähigen Flüssigkeit) bestehen können. In Abhängigkeit vom Stoff oder Gewebe, in dem sich die Elektroden befinden, entstehen unterschiedliche Formen der Wechselwirkung. So werden von der Elektrode, die den Minuspol darstellt, Elektronen in das Gewebe abgegeben, um von dort von der Elektrode, die den Pluspol darstellt, aufgenommen zu werden. In der Psychologie werden Elektroden bei der Durchführung psychophysiologischer Messmethoden (z. B. Elektroenzephalographie, Elektrogastrographie oder Elektrookulographie) verwendet. Dabei wird eine Referenzelektrode verwendet, die an einem Ort mit konstantem Gleichgewichtspotenzial angesetzt wird. Diese ist dann der Bezugspunkt für die Messwerte (relative Potenziale) anderer Elektroden. Es werden also immer Potenzialdifferenzen und keine absoluten Potenziale gemessen. Bei elektrochemischen Reaktionen bezeichnet man die Elektrode, an der die Oxidation abläuft (Elektronen wer

den abgegeben), auch als Anode. Die Elektrode, an der die Reduktion abläuft, wird als Kathode bezeichnet. Läuft die Reaktion spontan (ungerichtet) ab, ist die Anode der Minuspol, bei erzwungenen Reaktionen (durch äußere Spannung) ist die Anode positiv geladen und somit der Pluspol.

Elektroenzephalogramm *(engl. electroencephalogram)* Kontinuierliche elektrische Potenzialschwankungen, die mittels Elektroden auf der Kopfhaut abgeleitet werden, werden als Elektroenzephalogramm (EEG) bezeichnet. Registriert wird dabei die Summe der langsamen postsynaptischen Potenziale der Kortexneurone, allerdings auch elektrische Signale von Haut, Muskeln, Blut und Augen. Die zeitliche Auflösung dieser noninvasiven Messmethode erlaubt es, Verarbeitungsprozesse im Gehirn trotz ihrer hohen Geschwindigkeiten zu erfassen. Dagegen kann die örtliche Position aktivierter Hirnstrukturen nur mathematisch abgeschätzt werden, da die Amplitude von EEG-Signalen mit zunehmender Entfernung von der Quelle abnimmt. In verschiedenen Frequenzen und Amplituden spiegeln EEG-Rhythmen bzw. -Wellenmuster bestimmte Bewusstseinszustände wider. Es können zwei Arten von Aktivitäten analysiert werden: die Spontanaktivität und die Ereignis korrelierte Aktivität. Das EEG ist eine wichtige Messmethode der biopsychologischen Forschung und findet Anwendung bei der Erforschung des Schlafes oder von Aufmerksamkeitsprozessen.

Elektrogastrogramm *(engl. electrogastrogram)* Das Elektrogastrogramm (EGG) ist eine der psychophysiologischen noninvasiven Untersuchungsmethoden, die elektrische Biosignale (auch Biopotenziale genannt) erfassen. Im Falle des EGG werden die Aktionsströme und damit die Bewegungen des Magens registriert. Dafür bringt man an der Haut über dem Magen Elektroden an, mit Hilfe derer die Muskelaktionspotenziale, die bei der Kontraktion des Magens entstehen, abgeleitet werden können. Bei der Motorik des Magens (Magenmotilität) zeigt sich eine Grundfrequenz, die sog. langsamen Wellen, die mit einer Frequenz von ca. 3 Wellen pro Minute auftreten. Diese Slow Waves können von weiteren Kontraktionen überlagert werden, die dann auftreten, wenn ein Aktionspotenzial mit dem Scheitelpunkt einer langsamen Welle zusammenfällt. Mit dem EGG werden die summierten Muskelaktionspotenziale gemessen. Die Peristaltik (Muskelaktivität) des Magens wird durch Emotionen, Kognitionen, aber auch Empfindungen im Zusammenhang mit dem Gleichgewichtssinn (wie etwa bei Achterbahnfahrten oder Schwerelosigkeit) beeinflusst. Neue Ergebnisse zeigen, dass das EGG auch der Lügendetektion dienen kann. Neben der Annahme, dass die Herzrate beim Aussprechen einer Lüge ansteigt, konnte gezeigt werden, dass sich die Magenmotilität gegensätzlich verhält, d. h. die Grundfrequenz ist verlangsamt und der Magen ist ruhiger.

Elektrokardiogramm *(engl. electrocardiogram)* Beim Elektrokardiogramm (EKG) werden die elektrischen Aktivitäten des Herzens abgeleitet und in Form von Kurven aufgezeichnet. Jeder Pumpfunktion des Herzens geht eine zumeist vom Sinusknoten ausgehende elektrische Erregung voraus, die weiter zu den Muskelzellen verläuft. Die aufgezeichneten Potenzialschwankungen sind Ausdruck der summierten Aktionspotenziale in den Muskelzellen des Herzens. Das EKG besteht im Normalfall aus fünf Abschnitten. Der erste Abschnitt, die sog. P-Welle, entspricht der Vorhoferregung, an die sich der QRS-Komplex anschließt, der der Kammererregung entspricht. Hierbei bezeichnet Q den ersten negativen Ausschlag, R den ersten positiven Ausschlag und S den negativen Ausschlag nach der R-Zacke. Die nun folgende T-Welle entspricht der Erregungsrückbildung der Kammer. Zeitweise lässt sich auch eine U-Welle beobachten, die allerdings nur unter bestimmten Bedingungen wie z. B. Elektrolytstörungen, auftritt. Die R-Zacke ist gewöhnlich die höchste Zacke im EKG und wird in der Psychophysiologie zur Markierung des einzelnen Herzschlags verwendet. Über die Herznerven in der Medulla oblongata (verlängertes Rückenmark) wird die Herzschlagfrequenz den antizipierten und real existierenden physischen und psychischen Anforderungen angepasst. Adrenerg sympathische Herzfasern erhöhen die Schlagfrequenz, während parasympathisch cholinerge Fasern aus dem Vaguskern die Schlagfrequenz erniedrigen (▶ Sympathikus; Parasympathikus).

Elektrokortikogramm *(engl. electrocorticogram)* Beim Elektrokortikogramm (ECG) wird ebenso wie beim Elektroenzephalogramm (EEG) die summierte elektrische Aktivität größerer Neuronenverbände (meist Pyramidenzellen) erfasst, die senkrecht zur Kortexoberfläche orientiert sind (sog. columns = Säulen). Während dies beim EEG mittels Makroelektroden über die geschlossene Kopfhaut geschieht, ist der Schädel beim ECG geöffnet und die elektrische Aktivität wird subdural direkt an der Kortexoberfläche abgeleitet. Dies geschieht meist im Rahmen von Gehirnoperationen, z. B. zur Behandlung von Epilepsie. Wie im EEG kann die abgeleitete elektrische Aktivität in verschiedenen Frequenzbändern (α, β, γ, δ, θ) erfasst werden. Durch die direkte Ableitung an der Kortexoberfläche sind die Signale deutlicher und weniger anfällig für Verfälschungen durch z. B. Muskelaktivität.

Elektrokrampftherapie *(engl. electroconvulsive treatment; Syn. Elektrokonvulsionstherapie)* Die Elektrokrampftherapie (ECT, EKT) zählt neben der transkraniellen Magnetstimulation (engl. transcranial magnet stimulation TMS) und der transkraniellen Gleichstromstimulation (engl. transcranial direct current stimulation tDCS) zu den bekanntesten elektromagnetischen Verfahren in der Psychiatrie und Neurologie. Bereits im 11. Jh. verwendete der Arzt Ibn-Sidah die elektrischen Gleichströme eines Zitterwels (Malapterurus electricus) zur Behandlung der Epilepsie. In den folgenden Jahrhunderten wurde diese Methode zur Behandlung von Migräne und Depressionen verwendet. Bei der modernen EKT werden dem gegenüber kurzzeitige elektrische Wechselströme durch das Gehirn geleitet, die zu einem Krampfanfall des Patienten führen. Der Patient wird vor der Behandlung in eine Kurznarkose versetzt. Zusätzlich wird ein muskelentspannendes Medikament verabreicht, das die Übertragung der Nervenimpulse auf die Muskeln vorübergehend hemmt, damit es während der Behandlung zu keinen Verletzungen kommt. Heute wird die EKT insb. bei schweren Depressionen eingesetzt, bei denen eine medikamentöse Behandlung unzureichend ist. Außerdem gilt sie bei katatonen Zuständen, in denen der Patient auf seine Umwelt nicht mehr reagiert, als »lebensrettend«. Zu den häufigsten Nebenwirkungen zählen vor allem Gedächtnisstörungen wie bspw. Amnesien (Gedächtnisverlust).

Elektrolyte (engl. pl. electrolytes) Elektrolyte sind in Wasser gelöste Mineralstoffe, sie befinden sich in jedem Teil des menschlichen Körpers in einer bestimmten Konzentration und einem bestimmten Gleichgewicht. Zu den Elektrolyten zählen neben Säuren und Basen auch die Salze. Ein Ungleichgewicht der Elektrolyte kann beim Menschen lebensgefährliche Symptome hervorrufen und wird z. B. durch Diarrhö oder Erbrechen ausgelöst. Durch die Bestimmung der Elektrolyte Natrium, Kalium, Magnesium, Chlorid, Phosphat und Kalzium im Blut können Störungen des Elektrolythaushalts und z. B. Nierenerkrankungen nachgewiesen werden. Jedes Elektrolyt übernimmt eine entscheidende Funktion im menschlichen Körper. So ist Kalium z. B. elementar an der Entstehung von Aktions- und Ruhepotenzialen in Nervenzellen beteiligt, während Kalzium eine entscheidende Rolle bei der neuromuskulären Erregungsübertragung übernimmt.

Elektromyogramm (engl. electromyography) Beim Elektromyogramm (EMG) werden elektrische Signale von bestimmten Muskelgruppen abgeleitet, besonders im Gesichtsbereich (Stirn, Augen, Mundwinkel). Mit Hilfe von Oberflächenelektroden werden die Potenzialdifferenzen in großen Muskelfasergruppen erfasst. In der Regel wird dabei die Summe der Aktionspotenziale mehrerer Muskelfasern gemessen. Mit bipolaren Nadelelektroden kann aber auch die Aktivität einzelner Fasern abgeleitet werden. Zur Errechnung der Potenziale wird die Aktivität des ruhenden Muskels (Spontanaktivität) mit der Aktivität bei unterschiedlich starker Kontraktion verglichen. Durch ein EMG können Aussagen über Krankheiten der Nerven- und Muskelzellen gemacht werden. Die Aufzeichnung und Analyse der Potenziale erfolgt mit einem Oszilloskop, Magnetbandaufzeichnungsgerät, PC oder Plotter.

Elektronenmikroskopie (engl. electron microscopy) Da die Detailauflösung in einem herkömmlichen Lichtmikroskop begrenzt ist, kann mit einem Elektronenmikroskop durch einen Elektronenstrahl eine Verbesserung der Auflösung erreicht werden. Die höhere Auflösung eines Elektronenmikroskops im Bereich von 0,1 bis 1,5 nm wird dadurch erreicht, dass schnelle Elektronen wie im Elektronenstrahl eine kleinere Wellenlänge als sichtbares Licht besitzen und damit eine höhere Auflösung ermöglichen. Sie wird allerdings auch durch die Wellenlänge begrenzt. Die Untersuchung lebender Organismen ist nicht möglich, da das Präparat zum einen sehr dünn geschnitten sein muss, um für einen Teil der Elektronen durchlässig zu sein, und zum anderen in einem Hochvakuum des Mikroskops liegt. Der Elektronenstrahl wird direkt auf das Präparat gerichtet und durchläuft mehrere elektromagnetische Felder, die der Beschleunigung und Fokussierung des Strahls dienen. Elektronen, die durch das Präparat gelangen, werden von einem photographischen Film aufgefangen.

Elektroneurographie (engl. electroneurography) Die Elektroneurographie (ENG) wird als Methode der Elektrodiagnostik in der Neurologie zur Registrierung des Funktionszustandes von Nerven eingesetzt. Der Nerv wird durch einen kurzen elektrischen Impuls (0,1–0,2 ms) gereizt. Die damit ausgelöste Depolarisation wird in Form einer Spannungsänderung am Nerv gemessen. Dadurch kann die sensible und motorische Nervenleitgeschwindigkeit, die Amplitude und die Refraktärzeit angegeben werden. Krankhafte Veränderungen der Nervenhülle können mit dieser Methode festgestellt werden.

Elektrookulogramm (engl. electrooculography) Das Elektrookulogramm (EOG) ist eine Sonderform des Elektromyogramms (EMG) und dient der Analyse der Aktivität der Augenmuskeln. Bei einem EOG werden in Nähe der Augen Elektroden fixiert, die elektrische Ströme aufnehmen, welche durch die Bewegung der Augen entstehen. Die Ströme werden dabei anhand der Potenzialschwankungen an den fixen Elektrodenpositionen registriert, aufgezeichnet und anschließend analysiert. Das EOG findet besonders bei der Differenzierung von Wachheit, non-REM-Schlaf und REM-Schlaf Anwendung.

Elektrotonus (engl. electrotonus) Mit Elektrotonus bezeichnet man die durch Gleichstrom ausgelöste Zustandsänderung erregungsfähiger Strukturen. Die elektrotonische Erregungsleitung erfolgt auf Basis von Ionenflüssen und nur über kurze Strecken. Ein Beispiel für diese Art der Erregungsleitung findet sich im Auge. Dabei wird die Erregung von den

Photorezeptoren der Netzhaut elektrotonisch durch die Horizontal-, Bipolar- und Amakrinen-Zellen zu den Ganglienzellen geleitet. Erst in den Ganglienzellen entstehen Aktionspotenziale. Pflüger (Pflueger's law; 1829–1910, Bonner Physiologe) formulierte in seinem »Gesetz der polaren Erregung« (auch Zuckungsgesetz) die Abhängigkeit des Reizerfolges von Richtung und Stärke des Stroms und dem Schließen bzw. Öffnen eines Stromkreises. Man unterscheidet zwischen An- und Katelektrotonus. Anelektrotonus (anelectrotonus) bezeichnet die verminderte Erregbarkeit eines Nervs, der von konstantem Gleichstrom durchflossen wird und in der Nähe der Anode (positiver Pol) liegt. Katelektrotonus (catelectrotonus) ist die gesteigerte Erregbarkeit und Erregungsausbreitung eines Nervs unter der Katode (negativer Pol) bei angelegtem Gleichstrom. Langanhaltender Katelektrotonus blockiert das Natriumsystem und wirkt dadurch erregungsmindernd (depressiver Katelektrotonus).

Embolie *(engl. embolism)* Eine Embolie bezeichnet einen plötzlichen partiellen oder vollständigen Verschluss eines Blutgefäßes durch körpereigenes oder körperfremdes eingeschwemmtes Material (Embolus), das über die Blutbahn transportiert wurde. Ein Embolus ist ein festes Gebilde, das sich nicht im Blutplasma auflöst und zumeist aus einer Verklumpung von Blutzellen (speziell der Thrombozyten) besteht. Solche Pfropfen schwimmen mit dem Blutstrom mit, bis sie in Bereiche gelangen, die sie nicht passieren können, da der Gefäßdurchmesser zu gering ist. Hier kommt es dann zur sog. Embolie, die zu verschiedenen Funktionsstörungen führt. Bedingt durch die Kreislaufunterbrechung und eingeschränkte Blutversorgung kommt es häufig zum Absterben eines begrenzten Abschnitts des versorgten Organs. Embolien können nach der Ursache des Embolus in Thrombembolie, Fettembolie, Luftembolie, Tumorembolie, Fruchtwasserembolie und Gasembolie unterteilt werden. Nach dem Ort der Embolie unterscheidet man die Lungenembolie (Embolus stammt aus den Venen; Embolie in der Lunge), arterielle Embolie (Embolus stammt aus dem Herz, der Aorta oder den großen Arterien; Embolie in den Arterien) und paradoxe Embolie (Embolus stammt aus den Venen; Embolie in den Arterien).

Embryo *(engl. embryo)* Als Embryo (griech. embryon = ungeborene Leibesfrucht) wird der sich entwickelnde menschliche Organismus während der ersten 8 Wochen nach der Befruchtung der Eizelle (Konzeption) bezeichnet. Am Ende dieser Phase sind die inneren Organe angelegt und zumindest rudimentär ausgebildet. Auch die menschliche Gestalt ist erkennbar. Ab diesem Zeitpunkt (nach dem 3. Monat) spricht man dann von einem Fetus.

EMG ▸ Elektromyogramm

Emotion *(engl. emotion)* Der Begriff Emotion wird oft als Synonym für Gefühl oder Affekt verwendet. Er stellt ein hypothetisches Konstrukt dar, welches Reaktionsvorgänge eines Organismus auf für ihn bedeutsame Ereignisse bezeichnet. Emotionen bestehen aus verschiedenen Komponenten: der subjektiven Ebene (Erlebnisaspekt), der kognitiven Ebene, der physiologischen Ebene und der Verhaltensebene (▸ System, limbisches). Sie entstehen z. T. auch, ohne dass situativ (offensichtlich) ein Grund gegeben ist, was die Erforschung kausaler Zusammenhänge erschwert. Die Grundlagen für Emotionen sind angeboren und werden im Verlauf des Lebens ausdifferenziert. In der Literatur häufig erwähnte und als die 6 Basisemotionen bezeichnete Emotionen sind Angst, Furcht, Abscheu, Freude, Überraschung und Traurigkeit.

Empfindung *(engl. perception)* Der Begriff Empfindung bezeichnet einfache Erlebnisse, die aus einer Reizung der Sinnesorgane resultieren. Einerseits kann man qualitativ unterschiedliche Modalitäten wie Geruchs-, Tast-, Geschmacks-, Schmerz-, Gehör-Temperatur-, Organ-, Bewegungs- sowie Gleichgewichtsempfindungen unterscheiden. Andererseits werden in der Alltagssprache oft die Bezeichnungen Gefühl oder Affekt synonym verwendet, weshalb eine scharfe Grenze zu Emotionen nicht gezogen werden kann. Bei Empfindungen spielen Faktoren wie Intensität, Dauer, allgemeine körperliche und psychische Verfassung, Kognition und Bewertung eine wichtige Rolle.

Encéphale isolé *(engl. Encéphale isolé)* Mit Encéphale isolé beschreibt man einen Schnitt zwischen Rückenmark und Medulla oblongata (verlängertes

Mark). Dieser Schnitt durch den kaudalen Hirnstamm bewirkt das Abtrennen des Gehirns vom restlichen Nervensystem. Im Gegensatz zu einer Cerveau isolé, bei der eine Störung des Schlaf-Wach-Rhythmus auftritt, lassen sich bei der Encéphale isolé keine derartigen Veränderungen im EEG feststellen, obwohl nahezu die gleichen sensorischen Fasern durchtrennt werden. Dieses Vorgehen wird v. a. in der tierexperimentellen Forschung verwendet, um bestimmte Mechanismen, z. B. die des Schlafs, zu untersuchen.

Endhirn ▶ Telenzephalon; Großhirn

Endigung ▶ Endknopf

Endknopf *(engl. presynaptic terminal, presynaptic bouton)* Das Axon einer Nervenzelle endet in einer kugelförmigen Verdickung, dem Endknopf (wenn es sich um den präsynaptischen Teil einer chemischen Synapse handelt auch präsynaptische Endigung bzw. Axonterminal genannt). Dieser enthält neben einer großen Anzahl von Mitochondrien viele synaptische Bläschen, die Vesikel, in denen Neurotransmitter gespeichert werden. Die wichtigste Funktion des Endknopfs bei einem ankommenden Aktionspotenzial besteht in der Ausschüttung der Transmitter, indem die Vesikel zur präsynaptischen Membran wandern und dort durch Exozytose ihren Inhalt in den synaptischen Spalt freisetzen, so dass an der postsynaptischen Membran eine Erregung oder Hemmung ausgelöst werden kann.

endokrin *(engl. endocrine, endocrinic)* Als endokrin wird der Sekretionsmodus von Drüsenzellen bezeichnet, die ihre Produkte direkt (ohne Ausführungsgang) ins Blut, die Lymphe oder das Gewebe abgeben. Beispiele für endokrine Drüsen sind die Hormondrüsen der Schild- und Nebenschilddrüse, Hoden und Eierstöcke. Das Gegenteil von endokrin ist exokrin. Dabei geben exokrine Drüsen ihre Sekrete mittels Ausführungsgängen in die Körperhohlräume, z. B. Magen und Darm oder an die Umwelt (Schweißdrüsen, Talgdrüsen) ab. Im weiteren Sinne meint endokrin auf das Hormonsystem bezogen.

Endokrinologie *(engl. endocrinology)* Die Endokrinologie ist die »Lehre von den Hormonen«. In der

Medizin ist sie ein Teilgebiet der Inneren Medizin und beschäftigt sich mit Beschwerden, die durch hormonelle Fehlfunktionen verursacht sind, so z. B. Schilddrüsenerkrankungen oder Diabetes mellitus.

Endorphine *(engl. pl. endorphins)* Endorphine bezeichnen endogene, vom Körper selbst produzierte Opioide. Sie wirken schmerzlindernd bzw. schmerzunterdrückend. Die bekanntesten Endorphine sind α-, β- und γ-Endorphin. Ein gemeinsames Strukturmerkmal ist eine Peptidgruppe mit vier Aminosäuren (Tetrapeptid). Auslöser für die Ausschüttung von Endorphinen sind Verletzungen, UV-Licht, positive Erlebnisse und anstrengende sportliche Betätigung. Endorphine regeln die Empfindungen von Schmerz und Hunger und stehen im Zusammenhang mit der Produktion von Sexualhormonen. Das Endorphinsystem wird in Gefahrensituationen aktiviert, was eine vorübergehende Schmerzlosigkeit auch bei schweren Verletzungen zulässt und eine mögliche Flucht gewährleistet. Außerdem sind Endorphine an der Entstehung von Euphorie beteiligt.

Endozytose *(engl. endocytosis)* Unter Endozytose versteht man die Aufnahme extrazellulären zellfremden Materials in das Innere der Zelle. Dabei wird zwischen Pinozytose (»Zelltrinken«) und Phagozytose (»Zellfressen«) unterschieden. Erstere ist ein Vorgang zur Aufnahme von flüssigen Substanzen und letztere bezeichnet die Aufnahme fester Partikel wie z. B. Bakterien. Ein Beispiel dafür sind die Makrophagen als Blutzellen, die dafür zuständig sind, Bakterien und Viren einzuschließen und dann zu eliminieren. Neben der Zerstörung von Krankheitserregern wird durch die Endozytose auch das Membrangleichgewicht aufrechterhalten.

Endplatte, motorische *(engl. motor end plate)* Die motorische Endplatte ist die Verbindung zwischen einer Nerven- und einer Muskelzelle, also die Synapse, die diese beiden verbindet (neuromuskuläre Synapse bzw. Endplatte). Es handelt sich dabei um eine chemische Synapse, da bei ankommendem Aktionspotenzial die Vesikel den Transmitter Azetylcholin (durch Exozytose) in den synaptischen Spalt freisetzen. Das Azetylcholin bindet an die Rezeptoren der Muskelmembran (Membran der Muskelfaser = Sarkolemm) und es kommt zu einem schnellen Natriumein- und Kaliumausstrom. Überwiegt der Natriumeinstrom, führt dies zu einer Erregung der Muskelzelle. Dadurch öffnen sich Kationenkanäle und Kalziumionen strömen in die Muskelzelle. Dies bewirkt letzlich eine Kontraktion des Muskels.

Endplatte, neuromuskuläre ▶ Endplatte, motorische

Endplattenpotenzial *(engl. end plate potential)* Registriert man die Aktivität einer ruhenden Synapse, findet man, auch ohne dass ein Aktionspotenzial einläuft, immer eine geringe Aktivität. Das Endplattenpotenzial (EPP) bezeichnet die Differenz zwischen dem Membranpotenzial, was sich durch den Einstrom von Natriumionen verringert, und dem Ruhepotenzial. Das Potenzial entsteht dadurch, dass sich zwei oder mehr Vesikel in der Synapse gleichzeitig entleeren, wobei allerdings noch keine synaptische Übertragung bewirkt wird. Dieses EPP ist immer positiv. Wird ein bestimmter Schwellenwert überschritten, kommt es zur Auslösung eines Aktionspotenzials, was sich in der Muskel- oder Nervenfaser ausbreitet.

Energieumsatz *(engl. energy turnover; Syn. Gesamtumsatz)* Als Energieumsatz wird die pro Zeiteinheit vom Körper verbrauchte Energie bezeichnet und meint die Energie, die ein Lebewesen zur Aufrechterhaltung seiner Lebensvorgänge benötigt. Der Energieumsatz ist abhängig von Alter, Geschlecht, Körpergröße und Art der ausgeführten Tätigkeiten. Er berechnet sich aus dem Grundumsatz und dem Leistungs- oder Arbeitsumsatz. Bei schwerer körperlicher Arbeit kann der Energieumsatz auf das dreifache des Grundumsatzes ansteigen. Ist die Energiezufuhr (durch die Nahrung) geringer als der Energieverbrauch, werden die Fettreserven des Körpers verstoffwechselt und es kommt zur Gewichtsabnahme.

Engramm *(engl. engram; Syn. Gedächtnisspur)* Engramme sind durch physiologische Reize verursachte, dauerhafte strukturelle Veränderungen im Gehirn (Gedächtnisspuren). Sie bilden eine Grundlage zur Erklärung von Gedächtnisprozessen. Forscher (z. B. Donald Hebb) gehen davon aus, dass sich Synapsen durch häufige Verwendung bzw. Nichtverwendung verändern, wobei sie verschwinden, sich vermehren oder komplett neu gebildet werden können. Auf diese Art entstehen Gedächtnisspuren und Reiz- bzw. Erlebniseindrücke, die zu einem späteren Zeitpunkt wieder abgerufen werden können.

Enkephalin *(engl. pl. enkephalins)* Enkephaline gehören zu den körpereigenen Opioiden. Chemisch gesehen ist ihre Struktur kürzer als die von Endorphinen, beide Stoffe wirken aber an den gleichen Rezeptoren mit ähnlichen Effekten. Enkephaline werden als Methionin- und Leucin-Enkephalin bezeichnet. Sie wirken schnell, werden vom Körper aber auch schnell wieder abgebaut. Ihre Funktion ist die präsynaptische Hemmung der Schmerzweiterleitung und die Stimulation der Freisetzung von Wachstumshormonen und Prolaktin. Enkephaline gehören zu den Neuroinhibitoren, da sie Azetylcholin, Noradrenalin und die Substanz P hemmen. Das führt zur Eindämmung der Atmungstätigkeit, Erniedrigung der Körpertemperatur und der Beeinflussung von Lern- und Gedächtnisleistungen. Enkephaline werden von den schmerzunterdrückenden Axonen aus dem Hirnstamm und den Berührungssensoren der Haut freigesetzt, was erklärt, warum starke emotionale Stimuli (Schock) und Berührungsreize (Akupressur, Akupunktur) vorübergehend unempfindlich für Schmerzen machen können (Gate-Control-Theorie).

Enterozeptoren *(engl. pl. enteroceptors)* Enterozeptoren sind eine Klasse von Rezeptoren, die auf funktioneller Ebene von Exterozeptoren, die Reize aus der Umwelt aufnehmen (z. B. Rezeptoren des visuellen und auditiven Systems) und Propriozeptoren, die die Lage unseres Körpers registrieren (Rezeptoren des Muskel- und Skelettsystems), abzugrenzen sind. Enterozeptoren registrieren mechanische und chemische Reize aus den Eingeweiden wie z. B. Herz und Kreislaufsystem (▶ Afferenzen, viszerale).

Entkopplungsprotein *(engl. uncoupling protein)* Das Entkopplungsprotein (UCP) ist ein spezifisches Membranprotein, das in den Adipozyten (Fettzellen) des braunen Fettgewebes als Protonenkanal fungiert. Hier ist es für die kälteinduzierte Thermogenese verantwortlich. Die Hauptfunktion der Adipozyten des braunen Fettgewebes ist die Wärmeproduktion, die aufgrund eines Katecholaminsignals initiiert und durch die Oxidation von Fettsäuren geschieht. Dabei wird der Protonengradient nicht zur Energiekonservierung mittels Aufbau von ATP genutzt, sondern davon abgekoppelt, was zur Freisetzung der Energie in Form von Wärme führt. Der erwachsene Mensch verfügt nur über wenige braune Fettzellen, während sie beim Säugling reich vorhanden sind, in der Entwicklung allerdings rasch abnehmen. Die Forschung zeigt, dass gentechnisch veränderte Mäuse, die das menschliche UCP3-Gen exprimierten, bei höherer Energieaufnahme nur ein etwa halb so dickes Fettgewebe aufweisen wie normale Kontrolltiere, weshalb ein Einsatz UCPs als Therapie der Adipositas diskutiert wird.

Entzug (engl. detoxification, withdrawal) Unter Entzug werden körperliche, emotionale und kognitive Reaktionen eines Individuums verstanden, die nach der Herabsetzung des Konsums oder der gänzlichen Absetzung einer oder mehrerer Substanzen wie Drogen, Alkohol, Nikotin sowie Arzneimittel auftreten. Dazu gehören Veränderungen des Blutdruckes und Pulses, Schwitzen, Zittern, sog. Craving (extrem starkes Verlangen nach der Droge) und Kontrollverlust (▶ Entzugssyndrom). In Abhängigkeit von der vorher konsumierten Substanz kann ein Entzug mit mehr oder weniger schweren körperlichen oder psychischen Entzugserscheinungen einhergehen.

Entzugssyndrom (engl. withdrawal syndrome) Das Entzugssyndrom beschreibt einen unterschiedlich zusammengesetzten und verschieden stark ausgeprägten Symptomkomplex, der abhängig von der abgesetzten Substanz ist (▶ Substanzen, psychoaktive). Die am häufigsten auftretenden psychischen Entzugssymptome sind Nervosität, Angst, Aggression, Halluzinationen, Depression, Schlaf- und Bewusstseinsstörungen. Häufig zu beobachtende physische Entzugssymptome sind Tremor (Zittern), Schwitzen, Herzrasen, Erbrechen, Durchfall, Gliederschmerzen und ein hoher Blutdruck. Ein Entzugssyndrom entsteht durch einen absoluten (kalter Entzug) oder relativen Entzug einer Substanz, d. h. dem Körper wird schrittweise eine immer kleinere Dosis der Substanz zugeführt (das sog. Ausschleichen). Die Dauer des Entzugssyndroms ist zeitlich beschränkt, in schweren Fällen ist eine medizinische Behandlung erforderlich. Komplikationen, die bei einem Entzug auftreten können, sind Krampfanfälle oder ein Delirium tremens. Substanzen, die beim Absetzen häufig zum Entzugssyndrom führen, sind Alkohol, Nikotin, Opioide und Benzodiazepine (ICD-10-Code: F1x.3).

Enzephalitis (engl. encephalitis; Syn. Gehirnentzündung) Bei dieser Krankheit sind verschiedene Schichten des Gehirns entzündet, wobei sich die Entzündung sowohl auf die graue als auch auf die weiße Hirnsubstanz erstrecken kann. In manchen Fällen sind auch die Hirnhäute, die sog. Meningen (Meningoenzephalitis), betroffen. Die Ursachen einer Gehirnentzündung können vielfältig sein, oftmals wird sie jedoch durch Viren ausgelöst (u. a. Herpes-, Masern-, Mumpsviren). So übertragen bspw. Zecken bestimmte Erreger, die zu einer Gehirnentzündung führen (Frühsommer-Meningo-Enzephalitis, FSME) können. Außerdem kann eine Gehirnentzündung auch als Folge einer anderen Krankheit auftreten (z. B. nach Multipler Sklerose). Besteht ein Verdacht auf Gehirnentzündung, müssen zur Diagnose Blut und Rückenmarksflüssigkeit untersucht werden. In einigen Fällen ist es notwendig, eine Computertomographie oder ein EEG vorzunehmen.

Enzym (engl. enzyme) Ein Enzym ist ein Protein, das bestimmte chemische Reaktionen katalysiert und beschleunigt. In Abhängigkeit von der Spezifität des Enzyms, die durch die Bindung der beteiligten Agenzien an das katalytische Zentrum des Enzyms bestimmt wird, können viele oder nur einzelne Reaktionen gesteuert werden. Enzyme stabilisieren Übergangsstadien von Reaktionsprodukten und ermöglichen dadurch den beschleunigten Ablauf der Reaktion bei Bedingungen, unter denen diese Reaktion ansonsten langsamer oder gar nicht möglich wäre. Die Funktion eines Enzyms hängt von verschiedenen Faktoren (Temperatur, pH-Wert, Kofaktoren) ab, für die es jeweils ein Optimum gibt, in dessen Bereich das Enzym am effektivsten wirkt.

EOG ▶ Elektrookulogramm

Ependym (engl. ependyma) Das Ependym ist eine aus Nervengewebe entstandene einschichtige Zellschicht, eine kubische bis hochprismatische Zellreihe. Sie dient als Auskleidung der inneren Flüssigkeitsräume im zentralen Nervensystem wie z. B. den Ventrikeln im Gehirn und im Zentralkanal des Rückenmarks. Zudem bedeckt das Ependym den Plexus choroideus. Ependymzellen bilden eine Untergruppe der Gliazellen. Sie kleiden die Ventrikel mit einer Zellschicht aus, um den Liquor cerebrospinalis vom Hirngewebe zu trennen. Eine Entzündung dieser Zellschicht wird Ependymitis genannt und wird bei Infektionskrankheiten beobachtet. Ein Tumor im Ependym wird als Ependymom bezeichnet.

Epidemiologie *(engl. epidemiology)* Epidemiologie bezeichnet einen Wissenschaftszweig, der sich mit den Ursachen, der Verbreitung sowie den Folgen von übertragbaren und nichtübertragbaren Krankheiten in verschiedenen Populationen auseinandersetzt. Epidemiologisches Wissen soll helfen Gesundheitsrisiken entgegenzuwirken. Man unterscheidet die deskriptive E., die die Krankheitsentstehung, ihren Verlauf oder die Krankheitsmodifikation umfasst, die analytische E., die quantitative Aussagen über pathogenetische und den Verlauf beeinflussende Faktoren macht und die experimentelle E., die ins Untersuchungsgeschehen eingreift und die Folgen beobachtet. Wichtige epidemiologische Kennzahlen sind Prävalenz (= Anzahl Erkrankter in Population x zum Zeitpunkt y), Inzidenz (= Anzahl Neuerkrankter innerhalb eines Zeitraums), absolutes Risiko (= Auftretenswahrscheinlichkeit für eine Krankheit) und attributionelles Risiko (= Einfluss eines Faktors auf die Wahrscheinlichkeit eine Krankheit zu erleiden).

Epidermis *(engl. epiderm/is; Syn. Oberhaut)* Die Epidermis ist beim Säugetier die äußerste und strapazierfähigste Epithelschicht der Haut. Sie besteht hauptsächlich aus Keratinozyten, die zu einem verhornten Plattenepithel aufgebaut sind. Dieser dichte Zellverband stellt für die meisten Mikroorganismen eine nicht überwindbare Barriere dar. Keratinozyten bilden die Hornsubstanz Keratin, welches der Haut u. a. als Schutz vor Feuchtigkeit dient. In der Epidermis finden sich außerdem Melanozyten, die das Pigment Melanin produzieren, welches für die Farbe der Haut verantwortlich ist und die Hautschichten vor einfallendem UV-Licht schützt.

Epilepsie *(engl. seizure disorder, epilepsy; Syn. Fallsucht)* Epilepsie ist eine Funktionsstörung des Gehirns, deren Diagnose gestellt wird, wenn mind. zwei epileptische Anfälle auftraten, die nicht durch eine vorausgehende erkennbare Ursache hervorgerufen wurden. Der epileptische Anfall kommt durch eine exzessive Entladung von Nervenzellverbänden im Gehirn zustande, wobei sich bestimmte Nervenzellen durch eine Übererregbarkeit auszeichnen. Ein epileptischer Anfall tritt plötzlich auf, kann sich aber durch eine sog. Aura ankündigen, und ist von kurzer Dauer. Er steht mit einer Änderung des Bewusstseins, motorischen Ereignissen (Zuckungen, Verkrampfung) und der Veränderung von Wahrnehmung und Gefühl in Verbindung. Auslöser für derartige Ausbrüche können verschiedene visuelle und auditive Reize wie Lesen, flackerndes Licht oder der Hell-Dunkel-Wechsel bei Bildschirmen sein. Die Behandlung erfolgt mit Krampf unterdrückenden Medikamenten (Antikonvulsiva) oder durch einen medizinischen Eingriff in das Gehirn (Epilepsiechirurgie).

Epiphyse *(engl. epiphysis, pineal gland; Syn. Glandula pinealis, Corpus pineale, Zirbeldrüse)* Die Epiphyse ist eine photorezeptive Ausstülpung des Zwischenhirndachs, ein Teil des Epithalamus an der Hinterwand des 3. Ventrikels, deren speziell differenzierten Neurone vermutlich ausschließlich endokrinologische Aufgaben haben. Sie besteht zum größten Teil aus sekretorischen Nervenzellen und Gliazellen und erhält als Teil des autonomen Nervensystems Informationen vom Nucleus suprachiasmaticus (Kerngebiet im ventralen Hypothalamus). Die Zirbeldrüse produziert das Hormon Melatonin, das für die Steuerung zeitabhängiger Rhythmen des Körpers zuständig ist und erst bei Dunkelheit ausgeschüttet wird. Bei Amphibien sind der Zirbeldrüse Photorezeptoren aufgelagert, auf die durch eine besonders dünne Schädeldecke Licht fällt. Über diesen Mechanismus passen Amphibien ihre zirkadiane Rhythmik der Tageszeit an.

Epithelzellen *(engl. pl. epithelial cells)* Epithelzellen sind Zellen, die im Verbund das ein- oder mehrlagige Epithelgewebe bilden und damit innere und äußere Oberflächen des Körpers bedecken. E. gibt es als Oberflächen- oder Deckepithel, Drüsenepithel, Resorptionsepithel und Sinnesepithel. Sie unterscheiden sich hier nach ihrer Anordnung und Funktion. Die beiden wichtigsten Aufgaben sind der mechanische Schutz nach außen und der innere Schutz im Sinne eines Abdichtens der inneren Körperöffnungen wie Magen, Darm oder die sog. Blut-Hirn-Schranke.

Epitop *(engl. epitope; Syn. antigene Determinante)* Ein Epitop beschreibt einen begrenzten Bereich auf der Oberfläche eines Proteins (Antigens), der von einem Teil eines Antikörpers, dem Paratop, erkannt werden kann. Natürlich vorkommende Antigene (= Stoffe, an die sich Antikörper binden können) können, abhängig von ihrer Größe, zahlreiche Epitope besitzen. Aufgrund der räumlichen Faltung der Antigene unterscheidet man kontinuierliche Epitope, bei denen die Aminosäuren, die das Epitop bilden, auch in der Primärsequenz des Proteins benachbart sind, von diskontinuierlichen Epitopen, bei denen die Aminosäuren, die das Epitop bilden, in der Primärsequenz nicht nahe beieinander liegen. Erst durch die Faltung des Proteins kommen die Aminosäuren in Kontakt zueinander und bilden das Epitop.

EPSP ▶ Potenzial, exzitatorisches postsynaptisches

Equipotenzialität *(engl. equipotentiality)* Ein vom amerikanischen Psychologen Karl S. Lashley (1880–1958) im Jahre 1929 geprägtes Konzept, das besagt, dass alle Großhirnareale für die Bildung von Gedächtnisspuren (Engramme) gleich geeignet (equipotenzial) sind. Basis dieser Annahme ist eine Reihe von Tierexperimenten. Lashley trainierte zunächst Ratten und entfernte anschließend große Teile des Neokortex. Trotz auftretender Verhaltensdefizite waren die Tiere in der Lage, zumindest nach einiger Zeit, das vorher erlernte Verhalten zu reproduzieren. Dadurch nahm Lashley an, dass es keine speziellen Zentren für Lernen und Gedächtnis gibt, sondern Massenaktionen dafür verantwortlich sind. Dieser Auffassung einer E. wurde allerdings bald widersprochen (Lokalisation verschiedener Hirnfunktionen).

Erbe-Umwelt-Problem *(engl. nature-nurture problem; Syn. Anlage-Umwelt-Problem)* Es existieren zwei Bedingungskomplexe, die die Unterschiede zwischen den Menschen bestimmen. Zum einen spielt die ererbte Anlage (Veranlagung; Erbe) und zum anderen der Umwelteinfluss eine entscheidende Rolle. Eine der großen Streitfragen der Psychologie ist die nach der relativen Bedeutung beider Faktoren für die Ausprägung psychischer Merkmale. Frühere Theoretiker meinten, dass entweder nur Erbe oder Umwelt einen Einfluss haben. Inzwischen weiß man, dass die Entwicklung eines Menschen immer das Ergebnis einer Wechselwirkung von Anlage- und Umweltfaktoren darstellt. Alle Verhaltensweisen haben eine ererbte Basis, sind allerdings durch Lernprozesse modifizier- bzw. veränderbar. Allerdings gibt es biologisch vorgegebene Grenzen, in denen sich bestimmte Merkmale entwickeln können. Der Grad des Einflusses von Veranlagung bzw. Umwelt lässt sich methodisch am besten durch die Zwillingsforschung analysieren. Insbesondere die Untersuchung räumlich getrennt aufgewachsener eineiiger Zwillinge hat eine große Bedeutung. Eines der am besten erforschten Merkmale in diesem Zusammenhang ist die Intelligenz.

Ergänzungseffekt, visueller Im blinden Fleck der Retina verlässt der Nervus opticus das Auge, wobei an dieser Netzhautstelle keine Photorezeptoren liegen. Dennoch wird dieser blinde Fleck auch bei monokularem Sehen nicht wahrgenommen, sondern ein vollständiges Bild. Diese Erscheinung wird auf den visuellen Ergänzungseffekt zurückgeführt. Hierbei verwendet das visuelle System Informationen von den benachbarten Rezeptoren, um die Lücke im retinalen Bild aufzufüllen und die Wahrnehmung zu ergänzen.

ergotrop *(engl. ergotropic)* Ergotrop bezeichnet einen Zustand des Nervensystems, der anregend auf den gesamten Körper wirkt (griech. ergon: Werk, Arbeit). Dabei wird das sympatikoadrenale System angeregt, das v. a. das Herz-Kreislaufsystem aktiviert und die Glykogenolyse (Umwandlung von Glykogen in Glukose) in der Leber initiiert. Der gesamte Organismus wird so auf motorische und bestimmte viszerale Aktionen vorbereitet und die psychische Wachheit (die sog. Vigilanz) wird erhöht. Als ergotroper Aktivitätsindex kann das Integral der autonomen Aktivität beschrieben werden. Das Gegenteil von ergotrop ist trophotrop.

Erregungsleitung, saltatorische *(engl. saltatory conduction; Syn. sprunghafte Erregungsleitung)* Die saltatorische (springende) Erregungsleitung findet nur bei Wirbeltieren statt. Ein Teil der Axone wird von sog. Schwann-Zellen umhüllt (Myelinhülle), die wiederum von Ranvierschen Schnürringen unterbrochen werden. An diesen Stellen ist das Axon nicht von der Myelinschicht umhüllt. Die Schwann-Zellen isolieren das Axon, so dass nur an den Ranvierschen Schnürringen wieder Kontakt zum Außenraum besteht und eine Depolarisation erfolgen kann. Bei der Weiterleitung des Aktionspotenzials springen deshalb die Potenziale über die Myelinhüllen von Schnürring zu Schnürring. Diese saltatorische Erregungsleitung ist zum einen schneller und zum anderen energiesparender als die kontinuierliche (gleitende) Erregungsleitung.

Erregungsschwelle *(engl. arousal threshold; Syn. Schwellenwert)* Um Reize und die durch sie an den Nerven ausgelöste Erregung von Zelle zu Zelle weiterzuleiten, öffnen sich die Ionenkanäle der Nervenzellmembran und begünstigen so das Einströmen von Natriumionen (Na^+) in die Zelle. Diese Erhöhung der Membranleitfähigkeit für Na^+ bewirkt, dass die Spannung innerhalb der Zelle ansteigt. Allerdings wird erst ab einem Wert von -50 mV entsprechend dem Alles-oder-Nichts-Gesetz der Erregung ein Aktionspotenzial ausgelöst. In dessen Verlauf kann die Spannung (während der Depolarisationsphase) einen Wert bis zu ca. $+30$ mV erreichen. Die Schwelle von -50 mV, die dafür immer überschritten werden muss, nennt man Erregungsschwelle.

Erythrozyt *(engl. erythrocyte; Syn. rote Blutkörperchen)* Erythrozyten bilden mit einem Normalwert von 4,2–5,5 pl (1 pl = 1 Pikoliter = 1 billionstel Liter) bei Frauen und 4,5–6,0 pl bei Männern den mengenmäßig größten Teil der festen Bestandteile des Blutes. Sie enthalten den roten Blutfarbstoff Hämoglobin, der den Sauerstoff aus der Lunge bindet und ihn in den ganzen Körper transportiert. Die Hauptaufgabe von Erythrozyten besteht im Transport von Sauerstoff und Kohlendioxid sowie in der Beteiligung an der Pufferwirkung des Blutes. Ein Mangel an Erythrozyten zeigt sich bei einer Anämie, während sich eine erhöhte Anzahl an Erythrozyten im Blut z. B.

bei einer Dehydration oder einer Polyglobulie zeigt. Die Bildung von Erythrozyten wird durch das Hormon Erythropoetin angeregt, worauf sich aus einer Knochenmarkstammzelle in mehreren Schritten Retikulozyten und schließlich Erythrozyten bilden.

Ethologie *(engl. ethology; Syn. Verhaltensbiologie)* Ethologie meint traditionell die klassische vergleichende Verhaltensforschung. Sie untersucht Verhalten aus biologischer Sicht, wie z. B. die Anpassungsleistung eines lebenden Organismus an Umweltveränderungen. Im heutigen Sinn wurde der Begriff erstmals in den Studien von Oskar Heinroth (1910/11) verwendet. Die Grundfrage der Ethologie ist, ob Verhalten gelernt oder angeboren ist. Das ethologische Instinktprinzip geht davon aus, dass Instinkte im Erbgut verankert sind und durch äußere Stimuli ausgelöst werden. Typisch für die Ethologie ist die Freilandforschung, d. h. das Beobachten von Verhalten unter natürlichen Umweltbedingungen. Kennzeichnend sind dabei die sog. Ethogramme, die Verhaltensprotokolle.

Evolution, konvergente *(engl. convergence; Syn. Konvergenz, Parallelismus)* Der Begriff konvergente Evolution beschreibt die Entwicklung ähnlicher funktioneller Merkmale bei nicht verwandten Arten (sie entwickeln sich parallel). Diesem Phänomen liegen meist ähnliche Umweltbedingungen zugrunde, welche den unterschiedlichsten Arten die gleiche Funktionalität bestimmter Körperteile abverlangen. Diese Ähnlichkeit aufgrund von Konvergenz bezeichnet man als Analogie, während man im Gegensatz dazu mit Homologie (▶ homolog) eine Ähnlichkeit aufgrund gemeinsamer Abstammung meint. Ein klassisches Beispiel für konvergente Evolution stellen Maulwurf und Maulwurfsgrille dar.

Exhibitionismus *(engl. exhibitionism)* Exhibitionismus (lat. exhibere: zeigen, darbieten) gehört laut den Klassifikationskriterien des DSM-IV-R zur Hauptgruppe der »Sexuellen und Geschlechtsidentitätsstörungen«. Menschen mit dieser Diagnose gewinnen sexuelle Lust durch das Entblößen der eigenen Genitalien in der Öffentlichkeit (meist gegenüber dem anderen Geschlecht) sowie teilweise durch das Masturbieren in der Öffentlichkeit. Unter Exhibitionismus versteht man manchmal auch das übertriebene »In-die-Öffentlichkeit-Tragen« der eigenen Gefühle und Überzeugungen, bei dem soziale Normen und Konventionen meist verletzt werden.

Exozytose *(engl. exocytosis)* Exozytose bezeichnet einen Vorgang, bei dem Stoffe aus der Zelle an die Zellumgebung abgegeben werden. Die dabei ausgeschiedenen Substanzen werden entweder in der Zelle selbst gebildet oder stellen unverdauliche Überreste dar. Exozytose wird durch extrazelluläre Signale ausgelöst, wie z. B. die Bindung bestimmter Neurotransmitter. Dies führt zu einer intrazellulären Antwort und damit zur Auslösung der Exozytose. Dabei verschmilzt ein Transportvesikel (Exosom) mit der Zellmembran und der Vesikelinhalt wird aus der Zelle entlassen. Das Exosom besitzt eine einfache Lipiddoppelschicht, was ihm ermöglicht, Plasmamembranbestandteile in die Zellmembran einzubauen.

expressiv *(engl. expressive; Syn. ausdrückend, ausdrucksstark)* In der Genetik bezeichnet man mit Expressivität den Grad der Ausprägung eines Merkmals im Phänotyp. Der Ausprägungsgrad kann z. B. durch Umweltfaktoren oder andere Gene beeinflusst werden. Der Gegensatz zu expressiv ist perzeptiv.

Extension *(engl. extension; Syn. Ausdehnung, Ausstreckung)* In der Medizin bezeichnet (Gelenks-)Extension die Streckung eines Gelenks. Der Begriff steht im Gegensatz zur Gelenks-Flexion (Beugung eines Gelenks). In der Philosophie und Sprachwissenschaft meint Extension die »gegenständliche« Bedeutung eines Sprachausdrucks. Das Gegenteil ist die Intension.

Extensor *(engl. extensor; Syn. Strecker, Streckmuskel)* Extensoren sind Skelettmuskeln, die eine Streckung des Gelenks auslösen. Der Muskel, der die gegenteilige Gelenkbewegung auslöst, d. h. das Gelenk beugt, wird hingegen als Flexor bezeichnet.

exterozeptiv *(engl. exteroceptive)* Exterozeptiv bezeichnet die Wahrnehmung von Dingen außerhalb des Organismus. Gemeint sind also mechanische, thermische, optische, akustische, olfaktorische und gustative Reize.

Extinktion *(engl. extinction; Syn. Löschung)* Wird ein konditionierter Stimulus mehrmals in keinem zeitlichen und örtlichen Zusammenhang mit dem unkonditionierten Stimulus präsentiert, so bezeichnet man die Abschwächung der konditionierten Reaktion als Extinktion. Sie gilt als Grundbestandteil der Methode der systematischen Desensibilisierung, bei der eine wiederholte Exposition mit dem angstauslösenden Reiz stattfindet. Dem Prozess liegt die Aktivität kortiko-subkortikaler Strukturen, besonders des medialen präfrontalen und des orbitofrontalen Kortex zugrunde.

Extravasation *(engl. extravasation)* Unter Extravasation (aus dem Lateinischen: extra = außerhalb; vas = Gefäß) versteht man den Austritt von Blut oder Lymphflüssigkeit aus einem Gefäß und seine anschließende, umschriebene oder diffuse, Verteilung im Gewebe. Im Falle einer Entzündung bedeutet dies z. B. das Wandern der weißen Blutkörperchen in umliegende Gebiete. Extravasaten nennt man aus Blutkörperchen bestehende Schwellungen, die im Gewebe zu finden sind. Dieser Vorgang, der durch Endothelschäden und Gefäßweitstellung ausgelöst wird, ist bei der Pathophysiologie verschiedener Krankheiten und Verletzungen beteiligt (z. B. Verbrennungen, kardiopulmonaler Bypass). Häufig wird Extravasation auch als Synonym für Paravasation verwendet, wenn diese im Zusammenhang mit Injektionen oder Infusionen auftritt. Bei einer Paravasation gelangt die Injektions- bzw. Infusionsflüssigkeit, z. B. aufgrund einer fehlerhaften Punktierung, in das Gewebe neben dem punktierten Gefäß.

Extrazellulärflüssigkeit *(engl. extracellular fluid)* Die Extrazellulärflüssigkeit meint die Flüssigkeit im Körper, die sich außerhalb der Zellen befindet und so im Gegensatz zur interzellulären Flüssigkeit steht. Sie enthält Nähr- und Schlackstoffe und umfasst ca. 24 % des Körpergewichts. Die Extrazellulärflüssigkeit lässt sich weiter differenzieren in interstitielle Flüssigkeit, Blutplasma und transzelluläre Flüssigkeit. Die interstitielle Flüssigkeit befindet sich in den Spalträumen der Gewebe, inkl. der Lymphflüssigkeit. Zu der transzellulären Flüssigkeit gehören Drüsensekrete, Flüssigkeiten in Körperhöhlen, Gelenkflüssigkeit, Kammerwasser des Auges und Liquor.

Exzitatorisch *(engl. excitatory; Syn. erregend)* Als exzitatorisch werden erregende Synapsen bezeichnet, die im Gegensatz zu inhibitorischen (hemmenden) Synapsen, die nachfolgende Zellmembran depolarisieren und so zur Bildung eines Aktionspotenzials führen können. Eine exzitatorische Wirkung wird zumeist über einen erregenden Transmitter, wie z. B. Glutamat, realisiert (▶ EPSP; Summation; Depolarisation).

F

Facial-feedback-Hypothese (*engl. facial feedback hypothesis*) Diese Hypothese besagt, dass der Gesichtsausdruck die emotionale Erfahrung und das Verhalten beeinflusst. Schon eine Manipulation des Gesichtsausdrucks wirkt sich danach auf die affektive Wahrnehmung der Versuchspersonen aus. Gordon W. Allport (1897–1967; Psychologe) ging davon aus, dass das Feedback der Gesichtsbewegungen eine entscheidende Rolle in der Differenzierung des emotionalen Erlebens spielt. Der Psychologe Silvan Tomkins (1911–1991) nahm an, dass facial feedback eine hinreichende Bedingung für das Erleben einer Emotion und das Entstehen der zugehörigen physiologischen Muster im autonomen Nervensystem ist. Die Rückkopplung des differenzierten Aktionsmusters der Gesichtsmuskelpotenziale ruft entsprechend seiner Annahmen ein spezifisches subjektives Gefühlserlebnis hervor. Nachgeahmte Einzelmuskelbewegungen oder gewollt gespielte Emotionsausdrücke führen zur Stimulierung von Nuclei im Hirnstamm, woraufhin die Emotion tatsächlich empfunden wird.

Faktor S (*engl. factor S*) Faktor S ist ein aus fünf Aminosäuren bestehendes, relativ kleines Neuropeptid, das bei Schlafdeprivation in der Zerebrospinalflüssigkeit, im Urin oder Gehirngewebe nachgewiesen werden kann. Die Injektion von Faktor S in das basale Vorderhirn oder den Hypothalamus wirkt schlafinduzierend oder -verstärkend. Faktor S – v. a. sein Bestandteil Muraminsäure – erhöht die Körpertemperatur und ist an der Vermittlung von Immunreaktionen beteiligt. Seine genaue Funktion und chemische Struktur sind jedoch nicht bekannt, weshalb dieses Peptid noch nicht künstlich hergestellt werden kann. 1913 berichtete der Pariser Physiologe Henri Piéron erstmals von diesem »Schlafgift« (Hypnotoxin). Später konnte der Bostoner Physiologieprofessor John Pappenheimer Piérons Ergebnisse bestätigen und die Zusammensetzung des körper-

eigenen Schlafstoffes ausmachen. Von ihm stammt die Bezeichnung Faktor S (s für sleep).

Fallsucht ▶ Epilepsie

Far-field potentials ▶ Hirnstammpotenziale

Farben, achromatische (*engl. pl. achromatic colours*) Achromatische Farben sind alle unbunten Farben, d. h. weiß, schwarz und alle Grautöne.

Farben, chromatische (*engl. pl. chromatic colours*) Chromatische Farben ist die wissenschaftliche Bezeichnung für alle bunten Farben wie z. B. die Grundfarben Rot, Blau, Gelb und deren Mischfarben. Eine Störung der Farbwahrnehmung wird als Achromatopsie (Farbenblindheit) bezeichnet.

Farbkonstanz (*engl. colour constancy*) Die Farbkonstanz bezeichnet das Phänomen, dass die chromatischen Farben eines Objektes in verschiedenen Beleuchtungssituationen (z. B. Tageslicht, Glühlampe oder Neonleuchtröhre) als identisch wahrgenommen werden, obwohl die von dem Objekt reflektierten Wellenlängen physikalisch verschiedene Farbwahrnehmungen erzeugen müssten. Eine Begründung für dieses Phänomen ist, dass Farbempfindungen dadurch entstehen, dass die verschiedenen Wellenlängen einer gesamten Szene ermittelt werden. Wenn aufgrund der Gesamtbeleuchtungssituation (wie z. B. beim Sonnenuntergang) viel langwelliges Licht vorhanden ist, so wird vom visuellen System eine »Korrektur« vorgenommen und dieser langwellige Anteil des Lichts »abgezogen«. So ändert sich im Vergleich zu einer anderen Beleuchtungssituation der Farbeindruck des betrachteten Objekts nicht.

Farbton (*engl. colour hue*) Neben Sättigung und Helligkeit ist der Farbton eine wahrnehmbare Dimension der Farbe. Der Farbton einer Farbe gibt die qualitative Veränderung der Farbe in Abhängigkeit von der Wellenlänge des Lichtes an. Das für den Menschen wahrnehmbare Spektrum des Lichtes liegt zwischen 380 und 760 nm. Menschen können ca. 200 Farbtöne benennen (wie z. B. kirschrot).

FAS ▶ Alkoholsyndrom, fetales

Fasciculus arcuatus *(engl. arcuate fasciculus)* Fasciculus arcuatus beschreibt ein Bündel von Axonen, das das Wernicke-Areal reziprok mit dem Broca-Areal verbindet. Es dient der Übertragung von Sprachlauten und ist somit beim Wiederholen von (u. a. bedeutungslosen) Wörtern relevant, die man zuvor gehört und damit im Wernicke-Areal verarbeitet hat. Ist der Fasciculus arcuatus geschädigt, kommt es zur Leitungsaphasie, bei der der Betroffene nicht mehr in der Lage ist, Worte (v. a. Pseudoworte) ihrem Klang nach genau zu wiederholen. Oftmals gelingt es den Betroffenen, sinnvolle Worte inhaltlich richtig wiederzugeben, allerdings nicht im direkten Wortlaut.

Fasern, kortikofugale *(engl. pl. corticifugal /cortico-efferent/ fibres; Syn. efferente Projektionsbahnen)* Die kortikofugalen Fasern sind efferente, absteigende Projektionsfasern, die vom Kortex zu tiefer gelegenen Hirnabschnitten ziehen. So projizieren z. B. kortikofugale Fasern vom Okzipitallappen zum Corpus geniculatum laterale (CGL) und der Formatio reticularis.

Fastenphase *(engl. fasting phase)* Die Fastenphase ist eine zeitlich umschriebene Periode, in der man dem Körper keine feste Nahrung zuführt, sondern ausschließlich Flüssigkeit wie Wasser, Tee oder Gemüsebrühe zu sich nimmt. Fasten kann zum Zwecke des schnellen Gewichtsverlustes oder aufgrund religiöser oder anderer Überzeugungen geschehen. Zeitlich begrenzte Fastenphasen sind im Allgemeinen sehr gesund für den Körper, sollten jedoch nicht länger als 3 oder 4 Wochen andauern. Nach der Fastenphase wird eine Diät empfohlen, um den Körper wieder langsam an das Essen zu gewöhnen. Im weiteren Sinne kann eine Fastenphase auch bedeuten, während einer bestimmten Zeitperiode auf gewisse Nahrungs- und Genussmittel zu verzichten, z. B. Fleisch,

Alkohol, Schokolade oder Kaffee. In der christlichen Tradition ist diese Art zu fasten in den 40 Tagen vor Ostern (ab Aschermittwoch) verbreitet.

Faszie *(engl. fascia)* Faszie bezeichnet eine Haut, die die einzelnen Organe, Muskeln oder Muskelgruppen umschließt. Die Bezeichnung richtet sich nach dem Organ oder der Umgebung. Eine Faszie besteht aus kollagenen Fasern, die gekreuzt verlaufen und dem Muskel die nötige Festigkeit und Elastizität gibt. Eine Entzündung der Faszie wird Fasciitis genannt.

Faszikel *(engl. fascicle, bundle)* Faszikel sind kleine, gebündelte Muskel- oder Nervenfasern.

Faszikulation *(engl. fasciculation)* Faszikulationen sind unwillkürliche, kurze, plötzlich auftretende, abrupte und nicht zielgerichtete Bewegungen, die die Muskelfaserbündel betreffen und willentlich kaum unterdrückbar sind. Im EMG äußern sich Faszikulationen typischerweise als biphasische Potenziale mit hoher Amplitude.

Fechnersches Gesetz *(engl. Fechner's law; Syn. Weber-Fechner-Gesetz)* Das 1860 von Gustav Theodor Fechner postulierte Fechnersche Gesetz gehört zum Gebiet der Psychophysik und baut auf den Überlegungen von Ernst Heinrich Weber auf. Laut Weber steht der gerade noch empfundene Reizzuwachs zu dem Ausgangsreiz in konstantem Verhältnis. Fechner leitete daraus seine Annahme ab, dass die Empfindungsstärken in arithmetischer Reihe wachsen, wenn die zugeordneten Reize in geometrischer Reihe zunehmen. Er leitete folgende Funktion ab, die heute als Fechnersches Gesetz bekannt ist: $E = c * \log (S/S0)$, d. h. die Stärke einer psychischen Empfindung E ist der Logarithmus der Stärke des Stimulus S, bezogen auf seine Stärke an der Absolutschwelle, multipliziert mit einer Konstante c, die sich unmittelbar zur Weberschen Konstante in Beziehung setzen lässt. Für jeden Stimulus lässt sich mit Hilfe des Fechnerschen Gesetzes die psychischen Empfindungsstärke berechnen.

Feedback, sensorisches *(engl. sensory feedback; Syn. intrinsiches Feedback)* Unter sensorischem Feedback werden Informationen verstanden, die während einer Bewegung aufgenommen werden. Diese

Informationen bestehen aus der Tiefenwahrnehmung der Hautrezeptoren, Stellung der Gelenke und Muskeln, Informationen der visuellen Rückmeldung über die Stellung der Gliedmaße und der Oberflächenwahrnehmung. Das sensorische Feedback wird benötigt, um Bewegungen zielgerichtet, flüssig und genau ausführen zu können bzw. gegebenenfalls an veränderte Anforderungen anzupassen.

Feedback-System, negatives (engl. negative feedback system) Ein Feedback-System ist ein System, bei dem das Ergebnis eines Kreislaufs Information über den weiteren Ablauf des Kreislaufs liefert. Bei einem negativen Feedback-System wird zuerst ein Stoff, z. B. ein Hormon, produziert und freigegeben. Ist der Bedarf am Produkt gedeckt und wird es dennoch weiter hergestellt, entsteht eine Überproduktion. Diese wird vom Messfühler registriert und an den Regler gemeldet. Dieser reguliert nun die Herstellung des Produkts herunter bzw. stoppt diese, so dass das Produkt nicht mehr gebildet wird. Das Produkt oder Ergebnis eines Kreislaufs selbst hat demnach einen Einfluss auf seine eigene weitere Produktion. Es meldet selbst zurück (Feedback), dass die Produktion verringert werden kann bzw. soll (negativ).

Feld, aggregiertes (engl. aggregated map) Die rezeptiven Felder der verschiedenen Zellen in derselben Säule liegen ungefähr im gleichen Bereich des Gesichtsfeldes. Als Säulen werden die senkrecht zu den Kortexschichten angeordneten, funktionell zusammengehörenden Neurone des visuellen Kortex bezeichnet. Die Fläche des Gesichtsfeldes, die von all diesen rezeptiven Feldern überdeckt wird, wird als aggregiertes Feld der Säule bezeichnet.

Feld, CA1 (Syn. Region CA1) CA steht für Cornu ammonis und ist zusammen mit dem Gyrus dentatus und dem Subiculum ein Bestandteil des Hippocampus. Die Region CA1 ist eine Unterregion im Hippocampus und erhält assoziative Projektionen von CA3 und Afferenzen aus dem Tractus perforans. Die Afferenzen der Region CA1 ziehen vor allem zum Subiculum. Bekannt wurde die CA 1 v. a. durch den Nachweis der Langzeitpotenzierung (LTP), dem wichtigsten Prozess zur Bildung von Gedächtnisinhalten.

Feld, CA3 Das Feld CA3 ist eine Unterregion im Hippocampus, deren Efferenzen in das Feld CA1 und den lateralen Septumkern gelangen. Afferente Fasern werden hier vom medialen Septumkern empfangen. Mittels EEG ist hier ein Thetarhythmus von 4–7 Hz nachweisbar, der vor allem bei der Orientierung und beim Aufgeben alter Verhaltensweisen auftritt.

Feld, rezeptives (engl. receptive area, receptive field) Als rezeptives Feld wird die Gesamtheit aller Punkte der Körperperipherie bezeichnet, wobei ein einziges Neuron durch die Reizung dieses definierten Bereiches von Sinnesrezeptoren erregt wird.

Feminisierung, testikuläre (engl. testicular feminization; Syn. androgene Resistenz) Die testikuläre Feminisierung ist eine genetische Störung, die nur beim genetisch männlichen Geschlecht auftritt. Durch fehlende Androgenrezeptoren können die Androgene ihren maskulinisierenden Effekt nicht ausüben, es kommt zur Rückbildung des Wolffschen Ganges und damit zu einer Verhinderung der Ausbildung der inneren männlichen Geschlechtsorgane. Die Ausbildung der inneren weiblichen Geschlechtsorgane wird durch das Antimüllersche Hormon verhindert. Dieses Hormon kann seinen defeminisierenden Effekt trotzdem entfalten und führt zur Rückbildung des Müllerschen Ganges, aus dem sich eigentlich die weiblichen inneren Geschlechtsorgane entwickeln. Den betroffenen Personen fehlen die inneren männlichen Geschlechtsorgane und, obwohl sie genetisch ein Mann sind, entwickeln sie in der Pubertät weibliche äußere Geschlechtsorgane. Das Gegenteil der Feminisierung ist die Maskulinisierung.

Fenfluramin (engl. fenfluramin) Fenfluramin ist ein Phenylethylaminderivat und ist strukturchemisch dem Amphetamin verwandt. Es ist ein Anorektikum (»Appetitzügler«) und wurde als Medikament in den 90er Jahren zur Gewichtsreduktion zugelassen. Aufgrund seiner häufigen, teils schweren Nebenwirkungen (Sedierung, Kopfschmerzen, Schlafstörungen, depressive Verstimmung, Herzklappenerkrankungen und Lungenhochdruck) wurde das Medikament 1997 jedoch weltweit vom Markt genommen. Fenfluramin wirkt als Serotoninagonist (erhöht den extrazellulären Serotoninspiegel). Kontraindikationen für die Anwendung sind psychische Erkrankungen sowie Alkohol- und/oder Medikamentenabhängigkeit.

Fenster, ovales *(engl. oval window)* Das ovale Fenster ist eine Membran, an der die Schallübertragung zwischen Mittel- und Innenohr stattfindet. Im Mittelohr befinden sich drei Gehörknöchelchen: der Malleus (Hammer), der Incus (Amboss) und der Stapes (Steigbügel); letzterer reicht an das ovale Fenster. Der Fuß des Steigbügels ist in die Membran eingepasst und durch ein elastisches Ringband abgedichtet. Durch die Schwingungen der Fußplatte im ovalen Fenster werden die auftreffenden Schallwellen in das Innenohr weiter geleitet und dabei 20–30mal verstärkt. Die Membran kann sich bei Otosklerose krankhaft verhärten, was zu einer andauernden Hörschädigung bis hin zur Taubheit führen kann.

Fenster, rundes *(engl. round window)* Das runde Fenster befindet sich an der Basis der Scala tympani und bildet damit die Grenze zwischen Innen- und Mittelohr. Es besteht aus einer Membran und dient dem Druckausgleich zwischen beiden Ohrabschnitten.

Fettsäure *(engl. fatty acid)* Zu der Gruppe der Lipide gehörend, ist die Fettsäure chemisch gesehen eine Verbindung aus Kohlenstoff-, Wasserstoff- und Sauerstoffatomen. An eine Kette von Kohlenstoffatomen, die in ihrer Länge variiert (mind. vier notwendig), lagert sich eine Karboxylgruppe an. Die Wasserlöslichkeit wird dabei entscheidend von der Kettenlänge beeinflusst. Je länger die Kohlenstoffkette, also der hydrophobe (wasserabweisende) Teil im Gegensatz zum hydrophilen (wasserliebenden) Teil der Karboxylgruppe ist, desto schlechter ist die Löslichkeit der Fettsäure in Wasser. Ein Fettmolekül besteht aus einem Glyzerinmolekül, an das sich drei Fettsäuren angelagert haben. Somit entsteht geometrisch gesehen die Form eines E. Fettsäuren werden in gesättigte und ungesättigte Fettsäuren eingeteilt. Diese Eigenschaft resultiert aus einem unterschiedlichen Ausmaß der Verbundenheit von Kohlenstoffatomen mit Wasserstoffatomen. Sind alle Bindungsstellen mit Wasserstoffatomen besetzt, spricht man von einer gesättigten Fettsäure. Sind hingegen nicht ge-

nug Wasserstoffatome für alle Bindungsstellen vorhanden, gehen stattdessen zwei benachbarte Kohlenstoffatome eine Doppelbindung ein. Abhängig von der Anzahl solcher Doppelbindungen unterscheidet man hierbei zwischen einfach und mehrfach ungesättigten Fettsäuren. Viele der ungesättigten Fettsäuren sind für den menschlichen Organismus essentielle Fettsäuren. Sie können vom Körper nicht selbst synthetisiert werden, aber, um seine Funktionsfähigkeit zu erhalten, ist der Organismus zwingend auf sie angewiesen. Als wichtiger Bestandteil von Zellmembranen sind Fettsäuren von großer Bedeutung für den Organismus.

Fetus *(engl. fetus)* Als Fetus (auch »Fötus«) wird ein menschlicher Embryo ab der 13. Schwangerschaftswoche bis zur Geburt bezeichnet.

Fibrillen *(engl. pl. fibrils, tangles)* Fibrillen sind faserartige Proteinmoleküle, die in Bindegewebsfasern oder im Zytoplasma von Muskeln (Myofibrillen), Nerven (Neurofibrillen) und Epithelzellen (Tonofibrillen) vorkommen. Eine krankhafte Bildung von Fibrillen und Plaques innerhalb von Nervenzellen kann z. B. bei der Alzheimerschen Krankheit auftreten (v. a. in den für das Gedächtnis relevanten Arealen oder Arealen für höhere kognitive Funktionen). Die Fibrillen haben etwa eine Dicke von 10 nm, erscheinen starr und sind unverzweigt. Sie bestehen aus Tau-Protein, einem Bestandteil des Zellskeletts. Bei der Alzheimerschen Krankheit wird das Tau-Protein jedoch übermäßig mit Phosphatgruppen beladen. Dadurch werden in der Zelle stattfindende Stabilisierungs- und Transportprozesse gestört, was letztlich zum Absterben der Zelle führt. Fibrillen können auch im Gehirn gesunder älterer Menschen vorhanden sein, jedoch nur in geringer Anzahl.

Filialgeneration *(engl. filial generation; Syn. Tochtergeneration)* Mit Filialgeneration (Genetik) wird die erste Folgegeneration der Parentalgeneration (»Elterngeneration«) bezeichnet, d. h. die Nachkommen eines männlichen und eines weiblichen Individuums/ Organismus. Sollen die Nachkommen der Filialgeneration wiederum eindeutig benannt werden, wird eine Indexzahl als Kennung für den Verwandtschaftsgrad in Bezug auf die Parentalgeneration genutzt: die 1. Filialgeneration wird dann als F_1-Generation bezeichnet, die 2. Filialgeneration entsprechend als F_2-Generation usw. Durch gezielte Kreuzung können bestimmte Merkmale (physiologische Eigenschaften, Genotypen u. v. m.) in die Filialgenerationen hineingezüchtet werden. In wissenschaftlichen Veröffentlichungen finden sich häufig die Abkürzungen »P« für die Parentalgeneration und »F_1« für die Folge- bzw. Filialgeneration.

Filopodien *(engl. pl. filopodia)* Filopodien sind fingerartige Fortsätze an der Spitze einer sich bewegenden tierischen Zelle, die mit sog. Empfänger-Proteinen für chemische Signale besetzt sind. Mit Hilfe der Filopodien orientiert sich die Zelle in ihrer Umgebung. Bei einem geeigneten Substrat für die Zelle (z. B. Senderproteine auf anderen Zellen) bewegt sich diese in die entsprechende Richtung. Ist das Substrat nicht geeignet, so werden entsprechende Filopodien wieder zurückgebildet. Ein Beispiel für eine solche Orientierung von Zellen mit Filopodien ist die Steuerung des Wachstums und die Vernetzung von Nervenzellen.

Filtrationsrate, glomeruläre *(engl. glomerular ultrafiltrate)* Die glomeruläre Filtrationsrate (GFR) bezeichnet die Menge an Primärharn, welche aus dem Blut durch die Kapillarschlingen in der Nierenrinde (Glomeruli) in einer definierten Zeiteinheit filtriert wird. Die GFR beträgt bei Erwachsenen ca. 120 ml/min. Die GFR ist für die Messung der Nierenfunktion die wichtigste Größe und sinkt physiologisch mit dem Alter sowie pathologisch bei Nierenerkrankungen.

Fissur *(engl. fissure)* Fachausdruck mit folgenden medizinischen Bedeutungen: (1.) anatomisch: eine natürliche, physiologische Furche oder Rinne auf einer Organoberfläche wie im Gehirn (z. B. Fissura sylvii, Furche zwischen Schläfen- und Stirnlappen), in den Lungen (z. B. Fissura obliqua und Fissura horizontalis) oder der Leber (z. B. Fissura ligamenti teretis und Fissura ligamenti venosi), spaltförmige Öffnungen zwischen angrenzenden Schädelknochen (z. B. Fissura orbitalis) oder Furchen an den Zähnen; (2.) pathologisch: Einriss in der Haut bzw. Schleimhaut (z. B. Analfissur), Fehlbildung der Haut (z. B. Kutisfissur) oder ein Haarriss im Knochen (unvollständiger Bruch).

Fissura lateralis *(engl. lateral fissure; Syn. Sylvische Furche)* Die Fissura lateralis ist eine ausgedehnte seitliche Furche des Gehirns, sie trennt den Scheitellappen vom Schläfenlappen. Interessanterweise ist bei Rechtshändern die rechte Fissur etwas länger und steiler.

Fissura longitudinalis *(engl. longitudinal fissure; Syn. Längsfurche, Interhemisphärenspalt)* Die Fissura longitudinalis trennt die beiden Großhemisphären voneinander, so dass diese nur noch durch Kommissuren (= Nervenfaserverbindungen zwischen den beiden Hirnhälften) miteinander verbunden sind. Die größte Kommissur ist hierbei das Corpus callosum (Balken).

Fitness *(engl. fitness)* (1.) In den Schriften Darwins wird der Begriff Fitness definiert als »the relative probability of survival and reproduction for a genotype«. Fitness ist die Chance eines Individuums zu überleben und seine Gene weiterzugeben. Die direkte Fitness gibt Auskunft darüber, wie viele Kopien der eigenen Gene durch die eigene Fortpflanzung weitergegeben wurden, die inklusive Fitness enthält zudem noch die Anzahl der weitergegebenen Gene durch Verwandtenunterstützung, z. B. durch die Nachkommen der Geschwister (indirekte Fitness). (2.) Im heutigen Sprachgebrauch versteht man unter Fitness ein allgemeines körperliches und geistiges Wohlbefinden, das Vermögen eines Individuums, den Belastungen des Alltags standzuhalten und Herausforderungen effektiv zu meistern. Ein gezieltes Fitnesstraining, welches Bewegung und Ernährung berücksichtigt, kann sowohl die körperliche Leistungsfähigkeit als auch die Konzentration und Lernfähigkeit steigern, was wiederum präventiv gegen verbreitete Zivilisationskrankheiten wie Fettleibigkeit, Herz-Kreislauferkrankungen und Krebs wirken kann.

Fixativ *(engl. fixative)* Ein Fixativ ist ein Stoff oder eine Chemikalie, die bei der Gewebeentnahme genutzt wird, um das Gewebe vor Zersetzung zu schützen und um es im Anschluss untersuchen zu können. Ein häufig genutztes Fixativ ist das Formalin.

Fleck, blinder Als blinder Fleck wird die Stelle des menschlichen Gesichtsfeldes bezeichnet, die auf die

Papille (Austritt des Sehnervs aus dem Auge) projiziert. Auf der Papille befinden sich weder Zapfen noch Stäbchen, der Mensch ist für diese Gesichtsfeldregion blind. Es gibt verschiedene Testverfahren, um den blinden Fleck und das »Loch« im Sehfeld sichtbar zu machen. Beim normalen Sehvorgang wird diese Stelle durch das Gehirn ergänzt, so dass subjektiv ein kompletter Seheindruck entsteht.

Flexion *(engl. flexion)* Flexion bezeichnet in der Medizin die Beugung eines Gelenks. Der Begriff steht im Gegensatz zur Gelenksextension (Streckung eines Gelenks).

Flexoren *(engl. pl. flexors; Syn. Beuger, Beugemuskeln)* Flexoren sind Skelettmuskeln, die eine Beugung des Gelenks auslösen. Der Muskel, der die gegenteilige Gelenkbewegung auslöst, d. h. das Gelenk streckt, wird hingegen als Extensor bezeichnet.

Fließen, optisches *(engl. optic flow)* Beim optischen Fließen verändert sich durch die Bewegung des Betrachters die umgebende optische Anordnung der Gegenstände. Es entsteht der Eindruck eines Flusses, der entweder in Richtung eines Fluchtpunktes läuft (Rückwärtsbewegung) oder davon fort (Vorwärtsbewegung). Besonders prominent ist dieser Effekt z. B. in einem Flugzeugcockpit im Landeanflug. Im Zentrum des optischen Auseinanderfließens ist die Geschwindigkeit gleich Null, in der Peripherie nimmt sie zu. Das optische Fließen liefert dem Beobachter Informationen über seine Geschwindigkeit und Bewegungsrichtung.

Flimmerfusionsfrequenz *(engl. flicker fusion frequency)* Die Flimmerfusionsfrequenz beschreibt die Frequenz, ab der einzelne, zeitlich aufeinander folgende Reize nicht mehr getrennt als Einzelreize wahrgenommen werden, sondern als »Gesamteindruck« erlebt werden. Sie bezieht sich auf das höchste zeitliche Auflösungsvermögen des visuellen Systems. Die Flimmerfusionsfrequenz besitzt keinen festen Wert, sondern hängt von der Lokalisation des Reizes auf der Retina und den involvierten Photorezeptoren ab. Außerdem wird sie durch die Leuchtdichte des Reizes sowie den Adaptationszustand des Auges beeinflusst. Allgemein kann jedoch gesagt werden, dass zapfenreiche Gebiete nahe der Fovea centralis

schnell aufeinander folgende Reize besser verarbeiten können als periphere stäbchenreiche Regionen des Auges. Durch sehr starke Erregung oder Ermüdung wird die Flimmerfusionsfrequenz negativ beeinflusst.

Fluorgold *(engl. fluorogold)* Fluorgold ist eine chemische Verbindung zur retrograden und anterograden Markierung von Axonen (d. h. das Fluorgold »wandert« rückwärts/vorwärts das Axon entlang). Nach einer Injektion in ein bestimmtes Gebiet und entsprechender Inkubation werden neuronale Schnitte der markierten Hirnareale präpariert und anschließend das Fluorgold zum Fluoreszieren gebracht. So wird sichtbar, wo die Axone ihren Ursprung haben. Diese Färbemethode (Tracingmethode) wird zur Untersuchung von Fernverbindungen des Kortex genutzt oder um die Intaktheit bestimmter Bahnen zu testen.

Fluoxetin *(engl. fluoxetine, Prozac®/Fluctin®)* Fluoxetin ist ein Arzneistoff, wird wegen seiner stimmungsaufhellenden Wirkung zur Behandlung von depressiven Erkrankungen, Bulimia nervosa und Zwangsstörungen eingesetzt. Fluoxetin gehört zur Klasse der selektiven Serotonin-Wiederaufnahmehemmer (SSRI), welche neben den Monoaminoxidasehemmern (MAOIs) eine Generation von Antidepressiva darstellen.

fMRI ▶ Magnetresonanztomographie, funktionelle

fMRT ▶ Magnetresonanztomographie, funktionelle

Follikel *(engl. follicle)* Allgemein werden als Follikel bläschenförmige Gebilde im Organismus bezeichnet, wobei damit häufig das Eibläschen gemeint ist. Bezogen auf den weiblichen Zyklus wird damit eine von einem Eifollikel umgebene Eizelle genannt, die rund 14 Tage nach Einsetzen der Menstruation im weiblichen Eierstock heranreift. Beim Heranwachsen produziert das Eifollikel das Hormon Östradiol, das wiederum das Wachstum der Uterusschleimhaut bewirkt und schließlich das luteinisierende Hormon (LH) freisetzt. LH verursacht die Ovulation (Follikelsprung), bei dem das reife Ei den Follikel verlässt. Der gerissene Follikel wird dann schließlich zum Gelbkörper, der Progesteron produziert. Weitere Follikelstrukturen sind Haarfollikel (äußere Haarscheide, die die Haarwurzel umgibt), Zahnfollikel (Bindegewebe der Zahnanlage), Lymphfollikel (Lymphknoten) oder Schilddrüsenfollikel (Speicherorgan der Schilddrüsenhormone).

Follikel-stimulierendes Hormon (*engl. follicle-stimulating hormone; Syn. Follikulitropin*) Follikel-stimulierendes Hormon (FSH) ist ein Glykoprotein aus der Gruppe der Gonadotropine (= Sammelbezeichnung für Hormone, die die Keimdrüsen stimulieren). FSH wird in den Zellen des Hypophysenvorderlappens (HVL) synthetisiert. Die Bildung wird durch den Hypothalamus mittels der Sekretion des Gonadotropin-Releasing-Hormons (GnRH) in das Pfortadersystem der Hypophyse angeregt. Ein hoher Östrogenspiegel wirkt über einen negativen Feedbackmechanismus hemmend auf die GnRH-Ausschüttung. Die Ausschüttung von FSH ist beim Mann konstant niedrig, bei der geschlechtsreifen Frau zyklisch. Das Hormon spielt für die Follikelreifung bei Frauen und für die Spermienbildung bei Männern eine wichtige Rolle.

Foramen (*engl. foramen*) Der Ausdruck Foramen wird in der Anatomie zweifach verwendet. Zum einen bezeichnet er im Herzen eine türartige Verbindung zwischen den Herzvorhöfen, zum anderen wird darunter im Schädel eine Öffnung verstanden, die innerhalb der ersten Lebenswochen verwächst.

Formalin (*engl. formalin*) Formalin ist die 35–40%ige wässrige Lösung des Gases Formaldehyd. Durch das Ausfällen von Proteinen und die damit verbundene Gewebeerhärtung dient es zur Desinfektion und Konservierung eiweißhaltiger biologischer Präparate. Formaldehyd, gebildet durch die Oxidation des Methanols, ist ein farbloses, stechend riechendes Gas, welches wie alle Aldehyde ein starkes Reduktionsmittel ist. Aufgrund dieser Eigenschaft kann es bei unsachgemäßer Anwendung Allergien, Haut-, Atemwegs- oder Augenreizungen verursachen und ist umweltschädlich. Eine Kanzerogenität wird vermutet. Neben der Keimabtötung (Formalintabletten) sowie der Konservierung von anatomischen und biologischen Präparaten, dient es heute als Rohstoff der chemischen Industrie. Formaldehyd entsteht als Abbauprodukt auf natürlichem Weg, aber auch künstlich bei Verbrennungen in Autoabgasen oder im Tabakrauch.

Formatio reticularis (*engl. reticular formation; Syn. Retikulärformation*) Die Formatio reticularis bezeichnet ein Neuronennetzwerk im Hirnstamm, wird unterteilt in den sensorischen Teil (auch ARAS), der aufsteigende Neurone beinhaltet, und den motorischen Teil (geteilt in Bahnungs- und Hemmungsgebiet), der absteigende Neurone enthält. Das ARAS bestimmt das Aktivierungsniveau des Organismus und ist essenziell für die Bewusstseinslage. Zudem übt es eine Art Weckwirkung auf den Kortex aus und ist bedeutsam für die affektive Färbung von Sinneseindrücken. Bahnungs- als auch Hemmungsgebiet erhalten Impulse aus verschiedenen Hirnregionen. Im Bahnungsgebiet werden motorische, sensorische und vegetative Erregungsprozesse integriert, während das Hemmungsgebiet zusammen mit anderen Arealen den Muskeltonus und die Reflexfähigkeit regelt. Zudem ist die Formatio reticularis zuständig für den Schlaf-Wach-Rhythmus.

Fornix (*engl. fornix*) Die Fornix ist ein zum limbischen System zählendes Nervenbündel. Die beim Menschen aus rund 12 Mio. Fasern bestehende Struktur verläuft unterhalb des Corpus callosum und verbindet reziprok Hippocampus und Subiculum mit dem Septum und den Mamillarkörperchen. Somit verbindet die Fornix Hirnteile miteinander, die bei Lern- und Gedächtnisprozessen eine Rolle spielen.

Fos (*engl. fos*) Die sog. *immediate early genes* (unmittelbare frühe Gene) im Zellkern einer Zelle werden erst dann aktiviert, wenn die Zelle aktiviert ist. Diese Gene exprimieren dann bestimmte Proteine, die sich mit den Chromosomen verbinden. Fos gehört zu diesen Proteinen. Die Anwesenheit von Fos lässt auf Aktivität eines Neurons schließen und dient somit (z. B. durch Anfärbung von Fos-Proteinen) zur Bestimmung aktiver Regionen im Gehirn.

Fotopigment (*engl. photopigment*) Fotopigmente sind lichtempfindliche Moleküle, die in den Rezeptoren der Retina enthalten sind. Es gibt drei verschiedene Fotopigmente in den Zapfen der Retina (kurz-, mittel- und langwellige Pigmente) und ein

Fotopigment in den Stäbchen (Rhodopsin). Fotopigmente sind aus zwei Teilen aufgebaut. Sie bestehen aus »Retinal« (Abk. für Retinaldehyd, ein lichtempfindliches Vitamin A-Aldehyd) und Opsin, einem Protein. Fällt ein Photon (eine Lichteinheit) auf dieses Molekül, führt dies zur Isomerisation des Retinals (es zerfällt in eine andere Form und löst sich vom Opsin) und löst damit eine Kaskade von Prozessen aus, welche anschließend in einem elektrischen Signal enden.

Fotorezeptor *(engl. photoreceptor, photoreceptor cell)* Fotorezeptoren sind lichtempfindliche Sinneszellen im Auge. Sie befinden sich in der äußeren Schicht der Retina und leiten durch die Absorption von Licht die sog. visuelle Signaltransduktion ein, die Übertragung von elektrischen Signalen zum visuellen Kortex. Es gibt zwei Typen von Fotorezeptoren: Stäbchen und Zapfen. Stäbchen sind für das Hell-Dunkelsehen (skotopisches Sehen) verantwortlich und stellen mit 110 Mio. den Großteil der Fotorezeptoren beim Menschen dar. Zapfen (ca. 6 Mio.) befähigen uns zum Farbensehen (photopisches Sehen). Es gibt drei Zapfenarten, benannt nach ihren Absorptionsmaxima (Rot-, Grün- und Blauzapfen). Fotorezeptoren bestehen aus einem äußeren Segment, in dem sich in den sog. Disks der Sehfarbstoff (z. B. Rhodopsin) befindet, und einem inneren Segment, welches die Fotorezeptoren mit Bipolarzellen verbindet (die wiederum mit den Ganglionzellen synaptieren, dessen Axone den N. opticus bilden).

Fototransduktion *(engl. phototransduction)* Fototransduktion ist ein Prozess, bei dem durch Lichteinfall eine Hyperpolarisation der Fotorezeptoren hervorgerufen und ein elektrisches Signal generiert wird. Dieser Prozess verläuft für alle Pigmente analog, wobei Stäbchen wesentlich mehr Licht benötigen als Zapfen, also lichtunempfindlicher sind. Fallen Photonen bspw. auf das Fotopigment Rhodopsin, so zerfällt dieses in Opsin und Vitamin A. Das Opsin wiederum reagiert mit dem G-Protein Transducin, welches dadurch das Enzym PDE (Phosphodiesterase) aktiviert. PDE spaltet cGMP (cyclic guanosine monophosphate), welches die Natrium-Kanäle der Zelle geöffnet hält. Durch die Reduktion vieler cGMP (ein PDE kann bis zu 2000 cGMP inaktivieren), werden viele Natrium-Kanäle geschlossen

und es kommt zu einer Hyperpolarisation der Zelle. Ein Generatorpotenzial entsteht.

Fötus ▶ Fetus

Fourieranalyse *(engl. Fourier analysis)* Die Fourieranalyse ist eine mathematisch-physikalische Auswertungsmethode, die das Zerlegen eines Signals, z. B. einer aufgezeichneten Schwingung, in eine Summe von Sinus- und Kosinusfunktionen erlaubt. Dabei wird das Signal in seine Frequenzen zerlegt.

Fovea *(engl. fovea; Syn. Fovea centralis)* Die Fovea wird auch als Netzhaut- oder Sehgrube bezeichnet und befindet sich im Zentrum des gelben Flecks. Sie ist die Stelle des schärfsten Sehens. An diesem Punkt sind die dicht gelagerten Zapfen nicht von Gefäß- und Zellschichten verdeckt, daher befindet sich hier der Bereich des größten Auflösungsvermögens. Ein Objekt, welches vom Auge fixiert wird, wird immer so fixiert, dass dessen Abbild genau in der Fovea liegt. Hier findet sich eine seltene 1:1-Verschaltung, d. h. dass auf einen Zapfen eine Ganglienzelle folgt. Da die Fovea nur Zapfen und keine Stäbchen enthält, ist man bei schlechten Lichtverhältnissen kaum in der Lage, etwas scharf zu sehen.

Fremdreflex *(engl. extrinsic reflex; Syn. polysynaptischer Reflex)* Bei Fremdreflexen verläuft der Reflexbogen (komplizierter als bei Eigenreflexen) vom Rezeptor zum Effektor über mehrere Synapsen. Der Ort, an dem ein Reiz den Reflex auslöst, liegt räumlich getrennt von dem Ort, an dem die Reflexantwort erfolgt, weshalb Fremdreflexe langsamer sind. Die meisten komplexen Reflexe (Schutzreflexe u. a.) sind polysynaptisch.

Frequenzkodierung, Gesetz der *(engl. law of frequency coding)* Das Gesetz der Frequenzkodierung beschreibt, wie die Stärke eines einwirkenden Reizes an das ZNS weitergeleitet wird. Reize aus der Umwelt lösen in den Rezeptoren Sensorpotenziale aus, wobei stärkere Reize eine größere Potenzialamplitude verursachen. Da die weiterleitenden Aktionspotenziale (AP) keine Amplitudenunterschiede haben (Alles-oder-Nichts-Gesetz), wird die Reizstärke über die Frequenz der ausgelösten APs weitergegeben. Dabei resultieren stärkere Reize in höheren Frequenzen, wobei der Zusammenhang einer Potenzialfunktion folgt: Feuerungsrate = Konstante * reizstärketypischer positiver Wert für Sensor.

frontal *(engl. frontal)* Als anatomische Lagebezeichnung bedeutet frontal »die Vorderseite betreffend«. In Bezug auf das Gehirn bedeutet frontal »stirnwärts« oder »vorne«, wird aber nur im Zusammenhang mit dem Frontallappen benutzt und nicht allgemein. Frontal bezeichnet auch eine der drei möglichen Schnittebenen des Gehirns (frontale = koronale Schnittebene). Bei einem Frontalschnitt wird das Gehirn vertikal in einen vorderen und einen hinteren Teil zerteilt.

Frontalebene *(engl. frontal plane, coronal plane)* Die Frontalebene ist eine Körperebene, die parallel zur Stirn verläuft. Sie steht senkrecht auf der Transversalebene und der Sagittalebene.

Frontallappen *(engl. frontal lobe; Syn. Stirnlappen)* Der Frontallappen setzt sich zusammen aus den Geweben oberhalb der Sylvischen Furche und vor der Zentralfurche. Er macht rund 20 % des Neokortex (besser: Isokortex) aus und kann funktionell in drei Gebiete unterteilt werden: (1.) Motorischer Kortex: verantwortlich für die Ausführung von Bewegungen (2.) Prämotorischer Kortex: verantwortlich für die Auswahl von Verhalten und (3.) Präfrontalkortex: steuert u. a. die kognitiven Vorgänge zur Auswahl der richtigen Bewegung. Symptome aufgrund von Läsionen im Frontallappen sind weit gefächert, zu ihnen gehören eingeschränkte motorische Funktionen, der Verlust des divergenten Denkens, eine Verschlechterung der Arbeitsgedächtnisleistung und mangelnde Inhibition bestimmter Verhaltensweisen.

Frontalschnitt *(engl. frontal section)* Ein Frontalschnitt geht seitlich durch das Gehirn, also z. B. von Ohr zu Ohr oder parallel dazu. Der Schnitt erfolgt vertikal nach unten und ist eine der drei Schnittebenen für das Gehirn (Frontalschnitt = koronaler Schnitt).

FSH ▶ Follikel-stimulierendes Hormon

Fundus *(engl. fundus)* Als anatomischer Begriff bezeichnet Fundus den Grund oder Boden eines Hohlorgans, z. B. (1.) Fundus oculi (Syn. Fundus bulbi, Augenhintergrund, Augenfundus), der die innere Oberfläche des Augapfels bezeichnet, die aufgrund eines dichten Kapillarennetzes rötlich gefärbt ist. Einzig in der Fovea centralis (»Ort des schärfsten Sehens«) existieren keine Blutgefäße. Der Fundus oculi bzw. seine Durchblutung kann bei verschiedenen Erkrankungen verändert sein (z. B. Arteriosklerose, Hypertonie, Diabetes mellitus sowie Erkrankungen des ZNS). (2.) Fundus gastricus (Magengrund, Magenblindsack). Dieser bezeichnet den proximalen Teil des Magens, der für die Speicherung der aufgenommenen Speisen verantwortlich ist. Seine Kapazität ist durch tonische Kontraktionen reguliert (Akkommodation bei Nahrungsaufnahme). (3.) Fundus uteri (Gebärmuttergrund) oder (4.) Fundus vesicae (Harnblasengrund).

Funktionalismus *(engl. functionalism)* Der Funktionalismus ist ein analytisches Prinzip, welches (biologische) Begebenheiten aufgrund ihrer Funktion erklärt. So sollte z. B. der Nutzen / die Funktion von Verhalten aufgezeigt werden, um Verhalten erklären zu können.

Furcht *(engl. fear)* Furcht bezeichnet ein Gefühl des Bedrohtseins und ist im Gegensatz zu Angst objektbezogener (gerichtet auf ein bestimmtes Furcht auslösendes Objekt). Furcht gehört neben Angst, Freude, Abscheu, Überraschung und Traurigkeit zu den sechs Primäremotionen. Man kann zwischen angeborenen (primären) und erworbenen (erlernten, sekundären) Furchtreaktionen unterscheiden. Als Auslöser der primären Furcht gelten laute Geräusche, ein Stoß, ein Schock sowie Bewegungen der Unterlage (Verlust von Halt). Die sekundäre Furchtreaktion ist durch Konditionierung an einem vorher neutralen Reiz erworben (Furchtkonditionierung).

Furchtkonditionierung *(engl. fear conditioning)* Furchtkonditionierung ist das Entstehen einer bedingten Furchtreaktion auf einen vorher neutralen Reiz durch dessen Koppelung mit einem Furcht auslösenden Reiz. Diese Kopplung entsteht durch die Assoziation eines Furcht auslösenden Signals (z. B. laute Geräusche) mit einem neutralen Reiz (z. B.

eine Katze). Voraussetzung für eine solche Assoziation ist eine wiederholte gemeinsame Darbietung beider Reize über einen längeren Zeitraum. Unkonditionierte, meist angeborene, Furchtreaktionen sind Schreien, Anhalten des Atems, »Auffahren« des ganzen Körpers, Defäkation sowie Urinieren. Eine Furchtreaktion kann sich auch auf viele dem Furcht auslösenden Objekt ähnliche Gegenstände (z. B. alle Kleintiere mit Fell oder auch Plüschtiere bei Furcht vor Katzen) ausweiten (sog. Generalisierung).

GABA *(engl. gamma amino butyric acid)* Gamma-aminobuttersäure (GABA) ist ein wichtiger Neurotransmitter im Zentralnervensystem, der vorwiegend inhibitorisch wirkt. GABA zählt zur Klasse der Aminosäuren und wird im Körper aus Glutamat durch eine einfache Veränderung der chemischen Struktur (Abspalten einer COOH-Gruppe) erzeugt. Zur Entfaltung der inhibitorischen Wirkung bindet GABA an der postsynaptischen Zelle an einen von drei Rezeptortypen ($GABA_A$, $GABA_B$, $GABA_C$).

GABA-Rezeptor *(engl. GABA receptor)* GABA-Rezeptoren lassen sich in drei Klassen unterteilen: (1.) $GABA_A$-Rezeptor: Komplexer, ligandengesteuerter ionotroper Chloridionenkanal, der aus 5 Untereinheiten besteht; Liganden sind GABA, Benzodiazepine, Steroide, Barbiturate und die Droge Picrotoxin; gebräuchlichster Antagonist ist Bicucullin. (2.) $GABA_B$-Rezeptor: ein hyperpolarisierender metabotroper G-Protein-gekoppelter Rezeptor, der prä- und postsynaptisch vorkommt; der Hauptagonist Baclofen wird als Muskelrelaxans eingesetzt. (3.) $GABA_C$-Rezeptor: Ionotroper Rezeptor, der vorwiegend auf der Retina zu finden ist. GABA-Rezeptoren verstärken durch Chloridioneneinstrom in die Zelle die Hyperpolarisation der Membran, wodurch die antiepileptische, beruhigende und den REM–Schlaf unterdrückende Wirkung der Benzodiazepine erklärt werden kann.

Galanin *(engl. galanin)* Galanin besteht aus 30 Aminosäuren, gehört zur Gruppe der Neuropeptide und spielt sowohl im ZNS als auch im peripheren Nervensystem eine Rolle. Galanin reguliert die Sekretion verschiedener Neurotransmitter wie bspw. Azetylcholin, weswegen es auch mit der Pathogenese der Alzheimer-Krankheit in Verbindung gebracht wird. Im ZNS übt es einen hemmenden Einfluss auf epileptische Anfälle aus und reduziert die Schmerzwahrnehmung. In der Peripherie beeinflusst es die Motili-tät des Gastrointestinaltraktes und wirkt auf das endokrine System, indem es die Prolaktin-, LH- (luteinisierendes Hormon) sowie Wachstumshormon-Freisetzung über spezifische Galanin-Rezeptoren (GAL-R1–GALR3) reguliert. Neue Forschungsergebnisse zeigen, dass Galanin den Appetit auf Fett und Alkohol steigert und eine antidepressive Wirkung über eine Veränderung der REM-Schlafphasen ausübt.

Gamet *(engl. gamete; Syn. Geschlechtszelle, Keimzelle)* Gameten sind Geschlechts- oder Keimzellen. Die weiblichen Gameten heißen Eizellen, die männlichen Gameten Spermatozoen. Bei diploiden Arten (Arten mit zweifachem Chromosomensatz) besitzen die Gameten jeweils nur einen einfachen Chromosomensatz, sind also haploid. Die Produktion dieser Geschlechtszellen erfolgt während der Reduktionsteilung (Meiose), bei der die Chromosomensätze der Keimzellen durch die Rekombination (Crossingover) von Genen erzeugt werden. Beim Geschlechtsvorgang kommt es zur Verschmelzung zweier Gameten. Das Produkt ist die Zygote, die wiederum diploid ist.

Gammaaminobuttersäure ▶ GABA

Gamma-Motoneuron *(engl. gamma motor neuron)* Gamma-Motoneurone sind im Vorderhorn des Rückenmarks liegende Neurone, die mit ihren Fortsätzen in der Peripherie motorisch die Skelettmuskulatur versorgen. Sie erregen die in den Muskelspindeln liegenden Fasern, wodurch die Empfindlichkeit der Muskelspindel auf Dehnungsreize größer wird.

Gammaoszillation *(engl. gamma oscillation; Syn. 40-Hz-Oszillation)* Die Gammaoszillation ist eine hochfrequente EEG-Oszillation (30–80 Hz) mit einer niedrigen Amplitude und hohen lokalen Spezifität. Psychophysiologische Studien konnten den Zusammenhang zwischen Gammaoszillationen und kognitiven Funktionen nachweisen: Das synchrone Feuern von Neuronen im Gammaband ermöglicht das Zusammenführen von im Gehirn getrennt repräsentierten Merkmalen der in der Umwelt wahrgenommenen Objekte (Binding-Phänomen), d. h. die synchronisierte Aktivität im Gammaband stellt eine mögliche Lösung des Bindeproblems dar. Es bestehen bereits bei Gesunden deutliche interindividuelle Unterschiede in der Ausprägung der Gammaaktivität, aber auch spezifische Störungen (z. B. Schizophrenie) scheinen mit charakteristischen Veränderungen im Gammaband einherzugehen.

Ganglien, autonome *(engl. pl. autonomic ganglia)* Autonome (=unabhängige) Ganglien sind Nervenknoten außerhalb des zentralen Nervensystems. Sie gehören zum autonomen Nervensystem, welches wiederum eines der vier Teile des peripheren Nervensystems (Hirnnerven, Rückenmarksnerven, autonome Nerven, enterische Nerven) ist. Die autonomen Ganglien werden von Neuronen innerhalb des ZNS gesteuert und enthalten sowohl sympathische als auch parasympathische Ganglien.

Ganglienzelle, retinale *(engl. retinal ganglion cell)* Die Retina im Auge umfasst in der untersten Schicht Stäbchen und Zapfen, die als Fotosensoren dienen. Darüber liegt eine Reihe von Nervenzellnetzwerken, deren oberste Schicht die Ganglienzellen ausmachen. Sie erhalten Input von den Bipolarzellen und weisen wie diese konzentrische rezeptive Felder auf. Auch hier finden sich die beiden Grundtypen von On-Center/Off-Surround- und Off-Center/On-Surround-Zellen. Die Axone der Ganglienzellen bilden den Sehnerv (Nervus opticus). Während die Mehrzahl der retinalen Ganglienzellen in den Thalamus projiziert, liefern einige spezialisierte Ganglienzellen Licht/Dunkel-Informationen an den Nucleus suprachiasmaticus (Sitz der »inneren Uhr«).

Ganglion, sympathisches *(engl. sympathetic ganglion)* Sympathische Ganglien sind Bestandteil des autonomen Nervensystems, welches sich aus Sympathikus und Parasympathikus zusammensetzt. Sympathische Ganglien bestehen wie die parasympathischen Ganglien aus einer zweizelligen Neuro-

nenkette. Die präganglionären sympathischen Neurone treten aus Bauchmark und Lendenmark über die Vorderwurzeln aus und werden auf unmyelinisierte postganglionäre sympathische Neurone umgeschaltet. Die sympathischen Ganglien bilden links und rechts der Wirbelsäule miteinander vernetzte Grenzstränge. Sie innervieren die Organe in Brust-, Becken- und Bauchraum, die Extremitäten sowie Augen und Drüsen im Kopfbereich.

Ganglion, vestibuläres *(engl. vestibular ganglion)* Das vestibuläre Ganglion beinhaltet die Bipolarzellen, aus denen die Afferenzen des Nervus vestibularis entspringen. Hier gehen Informationen von den Rezeptoren für das Gleichgewicht ein.

Ganzwort-Lesen *(engl. whole-word reading)* Das Ganzwort-Lesen ist eine Form des Lesens, bei der ein bekanntes Wort direkt an seiner visuellen Form erkannt wird. Eine Störung des Ganzwort-Lesens ist die Oberflächendyslexie.

Gap junction *(engl. gap junction)* Gap junctions sind Verbindungen zwischen Zellen, sog. Zell-Zell-Kanäle, die nach dem Prinzip elektrischer Synapsen funktionieren. Der Spalt zwischen den Zellen ist sehr klein und beträgt nur 2–4 nm, so dass Ionenströme direkt und ohne Zeitverzögerung ausgetauscht werden können. Der Austausch erfolgt über sog. Konnexone (= direkt gegenüberliegende Kanalproteine).

Gastrointestinaltrakt *(engl. gastro-intestinal tract; Syn. Verdauungstrakt)* Der Gastrointestinaltrakt besteht aus Speiseröhre, Magen, Dünndarm, Dickdarm, Rektum und After. Somit bildet er ein durchgehendes System, das für den Transport des Magen-Darminhaltes verantwortlich ist. Insbesondere die Peristaltik der Muskeln sorgt für eine Zerkleinerung und Durchmischung des Nahrungsbreies sowie den Transport in Richtung Anus. Zusätzlich werden innerhalb des Gastrointestinaltraktes verschiedene Enzyme und Sekrete zur Verdauung des Breies absorbiert.

Gate-Control-Theorie ▶ Kontrollschrankentheorie

Gedächtnis *(engl. memory)* Unter »Gedächtnis« versteht man einen Informationsspeicher bzw. die Fähigkeit zur Informationsspeicherung. Dies beinhaltet die Aufnahme von Informationen, deren Ordnung, das Behalten und deren Abruf. Je nach Dauer der Speicherung unterscheidet man nach Arbeitsgedächtnis (auch: Kurzzeitgedächtnis) und Langzeitgedächtnis. Außerdem kann man das Gedächtnis nach Art der Gedächtnisinhalte einteilen in deklaratives Gedächtnis (Fakten bzw. Ereignisse) und nondeklaratives Gedächtnis (Fertigkeiten, Konditionierung, Priming). Das deklarative Gedächtnis lässt sich nochmals in das episodische Gedächtnis (eigene Biographie) und das semantische Gedächtnis (Weltwissen) unterteilen. Nondeklarative Gedächtnisinhalte werden durch implizites Lernen, semantische durch explizites Lernen erworben.

Gedächtnis, deklaratives *(engl. declarative memory)*
Das deklarative Gedächtnis bezeichnet jene Bereiche des (Langzeit-)Gedächtnisses, die auf Aufforderung hin verbalisiert werden können. Ihm gegenüber steht das nondeklarative Gedächtnis, dessen Inhalt eher unbewusst in Leistung, wie bei automatisierten Bewegungsabläufen, zum Ausdruck kommt. Innerhalb des deklarativen Gedächtnisses wird inhaltsabhängig zwischen episodischem und semantischem Gedächtnis unterschieden. Ersteres verarbeitet und speichert Informationen, die sich auf eigene Erfahrungen beziehen und zeitlich eingeordnet werden können (…mein Urlaub '98 in Italien…). Letzteres enthält das »Faktenwissen über die Welt« (…Hauptstadt von Frankreich…), das eine Person hat. Dass es sich bei episodischem und semantischem Gedächtnis um unabhängige Instanzen handelt, wird dadurch ersichtlich, dass es Patienten gibt, die Störungen des einen Bereichs bei völliger Unversehrtheit des anderen aufweisen.

Gedächtnis, echoisches *(engl. echoic memory)* Hier werden auditive Reize bis zu zwei Sekunden gespeichert. Die Speicherkapazität ist relativ groß, die Informationen werden allerdings sehr schnell von ähnlichen Reizen überschrieben. Das echoische Gedächtnis gehört mit dem ikonischen Gedächtnis zum sensorischen Gedächtnis, welches die Aufgabe hat, durch sensorische Erinnerungen einen Sinn für die Kontinuität der Umwelt zu geben.

Gedächtnis, episodisches *(engl. episodic memory)*
Das episodische Gedächtnis ist ein Teil des deklara-

tiven Langzeitgedächtnisses. Es enthält und speichert Informationen über den Zeitpunkt bestimmter Episoden oder Ereignisse und die raumzeitlichen Relationen zwischen diesen Ereignissen. Dabei beziehen sich die Inhalte dieser Informationen auf persönlich erlebte Ereignisse, z. B. Kennenlernen des/r ersten Freundes/in.

Gedächtnis, ikonisches *(engl. iconic memory)* Als ikonisches Gedächtnis wird ein Ultrakurzzeitspeicher (visuelles sensorisches Register) bezeichnet, in dem visuell dargebotene Reize kurzzeitig gespeichert werden, um eine Erkennung und Analyse der Informationen zu ermöglichen. Da mehr visuelle Informationen aufgenommen als verarbeitet werden, dauert die Speicherung nur eine Sekunde, dann werden die Informationen überschrieben oder verfallen. Die sensorische Speicherung scheint bereits auf der Retina zu erfolgen. Eine gerichtete Aufmerksamkeit ist nicht nötig, da die Sinneseindrücke passiv festgehalten werden. Der ikonische sensorische Speicher ist eine Modellvorstellung der Gedächtnispsychologie.

Gedächtnis, nondeklaratives *(engl. nondeclarative memory; Syn. prozedurales Gedächtnis, implizites oder Verhaltensgedächtnis)* Das nondeklarative Gedächtnis beschreibt im Gegensatz zum deklarativen (oder expliziten) ein Gedächtnissystem, bei dem die Wiedergabe von Gedächtnisinhalten unbewusst und oft nicht willentlich erfolgt sowie weniger aktive Willensanstrengung und Aufmerksamkeit benötigt wird. Gespeicherte Inhalte umfassen dabei motorische Fähigkeiten wie Fahrradfahren, Geigespielen, Gehen oder eine Schleife binden und die Wiedergabe von Gewohnheiten und Regeln. Diese zumeist komplexen motorischen Abläufe sind gelernt und häufig geübt worden, können aber nicht mit Worten erklärt werden. Das nondeklarative Gedächtnis ist zudem verantwortlich für die klassische Konditionierung und einfaches assoziatives Lernen. Im Zuge der Erlernung einer Fähigkeit wird dabei die Modifikation des entsprechenden Verhaltens ermöglicht.

Gedächtnis, sensorisches *(engl. sensory memory; Syn. sensorisches Register)* Im sensorischen Gedächtnis treffen sämtliche Wahrnehmungen der Sinnesorgane ein. Die Informationen können hier aber nur sehr kurze Zeit gespeichert werden und werden vergessen oder überschrieben, wenn sie nicht sofort weiterverarbeitet und ins Kurzzeitgedächtnis (KZG) überführt werden. Die Reize werden erkannt und identifiziert, aber noch nicht (durch einen Abgleich mit dem Langzeitgedächtnis) bewertet. Für die Überführung ins KZG müssen die Informationen erst enkodiert (umgeformt) werden. Die unbewusste Wahrnehmung ermöglicht eine Lenkung der Aufmerksamkeit. Die Speicherung im sensorischen Register erfolgt spezifisch nach Sinnesmodalität, man unterscheidet etwa das echoische (auditive) und das ikonographische (visuelle) Gedächtnis.

Gedächtnisinseln Als Gedächtnisinseln werden Erinnerungen an vereinzelte Ereignisse bezeichnet, die innerhalb von Zeitabschnitten auftreten, an die sonst keine Erinnerung besteht. Gedächtnisinseln treten häufig bei Amnesien auf. Bei einer Alzheimer-Krankheit können Gedächtnisinseln in speziellen Wissensgebieten während langer Zeit bestehen bleiben. Die Inhalte von Gedächtnisinseln bei Menschen mit einer Posttraumatischen Belastungsstörung mit Schädel-Hirn-Trauma sind traumatisch, wie z. B. Schreie von anderen Menschen nach einer Katastrophe.

Gedächtniszellen *(engl. pl. memory cells)* Während der Immunreaktion bei einer Erstinfektion werden einige der aktiven T- und B-Lymphozyten in der Differenzierungsphase in Gedächtniszellen umgewandelt. Diese bleiben viele Jahre erhalten und verleihen dem Körper Immunität gegenüber »ihrem« Erreger. Bei einer Zweitinfektion erfolgt die Immunantwort (Sekundärantwort) mit Hilfe der Gedächtniszellen schneller, diese stoßen sofort ihre immunspezifischen Antworten an (bei den T-Lymphozyten innerhalb von 48 Stunden; bei den B-Lymphozyten innerhalb von 12 Stunden). Die Zahl der gebildeten Antikörper ist bei einer Sekundärinfektion zudem höher. Der eingedrungene Erreger (Antigen) kann sich nicht mehr vermehren und ein Krankheitsausbruch unterbleibt (Immunität).

Gedanke, zwanghafter *(engl. obsessive thought, intrusive idea; Syn. Zwangsgedanke)* Zwanghafte Gedanken sind Gedanken und Gefühle, die sich gegen den Willen des Betroffenen wiederholt und unkontrollierbar aufdrängen. Sie sind inhaltlich sehr unterschiedlich, widersprechen oft völlig dem vorherrschenden Wertesystem und werden als verwerflich oder belastend sowie beängstigend empfunden. Sie manifestieren sich in Form zwanghafter Ideen, bildhafter Vorstellungen oder Zwangsimpulse und drängen sich den Betroffenen v. a. dann auf, wenn dieser versucht dagegen anzukämpfen. Üblicherweise können sie von Betroffenen nur mit Mühe oder gar nicht unterbunden werden. Typische Beispiele sind tief religiöse Personen mit Zwangsgedanken der Gotteslästerung oder Mütter, die von bildhaften Vorstellungen und Ideen gequält werden, ihr eigenes Kind zu töten.

Gefriermikrotom *(engl. cryomicrotome)* Mit Gefriermikrotomen können hauchdünne Schnitte hergestellt werden. Materialien dafür sind frisches gefrorenes Gewebe, aber auch Textilien oder Nahrungsmittel. Entscheidend ist, dass die Gewebestücke durch die Schockgefrierung eine ausreichende Härte aufweisen. Dazu werden sehr niedrige Temperaturen benötigt, die durch eine Kühleinrichtung erreicht werden.

Gegenfarben *(engl. pl. opponent colours; Syn. Ergänzungsfarben)* Gegenfarben oder Komplementärfarben sind Farbenpaare, die Weiß oder Grau ergeben, wenn man sie zu gleichen Teilen mischt. Im Farbkreis liegen sich die Komplementärfarben direkt gegenüber und treten niemals zusammen in einem Farbton auf (es gibt kein rötliches Grün). Als Gegenfarben gelten die Paare grün-rot und blau-gelb. Die weitere Beobachtung, dass Nachbilder immer in der Gegenfarbe erscheinen, stützt die Gegenfarbentheorie. Gemäß dieser von Ewald Hering (1834) aufgestellten Theorie (»Lehre vom Lichtsinn«) gibt es im visuellen System eine Zellklasse zur Detektion der Farben Rot und Grün, eine zur Detektion der Farben Blau und Gelb und eine dritte Zellklasse zur Helligkeitssignalisierung (Weiß/Schwarz). Bei den Zellen zur Farbdetektion signalisiert Hyperpolarisierung die eine Farbe, Depolarisierung die Komplementärfarbe. Die Gegenfarbentheorie und das Dreifarbensehen (Hermann von Helmholtz) stehen nicht zueinander im Widerspruch, beide Mechanismen sind bei der Farbwahrnehmung wirksam. Auf der Ebene der Zapfen ist die Dreifarbentheorie zutreffend, die Verarbeitung auf allen weiteren Ebenen erfolgt aber nach der Theorie der Gegenfarben.

Gegenfarbentheorie ▶ Gegenfarben

Gegenfarbenzellen, duale *(engl. pl. spectrally oppo-nent cells)* Duale Gegenfarbenzellen sind Ganglien-zellen, die über bipolare Zellen Input von zwei oder drei verschiedenen Zapfenarten erhalten, wobei mindestens eine erregend bzw. hemmend wirkt. Das heißt, dass bspw. eine +L/-M-Zelle durch den Input von L-Zapfen erregt, aber durch den Input von M-Zapfen gehemmt wird. Die Zelle wird bei einer Wellenlänge, die der Farbe Rot entspricht, feuern, wohingegen eine (+S/-(L+M))-Zelle dies im blau-violetten Bereich tut. Zusätzlich zu den vier farblich gegensätzlichen Zellen gibt es noch zwei Ganglien-zellen, die der Helligkeitswahrnehmung dienen. Diese werden von M- als auch von L-Zapfen erregt oder gehemmt.

Gegenirritation *(engl. counterirritation)* Die Gegen-irritation zählt zu den endogenen Schmerzhem-mungen, wobei es sich um einen Mechanismus zur Verringerung der wahrgenommenen Intensität eines Schmerzes handelt. Hierbei werden Nervenfasern an der Hautoberfläche über eine spezifische Zeit so gereizt, dass sie keine Schmerzimpulse mehr aus-senden. Dadurch soll eine Reizminderung durch Überlagerung mit einem anderen Reiz erreicht wer-den. Dieses Verfahren (z. B. Akupunktur) eignet sich vor allem zur Behandlung von chronisch schmerz-haften Erkrankungen.

Gehirn *(engl. brain; Syn. Enzephalon)* Gehirn und Rückenmark, welche sowohl funktionell als auch anatomisch untrennbar sind, bilden zusammen das Zentralnervensystem. Geschützt durch die Knochen der Wirbelsäule sowie des Schädels, sind das Ge-hirn wie auch das Rückenmark zusätzlich von drei Häuten (Meningen) umgeben. Das Gehirn wiegt bei Männern etwa 1375 g und bei Frauen ca. 1245 g. Der Raum zwischen den weichen Hirnhäuten und dem Schädelknochen ist mit Zerebrospinalflüssigkeit ge-füllt. Eine Möglichkeit der anatomischen Untertei-lung bietet die Gliederung in Großhirn, Hirnstamm und Zerebellum. Man unterscheidet außerdem zwi-schen grauer (= Neuronen) und weißer (= Bündel myelinisierter Axone) Substanz; die Ansammlungen von Neuronen bilden Kerne (Nuclei) oder Rinde (Großhirn- und Kleinhirnrinde). Assoziationsfasern

bzw. Projektionsfasern verbinden verschiedene Teile des Gehirns und des Rückenmarks.

Gehirnerschütterung ▶ Commotio cerebri

Gehörknöchelchen *(engl. pl. ossicles)* Als Gehör-knöchelchen werden Hammer, Amboss und Steig-bügel bezeichnet, die sich im Mittelohr in der Pau-kenhöhle befinden. Sie sind die drei kleinsten Knochen des menschlichen Körpers und mit einer respiratorischen Schleimhaut überzogen. Die drei Gehörknöchelchen bilden die sog. Gehörknöchel-chenkette, die an Trommelfell und an das ovale Fenster angrenzt. Die Gehörknöchelchen dienen der mechanischen Weiterleitung der Schallschwin-gungen im Mittelohr vom Trommelfell zur Cochlea. Das Größenverhältnis der schwingenden Membran-flächen (Trommelfell und ovales Fenster) sowie die Anordnung der Gehörknöchelchen führen zur Ver-stärkung der Schwingungen des Trommelfells um ein Vielfaches (erlaubt differenzierte Analyse von schwachen Schwingungen).

Gelbkörper ▶ Corpus luteum

Gelenksensoren *(engl. pl. joint receptors)* Gelenk-sensoren sind mechanosensitive Sensorkörperchen, die den Pacini- und Ruffini-Körperchen der Haut ähneln. Gelenknerven enden hier als freie Nerven-endigungen im Gelenkgewebe.

Gen *(engl. gene)* Ein Gen bezeichnet einen Abschnitt der DNA, der Informationen für die Synthese eines Proteins enthält. Für die Umsetzung der Basenpaar-sequenz in eine Aminosäuresequenz (▶ Genexpres-sion) sind zahlreiche Regulationssequenzen vor dem Gen (Promotor, u. U. Enhancer) bzw. hinter dem Gen (Transkriptionsstop) nötig. Bei Eukaryonten (Lebewesen mit echtem Zellkern) ist ein Gen in ko-dierende Bereiche (Exons) und nichtkodierende Be-reiche (Introns) gegliedert, wobei nur die Exons In-formationen für die Proteinsynthese enthalten.

Generation *(engl. generation)* Eine Generation ist die Gesamtheit aller Lebewesen, die mit anderen Lebewesen durch Abstammung verbunden ist und im selben Altersabstand zur Eltern- oder Kinderge-neration steht.

Genexpression *(engl. gene expression; Syn. Protein(bio)synthese)* Die Genexpression beschreibt die Umsetzung der Information aus der DNA (bei Viren aus der RNA) eines Gens und somit die Ausprägung des Genotyps. Dieser Prozess beinhaltet üblicherweise zwei Teilschritte: Einerseits das Umschreiben der DNA in RNA (Transkription) und andererseits die Übersetzung der RNA in Proteine (Translation). Bei Eukaryonten (= zelluläre Lebewesen mit Zellkern im Gegensatz zu Prokaryonten = zelluläre Lebewesen ohne Zellkern) können aus derselben DNA-Sequenz verschiedene Proteine exprimiert werden. Neben der Synthese der RNA und der Proteine sind auch Zeitpunkt und Umstände von Aktivierung oder Deaktivierung eines Gens von großer Bedeutung. Die Kontrolle der Genexpression wird autonom durch die Information gesteuert, die in der DNA enthalten ist (z. B. bei der Entwicklung von der befruchteten Eizelle zum Embryo), aber auch durch äußere Einflüsse (z. B. Nahrung oder Hitze).

Genitalien *(engl. pl. genitals; Syn. primäre Geschlechtsorgane)* Der Begriff kommt aus dem Lateinischen (generare) und heißt so viel wie »hervorbringen, zeugen«. Sie dienen primär zur Fortpflanzung. Dabei werden innere (nicht von außen sichtbare) und äußere (sichtbare) Genitalien unterschieden. Zu den äußeren Genitalien bei der Frau zählen Venushügel, Eingang der Vagina mit den äußeren und inneren Schamlippen sowie Klitoris, während zu den inneren die Eierstöcke, Eileiter, Gebärmutter (Uterus), Bartholin-Drüsen und die Vagina zählen. Beim Mann gehören zu den äußeren Geschlechtsorganen Hodensack und Penis, während Prostata, Hoden, Nebenhoden, Samenleiter und Bläschendrüse zu den inneren Genitalien gezählt werden. Funktional kann zwischen Sexualorganen und Reproduktionsorganen unterschieden werden. Beim Mann kommt hinzu, dass der Penis zum Urogenitaltrakt gehört und dementsprechend zusätzlich auch harnableitende Funktionen übernimmt.

Genkarte *(engl. gene map)* Genkarten sind Darstellungen der relativen Lage untersuchter Gene zueinander. Aus Kreuzungen ergibt sich eine Rekombinationshäufigkeit (Häufigkeit des Austausches der DNA-Sequenz) zwischen zwei Gen-Orten, auch Loci genannt, die in cM (Centimorgan; entspricht dem prozentualen Austausch genetischen Materials zwischen zwei Orten) angegeben wird. Aus der Kartierung von Genen ergeben sich genetische Kopplungsgruppen (▶ Genkopplung), d. h. eine Gruppe von Genen, die gemeinsam vererbt wird. Im Gegensatz zu physikalischen Karten, bei denen der tatsächliche physikalische Abstand (in Basenpaaren) angegeben wird, beruht der Abstand in den Genkarten auf Abschätzung, da die Rekombination zwischen zwei Loci auch von anderen morphologischen Merkmalen abhängt. Neben Genen können auch genetische Marker kartiert werden.

Genkopplung *(engl. gene linkage)* Unter Genkopplung versteht man die gemeinsame Vererbung zweier oder mehrerer Gene bzw. dazugehöriger Marker. Grundlage ist hier die Beobachtung, dass manche durch Gene kodierte Merkmale sich nicht oder nur selten im Laufe mehrerer Generationen voneinander trennen. Voraussetzung für die Genkopplung ist, dass die Gene eng benachbart sind, da sich die Häufigkeit von Crossing-over (Austausch genetisches Materials) mit steigender Entfernung erhöht. Die gemeinsam vererbten Gene fasst man als Kopplungsgruppe zusammen. Deren theoretische Zahl entspricht der Zahl der Chromosomen des haploiden Chromosomensatzes.

Genom *(engl. genome)* Als Genom bezeichnet man die Gesamtheit des genetischen Materials eines Virus, eines Einzellers oder eines mehrzelligen Organismus. Im engeren Sinne bezieht sich die Bezeichnung auch nur auf die Erbanlagen im Zellkern (das Genmaterial der Organellen im Zytoplasma wird dabei vernachlässigt). Das Genom enthält den »Bauplan« für einen Organismus oder einen Virus. Die Basensequenzen der DNA (Desoxyribonukleinsäure) kodieren Ketten aus Aminosäuren (Proteinbiosynthese), aus denen im Zytoplasma Eiweiße gebildet werden. Die Erforschung der Gene und ihrer Wirkung nennt man Genomik.

Genotyp *(engl. genotype)* Der Genotyp ist die genetische Ausstattung eines Organismus, d. h. alle in der DNA kodierten genetischen Informationen. Zwei Organismen, die sich auch nur in einem Allel unterschieden, tragen bereits nicht mehr den gleichen Genotyp. Vom Genotyp zu unterscheiden ist der

Phänotyp, die äußere Erscheinung des Organismus. Phänotyp und Genotyp müssen nicht identisch sein, da z. B. Umwelteinflüsse und die Dominanz bestimmter Gene eine Rolle bei der Ausprägung spielen.

Geruchsepithel *(engl. olfactory epithel)* Das Geruchsepithel befindet sich an der oberen Nasenmuschel und am hinteren Teil des Nasenseptums (Nasenscheidewand). Dieser Bereich wird auch Regio olfactoria genannt und ist ca. 5 cm² groß. Das Epithel besteht aus drei verschiedenen Zellarten. Riechzellen bilden einen dendritischen Fortsatz, der mit Riechhaaren besetzt ist und mit der Schleimschicht in Verbindung stehen. Riechzellen besitzen ein Axon ohne Myelinschicht, welche als Bündel (Fila olfactoria) durch das Siebbein zum Bulbus olfactorius ziehen. Weiterhin gibt es noch die Basalzellen und die Stützzellen. Die Lebensdauer der Riechzellen liegt ungefähr bei 60 Tagen.

Geschlecht *(engl. sex, gender)* Als Geschlecht wird häufig das biologische Geschlecht (weiblich oder männlich) gemeint, welches beim Menschen definiert ist durch zwei X-Chromosome (weiblich) bzw. ein X- und ein Y-Chromosom (männlich). Im Zusammenhang mit dem soziokulturellen Geschlecht wird heute eher der Begriff »gender« verwendet. Mit Geschlecht kann weiterhin lediglich die Genitalien eines Lebewesens bezeichnet werden; in der Biologie wird darunter auch die Zuordnung zu einer bestimmten Art oder Rasse verstanden.

Geschlechtschromosom *(engl. sex chromosome; Syn. Heterosome)* Geschlechtschromosomen sind neben den Autosomen (Körperchromosomen) Teil des Chromosomensatzes einer Zelle. Die Ausbildung des Geschlechts eines Organismus hängt vom Vorhandensein bestimmter Geschlechtschromosomen ab. Die Zahl der notwendigen Chromosomen und die Art und Weise, wie die Geschlechtschromosomen auf die Geschlechtsbildung einwirken, ist artenspezifisch. Beim Menschen trägt das X-Chromosom die Anlagen für das weibliche Geschlecht und das Y-Chromosom die Anlagen für das männliche Geschlecht. Das männliche Geschlecht wird im Allgemeinen ausgebildet, wenn je ein Y-Chromosom und ein X-Chromosom vorhanden sind. Frauen besitzen zwei X-Chromosomen. Andere Kombinationen dieser zwei Chromosomtypen, wie z. B. XXX, stellen Chromosomenanomalien dar.

Geschlechtshormone *(engl. pl. sex hormones; Syn. Sexualhormone)* Geschlechtshormone gehören zur Gruppe der Steroidhormone. Sie regulieren die Gonadenentwicklung, Geschlechtsmerkmale sowie die Fortpflanzung. Man unterscheidet zwischen weiblichen Geschlechtshormonen wie Östrogenen und Gestagenen, die v. a. in Plazenta und Ovarien, aber auch in der Nebennierenrinde produziert und von dort in den Blutstrom ausgeschüttet werden. Die männlichen Geschlechtshormone, wie Testosteron (ein Androgen), werden v. a. in den Hoden und in der Nebennierenrinde gebildet. Zwar gibt es keine geschlechtsspezifischen Hormone, jedoch variiert zwischen Mann und Frau sowohl die produzierte Menge als auch die Reaktivität des Organismus auf einzelne Geschlechtshormone. Die Ausschüttung der Geschlechtshormone wird über die Freisetzung von Gonadotropin-Releasing-Hormon (GnRH; Hypothalamus) und anschließender Freisetzung von Follikel-stimulierendem Hormon (FSH; Hypophyse) bzw. luteinisierendem Hormon (LH; Hypophyse) gesteuert.

Geschlechtsmerkmale, primäre *(engl. pl. primary sex charakteristics)* Geschlechtsmerkmale sind Eigenschaften, die bei verschiedenen Geschlechtern unterschiedlich ausgeprägt sind. Als primäre Geschlechtsmerkmale werden die inneren angeborenen Geschlechtsorgane bezeichnet. Dazu zählen also der Penis und die Hoden beim Mann bzw. die Eierstöcke, Gebärmutter und Vagina bei der Frau.

Geschlechtsmerkmale, sekundäre *(engl. pl. secondary sex charakteristics)* Die sekundären Geschlechtsmerkmale sind die spezifischen Merkmale eines Geschlechts, die sich erst im Laufe des Lebens beim Einsetzen der Pubertät aufgrund hormoneller Veränderungen entwickeln und somit eine Unterscheidung der Geschlechter auf den ersten Blick möglich machen. Bei Mädchen sind das die erste Regelblutung (Menarche), das Wachstum der Brüste und die Herausbildung weiblicher »Rundungen«, wie z. B. breitere Hüften. Bei den Jungen kommt es zum ersten Samenerguss sowie zum Einsetzen des Stimmbruchs. Die Schultern werden breiter und die »typisch männliche« Figur entsteht. Bei beiden Geschlechtern kommt es zu vermehrter Körperbehaarung (Schambehaarung), übermäßiger Talgproduktion (Pubertätsakne), allgemeinem Körperwachstum und oft auch zu Veränderungen im Charakter. Bei Mädchen tritt die Pubertät heute im Durchschnitt im Alter von zehn Jahren ein, bei Jungen durchschnittlich zwei Jahre später mit zwölf Jahren.

Geschmacksaversion, konditionierte *(engl. conditioned taste aversion)* Die konditionierte Geschmacksaversion ist ein erworbenes Vermeiden von Substanzen mit bestimmtem Geschmack aufgrund eines einmaligen Auftretens von Übelkeit nach Konsum dieser Substanz. Charakteristisch für die Geschmacksaversion ist, dass eine einmalige Koppelung der Substanz und einer folgenden Übelkeit zu einem Vermeidungsverhalten bezüglich der Substanz führt, die über lange Zeit auch ohne Wiederholung der Erfahrung erhalten bleibt (hohe Löschungsresistenz). Die Geschmacksaversion ermöglicht überlebenswichtige Lernprozesse.

Geschmacksknospe *(engl. taste bud)* Eine Geschmacksknospe besteht aus einer Gruppe von 50–150 Geschmackszellen, die sich in einer Gruppe angeordnet auf dem Zungenrücken (mit Ausnahme der Fadenpapillen) befinden. Geschmackszellen besitzen Mikrovilli (Zellfortsätze zur Oberflächenvergrößerung), worauf sich die eigentlichen Rezeptoren für die selektive Anbindung der Geschmacksstoffe befinden. Bindet sich ein Molekül an den entsprechend seiner charakteristischen Oberfläche komplementären Rezeptor, so führt dies zu einem Ionenfluss in die Rezeptorzelle, woraufhin ein elektrisches Potenzial generiert wird (▶ Geschmacksqualitäten).

Geschmackspapille *(engl. taste papilla)* Als Geschmackspapillen wird ein System von Geschmacksknospen mit ihren spezifischen Geschmackszellen bezeichnet. Bei Menschen befinden sich Geschmacksrezeptoren auf der Zunge sowie im Bereich von Pharynx und Larynx. Dabei werden bei den auf der Zunge angesiedelten Geschmackspapillen vier Papillenformen unterschieden: die Fadenp. (Papillae filiformes), die Pilzpapillen (P. fungiformes), die Blattpapillen (P. foliatae) und die Wallpapillen (P. vallatae). Sie detektieren die Geschmacksqualitäten süß, salzig,

sauer und bitter. Die Vorstellung, dass die einzelnen Geschmacksrichtungen den einzelnen Papillen zugeordnet werden können, gilt als veraltet. Heute wird vielmehr ein Geschmackskontinuum angenommen. Eine fünfte Geschmacksrichtung – »umami« – wurde erst Anfang des 20. Jahrhunderts entdeckt. Sie soll insbesondere eiweißreiche Nahrung detektieren. 2005 wurden zudem Rezeptoren für Fett gefunden, die in unmittelbarer Nähe der Geschmackspapillen liegen.

Geschmacksqualitäten *(engl. pl. taste qualities)* Man unterscheidet zwischen fünf Geschmacksqualitäten: süß (Kohlenhydrate, Süßstoff), salzig (mineralische Verbindungen, z. B. Speisesalz), sauer (Säuren), bitter (Bitterstoffe) und umami (fleischartiges, herzhaftes; Wahrnehmung ausgelöst durch Glutaminsäure). Jede Geschmackzelle auf unserer Zunge besitzt geschmacksspezifische Rezeptoren, es gibt sozusagen spezielle »Süß-Rezeptoren«, »Bitter-Rezeptoren« usw. Jede Geschmacksqualität hat eine wichtige physiologische Funktion. Eine angeborene Vorliebe für Süßes führt zur Aufnahme von Nahrung, die reich an lebenswichtigen Kohlenhydraten ist, die Abneigung gegen bittere Lebensmittel (angeboren) schützt vor Vergiftungen. Der salzige Geschmack dient der Regulation des Mineralstoffhaushaltes, dem sauren Geschmack kommt die gleiche Rolle im Säure-Base-Haushalt zu. Umami zeigt proteinhaltige Nahrung (wie Fleisch) an.

Geschmackssinneszellen *(engl. pl. taste cells; Syn. Geschmacksrezeptorzellen)* Die Geschmackssinneszellen liegen in Bündeln von 50–150 Zellen vor. Diese Bündel werden Geschmacksknospen genannt, von denen sich mehrere in einer Geschmackspapille finden. Geschmackssinneszellen haben eine relativ kurze Lebensspanne von nur 10–14 Tagen. In einer Geschmacksknospe finden sich demnach immer Geschmackssinneszellen in verschiedenen Entwicklungsstadien. Neben den Geschmackssinneszellen finden sich in den einzelnen Geschmacksknospen auch Zellen zur Schmerz- und Tastwahrnehmung.

Gesichtsfeld, fusiformes *(eng. fusiform face area)* Das fusiforme Gesichtsfeld (FFA) befindet sich auf dem fusiformen Gyrus des Temporallappens und ist beim Menschen eine kleine (etwa erbsengroße) Struktur. Als Teil des visuellen Systems umfasst es

Neuronen, welche auf die Wahrnehmung von Gesichtern spezialisiert zu sein scheinen. So etwa kommt es bei Ausfall des FFA zum Krankheitsbild der Prosopagnosie, d. h. es können keine Gesichter mehr erkannt werden.

Gesichtsschimären-Test *(engl. chimeric figure test)* Mit dem Gesichtsschimären-Test kann die Überlegenheit der Hemisphären in der Verarbeitung bestimmter Reize untersucht werden. Außerdem kann gezeigt werden, dass die einzelnen Hirnhälften von Split-Brain-Patienten simultan und unabhängig halbe Bilder vervollständigen. Im Test wird dem Patienten mitgeteilt, dass er eine Photographie sehen wird. Während er den Mittelpunkt der Projektionsfläche fixiert, wird ein aus zwei halben Gesichtern (von unterschiedlichen Personen) zusammengesetztes Bild (Schimäre) tachistoskopisch dargeboten. Der Patient muss nun das Bild entweder verbal beschreiben oder durch Zeigen auf eine Auswahl von Bildern identifizieren. Je nach Identifikationsmodalität zeigen sich Unterschiede, welches Bild als das Gesehene identifiziert wird. Der Patient denkt, er habe ein vollständiges Bild gesehen.

Gestagene *(engl. pl. gestagens; Syn. Gelbkörperhormone)* Gestagene sind weibliche Geschlechtshormone. Sowohl natürliche als auch synthetische Gestagene mit progesteronähnlicher Wirkung (Progestine, Progestogen) werden bei Zyklusstörungen oder als Bestandteil von Ovulationshemmern (Pille) angewandt. Zusätzlich können sie als Medikament zur Behandlung von Brustkrebs eingesetzt werden. Sie werden im Gelbkörper des Eierstocks und der Plazenta in einem relativ konstanten Zeitraum von 14 Tagen produziert. Gestagene sind für das Zustandekommen einer Schwangerschaft von Bedeutung und sorgen für den Erhalt derselben. Sie bereiten die Gebärmutterschleimhaut auf das Einnisten einer befruchteten Eizelle vor. Nistet sich kein befruchtetes Ei ein, bleibt die Gestagenbildung aus und es kommt zum Gestagenentzug. Dieser löst die Menstruationsblutung aus.

Gewebehormone *(engl. pl. tissue hormones; Syn. Autakoide)* Gewebshormone sind eine Reihe von Hormonen und anderen chemisch heterogenen Substanzen, die nicht in das Blutsystem abgegeben werden, sondern direkt im extrazellulären Raum auf ihre Zielzellen wirken (parakrine Wirkung). Diese Botenstoffe werden nicht in Drüsen synthetisiert, sondern in spezialisierten Zellen, die über das Gewebe verteilt sein können (z. B. Histamin in den Mastzellen, Serotonin in Nervenzellen). Vertreter sind Histamin, Serotonin, Angiotensin II, die Gruppe der Prostaglandine und der Interferone, Stickoxid (Stickstoffmonoxid), Bradykinin und Kallidin.

Gewöhnung ▶ Habituation

GH ▶ Wachstumshormon

Ghrelin *(engl. ghrelin)* Ghrelin ist ein gastrointestinales Hormon, das primär an der Regulation von Hunger- und Sättigungsgefühl (Energiebalance) beteiligt ist. Ghrelin erhielt seinen Namen durch die Beobachtung, dass es eine Sekretion von Wachstumshormon (GH) aus der Hypophyse induzieren kann *(engl. growth hormone release inducing)*. Zusätzlich stimuliert es die Magenentleerung, die Freisetzung von Neuropeptid Y und hat positive Effekte auf kardiovaskuläre Funktionen. Ghrelin ist ein 28 Aminosäuren-langes Peptidhormon, welches v. a. in Epithelzellen des Magenfundus (aber auch in Plazenta, Niere, Hypothalamus und Hypophyse) sezerniert wird. Der Ghrelinspiegel sinkt nach den Mahlzeiten, steigt danach wieder an und verstärkt das Hungergefühl. Zusätzlich wird ihm eine Fettabbauunterdrückende Funktion zugeschrieben. Studien zeigen erhöhte Ghrelinspiegel bei Patienten mit Prader-Willi-Syndrom und bei Anorexia nervosa.

GHRH ▶ Growth-Hormone-Releasing-Hormon

glandotrop *(engl. glandotrope)* Glandotrop bedeutet auf eine (periphere) Drüse einwirkend. So stimulieren Hormone aus dem Hypophysenvorderlappen (FSH, LH) die Freisetzung von Sexualsteroiden aus den Eierstöcken und Hoden, TSH bewirkt die Produktion von Schilddrüsenhormonen, ACTH stößt die Herstellung und Freisetzung von Kortisol, Aldosteron und anderen Steroidhormonen aus der Nebennierenrinde an.

glandulo-/glandulär *(engl. glandular)* Glandulo-/glandulär ist der medizinische Begriff für »die Drüsen betreffend, zu einer Drüse gehörend«.

Gleichgewichtspotenzial *(engl. steady-state potential)* Das bekannteste Gleichgewichtspotenzial ist das Ruhepotenzial. Hierbei sind u. a. der Ein- und Ausstrom von Kaliumionen im Gleichgewicht zu nennen. Dieses Gleichgewicht wird durch ein Zusammenspiel der semipermeablen Zellmembran, des elektrostatischen und des osmotischen Drucks aufrechterhalten. Analog befinden sich auch der Ein- und Ausstrom der Chloridionen im Gleichgewicht.

Gleichgewichtssinn *(engl. vestibular sense; Syn. vestibuläre Wahrnehmung)* Das Gleichgewichtssystem dient der Feststellung der Körperhaltung und Orientierung im Raum und nimmt Veränderungen der Richtung und Intensität von Kopfbewegungen wahr. Die zwei Gleichgewichtsorgane des Menschen befinden sich im rechten und linken Innenohr. Jedes der beiden Gleichgewichtsorgane besteht aus drei flüssigkeitsgefüllten Bogengängen und zwei Makulaorganen. Die Bogengänge sind für die Wahrnehmung von Drehbewegungen im Raum verantwortlich. An den inneren Wänden der Bogengänge befinden sich hochempfindliche Haarzellen, die auf das afferente Faserbündel des sog. Vestibulärnervs einwirken. Bei jedem Positionswechsel bewegt sich die Flüssigkeit (Lymphe) in den Bogengängen, wodurch die Sinneshärchen gereizt werden. Die zwei Makulaorgane (Macula utriculi und Macula sacculi) nehmen lineare Bewegungsbeschleunigungen wahr. Die Macula utriculi wird durch horizontale, die Macula sacculi durch vertikale Beschleunigung gereizt. Informationen von den Haarzellen werden an das Kleinhirn weitergeleitet oder erreichen nach Umschaltung im Nucleus vestibularis (Hirnstamm) u. a. den Thalamus, den zerebralen Kortex oder die Motoneurone der Augenmuskulatur.

Gleichgewichtssystem ▶ Gleichgewichtssinn

Gliazellen *(engl. pl. glial cells)* Gliazellen sind Zellen, die sich im Nervensystem diffus im Gewebe verstreut finden und sich funktionell von den Neuronen abgrenzen lassen. Im ZNS unterscheidet man Astroglia, Oligodendroglia und Mikroglia. Astroglia mit sternförmigen Fortsätzen sind für die Nährstoffversorgung der Neurone, das Ionengleichgewicht, Aufnahme von Neurotransmittern und die Bildung der Blut-Hirnschranke zuständig. Oligodendroglia be-

sorgen die Myelinisierung von Axonen (mehrere Axone werden i. d. R. von einer Zelle myelinisiert). Die kleinen Mikroglia wandern zu Entzündungsherden oder verletzten Gehirnabschnitten, wo sie vermutlich Zelltrümmer aufnehmen und entsorgen. Im peripheren Nervensystem sind Schwann-Zellen für die Myelinisierung der Nervenfaser zuständig. Nach Schädigung der Axone stimulieren sie das Wiederwachstum und dienen den wachsenden Axonen als Richtungsindikatoren.

Globulin *(engl. globulin)* Globuline sind farblose Eiweißkörper des Hämoglobins, die zur Gruppe der globulären Proteine gehören. Sie werden vorwiegend in der Leber gebildet und können bei 60 °C verklumpen oder denaturiert werden. Ihr Abbau erfolgt durch Enzyme und während der Hydrolyse. Es werden Alpha-, Beta- und Gammaglobuline unterschieden. Die Funktionsbereiche der Globuline erstrecken sich über die Regulierung des pH-Wertes, den Transport und die Wirkung als Enzyme. Ihre wichtigste Wirkung tritt jedoch im Immunsystem zu Tage. Globuline (Gamma-Globuline) können immunologisch aktiv werden und werden dann als Immunglobuline bezeichnet. Ihre Synthese findet in Plasmazellen (B-Zellen) statt.

Globus pallidus *(engl. globus pallidus; Syn. Pallidum, Palleostriatum)* Der Globus pallidus entstammt entwicklungsgeschichtlich dem Dienzephalon und wird funktionell den Basalganglien zugeordnet. Es teilt sich in ein mediales und ein laterales Pallidussegment auf und ist aufgrund seiner blasseren Färbung erkennbar. Obwohl das Pallidum über einen bewegungsfördernden und einen bewegungshemmenden Teil verfügt, ist es als bahnendes Zentrum für motorische Impulse, also als funktioneller Antagonist des Striatums, zu betrachten. Die Afferenzen erhält das Pallidum v. a. von Striatum, Ncl. subthalamicus und dem Thalamus. Die Efferenzen laufen hauptsächlich in den Thalamus, welcher die prämotorische und motorische Hirnrinde erregt. Hemmende Efferenzen schickt das Pallidum über den Ncl. subthalamicus.

Glomeruli *(engl. pl. glomeruli; Syn. Nierenkörperchen)* Glomeruli sind ein Teil des Nephrons, einer Struktur in der Rinde der Niere. In der Nierenrinde liegen viele kleine Blutgefäßsysteme, in die Bowman-

Kapsel eingestülpte Gefäßschlingen, sog. Glomeruli. Glomerulus ist, wie Tubulus, Bestandteil eines Nephrons, das Harn bildet. In den Glomeruli erfolgt die Bildung von 170 l Primärharn pro Tag durch Ultrafiltration.

Glomerulus olfactorius *(engl. olfactory glomerulus)* Der Glomerulus olfactorius ist ein Komplex im Bulbus olfactorius, welcher die Dendriten der Mitralzellen und die synaptischen Endknöpfchen der Rezeptorzellen umfasst. Ein Glomerulus ist auf ca. 2000 Rezeptorzellen verschaltet, die alle das gleiche Rezeptormolekül beinhalten. Daher existieren so viele Glomeruli wie Rezeptormoleküle.

Glomus caroticum *(engl. carotical/carotid gland)* Der Glomus caroticum ist ein kleines rundes Organ an den Abzweigungen von der Aorta carotis communis in die Aorta carotis interna und in die Aorta carotis externa. Er ist ein Paraganglion, d. h., dass er aus einem Zellverbund, der aus dem Parasympathikus hervorgeht, besteht. Innerviert wird er durch den Sinusnerv. Er fungiert als peripherer Chemorezeptor, der Blutgas und pH-Wert überwacht und somit die Informationsbasis zur Atemregulation gibt.

Glukagon *(engl. glucagon)* Glukagon ist ein Polypeptidhormon (bestehend aus 29 Aminosäuren), das in den endokrinen Alphazellen der Langerhannschen Zellen (Pankreas) aus Präproglukagon gebildet und bei Blutzuckerabfall oder einer proteinreichen Mahlzeit in den Blutkreislauf entlassen wird. Gefördert wird sein Ausstoß durch Azetylcholin, Adrenalin (Beta-Rezeptoren) und gastrointestinale Hormone, gehemmt durch GABA und Somatostatin. Die Wirkung des Glukagons ist antagonistisch zu Insulin: sein Hauptzielorgan ist die Leber, wo es zunächst für die Mobilisierung von Energiesubstraten zuständig ist (Umwandlung von Glykogen in Glukose, Förderung der Lipolyse, Abbau von Proteinen und Glukoneogenese aus Aminosäuren). Glukagon wird zur Ruhigstellung des Darmes, aber auch im Fall einer Unterzuckerung bei Diabetes mellitus eingesetzt.

Glukokortikoide *(engl. pl. glucocorticoids)* Glukokortikoide sind hypothalamisch und hypophysär regulierte Hormone, die in der Nebennierenrinde ge-

bildet werden. Sie dienen unterschiedlichen physiologischen Prozessen, v. a. der Mobilisierung von Energiereserven in Zeiten der Belastung (z. B. durch Stimulation der enteralen Absorption von Glukose, Steigerung der hepatischen Bildung von Glukose und der Senkung des Glukoseverbrauchs in der Peripherie). Zudem unterdrücken sie die Immunabwehr (z. B. durch Hemmung der Granulozyten, Monozyten und T-Lymphozyten), weswegen Glukokortikoid-Präparate (z. B. Kortison) häufig bei Erkrankungen eingesetzt werden, die durch eine überschießende Immunabwehr verursacht werden (z. B. Allergien, Asthma). Das wichtigste Glukokortikoid des menschlichen Organismus ist das Kortisol.

Glukoneogenese *(engl. gluconeogenesis)* Glukoneogenese ist ein hauptsächlich in der Leber, aber auch in den Nieren ablaufender Prozess, bei dem entgegen der Glykolyse Pyruvat in Glukose umgewandelt wird. Auf diesem Weg kann der Glukosebedarf im Körper, speziell im Gehirn und den roten Blutkörperchen, auch bei längeren Hungerphasen gedeckt werden. Es ist auch möglich, Glukose aus Molekülen zu synthetisieren, die keine Kohlenhydrate sind (Milchsäure, Aminosäuren, Glyzerol). Diese müssen zunächst in Pyruvat umgewandelt werden.

Glukoprivation *(engl. glucose deficiency)* Glukoprivation beschreibt einen zellulären Mangel an Glukose. Dieser wird durch ein Absinken des Blutzuckerspiegels (Hypoglykämie) verursacht und bedingt ein nahrungsbezogenes Verhalten bspw. Nahrungsaufnahme von zuckerhaltigen Speisen.

Glukose *(engl. glucose; Syn. Traubenzucker)* Glukose ist ein Monosaccharid und Abbauprodukt komplexer Kohlenhydrate, wie bspw. höhermolekularer Zucker und Stärke. Die Konzentration von Glukose im Blut, die als Blutzuckerspiegel bezeichnet wird, ist zentral für das Hungergefühl. Mit Unterstützung von Sauerstoff wird Glukose in den Zellen über Zwischenschritte zu Kohlendioxid und Wasser verbrannt (ähnlicher Vorgang zur Energiegewinnung wie bei Verbrennen von z. B. Öl). Die dabei freigewordene Energie wird im Zellstoffwechsel weiter verwendet (oxidativer oder aerober Stoffwechsel). Glukose ist für den Organismus die wichtigste direkt nutzbare Energiequelle. Sie gehört zu den Stoffen, deren Ausscheidung wegen ihres Nährwertes vermieden und durch aktive Transportsysteme (Pumpen) resorbiert werden kann (Überforderung der Pumpe bei Diabetes mellitus).

Glutamat *(engl. glutamate; Syn. Glutaminsäure)* Glutamat ist der wichtigste exzitatorische (erregende) Neurotransmitter im zentralen Nervensystem der Wirbeltiere. Er dient damit der Übertragung von Signalen zwischen Nervenzellen, wobei vermutlich mehr als die Hälfte von ihnen Glutamat freisetzt. Der Transmitter befindet sich in kleinen Bläschen, Vesikel genannt, in den Synapsen der Neurone und bindet nach der Freisetzung in den synaptischen Spalt an spezielle Glutamatrezeptoren (u. a. AMPA-, NMDA-, Kainat-Rezeptor). Unkontrollierter, massiver Einstrom von Glutamat kann zum Tod der postsynaptischen Zelle führen.

Glutamat-Hypothese der Schizophrenie *(engl. glutamate hypothesis of schizophrenia)* Die Glutamat-Hypothese der Schizophrenie wird als Ergänzung zur Dopamin-Hypothese verstanden. Glutamat ist der wichtigste erregende Neurotransmitter im zentralen Nervensystem, es gibt Hinweise darauf, dass dessen Aktivität bei schizophrenen Patienten vermindert ist. Das Kortiko-Striato-Thalamo-Kortikale-Modell (engl. CSTC-loop) der psychosensorischen Informationsverarbeitung geht davon aus, dass die zum Großhirn aufsteigenden Reize der Innen- und Außenwelt über den Thalamus geleitet und dabei gefiltert werden. Eine Hemmung der glutamatergen (-Glu), aber auch eine exzessive Steigerung der dopaminergen (DA) oder serotonergen (+ 5-HT) Neurotransmission führen nach diesem Modell zu einer Öffnung des »thalamischen Filters« und somit zu einer Reizüberflutung des Großhirns und akut psychotischen Symptomen.

Glutamat-Rezeptoren *(engl. pl. glutamate receptors)* Glutamat-Rezeptoren sind Transmembranproteine in der (v. a. postsynaptischen) Membran von Neuronen, die spezifisch Glutamat binden und als Hauptmediatoren der exzitatorischen synaptischen Übertragung im vertebralen zentralen Nervensystem angesehen werden. Es existieren ionotrope (NMDA-, AMPA- und Kainat-Rezeptoren) und metabotrope (mGlur) Glutamat-Rezeptoren, die häufig in Kombination vorkommen. Das Zusammenspiel verschiedener Glutamat-Rezeptoren hat eine besondere Bedeutung bei der Langzeitpotenzierung (LTP), aber auch bei der Nozizeption (die Sensibilisierung nozizeptiver Neurone wird vermutlich durch vermehrtes Auftreten von NMDA-Rezeptoren verursacht). Veränderungen im Glutamatsystem werden auch mit pathologischen Zuständen (z. B. Epilepsie, Ischämie) und neurodegenerativen Störungen (Alzheimer Demenz, Chorea Huntington) in Verbindung gebracht.

Glutaminsäure ▶ Glutamat

Glykogen *(engl. glycogen)* Glykogen ist ein Polysaccharid, dient als Speicherform von Kohlenhydraten der Bereitstellung von Glukose im Organismus. Glykogen entsteht aus Glukose, die bei einem Überangebot von Nahrung in eine osmotisch inaktive Form umgewandelt und gespeichert wird. Die Hauptspeicherorgane sind Leber und Muskeln. Bei verstärktem Energiebedarf kann Glykogen durch Glukagon wieder zu Glukose gespalten und dem Körper zur Verfügung gestellt werden. Es kann durch Braunfärbung mit Iod oder einer enzymatischen Analyse nachgewiesen werden. Der Aufbau von Glykogen heißt Glykogenese, dessen Abbau Glykogenolyse (erfolgt v. a. durch Insulin).

Glykogenolyse *(engl. glycogenolysis)* Glykogenolyse bezeichnet den Abbau von Glykogen im Körper. Stimuliert durch Adrenalin und Glukagon wird das vorrangig in Leber und Muskeln gespeicherte Glykogen zu Glukose gespalten. In dieser Form gelangt es in die Blutbahn.

Glyzerol *(engl. glycerol, glycerin; Syn. 1,2,3-Propanetriol, Glyzerin)* Glyzerol ist ein dreiwertiger Alkohol, seine Süßkraft erreicht 60 % der Süße von Rohrzucker. Glyzerol wurde im Jahre 1873 von Scheele bei der Verseifung von Olivenöl und Bleioxid gefunden. Es wurde früher nur aus natürlichen Quellen gewonnen, später gewann die chemische Synthese immer mehr an Bedeutung (Ausgangsstoff Propylen). Glyzerol findet Verwendung als Lebensmittelzusatzstoff E422, Frostschutzmittel, Schmierstoff, Weichmacher, Lösungsmittel, Medikament (Tabletten zur Behandlung eines Hirnödems oder als Abführmittel) und Kosmetika (als Feuchtigkeits-spender).

Glyzin *(engl. glycine)* Glyzin ist die einfachste Aminosäure. Da sie kein Chiralitätszentrum besitzt, ist sie als einzige proteinogene Aminosäure optisch inaktiv. Gebildet wird Glyzin aus der Reaktion von Methanal (Formaldehyd), Zyanwasserstoff (Blausäure) und Wasser. Die weiße, leicht wasserlösliche Substanz hat einen süßen Geschmack und ist sehr stoffwechselaktiv. Neben der Gammaaminobuttersäure (GABA) ist Glyzin, das im Hirnstamm und Rückenmark nachgewiesen wurde, der wichtigste inhibitorische Neurotransmitter. Ein spezifischer Antagonist ist Strychnin. Glyzin ist in vielen eiweißhaltigen Lebensmitteln vorhanden wie Fleisch, Fisch, Bohnen sowie Milchprodukten. Es wird auch künstlich hergestellt, um als Geschmacksverstärker, z. B. in Marzipan, verwendet zu werden.

GnRH ▶ Gonadotropin-Releasing-Hormon

Golgi, Camillo Camillo Golgi war Mediziner und Physiologe, der 1906 für seine herausragende Arbeit über die Struktur des Nervensystems den Nobelpreis erhielt. Er wurde 1843 in Corteno bei Brescia (Italien) geboren, studierte in Pavia Medizin und promovierte 1865. Als Oberarzt in einer Klinik in Abbiategrasso führte er seine neuroanatomische und -histologische Forschung unter ärmlichsten Verhältnissen in der Küche der Klinik fort. Er entwickelte Färbeverfahren für die Neurohistologie, darunter die revolutionäre Methode, einzelne Nerven und Zellstrukturen mit Silbernitrat zu färben (»Reazione nera«, dt. »Schwarze Reaktion«), mit welcher er es schaffte, Neuronen samt ihren Fortsätzen darstellen zu können. Diese Methode ermöglichte es ihm, den nach ihm benannten Golgi-Apparat sowie die im Kleinhirn ansässigen Golgi-Zellen darzustellen. Zudem identifizierte er verschiedene Erreger für Malaria. Golgi starb 1926 in Pavia.

Golgi-Apparat *(engl. Golgi apparatus)* Der Golgi-Apparat ist ein Zellorganell, das sich aus mehreren Stapeln von Membranzisternen zusammensetzt. Man unterscheidet zwischen der konvexen Cis-Seite, die zum glatten endoplasmatischen Retikulum und zum Zellkern gewandt ist, und der konkaven Trans-Seite, die zur Zellmembran zeigt. Über die Cis-Seite werden mittels Vesikel vom glatten endoplasmatischen Retikulum Proteine in den Golgi-Apparat aufgenommen. Im Golgi-Apparat werden die Proteine dann modifiziert und an der Trans-Seite wiederum in Vesikel verpackt. Diese wandern entweder zur Zellmembran, um diese zu erneuern, oder geben ihren Inhalt mit Hilfe der Exozytose in den extrazellulären Raum ab.

Golgi-Färbung *(engl. Golgi staining)* Mit der Golgi-Färbung lassen sich verschieden dicke Schnittpräparate einfärben. Dabei wird das Nervengewebe erst in Kaliumdichromat und anschließend in Silbernitratlösung getaucht. Das hierbei entstehende Silberchromat wandert in einige Neurone ein und färbt diese in ihrer ganzen Ausdehnung (Dendriten, Soma, Axon) schwarz. Aus bis heute nicht geklärter Ursache werden dabei nur 1–2 % der Neurone gefärbt. Das hat wiederum den Vorteil, dass der Verlauf der einzelnen gefärbten Neurone sehr gut sichtbar wird.

Golgi-Sehnenorgan *(engl. Golgi tendon organ)* Das Golgi-Sehnenorgan dient als Dehnungssensor, der hauptsächlich Muskelspannung registriert. Dazu leitet es über die afferente 1b-Fasern Impulse ans Rückenmark. Die 1b-Fasern sind mit inhibitorischen Interneuronen verbunden, die wiederum mit Motoneuronen verbunden sind, so dass es zu einer Eigenhemmung des Muskels kommt und dessen Tonus nachlässt. Damit kann ein Muskel vor dem Zerreißen geschützt werden.

Gollin-Test *(engl. Gollin incomplete figure test)* Der Gollin-Test erfasst die visuelle Kapazität und ist besonders sensitiv für Läsionen der rechten parietotemporalen Verbindungen (ventraler visueller Strom). Außerdem kann der Test als Gedächtnistest verwendet werden. Im Verlauf der Untersuchung werden zunächst nur schemenhaft dargebotene Bilder immer vollständiger präsentiert. Der Proband muss die Elemente kombinieren, um das Bild zu identifizieren und zu benennen. Eine frühe Identifikation spricht dabei für eine gute Funktion des ventralen Stroms.

Gonadektomie *(engl. gonadectomy)* Die Gonadektomie bezeichnet die operative Entfernung der Keimdrüsen (Ovarien oder Hoden).

Gonaden ▸ Keimdrüsen

Gonadotropine *(engl. pl. gonadotropins)* Gonado-tropine sind Geschlechtshormone, die im Hypophy-senvorderlappen gebildet werden. In Ausnahme-fällen entstehen sie auch direkt im Gelbkörper. Die Funktion dieser Hormongruppe ist die Stimulation des Wachstums der Keimdrüsen und das Regeln be-stimmter hormoneller Funktionen. Das LH (luteini-sierendes Hormon) und das FSH (Follikel-stimu-lierendes Hormon) fördern die Bildung von Ei- und Samenzellen und kommen daher in beiden Ge-schlechtern vor. Diese endokrinologischen Substan-zen werden auch zur hormonellen Therapie bei ungewollter Kinderlosigkeit genutzt und sollen die Stimulation der Eierstöcke bewirken. In Abhängig-keit von der Dosis ergibt sich dabei auch immer die Gefahr von Mehrlingsschwangerschaften. Ein wei-teres Geschlechtshormon ist das Prolaktin, welches die Milchsekretion anregt.

Gonadotropin-Releasing-Hormon *(engl. gonado-tropin-releasing hormone; Syn. Gonadoliberin)* Das Gonadotropin-Releasing-Hormon (GnRH) ist ein Decapeptid (10 Aminosäuren lang), das die Aus-schüttung des luteinisierenden Hormons (LH) und des Follikel-stimulierenden Hormons (FSH) aus dem Hypophysenvorderlappen reguliert. Stimuliert wird seine Ausschüttung durch noradrenerge Neu-rone sowie Östradiol und Progesteron, das über den Blutkreislauf von den Sexualorganen ins Gehirn ge-langt; eine Hemmung erfolgt durch dopaminerge Neurone, Serotonin und mit einer zwölfstündigen Latenz durch Testosteron. Die hypophysären LH-und FSH-Neurone werden nur dann aktiviert, wenn sie rhythmisch pulsatil durch GnRH gereizt werden (beim Mann alle 3–4 h; bei der Frau in der ersten Phase des Zyklus alle 90 min, danach alle 3–4 h). Bleibt dieser pulsatile GnRH-Ausstoß aus (z. B. durch Stress) oder ist GnRH dauerhaft präsent, kann es zu Störungen der Gonadenfunktionen kommen (z. B. Ausbleiben der Menstruation).

Gonosome *(engl. pl. sex chromosomes; Syn. Ge-schlechtschromosom)* Als Gonosome bezeichnet man die sog. Geschlechtschromosomen (XX bei der Frau und XY beim Mann). Der gesunde Mensch besitzt zwei Gonosomen und 44 Autosomen. Bei Chromo-somenanomalien (z. B. Turner-Syndrom, X0, oder Klinefelter-Syndrom, XXY) können auch mehr oder weniger als 2 Gonosomen vorliegen.

G-Protein *(engl. G-protein)* Guaninnukleotid-bin-dende Proteine (G-Proteine) sind Proteine, die Sig-nale von membrangebundenen Rezeptoren ins Zell-innere weiter leiten. Man unterscheidet zwischen membranständigen heterotrimeren G-Proteinen und zytosolischen kleinen G-Proteinen. G-Proteine wirken als Schalter in intrazellulären Signalwegen. Ihre Aktivität hängt dabei von dem an der Alpha-untereinheit gebundenen Nukleotid ab (GDP oder GTP). Ist GDP gebunden, so ist das Protein inaktiv. Kommt es zu einer Wechselwirkung mit einem akti-vierten Rezeptor, so öffnet sich die Nukleotidbinde-stelle, das gebundene GDP wird freigesetzt und in der Zelle vorhandenes GTP kann binden. Dadurch verliert die Alphauntereinheit ihre Affinität zu dem Dimer aus einer Beta- und einer Gammauntereinheit. Die Dissoziation des Komplexes ist das Signal für die Zelle, dass der assoziierte Rezeptor aktiviert wurde. Durch eine eigene GTPase-Aktivität wird das GTP wieder zu GDP gespalten und das G-Protein wird »ausgeschaltet«.

Graafscher Follikel *(engl. graafian follicel; Syn. Graaf-Follikel, Folliculus ovaricus maturus, reifer Eifollikel)* Unter Graafschem Follikel wird der sprungreife Folli-kel verstanden, der ca. eine Woche vor Menstruations-zyklusmitte in einem der beiden Ovarien heran-wächst. Benannt ist er nach seinem Entdecker, Reiner De Graaf. Bei weiblichen Embryos werden im Ovar bereits pränatal Primordialfollikel angelegt, die post-natal unter Einfluss von Hormonen, nach Einsetzen der Geschlechtsreife im Verlauf des Menstruations-zyklus zu Primär-, Sekundär- und Tertiärfollikeln heranreifen. Um den 7. Zyklustag wird einer der he-ranreifenden Tertiärfollikel dominant und übernimmt auch die Hormonproduktion. Ab diesem Zeitpunkt nennt man diesen führenden Tertiärfollikel auch Graafschen Follikel. Kurz vor der Ovulation vermehrt sich die Flüssigkeit im Graafschen Follikel stark, so dass er bis zu 2,5 cm Durchmesser erreicht und sich an der Oberfläche des Ovars als Kugel vorwölbt.

Grand mal *(engl. grand mal, generalized seizure)* Man unterscheidet verschiedene Formen der Epilepsie, u. a. die Grand-mal-Epilepsie, eine generalisierte Form der Epilepsie, bei der der Patient sog. Grand-mal-Anfälle erleidet. Dieses Krankheitsbild wird oft als »klassische Epilepsie« bezeichnet, da der Patient zunächst zu Boden stürzt und dabei evtl. einen sog. Initialschrei ausstößt. Bei einigen Patienten kündigt sich der Anfall durch eine sog. Aura an. Ein Grand-mal-Anfall lässt sich in drei Phasen einteilen: Während der tonischen Phase weist der Patient für wenige Sekunden steife Gliedmaßen und einen kurzfristigen Atemstillstand auf. In der klonischen Phase zuckt der Patient für wenige Minuten am ganzen Körper, evtl. hat er Schaum vor dem Mund oder lässt unwillkürlich Urin oder Stuhl ab. Anschließend setzt der Terminalschlaf ein. Der Patient kann sich, wenn er wieder aufwacht, nicht an das Geschehene erinnern.

Granulationes, arachnoidale (*engl. pl. arachnoid granulations; Syn. Arachnoidalzotten, Pacchioni-Granulation*) Das arachnoidale Granulationes bezeichnet eine Ausstülpung der Arachnoidea durch die Dura mater hinein in den Sinus sagittalis superior (Vene). Diese Ausstülpung dient der Reabsorbierung des Liquors zurück in das Blut.

Granulozyte (*engl. pl. granulocytes*) Granulozyten gehören zu den weißen Blutkörperchen (Leukozyten), sie enthalten im Zellplasma kleine, anfärbbare Körnchen, die sog. Granula. Aufgrund der Färbbarkeit unterscheidet man drei Zelltypen: (1.) Basophile Granulozyten sind anfärbbar mit basischen Farbstoffen. Diese Granulozyten kommen nur zu 1 % im Blut vor. (2.) Eosinophile Granulozyten: anfärbbar mit sauren Farbstoffen bzw. Eosin; Anteil dieser Granulozyten im Blut beträgt 2–4 %. (3.) Neutrophile Granulozyten: anfärbbar mit neutralen, basischen und sauren Farbstoffen; Anteil dieser Leukozytenart im Blut beträgt 60–70 %. Die Granulozyten leisten vornehmlich einen Beitrag zur Infektionsabwehr. Sie sind in der Lage, Fremdkörper durch Phagozytose zu zerstören, und sie enthalten Enzyme, die durch die Bildung von Wasserstoffsuperoxid Keime abtöten können.

Grenzstrang, sympathischer (*engl. sympathetic trunk; Syn. truncus sympathicus*) Der Grenzstrang ist ein Teil des Sympathikus. Er besteht aus 22–25 paari-

gen Ganglien, die untereinander verbunden sind und entlang der Wirbelsäule verlaufen. Entsprechend ihrer Lage werden die Grenzstrangganglien in Hals-, Brust-, Bauch- und Steißganglien eingeteilt. Die vegetativen Zentren des Sympathikus befinden sich im Brust- und Lendenmark. Direkt nach dem Austritt der Axone aus dem Rückenmark erfolgt in den Ganglien die Umschaltung vom ersten auf das zweite sympathische Neuron, das dann weiter zieht zu den Erfolgsorganen in der Peripherie.

Growth hormone ▶ Wachstumshormon

Growth-Hormone-Releasing-Hormon (*engl. growth hormone releasing hormone, somatotropin releasing factor; Syn. Somatoliberin*) Das Growth-Hormone-Releasing-Hormon ist ein hypophysäres Hormon (bestehend aus 41 Aminosäuren), das in Wechselwirkung mit Somatostatin (growth hormone release inhibiting hormone) die Ausschüttung von GH (Growth Hormone, Wachstumshormon) aus der Adenohypophyse (Hypophysenvorderlappen, HVL) reguliert.

Großhirn (*engl. cerebrum, brain; Syn. Telenzephalon, Endhirn*) Die Funktion des Großhirns ist die Steuerung komplexer Prozesse wie Wahrnehmung, Lernen, Motivation und Denken. Es stellt den größten Teil des Gehirns dar und ist beim Menschen in seiner Entwicklung am weitesten differenziert. Es wird in zwei Hemisphären eingeteilt, welche durch die Fissura longitudinalis cerebri getrennt werden. Die Hemisphären werden jeweils in je vier Lappen, gemäß ihrer Lage zu den von ihnen bedeckten Schädelknochen, eingeteilt. Diese Lappen sind der Frontallappen (Lobus frontalis), der Parietallappen (Lobus parietalis), der Temporallappen (Lobus temporalis) und der Okzipitallappen (Lobus occipitalis).

Großhirnrinde ▶ Kortex, zerebraler

Gründerzellen (*engl. pl. founder cells*) Gründerzellen sind wesentlich an der Entwicklung des Gehirns eines Lebewesens beteiligt. Sie sind Zellen in der Ventrikularzone, die sich in einer ersten Entwicklungsphase symmetrisch teilen, so dass die Größe der Ventrikularzone und somit die Gehirngröße zunimmt. Während einer weiteren Phase teilen sich die

Gründerzellen asymmetrisch: Es wird eine Gründerzelle gebildet, die in der ventrikulären Zone bleibt, und ein Neuron, das in den zerebralen Kortex wandert. Nach dieser etwa drei Monate andauernden Phase sterben die Zellen durch einen chemischen Botenstoff ab.

Grundfrequenz (*engl. base frequency; Syn. Grundton*) Die Grundfrequenz ist die tiefste Frequenz im Frequenzspektrum eines komplexen Tones. Zusammen mit mehreren Obertönen, deren Frequenzen das ganzzahlige Vielfache der Grundtonfrequenz ausmachen, ist die Grundfrequenz Bestandteil des Klanges. Durch die Fourieranalyse kann die periodische Schwingung des Klanges in Sinusteilschwingungen zerlegt werden.

Grundlagenforschung (*engl. basic research*) Die Grundlagenforschung befasst sich mit der Aufstellung, Prüfung und Diskussion von neuen Prinzipien in einem Forschungsfeld. Sie legt die Grundlagen für angewandte Forschung und Industrieforschung, die auf einen direkten Nutzen für die Menschheit ausgerichtet oder eher wirtschaftlich orientiert ist. Es gestaltet sich oft schwierig, ein Forschungsprojekt ganz dem einen oder anderen Forschungsansatz zuzuordnen.

Grundumsatz (*engl. basal metabolic rate*) Der Grundumsatz (GU) ist der Kalorienverbrauch (»Energieverbrauch«) eines Menschen, den er in völliger Ruhe bei einer spezifischen Temperatur (28°C) zur Aufrechterhaltung seiner Körperfunktionen benötigt. Der Grundumsatz ist bei jedem Menschen unterschiedlich hoch, abhängig von jeweiligem Anteil an Muskelmasse im Körper, vom Alter, vom Geschlecht etc. Als grobe Richtlinie gilt zur Berechnung des Grundumsatzes die folgende Formel: Grundumsatz = eine Kilokalorie (kcal) pro Kilogramm Gewicht und Stunde. Danach hat ein 90 kg schwerer Mann (auch wenn er sich nicht bewegt) pro Tag einen Kalorienverbrauch von 90 kcal * 24 h = 2160 kcal. Der Kalorienverbrauch kann durch körperliche Aktivität zusätzlich gesteigert werden. Dann berechnet sich der Umsatz folgendermaßen: Gesamtverbrauch = Grundumsatz + Arbeitsumsatz/Leistungsumsatz.

Gruppe, laterale (*engl. lateral group*) Die laterale Gruppe ist ein Teil der motorischen Bahnen (Bahnen, absteigende motorische), die vom Kortex zum Rückenmark ziehen und die Körpermotorik steuern. Der Name leitet sich aus der Lage im Rückenmark (im Querschnitt gesehen) ab. Die Funktion der Bahnen besteht hauptsächlich in der Bewegung der distalen Extremitäten sowie der speziellen Bewegung der Hände und Finger. Zur lateralen Gruppe gehören der Tractus corticospinalis lateralis, der Tractus corticobulbaris und der Tractus rubrospinalis.

Gruppe, ventromediale (*engl. ventromedial group*) Die ventromediale Gruppe ist ein Teil der motorischen Bahnen (Bahnen, absteigende motorische), die vom Kortex zum Rückenmark ziehen und die Körpermotorik steuern. Der Name leitet sich aus der Lage im Rückenmark (im Querschnitt gesehen) ab. Die Funktion dieser Bahnen liegt in der groben Bewegung des Rumpfes und der proximalen Extremitäten und ist somit besonders wichtig für die Steuerung der Körperhaltung. Zur ventromedialen Gruppe gehören der Tractus vestibulospinalis, der Tractus tectospinalis, der Tractus reticulospinalis und der Tractus corticospinalis ventralis.

Guaninnucleotid-bindende Proteine ▶ G-Protein

Guanosinmonophosphat, zyklisches (*engl. cyclic guanosine monophosphate; cGMP, zGMP*) Das zyklische Guanosinmonophosphat (zGMP) ist ein vom Isoenzym Guanylatzyklase aus GTP gebildeter Second Messenger, der v. a. an die Proteinkinase G bindet und hierüber seine Signaltransduktion initiiert (z. B. am NMDA-Rezeptor). Das zGMP wirkt auch auf Stickoxid (Stickstoffmonoxid, NO) oder bindet direkt an Ionenkanäle, um so deren Aktivität zu regulieren (z. B. beim Sehvorgang). Physiologische Bedeutung erhält dieser Stoff beim Sehvorgang, der Relaxation der glatten Muskulatur der Blutgefäße und über die Regulation des Insulinspiegels.

Gürtelregion (*engl. belt region*) Die Gürtelregion stellt die erste Ebene des auditiven Assoziationskortex dar. Sie besteht aus mindestens sieben Abteilungen und erhält Informationen vom primären auditiven Cortex sowie von den dorsalen und medialen Abteilungen des Corpus geniculatum mediale.

Gustducin *(engl. gustducin)* Das Gustducin ist ein G-Protein, welches für die Verarbeitung von bitteren und süßen Geschmacksinformationen wesentlich ist. Bindet ein Bittermolekül an einen Rezeptor, wird das Gustducin aktiviert. Dadurch wird ein Enzym, die Phosphodiesterase, freigesetzt, welches das zyklische Adenosinmonophosphat (cAMP/zAMP) zerstört. Dadurch schließen sich die Kaliumkanäle und die Information »bitter« wird übermittelt. Setzt ein süßes Molekül an, wird ebenfalls Gustducin freigesetzt. In diesem Fall wird jedoch ein anderes Enzym aktiviert, welches die zAMP-Produktion aktiviert. Dadurch werden Kalziumkanäle geöffnet, es tritt ein Transmitter aus und die Information »süß« wird übermittelt.

Gyrus angularis *(engl. angular gyrus)* Der Gyrus angularis gehört zum Parietallappen und ist um das Ende des Sulcus temporalis superior lokalisiert. Er ist eine wichtige Schaltstelle zwischen sekundärer Seh- und Hörrinde. Auf der linken Hemisphäre des Großhirns spielt der G. angularis eine zentrale Rolle bei der Verknüpfung visueller Impulse und deren Zuordnung zu verbalen Begriffen und ist somit eine wichtige Struktur für den Schreibvorgang.

Gyrus cinguli *(engl. cingulate gyrus)* Der Gyrus cinguli ist zusammen mit dem Hippocampus der wichtigste Teil des limbischen Systems. Er liegt in beiden Gehirnhälften als Streifen direkt über dem Balken. Eine Funktion des Gyrus cinguli ist die vegetative Modulation (z. B. der Nahrungsaufnahme), außerdem steuert er den psychomotorischen Antrieb, so dass es bei Läsionen zu emotionaler Gleichgültigkeit und Abgestumpftheit kommt. Zusätzlich zum psychomotorischen Antrieb reguliert er auch den lokomotorischen Antrieb, weswegen bei Läsionen dieser Struktur Bewegungsarmut resultieren kann.

Gyrus cinguli, anterioer *(engl. anterior cingulate gyrus; Syn. Brodmann-Areal 24)* ist eine an den Hippocampus angrenzende Hirnstruktur, die zum limbischen System gehört und stark an der Regulation von Emotionen sowie Exekutivfunktionen beteiligt ist. Ferner unterstützt er Prozesse der Aufmerksamkeit, Konzentration und Motivation sowie des Antriebs. Veränderungen in diesem Bereich scheinen mit verantwortlich für die typischen Beein-

trächtigungen bei schizophrenen Störungen zu sein. Des Weiteren wird seine Bedeutung für die Verarbeitung von Fehlern diskutiert.

Gyrus dentatus *(engl. dentate gyrus, DG)* Der Gyrus dentatus ist eine Struktur des Hippocampus, die bedeutend für die Langzeitpotenzierung (LTP) ist. Diese Struktur gilt als Eingangsstation für Signale in den Hippocampus.

Gyrus fusiformis *(engl. fusiform gyrus)* Der Gyrus fusiformis liegt im inferioren temporalen Kortex (= Gyrus occipito-temporalis) und spielt eine wichtige Rolle bei der Objekterkennung. Der rechte Gyrus fusiformis gilt als »Gesichtserkennungsareal«, da es bei Patienten mit selektiven Läsionen in diesem Gebiet zu Prosopagnosie (Gesichtsblindheit) kommt. Bildgebende Studien haben gezeigt, dass bei Experten für bestimmte Objekte (z. B. bei Autoliebhabern oder Bauern) der Gyrus fusiformis auch aktiviert wird, wenn die entsprechenden Objekte (Autos, Kühe) voneinander diskriminiert werden müssen. Beim Gyrus fusiformis handelt es sich um ein hochspezialisiertes Objekterkennungsareal, das für solche Objekte relevant ist, mit denen das Individuum sich oft beschäftigt.

Gyrus postcentralis *(engl. postcentral gyrus)* Der Gyrus postcentralis liegt posterior des Sulcus centralis im Parietallappen (Brodmann-Areale 1, 2 und 3) und wird auch primärer sensorischer Kortex genannt. Hier werden somatosensible und propriozeptive Informationen der kontralateralen Körperseite verarbeitet. Der Gyrus postcentralis ist somatotopisch geordnet, wobei Körperteile mit hoher Rezeptorendichte in der Peripherie (d. h. besonders sensible, wie z. B. Zunge und Hände) überproportional große Bereiche im Gyrus postcentralis einnehmen.

Gyrus praecentralis *(engl. gyrus praecentralis)* Der Gyrus praecentralis liegt im Frontallappen direkt vor der Sulcus centralis. Er ist für die Willkürmotorik zuständig und nahezu identisch mit dem Motorkortex (= primärer motorischer Kortex).

Gyrus temporalis inferior *(engl. inferior temporal gyrus)* Der Gyrus temporalis inferior liegt unterhalb des Gyrus temporalis mediale neben dem Gyrus fusiformis. Er erhält hauptsächlich visuellen Input und ist Teil des ventralen visuellen Stroms, der zur Objekterkennung benötigt wird. Die Neurone des Gyrus temporalis inferior sind in Säulen angeordnet, die auf ähnliche, komplexe Stimuli reagieren. Läsionen können mit dem McGill Bildanomalietest erkannt werden.

Gyrus temporalis superior *(engl. superior temporal gyrus)* Der Gyrus temporalis superior liegt unterhalb der Sylvischen Furche und oberhalb des Gyrus temporalis mediale. Er erhält hauptsächlich auditorischen Input und umfasst den auditorischen Kortex. Der Gyrus temporalis superior ist wesentlich an der Verarbeitung von Musik beteiligt. Er fügt, durch seine Verbindung zur Amygdala, dem Gehörten eine affektive Komponente hinzu. Bei Läsionen kommt es zu auditorischen Halluzinationen. Diese Schäden können mit Tests des dichotischen Hörens erkannt werden.

Haarzellen *(engl. pl. hair cells)* Haarzellen sind Sinneszellen im Innenohr, die u.a. die Bewegungen der durch Schall angeregten Basilarmembran in elektrische Signale umwandeln. Sie sind Teile des Corti-Organs bzw. der Bogengangsorgane. Von ihnen gehen Nervenfasern aus, die sich zum Hör- oder Gleichgewichtsnerv vereinigen. Man unterteilt dabei innere und äußere Haarzellen. Im akustischen System machen die inneren Haarzellen (IHC: Inner Hair Cells) 90 % des Hörerlebnisses aus, sie sind kolbenförmig und für die eigentliche Tonaufnahme zuständig. Die äußeren, zylinderförmigen Haarzellen (OHC: Outer Hair Cells) machen 10 % des Hörerlebnisses aus und dienen der aktiven Verstärkung sowie dem sog. »Feintuning«.

Habituation *(engl. habituation; Syn. Gewöhnung)* Habituation bezeichnet die Gewöhnung an wiederholt dargebotene Reize, welche keine Auswirkungen auf das Individuum haben (weder positiv noch negativ). Die ursprünglich damit verbundene Reaktion nimmt allmählich ab, bis sie später ganz ausbleibt. Bei den Reizen handelt es sich um solche, die angeborene, unbedingte Reaktionen auslösen, d. h. es handelt sich nicht um das Ausbleiben erlernter Reiz-Reaktionsmuster (▶ Extinktion). Habituation ermöglicht dem Individuum, irrelevante Umweltreize zu ignorieren. Es handelt sich um eine Form des nicht-assoziativen Lernens. Das Gegenteil von Habituation ist Sensitivierung.

Halluzination *(engl. Hallucination; Syn. Wahnvorstellung)* Die Halluzination ist eine schwere Sinnestäuschung, die eine Wahrnehmung ohne Reizgrundlage beinhaltet. Eine Halluzination kann alle Sinne betreffen. Am häufigsten werden Stimmen gehört (akustische Halluzination), die oft direkt an die betreffende Person gerichtet sind. Es können jedoch auch gustatorische Halluzinationen (Geschmackssinn), olfaktorische Halluzinationen (Geruchssinn) und haptische/taktile Halluzinationen (vermeintliche Berührungen, Stiche oder Elektrisieren der Haut) sowie optische Halluzinationen (Sehen von nicht vorhandenen Tieren, Personen, Gegenständen oder komplexen Szenen) auftreten. Weitere Formen sind vestibuläre Halluzinationen (den Gleichgewichtssinn betreffend) und Leibhalluzinationen (leibliche Wahrnehmungstäuschungen). Halluzinationen können bei organischen Hirnerkrankungen (z. B. Epilepsie) und psychischen Störungen (Schizophrenie) oder unter Hypnose entstehen. Auch während der Aufwach- und Einschlafphasen kann es zu kurzen schwachen Halluzinationen kommen (hypnagoge Halluzination), die jedoch keinen pathologischen Krankheitswert besitzen.

Halluzinationen, hypnagoge *(engl. pl. hypnagogic hallucinations)* Hypnagoge Halluzinationen sind Trugwahrnehmungen oder Sinnestäuschungen während des Einschlafens oder Aufwachens, die im Grenzbereich zwischen Schlaf- und Wachheitszustand oder im Halbschlaf auftreten. Diese Art der Halluzination gilt als nichtpathologisch und tritt auch bei völlig gesunden Menschen auf. Das Gehirn »träumt« bereits, doch der Wachheitszustand ist noch nicht ausgeschaltet. Bei Narkoleptikern (Personen, die an der sog. »Schlafkrankheit« leiden) kommt es häufig zu hypnagogen Halluzinationen, da der Schlaf oft mit der REM-Phase beginnt, so dass die reale Umgebung zusammen mit dem Trauminhalt wahrgenommen wird.

Haloperidol *(engl. haloperidol)* Haloperidol, ein Butyrophenonderivat, ist ein potentes Neuroleptikum (Handelsname: z. B. Haldol®). Das Präparat wurde in den 1950er Jahren von Paul Janssen entwickelt. Es ist ein Dopamin-Antagonist und wirkt als Antipsychotikum sedierend und antiemetisch. Eine Indikation besteht bei akuten Psychosen (v. a. Schizophrenie/Manie), aber auch bei Unruhezuständen bspw.

während Depressionen. Als Nebenwirkungen können Dyskinesien, Senkung des Blutdrucks, Schlafstörungen, Gewichtszunahme und Krampfanfälle auftreten. Die Dyskinesien sind meist reversibel sowie dosisabhängig und können durch Biperiden (z. B. Akineton) abgeschwächt werden. Kontraindikationen für die Gabe von Haloperidol sind hirnorganische Störungen, Hypotonie, Kreislaufschock, Parkinson-Krankheit, Hyperthyreose und Vorerkrankungen des Herzens, der Leber oder der Niere. Die Wirkung von Haloperidol wird durch beruhigende und blutdrucksenkende Mittel sowie Alkohol verstärkt.

Hämatokrit *(engl. haematocrit, hematocrit)* Das Hämatokrit ist eine der wichtigsten Laborgrößen und bezeichnet den Volumenanteil der festen Blutanteile des Gesamtblutvolumens. Zu den festen Blutanteilen zählen Erythrozyten, Leukozyten und Thrombozyten. Sie werden in Prozent gemessen. Normale Werte liegen bei Männern zwischen 43 und 50 % und bei Frauen zwischen 37 und 45 %. Bei einer Anämie, d. h. einer verminderten Erythrozytenzahl, ist der Hämatokritwert erniedrigt; bei einer Polyglobulie, d. h. einer Erhöhung der Erythrozytenzahl bei normalem Plasmavolumen, ist der Hämatokritwert erhöht. Eine Trennung von festen und flüssigen Blutbestandteilen wird durch Zentrifugation ermöglicht.

Hämatom *(engl. haematoma, hematoma)* Bei einem Hämatom tritt aus einem Blutgefäß Blut aus, welches sich im Körpergewebe ansammelt. Liegt das verletzte Gefäß an der Hautoberfläche, erkennt man eine bläuliche Verfärbung, bei tiefer liegenden Gefäßen hingegen macht sich die Blutung als Schwellung bemerkbar. Durch den Druck des austretenden Blutes auf das umliegende Gewebe kommt es zu Schmerzen. Mit der Zeit werden die Blutrückstände dann vom Körper abgebaut. Gefährlich sind solche Blutungen, wenn sie im Gehirn oder im Organbereich auftreten. Entsteht ein Hämatom an einer offenen Wunde, behindert es den Heilungsprozess. Zum einen drückt es durch die Schwellung die Wundränder auseinander und zum anderen enthält es Zellen der Immunabwehr, die auch körpereigene Zellen schädigen können. Ursachen für Hämatome sind äußere Einwirkung, Blutgerinnungsstörungen oder Gefäßschäden. Äußerst gefährlich sind Häma-

tome für Patienten, die von der Bluterkrankheit betroffen sind.

Hammer *(engl. hammer, malleus; Syn. Maleus)* Der Hammer ist einer der drei Gehörknöchelchen des Mittelohrs. Als erstes der Übertragungsglieder der Gehörknöchelchenkette ist er mit dem Trommelfell verbunden. Der Hammer gibt die Schwingungen des Trommelfells mechanisch an den Incus (Amboss) weiter. Er ist an zwei, von den insgesamt vier, Bändern der Gehörknöchelchenkette aufgehängt. Dadurch besitzt der Hammer eine große Schwingungsfähigkeit und die Vibrationen können mit wenigen Verlusten weitergegeben werden. Der Hammer hat eine Länge von ca. 8 mm und wiegt ungefähr 25 mg. Seine anatomischen Bestandteile sind der Hammerkopf, der Hammerhals, ein langer und ein kurzer Fortsatz und der Hammergriff.

Hämoglobin *(engl. haemoglobin, hemoglobin)* Hämoglobin bezeichnet den eisenhaltigen roten Blutfarbstoff. Bei der Blutbilduntersuchung wird der Hämoglobingehalt in Gramm pro Liter Blut gemessen. Hämoglobin ist ein wichtiger und funktional bedeutsamer Bestandteil der Erythrozyten und kommt nur in diesen vor, so dass der Hämoglobingehalt im Blut stark von der Anzahl der Erythrozyten abhängt. Hämoglobin ist verantwortlich für den Sauerstoff- und Kohlendioxidtransport im Blut ebenso wie für die Pufferwirkung des Blutes. Der Hämoglobinwert ist erniedrigt bei Anämien (Blutarmut) und erhöht bei Polyglobulien (Vermehrung der Erythrozytenzahl).

Hämolyse *(engl. haemolysis, hemolysis)* Als Hämolyse bezeichnet man den Abbau (Auflösung) der roten Blutkörperchen (Erythrozyten). Gealterte Erythrozyten (> 120 Tage) werden vor allem durch die Milz aus der Blutbahn gefiltert und abgebaut. Pathologische Hämolyse geschieht durch mechanische Störungen, Infektionen wie z. B. bei Malaria, immunologischen Störungen und bestimmten Giften. Beim Abbau von Erythrozyten wird vermehrt Hämoglobin und Bilirubin (gelbbrauner Gallenfarbstoff) freigesetzt, so dass eine Gelbsucht entstehen kann. Für die Hämolysediagnostik wird daher die Bestimmung des freien Hämoglobins und des Bilirubinspiegels verwendet.

Hämorrhagie, zerebrale *(engl. cerebral hemorrhage)* Eine zerebrale Hämorrhagie ist eine Blutung im Gehirn. Dabei reißt ein Blutgefäß und es kommt zur Einblutung in das umliegende Nervengewebe, so dass dieses geschädigt wird. Eine häufige Ursache für Blutungen im Gehirn sind Aneurysmen, aber auch Hypertonie (hypertone Massenblutung), Verletzungen, Gefäßerkrankungen wie Arteriosklerose, Entzündungen, Thrombosen eines Hirnblutgefäßes und Hirntumore.

haploid *(engl. haploid)* Ein Chromosomensatz ist haploid, wenn jedes Chromosom nur einmal vertreten ist (1n). Beim Menschen ist dies in den Keimzellen (= Spermien und Eizelle) der Fall. Verschmelzen zwei Keimzellen, ist der Chromosomensatz diploid (2n).

Harrison Narcotics Act Der Harrison Narcotics Act war das erste Antidrogengesetz der Vereinigten Staaten von Amerika, das den Gebrauch von Opium und Kokain untersagte und die Produktion, den Import und die Verteilung durch hohe Abgaben regeln wollte. Das Gesetz stammt aus dem Jahre 1914 und war eine Reaktion auf die erste internationale Opium-Übereinkunft, die an den – auf Initiative von Theodore Roosevelt einberufenen – internationalen Opium-Konferenzen in Shanghai (1909) und Den Haag (1911) getroffen wurde. Ärzten wurde es untersagt, drogenabhängigen Patienten Morphine, Opium oder Kokain zu verschreiben, was zu einem regelrechten »war on doctors« ausartete. Erst 1970 wurde das Gesetz durch den Controlled Substances Act (Vorläufer: Drug Abuse Prevention and Control Act, DAPCA) ersetzt.

Haschisch *(engl. hashish)* Haschisch ist ein Rauschmittel, das aus dem Harz der weiblichen Blüten der indischen Hanfpflanze (Cannabis sativa) gewonnen wird. Es enthält ätherische Öle und den Hauptwirkstoff Delta-9-Tetrahydrocannabinol. Haschisch wird in Form von Zigaretten (Joint), als Zugabe in Gebäck oder Getränken konsumiert. Typisch ist die einerseits anregende und andererseits entspannende Wirkung, die von der Situation, der Stimmung und weiteren Faktoren beeinflusst wird. Haschischkonsum führt zu Gefühlsintensivierung und einem veränderten Raum- und Zeitgefühl. Er macht vermutlich nicht körperlich abhängig, jedoch kann es zu einer psychischen Abhängigkeit kommen.

Hautleitfähigkeitsreaktion *(engl. skin conductance response)* Die Hautleitfähigkeitsreaktion (SCR) ist ein Teil der elektrodermalen Aktivität. Dies ist eine zusammenfassende Bezeichnung für Veränderungen der bioelektrischen Hautaktivität unter Reizeinfluss. Die Hautleitfähigkeit beschreibt eine Positivierung der Leitfähigkeit der Haut, die von außerhalb des Körpers (exosomatisch) gemessen werden kann. Die Hautleitfähigkeit wird durch interne oder externe Reize wie z. B. Stimmungen, Gefühle etc. beeinflusst. Wird der Sympathikus angeregt, verändern die Hautschweißdrüsen ihren elektrischen Widerstand durch erhöhte Schweißproduktion. Es wird angenommen, dass dies ursprünglich der Griffsicherheit und höheren Hautsensibilität diente. Gemessen wird die Hautleitfähigkeit meist an den Handinnenflächen oder Fingerkuppen, da hier die Hautschweißdrüsen besonders dicht angeordnet sind. Die Ausprägung der Hautleitfähigkeit ist abhängig von der Reizintensität bzw. der emotionalen Erregung, wobei die Werte bei verschiedenen Menschen variieren. Mit Hilfe der Hautleitfähigkeit kann man heute unbewusste Reaktionen auf Reize erforschen. Die Hautleitfähigkeitsreaktion bezeichnet die unmittelbare, kurz anhaltende (phasische) Reaktion der Leitfähigkeit der Haut auf einen Reiz, die sich nach kurzer Zeit wieder dem Ausgangswert annähert.

Hautleitwertniveau *(engl. skin conductance level)* Das Hautleitwertniveau (SCL) ist ein Teil der elektrodermalen Aktivität. Dies ist eine zusammenfassende Bezeichnung für Veränderungen der bioelektrischen Hautaktivität unter Reizeinfluss. Das Hautleitwertniveau beschreibt die länger anhaltende Leitfähigkeit der Haut (tonisch) wie sie z. B. bei Stimmungen (Freude, Angst usw.) gemessen wird.

Headsche Zonen *(engl. pl. Head's zones)* Headsche Zonen, benannt nach dem englischen Neurologen Henry Head (1893), bezeichnen spezifische Hautsegmente, die inneren Organen zugeordnet sind und bei Erkrankung dieser schmerzempfindlich bzw. hyperalgetisch reagieren. Dieser Begriff wird im Zusammenhang mit übertragenem Schmerz diskutiert, wobei Eingeweideschmerz oder viszeraler Schmerz auf einen Bereich außerhalb des Viszerums (der Eingeweide) übertragen wird. Grund dafür ist die Verschaltung der Hautafferen-zen und der viszeralen Afferenzen auf dasselbe Rückenmarksegment und dort auf den Zellkörper desselben aufsteigenden Neurons. So spürt man bei Angina pectoris (Verengung der Herzkranzgefäße) ein Enge- und Druckgefühl im Brustkorb sowie Schmerzen im linken Arm. Die Headschen Zonen haben somit Bedeutung bei der Diagnostik internistischer Erkrankungen. Weiterhin gelten sie als eine Grundlage der Reflexzonenmassage, bei der über die Stimulation spezifischer Hautareale die Beeinflussung innerer Organe versucht wird.

Hebbsche Regel *(engl. Hebb's theory)* Die Hebbsche Regel ist eine vom Psychologen Donald Hebb (1949) postulierte Regel über die Konsolidierung von Gedächtnisinhalten in neuronalen Netzwerken. Hebb nahm an, dass neue Informationen zunächst in geschlossenen Zellverbänden kreisen und dadurch dauerhaft abgespeichert werden (Reverberationskreise; »*Neurons that fire together wire together*«). Dieser Prozess könne durch Einflüsse von außen gestört werden. Ein neurophysiologisches Korrelat des Postulats ist die Langzeitpotenzierung.

Hedonismus *(engl. hedonism)* Der Hedonismus spiegelt eine philosophische Strömung wieder, die Lust und Genuß als höchstes Prinzip für ein glückseliges Leben ansieht. Das Prinzip des adaptiven Hedonismus besagt, dass Menschen ihre Handlungen nach dem Gewinn von Lust und nach der Vermeidung von Schmerz ausrichten. Der britische Philosoph Jeremy Bentham (1748–1832) lieferte damit ein Erklärungsmodell für die Handlungsmotivation. Die operante Konditionierung baut ebenso auf diesem Prinzip auf.

Helikotrema *(engl. helicotrema; Syn. Apex cochlearis)* Das Helikotrema befindet sich an der Spitze der (ausgerollten) Schnecke (Cochlea) und ist somit Teil des Gehörs. Es bildet den Übergang bzw. die (Flüssigkeits-)Verbindung zwischen Paukentreppe (Scala tympani) und Vorhoftreppe (Scala vestibuli), die beide mit Perilymphe (klare, wässrige Flüssigkeit im knöchernen Labyrinth) gefüllt sind. Zudem bildet das Helikotrema das Ende des Schneckengangs

(Scala media) und ist als enge Öffnung innerhalb des Apex sichtbar. Seine Fläche beträgt zwischen 0,25 und 0,40 mm^2. Kommt es zu einem Schallereignis, gelangt der Schall durch das ovale Fenster in das Innenohr, wo die Sinneszellen der Cochlea den Schall analysieren. Dabei durchläuft die Schallwelle die Cochlea bis hin zum Helikotrema und wieder zurück, bis sie zum Druckausgleich beim runden Fenster wieder austritt.

Hellempfindlichkeitskurve, fotopische *(engl. photopic V-lambda curve; Syn. V-Lambda-Kurve)* Die Hellempfindlichkeitskurve ist eine graphische Darstellung der spektralen Hellempfindlichkeit der menschlichen Wahrnehmung für bestimmte Farben (Wellenlängen des Lichtes) bei Tageslicht. Sie hat die Form einer nach unten geöffneten Parabel. Dabei ist am Tage (fotopischer Bereich) die Empfindlichkeit für den Bereich von ca. 550 nm (als helles Grün empfunden) ideal, während sich bei größeren oder kleineren Wellenlängen die Empfindlichkeit des Auges verringert, so dass es z. B. für den Infrarotbereich (>750 nm) so gut wie unempfindlich ist. Die Kurve wurde 1924 ermittelt und ist in Deutschland unter DIN 5031 normiert.

Hellempfindlichkeitskurve, skotopische *(engl. scotopic V-lambda curve)* Die skotopische Hellempfindlichkeitskurve zeigt, analog zur fotopischen Hellempfindlichkeitskurve, die Empfindlichkeit der menschlichen Wahrnehmung für bestimmte Lichtbereiche, jedoch bei Nacht (skotopischer Bereich). Im Gegensatz zur fotopischen Hellempfindlichkeitskurve ist die skotopische Hellempfindlichkeitskurve um 50 nm verschoben, so dass Photonen mit einer Wellenlänge von 450 nm–500 nm (blau-grün) deutlicher, Wellenbereiche ab ca. 600 nm (orange-rot) nahezu gar nicht mehr wahrgenommen werden.

Hemeralopie *(engl. hemeralopy; Syn. Nachtblindheit)* Unter Hemeralopie versteht man die eingeschränkte Sehfähigkeit in der Dämmerung bzw. Dunkelheit. Nachtblindheit ist nicht nur durch eine eingeschränkte Sehfähigkeit bei Dunkelheit charakterisiert, sondern auch durch eine sehr lange Adaptationszeit von Hell zu Dunkel. Der Grund dafür ist vermutlich die Herabsetzung der Netzhautempfindlichkeit, z. B. durch grelle Lichteinwirkung. Im schlimmsten Fall kann Hemeralopie zur vollständigen Blindheit führen.

Hemianopsie *(engl. hemianopsia)* Generell ist Hemianopsie ein mittellinienbegrenzter Ausfall der Hälfte des Gesichtsfeldes. Sind beide Augen betroffen, unterscheidet man zwischen einer heteronymen Hemianopsie und einer homonymen Hemianopsie. Bei einer heteronymen Hemianopsie liegt eine Chiasmaläsion vor, was zu einem gegensätzlichen Ausfall führt (bei einem Auge nach rechts, beim anderen nach links), d. h. entweder kommt es zu einem Scheuklappenblick (bitemporale Hemianopsie) oder der Gesichtsfeldausfall ist zentral. Bei der homonymen Hemianopsie geht der Gesichtsfeldausfall beider Augen in die gleiche Richtung. In einem solchen Fall liegt eine Tractus-opticus-Läsion vor.

Hemicholinium *(engl. hemicholinium)* Hemicholinium ist ein Wirkstoff, der an azetylcholinergen Synapsen die Wiederaufnahme des Cholins in die präsynaptischen Endknöpfe hemmt. Ist kein Hemicholinium vorhanden, so wird bei einer aktiven Synapse ca. 50 % des Cholins wieder aufgenommen, um daraus neues Azetylcholin (ACh) zu synthetisieren. Wird diese Aufnahme durch die Anwesenheit von Hemicholinium verhindert, so vermindert sich die Produktion und damit auch die Freisetzung von ACh an der Synapse. Hemicholinium ist ein ACh-Antagonist.

Hemiplegie *(engl. hemiplegia)* Eine Hirnschädigung (z. B. nach Schlaganfall; meist bei Verletzung der mittleren Hirnarterie) kann zu einer Hemiplegie, d. h. einer vollständigen Lähmung einer (meist der gegenüberliegenden) Körperseite führen. Symptome sind Verlust der Willkürmotorik und Tonus- und Reflexveränderungen. Charakteristische Phasen sind trotz individuellen Verlaufs das anfängliche Stadium mit schlaffer Lähmung (schlaffe H.) und die nachfolgende Lähmung mit deutlichem Hypertonus der Muskulatur (spastische H.), wobei die Spastik der Muskeln, die gegen die Schwerkraft arbeiten, überwiegt. Nach einiger Zeit ist die Steuerung der Motorik wieder möglich, meist bleibt es jedoch bei groben Massenbewegungen.

Hemisphäre *(engl. hemisphere)* Generell wird mit Hemisphäre die Hälfte eines Organs bezeichnet. Zu-

meist ist in der Anatomie jedoch die linke bzw. rechte Hälfte des Groß- und Kleinhirns gemeint (zerebrale Hemisphäre und zerebellare Hemisphäre).

Hemisphäre, dominante *(engl. dominant hemisphere)* Nach der Entdeckung, dass Läsionen der linken Hemisphäre Sprachfunktionen sowie Willkürbewegungen einschränken, während die Leistungen der rechten Hemisphäre unklar blieben, wurde die Theorie der Hemisphärendominanz aufgestellt. Nach dieser Theorie ist die linke Hirnhälfte der Teil, der wirklich »denkt« (Informationsverarbeitung und Handlungssteuerung), und somit die dominante Hemisphäre, während die rechte nur eine »Unterstützungsfunktion« hat. Inzwischen spricht man nicht mehr von der allgemein dominanten Hemisphäre, sondern betrachtet die Dominanz bezüglich bestimmter Funktionsleistungen (Lateralität). So ist die linke Hemisphäre für Sprache, logisches Denken und komplexe willkürliche Prozesse dominant, während rechts kontextabhängige Prozesse und ganzheitliches Empfinden (Raumorientierung, ästhetisches Empfinden, Gesichtserkennen) im Vordergrund stehen. Für die meisten Leistungen müssen jedoch beide Hirnhälften zusammenarbeiten, um ein optimales Ergebnis zu erzielen.

Hemisphäre, nichtdominante *(engl. minor hemisphere)* Die nichtdominante Hemisphäre ist nach der Theorie der Hemisphärendominanz die rechte Hemisphäre, von der zunächst angenommen wurde, dass sie nur eine Art »Unterstützungsfunktion« für die linke Hemisphäre besitzt (▶ Hemisphäre, dominante).

Hemisphäre, zerebrale *(engl. cerebral hemisphere)* Die zerebrale Hemisphäre bezeichnet die linke bzw. rechte Hälfte des Telenzephalons (Endhirns). Diese relativ symmetrischen Großhirnhälften werden durch die von anterior nach posterior verlaufende Längsfurche (Fissura longitudinalis) voneinander getrennt. Sie sind über die Kommissuren miteinander verbunden. Jede Hemisphäre besteht aus einer äußeren Schicht grauer Substanz, darunter liegender weißer Substanz, tiefer angesiedelten Kernen sowie einem lateralen Ventrikel. Bezüglich der funktionalen Asymmetrie lassen sich die beiden Hemisphäre in eine dominante und eine nichtdominante Hemisphäre unterteilen.

Hemisphärektomie *(engl. hemispherectomy)* Unter Hemisphärektomie versteht man die chirurgische Entfernung einer der beiden Hemisphären des Großhirns. Diese selten angewandte Operation wird v. a. bei Kindern eingesetzt, die eine lebensgefährliche Krankheit haben und nicht anderweitig behandelt werden können (meist Rasmussens Enzephalitis, aber auch bestimmte Formen der Epilepsie).

Hemmung, laterale *(engl. lateral inhibition; Syn. Umfeldhemmung, laterale Inhibition, Lateralhemmung)* Die laterale Hemmung bezeichnet ein Prinzip, nach dem Nervenzellen miteinander verschaltet sind und das einen Einfluss auf die Reizverarbeitung hat. Die Neurone einer Region sind miteinander verbunden; dabei tendiert jedes Neuron dazu, seine Nachbarn zu hemmen und sie an der Weiterleitung des Signals zu hindern. Die laterale Hemmung tritt in jedem Bereich des ZNS auf, ihre Wahrnehmung ist aber bei den Zellen der Retina am besten möglich. Das Ergebnis der lateralen Hemmung ist die Kontrastverstärkung, so dass Wahrnehmungstäuschungen wie die Machschen Bänder oder der Simultankontrast auftreten.

Hemmung, postsynaptische *(engl. postsynaptic inhibition)* Bei einer postsynaptischen Hemmung wird die Erregbarkeit der betroffenen Nervenzelle generell herabgesetzt. Diese Inhibition setzt aufgrund der Ausschüttung inhibierender Neurotransmitter (z. B. GABA oder Glyzin) ein, die zur Öffnung von Cl$^-$ oder K$^+$ Kanälen (verbunden mit dem Einstrom entsprechender Ionen) oder der Auslösung intrazellulärer Veränderungen (z. B. Second Messenger System) führen.

Hemmung, präsynaptische *(engl. presynaptic inhibition)* Bei einer präsynaptischen Hemmung wird ein hemmender Neurotransmitter aus einem Axon ausgeschüttet, welches einem anderen präsynaptisch vorgeschaltet ist. Die resultierende Hemmung beruht darauf, dass die Transmitterausschüttung aus einem einzelnen erregenden Axon vermindert wird, worauf die synaptische Erregung in der zum erregenden Neuron postsynaptisch liegenden Nervenzelle herabgesetzt wird, d. h. durch die verminderte Menge an ausgeschütteten Neurotransmittern kann nur ein abgeschwächtes postsynaptisches Potenzial aufgebaut werden.

Hemmung, rekurrente *(engl. retroactive inhibition; Syn. Rückkopplungshemmung)* Die rekurrente Hemmung eines Neurons wird durch seine eigene Aktivität verursacht. Eine kollaterale Verzweigung seines Axons ist dabei auf ein Interneuron verschaltet. Dieses hemmt dann das Neuron, von dem es zuvor aktiviert wurde. So wird bspw. im Rückenmark die Hemmung von Motoneuronen durch RenshawZellen vermittelt.

Hermaphrodit *(engl. hermaphrodite; Syn. Zwitter)* Hermaphrodit ist die medizinische Bezeichnung für einen Menschen, der mit nicht eindeutigen Geschlechtsmerkmalen geboren wurde. Allerdings gilt der Ausdruck als veraltet, heute verwendet man den Begriff Intersexuelle. In der Biologie ist ein Hermaphrodit ein Organismus mit sowohl männlichen als auch weiblichen Geschlechtsorganen (z. B. Schnecken). Laut Zoologie ist ein Hermaphrodit eine Spezies, die im Laufe ihres Lebens ihr Geschlecht wechselt. Während des Wechsels besitzt sie beide Geschlechter. Das bekannteste Beispiel dafür ist der Regenwurm.

Heroin *(engl. heroin; Syn. Diazetylmorphin)* Heroin ist eine narkotisierende, schmerzstillende und euphorisierende Droge, die aus dem Saft des Schlafmohns gewonnen wird. Es gehört zur Gruppe der Opiate und ist ein Derivat des enthaltenen Wirkstoffes Morphin. Je nach Verarbeitungsstufe wird zwischen Heroin Nr. 1–4 unterschieden. In der Regel wird Heroin intravenös injiziert, kann aber auch geraucht oder geschnupft werden. Gelangt es in die Blutbahn, wird es zu Morphin umgebaut, welches sich an die Opioidrezeptoren des zentralen Nervensystems und der peripheren Gewebe anlagert. Es kommt zu einer vermehrten Ausschüttung von Dopamin (Aktivierung des Belohnungssystems). Heroin birgt neben der physischen und psychischen Abhängigkeit die Gefahr der Überdosierung. Dauerhafter Heroinkonsum kann zu vielfältigen negativen körperlichen und sozialen Auswirkungen führen.

Herrentiere ▸ Primaten

Hertz *(engl. hertz)* Das Hertz (Hz) ist die physikalische SI-Einheit für die Frequenz. Benannt wurde die Einheit nach dem deutschen Physiker Heinrich Rudolf Hertz. Das Hertz gibt die Schwingungsanzahl pro Sekunde, allgemeiner auch die Anzahl von beliebigen, sich wiederholenden Vorgängen pro Sekunde an: 1 Hz = 1/s. Häufig verwendet man auch größere Einheiten wie Kilohertz, kHz (Tausend Schwingungen/Vorgänge pro Sek.); Megahertz, MHz (eine Million Schwingungen/Vorgänge pro Sek.) oder Gigahertz, GHz (eine Milliarde Schwingungen/Vorgänge pro Sek.).

Herzmuskulatur *(engl. myocard; Syn. Myokard)* Die Herzmuskulatur besteht zum einen aus quergestreiften Muskelfaserbündeln, die der Skelettmuskulatur ähneln, aber kreuzweise angeordnet sind, und zum anderen treten in der Mitte liegende Zellkerne auf, wie sie auch bei der glatten Muskulatur vorkommen. Durch diese Mischung der beiden Muskelarten besitzt das Herz enorme Ausdauer und Kraft, wobei es vom autonomen Nervensystem gesteuert wird und somit nicht oder nur eingeschränkt willentlich beeinflusst werden kann. Die Herzmuskulatur wird außen vom Epikard und innen von der Herzinnenhaut (Endokard) umgeben.

Heschl-Querwindung *(engl. Heschl's gyrus; Syn. Gyrus temporalis transversus)* Die Heschl-Querwindung ist der Sitz des primären auditiven Kortex (A1) und entspricht in etwa dem Brodmann-Areal 41. Die Heschl-Querwindung liegt auf der superioren Oberfläche des Temporallappens in der Sylvischen Furche und wurde 1855 erstmals von Richard Heschl beschrieben. Untersuchungen zur Symmetrie der Heschl-Querwindung ergaben bisher keine eindeutigen Ergebnisse. Der deutsche Anatom Pfeifer behauptete in den 30er Jahren, dass die Heschl-Querwindung in der rechten Hemisphäre häufiger aus zwei Gyri besteht, in der linken hingegen nur aus einem. Andere Forscher vermuten, die Heschl-Querwindung sei in der linken Hirnhälfte größer als in der rechten.

Heterosexualität *(engl. heterosexuality)* Heterosexualität bezeichnet eine sexuelle Orientierung eines Individuums zum anderen Geschlecht.

heterozygot *(engl. heterozygote, heterozygous)* Heterozygot bedeutet mischerbig, das heißt, dass ein Gen in zwei verschiedenen Allelen vorliegt. Ob ein Individuum bezüglich eines Merkmals heterozygot oder homozygot ist, lässt sich nicht anhand des Aussehens (Phänotyp) bestimmen, sondern nur durch eine Rückkreuzung (= Kreuzung mit einem homozygot rezessiven Partner).

Hinterhirn ▶ Metenzephalon

Hinterhörner *(engl. pl. posterior horns)* Hinterhörner sind dorsale Ausläufer der grauen Substanz im Rückenmark. An diesen Stellen treten die Hinterwurzeln ins Rückenmark ein. In den Hinterhörnern werden einige sensible Impulse (Afferenzen) auf ihrem Weg zum Gehirn, wo es zur bewussten Wahrnehmung kommt, verschaltet.

Hinterhornwurzel *(engl. dorsal root)* Wird ein bestimmter Bereich des Körpers gereizt (z. B. durch leichte Berührung), wird die Information darüber von den Rezeptoren der Haut an das Gehirn weiter geleitet. Eine Zwischenstation ist das Rückenmark. Hier erfolgt die Verarbeitung und Weiterleitung in der unipolaren Nervenzelle, deren Soma in der Hinterhornwurzel liegt.

Hinterstrang *(engl. posterior funiculus)* Der Hinterstrang ist neben dem Vorderseitenstrang die zweite aufsteigende Bahn des Rückenmarks. Er liegt im dorsalen Teil der weißen Substanz und vermittelt Impulse der epikritischen Sensibilität. Das beinhaltet Informationen über Lokalisation und Qualität von feinen Berührungsempfindungen (Exterozeption) und die Informationen über Lage und Stellung des Rumpfes und der Extremitäten im Raum (Propriozeption). Der Hinterstrang besteht aus zwei Bahnen: dem Fasciculus cuneatus (enthält die Fasern aus der oberen Körperhälfte) und dem Fasciculus gracilis (enthält die Fasern aus der unteren Körperhälfte). Die stark myelinisierten Fasern des Hinterstrangs treten vom Spinalganglion kommend über die Hinterwurzeln ins Rückenmark ein und verlaufen ungekreuzt (ipsilateral) und somatotopisch bis zu den Hinterstrangkernen in der Medulla oblongata, wo sie bei der Umschaltung auf das zweite Neuron kreuzen und in den Lemnicus medialis übergehen. Läsionen des Hinterstrangs führen zu ipsilateralen Störungen in der räumlichen Lokalisation taktiler Reize (z. B. Zweipunktschwellen) sowie in der Lage- und Raumwahrnehmung.

Hinterstrangsystem *(engl. lemniscal system; Syn. lemniskales System, Schleifenbahnsystem)* Das Hinterstrangsystem ist eine sensible Leitungsbahn und dient der Vermittlung von akustischen Informationen und epikritischer Sensibilität (Lokalisation und Qualität feiner Berührungs- und Tastempfindungen sowie bewusste Wahrnehmung von Lage und Stellung des Rumpfes und der Extremitäten im Raum). Das Hinterstrangsystem besteht aus dem Lemniscus medialis als Fortsetzung des Hinterstrangs und dem Lemniscus lateralis, der einen Teil der Hörbahn darstellt.

Hinterwurzel *(engl. dorsal root of spinal nerves; Syn. radix dorsalis)* Allgemein werden als Nervenwurzeln die ein- und austretenden Nervenbündel des Rückenmarks bezeichnet, wobei über die hintere Nervenwurzel jegliche afferente (sensorische) Informationen über das Hinterhorn zum Rückenmark geleitet werden. Ihre Wurzelzellen liegen außerhalb des Rückenmarks im Spinalganglion.

Hippocampus *(engl. hippocampus)* Evolutionär eine der ältesten Hirnstrukturen im Zentrum des Großhirns, gehört der Hippocampus zum limbischen System. Er besteht aus folgenden Bereichen: Subiculum, Cornu ammonis (Ammonshorn) und Gyrus dentatus. Der Hippocampus ist zuständig für die Gedächtniskonsolidierung; die Erinnerungen werden hier wiederholt, bis sie in der Großhirnrinde abgespeichert werden. Im Hippocampus bilden sich neue Nervenverbindungen, er ist beteiligt am räumlichen Orientierungssinn, hat Einfluss auf Verhalten und Problembehandlung und kodiert verschiedene Gedächtnisinhalte. Verschiedene Erkrankungen können zu einer Veränderung der Struktur des Hippocampus führen, v. a. Demenzerkrankungen. Auch im Zusammenhang mit der posttraumatischen Belastungsstörung wurde mehrfach auf eine Funktionsbeeinträchtigung des Hippocampus hingewiesen.

Hirnabszess *(engl. cerebral abscess; Syn. Herdenzephalitis)* Ein Hirnabszess ist eine Entzündung im Gehirn. Eingekapselt entwickelt sich ein Eiterherd, der zumeist durch vorherige Infektionen, z. B. im Nasen-, Ohren-, Mundraum, entsteht. Die betroffene Person hat meist Fieber, klagt über Übelkeit und ein Druckgefühl im Kopf. Über MRT oder CT wird die Diagnose gestellt. Eine Behandlung wird, soweit möglich, durch eine operative Entfernung der Eiterkapsel und zusätzliche Gabe von starken Antibiotika durchgeführt. Bis zu 20 % der Patienten mit einem Eiterherd versterben trotz Therapie. Nur 50 % der Geheilten haben keine Folgeschäden, wie bspw. epileptische Anfälle, Lähmungen oder Gedächtnisverlust (Amnesie).

Hirnanhangsdrüse ▶ Hypophyse

Hirnhaut *(engl. meninx; pl. Meningen)* Neben dem Schädelknochen und der puffernden Eigenschaft der Zerebrospinalflüssigkeit (CSF) ist das Gehirn durch die Hirnhäute (Meningen) geschützt. Es gibt drei verschiedene Meningen: Die Dura mater ist die äußerste Hirnhaut und liegt dem Schädel an. Darunter liegt die Arachnoidea (von griech. spinnwebenartig), die ihren Namen der dichten, spinnwebenartigen Gefäßzeichnung verdankt. Sie liegt dem Gehirn an. Darauf folgt die Pia mater, auch weiche Hirnhaut genannt. Sie liegt ebenfalls dem Gehirn an und reicht in alle Furchen hinein. Zwischen der Arachnoidea und der Pia mater liegt der mit Zerebrospinalflüssigkeit gefüllte Subarachnoidalraum. Entzünden sich die Hirnhäute durch bakterielle oder Virusinfektion, spricht man von Meningitis. Die Hirnhaut geht in die Rückenmarkshaut über.

Hirninfarkt *(engl. stroke; Syn. Schlaganfall)* Der Begriff »Hirninfarkt« bezeichnet ein plötzlich (schlagartig) auftretendes Ereignis, bei dem Funktionen des Gehirns aufgrund verminderter Sauerstoffzufuhr eingeschränkt werden. Nervenzellen sterben ab, die betroffenen Hirngebiete fallen aus. Der Begriff wird häufig synonym zum Begriff »Schlaganfall« (Apoplex) verwendet. Präziser wird darunter in der modernen Medizin jedoch der ischämische Insult (etwa 80 % der Schlaganfälle) verstanden, bei dem es durch Thrombusbildung in einer Hirnarterie zur Sauerstoff-Unterversorgung kommt. Damit wird der Hirninfarkt vom hämorrhagischen Insult (Hirnblutung, z. B. durch ein geplatztes Aneurysma) abgegrenzt, bei welchem der Schlaganfall durch Austritt von Blut ins Hirngewebe hervorgerufen wird.

Hirninfarkt, stiller *(engl. silent cerebral infarct)* Bei einem stillen Hirninfarkt wird ein kleiner Teil des

Gehirns durch plötzlich auftretende Durchblutungs-störungen unterversorgt. Dabei sterben Neuronen ab. Wenn dies in Bereichen geschieht, die nicht mit Sprache oder Motorik zusammenhängen, bleibt der Hirninfarkt oft unbemerkt, also still. In einer Studie konnte anhand einer zerebralen Magnetresonanz-tomographie bei einer Population von über tausend 60- bis 90-jährigen gezeigt werden, dass 21 % inner-halb von fünf Jahren einen oder mehrere stille Hirn-infarkte hatten. Probanden mit stillen Hirninfarkten hatten ein doppelt so großes Risiko in dieser Zeitspan-ne an einer Demenz zu erkranken und zeigten zudem einen stärkeren Abfall kognitiver Leistungen.

Hirnnerv *(engl. cranial nerve)* Hirnnerven sind die Nerven, die direkt dem Gehirn, meist dem Hirn-stamm, entspringen. Die zwölf paarigen Hirnnerven versorgen den gesamten Kopf- und Halsbereich. Es gibt fünf ausschließlich motorische (efferente), drei ausschließlich sensorische (afferente) und vier ge-mischte Hirnnerven. Sie werden mit römischen Zif-fern nummeriert, entsprechend der Austrittsstelle am Gehirn von oben nach unten. Zu den Hirnner-ven zählen: I. Nervus olfactorius (Signalübertragung von der Nase zum Gehirn), II. Nervus opticus (Signalübertragung von der Netzhaut zum Gehirn), III. Nervus occulomotoris (steuert Augen- und Lid-bewegung und die Iris), IV. Nervus trochlearis (steuert die schrägen oberen Augenmuskel), V. Ner-vus trigeminus (motorische Fasern: Augennerv, Ober- und Unterkiefernerv, innerviert kaumuskula-tursensible Informationen von Gesichtshaut zum Gehirn), VI. Nervus abducens (innerviert den late-ralen Augenmuskel), VII. Nervus facialis (steuert Muskulatur der Mimik, vermittelt Geschmacks-wahrnehmung in den vorderen 2/3 der Zunge), VIII. Nervus vestibulocochlearis (Signalübertragung von Cochlea und Gleichgewichtsorganen), IX. Nervus glossopharyngeus (Signalübertragung des hinteren Zungenabschnitts zum Gehirn, innerviert Muskeln des Rachens und ermöglicht das Schlucken), X. Ner-vus vagus (Hauptnerv des Parasympathikus, sensible Informationen der Organe an Gehirn, motorische Informationen an Rachen, Kehlkopf, Eingeweide), XI. Nervus accessorius (innerviert Nacken und Ach-sel) und XII. Nervus hypoglossus (steuert Zungen-bewegung). Die Nerven I, II, und VIII sind aus-schließlich sensorische Fasern, III, IV, VI, XI und XII

rein motorische Fasern und die Nerven V, VII, IX und X enthalten beide Anteile.

Hirnquetschung *(engl. cerebral contusion)* Eine Hirnquetschung ist eine schwere Schädelhirnver-letzung, die bleibende anatomische Hirnverände-rungen hinterlässt und zum Tod führen kann. Sie ist durch folgende Symptome gekennzeichnet: Der Patient ist nach dem Trauma einige Zeit bewusstlos (meistens mehrere Stunden bis Tage), wobei die Dauer der Bewusstlosigkeit dem Schweregrad der Verletzung entspricht. Außerdem zeigt der Patient zerebrale Herdsymptome (z. B. Krämpfe oder Läh-mungen). Der posttraumatische Dauerschaden, den der Patient erleidet, ist je nach Ausmaß und Loka-lisation der Verletzung individuell unterschiedlich. Gefährliche Komplikationen bei der Hirnquet-schung sind die Entwicklung eines lebensbedro-henden Hirnödems oder eines intrakraniellen Häma-toms. Neben der neurologischen Untersuchung ist deshalb ein CT zur Diagnosestellung notwendig.

Hirnstamm *(engl. brain stem)* Der Hirnstamm setzt sich aus der Medulla oblongata, der Pons und dem Mesenzephalon zusammen. Er enthält viele Kern-komplexe, u. a. die Hirnnervenkerne, den Oliven-kernkomplex und die Brückenkerne. Bedeutende auf- und absteigende Bahnsysteme, die den Hirn-stamm durchziehen, sind die Pyramidenbahn, extra-pyramidale Bahnen sowie die Formatio reticularis. Der Hirnstamm enthält Zentren zur Kontrolle der Atmung, des Kreislaufs sowie verschiedener Reflexe (u. a. Brechreflex, Saugreflex, Niesreflex, Pupillen-reflex).

Hirnstammpotenziale *(engl. pl. brainstem poten-tials)* Als Hirnstammpotenziale werden frühe An-teile ereigniskorrelierter Potenziale (EKPs) bezeich-net, die bereits nach wenigen Millisekunden (< 10 ms) auftreten und frühe Stufen der Reizver-arbeitung auf Hirnstammebene widerspiegeln. Bei akustisch evozierten Potenzialen (AEPs) kann z. B. unmittelbar nach dem Reiz Aktivität in Nerven-kernen der Pons und des Mesenzephalons (Nucleus cochlearis, Colliculi inferiores, obere Olivenkerne) abgeleitet werden. Da diese Potenziale räumlich weit entfernt vom Ableitungsort (i. d. R. Kopfhaut) liegen, werden sie auch als »far field potentials« bezeichnet.

Pathologisch veränderte Hirnstammpotenziale können Aufschluss über Verletzungen oder Tumore, z. B. in der Hörbahn, geben.

Hirnventrikel *(engl. pl. cerebral ventricles)* Die vier Hirnventrikel bilden das Liquorsystem des Gehirns. In allen Ventrikeln wird im Plexus choroideus, einem Membransystem, die sog. Zerebrospinalflüssigkeit (CSF, Liquor) gebildet, die ständig durch die Ventrikel und den Subarachnoidalraum zirkuliert. Man unterscheidet die paarig angeordneten Seitenventrikel (1. und 2. Ventrikel) sowie den dritten und den vierten Ventrikel. Die beiden Seitenventrikel sind mit dem dritten Ventrikel über die Foramina Monroi, der dritte mit dem vierten über den Aquaeductus cerebri verbunden. Es kann (z. B. durch Tumoren) zu einer Blockade einer der engen Ventrikel verbindenden Kanäle kommen, was zu einer Ausdehnung der Ventrikel und damit zu einem Anschwellen des ganzen Gehirns führt. Es entsteht ein Hydrozephalus (»Wasserkopf«), der durch ein Ableiten der angestauten Flüssigkeit behandelt werden kann.

Histamin *(engl. histamine)* Histamin ist ein biogenes Amin, das zu den Gewebshormonen zählt. Es ist ein wichtiger Mediator bei Entzündungsreaktionen, daher erfolgt die Freisetzung von Histamin bei entzündlichen oder toxischen Prozessen. Der Histamingehalt des Körpers kann aber auch durch Stress und histaminhaltige Lebensmittel steigen. Histamin führt zur Erhöhung der Gefäßpermeabilität, was die Bildung von Schwellungen, Rötungen und Juckreiz begünstigt, und es ist maßgeblich an allergischen Reaktionen beteiligt. Weiterhin trägt Histamin zur Gefäßerweiterung bei, woraufhin eine Senkung des Blutdrucks eintritt und somit die Bildung von Neurotransmittern gefördert wird. Negative Folgen von Histamin sind Erbrechen, Herzrasen oder Migräne. Diese treten besonders bei der Histaminintoleranz in Erscheinung. Histamin wird insbesondere in Mastzellen, basophilen Granulozyten und Nervenzellen gespeichert.

histologisch *(engl. histologic/al/)* Histologisch heißt so viel wie »zur Histologie gehörend« und bezieht sich auf mikroskopische Darstellungen biologischer Gewebe. Als Histologie bezeichnet man die Lehre von Gewebe- und Zellaufbau des Organismus. Sie ist ein Teilbereich der Medizin/Biologie. In der Praxis werden anhand histologischer Proben (Gewebeproben) Verdachtsdiagnosen bestätigt oder entkräftet, also Gewebeproben auf ihre Malignität bzw. Benignität überprüft. Besteht eine Verdachtsdiagnose (bspw. bei Muttermalen, Tumoren o. ä.), kann aus dem betroffenen Gewebe eine Probe entnommen werden (Biopsie). Mittels chemischer Färbemethoden können unter Licht- bzw. Elektronenmikroskop gewebespezifische sowie pathologische Strukturen erkannt werden.

Histone *(engl. pl. histones)* Histone sind arginin- und lysinreiche Proteine, die an der Faltung der DNS bei Eukaryonten beteiligt sind. Dimere der Histonvarianten H2A, H2B, H3 und H4 bilden ein Oktamer, an das etwa 110 Nukleotide des DNS-Strangs durch elektrostatische Bindung gebunden werden. Außerhalb dieses Komplexes lagert sich das Histon H1 an und ermöglicht durch Zusammenlagerung mit anderen H1-Molekülen eine stärkere Komprimierung der DNS. Neben der ribosomalen DNS gehören die Histongene zu den konserviertesten Bereichen des Genoms.

Hoden *(engl. testicle; Syn. Testikel)* Der Hoden ist das paarig angelegte innere männliche Geschlechtsorgan. Die H. gehören zu den Keimdrüsen (Gonaden) und sind für die Produktion von Geschlechtshormonen wie z. B. Testosteron sowie die Produktion der Spermien zuständig.

Höhlengrau, zentrales *(engl. central gray, periaqueductal gray; Syn. periaquäduktales Grau)* Das zentrale Höhlengrau (PAG) liegt im Tegmentum des Mittelhirns und ist neben dem Hypothalamus und dem Zentralkern der Amygdala das wichtigste Zentrum für angeborene affektive Zustände und Verhaltensweisen. Es kann unabhängig von höheren affektiv-emotionalen Zentren wie der basolateralen Amygdala, dem Hippocampus oder der Großhirnrinde arbeiten, wird aber meist von diesen beeinflusst. Es kontrolliert wie der Hypothalamus Sexualverhalten, Aggression, Verteidigung und Beutefang bzw. Nahrungsaufnahme. Eine wichtige Rolle spielt es auch bei der unbewussten Schmerzreaktion, affektiv-emotionalen Vokalisationen (Schmerzschreie, Stöhnen, Klagen usw.) sowie der Schmerzunterdrückung. Das

PAG enthält Opiatrezeptoren; eine elektrische Stimulation führt zu einer Analgesie (Unterdrückung der Schmerzempfindung).

Homo erectus *(engl. homo erectus)* Der Homo erectus (v. lat. »aufgerichteter Mensch«) lebte vor ca. 1,8 Mio. bis 300.000 Jahren. Der Körperbau von Homo erectus erinnert bereits deutlich an moderne Menschen, war allerdings robuster. Das Gehirnvolumen war größer als das des Homo habilis und lag zwischen 750 und 1250 cm^3. Die Stirn war steiler, der Unterkiefer ist im Vergleich zu Homo sapiens breiter und leicht V-förmig. Fossilienfunde stammen insbesondere aus Algerien, Marokko, China und Java. Die Körperlänge konnte lange Zeit nur auf etwa 1,60 m geschätzt werden, da postkraniales Skelettmaterial fehlte. Funde aus Afrika ergaben jedoch, dass Homo erectus ausgewachsen etwa 1,80 m groß war. Für Homo erectus ist Werkzeuggebrauch ebenso nachgewiesen wie die Nutzung des Feuers. Kulturell gehört er der Altsteinzeit an.

Homo habilis *(engl. homo habilis)* Der Homo habilis (v. lat. »geschickter Mensch«) ist eine frühe Gattung des Menschen und erhielt seinen Namen durch Steinwerkzeuge, die erstmals mit seinen Überresten gefunden wurden. Der Homo habilis lebte vor ca. 2,5 bis ca. 2,0 Mio. Jahren in Ostafrika. Im Vergleich zum Australopithecus hatte er mit ca. 725 cm^3 ein um 30 % größeres Hirnvolumen (Homo sapiens ca. 1200–1400 cm^3). Es wird angenommen, dass Homo habilis seine Nahrung mit Fleisch ergänzte, um sein größeres Gehirn zu versorgen, und deshalb erstmals Steinwerkzeuge herstellte. Die Ausbuchtung des Brocaschen Zentrums, ein Bereich des Gehirns, der beim modernen Menschen der Sitz des Sprachzentrums ist, ist bei habilis-Gehirnausgüssen gut sichtbar und deutet auf eine rudimentäre Sprechfähigkeit hin. Habilis ist eine kontrovers diskutierte Spezies, da einige Wissenschaftler glauben, dass alle habilis-Funde entweder den Australopitecinen oder Homo erectus zugeordnet werden sollten.

Homo sapiens *(engl. homo sapiens)* Der Homo sapiens tauchte erstmals vor ungefähr 120.000 Jahren auf. Die Bezeichnung Homo sapiens leitet sich aus dem Lateinischen von homo »Mensch« und sapiens »weise« ab. Moderne Menschen haben ein durch-

schnittliches Gehirnvolumen von ca. 1350 cm^3, ihre Augenbrauenwülste sind klein oder nicht mehr vorhanden und ihr Skelett ist eher grazil. Mit dem Erscheinen der Cro-Magnon-Kultur vor ca. 40.000 Jahren fanden sich auffallend hoch entwickelte Werkzeuge und Ausrüstungsgegenstände. Die Cro-Magnon-Menschen waren die ersten, die schwer zu bearbeitende Materialien wie Elfenbein, Rentiergeweih und Knochen benutzten, sie schufen auch die ersten Kunstwerke (Höhlenmalereien und kleine Plastiken). Mit dem Ende der Eiszeit vor 12.000 Jahren entstanden die ersten Ackerbaukulturen.

homoiotherm *(engl. homeotherm; Syn. gleichwarm)* Homoiotherm ist die zoologische Bezeichnung für gleichwarme (auch warmblütige) Organismen. Homoiotherme Lebewesen (Vögel und Säugetiere) sind in der Lage, ihre Körpertemperatur unabhängig von Umweltfaktoren (Umgebungstemperatur) auf konstantem Niveau zu halten. Diese homöostatische Regelung schlägt sich in einem erhöhten Grundumsatz (Energieverbrauch) nieder. Erreicht wird diese Konstanthaltung der Körpertemperatur durch Mechanismen wie z. B. Schwitzen (beim Menschen) oder Hecheln (beim Hund). Homoiotherme Arten verfügen über eine gute Wärmeisolierung in Form von Fell oder Federn, die ebenfalls zur Regulation beiträgt. Dieser Mechanismus funktioniert so gut, dass bspw. die Körpertemperatur eines gesunden Menschen nur um etwa 1–2 °C schwankt. Das Gegenteil von homoiotherm ist poikilotherm (wechselwarm).

homolog *(engl. homologous, homologic)* In der Biologie wird ein bestimmtes Merkmal wie ein Organ oder ein Verhalten verschiedener Arten als homolog bezeichnet, wenn es evolutionsgeschichtlich den gleichen Ursprung hat. So entsprechen z. B. menschliche Arme den Flügeln der Vögel oder den Brustflossen der Fische. Sie erfüllen zwar unterschiedliche Funktionen, sind aber aus den gleichen Anlagen hervorgegangen. Ähnliches lässt sich beim Verhalten beobachten. Dabei erfüllt homologes Verhalten den gleichen Zweck und geht auf eine gemeinsame Entwicklungsgeschichte zurück. Das Gegenteil von homolog ist analog.

Homosexualität *(engl. homosexuality)* Als Homosexualität wird die sexuelle Orientierung auf gleichgeschlechtliche Partner bezeichnet. Homosexuelle Männer bezeichnen sich dabei als Schwule, homosexuelle Frauen hingegen werden umgs. als Lesben bezeichnet. Diese Form der Sexualität hat inzwischen zu der Entwicklung einer eigenständigen und umfangreichen Subkultur geführt. Homosexualität ist heute nicht mehr als pathologischer Begriff im ICD-10 oder DSM-IV zu finden. Dennoch stehen folgende Perspektiven in der Forschung weiterhin zur Diskussion: Homosexualität als sexuelle (nicht abnorme) Verhaltensmöglichkeit, als biologische Gegebenheit oder als erworbene Fehlhaltung.

homozygot *(engl. homozygous)* Homozygot ist ein Begriff aus der Genetik und bedeutet »reinerbig«. Er bezeichnet die Tatsache, dass bei einem diploiden Organismus zwei identische Allele eines Gens für ein Merkmal im Chromosomensatz vorhanden sind. Das Gegenteil von homozygot ist heterozygot.

Homunkulus, motorischer *(engl. motor homunculus)* Ebenso wie im sensorischen System eine Abbildung der Körperoberfläche existiert (▶ Homunkulus, somatosensorischer), gibt es auch im motorischen System eine Abbildung der (Skelett-)Muskulatur im Gehirn. Diese findet sich in den motorischen Rindenfeldern, wobei jeder Punkt der Muskulatur der Körperoberfläche (Peripherie) im Gehirn repräsentiert ist. Die Anordnung bleibt dabei erhalten, d. h. die Abbildung im Gehirn entspricht der eines »kleinen Menschen« (Homunkulus). Der motorische Homunkulus ist allerdings eine verzerrte Abbildung der realen (Skelett-)Muskulatur: Bestimmte Bereiche sind überproportional auf der Großhirnrinde repräsentiert.

Homunkulus, somatosensorischer *(engl. somatosensory homunculus)* Jeder Bereich des Körpers ist im Gehirn in den somatosensorischen Arealen (Somatosensorik = Körperempfindung) abgebildet. Dabei handelt es sich um eine 1:1-Abbildung, d. h. reizt man einen bestimmten Punkt auf dem Körper (z. B. durch leichte Berührung), wird ein bestimmter Teil im Gehirn aktiviert. Die Abbildung der einzelnen Körperteile im Gehirn entspricht der realen Körperform (somatotope Abbildung), d. h. im Gehirn ist ein »kleiner Mensch« (Homunkulus) abgebildet. Besonders sensible Körperteile, z. B. die Finger oder die

Unterlippe sind im Gehirn allerdings größer repräsentiert als weniger empfindliche Körperteile wie z. B. die Beine. Daher ist der somatosensorische Homunkulus verzerrt, hat z. B. große Lippen und große Hände, aber vergleichsweise kleine Beine und dünne Arme.

Homöostase *(engl. homeostasis; Syn. Gleichgewicht)* Der Begriff Homöostase stammt aus dem Griechischen und bezeichnet die natürliche Tendenz eines Organismus, sich durch Rückkopplung selbst innerhalb gewisser Grenzen in einem stabilen Zustand zu halten. Der Begriff wurde 1929 vom Physiologen W. Cannon eingeführt. Zahlreiche physiologische Größen scheinen demnach homöostatisch reguliert zu werden wie etwa Kerntemperatur, Blutzuckerspiegel, Nahrungsaufnahme und -abgabe. Eine nicht adäquate homöostatische Anpassungsfähigkeit des Körpers über längere Zeit, z. B. bei erhöhtem Blutdruck aufgrund von Stress, kann zu pathologischen Veränderungen führen (bspw. Hypertonie oder andere Herzkreislauferkrankungen). Ein ähnliches, jedoch in einigen wichtigen Aspekten verändertes Regulationsmodell ist die Allostase (bzw. allostatische Last).

Horizontalschnitt *(engl. horizontal view)* Ein Horizontalschnitt bezeichnet einen waagerechten Schnitt durch den Körper, senkrecht zur Wirbelsäule.

Horizontalzelle *(engl. horizontal cell)* Die Horizontalzellen bilden zusammen mit den amakrinen Zellen und den Bipolarzellen die innere Zellschicht der Retina. Sie besitzen horizontale Neurite, mit denen sie innerhalb der Retina verschaltet sind. Als Interneurone hemmen sie mittels der Transmitter GABA und Glyzin die Signalübertragung zwischen Bipolarzellen und Ganglienzellen und ermöglichen damit eine Kontrastverstärkung visueller Reize bereits auf der retinalen Ebene. Wie bei den Photosensoren, Bipolarzellen und amakrinen Zellen auch, findet die Signalübertragung der Horizontalzellen nicht über Aktionspotenziale statt, sondern über graduierte lokale Membranpotenziale.

Hormon *(engl. hormone)* Hormone sind chemische Botenstoffe, welche in spezialisierten Drüsen (Hormondrüsen) gebildet und in die Blutbahn freigesetzt werden. Sie binden an spezifische Rezeptoren, die in der Zellmembran (z. B. Adrenalin) oder im Inneren der Zelle (z. B. Steroidhormone) liegen. Nach ihrer chemischen Struktur kann man Hormone grob unterteilen in Protein- bzw Peptidhormone (z. B. GnRH, ACTH, Insulin), Aminhormone (z. B. Adrenalin, Melatonin, Schilddrüsenhormone) und Steroidhormone (z. B. Testosteron, Östradiol, Kortisol). Die Ausschüttung der meisten Hormone erfolgt in Pulsen, d. h. mehrmals täglich in diskreten Sekretionsepisoden, und dauert in der Regel nicht länger als einige Minuten an. Der stark fluktuierende Hormonspiegel im Blut und anderen Körperflüssigkeiten wird durch den Wechsel in Häufigkeit und Dauer der pulsatilen Hormonentladungen bedingt.

Hörnerv *(engl. acustic nerve; Syn. Nervus cochlearis (acusticus))* Der Hörnerv ist ein Teil des achten Hirnnervs (Nervus vestibulocochlearis, dargestellt mit der römischen Ziffer VIII). Der andere Teil ist der Gleichgewichtsnerv (Nervus vestibularis). Der Hörnerv ist eine afferente (sensorische) Nervenbahn, beginnend am Cortischen Organ im Innenohr und endend an den Hörkernen (Nuclei cochleares) im Myelenzephalon, von wo aus die akustischen Informationen zur Hörrinde des Gehirns in den Temporallappen weitergeleitet werden.

Hörschnecke ▶ Cochlea

Horseradish-Peroxidase ▶ Meerrettichperoxidase

Hörstrahlung *(engl. acoustic radiation; Syn. Radiato acustica)* Wird ein Geräusch vom Cortischen Organ im Innenohr aufgenommen, werden die Signale über Hörbahnen zum primären auditorischen Kortex, der Hörrinde, geleitet. Dabei ziehen zuerst Hörnervenfasern, die sich mit den Nervenfasern des Gleichgewichtsorgans zum Nervus vestibulocochlearis vereinigt haben, zum Nucleus cochlearis. Von dort durchläuft die Hörbahn den Olivenkomplex und sendet Axone weiter zum lateralen Schleifenkern (Lemniscus lateralis) und über die Colliculi inferiores zum Corpus geniculatum mediale (Thalamus; medialer Kniehöcker). Die vom Corpus geniculatum mediale zum primären auditorischen Kortex im oberen hinteren Temporallappen ziehende Hörbahn wird auch Hörstrahlung genannt.

Insgesamt besteht die Hörbahn aus fünf bis sechs Neuronenschaltstellen. Im primären auditorischen und im sekundären auditorischen Kortex, der u. a. für Sprachwahrnehmung zuständig ist, findet dann die bewusste Verarbeitung akustischer Signale statt.

Hörtest, dichotischer *(engl. dichotic listening)* Beim dichotischen Hörtest werden beiden Ohren gleichzeitig verschiedene Stimuli (sprachliche oder nichtsprachliche, z. B. Zahlensequenzen oder Fragmente von Musikstücken) präsentiert. Der Proband soll entweder nur einem der Stimuli seine Aufmerksamkeit schenken oder auf beide achten. Anschließend soll die Person so viele der Stimuli wie möglich wiedergeben (im Falle der gehörten Zahlen) oder die Musikstückfragmente wieder erkennen. Es kann nun festgestellt werden, von welchem Ohr mehr Stimuli erinnert werden bzw. welche Hirnhälfte die für die Verarbeitung der Stimuli dominante ist. Zwar erhalten beide Hemisphären Input von beiden Ohren, jedoch sind die Verbindungen zur kontralateralen Hirnhälfte stärker. Mit Hilfe des dichotischen Hörtests konnte gezeigt werden, dass bei den meisten Personen die linke Hemisphäre hinsichtlich der Sprache dominant ist. Dieser Test findet daher auch klinische Anwendung.

HPA-Achse ▶ Hypothalamus-Hypophysen-Nebennierenrinden-Achse

HRP ▶ Meerrettichperoxidase

Human Genom Projekt *(eng.: human genome project)* Das Human Genom Projekt (HGP) ist ein 1990 von der Human Genome Organisation (HUGO) in den USA gestartetes Projekt zur Identifikation des menschlichen Genoms, der Entschlüsselung des gesamten Erbguts des Menschen. Die etwa drei Mrd. Basenpaare umfassende menschliche DNA-Sequenz konnte bereits im Juni 2000 fast vollständig (zu 97 %) dekodiert werden, früher als von den Forschern erwartet. Ein Zukunftsziel des HGP ist ein tiefer gehendes Verständnis der Funktion bestimmter Gene. Die Wissenschaftler erhoffen sich Einsichten in die Ursachen von Erbkrankheiten und Ansätze für neue Diagnose- und Therapieverfahren (Stichwort Gentherapie).

Huntington-Krankheit ▶ Chorea Huntington

Hybride *(engl. hybrid)* Eine Hybride ist im biologischen Sinne ein Individuum, das aus der Kreuzung zweier genetisch verschiedener Arten (auch verschiedener Zuchtlinien oder Rassen) hervorgegangen ist. Die Elterngeneration ist daher genetisch weit voneinander entfernt, was zu dem Vorteil führt, dass Hybriden über ein breites genetisches Repertoire verfügen. Ein Nachteil hingegen ist, dass durch eine derartige Zucht natürliche Arten aussterben. Die Hybridzüchtung ist insbesondere bei Pflanzen weit verbreitet (bspw. bei Mais oder Zuckerrüben), mittlerweile gibt es aber auch in der Tierzucht Hybriden. Insbesondere bei Pflanzen können in der Natur, also ohne Zucht, spontane Kreuzungen zwischen Arten vorkommen. Die so entstandenen Hybriden nennt man Naturhybriden. Die ersten Zuchtversuche von Pflanzen-Hybriden wurden von Gregor Mendel im Jahr 1865 unternommen.

Hydrozephalus *(engl. hydrocephalus; Syn. Wasserkopf)* Ein Hydrozephalus beruht auf einem Ungleichgewicht zwischen Liquorproduktion und Liquorabfluss. Ein Hydrozephalus kann z. B. durch einen Tumor und einem dadurch fehlerhaften Liquorabfluss bedingt sein. Das führt zu einer Erweiterung der Liquorräume und somit zu einer Erhöhung des Liquordrucks. Bei Säuglingen äußert sich der Hydrozephalus in einer Vergrößerung des Schädels, es kommt zu einer Aufweitung der Schädelnähte und Wölbung der Stirn nach vorne. T herapeutisch wird ein Ableiten des Liquors vorgenommen (sog. »Shunt«).

Hyperalgesie *(engl. hyperalgesia)* Hyperalgesie bezeichnet eine Erhöhung der Schmerzempfindlichkeit gegenüber einem Schmerzreiz. Es handelt sich um eine Form der Hyperästhesie, welche eine Überempfindlichkeit bezeichnet, wobei eine gesteigerte Nerven- und Gefühlserregbarkeit (Affektivität) nachgewiesen werden kann. Das Gegenteil von Hyperalgesie ist die Hypoalgesie (Herabsetzung der Schmerzempfindlichkeit).

Hypergeusie *(engl. hypergeusia)* Hypergeusie ist das Gegenteil der Hypogeusie, d. h. ein extrem, teilweise krankhaft, gesteigertes Geschmacksvermögen (▶ Ageusie; Hypogeusie).

Hyperphagie *(engl. hyperphagia)* Unter Hyperphagie wird eine ungewöhnlich gesteigerte Nahrungsaufnahme verstanden, bei der kein Sättigungsgefühl eintritt und das Essen auch ohne Hungergefühl stattfindet. Dieses Krankheitsbild tritt häufig nach einseitigen Diäten auf, es kann aber möglicherweise auch durch einen Gendefekt verursacht werden. Die psychogene Hyperphagie wird auch als Binge-Eating-Disorder bezeichnet. Dabei treten »Fressattacken« mehrmals wöchentlich auf, nach denen nicht versucht wird, das Gegessene wieder abzuführen, z. B. durch Erbrechen. Diese Störung kann bei Adipositas (Übergewicht) entstehen, aber auch körperliche Erkrankungen wie Diabetes mellitus, Schizophrenie oder Hirntumoren können zu solchen Attacken führen. Bei bestimmten Menschen wird Hyperphagie durch Stresssituationen gefördert.

Hyperpolarisation *(engl. hyperpolarization)* Eine Hyperpolarisation meint eine Senkung des »normalen« Membranpotenzials, das sog. Ruhepotenzial, welches – abhängig vom Nervenzelltyp – bei einer Spannung von ca. –70 mV liegt. Durch diese Verschiebung auf einen größeren negativen Wert entfernt sich das Potenzial weiter vom Schwellenpotenzial von ca. –50 mV, das zur Auslösung eines Aktionspotenzials (AP) erreicht werden muss. Die Auslösung eines APs wird durch eine Hyperpolarisation unwahrscheinlicher, was z. B. durch eine inhibitorische Synapse erreicht wird. Die Hyperpolarisation ist zudem Bestandteil von Aktionspotenzialen. Während in der ersten Phase das Potenzial herabgesetzt wird, also einen weniger negativen bzw. einen positiven Wert annimmt (Depolarisation, bis zu +30 mV), folgt nach der Repolarisation eine kurze Phase, in der die Zelle hyperpolarisiert ist (auch Nachpotenzial genannt). In dieser Zeit ist die Auslösung eines weiteren APs nur durch starke Reize oder gar nicht möglich (▶ Refraktärphase; Refraktärzeit, absolute und relative).

Hypersäule *(engl. hyper column)* Als Hypersäulen bezeichnet man bestimmte Bereiche des Kortex mit jeweils ca. einem Millimeter Kantenlänge. Diese umfassen Positionssäulen, die als Verarbeitungsmodule nur für die Signale aus ihnen retinotrop zugeordneten kleinen Bereichen der Netzhaut zuständig sind. Eine Hypersäule besteht aus zwei Augendominanzsäulen, wobei die Kortexneurone entsprechend optimal auf das rechte bzw. linke Auge ansprechen. Jede Augendominanzsäule besteht wiederum aus einem Satz von Orientierungssäulen, die alle möglichen Orientierungen umfassen, die das dargebotene Objekt annehmen kann. Wird eine bestimmte Ausrichtung dargeboten, feuern nur die Kortexneurone, die auf diese Position spezialisiert sind. Ist ein Objekt so groß, dass der Input auf mehreren Netzhautbereichen erfolgt, werden auch mehrere Positionssäulen aktiviert.

Hypersomnie *(engl. hypersomnia)* Hypersomnie bezeichnet eine Erhöhung des Schlafbedürfnisses.

Hypertonie *(engl. hypertension; Syn. Bluthochdruck)* Hypertonie ist der medizinische Fachbegriff für Bluthochdruck. Ab Blutdruckwerten von 140/90 mmHg kann man von einer Hypertonie sprechen. Nach der Weltgesundheitsorganisation (WHO) wird die Hypertonie in fünf Schweregrade eingeteilt. Zudem gibt es auch eine Unterteilung in drei Stadien des Verlaufs zu immer schwerwiegenderen organischen Schäden. Es wird davon ausgegangen, dass bis zu 90 % aller Hypertonien psychische Ursachen haben (sog. primäre Hypertonieformen). Daher wäre neben medizinischer Behandlung v. a. eine psychotherapeutische Versorgung hilfreich. Die sekundäre Hypertonie kann unterschiedliche Ursachen haben, wie z. B. Nierenentzündungen, Schilddrüsenfehlfunktionen, Alkoholkonsum, Fehlernährung oder Psychopharmaka. Bei über 70 % aller Betroffenen liegt eine Hypertoniesymptomatik in der Familie vor.

Hypnotika *(engl. pl. hypnotics; Syn. Schlafmittel)* Hypnotika sind Schlafmittel, die die REM-Schlafphase verkürzen. Da REM-Phasen lebhafte Träume beinhalten, wird Schlaf mit einem großen Anteil an REM-Phasen als nicht erholsam erlebt. Neben ihrer Schlafregulierenden Wirkung können Hypnotika je nach Einnahmedauer auch eine Schlafmittelabhängigkeit begünstigen. Als Hypnotika werden Benzodiazepine, Barbiturate, Chloralhydrat und sedierend wirksame H_1-Antihistaminika eingesetzt.

Hypofrontalität *(engl. hypofrontality)* Unter Hypofrontalität versteht man ein Funktionsdefizit frontaler Hirnareale (PFC, besonders dorsolateral), das u. a. im Zusammenhang mit Schizophrenie auftritt und für die mit dieser Störung assoziierten Negativsymptome verantwortlich gemacht wird. Als Ursache wird eine Verminderung der Dopaminausschüttung im PFC angenommen. Hypofrontalität geht mit Störungen in den Bereichen der Impulskontrolle, Planen und Einhalten von Normen sowie limbischen Dysfunktionen mit eingeschränkter Regulation von Emotionen und Angst einher.

Hypogeusie *(engl. hypogeusia)* Hypogeusie ist eine milde Form der Ageusie, d. h. eine herabgesetzte Empfindung von Geschmack. Sie kann, wie die Ageusie, durch eine Schädigung der Geschmacksnerven (z. B. durch Traumata, Tumoren, toxische oder medikamentöse Schädigung) oder eine Schädigung der Geschmackszellen entstehen (▶ Ageusie; Hypergeusie).

Hypokretin ▶ Orexin

Hypomanie *(engl. hypomania)* Die Hypomanie ist eine Störung aus dem affektiven Bereich der Psychopathologie und beinhaltet eine gehobene oder gereizte Stimmung von abnormem Ausmaß, die über mindestens vier Tage anhält (Internationale Klassifikation der Krankheiten (ICD-10), Code F30.0). Für eine Diagnosevergabe nach ICD-10 sollte zusätzlich eine Beeinträchtigung der Lebensführung vorhanden sein, und es müssen mindestens drei der folgenden Kriterien erfüllt sein: gesteigerte Aktivität, gesteigerte Gesprächigkeit oder Libido, motorische Ruhelosigkeit, Konzentrationsstörungen, Ablenkbarkeit oder vermindertes Schlafbedürfnis. Eine hypomanische Episode erfüllt nicht die Kriterien einer Manie. Im DSM-IV wird die Hypomanie nicht als eigenständige psychische Störung angesehen, sondern lediglich als Teil einer Bipolaren Störung II oder einer Zyklothymie.

Hypophyse *(engl. pituitary; Syn. Hirnanhangsdrüse)* Die Hypophyse ist eine im erwachsenen Organismus rund 0,5 g schwere Hormondrüse, in der lebenswichtige Hormone produziert und gespeichert werden. Sie befindet sich etwa in der Mitte des Schädels, in Höhe der Augen, hinter der Nasenwurzel am Boden des Zwischenhirns und ist mit dem Hypothalamus durch den Hypophysenstiel verbunden. Man unterscheidet den Hypophysenvorderlappen (= Adenohypophyse; HVL) und den Hypophysenhinterlappen (= Neurohypophyse). Im Hypophysenvorderlappen werden die Hormone ACTH, FSH, LH, GH, PRL, beta-Endorphin, alpha-MSH und TSH produziert. Deren Sekretion wird durch entsprechende Releasing- und Inhibiting-Hormone des Hypothalamus gesteuert. Diese werden in Kapillaren (Pfortadersystem) abgegeben und so vom Hypothalamus durch den Hypophysenstil in die Hypophyse befördert. Im Hypophysenhinterlappen befinden sich keine endokrinen Zellen, somit produziert dieser selbst keine Hormone. Die Neurohypophyse empfängt die Hormone Vasopressin (= Antidiuretisches Hormon, ADH) und Oxytozin vom Hypothalamus über Axone, die durch den Hypophysenstil reichen. Er speichert sie und gibt sie in den Blutkreislauf ab.

Hypothalamus (*engl. hypothalamus*) Der Hypothalamus ist eine Hirnstruktur im Dienzephalon (Zwischenhirn). Sie befindet sich direkt unter dem vorderen Teil des Thalamus und wiegt im erwachsenen Organismus rund 5 g. Der Hypothalamus erhält Informationen aus dem Hippocampus, der Amygdala, dem Thalamus, dem Striatum, dem Mittel- und Rautenhirn und dem Rückenmark. Er besitzt Efferenzen zur Formatio reticularis des Mittelhirns, zum Thalamus und zur Neurohypophyse (Hypophysenhinterlappen). Die Verbindung zur Adenohypophyse (Hypophysenvorderlappen) besteht über das Pfortadersystem der Hypophyse. Der Hypothalamus steuert die Hormonfreisetzung aus der Hypophyse und spielt eine wichtige Rolle bei der Steuerung verschiedener motivationaler Zustände und der Kontrolle der vegetativen Funktionen (Temperatur, Blutdruck, Osmolarität, Hunger, Durst, zirkadiane Rhythmik, Schlaf, Sexual- und Fortpflanzungsverhalten). Es handelt sich um eine wichtige Struktur für die Koordination von Stressreaktionen. Die Regulation der Hormonfreisetzung geschieht mittels sog. Releasing-Hormone, wie z. B. das Kortikotropin-Releasing-Hormon (CRH) oder Gonadotropin-Releasing-Hormon (GnRH), die im Hypophysenvorderlappen die Produktion von Hormonen anstoßen. Der Hypothalamus gibt aber auch direkt Hormone (Oxytozin, Vasopressin) an den Hypophysenhinterlappen weiter, wo sie dann in den Blutkreislauf freigesetzt werden. Sowohl Funktion als auch Struktur des Hypothalamus weisen geschlechtsspezifische Merkmale auf.

Hypothalamus-Hypophysen-Gonaden-Achse (*engl. hypothalamus-pituitary-gonadal axis*) Diese Achse ist ein Kreislaufsystem der hormonellen Kommunikation zwischen Hypothalamus, Hypophyse und Gonaden. Das im Hypothalamus durch neuroendokrine Zellen produzierte Gonadotropin-Releasing-Hormon (GnRH) wird über ein Pfortadersystem ins Kapillarnetz des Hypophysenvorderlappens transportiert. Hier bindet GnRH an spezifische Rezeptoren hormonproduzierender Zellen und stimuliert die Ausschüttung von Follikel-stimulierendem Hormon (FSH) und luteinisierendem Hormon (LH), welche über den Blutkreislauf zu Hoden bzw. Eierstöcke transportiert werden und dort die Produktion von Keimdrüsenhormonen (Östrogene, Gestagene bei der Frau, Androgene beim Mann) anregen. Reguliert wird der Kreislauf durch hemmende bzw. erregende neuronale Signale aus anderen Gehirnregionen an die neuroendokrinen Zellen im Hypothalamus sowie durch negative Rückkopplungen von den Keimdrüsen an den Hypothalamus und Hypophysenvorderlappen.

Hypothalamus-Hypophysen-Nebennierenrinden-Achse (*engl. hypothalamus-pituitary-adrenal axis; Syn. HPA, HPA-Achse, HHNA-Achse*) Die Hypothalamus-Hypophysen-Nebennierenrinden-Achse (HPA) ist ein Kreislaufsystem der hormonellen Kommunikation zwischen Hypothalamus, Hypophyse und Nebennierenrinde, welches u. a. die hormonelle Stressreaktion reguliert. Der paraventrikuläre Nucleus (PVN) des Hypothalamus schüttet in Reaktion auf noradrenerge, serotonerge und cholinerge Einflüsse CRH (corticotropin-releasing hormone) in das Pfortadersystem des Hypophysenvorderlappens aus. Dort bindet CRH an spezifische Rezeptoren, welche die Synthese von POMC (Proopiomelanokortin) einleiten. Durch limitierte Proteolyse wird ACTH (adrenokortikotrophes Hormon) von POMC abgespalten und in den Blutkreislauf ausgeschüttet. ACTH gelangt über die Blutbahn zur Nebennierenrinde, wo es die Ausschüttung von Glukokortikoiden (z. B. Kortisol) in die Blutbahn anregt. Über einen negativen Rückkoppelungsprozess hemmen Glukokortikoide die CRH- und ACTH-Sekretion. Bei einer Reihe von psychischen Störungen (z. B. Depression, Posttraumatische Belastungsstörung) ist der Regulationsmechanismus der HPA gestört.

Hypothalamus-Hypophysen-Schilddrüsen-Achse *(engl. hypothalamus-pituitary-thyroid axis)* Diese Achse ist ein Kreislaufsystem der hormonellen Kommunikation zwischen Hypothalamus, Hypophyse und Schilddrüse. Das im Hypothalamus durch neuroendokrine Zellen produzierte Thyreotropin-Releasing-Hormon (TRH) wird über das Pfortadersystem in den Hypophysenvorderlappen transportiert. Hier bindet TRH an spezifische Rezeptoren Hormon-produzierender Zellen und stimuliert die Synthese und Ausschüttung von TSH (Schilddrüsenstimulierendes Hormon), welches über den Blutkreislauf an die Schilddrüse transportiert wird und dort die Produktion von Schilddrüsenhormonen (Trijodthyronin, T3, und Thyroxin, T4) anregt. Reguliert wird der Kreislauf durch hemmende bzw. erregende neuronale Signale aus anderen Gehirnregionen an die neuroendokrinen Zellen im Hypothalamus sowie durch negative Rückkopplungen von der Schilddrüse an den Hypothalamus und Hypophysenvorderlappen.

hypotonisch *(engl. hypotonic)* Liegt ein medizinischer Wert wie Blutdruck, Muskeltonus, Gehirnflüssigkeit (Liquordruck) oder Augeninnendruck unterhalb des Normbereichs, ist er hypotonisch. Beim Blutdruck zum Beispiel gilt ein systolischer Wert unter 105 mmHg als hypotonisch. Der osmotische Druck einer hypotonischen Lösung ist folglich niedriger als in einer Vergleichslösung.

Hypovolämie *(engl. hypovolaemia, hypovolemia)* Unter Hypovolämie versteht man die Verminderung der zirkulierenden Blutmenge. Ursachen sind Blutverluste durch äußere oder innere Verletzungen, Plasmaverluste (z. B. nach Verbrennungen) oder Flüssigkeitsverluste infolge von Diarrhö (Durchfall), Hitze oder bestimmten Medikamenten (Diuretika). Die Symptome für Hypovolämie sind eine geringe Blutdruckamplitude, starker Blutdruckabfall, Pulsanstieg, unzureichende Durchblutung der Peripherie, niedriger zentraler Venendruck und Oligurie (Verminderung der Harnausscheidung). Hypovolämie hat oftmals hypovolämischen Durst zufolge, um die verlorene Flüssigkeitsmenge schnellstmöglich wieder aufzunehmen.

Hypoxie *(engl. hypoxia)* Hypoxie ist die medizinische Bezeichnung für einen Sauerstoffmangel im Gewebe, genauer die Verminderung des Sauerstoffpartialdrucks im arteriellen Blut. Diese Unterversorgung kann im ganzen Körper oder nur einzelnen Körperregionen auftreten. Ursachen für eine Hypoxie sind u. a. der Aufenthalt in großen Höhen, Lungenerkrankungen, ein reduzierter Hämoglobingehalt im Blut (Anämie), eine Kohlenmonoxidvergiftung (Sauerstoff wird nicht mehr vom Hämoglobin aufgenommen), eine Herzinsuffizienz, Verengung oder Verschluss von Blutgefäßen oder eine Vergiftung, welche die Zellatmung behindert. Symptome einer Hypoxie sind Angst- und Unruhezustände, eine Zyanose (bläuliche Verfärbung der Haut, Schleimhäute und Fingernägel), Tachykardie (Anstieg der Herzfrequenz >100 Schläge/min), Dyspnoe (erschwerte Atmung), Blutdruckanstieg und Verwirrtheit. Eine Hypoxie kann bis zum Herzstillstand führen.

iatrogen *(engl. iatrogenic)* vom Arzt erzeugt

ICD-10 *(engl. ICD-10)* ICD ist die Abkürzung für *International Classification of Diseases*, das von der World Health Organization derzeit in der 10. Auflage herausgegeben wird. Das ICD-10 ist ein klassifikatorisch-diagnostisches System, in dem bestimmte Krankheiten alphanumerisch geordnet werden. Zunächst wird jeder Krankheitsgruppe ein Buchstabe zugewiesen (z. B. F00–99 Psychische und Verhaltensstörungen). Der folgende Zahlenkode dient zur genauen Spezifikation der vorliegenden Krankheit (z. B. F30–39 Affektive Störungen; F31 Bipolare affektive Störung, F31.1 Bipolare affektive Störung, gegenwärtig manische Episode ohne psychotische Symptome). Für die Krankheitsgruppen und einzelnen Störungsbilder werden ferner charakteristische Symptome angegeben. Derzeit enthält das ICD neun große Störungsklassen: F0 (organische Störungen), F1 (Substanzinduzierte Störungen), F2 (Schizophrenie, schizotype und wahnhafte Störungen), F3 (affektive Störungen), F4 (Neurotische, Belastungs- und somatoforme Störungen), F5 (Verhaltensauffälligkeiten mit körperlichen Störungen oder Faktoren), F6 (Persönlichkeits- und Verhaltensstörungen), F7 (Intelligenzminderung), F8 (Entwicklungsstörungen) und F9 (Verhaltens- und emotionale Störungen mit Beginn in der Kindheit und Jugend).

idiopathisch *(engl. idiopathic; Syn. protopathisch)* Idiopathisch bezeichnet in der Medizin eine »von selbst entstandene« Krankheit. Bei diesen Krankheiten sind keine organischen oder umweltbedingten Ursachen bekannt.

Imipramin *(engl. imipramine)* Imipramin wird zur Behandlung depressiver Erkrankungen und chronischer Schmerzzustände angewendet. Imipramin zählt zur Arzneistoffgruppe der trizyklischen Antidepressiva (= antidepressiv wirkende Arzneistoffe

mit ähnlicher chemischer Struktur). Es besetzt im Gehirn verschiedene Bindungsstellen für Botenstoffe und verändert damit den Einfluss dieser Botenstoffe auf den Gehirnstoffwechsel. Insbesondere blockiert es Transportstoffe, die Monoamine (Noradrenalin und Serotonin) nach erfolgter Signalübertragung wieder in ihre Speicherplätze zurück befördern. Noradrenalin verbleibt damit länger am Wirkort und seine Wirksamkeit steigt. Imipramin wirkt stimmungsaufhellend, angstlösend und zeigt positiven Einfluss auf Schlafwandeln und nächtliches Einnässen. Die stimmungsaufhellende Wirkung führt des Weiteren zu einer erfolgreichen Behandlung bei Essstörungen.

Immunantwort ▶ Immunreaktion

Immunglobulin *(engl. immunoglobulin; Syn. Antikörper)* Immunglobuline (Ig) sind Glykoproteine aus der Klasse der Globuline, die nach dem Kontakt mit einem Antigen von B-Lymphozyten gebildet werden und im Rahmen einer Immunreaktion der Abwehr potenziell pathogener Fremdstoffe dienen. Sie erkennen meist nur einen Teil des Antigens, das Epitop (antigene Determinante) und reagieren nach dem Schlüssel-Schloss-Prinzip sehr spezifisch auf einen Fremdstoff. Als Antikörper in Serum und Gewebsflüssigkeiten gewährleisten sie die humorale Immunität. Es werden nach ihrer chemischen Struktur fünf Klassen der Immunglobuline unterteilt: IgA (Schleimhautbarrieren, virale Abwehrprozesse), IgM (primäre Immunantwort), IgE (allergische Sofortreaktion, Parasitenabwehr), IgD (vermutlich differenzierte B-Lymphozyten-Reaktionen) und IgG (Gammaglobuline; in der Muttermilch enthalten, Schutzfunktion über sekundäre Immunantwort).

Immunität *(engl. immunity)* Der Ausdruck Immunität bezeichnet in der Medizin die Unempfänglichkeit gegen Antigene oder Krankheitserreger infolge des Vorhandenseins von Antikörpern (humorale Immunität) und/oder spezifischen Zellen (zellvermittelte Immunität). Immunität wird häufig nach überstandener primärer Immunantwort durch die Bildung von sog. Gedächtniszellen vermittelt.

Immunologie *(engl. immunology)* Immunologie ist die Lehre von Struktur und Funktion des Immunsystems. Gegenstand sind die Erkennungs- und Abwehrmechanismen eines Organismus für körperfremde oder auch körpereigene Substanzen. Die Immunologie ist in zahlreiche Teilgebiete aufgegliedert, wie z. B. die Immunchemie, -genetik, -pathologie oder -pharmakologie.

Immunozytochemie *(engl. immunocytochemistry)* Die Immunozytochemie ist eine Methode zum qualitativen Nachweis biogener Stoffe in Geweben (z. B. Neurotransmittern in Hirnschnitten). Der erste Schritt der Immunozytochemie ist die Herstellung eines primären Antikörpers. Dazu wird einem Tier (häufig Kaninchen oder Mäusen) der nachzuweisende Stoff mehrmals injiziert. Die Substanz stellt für den Organismus des Tiers ein Antigen dar, gegen das Antikörper gebildet werden. Dem Tier wird Blut entnommen, das zentrifugiert wird, um die roten Blutkörperchen zu entfernen. Im verbleibenden Antiserum ist der gewünschte Antikörper enthalten. Werden nun Hirnschnitte mit dem primären Antikörper in Verbindung gebracht, bindet dieser sich an den nachzuweisenden Stoff. Um die Verteilung der Antigene im Schnitt sichtbar zu machen, gibt es verschiedene Methoden. Bei der direkten Methode ist der primäre Antikörper direkt mit einem sichtbaren Marker (z. B. einem fluoreszierenden Stoff) konjugiert (verbunden). Bei der indirekten Methode wird mit zwei Antikörpern gearbeitet. Der primäre Antikörper ist unkonjugiert, ein zweiter Antikörper wird hier zur Erkennung des primären Antikörpers verwendet. Der sekundäre Antikörper ist mit einem Marker konjugiert, der sichtbar ist oder dies in einem weiteren Arbeitsschritt gemacht werden kann. Die indirekte Methode hat den Vorteil, dass hier das Signal massiv verstärkt wird, daher wird sie der direkten Methode meist vorgezogen.

Immunreaktion *(engl. immune response)* Die Immunantwort ist die Reaktion des Immunsystems auf das Eindringen eines Antigens in den Organismus. Man unterscheidet humorale und zelluläre Immunantwort. Bei der humoralen Immunantwort kommt es zur Bildung von spezifischen Antikörpern (Immunoglobuline), die das Antigen markieren, damit es von anderen Zellen phagozytiert oder im Fall großer Strukturen zerstört werden kann. Träger der humoralen Immunantwort sind die B-Lymphozyten. Demgegenüber charakterisiert die zelluläre Immunantwort eine Zerstörung Antigentragender Zellen durch T-Lymphozyten. Des Weiteren unterscheidet man die primäre und die sekundäre Immunantwort. Gelingt es dem Organismus bei Erstkontakt mit einem Antigen Gedächtniszellen aufzubauen, führen diese bei wiederholtem Kontakt mit demselben Antigen zu einer schnelleren und intensiveren Immunantwort. Im Gegensatz zur primären Immunantwort bleiben bei sekundärer Immunantwort Krankheitssymptome meistens aus; der Organismus ist »immun« gegen den Erreger geworden.

Immunreaktion, humorale *(engl. humoral immune response)* Etwa 15 % der Lymphozyten (Leukozytenunterart mit besonderer Bedeutung in der Immunabwehr) sind B-Lymphozyten (im Knochenmark produziert), die eingreifen, wenn ein Antigen oder Krankheitserreger (z. B. Virus) frei in der Körperflüssigkeit anzutreffen ist. B-Lymphozyten sind besonders wirksam bei der Bekämpfung akuter bakterieller Infektionen. Werden B-Zellen durch Bindung an das entsprechende Antigen und gleichzeitiger Stimulation durch eine T-Helferzelle aktiviert, produzieren sie die entsprechenden Antikörper (Eiweißmoleküle, Immunglobuline), die in das Blut entlassen werden. Diese Antikörper binden an die Antigene, was z. B. zur Verklumpung und enzymatischem Abbau führt. Darüber hinaus machen Antikörper Antigene »schmackhaft« für körpereigene Phagozyten (»Fresszellen«), die den potenziellen Krankheitserreger zerstören. Gleichzeitig werden B-Gedächtniszellen gebildet, so dass bei einer Zweitinfektion viel schneller Antikörper produziert werden. Die Antikörper der B-Lymphozyten sind extrazellulär wirksam, was B-Gedächtniszellen zur wichtigsten Komponente des immunologischen Gedächtnisses macht.

Immunreaktion, zelluläre *(engl. cellular immune response)* Etwa 70–80 % der Lymphozyten im Blut sind T-Lymphozyten (spezialisierte Zellen im Thymus), die v. a. auf Abwehrreaktionen gegen von Viren befallene Körperzellen, Krebszellen des eigenen Körpers und andere körperfremde Stoffe (auch transplantierte Organe) spezialisiert sind. Erkennt der T-Lymphozyt ein Antigen (das zuerst von einer Zelle des unspezifischen Immunsystems aufbereitet wurde) über den spezifischen T-Zellrezeptor in Kombination mit einem körpereigenen Oberflächenprotein, führt dieser Kontakt entweder zur Ausschüttung von Zytokinen oder zur direkten Zerstörung der gebundenen Zelle. Die Zytokin-Ausschüttung erfolgt durch sog. T-Helferzellen, die Lyse körperfremder Zellen oder krebsartig veränderter eigener Zellen besorgen zytotoxische T-Zellen sowie natürliche Killerzellen. Nach überstandener Infektion bleiben häufig langlebige T-Gedächtniszellen zurück, die eine zukünftige effektive Immunantwort ermöglichen und den Körper gegen diesen spezifischen Krankheitserreger immun macht.

Immunsuppression *(engl. immune suppression; Syn. Unterdrückung der Immunantwort)* Immunsuppression bezeichnet das Ausschalten oder Unterdrücken von Immunreaktionen. Eine Immunsuppression ist notwendig bei Organtransplantationen, um die Abstoßung des verpflanzten Gewebes zu verhindern, sowie zur Behandlung überschießender Immunreaktionen bei Autoimmunkrankheiten. In immunsuppressiven Therapien werden Anti-Lymphozyten-Serum, Hormone (Glukokortikoide), Pharmaka, aber auch radioaktive Strahlung oder Röntgenstrahlen eingesetzt. Diese therapeutischen Maßnahmen haben allerdings zur Folge, dass auch die allgemeine Infektionsabwehr der betroffenen Person geschwächt wird. Endogen wird v. a. Glukokortikoiden (z. B. Kortisol) eine immunsuppressive Wirkung zugeschrieben, doch auch der rechtshemisphärische Neokortex scheint eine Rolle zu spielen, da ein Aktivitätsanstieg in umschriebenen Neuronenverbänden zu einer Immunsuppression führen kann. Eine Immunsuppression kann auch gelernt werden, wie Tierversuche zur klassischen Konditionierung von Immunreaktionen eindeutig nachgewiesen haben.

Immunsystem *(engl. immune system)* Das Immunsystem besteht aus Organen, Zellen und Molekülen, die körperfremde Substanzen (sog. Antigene) erkennen und abwehren, da diese den Körper schädigen könnten. Weiterhin hat das Immunsystem die Aufgabe, Mikroorganismen wie z. B. Pilze oder Bakterien zu zerstören und Reste von zerfallenden Zellen zu beseitigen. Das Erkennen körperfremder Substanzen geschieht anhand der Molekularstruktur. Entdeckt das Immunsystem eine körperfremde Struktur oder veränderte körpereigene Zellen, findet eine unspezifische (angeborene) und/oder eine spezifische (erworbene) Reaktion statt. Diese Immunreaktionen erfolgen über zwei sich ergänzende Teilsysteme (humorale und zelluläre Immunantwort). Das unspezifische Abwehrsystem stellt in der Regel die erste Abwehrlinie gegen eingedrungene Mikroorganismen und Antigene dar; die Abwehrleistung verbessert sich bei wiederholtem Kontakt mit demselben Erreger nicht. Als Träger der unspezifischen Abwehr nehmen Makrophagen und Granulozyten Fremdstoffe auf und bauen sie durch Fermentbildung ab (Phagozytose). Natürliche Killerzellen bekämpfen spontan virusinfizierte Zellen und Tumorzellen. Demgegenüber verbessert ein wiederholter Kontakt mit einem Erreger die Abwehrleistung des spezifischen Immunsystems durch Bildung von sog. Gedächtniszellen. Träger der zellulären Immunantwort sind die T- und B-Lymphozyten.

Impotenz *(engl. impotence)* Unter Impotenz versteht man zum einen, dass Männer den Beischlaf nicht mehr befriedigend ausführen können (lat. Impotentia coeundi) und andererseits die Unfähigkeit zur Fortpflanzung (lat. Impotentia generandi). Bei der Impotentia coeundi handelt es sich um eine Funktionsstörung, wobei entweder keine Erektion zustande kommt, oder aber nicht genügend lange erhalten bleibt. In seltenen Fällen kommt es trotz Erektion nicht zum Samenerguss (Anejakulation). Bei der Impotentia generandi kommt es zwar zur Erektion und Ejakulation, jedoch ohne Spermien bzw. ohne genügend intakte Spermien, so dass keine Nachkommen gezeugt werden können. Ursachen können neurologischer, vaskulärer, endokriner oder psychischer Natur sein. Der Begriff »Impotenz« wurde durch den weniger vorbelasteten Begriff »Erregungsstörung beim Mann« ersetzt.

Incomplete pictures test ▶ Gollin-Test

Incus (*engl. incus, anvil; Syn. Amboss*) Der Incus ist ein wichtiger Bestandteil des Schallleitungsapparates. Er ist ein kleiner Knochen im Mittelohr und ein Teil der Gehörknöchelchenkette (neben Hammer und Steigbügel), die sich zwischen Trommelfell und ovalem Fenster befindet. Schwingungsbewegungen, die der Hammer mechanisch an den Incus weitergibt, leitet dieser an den Steigbügel weiter. Anatomisch besteht der Incus aus einem kurzen Schenkel, dem Ambosskörper, einem langen Schenkel und dem Linsenfortsatz.

Index, therapeutischer (*engl. therapeutic index; Syn. therapeutische Breite*) Der therapeutische Index ist ein Maß für die Sicherheitsspanne eines Wirkstoffs (z. B. eines Medikaments) und wird in Tierversuchen experimentell ermittelt. Er berechnet sich aus dem Verhältnis der Dosis, die bei 50 % der Tiere zur erwünschten Wirkung (mittlere Effektivdosis, ED50) führt, in Bezug zu der Dosis, die bei 50 % der Tiere zum Tode führt (mittlere letale Dosis, LD50). Je höher der therapeutische Index ist, desto »ungefährlicher« ist eine Wirksubstanz. Wäre z. B. die Dosis, die bei 50 % der Tiere zum Tode führt, zehnmal höher als die Dosis, die bei 50 % der Tieren zur erwünschten Wirkung führt, so ergäbe sich ein therapeutischer Index von 10. Bei Medikamenten mit einem niedrigen therapeutischen Index (wie z. B. Lithium) muss regelmäßig der Blutspiegel des Wirkstoffs kontrolliert werden, um eine toxische Dosis zu vermeiden.

Indifferenztemperatur (*engl. thermoneutral temperature*) Die Indifferenztemperatur ist die Außentemperatur, bei der Wärmebildung und -abgabe im Gleichgewicht sind. Dabei ist der Grundumsatz des Individuums ausreichend, um die Körpertemperatur konstant zu halten. Die Indifferenztemperatur ist abhängig von klimatischen Umgebungsverhältnissen sowie der ethnischen und permanenten Anpassung. Beim Menschen beträgt sie ca. 33°C. Bei dieser Außentemperatur haben Menschen eine neutrale Temperaturempfindung, d. h. es ist subjektiv weder kalt noch warm.

Induktion (*engl. induction*) Als Induktion wird in der Logik die Schlussfolgerung vom besonderen Einzelfall auf das Allgemeine bezeichnet. In der Statistik wird von Stichproben auf die Grundgesamtheit geschlossen, wobei die Stichprobe eine Teilmenge der Grundgesamtheit ist. In der Wissenschaftstheorie spricht man von induktivem Vorgehen, wenn man von Beobachtungen über Hypothesen zu Theorien gelangt. Induktionsschlüsse sind problematisch, da sie logisch nicht begründet und somit unsicher sind, so dass nur Wahrscheinlichkeitsaussagen möglich sind. In der Physiologie wird mit Induktion das Auslösen eines neuronalen Vorganges durch einen anderen bezeichnet.

Induktion, embryonale (*engl. embryonal induction*) Die embryonale Induktion ist ein entwicklungsphysiologischer Vorgang, bei der ein Wachstums- oder Differenzierungsvorgang an einer Zell(grupp)e durch Einwirkung einer anderen Zell(grupp)e oder durch exogenen Reizeinfluss (z. B. Licht) ausgelöst wird. Die Induktion ist in der Embryonalentwicklung ein wichtiger Faktor für die Differenzierung und Determination eines Keims.

Infarkt (*engl. infarct*) Ein Infarkt ist ein Gewebsuntergang (Nekrose) infolge eines Sauerstoffmangels durch unzureichende Durchblutung (Ischämie). Infarkte entstehen meist durch einen akuten vollständigen oder anteiligen Gefäßverschluss (Thrombose, Embolie), seltener durch einen Gefäßkrampf (Spasmus). Unterschieden wird der anämische Infarkt, bei dem das betroffene Gewebe blutleer ist (ischämischer Infarkt, »weißer Infarkt«) und der hämorrhagische Infarkt, bei dem es zu Einblutungen kommt (»roter Infarkt«). Weiterhin unterscheidet man nach der Lokalisation, z. B. einen Herz-, Hirn-, Darm-, Lungen- oder Leberinfarkt.

Infarkt, ischämischer (*engl. ischemic stroke, apoplexia*) Der ischämische Hirninfarkt ist Folge einer Minderdurchblutung (Ischämie) von Teilen des Gehirns. Aufgrund der fehlenden Sauerstoff- und Glukoseversorgung sterben die Nervenzellen des betroffenen Gebietes ab. Dabei unterscheidet man zwischen dem Gebiet des Core, in dem alle Nervenzellen unwiderruflich abgestorben sind, und der umgebenden Penumbra, wo die Nervenzellen gerade noch genug Energie für ihren Grundumsatz aufweisen können. Das Therapieziel besteht darin, die Funktion der Nervenzellen im Penumbragebiet, den Arbeitsstoffwechsel dieser Neurone, wieder herzustellen. Symptome sind abhängig vom Ort der Gefäßverengung oder des Gefäßverschlusses, sie können sich u. a. äußern in Sprachstörungen, Gedächtnisverlust und Sehstörungen. Typisch für einen Hirninfarkt sind des Weiteren Bewusstseinsbeeinträchtigungen bis hin zu tiefem Koma, Übelkeit und Erbrechen, Halbseitenlähmungen oder Lähmung aller Extremitäten sowie eine Beteiligung der Hirnnerven. Neben der ausführlichen Anamnese wird die Diagnose mit dem CT gestellt, jedoch sind kleine ischämische Infarkte nicht sofort im Computerbild zu sehen. Daher wird eine Angiografie, die Darstellung der Blutgefäße mittels Ultraschall, durchgeführt. Das EKG deckt mögliche Herzarhythmien auf. Bildet sich ein Thrombus im Herzen, kann dieser ins Gehirn wandern, dort Blutgefäße verstopfen und somit einen ischämischen Infarkt auslösen. Risikofaktoren für einen Infarkt sind eine familiäre Belastung mit Schlaganfällen, das Alter (Verdopplung der Schlaganfallsrate pro Dekade nach dem 55. Lebensjahr) und das Geschlecht (erhöhtes Risiko bei Männern). Risikofaktoren für eine Arteriosklerose und damit eine Gefäßverengung sind Bluthochdruck, Diabetes mellitus, Fettleibigkeit, Nikotin und übermäßiger Alkoholkonsum und Bewegungsmangel. Schon eine transitorische ischämische Attacke (TIA), deren Symptome innerhalb von 24 Stunden vollkommen reversibel sind, ist sofort medizinisch zu betreuen, da die TIA oft ein Vorbote eines ischämischen Infarktes ist. Hirninfarkte bedürfen einer sofortigen medizinischen Behandlung, um die Ischämiedauer zu verringern, das Zellgewebe der Penumbra zu erhalten, die Sekundärschäden zu minimieren und das Wiederholungsrisiko zu senken. Neben allgemeinmedizinischer Betreuung, der Überwachung der Vitalfunktionen und des Blutdrucks, kann durch Lyse die Minderdurchblutung aufgehoben werden. Nach der akuten Behandlung folgt dann während des Genesungsprozesses die Symptom bezogene Therapie.

Infektionen, neurotrope *(engl. pl. neurotropic infections)* Eine neurotrope Infektion ist eine spezielle Art der Virusinfektion, bei der v. a. Nervengewebe betroffen ist. Ein Beispiel für eine neurotrope Infektion ist die Tollwut.

Infektionen, pantrope *(engl. pl. pantropic infections)* Pantrope Infektionen sind Virusinfektionen, bei der verschiedene Gewebearten betroffen sein können. Ein Beispiel für eine pantrope Infektion ist Herpes (Infektion der Lymphozyten und des Nervengewebes).

inferior *(engl. inferior)* Inferior ist eine anatomische Lagebezeichnung in der Medizin. Der lateinische Begriff bedeutet genau übersetzt »minderwertig, unterlegen«, wird aber u. a. in der Anatomie im Sinne von »unten, unterhalb von« verwendet. Beispiel: Der Lobus temporalis (Temporallappen) liegt inferior des Lobus parietalis (Scheitellappen).

Inhibiting-Faktoren ▶ Inhibiting-Hormone

Inhibiting-Hormone *(engl. pl. inhibiting hormones)* Inhibiting-Hormone werden im Hypothalamus synthetisiert und hemmen die Ausschüttung von Hormonen aus dem Hypophysenvorderlappen. Beispiele für Inhibiting-Hormone sind das Growth-Hormone-(Release)-Inhibiting-Hormon (Somatostatin – hemmt Freisetzung von GH) und das Prolaktin-Release-Inhibiting-Hormon (Prolaktostatin – hemmt die Freisetzung von Prolaktin).

Inhibition *(engl. inhibition; Syn. Hemmung)* In der Biochemie bedeutet Inhibition die Hemmung von Enzymaktivität durch Antagonisten. In der Neurophysiologie meint es die Abschwächung der Erregungsweiterleitung an der Synapse. Dies geschieht durch die Hemmung von Rezeptoren (Proteinen) an der synaptischen Membran. Dadurch kommt es an der Synapse zu einer eingeschränkten Weiterleitung eines Aktionspotenzials. Unterschieden werden präsynaptische und postsynaptische Inhibition. Bei der präsynaptischen Inhibition kommt es zur Einschränkung der Ausschüttung von Transmittern, bei der postsynaptischen Inhibition werden die Transmitter-Rezeptoren gehemmt. Außerdem wird zwischen kompetitiver und nichtkompetitiver Inhibition unterschieden. Bei der kompetitiven Inhibition bindet der Antagonist an der Bindestelle des endogenen Transmitters, bei der nichtkompetitiven Inhibition wird die Struktur des Rezeptors durch das Binden des Antagonisten an eine sekundäre Bindestelle verändert, wodurch eine Aktivierung verhindert wird.

Inhibition, laterale *(engl. lateral inhibition; Syn. laterale Hemmung)* Laterale Inhibition bezeichnet die Hemmung benachbarter Rezeptoren. Dies ist auf die Verbindung der Rezeptoren untereinander durch deren Axone oder Interneurone (im Auge: Horizontalzellen und amakrine Zellen) zurückzuführen. Je stärker eine lateral inhibierende Zelle stimuliert wird, desto stärker hemmt sie benachbarte Zellen. Dadurch sind optische Kontraste besser wahrnehmbar, aber es entstehen auch von der Realität abweichende Wahrnehmungen wie Machsche Bänder oder stärkeres Druckempfinden an den Rändern eines auf die Haut gepressten Gegenstandes.

Innervation, reziproke *(engl. reciprocal innervation)* Bei der reziproken Innervation handelt es sich um eine Versorgung der Organe bzw. Weiterleitung von Impulsen zu Organen durch Nerven. Bei dieser Übermittlung laufen abwechselnd Erregung und Hemmung ab, die in funktionell gegensätzlich arbeitenden Nervenzellsystemen entstehen. Ermöglicht wird diese Innervation durch Interneurone.

Inselrinde *(engl. insula, lobus insularis; Syn. Insula, Insellappen, insulärer Kortex)* Die Inselrinde ist ein eingesenkter Teil der Großhirnrinde, der in beiden Hemisphären vorkommt. Sie befindet sich in der Tiefe der Fissura lateralis sylvii, einer ausgedehnten seitlichen Furche des Gehirns, die Parietal- vom Temporallappen trennt. Sie ist von den Opercula des Stirn-, Scheitel- u. Schläfenlappens bedeckt. Unter der Inselrinde liegen die Basalganglien, in der Inselrinde befinden sich ein kortikales Geschmacksareal und ein wichtiges Areal für die Sprachproduktion. Weiterhin wird die Insel als assoziatives Zentrum für akustisches Denken diskutiert sowie in Zusammenhang mit der emotionalen Bewertung von Schmerzen und des Ekelempfindens gebracht.

In-situ-Hybridisierung *(engl. in situ hybridization)* Mit dem Verfahren der In-situ-Hybridisierung kann man Nukleinsäuren in fixierten Zellen oder Geweben (in situ) lokalisieren. Zielstrukturen sind dabei sowohl Zellkerne als auch einzelne Chromosomen oder bestimmte Bereiche des Chromatins. Die Basis für solche Untersuchungen bildet die komplementäre Zusammenlagerung (Hybridisierung) von einzelsträngigen Nukleinsäuren (RNS, DNS) bei entsprechenden Bedingungen. Um Hybridisierungsereignisse sichtbar zu machen, werden die verwendeten Sonden (Nukleinsäuren mit bekannter Sequenz) markiert. Die Markierung kann sowohl direkt erfolgen, d. h. die Sonde trägt die Markierung (häufig Fluoreszenzmarkierte Nukleotide), oder indirekt, d. h. Sonden enthalten spezifische Nukleotide, die mit Antikörpern nachgewiesen werden können.

Insomnie *(engl. insomnia; Syn. Schlaflosigkeit)* Unter dem Begriff der Insomnie sind alle Ein- und Durchschlafstörungen zusammengefasst. Wörtlich übersetzt bedeutet Insomnie Schlaflosigkeit. Nächtliche Insomnie hat meist Auswirkungen auf den Wachzustand am Tage und kann kurzzeitig auftreten, aber auch ein chronischer Zustand werden. Als Ursachen lassen sich organische (z. B. das Schlafapnoesyndrom, Schmerzen oder der nächtliche Myoklonus) von nicht organischen Ursachen (z. B. Stress, Lärm, Grübeln, Medikamenten- und Drogeneinnahme, Depressionen und Angsterkrankungen) unterscheiden. Als Behandlungsformen stehen eine medikamentöse Therapie (z. B. Antihistaminika, Hypnotika und pflanzliche Präparate), eine nichtmedikamentöse Therapie (z. B. verhaltenstherapeutische Maßnahmen wie Entspannungsverfahren und Gedankenstopp) oder eine Kombination beider Therapieformen zur Verfügung. Eine Diagnose von Insomnie erfolgt u. a. durch Klassifikationssysteme wie das DSM-IV und ICD-10.

Inspirationsmuskulatur *(engl. respiratory musculature)* Die Inspirationsmuskulatur hat die Funktion, bei der Einatmung den Thoraxinnenraum zu vergrößern und damit in der Lunge einen Unterdruck zu erzeugen, der zum Einströmen von Luft in die Lunge führt. Dies geschieht zum einen durch die Anspannung (Abflachung) des Zwerchfells (Diaphragma), zum anderen durch die äußeren Zwischenrippenmuskeln (Musculi intercostales externi) und andere Muskeln, die die Rippen heben und damit den Brustkorb weiten. Die Expiration (Ausatmung) geschieht während der Ruheatmung passiv durch die Eigenelastizität der Lunge. Bei forcierter Expiration werden zusätzlich die inneren Zwischenrippenmuskeln (Musculi intercostales interni) und die Muskeln der Bauchdecke aktiviert.

Instinktverhalten *(engl. instinctive behavior)* Instinktverhalten bezeichnet angeborene, komplexe Verhaltensweisen, die keine oder nur geringfügige Variationen zulassen. Instinkte sind aus voneinander abgrenzbaren Grundbausteinen des Verhaltens aufgebaut, den sog. Instinktbewegungen. Diese werden durch einen Schlüsselreiz ausgelöst und laufen so lange ab, wie eine innere Handlungsbereitschaft vorhanden ist (Konrad Lorenz). Das Instinktverhalten lässt sich in drei Phasen einteilen: (1.) Ungerichtetes Appetenzverhalten: die Suche nach einem Schlüsselreiz bei aktiver Handlungsbereitschaft; (2.) Gerichtetes Appetenzverhalten (Taxis): erfolgt bei Wahrnehmung eines Schlüsselreizes und beinhaltet die Ausrichtung auf das Objekt hin; (3.) Eine Bewegung, die zu weiteren Schlüsselreizen führt, welche schließlich die Endhandlung auslösen. Bei Erfolg der Endhandlung wird die Handlungsbereitschaft wieder herabgesetzt.

Insula ▶ Inselrinde

Insulärer Kortex ▶ Inselrinde

Insulin *(engl. insulin)* Insulin ist ein Proteinhormon, welches in den Betazellen der Langerhansschen Inseln der Bauchspeicheldrüse (Pankreas) gebildet wird. Die Abgabe des Insulins erfolgt direkt in den Blutkreislauf in Reaktion auf (oder auch in Antizipation von) ansteigende(m) Blutzuckerspiegel (BZS). Insulin führt zu einer erhöhten Glukoseaufnahme ins Gewebe (Ausnahme: Gehirn) sowie zur Speicherung von Glukose in der Leber durch Umwandlung in Glykogen. Insulin wirkt antagonistisch zu Glukagon, welches den Blutzuckerspiegel erhöht, indem es das Glykogen der Leber in Glukose umwandelt und diese in den Blutkreislauf abgibt.

Interferone *(engl. pl. interferons)* Interferone (IFN) sind eine Familie speziesspezifischer Glykoproteine (Zytokine) mit antiviraler Wirkung, die im Gegensatz zu den Immunglobulinen nicht erregerspezifisch wirken. IFN werden nach einer Infektion sehr schnell gebildet und greifen den Virus nicht direkt an, sondern reagieren mit der Wirtszelle, wodurch sie die virale Proteinsynthese und Virusvermehrung hemmen. Es können drei Arten von Interferonen unterschieden werden: (1.) IFN-alpha (von Leuko-

zyten gebildet) beteiligt sich an der Zytolyse und der Proliferationshemmung; (2.) IFN-beta (von Fibroplasten gebildet) bewirkt die Zytolyse v. a. virusinfizierter Zellen. Zusammen werden sie meist als Typ I bezeichnet. (3.) IFN-gamma (Typ II) wird nach Antigenstimulation von Immunzellen gebildet und beteiligt sich an der Aktivierung von Makrophagen und B-Lymphozyten und der Zytolyse. Interferone können gentechnisch hergestellt werden und führten zu ersten Erfolgen in der Behandlung von Virusinfektionen und einigen Tumorerkrankungen.

Interleukine *(engl. pl. interleukins)* Interleukine (IL) sind eine Untergruppe der Zytokine. Sie sind von Zellen des Immunsystems gebildete Botenstoffe, die der Kommunikation zwischen den Zellen des Immunsystems dienen und so für eine koordinierte Immunantwort sorgen. Interleukine sind verantwortlich für die Induktion und den Verlauf der T-Zell-vermittelten zytotoxischen Immunreaktion sowie der B-Zell-Aktivierung (Antikörperproduktion). Derzeit sind 33 Interleukine (IL-1 bis IL-33) bekannt. Jedes Interleukin wirkt spezifisch auf bestimmte Zellen des Immunsystems, das Wirkungsspektrum ist vielfältig. So können sie einerseits bereits ausgereifte Immunzellen aktivieren, aber auch deren Wachstum, Reifung und Teilung beeinflussen.

Intermediärfilament *(engl. intermediate filament; Syn. Filamenta intermedialia)* Intermediärfilamente bilden zusammen mit den Mikrofilamenten und den Mikrotubuli das Stützgerüst (Zytoskelett) der tierischen Zelle. Ihre Aufgabe besteht in der Erhöhung der mechanischen Stabilität der Zelle. Die Filamente haben einen Durchmesser von 8–10 nm. Sie liegen mit dieser Größe zwischen den Mikrofilamenten (5–7 nm) und den Mikrotubuli (bis ca. 25 nm), daher die Bezeichnung »intermediär«. Intermediärfilamente bestehen aus ca. 48 nm langen, sehr dünnen Untereinheiten, den Monomeren. Durch Zusammenlagerung vieler Monomere entstehen seilartige Filamente. Spezifische Proteine ermöglichen die Verbindung einzelner Intermediärfilamente zu größeren Einheiten, den Tonofibrillen. Dieselben Proteine verbinden Intermediärfilamente auch mit anderen Elementen des Zytoskeletts. Zu den Intermediärfilamenten gehören z. B. Tonofibrillen, Neurofibrillen und Gliafilamente.

Interneuron (*engl. interneuron; Syn. Zwischenneuron, Schaltneuron*) Die Mehrzahl der Neurone der grauen Substanz besteht aus Interneuronen. Es handelt sich dabei um Neurone, die Aktionspotenziale innerhalb einer Hirnstruktur von einer Nervenzelle zur anderen weiter leiten. Sie besitzen keine oder nur relativ kurze Axone. Deshalb ist die neuronale Übertragung auf immer kleiner werdende graduierte Potenziale beschränkt. Interneurone sind aber auch im Rückenmark zu finden, wo sie die Verbindung zwischen den Neuronen des Tractus corticospinalis und den Motorneuronen darstellen.

Internodium (*engl. internodal segment*) Der myelinisierte Abschnitt eines Axons zwischen zwei Ranvierschen Schnürringen wird als Internodium bezeichnet. Die Markscheide in den Internodien erhöht den Widerstand und die Kapazität der Membran, wodurch kaum Strom durch die Membran fließt. Dies ermöglicht die beinahe verlustlose Ausbreitung des Aktionspotenzials von einem Ranvierschen Schnürring über das Internodium auf benachbarte Schnürringe. Das Überspringen des Internodiums, d. h. die Erregung von Schnürring zu Schnürring, wird saltatorische Erregungsleitung genannt.

Interozeption (*engl. interoception*) Eine interozeptive Wahrnehmung ist im weitesten Sinne die bewusste Aufnahme und Verarbeitung von Signalen aus den inneren Organen. Häufig wird sie als Synonym für die Viszerozeption verwendet. Die inter- und intraindividuelle Fähigkeit zur Interozeption schwankt teilweise enorm.

Interphase (*engl. interphase*) Die Interphase ist eine Phase des Zellzyklus und beschreibt die Zeit zwischen zwei Zellteilungen (Mitosen). In dieser Zeit liegen die Chromosomen aufgelöst, als Chromatin organisiert, vor. Die Interphase kann in folgende drei Teilphasen unterteilt werden: G1-Phase, S(Synthese)-Phase und G2-Phase. Während der G1- und der G2-Phase wächst die Zelle und reichert Nährstoffe an. In der S-Phase werden die Chromosomen repliziert.

Interstitium (*engl. intercellular compartment, interstitium, interstice; Syn. extrazellulärer Spaltraum*) Als Interstitium wird der Zwischenraum zwischen Organen oder Geweben bezeichnet. Spezifischer wird der Begriff auch genutzt, um damit das faserarme, aber zell- und blutgefäßreiche Bindegewebe zu benennen, das sog. interstitielle Bindegewebe. Zum Interstitium zählen u. a. das Bindegewebe, das Epithelgewebe und die Muskelzellen. Hier finden sich die Versorgungsbahnen des Körpers, ohne dass der Raum selbst organische Funktionen ausführt. Als Interstitium wird im engeren Sinne der Raum zwischen den einzelnen Zellen bezeichnet, der die Extrazellulärflüssigkeit enthält. Über diese Flüssigkeit findet der gesamte Stoffaustausch statt.

intrafusal (*engl. intrafusal*) Intrafusal bedeutet »innerhalb einer Muskelspindel gelegen«, das Gegenteil, extrafusal, meint außerhalb einer Muskelspindel gelegen.

intrakraniell (*engl. intracranial; Syn. intrakranial*) Intrakraniell bedeutet »innerhalb des Schädels gelegen« oder »in den Schädel hinein gelangend«.

Invertebraten (*engl. pl. invertebrates; Syn. Wirbellose*) Invertebraten ist eine nicht systematische Bezeichnung für alle Tiere ohne Wirbelsäule, da die betreffenden Arten keine Verwandtschaft oder sonstige Zusammengehörigkeit aufweisen. Zu den Invertebraten gehören z. B. Würmer, Schwämme, Quallen und andere Weichtiere. Das Gegenteil von Invertebraten sind Vertebraten.

in vitro (*engl. in vitro*) In vitro bedeutet »im Reagenzglas« bzw. »unter künstlichen Bedingungen« durchgeführt oder beobachtet.

in vivo (*engl. in vivo*) In vivo bedeutet »im lebenden Organismus« durchgeführt oder beobachtet.

Ion (*engl. ion*) Ein Ion ist ein elektrisch geladenes Teilchen, welches durch Aufnahme oder Abgabe von Elektronen aus einem Atom bzw. Molekül entstanden ist. Dabei unterscheidet man zwischen Kationen mit positiver Ladung (durch Elektronenabgabe) und Anionen mit negativer Ladung (durch Elektronenaufnahme). Ionen sind entscheidend an der Informationsübertragung beteiligt.

Ionenkanal (*engl. ion channel*) Ionenkanäle sind röhrenförmige Membran-Proteine, die selektiv Ionen

(Na$^+$, Ca^{++}, K$^+$) durch die Membran einer Zelle passieren lassen. Durch Bindung von Molekülen (Liganden) an spezifische Bindestellen, eine veränderte Spannung an der Membran, aber auch durch mechanische Beanspruchung der Membran können die Kanäle aktiviert oder auch blockiert werden. Dabei gibt es sowohl für jedes Ion als auch für die jeweils modulierenden Moleküle spezifische Kanäle. Für dasselbe Ion liegen z. T. unterschiedlich gesteuerte Ionenkanäle vor. So etwa finden sich für Kaliumionen (a) permanent offene (passive) Ionenkanäle, (b) spannungsgesteuerte Ionenkanäle, (c) ligandengesteuerte Ionenkanäle, und (d) mechanisch gesteuerte Ionenkanäle. Die Funktion einzelner Ionenkanäle kann mit der Patch-Clamp-Methode experimentell untersucht werden.

Ionenkanal, neurotransmittergesteuerter *(engl. neurotransmitter-gated ion channel)* Diese Ionenkanäle, die durch Neurotransmitter gesteuert werden, benötigen die Bindung des Transmitters zur Öffnung des Kanals. Ionotrope Rezeptoren können den Neurotransmitter binden und somit die Öffnung des Ionenkanals kontrollieren. Neurotransmittergesteuerte Kanäle finden sich v. a. an Synapsen von Nervenzellen.

Ionenkanal, spannungsgesteuerter *(engl. voltage-gated ion channel)* Im Gegensatz zu transmittergesteuerten Ionenkanälen erfolgt die Öffnung von spannungsgesteuerten Kanälen in Abhängigkeit von der an der Membran anliegenden Spannung. Im Zustand des Ruhepotenzials sind einige Kaliumkanäle der Membran permanent geöffnet (ermöglichen das Fließgleichgewicht), alle anderen Kanäle sind geschlossen. Wird durch Erhöhung der Spannung ein gewisser Schwellenwert erreicht, öffnen sich kurzzeitig Natriumkanäle (z. T. auch Kanäle anderer Ionen) und durch die damit verbundene Spannungsänderung wird ein Aktionspotenzial an der Membran ausgelöst. Spannungsgesteuerte Natrium- und Kalziumionenkanäle sind für die Weiterleitung einer Erregung entlang eines Axons vom Übergang vom Zellkörper zum Axon *(engl. axon hillock)* bis zur Synapse verantwortlich.

Ionotrope Rezeptoren *(engl. pl. ionotropic receptors)* Ein ionotropher Rezeptor ist ein schnell wirkender Rezeptortyp, der an einen Ionenkanal gekoppelt ist. Nach Bindung des entsprechenden Liganden an die extrazelluläre Bindungsdomäne des Rezeptors verändert der ligandengesteuerte ionotrope Rezeptor seine Form und öffnet einen Kanal, der es einzelnen Ionen (Na$^+$, Ca^{++}, K$^+$, Cl$^-$) erlaubt die Membran zu passieren, was in einer Hyperpolarisation bzw. Depolarisation des Membranpotenzials resultiert. Bei indirekt ligandengesteuerten ionotropen Rezeptoren ist die Öffnung der Ionenkanäle ein SecondMessenger zwischengeschaltet. Wichtige Vertreter sind nikotinerge, Azetylcholin-, NMDA-, non-NMDA-, Kainat-, AMPA- und GABA$_A$-Rezeptoren.

ipsilateral *(engl. ipsilateral)* Man bezeichnet eine Körperregion als ipsilateral, wenn sie bezüglich einer zweiten auf der gleichen Körperseite oder -hälfte gelegen ist. Die Verarbeitung einiger sensorischer Informationen erfolgt ipsilateral, d. h. die Informationen werden im Gehirn auf der gleichen Seite verarbeitet, auf der auch die Reizaufnahme stattfand. So werden z. B. Informationen über ein Schallereignis aus dem rechten Innenohr auch im rechten auditorischen Kortex verarbeitet. Die Mehrheit der Reizinformationen wird jedoch kontralateral (auf der jeweils anderen Hemisphärenseite) oder auf beiden Wegen verarbeitet.

IPSP ▶ Potenzial, inhibitorisches postsynaptisches

Iris *(engl. iris; Syn. Regenbogenhaut)* Die Iris ist eine Ausstülpung der mittleren Augenhautschicht (Tunica vasculosa bulbi), die in Form einer aufrecht gestellten Scheibe die vordere und hintere Augenkammer voneinander trennt. Sie setzt am Ziliarkörper an und besitzt in der Mitte über der Linse eine verstellbare runde Öffnung (Pupille). Die Iris reguliert den Lichteinfall ins Auge mittels zweier Muskeln: der ringförmige glatte Musculus dilatator pupillae (sympathisch innerviert) erweitert die Pupille (Mydriasis) und der strahlenförmige Musculus sphincter pupillae (parasympathisch innerviert) verengt sie (Myosis). Verschiedene Irisfarben (= »Augenfarben«) entstehen durch die unterschiedlich hohe Einlagerung pigmentreicher Zellen (Melanozyten) in die Iris (wenig Melanozyten = blau, viele Melanozyten = braun).

Irradiation *(engl. irradiation)* Irradiation meint Ausstrahlung oder Ausstreuung und bezeichnet verschiedenene Phänomene. (1.) Ausbreitung einer Nervenerregung, d. h. wenn die Aktivierung eines Reizes zur Aktivierung von nicht intendierten Reaktionen führt. Als Irradiation wird auch das Übergreifen eines Reflexes auf bisher unbeteiligte Muskelgruppen bezeichnet. (2.) Ausstrahlung eines Schmerzes auf benachbarte Körperregionen. (3.) Kontrastphänomen, d. h. ein Effekt, der bei der Beurteilung von Wahrnehmungsobjekten auftritt: Ein heller Gegenstand auf dunklem Hintergrund wird größer wahrgenommen als ein dunkles Objekt auf hellem Hintergrund. (4.) Beurteilungsheuristik, die dadurch gekennzeichnet ist, dass die Einschätzung einer Eigenschaft oder eines Merkmals auf ein anderes Kriterium übertragen wird.

Ischämie, zerebrale *(engl. cerebral ischemia)* Unter zerebraler Ischämie versteht man die Mangeldurchblutung eines Hirngebiets infolge eines Arterienverschlusses oder einer Arterienverengung (z. B. durch Plaques), die zu Läsionen oder Funktionsbeeinträchtigungen führen kann. Aufgrund der mangelnden Blutversorgung kommt es zu einer Sauerstoffunterversorgung des betroffenen Gebietes.

Isophone *(engl. pl. isophons)* Als Isophone werden Töne bezeichnet, die als gleichlaut empfunden werden, d. h. die den gleichen subjektiven Lautstärkepegel haben. Die Maßeinheit für diese subjektive Lautstärke ist Phon. Da das Lautstärkeempfinden sowohl von der Stärke des Schalldruckpegels (in Dezibel,

Abk. dB; Syn. die »physikalische« Lautstärke) als auch der Frequenz (Hertz, Hz; Syn. Tonhöhe) des Tones abhängen, werden Töne mit unterschiedlichen Schalldruckpegeln bei verschiedenen Tonhöhen (Frequenzen) dennoch als gleich laut empfunden. So lösen z. B. ein Ton mit 45 dB bei 125 Hz und ein Ton mit 30 dB bei 4000 Hz das gleiche Lautstärkeempfinden aus.

isotonisch *(engl. isotonic; Syn. isoosmotisch)* Der Begriff isotonisch bezeichnet in der Chemie Lösungen, die den gleichen osmotischen Druck besitzen. Dabei ist die Konzentration der gelösten Substanz auf beiden Seiten einer durchlässigen Membran gleich hoch. In der Medizin hat eine isotonische Lösung den gleichen osmotischen Druck wie das Blut. Sie kann daher für intravenöse Injektionen verwendet werden (z. B. 0,8%ige NaCl-Lösung). Die Gegenstücke zu isotonisch sind hypo- und hypertonisch. In der Physiologie bezeichnet eine isotonische Muskelkontraktion eine Verkürzung des Muskels bei gleicher Spannung, z. B. wenn der Muskel durch eine konstante Last belastet wird.

isotrop *(engl. isotropic)* Isotrop stammt aus dem Griechischen: iso = gleich; tropein = drehen, wenden. Isotropie bezeichnet die Unabhängigkeit einer Eigenschaft von der Richtung, das Gegenteil ist Anisotropie. Es handelt sich dabei meist um eine Stoffeigenschaft. Bei isotropen Stoffen ist die Brechung des Lichts in alle Richtungen des dreidimensionalen Raumes identisch. Isotropie ist meist bei amorphen (ohne geordnete Strukturen) Stoffen (bspw. Gasen) vorzufinden.

J

James-Lange-Theorie (*engl. James-Lange theory*) Die James-Lange-Theorie war die erste physiologische Theorie zur Emotionsgenese. Sie wurde 1884 von William James und von Carl Lange entwickelt, die unabhängig voneinander an der gleichen Theorie arbeiteten. Demnach empfängt und verarbeitet der Kortex sensorische Reize, welche durch körperliche Veränderungen Emotionen hervorrufen. Das bedeutet, der Kortex steuert über das vegetative Nervensystem die Veränderungen der Viszera (Eingeweide) und über das somatische Nervensystem die der Skelettmuskulatur. Erst die körperlichen Reaktionen führen dann zu einem bewussten Emotionserleben (Bsp.: Wir haben Angst, weil wir zittern). Die James-Lange-Theorie gilt als Peripherie betonende Theorie, weil sie die wichtigste Rolle in der Emotionskette den viszeralen Reaktionen zuschreibt, also jenen, die sich in der Peripherie des Zentralnervensystems befinden.

Jetlag (*engl. jet lag*) Der Jetlag ist ein relativ junges Phänomen, welches erst durch den Flugverkehr aufgekommen ist. Er wird durch das schnelle Überspringen von mehreren Zeitzonen hervorgerufen. Die Folge ist, dass der biologische Rhythmus des Reisenden (auf den Abflugort eingestellt) nicht mehr mit der lokalen Zeit am Zielort übereinstimmen. Als Symptome können Schlaf-, Verdauungs- und Aufmerksamkeitsstörungen sowie eine verminderte Leistungsfähigkeit auftreten. Dabei scheinen West-Ost-Flüge anstrengender zu sein als Flüge in Ost-West-Richtung. Nach einiger Zeit erfolgt eine Anpassung der »inneren Uhr« an die aktuelle Umgebung und die Symptome verschwinden. Als Faustregel dieser Anpassung kann ein Tag pro übersprungene Zeitzone angesehen werden.

Kachexie (*engl. cachexia*) Kachexie ist die Bezeichnung für einen sehr starken, krankheitsbedingten Gewichtsverlust. Ursache dafür sind chronische Krankheiten, wie z. B. Krebs (Tumorkachexie), akute und chronische Infektionen, Essstörungen, Stoffwechselstörungen, anhaltende Erkrankungen des Magen-Darm-Trakts, chronische Herzinsuffizienz und Alterserscheinungen. Bis zu 80 % der Tumorpatienten leiden an Kachexie, bei Magen-Darm- oder Lungentumoren liegt die Zahl der Betroffenen weit höher als bei anderen Tumorarten. Diese Störung ist gekennzeichnet durch starke Stoffwechselveränderungen, die einen ungewollten Gewichtsverlust nach sich ziehen. Ursache dafür ist der Abbau von Fett- und Muskelmasse. Schätzungen zufolge sterben 20 % aller Krebspatienten nicht an den direkten Folgen des bösartigen Geschwulstes, sondern an Mangelernährung. Die Symptome der Kachexie sind Appetitlosigkeit, ein frühes Sättigungsgefühl, starker Gewichtsverlust, körperliche Schwäche, Immunschwäche, Blutarmut (Anämie), Wassereinlagerungen (Ödeme) und Elektrolytstörungen.

Kainatrezeptor (*engl. pl. kainate receptors*) Der Kainatrezeptor ist ein ionotroper exzitatorischer Glutamatrezeptor mit hoher Affinität zum Neurotoxin Kainat. Bei Öffnung kommt es zum Einstrom von Na^+ oder K^+, was zu einer Depolarisation der Membran führt und somit der Wirkung des AMPA-Rezeptors sehr ähnlich ist. Eine glutamaterge synaptische Transmission über die Kainatrezeptoren spielt vermutlich eine Rolle in der Langzeitpotenzierung (LTP) im Hippocampus. Durch die hohe Ähnlichkeit zum AMPA-Rezeptor kann die selektive Wirkung des Kainatrezeptors erst seit Kurzem untersucht werden.

Kampf-oder-Flucht-Reaktion (*engl. fight-or-flight-reaction; Syn. akute Stressreaktion*) Die Kampf-oder-Flucht-Reaktion wurde zum ersten Mal von Walter Cannon 1929 beschrieben. Die Theorie besagt, dass Tiere bei akuter Bedrohung mit einer erhöhten sympathischen Aktivierung reagieren. Außerdem besitzen sie in einer solchen Situation zwei Handlungsmöglichkeiten: Sie können sich entweder der Bedrohung stellen (kämpfen) oder diese vermeiden (fliehen). In beiden Fällen müssen sie in Handlungsbereitschaft versetzt werden. Diese wird gewährleistet durch eine sofortige Aktivierung des sympathischen Nervensystems, das durch die Ausschüttung von Adrenalin und Noradrenalin alle wichtigen Organe aktiviert. So kommt es zu einer Erhöhung des Blutdrucks, der Schlagfrequenz und des Schlagvolumens des Herzen, einer Erweiterungen der Bronchien und Pupillen, einer allgemeinen Energiebereitstellung u. a. durch Glukosefreisetzung und einer Verminderung der Eingeweideaktivität.

Kanüle (*engl. cannula*) Eine Kanüle ist ein kleines Röhrchen oder auch eine Hohlnadel am Ende einer Injektionsspritze. Je nach Durchmesser und Beschaffenheit wird sie dazu genutzt, Flüssigkeiten oder Gase aus dem Körper zu ziehen, Substanzen zu injizieren oder aber Gewebe auszustanzen. Auch verwendet man Kanülen beim Einbringen von anderen medizinischen Instrumenten (z. B. Kathetern). Das Ende einer Kanüle ist mit einem schrägen Schliff geschärft, damit das Gewebe bei der Injektion eingeschnitten und nicht, wie bei einer stumpfen Nadel, verdrängt wird. Eine Ausnahme stellt die Knopfkanüle dar, die am Ende einen kleinen Knopf hat, der dazu benutzt wird, Medikamente in bereits bestehende Öffnungen zu spritzen. Ein Farbkodierungssystem gibt Aufschluss über Außendurchmesser und Länge der Kanülen. Danach unterscheidet man u. a. Biopsie-, Tracheal-, Injektions-, Punktions- und Spülkanülen.

Kapillare (*engl. pl. capillary vessels; Syn. Haargefäße*) Kapillare sind die Blutgefäße mit dem kleinsten

Durchmesser. Es wird unterschieden zwischen Arterienkapillaren und Venenkapillaren, in denen der Stoffaustausch zwischen Gewebe und Blut stattfindet. Der Gasaustausch findet in den Lungenkapillaren statt. Die durchlässige Kapillarwand ist aus zwei Membranen aufgebaut, der Basalmembran und dem Endothel. Die Basalmembran besteht aus Bindegewebsfasern mit eingelagerten Perizyten, die eine seesternartige Form haben und neben der Aufnahme von kleineren Partikeln auch den Blutfluss verändern können. Innerhalb der Basalmembran befindet sich eine dünnere Zellschicht, das Endothel. Dieses grenzt an den Hohlraum der Kapillare und ermöglicht an einigen Stellen auch größeren Molekülen die Kapillarwand zu durchdringen.

Kapillarnetz *(engl. capillary network; Syn. Kapillarbett)* Ein Kapillarnetz stellt eine extrem feine Verzweigung von Blutgefäßen dar und kommt im Körper an Stellen vor, an denen ein größerer Stoffaustausch zwischen Blut und umgebenden Organen erforderlich ist (Lunge, Niere, Leber etc.). Durch die extreme Verzweigung der Blutgefäße vergrößert sich deren Oberfläche im Verhältnis zum mitgeführten Blut so stark, dass der Stoffaustausch in kurzer Zeit sehr effektiv erfolgen kann. Das Lungenkapillarnetz verdeutlicht beim Austausch der Atemgase die Effektivität eines solchen Netzes. Kapillarnetze liegen in arterieller und venöser Form vor, d. h. sie dienen der Versorgung und dem Abtransport von Stoffen.

Karyogramm *(engl. karyogram; Syn. Idiogramm)* Als Karyogramm wird die mikroskopische Darstellung der 46 Chromosomen (44 Autosomen und 2 Gonosomen (Geschlechtschromosomen)) einer Zelle bezeichnet, die sich in der Metaphase der Mitose befindet. Chromosomen werden zu homologen Paaren angeordnet und nach morphologischen Kriterien sortiert (Länge und Lage des Zentromers, der Satelliten, sekundären Einschnürungen, des Nucleolusorganisators wie auch nach Muster der Chromosomenbänder). Durch Chromosomenanalyse (z. B. bei Amniozentese) werden Unregelmäßigkeiten der Chromosomen und damit mögliche Chromosomenanomalien erkennbar (z. B. Trisomie 21). Unter Verwendung eines Lichtmikroskops und durch die Einfärbung der Chromosomen mit spezifischen Farbstoffen erfolgt eine computergestützte Analyse und Auswertung. Der Karyotyp bildet die charakteristische Gesamtheit der Chromosomen, die sich in der Metaphase befinden, ab.

Kataplexie *(engl. cataplexy; Syn. Tonusverlust-Syndrom)* Als Kataplexie bezeichnet man den kurzzeitigen Verlust des Muskeltonus (Muskelspannung). Dieses plötzliche Erschlaffen der gesamten Körpermuskulatur tritt z. B. häufig in Verbindung mit der Schlafstörung Narkolepsie auf. Der vorübergehende »Schwächeanfall« ist für die Betroffenen nicht kontrollierbar und birgt ein hohes Verletzungsrisiko. Auslöser für Kataplexieanfälle können intensive affektive Reaktionen wie z. B. Lachen oder Erschrecken sein. Gelegentlich tritt Kataplexie auch nach Narkosen auf oder ist durch Gehirntumoren organisch bedingt.

Katecholamine *(engl. pl. catecholamines)* Zu der Gruppe der Katecholamine gehören Adrenalin, Noradrenalin und Dopamin. Alle drei sind adrenerge Überträgersubstanzen und wirken im ZNS, in den Kerngebieten der motorischen Stammganglien, der Basalganglien und im Hypothalamus als Neurotransmitter. Noradrenalin wirkt darüber hinaus im postganglionären Abschnitt des Sympathikus als Neurotransmitter. Katecholamine werden über enzymatische Schritte vom Körper aus der Aminosäure Tyrosin hergestellt. Adrenalin und Noradrenalin werden in den Granula der Zellen des Nebennierenmarks und in den Vesikeln der sympathischen Nervenendigungen gespeichert. Peripher werden Adrenalin und Noradrenalin bei körperlichen Stressreaktionen ausgeschüttet und leiten adäquate physiologische Veränderungen ein, welche es dem Organismus ermöglichen, auf die Anforderungen zu reagieren. Beispiele dafür sind eine Steigerung des Blutdrucks, eine Erhöhung von Schlagfrequenz und Schlagvolumen des Herzens, eine Erweiterung der Bronchien und eine gesteigerte Energiebereitstellung. Dopaminerge Neurone befinden sich vornehmlich in der Substantia nigra und dem ventralen Tegmentum und bilden hier die Ursprünge des mesostriatalen bzw. mesolimbokortikalen dopaminergen Bahnensystems. Dopamin ist eine wesentliche Komponente des zentralnervösen Belohnungssystems, spielt eine bedeutende Rolle bei der Bewegungssteuerung (Beeinflussung der extrapyramidalen Motorik) und hat Einfluss auf psychische Störungen (z. B. Schizophrenie, Depression).

kaudal *(engl. caudal)* Der Begriff »kaudal« ist eine anatomische Lagebezeichnung zur Lokalisierung bestimmter Strukturen in Relation zu anderen Strukturen innerhalb des Körpers. Er ist abgeleitet aus dem Lateinischen und bedeutet »schwanzwärts«. »Kaudal« bezieht sich zumeist auf anatomische Bezeichnungen bei Wirbeltieren, in der Humananatomie wird bevorzugt der Begriff inferior, vom lateinischen »unterhalb«, verwendet.

Kaudalanästhesie *(engl. caudal anaesthesia)* Die Kaudalanästhesie ist ein Regionalanästhesieverfahren. Im Gegensatz zur Narkose, bei der Bewusstsein und Schmerzempfinden ausgeschaltet werden, wird bei der Regionalanästhesie nur das Schmerzempfinden eliminiert. Zusätzlich besteht die Möglichkeit, Patienten während der Operation in einen Dämmerschlaf (Sedierung) zu versetzen. Regionalanästhesien betreffen jeweils nur einzelne Körperregionen. Mittels Lokalanästhetikum können schmerzleitende Nervenbahnen nahe dem Rückenmark betäubt werden. Die Kaudalanästhesie kommt – neben der Spinal- und Periduralanästhesie – bei Eingriffen an den unteren Extremitäten, in der Leiste sowie im Urogenitalbereich zum Einsatz. Das Lokalanästhetikum wird dabei in den Bereich des Kreuzbeins gespritzt. Bei diesen rückenmarknahen Betäubungen ist es möglich, gleichzeitig einen Katheter für die Schmerztherapie während bzw. nach der Operation zu legen.

Keimblase *(engl. blastula; Syn. Blastozyste, Keimbläschen)* Als Keimblase wird eine befruchtete Eizelle bezeichnet, die sich bereits mehrfach geteilt hat. Genauer gesagt bezeichnet sie das Stadium nach der Morula bis hin zur Nidation. Nach der Befruchtung, die bis auf wenige Ausnahmen im Eileiter stattfindet, wandert die befruchtete Eizelle – sich ständig teilend – in den Uterus, den sie ca. vier Tage später erreicht. Zu diesem Zeitpunkt wird sie bereits als Keimblase bezeichnet und besteht aus einer äußeren epithelartigen Zellschicht, dem Trophoblast (wird zur Plazenta) sowie einem sich darin befindenden Zellhaufen, dem Embryoblast (wird zum Embryo). Bei Tierarten, die keine Differenzierung zwischen Tropho-

und Embryoblast zeigen, spricht man nicht von Blastozyste, sondern von Blastula. Die Keimblase setzt Enzyme frei, die an der Kontaktstelle eine Auflösung der Uterusschleimhaut induzieren, was am ca. siebten Tag eine Nidation ermöglicht.

Keimdrüsen *(engl. pl. gonads; Syn. Geschlechtsdrüsen, Gonaden)* Die Keimdrüsen sind drüsenähnlich aufgebaute Organe, in denen die Keimzellen (oder Geschlechtszellen) gebildet werden. Beim Menschen sind sie Teil der inneren primären Geschlechtsmerkmale und u. a. an der Ausbildung der Geschlechtsorgane in der Embryonalzeit beteiligt. Die Keimdrüsen beim Mann sind die Hoden, bei der Frau die beiden Eierstöcke. In den Keimdrüsen werden hauptsächlich Steroidhormone (Geschlechtshormone) gebildet. Männliche Geschlechtshormone sind u. a. Androgene, vornehmlich Testosteron, sowie in geringen Mengen weibliche Geschlechtshormone. In den weiblichen Keimdrüsen werden v. a. Östrogene, Gestagene und wenige Androgene gebildet. In der Pubertät reifen die Keimdrüsen zur Funktionsfähigkeit heran und bewirken die Erscheinung der sekundären Geschlechtsorgane. Die Keimdrüsen entwickeln sich bis zur sechsten Woche der fetalen Entwicklung zunächst als ein Paar unspezifischer Gonaden, die sich potenziell zu Testes (Hoden) oder zu Ovarien (Eierstöcke) entwickeln können. Der Faktor, der die Entwicklung des Embryos in eine Richtung festlegt, ist das SRY-Gen (SRY steht für sex-determining region auf dem Y-Chromosom), welches sich auf dem Y-Chromosom befindet. Bei einigen genetischen Mutationen unterbleibt die Ausbildung der Keimdrüsen.

Keimzellen *(engl. pl. germ cells; Syn. Geschlechtszellen)* In den Kernen der Keimzellen (Gameten) ist die Erbinformation des Menschen in haploider Form (einfacher Chromosomensatz) gespeichert. Die weibliche Gamete ist die Eizelle, die männlichen Geschlechtszellen sind die Samenzellen (auch: Spermien, Spermatozoiden, Spermatozoen).

Kern *(engl. nucleus)* Der Begriff Kern wird in der Biologie in zweifacher Form verwendet. Zum einen bezeichnet der Zellkern ein Organell eukaryontischer Zellen, der durch eine Kernhülle begrenzt ist. Der Großteil des Genoms einer Zelle ist im Zellkern enthalten und in Form von Chromosomen organisiert. Zum anderen ist ein Kern eine Ansammlung von Nervenzellkörpern innerhalb des zentralen Nervensystems (ZNS). Im Gegensatz dazu bezeichnet man Ansammlungen von Nervenzellkörpern außerhalb des ZNS als Ganglion.

Kernspintomographie ▸ Magnetresonanztomographie

Ketone *(engl. pl. ketones; Syn. Alkanone)* Ketone sind chemische Verbindungen, die als funktionelle Gruppe eine Ketogruppe enthalten, d. h. dass an einem mittigen Kohlenstoffatom ein Sauerstoffatom hängt. Ketone werden in der Chemie, der Medizin und der Parfumherstellung vorwiegend als Lösungsmittel für Lacke, Farben und Klebstoffe verwendet. In der Natur bestehen Hormone, Stoffwechselzwischenprodukte und Duftstoffe aus Ketonen. Trotz ihres häufigen Vorkommens sind Ketone gesundheitsgefährdend. Sie entfetten und entzünden die Haut und reizen Atemwege, Verdauungswege und die Augen. Das einfachste Keton ist das Azeton.

Kinästhesie *(engl. kinaesthesia, kinesthesia; Syn. Bewegungssinn)* Kinästhesie steht im Zusammenhang mit Tiefensensibilität und Propriozeption (Eigenwahrnehmung) und meint die Wahrnehmung von Bewegungsrichtungen, -geschwindigkeiten und -widerständen sowie die Wahrnehmung der Lage oder Stellung einzelner Glieder zueinander. Diese Informationen erhält der Körper durch Rezeptoren an Gelenken (Gelenksensoren), Muskeln (Muskelspindelsensoren), Sehnen (Dehnungssensoren wie die Golgi-Sehnenorgane) oder auch der Haut (Pacini-Körperchen und Ruffini-Körperchen).

Kindling-Phänomen *(engl. kindling effect)* Kindling bezeichnet ein Phänomen, das sich in Tierexperimenten zur Untersuchung von Epilepsie findet. Hierbei werden bestimmte Hirnregionen (insb. das limbische System zur Erforschung der sog. Temporallappenepilepsie) in regelmäßigen Abständen wiederholt elektrisch stimuliert. In der Folge können epileptische Anfälle ausgelöst werden. Schließlich kann sich durch weitere Reizung auch ein selbstständiger epileptischer Herd entwickeln. Da es sich um Tierexperimente handelt, die zudem auf einige Tier-

arten beschränkt sind, sind die Ergebnisse nicht ohne Probleme auf den Menschen übertragbar. Trotzdem ist Kindling ein wissenschaftlich wertvolles Phänomen, da sich die Epileptogenese stufenweise experimentell steuern lässt, was die Untersuchung pathophysiologischer Phänomene zu jedem beliebigen Zeitpunkt ermöglicht.

Kinozilien *(engl. cilium, pl. cilia; Syn. Flimmerhärchen)* Als Kinozilien werden 5–10 µm lange und rund 250 nm dicke bewegliche Zytoplasmafortsätze von eukaryontischen Zellen bezeichnet. Da sie sehr nah beieinander liegen, bilden sie im Respirationstrakt einen »Teppich«, der durch regelmäßiges Schlagen Fremdkörper in eine Richtung transportiert.

K-Komplexe *(engl. pl. K-complexes)* K-Komplexe stellen ein Charakteristikum im Elektroenzephalogramm der Schlafphase 2 eines typischen Nachtschlafes dar. Es handelt sich hierbei um plötzlich auftretende, spitze Wellen, die etwa einmal pro Minute vorkommen können. Ausgelöst werden sie v. a. durch unerwartet auftretende Geräusche aus der Umgebung. K-Komplexe können auch als Vorboten der Deltawellen angesehen werden, welche die nachfolgende Tiefschlafphase des Nachtschlafes charakterisieren.

Klaustrophobie *(engl. claustrophobia; Syn. Raumangst)* Klaustrophobie bezeichnet die spezifische, isolierte Angst vor engen Räumen (Fahrstuhl, kleine Zimmer mit geschlossener Tür etc.). Wie bei allen Phobien resultiert daraus ein Meidungsverhalten gegenüber den angstauslösenden Reizen oder Reizkonstellationen. Der umgangssprachliche Begriff »Platzangst« ist keine korrekte Beschreibung der Klaustrophobie.

Kleinhirn ▸ Zerebellum

Kleinhirnkerne *(engl. pl. cerebellar nuclei)* Im Kleinhirn (Zerebellum) befinden sich vier paarige Hirnkerne: der Nucleus fastigii (Dachkern), der Nucleus dentatus (Zahnkern), der Nucleus globosus (Kugelkern) und der Nucleus emboliformis (Pfropfkern). Die Kleinhirnkerne liegen im aus weißer Substanz bestehenden Mark (Corpus medullare) des Zerebellums. Der Nucleus emboliformis (befindet sich vor Nucleus dentatus) und der Nucleus globosus (liegt seitlich des Nucleus fastigii) bilden zusammen den Nucleus interpositus, der zum Nucleus ruber und über den Thalamus zum motorischen Kortex projiziert. Funktionen der Kleinhirnkerne betreffen die Körperbewegung (Nucleus fastigii), die Augenbewegung und Korrekturen der Motorik (Nucleus interpositus) sowie Fingerbewegung und zielmotorische Bewegungen (Nucleus dentatus). Folgen von Läsionen der Kerne können eine Rumpf- und Gliedmaßenataxie sowie eine falsche Betonung der Sprache sein.

Klimakterium *(engl. climacterium)* Das Klimakterium definiert einen Zeitraum vor, während und nach der Menopause (die letzte durch die Eierstöcke ausgelöste Menstruation), findet also durchschnittlich zwischen dem 47. und dem 55. Lebensjahr statt. Durch die hormonelle Umstellung (Rückgang des Östrogens, dadurch erhöhtes luteinisierendes Hormon, LH-Pulse) können verschiedene physische Beschwerden wie etwa Hitzewallungen, Herzrasen, Schlafstörungen, Schwindel, Libidoverlust, Scheidenatrophie, Inkontinenz und Osteoporose, aber auch psychische Folgen wie Depressionen oder Gedächtnisstörungen auftreten. Während früher die Hormontherapie (Östrogen-Substitution) häufig angewendet wurde, verabreicht man heute zusätzlich Gestagene, damit es weiterhin zu Blutungen kommt und das Krebsrisiko gering gehalten wird. Trotzdem müssen die Vor- und Nachteile einer Hormonersatz-Therapie abgewogen werden. In den letzten Jahren wurde auch dem Klimakterium des Mannes (Klimakterium virile) vermehrt Aufmerksamkeit geschenkt. Die hormonellen Umstellungen sind beim Mann nicht so stark ausgeprägt, trotzdem gibt es bereits Studien, die z. T. ähnliche Beschwerden belegen.

Klinefelter-Syndrom *(engl. Klinefelter's syndrome; Syn. puberales Tubuli-seminiferi-Versagen)* Das Klinefelter-Syndrom ist ein chromosomaler Defekt, der ausschließlich bei Männern auftritt. Die betroffenen Individuen haben ein zusätzliches X-Chromosom und leiden deshalb an einer Keimdrüsenunterfunktion in der Pupertät. Personen, die am Klinefelter-Syndrom leiden, haben eine verringerte Testosteronproduktion und eine erhöhte Gonadotropinproduk-

tion, verhältnismäßig kleine Hoden und sind unfruchtbar. Es kommt zu Großwuchs (bereits im Kindesalter), großen Händen und Füßen und einem relativ kleinem Kopf. Bei einigen Betroffenen kommt es zur Ausbildung von Brüsten und einem eher weiblichen Körperbau. Auch die geistige und motorische Entwicklung ist leicht beeinträchtigt.

Klonale Selektion *(engl. clonal selection)* Die klonale Selektion ist eine in den 1950er Jahren entwickelte Theorie, nachdem das Immunsystem sehr spezifisch auf viele verschiedene Antigene reagieren kann. In einer ersten Reaktion auf ein fremdes Antigen wird eine Vielzahl von Lymphozyten gebildet, aus denen sich dann später nur diejenigen weiterentwickeln, die spezifisch gegen das jeweils vorhandene Antigen wirken können. Alle Lymphozyten, die in diesem Prozess gebildet werden, sind Klone der Mutterzelle.

Klonierung *(engl. cloning)* Im Bereich der Zellkulturen beschreibt die Klonierung die wiederholte asexuelle Teilung von einzelnen Zellen oder Organismen, aus denen genetisch einheitliche Populationen (Klone) entstehen. In der Genetik versteht man unter Klonierung das Einfügen von DNS-Sequenzen in einen entsprechenden Transportvektor (Plasmide oder Viren) und die anschließende Vervielfältigung in einem Organismus. Die Akkumulation erfolgt meistens in Bakterien (Escherichia coli), kann aber auch in eukaryotischen Systemen (z. B. in Zellkulturen) durchgeführt werden.

Klüver-Bucy-Syndrom *(engl. Klüver-Bucy syndrome)* Dieses Phänomen wurde zuerst von Heinrich Klüver und Paul Bucy 1937 bei Rhesusaffen beschrieben. Affen, denen man beide Temporallappen (inklusive Amygdala) entfernt hatte, zeigten u. a. Angstlosigkeit vor zuvor gefürchteten Objekten, beeinträchtigte Furchtkonditionierung, Hyperoralität, Hypersexualität, gestörtes Essverhalten, visuelle Agnosien, abnormales Sozialverhalten, Abstieg in der sozialen Hierarchie und soziale Isolation. 1955 entdeckten Terzian und Dalle Ore auch das Klüver-Bucy-Syndrom auch beim Menschen. Ein männlicher Patient, bei dem aus therapeutischen Gründen eine Temporallappenentfernung vorgenommen wurde, zeigte ähnliches Verhalten wie die Rhesusaffen von Klüver und Bucy.

Kniehöcker, mittlerer ▶ Corpus geniculatum mediale

Kniehöcker, seitlicher ▶ Corpus geniculatum laterale

Knochenmark *(engl. bone marrow)* Das spezialisierte Binde- und Stammzellgewebe in den Hohlräumen
der Knochen wird als Knochenmark bezeichnet. Es
befindet sich in den von Spongiosabälkchen durch-
zogenen Markräumen der meisten Knochen, insbesondere in den langen Röhrenknochen und den
flachen Knochen von Brustbein, Schädeldach, Rippen oder Sternum. Das Knochenmark ist die Bil-
dungs- und Lagerstätte für Blutstammzellen, aus
denen sich über verschiedene Vorstufen differenzierte Blutzellen (wie Erythrozyten, Thrombozyten,
Leukozyten) entwickeln. Makroskopisch wird zwischen rotem, gelbem (Fettmark) und weißem (galler-
tigem) Knochenmark unterschieden. Erkrankungen
des Knochenmarks sind z. B. Leukämie oder Osteo-
myelitis.

Knockout-Mäuse *(engl. gene knockout, knockout
mouse)* Knockout bezeichnet die experimentelle Inaktivierung eines Gens. Im Labor wird eine inaktive
mutante Form des Zielgens hergestellt, welche in
embryonale Stammzellen der Maus eingesetzt wird.
Einige der aus diesen Stammzellen hervorgehenden
Mäuse tragen in jeder Zelle eine Kopie des inaktiven
Zielgen-Mutanten (heterozygot). Durch selektive
Paarung dieser Mäuse entsteht eine weitere Generation, die zwei Kopien des inaktiven Mutanten besitzt
(homozygot). Diese Mäuse werden als Knockout-
Mäuse bezeichnet. Anhand der Knockout-Technik
kann die Rolle eines bestimmten Gens (z. B. bezüglich Aussehen, Verhalten) untersucht werden.
Zudem können genetisch bedingte Krankheiten des
Menschen simuliert und die Wirksamkeit von Me-
dikamenten getestet werden.

Kodein *(engl. codein)* Kodein gehört zur Gruppe der
Alkaloide (alkalisch reagierende, chemisch komplexe, stickstoffhaltige, meist giftige Naturstoffe),
wurde 1805 erstmals von Friedrich Sertürmer aus
den Samen der Mohnblume synthetisiert wurde.
Kodein ist ein Derivat von Opium und wird als Opiat
bezeichnet. Chemisch betrachtet ist Kodein der
3-Monoethylether des Morphins. Es gehört zu den
narkotisierenden Analgetika und entfaltet seine
Wirkung über die Opioidrezeptoren. Die schmerzlindernde Wirkung und das Suchtpotenzial von
Kodein sind schwächer als die von Morphium, daher
ist der Wirkstoff in vielen Husten- und Schmerz-
mitteln enthalten. K. war bis 1999 in Deutschland
ein reguläres Substitutionsmittel für Heroinsüchtige
und zählt jetzt nach dem Betäubungsmittelgesetz zu
den verschreibungspflichtigen Medikamenten.

Kodierung *(engl. coding)* Werden Informationen in
einer anderen Form als ihrer ursprünglichen dargestellt oder übermittelt, spricht man von Kodierung.
Sie findet u. a. im Nervensystem durch chemische
oder elektrische Signale und bei der Proteinbiosynthese (Umsetzung von Genen in Eiweiße) statt.

Koffein *(engl. caffeine, coffeine; Syn. Coffeinum;
1,3,7-Trimethyl-2,6(1H,3H)-purindion; Methyltheo-
bromin; Thein)* Koffein ist der in Tee, Kaffee, Cola,
Guarana und Kakao enthaltene stimulierende Wirkstoff. Er gehört zur Klasse der stimulierenden Drogen und ist ein Alkaloid. Durch die Einnahme dieses
Stoffes wird die allgemeine metabolische Aktivität
der Zelle erhöht. Koffein wirkt, indem es Adenosin-
rezeptoren und Kalziumkanäle blockiert. Durch die
Blockade wird die Hemmung der Katecholaminaus-
schüttung verhindert und somit eine andauernde
postsynaptische Stimulation der nachgeordneten
Struktur durch diese Neurotransmitter erreicht. Bei
höheren Dosen inhibiert Koffein das Enzym Phosphodiesterase, das die Zerlegung von cAMP (zykli-
schem Adenosin-3',5'-monophosphat) zu AMP zur
Aufgabe hat. Durch den erhöhten cAMP-Gehalt
wird die Glukoseproduktion der Zelle angeregt und
der Zelle steht mehr Energie zur Verfügung. Koffein
wirkt indirekt über Katecholamine u. a. anregend
auf das ZNS und steigert die Herztätigkeit, den Puls
und den Blutdruck. Koffein ist harntreibend, baut
Kalzium im Körper in geringen Mengen ab und regt
den Darm an.

Kohabitation *(engl. intercourse; Syn. Beischlaf,
Koitus, Geschlechtsverkehr)* Kohabitation bezeichnet im biologischen Sinn den heterosexuellen Geschlechtsverkehr.

Kohlenhydrate *(engl. pl. carbohydrates; Syn. Saccha-
ride)* Kohlenhydrate stellen einen essenziellen Be-

standteil der gesunden Ernährung des Menschen dar und finden sich v. a. in pflanzlicher Nahrung, z. B. in Getreideprodukten oder Kartoffeln. Kohlenhydrate bestehen aus Zuckermolekülen, die den Körper verschieden schnell mit Energie beliefern. Man unterscheidet Monosaccharide, sog. Einfachzucker (z. B. in Traubenzucker), Disaccharide, sog. Zweifachzucker (z. B. Rohrzucker oder Milchzucker) und Polysaccharide, sog. Mehrfachzucker (z. B. Stärke). Die Zuckermolekülketten werden im Körper wieder zu Glukose gespalten, welche mit Hilfe von Insulin in die Zellen aufgenommen wird.

Koitus ▶ Kohabitation

Kokain *(engl. cocaine)* Kokain ist ein aus Kokapflanzenblättern gewonnenes Stimulanz, dessen Haupteffekt in der Erhöhung neuronaler Aktivität sowie in einer starken lokalanästhetischen und vasokonstriktorischen Wirkung besteht. Kokain wird gewöhnlich in Pulverform über die Nasenschleimhäute aufgenommen (geschnupft) oder intravenös injiziert bzw. zu Crack (Gemisch aus Kokain und Backpulverlösung) weiterverarbeitet und inhaliert. Körperliche Effekte zeigen sich im Bereich des vegetativen Nervensystems sowie der quergestreiften Muskulatur. Psychologische Effekte treten in Form von Euphorie, Selbstbewusstseinssteigerung, Stimmungsaufhellung, Leistungssteigerung sowie eines verminderten Appetits und Schlafbedürfnisses auf. Diese Effekte erklären sich aus der gehemmten Wiederaufnahme von Dopamin, Noradrenalin und Serotonin in die präsynaptische Endigung. Bei regelmäßigem Konsum kann es zu psychotischem Verhalten kommen. Die körperlichen Entzugserscheinungen fallen relativ moderat aus (Schlaflosigkeit, Verstimmung), das Gefahrenpotenzial von Kokain liegt vor allem in der psychischen Abhängigkeit. Kokain war 1884 das erste Lokalanästhetikum, wird heute jedoch wegen seines hohen Suchtpotenzials nicht mehr verwendet.

Kollaterale *(engl. pl. collaterals)* Kollaterale bezeichnen Seiten- oder Nebenäste, die im Blutkreislauf und im Nervensystem zu finden sind. Im Blutgefäßsystem sind sie Nebenäste von Venen und Arterien, die die Blutversorgung als Ersatzstrombahnen bei Verlegung (Thrombose, Embolie) oder bei Verletzung von Blutgefäßen sicherstellen. Innerhalb des Nerven-

systems beschreiben Kollaterale Seitenäste von Axonen, die die Funktion der Verschaltung von Kerngebieten oder Neuronen haben.

Kolloide *(engl. pl. colloids)* Kolloide sind Moleküle in einem heterogenen Stoffgemisch aus einer Flüssigkeit und einem darin fein verteilten Feststoff (Suspension), deren Molekulardurchmesser zwischen 1 und 100 nm liegt. Sie sind groß genug, dass sie keine Quanteneigenschaften mehr aufweisen und klein genug, dass ihre Bewegungen von der Thermodynamik beeinflusst werden. Kolloide können in allen Aggregatzuständen in einem Stoff verteilt sein.

Kommissur, zerebrale *(engl. cerebral commissure)* Zerebrale Kommissuren sind Nervenfasertrakte, welche die Mittellinie des Körpers in der Sagittalebene kreuzen und so die Großhirnrinde beider Hemisphären miteinander verbinden. Lediglich 1–3 % aller Nervenzellen des Großhirns sind mit Neuronen der anderen Hemisphäre verbunden. Die meisten dieser Verbindungen verlaufen über den Corpus callosum (Balken). Sie sind größtenteils homotop, d. h. sie verbinden topographisch identische Areale (meist Assoziationskortex) der beiden Hemisphären miteinander. Weitere zerebrale Kommissuren sind die anteriore Kommissur, die hippocampale Kommissur sowie die basale telenzephalische Kommissur.

Kommissurektomie *(engl. corpus callosotomy)* Bei der Kommissurektomie wird der Corpus callosum (Balken) zur Unterdrückung der Ausbreitung von Epilepsieanfällen durchtrennt. Untersuchungen an diesen sog. Split-Brain-Patienten verdeutlichen, dass die Einheit des Bewusstseins auf die Existenz der Kommissuren und Assoziationsfasern im ZNS rückführbar ist. Beim intakten Gehirn kommt es zu einem ständigen Informationsfluss zwischen den Hemisphären. Ohne Kommissuren teilt beispielsweise die linke Hand nicht mehr die Erfahrungen der rechten, die visuellen Welten der beiden Hemisphären sind vollständig getrennt.

Komplementärfarben *(engl. pl. complementary colors; Syn. Gegenfarben)* Der Begriff Komplementärfarben entstammt der Farbenlehre. Zueinander komplementäre Farben ergeben bei additiver Farbmischung (zwei Lichtquellen) Weiß, bei subtraktiver

Farbmischung (»Farbkasten«) hingegen Schwarz. Die bekanntesten Komplementärfarben-Kombinationen sind Rot und Grün sowie Blau und Gelb. Die Gegenfarbentheorie wurde 1878 von Ewald Hering als Alternative zur trichromatischen Farbtheorie (von Thomas Young, 1802, und von Hermann von Helmholtz, 1852) vorgeschlagen. Sie gründet sich auf der Annahme von zwei Klassen von Zellen zur Farbwahrnehmung und einer weiteren Klasse von Zellen für die Helligkeit. Diese Theorie scheint auf höheren Ebenen der visuellen Verarbeitung zuzutreffen.

Komplementsystem (engl. complement system) Das Komplementsystem ist ein hitzelabiles System des Blutplasmas zur Ergänzung des zellulären und humoralen Immunsystems. Das Komplementsystem besteht aus 17 Proteinen sowie verschiedenen Aktivatoren und Inhibitoren. Im Zentralnervensystem können aktivierte Gliazellen Komplementkomponenten bilden. Die Hauptaufgaben des Komplementsystems sind die direkte Zerstörung von Zellen und Erregern, die Opsonierung (»Schmackhaftmachung«) von Fremdpartikeln sowie die Aktivierung von Abwehrzellen. Bei Störungen im Komplementsystem kommt es zu gehäuften bakteriellen Infekten.

Kompulsion (engl. compulsion) Kompulsion bezeichnet eine Zwangshandlung oder einen inneren Zwang.

Konditionierung, klassische (engl. classical conditioning) Die klassische Konditionierung stellt eine Form des assoziativen Lernens dar. Sie wurde erstmals im Jahre 1906 durch den russischen Physiologen Iwan Pawlow beschrieben. Pawlow entdeckte, dass die zeitliche Paarung eines neutralen Reizes (Klingelzeichen) mit einem unbedingten Reiz (Anblick von Futter), welcher eine unbedingte, artspezifische Reaktion (Speichelfluss) auslöst, das Verhalten eines Hundes gegenüber dem neutralen Reiz ändert. Nach wiederholter Paarung beider Reize löst der neutrale Reiz, welcher zuvor keine Verhaltenswirkung hatte, den Speichelfluss beim Tier aus. Dieser neutrale Reiz wird damit zu einem bedingten Reiz und der Speichelfluss in Folge des Klingelzeichens wird als bedingte (konditionierte) Reaktion bezeichnet.

Konditionierung, operante (engl. operant conditioning; Syn. instrumentelle Konditionierung, Verstärkerlernen, Reiz-Reaktionslernen) Die operante Konditionierung stellt eine Form des assoziativen Lernens dar. Grundlegend bei dieser Lernform ist die Verknüpfung zwischen einer Handlung und der daraus resultierenden Konsequenz. Es handelt sich um eine flexible Lernform, die es dem Organismus gestattet, gezielt auf seine Umwelt zu reagieren. Betätigt ein Tier in einer Skinner-Box (benannt nach dem Psychologen Burrhus Frederic Skinner, dem bekanntesten Vertreter dieser Lerntheorie) den Auslösemechanismus für eine Futterbelohnung und erhält unmittelbar darauf eine Belohnung in Form von Futter, wird dieses Verhalten verstärkt. Tritt diese Belohnung mehrfach infolge eines bestimmten Verhaltens auf, so assoziiert das Tier dieses Verhalten mit der Belohnung und wird es in der entsprechenden Situation vermehrt ausführen. Das Futter wirkt als positiver Verstärker und kann gezielt die Auftrittswahrscheinlichkeit einer bestimmten Verhaltensweise erhöhen. Umgekehrt führt Bestrafung (durch aversive Reize) zu einer Verringerung der Auftrittswahrscheinlichkeit des bestraften Verhaltens.

Konduktion ▶ Wärmekonduktion

Konfabulation (engl. confabulation) Konfabulierende Personen berichten über nicht stattgefundene oder nicht existente Ereignisse als »ihre Erinnerung« ohne bewusste Täuschungsabsicht. Es werden provozierte Konfabulationen (durch Fragen) und spontane Konfabulationen unterschieden. Beide betreffen hauptsächlich autobiographische Gedächtnisinhalte, wobei die provozierten Konfabulationen auch bei Gesunden auftreten können, wenn sie aufgefordert werden, unpräzise gespeicherte Informationen möglichst detailliert wiederzugeben. Patienten, die spontan konfabulieren, haben in der Regel eine ausgeprägte Gedächtnisstörung und weisen keine Krankheitseinsicht auf. Konfabulationen sind oft eine Mischung aus verschiedenen Ereignissen, die real waren, können aber auch vollkommen erdacht sein. Konfabulationen treten oft bei Patienten mit Schädigungen im orbitofrontalen Kortex und basalen Vorderhirn sowie im Rahmen des Korsakow-Syndroms und häufig bei Schizophrenie (konfabulatorische Schizophrenie) auf.

kongenital (*engl. congenital; Syn. angeboren*) Als kongenital bezeichnet man alle Merkmale, Eigenschaften oder Anomalien eines Lebewesens, die bereits bei der Geburt vorhanden sind. Das Wort kongenital wird dabei unterschiedlich benutzt. Zumeist definiert es genetisch oder während der fetalen Entwicklung erworbene oder durch externe Einflüsse während der Schwangerschaft und/oder Geburt bedingte Merkmale. Man findet aber auch die engere Definition ausschließlich genetisch bedingter Eigenschaften in Abgrenzung zu konnatal, d. h. während der Schwangerschaft und/oder Geburt erworbenen Eigenschaften und Schäden.

Konnexone (*engl. pl. connexons; Syn. Zell-Zell-Kanäle, Gap-Junction-Kanäle*) Konnexone sind Proteine, die in der Zellmembran große Poren mit einem Durchmesser von 1 nm bilden und jeweils 6 Untereinheiten (Konnexine) besitzen. Liegen die Membranen zweier benachbarter Zellen dicht beieinander, können die Konnexone der beiden Zellen eine Pore, sog. Gap-Junction, bilden. Diese Zell-Zell-Kanäle oder elektrischen Synapsen, ermöglichen einen schnellen Austausch von Ionen und kleinen Molekülen zwischen den Zellen. Es handelt sich um einen passiven Transmembrantransport, bei dem das ankommende Aktionspotenzial eine Änderung des Membranpotenzials der präsynaptischen Zelle auslöst. Natrium- und Kalziumionen strömen nach innen, Kaliumionen nach außen. Dadurch wird die Polarisierung der Membran der postsynaptischen Zelle verändert. Wird der Schwellenwert überschritten, folgt ein Aktionspotenzial und das Signal kann praktisch ohne Zeitverzögerung weitergeleitet werden. Ein weiterer Unterschied im Vergleich zur chemischen Synapse ist die Erregungsübertragung, die in den meisten Fällen in beide Richtungen erfolgen kann. Gap-Junction-Kanäle können nicht zur Hemmung der Nachbarzelle genutzt werden (im Gegensatz zu hemmenden chemischen Synapsen). Diesen Kanälen wird eine große Bedeutung für die Ausbreitung epileptischer Herde im Gehirn zugeschrieben.

Konsolidierung (*engl. consolidation*) Als Konsolidierung wird der Prozess der Gedächtnisstabilisierung oder -festigung nach dem Erlernen neuer Information bezeichnet. Dabei tritt die Information vom Kurzzeit- ins Langzeitgedächtnis über. Minuten bis Stunden nach der Enkodierung finden Konsolidierungsprozesse auf zellulärer Ebene statt, welche morphologische Veränderungen der Synapsen herbeiführen (synaptische Plastizität). Diese Prozesse sind abhängig von der Proteinbiosynthese und der Genexpression. Wochen bis Monate nach der Enkodierung finden weitere Konsolidierungsprozesse auf Hirnsystemebene statt, wobei der Gedächtnisabruf durch Umkodierung oder andere (noch unbekannte) Prozesse zunehmend unabhängig wird von der Aktivierung der Hirnregionen, welche bei der Enkodierung involviert waren. Konsolidierungsprozesse finden innerhalb der ersten Monate v. a. im Hippocampus statt.

kontraktil (*engl. contractile*) Kontraktil heißt zur Kontraktion fähig. Es ist damit meist die Eigenschaft von Muskelzellen gemeint, die sich in Reaktion auf ein bestimmtes Ereignis verkürzen.

Kontraktion, isometrische (*engl. isometric contraction*) Die isometrische Kontraktion wird auch als längengleiche Kontraktion bezeichnet, weil bei ihr keine Längenänderung des Muskels stattfindet, sondern intramuskuläre Spannungsänderungen auftreten.

Kontraktion, isotonische (*engl. isotonic contraction*) Die isotonische Kontraktion wird auch als spannungsgleiche Kontraktion bezeichnet, weil sich der Muskel bei gleich bleibender intermuskulärer Spannung verkürzt. Durch die auftretende Verkürzung der Muskelfasern wird Bewegung erzeugt, d. h. bei allen Bewegungsvorgängen handelt es sich um isotonische Kontraktionen der Muskeln.

kontralateral (*engl. contralateral*) Man bezeichnet eine Körperregion als kontralateral, wenn sie bezüglich einer zweiten auf der entgegengesetzten Körperseite oder -hälfte gelegen ist. Das Gegenteil wird als ipsilateral bezeichnet. In der Neurologie wird der Begriff kontralateral benutzt, um die Kreuzung einer Nervenbahn auf die andere Hirnhemisphäre zu beschreiben.

Kontrastverstärkung (*engl. contrast amplification*) Kontrastverstärkung ist ein Effekt, der infolge lateraler Inhibition auftritt. Dabei kommt es durch gegenseitige Hemmung nebeneinander liegender Neurone zu einer Verstärkung von z. B. Farbkontrasten. Bei Machschen Bändern z. B. erscheint die Grenze eines schwarzen Balkens am Übergang zu einem weißen Balken dunkler als das Schwarz innerhalb des Balkens. Durch die Neuronenverschaltung wird an dieser Stelle die Farbe schwarz stärker wahrgenommen als im gesamten Streifen. Kontrastverstärkung führt auch dazu, dass z. B. die Konturen von Objekten schärfer erscheinen. In der Neurologie bezeichnet Kontrastverstärkung den Vorgang, bei dem über verschiedene Bearbeitungswege die Kontraste in bildgebenden Verfahren erhöht werden.

Kontrollschrankentheorie *(engl. Gate-Control-Theory)* Die Kontrollschrankentheorie nach Melzack und Wall besagt, dass absteigende, vom Gehirn kommende Signale neuronale Schaltkreise im Rückenmark modulieren können, um damit einlaufende Schmerzsignale zu blockieren bzw. durchzulassen. Der Einfluss des Gehirns auf die periphere Schmerzwahrnehmung erklärt, dass z. B. nach Unfällen Schmerzen anfangs nicht wahrgenommen werden.

Konvektion ▶ Wärmekonvektion

Konvergenz *(engl. convergence)* Konvergenz bezeichnet das Zusammentreffen mehrerer Afferenzen auf ein Neuron, welche zu einer Summation oder Bahnung der synaptischen Potenziale führen kann. Somit können die Effekte schwacher Stimuli verstärkt werden, wobei starke und großflächige Reize sehr schnell zum maximalen Erregungszustand der Neurone führen bzw. eine Okklusion (Sättigung) in einem Neuronenverband stattfinden kann.

Konvulsion *(engl. convulsion, spasm/us/, tremble; Syn. Convulsio)* Unter Konvulsion versteht man sich in Serie wiederholende Krämpfe oder Schüttelkrämpfe der Körpermuskulatur (v. lat. convellere, convulsus: losreißen, erschüttern). Krämpfe haben unterschiedlichste Ursachen, wobei sie immer ein Krampfzentrum (Irritationsbereich) im Gehirn oder Rückenmark haben, von wo aus der Krampf ausgelöst wird. Zu den häufigsten Ursachen dieser generalisierten Krämpfe zählen Ischämien, Vergiftungen, Entzugssyndrome (▶ Entzugssyndrom), Fieberkrämpfe oder Epilepsie (▶ Grand mal). Im Falle der Epilepsie gibt es im internationalen Klassifizie-rungssystem ICD-10 die Diagnose »Epileptische Konvulsion«, die mit »G40.0« kodiert wird.

Körnerzelle *(engl. granule cell; Syn. Granularzelle)* Körnerzellen finden sich besonders in der Schicht IV der Großhirnrinde sowie im Zerebellum, Hippocampus und im Riechkolben. Sie haben relativ kurze Axone und einen ca. 10 µm großen Zellkörper. Man unterscheidet je nach Dendritenausbildung zwischen glatten und dornigen Granularzellen. Ein weiteres wichtiges Kennzeichen besteht in ihrer apolaren Ausrichtung. Dabei nehmen sie unterschiedliche Funktionen ein: die hippocampale Körnerzelle wirkt exzitatorisch, die Zellen im Riechkolben haben eine inhibitorische Wirkung und die Zellen der Großhirnrinde bilden sowohl inhibitorische als auch exzitatorische Synapsen aus.

Korsakow-Syndrom *(engl. Korsakoff's syndrom; Syn. Korsakow-Psychose; amnestisches Syndrom)* Diese Erkrankung ist benannt nach Sergei Korsakow und wurde 1889 erstmalig beschrieben. Das Korsakow-Syndrom beschreibt Gedächtnisprobleme infolge eines Hirnschadens, der meist durch chronischen Alkoholmissbrauch bzw. Mangelernährung (z. B. bei Anorexia nervosa) und daraus resultierenden Thiamin-Mangel entsteht. Es handelt sich um eine Form der anterograden Amnesie, d. h. die Betroffenen können sich an gespeicherte Gedächtnisinhalte vor der Hirnschädigung erinnern, haben aber Defizite beim Erlernen und Erinnern neuer Informationen nach der Hirnschädigung.

Kortex, auditorischer *(engl. auditory cortex; Syn. Hörrinde)* Der auditorische Kortex liegt im Temporallappen unterhalb der Fissura lateralis (Sylvischen Fissur). Man unterscheidet den primären auditorischen Kortex (A1, auch Heschlscher Gyrus, Areal 41 nach Brodmann) und den sekundären (A2 oder auf der sprachdominanten Seite auch Wernicke-Areal, BA 42 und 22) auditorischen Kortex. Die Hörbahn erreicht als Afferenz A1, wo das Gehörte wahrgenommen und nach Frequenz sortiert wird. Im A2 findet die Sprachwahrnehmung statt, seine wichtigste Efferenz ist die Verbindung zu motorischen Spracharealen (Broca-Areal, BA 44 und 45) über den Fasciculus arcuatus. Bei den meisten Rechtshändern ist die linke Hemisphäre sprachdominant, Läsionen in diesen Gebieten können u. a. zu Aphasien führen.

Kortex cerebri ► Kortex, zerebraler

Kortex, entorhinaler *(engl. entorhinal cortex)* Der entorhinale Kortex (Areal 28) ist ein Teil der Hippocampusformation, befindet sich an der medialen Seite des Temporallappens und bildet zusammen mit dem Subiculum den Übergangskortex. Afferente Verbindungen besitzt der entorhinale Kortex zum Thalamus, Hypothalamus und den Mammillarkörperchen. Weiterhin bestehen Verbindungen zum ventralen Temporallappen und orbitalen Frontalkortex. Diese Verbindungen sind sowohl afferent als auch efferent. Der entorhinale Kortex ist u. a. am deklarativen Lernen beteiligt.

Kortex, inferiorer temporaler *(engl. inferior temporal area; Syn. inferotemporaler Kortex)* Der inferotemporale Kortex (ITC) liegt im unteren Bereich des Temporallappens und bildet im visuellen Assoziationskortex das Ende des ventralen Pfades (bzw. der temporalen Bahn). Aufgabe des ventralen Pfades ist die Objekterkennung (»Was«-Pfad, beginnt bei den M-Ganglienzellen), wobei primäre Neurone im ITC am Erkennen einfacher Formen beteiligt sind. Es wird allerdings auch angenommen, dass der ITC für die Wahrnehmung sehr komplexer (3-dimensionaler) Formen zuständig ist u. a. für die Analyse von Gesichtern (speziell im Gyrus fusiformis).

Kortex, limbischer *(engl. limbic cortex)* Unter dem Begriff limbischer Kortex werden oft die Hippocampalformation, der Gyrus cinguli und der präfrontale Kortex (manchmal auch die Inselrinde und Präkuneus) zusammengefasst. Zusammen mit subkortikalen Strukturen wie Hypothalamus, Amygdala, Septalkernen, Nucleus accumbens und Formatio reticularis bilden sie das limbische System.

Kortex, olfaktorischer *(engl. olfactory cortex; Syn. Riechrinde)* Der olfaktorische Kortex besteht aus dem primären olfaktorischen Kortex, der seine Informationen über den Tractus olfactorius erhält, sowie dem sekundären olfaktorischen Kortex. Signale des Geruchssinns erreichen dabei zuerst den primären olfaktorischen Kortex (neuroanatomisch ähnliche

Struktur wie Bulbus olfactorius) und gelangen von dort zum sekundären olfaktorischen Kortex, der sich aus dem Nucleus olfactorius anterior, einem Teil des entorhinalen Kortex, Teilen der Amygdala und dem piriformen Kortex zusammensetzt. Hier konvergieren die Signale mit Signalen der anderen Sinnessysteme und Geruchsinformationen gelangen von hier aus in tertiäre olfaktorische Strukturen wie z. B. Teile des limbischen Systems. Dabei ist der olfaktorische Kortex in seiner Gesamtheit für den Empfang und das Weiterleiten von Signalen aus Sehsystem, Geruchs-, Geschmacks- und Tastsinn verantwortlich.

Kortex, orbitofrontaler *(engl. orbitofrontal cortex)* Der Orbitofrontalkortex (OFC, Brodmann-Areale 11, 12, 13 und 14) ist Teil des inferioren Präfrontalkortex. Er ist zuständig für die Auswahl von Verhalten aufgrund von Kontexthinweisen. Außerdem wird er als Teil des sekundären olfaktorischen Kortex gesehen. Der OFC erhält seine Afferenzen u. a. von posterioren parietalen Gebieten, vom superioren temporalen Kortex und Sulcus, von der Amygdala und vom Temporallappen (einschließlich auditorischer und visueller Regionen sowie vieler anderer Areale, die mit der Verarbeitung sensorischer Signale assoziiert sind). Seine Signale sendet der OFC zur Amygdala, zum Hypothalamus, zu posterioren parietalen Gebieten und zum superioren temporalen Kortex. Der OFC scheint u. a. an Assoziationslernen, Deutung des affektiven Kontexts und der Erinnerung autobiographischen Wissens beteiligt zu sein. Läsionen im OFC werden z. B. mit einem Verlust des divergenten (»produktiven«) Denkens und einer verminderten Fähigkeit zur Hemmung automatischer Reaktionen (Reaktionsinhibition) in Verbindung gebracht.

Kortex, parahippocampaler *(engl. parahippocampal cortex)* Der parahippocampale Kortex befindet sich neben dem Hippocampus, entlang der dorsal medialen Oberfläche des Temporallappens. Er erhält Informationen von vielen polymodalen Assoziationsfeldern des Kortex und projiziert selbst über den perirhinalen Kortex zu Hippocampus, Amygdala und Striatum. Als Teil des medialen Temporallappens ist der parahippocampale Kortex in die Konsolidierung von expliziten Gedächtnisinhalten eingebunden. Außerdem scheint er eine wichtige

Rolle bei der Verarbeitung von visuell-räumlichen Gedächtnisaspekten zu haben.

Kortex piriformis *(engl. piriform cortex)* Kortex piriformis ist ein Synonym für den primären olfaktorischen Kortex, der an der Geruchswahrnehmung des Menschen beteiligt ist. Der Begriff umfasst ein kleines Areal unter dem Temporallappen. Die olfaktorischen Signale gelangen von den Riechsinneszellen in den Bulbus olfactorius (Riechkolben) und werden von kleinen Strukturen (den Glomeruli), über Riechbahnen in den Cortex piriformis und die Amygdala geleitet. Die Signale, die den Cortex piriformis erreichen, gelangen schließlich zum sekundären olfaktorischen (orbitofrontalen) Kortex und treffen dort mit den Signalen des Geschmacksinns aus dem Thalamus zusammen.

Kortex, präfrontaler *(engl. prefrontal cortex)* Der präfrontale Kortex (PFC) ist ein Teil des Frontallappens und ist verantwortlich für die Steuerung kognitiver Vorgänge. Er verarbeitet sensorische Signale aus dem Inneren und der Umwelt. Der PFC wird als Kontrollzentrum für die situationsangemessene Planung von Bewegungen angesehen und ist gleichzeitig an der Regulation emotionaler Prozesse beteiligt. Er ist eng verbunden mit dem dorsomedialen Nucleus des Thalamus, posterioren parietalen Gebieten, dem superioren temporalen Kortex und Sulcus, dem Temporallappen, der Amygdala und dem Hypothalamus. Der PFC kann in drei Abschnitte unterteilt werden: zum einen der für Verhaltensauswahl (dem Arbeitsgedächtnis entsprechend) zuständige dorsolaterale präfrontale Kortex (Areal 8, 9 und 46), der zusammen mit ventrolateralen Bereichen (Areal 44, 45, 47/12) den lateralen PFC bildet, zum anderen der inferiore präfrontale Kortex oder Orbitofrontalkortex (Areal 11, 12, 13, 14), der das Verhalten entsprechend den Hinweisen aus der Umwelt (Kontextcues) auswählt und als dritter Teil der mediale frontale Kortex (Areal 24, 25 und 32).

Kortex, prämotorischer *(engl. praemotoric cortex)* Der prämotorische Kortex (PMC) liegt lateral frontal des Motokortex (Brodman Areae 6 und z. T. 8) und bildet zusammen mit dem supplementären motorischem Kortex (SMA, medial gelegen) und dem rostralen zingulärem Kortex die sekundärmotorischen Areale. Der PMC erhält Signale aus ventralen Thalamuskernen, aus der somatosensorischen Rinde, dem SMA und dem Motokortex. Er hat direkten Einfluss auf die Motorik durch die efferente Versorgung der extrapyramidalen Hirnstammzentren (Formatio reticularis, Nucleus ruber, Nucleus vestibulares), durch Projektionen zum Motorkortex und über Fasern in der Pyramidenbahn (Tractus corticospinalis/Tractus corticopontinus). Der PMC ist in die zentrale Generierung von komplexen Bewegungsabfolgen (Willkürbewegungen) involviert (Basalganglienschleife). Läsionen in diesem Gebiet führen durch Disinhibition der extrapyramidalen Hirnstammzentren zum Auftreten spastischer Lähmungen der Armbeuger und Beinstrecker.

Kortex, primärer auditiver *(engl. primary auditory cortex; Syn. primäre Hörrinde, primärer auditorischer Kortex, A1, Heschlscher Gyrus)* Der in sechs Schichten aufgebaute primäre auditorische Kortex findet sich auf den quer zur Fissura lateralis (Sylvischen Fissur) liegenden Gyri (= Gyri temporales transversi). Der Heschlsche Gyrus wird auf Brodmann-Karten mit Area 41 bezeichnet. Er ist tonotop (nach Frequenzen) organisiert und aus hemmenden und erregenden Säulen aufgebaut. Die Afferenz des A1 ist die Hörbahn, die Efferenzen gehen weiter zur lateral angrenzenden sekundären Hörrinde (Area 42 und 22). Im primären auditorischen Kortex werden die Töne auditiv-phonologisch verarbeitet, die Interpretation erfolgt in den weiteren auditiven Arealen. Läsionen im A1 haben keine Beeinträchtigung der Tonwahrnehmung zur Folge, führen allerdings zu Einschränkungen bei der Lokalisation von eingehenden Signalen.

Kortex, primärer motorischer *(engl. primary motor cortex; Syn. Motorkortex)* Der primäre motorische Kortex liegt im Frontallappen und entspricht etwa dem Gyrus praecentralis (Brodmann-Areal 4). Der Gyrus praecentralis ist vor der Zentralfurche (Sulcus centralis) lokalisiert, die den Frontallappen vom Parietallappen trennt. Der primäre motorische Kortex ist somatotop, also nach Körperteilen organisiert, d. h. einzelne Bereiche des primären motorischen Kortex sind für bestimmte Körperteile auf der kontralateralen Seite verantwortlich. Der sog. motorische Homunkulus ist eine »Karte« dieser Bereiche.

Dabei sind Körperteile, die komplexen Bewegungsabläufen dienen, stärker repräsentiert als andere, die einfachere Bewegungsmuster ausführen. Der primäre motorische Kortex erhält Afferenzen aus dem Kleinhirn und den Basalganglien und projiziert über den Tractus corticospinalis (als Teil der Pyramidenbahn) hinunter über den Hirnstamm in die Medulla oblongata, wo ca. 70–90 % der Fasern auf die Gegenseite wechseln, und von da bis ins Rückenmark (Medulla spinalis) reichen.

Kortex, primärer somatosensorischer (engl. *primary somatosensory cortex*) Der primäre somatosensorische Kortex entspricht in etwa dem Gyrus postcentralis und nimmt gleich 4 Brodman-Areale (BA) ein: Area 3 (a und b), 1 und 2. Die Afferenzen des S1 kommen aus dem ventrolateralen Thalamus. Die efferenten Bahnen leiten die somatosensorische Information weiter in den sekundären somatosensorischen Kortex (BA 5 und 7). Der primäre somatosensorische Kortex ist wie der angrenzende primäre motorische Kortex auf dem Gyrus praecentralis entsprechend der Repräsentation der Körperteile organisiert, man spricht vom somatosensorischen Homunkulus. Körperteile mit einer hohen Dichte an sensorischen Rezeptoren (Fingerkuppen, Zunge) sind dabei größer repräsentiert als solche mit einer geringeren Rezeptorendichte (Arme, Beine). In einem neueren Modell werden sogar 4 dieser Homunkuli angenommen, je einer pro Brodmann-Areal. Die Homunkuli werden dabei nach Art der verarbeiteten Information unterschieden: Informationen der Muskeln in Area 3a, der Haut in Area 3b (langsame Bewegungen/Berührungen) und 1 (schnelle Bewegungen/Berührungen) und Informationen der Druck- und Gelenkrezeptoren in Area 2. Die Informationsverarbeitung läuft hierarchisch von der einfacheren zur komplexeren Wahrnehmung ab. Die Areale 3a und 3b projizieren zu Area 1, diese wiederum zu Area 2, welche für kombinierte somatosensorische Informationen (Bewegung, Bewegungsrichtung und Orientation) zuständig ist. Läsionen im Bereich des primären somatosensorischen Kortex führen zu Störungen der sensorischen Diskriminationsfähigkeit und Einschränkungen bei der Kontrolle von Präzisionsbewegungen.

Kortex, primärer visueller (engl. *primary visual cortex; Syn. Area striata, V1, Brodman-Areal 17*) Der primäre visuelle Kortex liegt im Okzipitallappen ober- bzw. unterhalb des Sulcus calcarinus. Die wichtigste Afferenz kommt aus dem ipsilateralen Corpus geniculatum laterale. Durch die an früherer Stelle stattfindende Kreuzung der Sehbahn im Chiasma opticum sind die Gesichtsfeldhälften kontralateral repräsentiert. Der Fovea centralis (der Punkt des schärfsten Sehens) kommt im Vergleich zum restlichen Gesichtsfeld ein sehr großer Repräsentationsbereich zu. Dieses Gebiet ist genauso groß wie das Gebiet, auf das die übrigen Reizinformationen projiziert werden. Die Informationsverarbeitung im V1 weist eine komplexe Gliederung auf. Der V1 wird auch als Area striata bezeichnet, da der Kortex von einem weißen Streifen aus Nerven-fasern durchzogen ist. Wie der Rest des Neokortex (Großhirnrinde) werden die 6 Schichten mit römischen Ziffern von I bis VI durchnummeriert. Schicht IV gilt dabei als Informationen aufnehmende Empfangsschicht (Afferenz), während die verarbeitete Information die Area striata über die Schichten V und VI wieder verlässt (Efferenz). Den Schichten I, II und III kommen integrative Funktionen zu. Zusätzlich ist der primäre visuelle Kortex in sog. Dominanzsäulen (Orientierungs- und okuläre Dominanzsäulen) organisiert, die vertikal zur Schichtung liegen und abwechslungsweise Informationen vom rechten bzw. linken Auge verarbeiten. Diese Säulen sind weiter in orientierungssensitive rezeptive Felder unterteilt. Ein 1-Millimeter-Block aus dem Kortex ist für einen bestimmten Bereich auf der Netzhaut zuständig, die sog. Hypersäule. Im visuellen Kortex kann eine weitere Struktur mittels einer Zytochromfärbung sichtbar gemacht werden, die als Flecken identifizierbaren Blobs (dunkler gefärbt) und Interblobs. Während Blobs an der Farbwahrnehmung beteiligt (Gegenfarbprinzip) und inmitten der Dominanzsäulen angeordnet sind, spielen Interblobs eine Rolle bei der Form- und Bewegungswahrnehmung. Im primären visuellen Kortex wird die eintreffende Information demnach bereits in Form, Farbe und Bewegung unterteilt. Danach wird die Information zur Weiterverarbeitung in die extrastriären visuellen Areale V2-V5 weitergeleitet.

Kortex, sekundärer motorischer (engl. *secondary motor cortex*) Zum sekundären motorischen Kortex gehören das supplementär-motorische Areal, der prämotorische Kortex und die motorischen Areale des Gyrus cinguli. Alle diese Bereiche sind untereinander neuronal verbunden, innervieren aber auch den Hirnstamm. Der sekundäre motorische Kortex wird von Assoziationscorti und dem primärem motorischem Kortex innerviert, an den er umgekehrt auch Signale zurückleitet. Er ist an der Planung und Programmierung von komplexen Bewegungen beteiligt. Funktionelle Untersuchungen zeigen, dass seine Neurone vor und während der Ausführung einer Bewegung feuern. Bei Bewegung auf nur einer Seite des Körpers sind trotzdem beidseitig sekundäre motorische Areale aktiv.

Kortex, visueller *(engl. visual cortex)* Der visuelle Kortex liegt am hintersten Punkt des Okzipitallappens ober- und unterhalb des Sulcus calcarinus. Er wird in 5 verschiedene Areale unterteilt. V1 (für »Visuell 1«) wird auch als primärer visueller Kortex oder Area striata bezeichnet, die Areale V2 bis V5 nennt man auch extrastriäre Areale. Jedes Areal dient einem spezifischen Aspekt der visuellen Wahrnehmung wie Form, Farbe oder Bewegungsrichtung. Durch die Kreuzung der Sehbahn im Chiasma opticum sind die Gesichtsfeldhälften jeweils kontralateral repräsentiert, d. h. die Informationen des linken Gesichtsfeldes werden in die rechte Hemisphäre projiziert und umgekehrt. Zusätzlich ist die obere Hälfte des Gesichtsfeldes unterhalb, die untere Gesichtsfeldhälfte oberhalb des Sulcus calcarinus repräsentiert. Ein Gesichtsfeldausfall (Skotom: punktartiger Ausfall; Hemianopsie: Ausfall einer Hälfte; Quadrantanopsie: Ausfall eines Viertels) beispielsweise im linken oberen Teil wäre folglich auf eine Läsion im unteren Teil des Okzipitallappens der rechten Hemisphäre zurückzuführen.

Kortex, zerebellärer *(engl. cerebellar cortex)* Das Zerebellum (Kleinhirn) besteht aus der weißen Substanz als Mark (Medulla) im Inneren und einer äußeren, nervenzellhaltigen Schicht, auch graue Substanz. Diese äußere Schicht wird ähnlich wie beim Großhirn als Kortex (Rinde) bezeichnet (da zum Kleinhirn gehörig als zerebellärer Kortex) und verfügt wie dieser über eine stark gefaltete Oberfläche. Der Kortex besteht aus drei Schichten und enthält Purkinje- und Granulazellen.

Kortex, zerebraler *(engl. cerebral cortex; Syn. Cortex, Großhirnrinde)* Die Großhirnrinde ist die etwa 2–5 mm dicke, mehrfach gefaltete Randschicht des Großhirns (Telencephalon). Da sie ca. 14 Mrd. Nervenzellen enthält, wirkt sie grau und wird dementsprechend auch graue Substanz genannt. Zusammen mit dem darunter liegenden Großhirnmark, der weißen Substanz, bildet sie den Großhirnmantel (Pallium). Anatomisch lässt sich der Kortex grob in 4 Lappen einteilen, die mit verschiedenen motorischen und sensorischen Leistungen in Zusammenhang gebracht werden: 1. Frontallappen, 2. Parietallappen, 3. Temporallappen und 4. Okzipitallappen. Über Kommissurenbahnen werden analoge Hirnteile der beiden Hemisphären zumeist durch den Balken (Corpus callosum) verbunden. Assoziationsbahnen verschalten Areale derselben Hemisphäre miteinander und Projektionsbahnen verbinden die Großhirnrinde mit anderen Teilen des Gehirns und stellen so die Verbindung zu Rückenmark und Peripherie her.

Kortex, zingulärer *(engl. cingulate cortex; Syn. Cingulum)* Der zinguläre Kortex ist ein Teil des Gehirns direkt oberhalb des Corpus callosum, auf der Innenseite der Hemisphären. Zusammen mit anderen anatomischen Hirnstrukturen (u. a. dem Hippocampus) bildet der zinguläre Kortex das limbische System. Der vordere zinguläre Kortex (anteriorer Cortex cinguli, ACC) ist an der Steuerung von Aufmerksamkeitsprozessen beteiligt, während der hintere zinguläre Kortex (posteriorer Cortex cinguli, PCC) den sensorischen Teil darstellt und Afferenzen vom somatosensorischen, auditorischen und visuellen Assoziationskortex erhält.

Kortikoide ▶ Kortikosteroide

Kortikosteroide *(engl. pl. corticosteroids; Syn. Kortikoide)* Kortikosteroide sind eine Gruppe von ca. 50 in der Nebennierenrinde (adrenaler Kortex) gebildeten Steroidhormonen sowie chemisch vergleichbaren synthetischen Stoffen. Alle natürlichen Kortikosteroide werden aus dem Lipid Cholesterol gebildet. Man unterscheidet Mineralkortikoide (MK, z. B. Aldosteron) und Glukokortikoide (GK, z. B. Kortisol), welche in der Zona glomerulosa (MK) bzw. in der Zona fasciculata (GK) des adrenalen

Kortex gebildet werden. Kortikosteroide spielen eine wesentliche Rolle bei der physiologischen Stressreaktion. Sie beeinflussen außerdem die Immunreaktion, die Regulation von Entzündungsprozessen, den Kohlenhydrat- und Proteinstoffwechsel, den Elektrolytspiegel und neuroplastische Prozesse im Gehirn. Synthetische Kortikoide unterscheiden sich von den natürlichen in ihrer Wirksamkeitsdauer und Rezeptoraffinität. Sie werden bspw. zur Behandlung von Asthma und Haut-erkrankungen genutzt.

Kortikotropin-Releasing-Hormon *(engl. corticotropin-releasing hormone; Syn. Kortikoliberin)* Kortikotropin-Releasing-Hormon (CRH) ist ein Neuropeptid aus 41 Aminosäuren, das im Nucleus paraventricularis des Hypothalamus produziert und von dort über den hypophysären Portalkreislauf in die Adenohypophyse (Hypophysenvorderlappen, HVL) transportiert wird. Hier stimuliert es in den POMC (Proopiomelanocortin)-Zellen der Hypophyse v. a. die Freisetzung von ACTH (Adrenokortikotropes Hormon). Seine Ausschüttung erfolgt pulsatil in einer Frequenz von ca. 4/Std. einem zirkadianen Rhythmus folgend (morgens stärkere Ausschüttung als abends). Die wichtigsten Regulatoren der CRH-Ausschüttung sind Stress und die negative Rückkopplung durch Glukokortikoide (die unter ACTH-Einfluss gebildet werden). CRH scheint allerdings nicht nur an der Stressreaktion beteiligt zu sein, sondern auch an vielen anderen zentralen und peripheren Prozessen wie der Mobilisierung angemessener Verarbeitungsressourcen des Zentralnervensystems und den physiologischen Reaktionen peripheren Gewebes.

Kortisol *(engl. cortisol)* Kortisol ist ein Steroidhormon der Nebennierenrinde, das zahlreiche periphere und zentralnervöse Effekte zeigt. Als Hauptglukokortikoid des Menschen ist es u. a. maßgeblich am Kohlenhydrat- und Fettstoffwechsel beteiligt. Kortisol wirkt entzündungshemmend und gilt als das stärkste immunsuppressiv wirkende endogene Molekül unseres Körpers. Kortisol ist das Endprodukt der sog. Hypothalamus-Hypophysen-Nebennierenrinden-Achse *(engl. HPA axis; dt. HHN-Achse)* und die Konzentration der Kortisolspiegel zeigt einen robusten zirkadianen Rhythmus, der sich leicht im Blut oder Speichel messen lässt. Kortisol steigt bei

psychischen oder physischen Belastungen innerhalb weniger Minuten an, weshalb es neben den Katecholaminen Adrenalin und Noradrenalin als wichtigstes »Stresshormon« gilt. Eine Überfunktion der Kortisolausschüttung führt zum klinischen Bild des Morbus Cushing und eine Unterfunktion zum Morbus Addison.

Kotransmitter *(engl. co-transmitter)* Kotransmitter sind biochemische Substanzen, die von zahlreichen Neuronen im Gehirn neben den normalen Transmittern ausgeschüttet werden. Sie beeinflussen die Wirkung eines Neurotransmitters auf ein anderes Neuron. Kotransmitter werden in sog. »dense-core«-Vesikeln gespeichert und durch präsynaptische Erregung freigesetzt. Ihre Ausschüttung erfolgt jedoch erst bei erhöhter zellulärer Erregung. In einer Präsynapse können verschiedene Kotransmitter vorkommen, die die Vorgänge in der Postsynapse modulieren. Zumeist wirken sie langsamer als die normalen Transmitter, ihre Wirkung hält dafür aber länger an und reicht über große Areale des Zentralnervensystems. Der Transmitter Noradrenalin wird z. B. durch Adrenalin und den Kotransmitter Neuropeptid Y in seiner Wirkung moduliert.

Krampf *(engl. spasm, cramp)* Es wird zwischen zerebralen und Muskelkrämpfen unterschieden. Bei letzteren, auch Spasmen genannt, bleiben Aktin und Myosin im Muskel ineinander hängen und können sich vorübergehend nicht voneinander lösen. Dies führt zu Schmerzen bzw. Zuckungen. Diese durch Überanstrengung oder Elektrolytstörungen hervorgerufenen Krämpfe können durch Entspannungsübungen oder Magnesiumzufuhr behoben werden. Zerebrale Krampfanfälle (z. B. bei Epileptikern) werden dagegen durch das gleichzeitige, abnorme Feuern zahlreicher Nervenzellverbände hervorgerufen und sind teilweise nicht örtlich beschränkt.

Krampfanfall ▶ Krampf

kranial *(engl. cranial)* Kranial (lat.) ist eine anatomische Lagebezeichnung und bedeutet »kopfwärts, oberhalb von«. Begriffe wie dieser werden zur Lokalisation von Strukturen (Organe, Hirnareale usw.) genutzt und beziehen sich auf die Relationen zwischen ihnen. Es muss daher immer eine Vergleichsstruktur genannt werden, um die Lage bestimmen zu können (A liegt kranial zu B). Das Gegenteil von kranial ist kaudal.

Kreuzadaptation *(engl. cross-adaptation)* Die vom Menschen wahrnehmbaren Düfte können in sieben bis zehn Duftklassen eingeteilt werden. Mit Hilfe der Kreuzadaptation kann man herausfinden, ob ein Duft zu einer bestimmten Klasse gehört, also einem anderen Duft ähnlich ist. Bei einem lang anhaltenden Duft wird dieser nach einiger Zeit nicht mehr wahrgenommen. Kommt nun ein neuer Duft hinzu, der dem ersten ähnlich ist (also in die gleiche Duftklasse fällt), wird dieser nur abgeschwächt oder ebenfalls nicht wahrgenommen. Diese Abschwächung wird Kreuzadaptation genannt. Ein Duftreiz, der nicht in die gleiche Klasse fällt, wird dagegen so stark wie der erste Reiz vor der Adaptation wahrgenommen.

Kreuzreaktion *(engl. cross reaction; Syn. Kreuzallergie)* Die Kreuzreaktion ist ein Begriff aus der Allergologie. Hat eine Person auf eine bestimmte Substanz eine allergische Reaktion gezeigt, kann es vorkommen, dass dem Allergen biologisch oder chemisch gleichende Substanzen ebenfalls (und ohne vorhergehenden Kontakt) eine Allergie auslösen. Das spezifische Antigen reagiert also nicht nur auf

einen bestimmten, sondern auch auf strukturell ähnliche Stoffe.

Kreuztoleranz *(engl. cross tolerance)* Kreuztoleranz entsteht, wenn der Körper eine Toleranz gegenüber einer Substanz (einer Droge, einem Medikament) ausbildet und darauf hin auch auf strukturell ähnliche Substanzen mit geringeren körperlichen oder psychischen Veränderungen reagiert. In der Folge wirken diese Substanzen gar nicht mehr oder nur noch über kurze Zeiträume. Daher muss die Einnahmedosis gesteigert werden, um überhaupt noch einen Effekt mit dieser Substanzklasse zu erzielen. Kreuztoleranzen stellen sich oft unter Barbituraten ein, sind aber auch bei vielen Drogen, Psychopharmaka und anderen Medikamentengruppen zu finden.

Kurzzeitgedächtnis *(engl. short-term memory)* Das Kurzzeitgedächtnis ist eine Art Zwischenspeicher, in dem aufgenommene Informationen bis zu einigen Minuten bewusst erhalten werden können. Mit 7 ± 2 Informationseinheiten (Millers »Magische Zahl«) ist die Kapazität recht begrenzt. Außerdem werden die Gedächtnisinhalte in diesem Speicher weiterverarbeitet und bewertet. Auf zellulärer Ebene geht diese kurzzeitige Speicherung mit veränderter Neurotransmitterausschüttung in den beteiligten Synapsen einher.

L

Labeled lines ▶ Sinneskanal

Labyrinth *(engl. labyrinth)* Labyrinth ist ein anderer Ausdruck für die Gesamtheit der flüssigkeitsge-füllten Hohlräume der Wahrnehmungsorgane im Innenohr. Es besteht aus den drei Bogengängen, dem Utriculus, dem Sacculus und der Cochlea (Schnecke). Das Labyrinth ist sowohl für das Hören als auch für das Gleichgewicht zuständig. Dabei nehmen die Bo-gengänge die Lage und der Utriculus die Beschleu-nigung im Raum wahr, während die Cochlea für das Hören verantwortlich ist.

Lamellen *(engl. pl. lamellae)* Lamellen sind dünne Membranplättchen, die als Außenglieder der Stäb-chen und Zapfen Photopigmente enthalten. Diese sind für die Umwandlung von Licht in elektrische Signale verantwortlich.

Lamellenkörperchen *(engl. pl. lamellar corpuscles; Syn. Pacini-Körperchen, Vater-Pacini-Körperchen)* Bei den Lamellenkörperchen handelt es sich um in der Unterhaut gelegene, relativ große und schnell adaptierende korpuskuläre Mechanorezeptoren der Haut, die mit einer Schwelle von 100 bis 300 Hz durch sinusförmige Reize (Vibrationsreize) erregt werden. Sie bestehen aus konzentrisch angeordneten Lamellen und dienen vorwiegend als Beschleu-nigungssensoren und der Vibrationsdetektion. Sie treten auch in der Knochenhaut, auf der Oberfläche von Sehnen und in Gelenkkapseln auf.

Lamina basilaris ▶ Basilarmembran

Längsfurche ▶ Fissura longitudinalis

Langzeitdepression *(engl. long-term depression)* Die Langzeitdepression kann als Gegenstück zur Langzeitpotenzierung verstanden werden, da die Erregbarkeit der postsynaptischen Zelle nach einer niederfrequenten Reizung für einen längeren Zeit-raum herabgesetzt wird. Diese Veränderung der Sensibilität der postsynaptischen Membran entsteht durch den Untergang von AMPA-Rezeptoren unter Beteiligung G-Protein-gekoppelter Glutamat-Rezep-toren. Die daraus resultierende Schwächung der Verbindung spielt vermutlich eine Rolle bei Verges-sensprozessen.

Langzeitgedächtnis *(engl. long-term memory)* Das Langzeitgedächtnis (LZG) ist der Speicher, in dem sowohl in zeitlicher als auch mengenmäßiger Hin-sicht unbegrenzt viele Informationen festgehalten werden können. Dafür müssen die Informationen zunächst aus dem Kurzzeitspeicher überführt wer-den. Die Grundlage dieses als Konsolidierung be-zeichneten Vorganges ist die Langzeitpotenzierung (LTP). Im weiteren Prozess der Festigung der Ge-dächtnisinhalte treten strukturelle Veränderungen der synaptischen Verbindungen in den beteiligten Hirnregionen durch Proteinbiosynthese auf. Welche speziellen Hirnregionen beteiligt sind, hängt von der Art der zu speichernden Information ab (z. B. Fak-tenwissen, autobiographisches Wissen, Fertigkeiten oder Konditionierungen).

Langzeitpotenzierung *(engl. long-term potention)* Die Langzeitpotenzierung (LTP) ist ein Mechanis-mus synaptischer Plastizität und Grundlage der Ge-dächtniskonsolidierung. Nach einer hochfrequenten (tetanischen) Reizung weist die postsynaptische Zelle eine anhaltend erhöhte Erregbarkeit auf. Die Synapse bleibt gebahnt und reagiert im Folgenden mit größeren postsynaptischen Amplituden durch gleiche präsynaptische Reizung. Dies kann über Stunden, Tage bis hin zu Wochen aufrechterhalten werden. Der Vorgang beginnt mit der Ausschüttung des Neurotransmitters Glutamat der präsynaptischen Zelle. Dies führt zur Öffnung von AMPA-Rezep-toren an der postsynaptischen Membran und damit zur Depolarisation, es entsteht ein erregendes post-synaptisches Potenzial (EPSP). Die hochfrequente wiederholte Depolarisation (25–200 Hz) oder gleichzeitige Depolarisation durch mehrere Synapsen führt zur Öffnung des spannungsgesteuerten (engl. voltage-gated) NMDA Rezeptors, also zur Ladungsabstoßung des Magnesiumsions auf diesem Rezeptor. Dies führt zu einem Kalzium-Einstrom in die postsynaptische Zelle und einer erhöhten intrazellulären Ca^{++}-Konzentration. Kalzium aktiviert die Proteinkinase C sowie Kalzium/Calmodulin-abhängige Kinasen, was in einem verstärkten Einbau von AMPA- und Kainat-Rezeptoren (beide Glutamatrezeptoren) in die Membran resultiert. Weiterhin werden bestehende AMPA-Rezeptoren durch die CaMKII phosphoryliert und so deren Leitfähigkeit erhöht. Auf diesem Weg wird die postsynaptische Membran für Glutamat sensitiviert. Dieses Phänomen wurde zuerst von Timothy Bliss und Terje Lømø an Zellen des Hippocampus beschrieben, es kommt aber auch in der Amygdala, dem Neokortex sowie dem Zerebellum vor.

Läsion *(engl. lesion)* Läsionen beschreiben reversible oder irreversible Beschädigungen einzelner Bereiche des menschlichen und tierischen Gehirns, z. B. in Folge von Unfällen oder Hirnoperationen. Läsionen gehen oft mit Verhaltensänderungen bzw. Einschränkungen in bestimmten Fähigkeiten der Patienten einher, wodurch sich ein Forschungsgebiet eröffnet, aus dem sich nützliche Erkenntnisse zu Struktur-Funktionsbeziehungen des Gehirns gewinnen lassen. Eine häufig verwendete Methode in der Biologischen Psychologie ist die systematische Zerstörung von Hirnsubstanz in tierexperimentellen Studien und das anschließende Erfassen der resultierenden Ausfallerscheinungen. Anwendung finden dabei stereotaktische Apparate, die durch Einschieben kleiner Elektroden ortsgenaue Eingriffe in den Tiefen des Gehirns ermöglichen.

Latenz *(engl. latency)* Latenz ist die Bezeichnung für den Zeitraum zwischen der Darbietung eines Reizes und dem Einsetzen einer beobachtbaren Reaktion, unabhängig davon, ob es sich dabei um eine automatisierte oder gelernte Reaktion oder um einen Reflex handelt. Der Begriff »Latenz« lässt sich mit »Verzögerung« übersetzen.

lateral *(engl. lateral)* Der Begriff lateral dient der Richtungs- und Lagebezeichnung in der Anatomie. Er bedeutet »von der Körpermitte weg«, »seitlich«, »seitwärts«. So können bestimmte Strukturen und Organe in Relation zueinander lokalisiert werden. Einige anatomische Strukturen tragen ihre Lagebezeichnung auch im Namen (z. B. Fissura lateralis). Das Gegenteil von lateral ist medial (mittig gelegen).

Lateralplexus *(engl. lateral plexus)* Der Lateralplexus bezeichnet das neuronale Netz, das für die laterale Verbindung der Axone der Ommatidien des Pfeilschwanzkrebses (Limulus) verantwortlich ist.

Lautheit *(engl. loudness)* Lautheit bezeichnet in der Psychologie die subjektiv empfundene Lautstärke eines Geräusches. Sie hängt nur mäßig mit der Dezibelzahl, der physikalisch messbaren Lautstärke, zusammen. Lautheit wird in Sone gemessen, das Formelzeichen ist N. Ein Sone ist definiert als die empfundene Lautstärke eines Schallereignisses von 40 Phon, das heißt, ein Schall, der genauso laut wahrgenommen wird wie ein 1.000-Hz-Sinuston mit einem Schalldruckpegel von 40 dB. Die Empfindung eines Geräuschs hängt von vielen Umgebungsfaktoren wie der Geräuschqualität (Bohrmaschine oder Klavierspiel aus der Nachbarwohnung), der Konzentration der Person, der Aufmerksamkeit und Ablenkung, der Stimmungslage und der Schwierigkeit von parallel auszuführenden Aufgaben ab.

L-DOPA *(engl. L-DOPA, L-3,4-Dihydroxyphenylalanin; Syn. Levodopa)* L-DOPA ist eine Vorstufe des Neurotransmitters Dopamin und entsteht aus der essenziellen Aminosäure Tyrosin nach Anhängen einer Hydroxylgruppe durch das Enzym Tyrosinhydroxylase. L-DOPA wird zur Behandlung der Parkinsonschen Krankheit eingesetzt, bei der es zu einer Degeneration dopaminerger Neurone in der Substantia nigra und dadurch zu Dopaminmangel in den Basalganglien kommt. Im Gegensatz zu Dopamin ist es in der Lage, die Blut-Hirn-Schranke zu überwinden und wird anschließend im Gehirn in Dopamin umgewandelt. L-DOPA führt jedoch nicht zu einer Heilung der Parkinsonschen Krankheit, sondern nur zu einer Symptomunterdrückung, wobei es bei Langzeitbehandlung von Parkinson-Patienten mit L-DOPA zu massiven Nebenwirkungen wie Depressionen, Euphorie, Verwirrungszuständen, Halluzinationen und Albträumen kommen kann.

Leaky-Barrel-Model ▸ Undichtes-Fass-Modell

Leberzirrhose *(engl. hepatocirrhosis, cirrhosis (of the liver); Syn. Cirrhosis hepatis, Schrumpfleber)* Die Leberzirrhose ist das Endstadium nahezu aller Lebererkrankungen und ist durch ihre Folgezustände lebensbedrohlich. Bei der Leberzirrhose kommt es zu einem narbigen und irreversiblen Umbau der normalen Leberstruktur, der chronisch-progredient verläuft. Hauptursachen für diesen Zustand sind chronischer Alkoholmissbrauch und die chronische Virushepatitis, aber auch Medikamente oder Stoffwechselerkrankungen können der Auslöser sein. Als Symptome treten u. a. Mattigkeit, Gewichtsverlust, ein aufgetriebener Oberbauch und typische Hautauffälligkeiten (z. B. gerötete Handinnenflächen, glatte und rote Zunge, erweiterte Venen unter der Bauchhaut) auf. Durch zunehmende Störung der Entgiftungs- und Synthesefunktion der Leber kann eine hepatische Enzephalopathie auftreten, die im meist tödlichen Leberkoma endet. Eine kausale Behandlung ist meistens nicht möglich, so dass die Therapie in der Linderung der Symptome oder einer Transplantation besteht.

Lee-Boot-Effekt *(engl. Lee-Boot-effect)* Der Lee-Boot-Effekt beschreibt die Unterdrückung des Brunstzyklus bei weiblichen Tieren (z. B. bei Mäusen), die in Gruppen zusammen leben. Der Östrus (Follikelreifung und Eisprung) wird durch die im Urin befindliche Chemosignale, sog. Pheromone, unterdrückt oder verlangsamt. Für die Produktion dieses Östrogen unterdrückenden Pheromons ist das Vomeronasalorgan verantwortlich. Der Lee-Boot-Effekt tritt vor allen in großen Gruppen von weiblichen Tieren auf.

Legasthenie ▸ Dyslexie

Leitungsaphasie *(engl. conduction aphasia)* Die Leitungsaphasie ist eine Form der »flüssigen Aphasie«. Flüssige Aphasien sind gekennzeichnet durch ein normales Sprachverständnis und Probleme bei der Sprachproduktion. Die Leitungsaphasie entsteht durch eine Unterbrechung der Verbindung zwischen motorischem und sensorischem Sprachzentrum. Die Spontansprache ist flüssig, es kommen jedoch phonematische Paraphasien (Wortverwechslungsstörungen) vor. Das Sprachverständnis ist nur gering beeinträchtigt, die Patienten haben jedoch massive Probleme beim Nachsprechen, d. h. Wörter können nicht korrekt wiederholt werden.

Lemniscus lateralis *(engl. lateral lemniscus, acoustic lemniscus; Syn. laterale Schleifenbahn)* Der Lemniscus lateralis ist ein Faserbahnbündel (Faserschleife) des auditorischen Systems, das Geräuschinformationen weiterleitet. Der Lemnicus lateralis entspringt in den Hörkernen und verläuft durch den Trapezkörper, eine schräg laufende Faserschicht, in der etwa die Hälfte der Fasern kreuzt. Von dort aus zieht er am seitlichen Rand der Brücke als Lemniscus lateralis zum Colliculus inferior im Mittelhirn.

Lemniscus medialis *(engl. medial lemniscus, sensory lemniscus; Syn. mediale Schleifenbahn)* Der Lemnicus medialis ist eine Faserschleife des sensorischen Systems. Er hat seinen Ursprung in den Hinterstrangkernen (epikritische Sensibilität des Halses, des Rumpfes und der Extremitätsmuskeln). Alle Fasern, die sich diesen Bahnen anschließen, kreuzen auf die Gegenseite und behalten eine strenge topische Anordnung (getrennt nach Bein, Rumpf, Arm und Kopf) bei. Afferente sensibel-sensorische Impulse der kontralateralen Körperhälfte werden dann vom Lemniscus medialis zum Thalamus weiter geleitet. Die Körperwahrnehmung wird erst dann bewusst, wenn die sensorischen Impulse an den Gyrus postcentralis (somatosensorischer Kortex) gelangen.

Lemniscus trigeminalis *(engl. trigeminal lemniscus)* Der Lemniscus trigeminalis ist ebenfalls eine Faserschleife des sensorischen Systems. Er nimmt seinen Ursprung im sensiblen Trigeminuskern (Sensibilität des Gesichts) und steigt zum Thalamus auf.

Lemniskales System ▸ Hinterstrangsystem

Leptin *(engl. leptin; Syn. OB-Protein)* Leptin ist ein Hormon, welches von Fettzellen produziert und abgegeben wird, Appetit hemmend wirkt und somit eine wichtige Rolle bei der Regulierung des Fetthaushaltes spielt. Es wurde 1994 von Jeffrey Friedman entdeckt. Zwei unterschiedliche Arten von Neuronen verfügen über Leptinrezeptoren, beide befinden sich im Hypothalamus (Nucleus arcuatus, Nucleus paraventricularis). Die eine Gruppe der Neuronen produziert Appetit fördernde Substanzen und wird durch Leptin gehemmt (NPY/AgRP-System), die anderen produzieren Appetit hemmende Stoffe und werden somit durch Leptin aktiviert (POMC/CART-System). Werden die Fettdepots des Körpers reduziert, nimmt die Konzentration von Leptin im gleichen Ausmaß ab. Vor dem Hintergrund der Hunger unterdrückenden Wirkung von Leptin erscheinen auf den ersten Blick die hohen Leptinspiegel bei fettleibigen Personen paradox. Allerdings weisen viele dieser Patienten eine ausgeprägte Leptinresistenz auf, das heißt, die Wirkung von Leptin auf die Zielzellen unterbleibt.

Lernen (engl. *learning*) Lernen ermöglicht es einem Individuum, sich durch Erfahrung und daraus resultierende Änderungen des Verhaltens, Denkens oder Fühlens an wechselnde Umweltbedingungen anzupassen. Lernen ist adaptiv und unterliegt der natürlichen Selektion. Die Plastizität des Gehirns ermöglicht das Lernen, dabei werden neue synaptische Verbindungen als auch die Modifikation bereits vorhandener Verbindungen vorgenommen.

Lernen, motorisches (engl. *motor learning*) Motorisches Lernen ist die Änderung von Bewegungsverhalten durch das Aneignen motorischer Fertigkeiten. Es handelt sich um eine Komponente des Reiz-Reaktionslernens (Ausbildung von Verbindungen zwischen den sensorischen und motorischen Systemen), welches ohne sensorische Informationen aus der Umwelt nicht auftreten kann (das Fahrradfahren kann nicht ohne Fahrrad erlernt werden). Von anderen Lernformen unterscheidet es sich besonders in dem Maße, in dem neue Verhaltensweisen gelernt werden. Je neuartiger das zu erlernende Verhalten (eine bestimmte Bewegung) ist, desto stärker müssen die neuronalen Schaltkreise des motorischen Systems verändert werden. Eine motorische Lernsituation erfordert meist variierende Anteile anderer Lernformen. So muss ein Reiz zunächst wiedererkannt (perzeptives Lernen), eine Reaktion muss ausgeführt (motorisches Lernen) und eine Verbindung zwischen den neuen Gedächt-

niseintragungen gebildet werden (Reiz-Reaktionslernen).

Lernen, nichtassoziatives (engl. *non-associative learning*) Nichtassoziatives Lernen ist im Gegensatz zum assoziativen Lernen durch geringe zeitliche Nähe von Reiz und Reaktion gekennzeichnet, also einer fehlenden Assoziation zwischen Reiz und Reaktion. Das Verhalten ändert sich bei nichtassoziativem Lernen als Konsequenz von Wiederholung der Reizsituation oder der Reaktion und ist sehr von der Reizstärke abhängig. Nichtassoziative Lernvorgänge sind z. B. Habituation und Sensitivierung.

Lernen, perzeptives (engl. *perceptive learning*) Das perzeptive Lernen beschreibt einen Lernvorgang zur Wiedererkennung, Unterscheidung und Differenzierung eines bestimmten Reizes. Ohne die Fähigkeit eines Systems bestimmte Objekte oder Situationen wiederzuerkennen, ist es unmöglich zu lernen, wie sich bezüglich dieses Objektes oder dieser Situation verhalten werden sollte. Jedes einzelne Sinnessystem kann perzeptiv lernen, und der perzeptive Lernvorgang spiegelt sich in der Regel in Veränderungen des jeweiligen sensorischen Assoziationskortex wieder.

Lesen (engl. *reading*) Lesen bedeutete ursprünglich »sammelnd auflesen« (germanische Sprachen). In der heutigen, deutschen Bedeutung meint es »Aufsammeln von Zeichen«. Lesen ist der Prozess, bei dem Informationen aufgenommen und verstanden werden, die in schriftlichen Zeichen gespeichert sind. Lesen kann visuell oder taktil (Blindenschrift) erfolgen.

Lese-Rechtschreibschwäche ▶ Dyslexie

Lesen, lautierendes (engl. *phonetic reading*; Syn. *phonetisches Lesen*) Das lautierende Lesen ist eine Form des Lesens, die meist für unbekannte oder komplexe Worte verwandt wird. Dabei wird jeder Buchstabe einzeln gelesen und anschließend der mit ihm verbundene Laut erkannt. Aus der entstehenden Lautfolge wird dann das Wort gelesen. Die phonologische Dyslexie stellt eine Störung des lautierenden Lesens dar.

Lesestörung ▶ Dyslexie

Leseunfähigkeit *(engl. alexia; Syn. Alexie, Wortblindheit)* Leseunfähigkeit bezeichnet die Unfähigkeit, geschriebene Sprache zu lesen und ist somit abgrenzbar zur Dyslexie (Leseschwierigkeit). Unterschieden wird in globale (vollständiges Unvermögen zu lesen), verbale (»nur« Wörter) und literale (»nur« Buchstaben) Alexie. Die Ursache der Leseunfähigkeit wird in einer Hirnläsion gesehen, die in einem Diskonnektionssyndrom resultiert. Die Verbindungen zwischen visuellem Erkennen (visuelle Areale im Okzipitallappen), Sprachareal (Gyrus angularis) und visuellem Wortverarbeitungsareal (Gyrus fusiformis) sind dabei unterbrochen, etwa durch eine Schädigung des Spleniums im Balken. Läsionen dieser Art können z. B. durch einen Schlaganfall oder ein Schädel-Hirn-Trauma entstehen. Gesprochene Sprache (allenfalls Wortfindungsstörungen) und deren auditive Verarbeitung sind bei der reinen Alexie kaum oder gar nicht beeinträchtigt. Allerdings tritt Alexie häufig in Verbindung mit Aphasie (Sprachstörung) und Agraphie (Schreibstörung) auf.

Leukotom *(engl. leucotome)* Ein Leukotom ist ein Präzisionsschneidegerät, das von Neurochirurgen zur Leukotomie eingesetzt wird. Es besitzt am Ende eines Edelstahlschafts eine Metallschleife, mit der Axone in eng umgrenzten Bereichen des ZNS durchtrennt werden können.

Leukotomie ▶ Lobotomie, präfrontale

Leukozyten *(engl. pl. leukocytes; Syn. weiße Blutkörperchen)* Leukozyten sind Zellen, die Krankheitserreger unschädlich machen und den Körper vor Infektionen schützen. Sie bilden einen Teil des Immunsystems und sind verantwortlich für die zelluläre Immunreaktion. Leukozyten sind immer an Entzündungsreaktionen beteiligt und können diese durch freigesetzte Botenstoffe (wie Zytokine) aufrechterhalten, modulieren oder auch beenden. Es werden drei Gruppen von Leukozyten unterschieden: Granulozyten, Monozyten und Lymphozyten. Gebildet werden sie im Knochenmark aus pluripotenten Stammzellen und haben eine Lebensdauer, die nur wenige Tage bis mehrere Jahrzehnte betragen kann. Je nach Gruppe erfüllen sie verschiedene Aufgaben, bspw. beteiligen sich Granulozyten an der unspezifischen Abwehr und Lymphozyten an der spezifischen Abwehr. Im Gegensatz zu roten Blutkörperchen enthalten Leukozyten immer Erbinformationen (DNA).

Lichtadaptation *(engl. light adaptation)* Lichtadaptation ist die Anpassung des Auges an veränderte Lichtverhältnisse durch Änderung der Pupillenweite und der Anpassung der Photorezeptoren der Netzhaut des Auges (Übergang vom Stäbchensehen auf das Zapfensehen und umgekehrt). Wird ein Rezeptor ständig belichtet, sinkt seine Empfindlichkeit (Helladaptation); sinkt die Beleuchtung jedoch, steigt die Empfindlichkeit der Rezeptoren bzw. es wird auf das Stäbchensehen umgeschaltet (Dunkeladaptation).

Lichtquant *(engl. photon; Syn. Photon, Lichtteilchen)* Ein Quant beschreibt in der Physik ein nicht weiter teilbares Energieteilchen. Lichtquanten sind die Grundbausteine der elektromagnetischen Strahlung und besitzen die Eigenschaften von Wellen. Dass Licht aus Lichtquanten besteht, wurde 1905 erstmals von Einstein beschrieben, der 1921 für diese Entdeckung den Nobelpreis erhielt. Lichtquanten können durch verschiedene Prozesse erzeugt werden, u. a. durch Übergänge von Elektronen zwischen verschiedenen Zuständen, bei radioaktiven Prozessen oder durch Schwankungen in einem elektromagnetischen Feld.

Lichttherapie *(engl. phototherapy)* Die Lichttherapie ist eine vielseitig einsetzbare Therapieform, in der Personen mit einer intensiven Lichtquelle (bis zu 10000 Lux) bestrahlt werden. Die Haupteinsatzgebiete sind: Saisonale affektive Störung (Winterdepression), Schlafstörungen mit verzögerter Schlafphase, Bulimie, Schichtarbeit und Behandlung des Jetlags. Ziel der Lichttherapie ist die Synchronisation biologischer Tagesrhythmen mit der Umgebung. Der Erfolg von Lichttherapie ist unterschiedlich groß: Bei bis zu 60 % der Patienten mit Winterdepression führt allein die Lichttherapie ohne medikamentöse Behandlung zur wesentlichen Verbesserung der depressiven Symptomatik.

Ligand *(engl. ligand)* Ein Ligand ist ein Ion oder ein Molekül, das von einem Zentralatom angezogen wird und mit diesem eine Komplexverbindung eingeht. In der Biologie versteht man darunter körpereigene oder fremde Stoffe, die einen Rezeptor besetzen und über diesen eine Wirkung auf die Zielzelle ausüben. Dazu bindet der Ligand reversibel an spezielle Bindungsstellen des Rezeptors. Abhängig davon, ob ein Ligand dabei in Konkurrenz zu einem endogenen Liganden steht oder nicht, spricht man von einem kompetitiven oder nicht kompetitiven Liganden.

Linkage *(engl. linkage, coupling; Syn. Protein-Ligand-Wechselwirkung)* Als Linkage bezeichnet man die gegenseitige Beeinflussung der Bindung zweier Liganden an ein Protein, dessen dreidimensionale Faltung sich in Abhängigkeit von den gebundenen Liganden ändert (allosterisches Protein). Die Bindung eines Liganden kann dabei die Affinität der Bindung des zweiten Liganden erhöhen bzw. verringern. Die Bindung von Liganden beeinflusst dabei die Aktivität des Proteins. In der Genetik bezeichnet man mit Linkage den gemeinsamen Erbgang von Genen infolge der Lokalisation im selben Chromosom.

Linkage-Analysis *(engl. linkage analysis; Syn. Kopplungsanalyse)* Als Linkage-Analyse bezeichnet man in der Genetik die Erstellung genetischer Karten anhand der Untersuchung der gemeinsamen (gekoppelten) Vererbung bestimmter DNA-Bereiche (genetische Loci). Dabei gilt folgende Regel: Je näher zwei genetische Loci beieinander liegen, desto höher ist die Wahrscheinlichkeit der gekoppelten Vererbung (Linkage). Die Kopplungsanalyse wird v. a. für die Lokalisierung von Genen auf Chromosomen bzw. für die Kopplung von genetischen Markern an Gene genutzt.

Linkage Groups *(engl. linkage groups; Syn. Kopplungsgruppen)* Als Kopplungsgruppe bezeichnet man Gene und Marker eines Genoms, die gemeinsam vererbt werden. Die Größe hängt dabei von der Zahl der kartierten Marker und der Größe der Kartierungspopulation ab. Die Zahl der Kopplungsgruppen eines Genoms entspricht der Chromosomenanzahl des haploiden Chromosomensatzes.

Lipase *(engl. lipase; Syn. Steapsin)* Lipasen gehören zur Gruppe der Verdauungsenzyme, der Esterasen. Sie dienen der Verdauung von Fetten, indem sie die

Lipide zu Glyzerin und freien Fettsäuren spalten, so dass diese von Magen und Dünndarm weiter genutzt bzw. im Stoffwechsel weiter verwertet werden können. Bei Verdacht auf eine akute Entzündung der Bauchspeicheldrüse (Pankreatitis) wird der Lipase-Wert als empfindlichster Parameter im Blutserum bestimmt. Lipasen finden sich neben der Bauchspeicheldrüse besonders häufig in der Darmwand und in der Leber.

Lipektomie *(engl. lipectomy)* Lipektomie bezeichnet einen chirurgischen Eingriff zur Entfernung von Körperfett.

Lipolyse *(engl. lipolysis, adipolysis)* Lipolyse bezeichnet den Abbau von Körperfett, der durch eine hydrolytische Spaltung des Neutralfetts aus dem Fettgewebe durch Triazylglyzerollipasen und Abgabe von Glyzerin und freien Fettsäuren ins Blut gekennzeichnet ist.

Lipoprivation *(engl. lipoprivation)* Lipoprivation bezeichnet den Abfall der Fettsäurenverfügbarkeit im Körper.

Liquor cerebrospinalis ▶ Zerebrospinalflüssigkeit

Lithium *(engl. lithium)* Lithium ist ein metallisches Element, welches in der Natur in Form verschiedener Salze (Azetat, Aspartat, Karbonat, Sulfat) vorkommt und als Medikament verwendet wird. Der biologisch wirksame Teil davon ist das Lithiumion. Eine Lithiumtherapie ist in erster Linie zur rezidivprophylaktischen Behandlung von affektiven und schizoaffektiven Störungen und als Dauer- bzw. Intervallbehandlung bei der manisch-depressiven Störung (bipolar-affektiven Störung) indiziert. Die neurochemischen Effekte sind adrenerg, cholinerg, GABA-erg und peptiderg. Eine Lithiumtherapie ist mit vielen unerwünschten Nebenwirkungen wie bpsw. Händetremor, gastrointestinalen Beschwerden, immunologischen und kardialen Veränderungen verbunden. Kontraindikationen sind u. a. Nierenfunktionsstörungen oder Myokardinfarkt.

Lobektomie *(engl. lobectomy)* Lobektomie bezeichnet die totale bzw. teilweise Entfernung eines Großhirnlappens. Es ist ein operatives Verfahren, das v. a.

zur Behandlung einer refraktären Epilepsie einge-setzt wird, wenn eine medikamentöse Therapie un-zureichend ist. Berühmtestes Fallbeispiel ist der Pa-tient H. M., bei dem zur Behandlung einer schweren Epilepsie eine bilaterale mediotemporale Lobekto-mie durchgeführt wurde.

Lobektomie, bilaterale *(engl. bilateral lobectomy)* Ein bilaterale Lobektomie ist die beidseitige (d. h. so-wohl rechts- als auch linkshemisphärische) Entfer-nung eines Großhirnlappens bzw. eines Teils davon.

Lobektomie, temporale *(engl. temporal lobectomy)* Die temporale Lobektomie bezeichnet die beid- oder einseitige, komplette oder anteilige Entfernung des Temporallappens. Eine Indikation für diese Art der Lobektomie besteht, wenn der Temporallappen als Ausgangspunkt der Epileptogenese identifizier-bar ist.

Lobotomie, präfrontale *(engl. prefrontal lobotomy; Syn. frontopolare Lobotomie)* Bei der präfrontalen Lobotomie werden die neuronalen Verbindungen zwischen dem Frontallappen und dem Thalamus durchtrennt. Einen ähnlichen Eingriff beschreibt der Begriff Leukotomie. Der Unterschied besteht darin, dass bei einer Lobotomie nur graue Substanz, bei der Leukotomie nur weiße Substanz entfernt wird. Mit diesem Verfahren wurden Mitte der 1930er Jahre bis Mitte der 1950er Jahre Tausende psychisch Kranke (z. B. Schizophrene) behandelt. Als Folgen traten die erwünschte Verminderung der Symptomatik, aber auch erhebliche kognitive Defizite (Aufmerksam-keitsstörungen etc.) auf.

Lobotomie, transorbitale *(engl. transorbital loboto-my)* Die transorbitale Lobotomie ist ein neurochi-rurgisches Verfahren, bei dem die neuronalen Ver-bindungen zwischen Frontallappen und subkorti-kalen Arealen durchtrennt werden. Transorbital bedeutet dabei, dass das Durchtrennungsinstrument durch die Augenhöhle eingeführt wird.

Lobus frontalis ▶ Frontallappen

Lobus occipitalis ▶ Okzipitallappen

Lobus parietalis ▶ Parietallappen

Locus coeruleus *(engl. locus ceruleus; Syn. blauer Kern)* Auf der Höhe der Pons (am rostralen Ende des 4. Ventrikels) im Hirnstamm in der Formatio reticu-laris befindet sich der Locus coeruleus, der Haupt-produktionsort von Noradrenalin im Gehirn. Von hier aus projiziert »der blaue Kern« in weite Teile des Gehirns, so etwa ins Vorderhirn, in thalamische Kerne, den Hippocampus, den Hypothalamus, aber auch in das Kleinhirn und das Rückenmark. Das noradrenerge System spielt bei vielen behavioralen und physiologischen Prozessen eine Rolle (Stim-mung, Arousal, Orientierung und Aufmerksamkeit, Sexualverhalten). Der Nucleus locus coeruleus be-steht aus dem großen zentralen Nucleus, einem anterioren Kern, einem Nucleus subcoeruleus und einem kleinen posterior-dorsalen Subnucleus. Eine wichtige Rolle spielt der Locus coeruleus auch bei der Regulation der Schlafstadien: Die Aktivität des noradrenergen Systems ist im Wachzustand am höchsten, im Slow-Wave-Sleep gedämpft und im REM-Schlaf (auch »Traumschlaf«) äußerst gering oder gar nicht mehr vorhanden. Gegenspieler der beiden aminergen Systeme ist dabei das cholinerge System, das während des REM-Schlafs vorherrscht. Außerdem wird eine Überaktivität des Locus coeru-leus in Bezug auf Angsterkrankungen diskutiert.

Locus subcoeruleus *(engl. locus subceruleus)* Der Locus subcoeruleus stellt eine relativ diffuse, primär noradrenerge Struktur des Locus coeruleus dar. Zudem gilt der Locus subcoeruleus als eines der Zentren absteigender Hemmung des nozizeptiven Systems und kann bei Anregung Analgesie verur-sachen.

Logoklonie *(engl. logoclonia)* Logoklonie meint rhythmisches und unkontrolliertes Wiederholen von Endsilben oder von ganzen kurzen Wörtern, wodurch es zu einer Silbenanhäufung kommt. Logoklonie tritt bei Alzheimer- und Parkinsonkrankheit auf.

Long-term depression ▶ Langzeitdepression

Long-term potentiation ▶ Langzeitpotenzierung

Lordose *(engl. lordosis)* Lordose ist ein Reflex zur Krümmung des Rückens bei vielen vierbeinigen, weiblichen, empfängnisbereiten Säugern, der sich in etwa 300 ms vollständig ausbildet. Bei Annäherung eines Männchens oder bei Berührung der Flanke des Weibchens krümmt dieses den Rücken einwärts, richtet den Kopf auf und hebt das Hinterteil an. Auf diese Weise bietet es dem männlichen Partner seine Genitalien dar und ermöglicht die Intromission. Der Nucleus hypothalamicus ventromedialis ist für die Auslösung dieses Reflex verantwortlich, die Aufrechterhaltung hingegen wird durch einen supraspinalen Reflex erreicht. In der Medizin versteht man unter Lordose auch die nach vorne gerichtete Krümmung der Wirbelsäule.

Lordosequotient *(engl. lordosis quotient)* Der Lordosequotient bezeichnet die Anzahl der von einem männlichen Säugetier durchgeführten Besteigungen eines Weibchens, die schließlich zur Lordose führen.

Lösung, hypotonische *(engl. hypotonic solution)* In einer hypotonischen Lösung ist die Konzentration des Lösungsmittels und somit auch der osmotische Druck geringer als in einer Vergleichslösung, die durch eine semipermeable Membran abgetrennt ist. Das Lösungsmittel strömt vom Ort der höheren zum Ort der niederen Konzentration in die hypotonische Lösung und ein Konzentrationsausgleich findet statt. Handelt es sich bei der hypotonischen Lösung um das Zytoplasma einer Zelle, dehnt sich die Zelle aus oder platzt.

Lösung, isotonische *(engl. isotonic solution)* In einer isotonischen Lösung ist die Konzentration des Lösungsmittels und somit auch der osmotische Druck genauso groß wie in einer Vergleichslösung, die sich hinter einer semipermeablen Membran befindet. Es findet aufgrund des fehlenden Konzentrationsgradienten keinerlei Stofftransport statt.

LSD *(engl. lysergic acid diethylamide, lysergide; Syn. Lysergsäurediethylamid, Lysergamid, Lysergid)* LSD ist ein halbsynthetisches hochpotentes Halluzinogen. Von der chemischen Struktur her ist es mit den Mutterkornalkaloiden verwandt. Die Schweizer Chemiker Stoll und Hofmann entwickelten es ursprünglich als Kopfschmerzmittel, bis seine halluzinogene Wirkung entdeckt wurde. Anfänglich wurde es zur Behandlung psychischer Erkrankungen und zur Forschung eingesetzt, bevor LSD in den 60er

und 70er Jahren des 20. Jh. zur Modedroge avancierte. LSD ist ein Serotonin-Antagonist. Die Einnahme führt zu intensivierten und veränderten Zeit- und Sinneswahrnehmungen und Halluzinationen sowie körperlichen Reaktionen (Pupillenerweiterung, erhöhter Blutdruck, später erniedrigter Blutdruck, Hyperthermie, Herzrasen, Gefäßkrämpfe). Die Wirkung kann bis zu 12 Jahren nach Einnahme in Form von Flashbacks wiederkehren. LSD hat eine schwache Toxizität und ein geringes körperliches Abhängigkeitspotenzial, doch besteht ein hohes Unfallrisiko unter LSD-Einfluss aufgrund der veränderten Wahrnehmungen. Das psychische Abhängigkeitspotenzial ist mittelgradig, die Gefahr von LSD liegt vor allem in der großflächigen irreversiblen Degeneration von Nervenzellen im Gehirn.

LTD ▶ Langzeitdepression

LTP ▶ Langzeitpotenzierung

Lügendetektor *(engl. lie detector; Syn. Polygraph)* Basierend auf der Annahme, dass verstärkte sympathische Erregung das Lügen begleitet, werden verschiedene peripherphysiologische Maße (elektrodermale Aktivität, Puls, Atmung, Herzrate), die sich bei verstärkter sympathischer Aktivität verändern, als Lügendetektor verwendet. Die Validität solcher Tests wird von Wissenschaftlern bezweifelt. Zum ersten können sehr viele andere Prozesse kognitiver, sensorischer und emotionaler Natur ebenfalls mit einem Erregungsanstieg im vegetativen Nervensystem einhergehen. Zum zweiten kann nicht davon ausgegangen werden, dass bei jedem Individuum und bei jeder Lüge eine physiologische Veränderung registriert werden kann (bei Menschen, die ihre Falschaussagen wirklich glauben, unterbleibt eine solche Reaktion). Zum dritten unterliegen autonome Parameter oft erheblichen Spontanschwankungen, so dass die Gefahr fälschlich zugeordneter Reaktionen besteht. Neuere fMRT-Untersuchungen zeigen, dass Lügen mit einem erhöhten metabolischen Verbrauch insb. im präfrontalen Kortex einhergehen. Durch die Kombination der bildgebenden Verfahren mit psychophysiologischen und behavioralen Maßen könnten die neurobiologischen Prozesse bei einer kognitiv so komplexen Funktion wie dem Lügen genauer erforscht werden.

Lungenemphysem (*engl. pulmonary emphysema; Syn. Lungenblähung, Emphysema pulmonum*) Ein Lungenemphysem ist eine krankhafte Überblähung (Vermehrung des Luftgehaltes) der Lunge. Aufgrund andauernder entzündlicher Prozesse in der Lunge kommt es zur Erweiterung der Alveolen, mit oder ohne Schwund ihrer Scheidewände. Die Lunge verliert ihre Elastizität, was zu mühevollem Ausatmen und letztendlich zur Überblähung der Lunge führt. Es können verschiedene pathogenetische Einteilungen vorgenommen werden, z. B. akutes Emphysem, seniles Emphysem, chronisch destruierendes Emphysem (z. B. bei chronischer Bronchitis) oder angeborenes Emphysem. Zu den Symptomen zählen Kurzatmigkeit, bläulich verfärbte Lippen (aufgrund des Sauerstoffmangels), Husten und Thoraxveränderungen (»Fassthorax«). Als Behandlungsmöglichkeiten ergeben sich die Raucherentwöhnung (Emphysem tritt häufig bei Rauchern auf), eine medikamentöse Therapie, Krankengymnastik, Sauerstoff-Langzeittherapie sowie chirurgische Eingriffe.

Lungenparenchym (*engl. lung tissue, lung parenchyma*) Das Lungenparenchym bezeichnet das Lungengewebe. Es setzt sich aus der Schleimhaut mit Zellen zum Gasaustausch, Flimmerzellen zum Fremdkörperabtransport sowie Drüsenzellen, die Botenstoffe für die Lungenfunktion freisetzen, zusammen. Außerdem enthält es eine Muskelschicht zur Regulierung der Öffnungsweite der Atemwege, Bindegewebe, das die Lunge gliedert, und elastische Fasern.

Lungenwurzel (*engl. pulmonary root; Syn. Radix pulmonis*) Die Luftröhre teilt sich in einen rechten und einen linken Zweig auf, die Hauptbronchien genannt werden. Den Abschnitt, an dem die Hauptbronchien (inklusive Gefäße und Nerven) in die jeweiligen Lungenflügel eintreten, nennt man Lungenwurzel. Von dort aus verästeln sich die Bronchien mehr und mehr in den Lungenflügeln und enden schließlich in den Lungenbläschen.

Lymphknoten (*engl. lymph node; Syn. Nodus lymphaticus*) Die Lymphknoten sind ein elementarer Bestandteil des lymphatischen Systems, das eine wichtige Rolle bei der Immunabwehr spielt, aber auch Transportfunktion hat (es drainiert das Interstitium und sorgt für den Transport von Nahrungsfetten aus dem Darm). Die Lymphknoten sind den Lymphbahnen, die sich im gesamten Körper finden, zwischengeschaltet. Sie sind nur wenige Millimeter groß und bohnenförmig. Die Lymphknoten übernehmen einen großen Teil der Reinigung der vorbeifließenden Lymphe (z. B. von Stoffwechselprodukten, Fremdkörpern etc.) und sorgen für eine unverzügliche spezifische Abwehr, wenn sich Antigene in der Lymphe befinden. In ihrem Inneren findet die Vermehrung der Lymphozyten statt.

Lymphozyten (*engl. pl. lymphocytes*) Lymphozyten gehören neben den Monozyten (Makrophagen) und den Granulozyten zu den Leukozyten (weißen Blutkörperchen). Sie werden im Knochenmark gebildet, in lymphatischen Organen gespeichert und sind zuständig für spezifische Abwehrmechanismen gegen Eindringlinge im Körper. Es wird zwischen T-Zellen (T-Lymphozyten), B-Zellen (B-Lymphozyten) und NK-Zellen (natürliche Killerzellen) unterschieden.

Lysosom (*engl. lysosome*) Lysosomen sind bläschenförmige, von einer Membran umschlossene Strukturen von ca. 250–750 nm Durchmesser, die vom Golgi-Apparat gebildet werden und das gesamte Zytoplasma bevölkern. Lysosome fungieren als intrazelluläres Verdauungssystem. In ihrem Inneren befinden sich hydrolysierende Enzyme (z. B. Proteasen, Nukleasen und Lipasen), mit denen sie beschädigte Zellstrukturen, exogene Nahrungspartikel und Fremdstoffe (z. B. Bakterien) verdauen. Zudem sind sie in der Lage, Proteine zu Aminosäuren, Glykogen zu Glukose und Fette zu Fettsäuren und Glyzerin zu spalten. Ihre weitere Funktion zeigt sich beim programmierten Zelltod (Apoptose), bei dem durch Lysosome z. B. die »Schwimmhäute« beim menschlichen Embryo abgebaut werden.

Magen-Darm-Trakt ▶ Gastrointestinaltrakt

Magersucht ▶ Anorexia nervosa

Magnetoenzephalographie *(engl. magnetoencephalography)* Die Magnetoenzephalographie (MEG) ist ein nichtinvasives Untersuchungsverfahren zur Darstellung der Magnetfelder, die durch die neuronale Aktivität des Gehirns entstehen. Da die magnetischen Signale des Gehirns nur wenige Femtotesla betragen, müssen äußere Störungen möglichst vollständig eliminiert werden. Dafür wird das MEG in einer elektromagnetisch abschirmenden Kabine aufgezeichnet. Moderne Ganzkopf-MEGs verfügen über eine helmartige Anordnung von ca. 300 Magnetfeldsensoren (sog. SQUIDs). Der größte Nachteil der MEG-Lokalisation besteht in der Uneindeutigkeit des inversen Problems. Das heißt, dass die Lokalisation der zu Grunde liegenden Hirnareale nur dann richtig erfolgen kann, wenn das zu Grunde liegende Modell im Bezug auf die Anzahl der Zentren und deren grobe örtliche Anordnung im Wesentlichen richtig ist. Die neueste Entwicklung in der MEG-Forschung ist die sog. fetale MEG, mit deren Hilfe die Magnetfelder des menschlichen Gehirns bereits vor der Geburt nichtinvasiv gemessen werden können.

Magnetresonanztomographie *(engl. nuclear magnetic resonance, magnetic resonance imaging (MRI); Syn. Kernspintomographie, KST, MRT)* Die Magnetresonanztomographie (MRT) bezeichnet ein bildgebendes Verfahren zur strukturellen Darstellung von inneren Körperstrukturen. Dazu werden Schnittbilder erzeugt, die Körpergewebe und nichtknöcherne Strukturen sehr detailliert sichtbar machen. Die Grundlage dieses Verfahrens sind Wasserstoffatome, die im menschlichen Körper ungeordnet vorkommen. Wird ein starkes Magnetfeld angelegt, werden die Atomkerne der Wasserstoffatome in eine be-stimmte Richtung gelenkt. Durch das Aussenden von Radiowellen werden die Protonen aus dieser Position gebracht. Werden die Radiowellen ausgeschalten, schlagen die Protonen in die Richtung zurück, die ihnen vom Magnetfeld vorgegeben wurde. Dabei senden sie Signale aus, die von Computern registriert und verrechnet werden. Die Zeit, die die Wasserstoffprotonen dazu benötigen (Relaxationszeit), hängt vom sie umgebenden Gewebe ab. Deshalb erhält der Computer verschiedene Signale in Abhängigkeit von der Art des Gewebes. So kann im Gehirn z. B. graue von weißer Substanz unterschieden werden. Die MRT liefert eine sehr genaue und differenzierte Darstellung sämtlicher Körpergewebe, besonders aber nichtknöcherner Strukturen wie Weichteile, Gelenke und Gehirn. Sie zeichnet sich durch eine hohe räumliche Auflösung aus.

Magnetresonanztomographie, funktionelle *(engl. functional magnetic resonance imaging, fMRI)* Die funktionale Magnetresonanztomographie (fMRT) ist eine Technik, mit der die Aktivierung bestimmter Teile des Gehirns durch spezifische Tätigkeiten oder Empfindungen bestimmt werden kann. Diese Bereiche können deshalb durch die fMRT abgebildet werden, da innerhalb der aktivierten Bereiche das Blut (genauer das Hämoglobin) mehr Sauerstoff transportiert (oxygeniert). Grundlage für die fMRT ist der »blood oxygenation level dependent effect« (»BOLD-Effekt«). Ist das Blut oxygeniert, hat es andere magnetische Eigenschaften als im desoxygenierten (sauerstoffarmen) Zustand. Somit erhält man ein stärkeres Signal von den aktivierten Hirnregionen. Mittels fMRT können sowohl primäre sensorische und motorische Aktivität, als auch höhere kognitive Funktionen wie z. B. die Sprache untersucht werden. Zunächst wird von der Person ein hochauflösender struktureller Scan gemacht, der als Hintergrund für die folgenden Scans benötigt wird. Anschließend werden der Person Reize dargeboten oder Aufgaben gestellt. Das Bild im Ruhezustand wird mit den Bildern in Aktivität übereinander gelegt, um die aktivierten Hirnareale sichtbar zu machen.

Magnetstimulation, transkranielle *(engl. transcranial magnetic stimulation)* Die transkranielle Magnetstimulation (TMS) basiert auf dem Prinzip der magnetischen Induktion, das 1831 von Michael Faraday entdeckt wurde. Durch eine rasche Änderung eines sehr starken Magnetfeldes wird im Hirngewebe ein elektrisches Feld induziert, das einen Stromfluss erzeugt, der wiederum zur Depolarisation von Neuronen führen kann. Die moderne TMS wurde 1985 von Barker als eine Methode der nichtinvasiven Stimulation des motorischen Kortex eingeführt. Die Anwendung rasch und regelmäßig aufeinander folgender Einzelstimuli wird als repetitive TMS (rTMS) bezeichnet. Von Untersuchungen am motorischen Kortex ist bekannt, dass niederfrequente rTMS hemmende und hochfrequente rTMS verstärkende Effekte auf die kortikale Erregbarkeit haben. TMS wird auch für die Behandlung von neurologischen Erkrankungen wie der Epilepsie oder der Parkinson-Krankheit verwendet, ebenso in der Psychiatrie für die Therapie affektiver Störungen, v. a. der Depression.

Major Depression *(engl. major depression; Syn. depressive Episode, Depression)* Die Major Depression ist eine der häufigsten psychischen Störungen. Sie zeichnet sich durch depressive Verstimmung, Interessenverlust und Konzentrationsprobleme über einen Zeitraum von mindestens zwei Wochen aus. Weitere mögliche Symptome zeigen sich auf einer kognitiv-motivationalen Ebene (Gefühl der Wertlosigkeit, Schuldgefühle, verminderte Entscheidungsfähigkeit, Suizidgedanken, Gefühl des Kontrollverlustes) sowie im somatischen Bereich (Schlafstörungen, veränderter Appetit, Müdigkeit, Energieverlust, veränderte Psychomotorik). Für die Entstehung einer Major Depression wird das Zusammenspiel zwischen psychosozialen, psychologischen und biologischen Faktoren angenommen. Bezüglich der biologischen Faktoren zeigt sich eine Dysregulation im Neurotransmitterhaushalt (Noradrenalin, Serotonin) sowie eine Veränderung der Kortisolsekretion. Jedoch sind die genauen biologischen Mechanismen bei der Entwicklung einer Depression noch ungeklärt.

Makroelektroden *(engl. pl. macroelectrodes)* Makroelektroden messen das postsynaptische Potenzial von vielen Neuronen gleichzeitig, d. h. sie haben einen großen Ableitungsradius.

Makroglia *(engl. pl. macroglia)* Makroglia sind besonders große Gliazellen. Dazu zählen die Astrozyten (Astroglia), die zur Phagozytose befähigt und mit den Blutgefäßen und Nervenzellen verbunden sind, sowie die Oligodendrozyten (Oligodendroglia), die die Axone umgeben und die Markscheiden bilden.

Makrophage *(engl. macrophage; Syn. Fresszelle)* Makrophagen sind bewegliche einkernige Zellen, die zu den weißen Blutkörperchen und somit zum zellulären Immunsystem gehören. Sie entwickeln sich im Knochenmark aus pluripotenten Stammzellen (Stammzellen, die Organe oder Organteile bilden können) und werden dann als Monozyten in das Blut abgegeben. Im Falle einer Entzündung wandern sie aus dem Blutstrom in das infizierte Gewebe ein, wo sie rasch zu Makrophagen heranreifen. Sie nehmen Bakterien, Viren und geschädigte oder tote Zellen in sich auf (Phagozytose) und zerstören sie in ihren Lysosomen. Dazu stehen ihnen u. a. Enzyme und Sauerstoffradikale zur Verfügung, mit denen die Erreger getötet werden können. Außerdem entdecken sie körperfremde Proteine auf der Oberfläche von Viren und Bakterien, die anschließend phagozytiert, zerkleinert und den T-Helferzellen als Antigene präsentiert werden. Makrophagen können ortsständig oder ortsunabhängig sein. Sie sind Teil der unspezifischen (angeborenen) Immunantwort.

Makulaorgan *(engl. vestibular macular organ)* Das Maculaorgan ist ein Teil des Gleichgewichtsystems und nimmt lineare Bewegungsbeschleunigungen wahr. Es gibt zwei Arten von Makulaorganen, die Macula utriculi und die Macula sacculi. Die Macula utriculi wird durch horizontale, die Macula sacculi durch vertikale Beschleunigung gereizt.

Malleus *(engl. malleus; Syn. Hammer)* Der Malleus ist eines der drei Gehörknöchelchen. Er liegt in der Paukenhöhle und ist fest mit dem Trommelfell, gelenkig mit dem Amboss verbunden. Wird das Trommelfell in Schwingung versetzt, geht diese zunächst auf den Hammer über, der diese Bewegung wiederum auf den Amboss überträgt. Er erfüllt in Verbindung mit den beiden anderen Gehörknöchelchen (Amboss und Steigbügel) die Funktion der Schallverstärkung.

Mamillarkörper *(engl. pl. mammilary bodies; Syn. Corpus mamillare)* Die Mamillarkörper sind zwei große Kerne im posterioren Hypothalamus. Sie wurden nach ihrer Form benannt, die einer weiblichen Brust ähnelt. Afferent sind sie mit der Hippocampusformation, dem Septum und dem restlichen Hypothalamus verbunden. Zum anterioren Thalamus sowie dem Tegmentum weisen sie efferente Verbindungen auf. In ihrer Funktion werden die Mamillarkörper dem limbischen System zugeordnet und dabei v. a. mit Lernen und Gedächtnis in Zusammenhang gebracht. So ist bei Patienten, die unter einem Korsakow-Syndrom leiden, häufig eine Schädigung der Mamillarkörper festzustellen.

Mammalia ▶ Säuger

Mandelkern ▶ Amygdala

Manie *(engl. mania)* Die Manie bezeichnet eine krankhafte Veränderung der Stimmungslage. Anders als bei der Depression, die mit ständiger Traurigkeit einhergeht, tritt bei der Manie eine permanente positive Gefühlslage auf. Die Erkrankten haben meist ein übersteigertes Selbstwertgefühl, Größenideen bis hin zum Größenwahn, zeigen ein vermindertes Schlafbedürfnis, vermehrte Gesprächigkeit, gesteigerte Betriebsamkeit und Ideenflucht. Weitere Symptome sind eine gesteigerte Libido und übermäßige Beschäftigung mit angenehmen Aktivitäten, die zu unangenehmen Konsequenzen führen können (z.B. ungezügeltes Einkaufen). Subjektiv werden diese Zustände von den Patienten z. T. als quälend beschrieben, sie fühlen sich von ihrer Persönlichkeit entfremdet und durch die rasenden Gedanken gereizt und gehetzt. Andererseits geht die Manie mit einer massiv gesteigerten Produktivität und Kreativität einher, was einige Patienten als angenehm erleben. Häufig tritt die Manie als bipolare Störung auf, bei der es zu einem Wechsel zwischen Depression und positiver Stimmung kommt. Die Manie an sich wird nicht als eigenständige Störung, sondern als manische Episode diagnostiziert.

MAO ▶ Monoaminoxidase

MAO-Hemmer ▶ Monoaminoxidasehemmer

Marihuana ▶ Cannabis sativa

Mark, verlängertes ▶ Medulla oblongata

Marker *(engl. marker)* Der Begriff Marker wird sowohl im sprachlichen als auch im biologischen Sinne verwendet und bezeichnet generell ein Merkmal eines Elements. In der Linguistik wird damit die Darstellung der Reihenfolge von Transformationsregeln bezeichnet. In der Biologie versteht man unter Marker genetische Merkmale von Viren oder aber Stellen, die bestimmte Abschnitte in den Genen kennzeichnen.

Marker, genetischer *(engl. genetic marker)* Kurze DNS-Sequenzen, die innerhalb einer Gesamtpopulation unterschiedliche Ausprägungen haben, also polymorph sind, bezeichnet man als genetische Marker. Dabei sind die Gensequenzen und deren Phänotyp bekannt, somit kann man Träger dieser Sequenz identifizieren. Der relative Abstand der Marker untereinander und der Abstand von Markern zu Genen wird für die Erstellung genetischer Karten genutzt. Dabei wird untersucht, ob ein bestimmter genetischer Marker gekoppelt mit einem Gen vererbt wird. Besondere Anwendung findet dieses Verfahren in der sog. Marker gestützten Pflanzenforschung bei der Analyse von Genomen landwirtschaftlich nutzbarer Getreide.

Maskulinisierung *(engl. masculinization; Syn. Vermännlichung, Virilisierung)* Maskulinisierung bezeichnet primär die Ausbildung sekundärer männlicher Geschlechtsorgane. Weiterhin versteht man darunter eine Krankheit, bei der der Körper einer Frau aufgrund androgener Hormone vermännlicht. Symptome sind die Ausbildung sekundärer männlicher Geschlechtsorgane, Haarausfall, Verkleinerung der Brüste, Vergrößerung der Klitoris, Vertiefung der Stimmlage und ein Libidoverlust. Das Gegenteil von Maskulinisierung ist Feminisierung.

Mastzellen *(engl. pl. mast cells; Syn. Mastozyten)* Als eine Form der weißen Blutkörperchen sind die

Mastzellen ein Bestandteil des Immunsystems. Sie wandern aus dem Blut des Menschen in das Bindegewebe ein und besitzen sehr viele Granula (Körnchen). In diesen sind Histamin und Heparin gespeichert. Durch die Abgabe von Histamin steuern Mastzellen allergische Reaktionen vom Typ1 (IgE-vermittelte Allergien wie z. B. Asthma, allergische Rhinitis, systemische Anaphylaxie). Auf der Oberfläche der Mastzellen bilden sich nach einem erstmaligen Antigenkontakt Antikörper, die bei einem erneuten Antigenkontakt die Ausschüttung von Histamin herbeiführen. Dies führt zu Juckreiz, Schmerzen, Kontraktion der glatten Muskulatur in den Bronchien, Erweiterung der Kapillaren, Erhöhung der Kapillarpermeabilität, Blutdruckabfall, Induktion einer erhöhten Magensäuresekretion und Erhöhung der Herzfrequenz.

Matching-to-Sample-Test ▶ Übereinstimmungstest

Matrix (*engl. matrix; Syn. Muttergewebe*) Als Matrix bezeichnet man eine Grundsubstanz, die durch eine fehlende innere Struktur gekennzeichnet ist. Dabei variiert ihre Bedeutung, je nachdem, welche Aufgabe sie zu erfüllen hat. So bildet sie beim Chromosom die Hüllsubstanz um die DNA-Fäden, den interzellulären Raum der Mitochondrien und die Interzellularsubstanz zwischen tierischen Zellen.

Matrix, extrazelluläre (*engl. extracellular matrix*) Der Ausdruck extrazelluläre Matrix (EZM) wird als Sammelbegriff für alle Matrixkomponenten im extrazellulären Raum aller vier Grundgewebstypen (Epithel-, Muskel-, Nerven- und Binde-/Stützgewebe) genutzt. Beim EZM handelt es sich um Makromoleküle und den Anteil des Gewebes, der von tierischen Zellen in den Interzellularraum sezerniert wird.

Mäuse, transgene (*engl. pl. transgenic mice*) Transgene Mäuse sind Mäuse, die in ihrem Organismus fremde Gene tragen. Durch Einführung fremder DNA wird erreicht, dass das Erbgut der Versuchstiere verändert wird. Genetisch veränderte DNA-Sequenzen können zufällig zustande kommen oder zielgerichtet in ein Empfängergenom implantiert werden. Zur Überprüfung verschiedener genetisch (mit)bedingter Erkrankungen werden bspw.

menschliche Krebszellen in eine befruchtete Maus-Eizelle injiziert. Der Embryo wird einer Muttermaus implantiert. Die neugeborene Maus hat dann einen Teil fremder DNA in ihre eigenen Chromosomen integriert und vererbt diesen auch weiter. Nach Schätzungen gibt es inzwischen über 10.000 transgene Tiermodelle zur Untersuchung verschiedener Erkrankungen wie Krebs, Alzheimer, Diabetes, AIDS u. v. m. Die meisten transgenen Experimente werden mit Mäusen durchgeführt, aber auch bspw. Ratten und Kaninchen werden transgen mutiert.

Mechanorezeptor (*engl. mechanoreceptor*) Mechanorezeptoren sind spezialisierte Rezeptoren in der Haut, den Ohren, in den Muskeln und Blutgefäßen, die auf mechanische Reize wie Druck, leichte Berührung, Zug, Dehnung und Vibration reagieren. Die wichtigsten Untertypen sind die Vater-Pacini-Sensoren, die Meissner-Körperchen, die Merkel-Zellen, die Ruffini-Körperchen, die Haarfollikel-Sensoren sowie die Tastscheiben. Es gibt vier Arten von Nervenfasern, die die Impulse der Rezeptoren zum Gehirn leiten: SA-I und SA-II (beide langsam adaptierend), RA und PC (beide schnell adaptierend). Sie lassen sich nach histologischen und funktionellen Kriterien charakterisieren. Es werden des Weiteren viszerale (kardiovaskuläres System), viszerosomatische (pulmonales System) und somatische (Muskeln, Gelenke, subkutanes Gewebe der Brustwand, Wirbelsäule) Mechanosensoren unterschieden.

Mechanosensor ▶ Mechanorezeptor

medial (*engl. medial; Syn. mittelwärts, einwärts*) Der Begriff medial dient der Richtungs- und Lagebezeichnung in der Anatomie. Er bedeutet »zur Körpermitte hin, mittelwärts«. Bestimmte Strukturen eines Organismus können so im Verhältnis zu anderen Strukturen lokalisiert werden. Einige tragen ihre Lagebezeichnung auch direkt im Namen (z. B. Gyrus temporalis medialis). Das Gegenteil von medial ist lateral (seitlich gelegen).

Medianebene (*engl. median (sagittal) plane; Syn. Median-Sagittalebene*) Die Medianebene bezeichnet einen Schnitt durch die Körpermitte. Der Schnitt verläuft also zwischen den Augen, entlang der Nase, dem Kinn und durch den Bauchnabel, so dass linke und rechte Körperhälfte getrennt werden.

Medianschnitt *(engl. sagittal section; Syn. mittlere Sagittalebene)* Der Medianschnitt teilt das Gehirn in zwei symmetrische Hälften.

Mediator *(engl. mediator)* Ein Mediator bezeichnet in der Versuchsplanung eine Variable, die einen Kausaleffekt spezifiziert. Unterscheiden sich bspw. zwei Therapieformen in ihrer Wirkung auf den Patienten, so gibt eine Mediatorvariable an, auf welche spezifischen Eigenschaften der Therapieformen die Unterschiede zurückgeführt werden können. In der Medizin sind Mediatoren Wirkstoffe, die nicht wie Hormone von Organen, sondern von verschiedenen Geweben oder Zellen bei physiologischen Vorgängen oder pathologischen Prozessen gebildet und abgesondert werden. Außerdem werden auch Neurotransmitter als Mediatorsubstanzen bezeichnet. Eine Substanz, die als »zellulärer Mediator« außerhalb von Synapsen gebildet wird, z. B. infolge einer Antigen-Antikörper-Reaktion oder einer Entzündung (»Entzündungsmediator«), wird ebenfalls als Mediator bezeichnet. In der Psychologie bezeichnet man eine Person als Mediator, die mehrere Parteien bei einer Konfliktregelung unterstützt.

Medulla oblongata *(engl. hindbrain, myelencephalon; Syn. Medulla oblongata, Bulbus, Myelenzephalon)* Die Medulla oblongata (verlängertes Mark) ist die Durchgangs- und Schaltstation aller Nervenbahnen, die vom Rückenmark zum Gehirn und umgekehrt verlaufen. Es bildet den vorderen Teil des Rautenhirns, geht kaudal ins Rückenmark über und wird kranial vom Pons begrenzt. Im verlängerten Mark kreuzen der größte Teil der Pyramidenbahnen (motorische Fasern) und ca. 80 % der sensiblen (sensorischen) Fasern. Außerdem enthält die Medulla oblongata Anhäufungen von Nervenzellkernen (graue Substanz) mit lebenswichtigen vegetativen Zentren für Stoffwechsel, Atmung, Herzschlag, Blutgefäßweite und Reflexe (Husten, Niesen, Brechen, Schlucken, Lidschluss, Saugen des Säuglings). Hier liegen auch die Ursprungskerne der Hirnnerven VIII–XII. Vom verlängerten Mark ausgehend, reicht die Formatio reticularis bis in das Zwischenhirn. Sie regelt u. a. den Wach-Schlaf-Zustand, Muskeltonus und

moduliert Wahrnehmungen der Sinnesorgane. Die Medulla oblongata enthält in einer olivenförmigen Struktur die sog. Olivenkerne, ein wichtiges motorisches Zentrum, das in enger Verbindung mit dem Zerebellum steht und rückkoppelnd die Bewegungskoordination unterstützt.

Medulla spinalis ▶ Rückenmark

Meerrettichperoxidase *(engl. horseradish-peroxidase)* Die Meerrettichperoxidase (MRP) ist ein Enzym, welches zur Anfärbung von Schnittpräparaten verwendet wird. Die MRP wird ins Gewebe injiziert, von den präsynaptischen Endigungen aufgenommen und dann zum Zellkörper transportiert. Später wird das Gewebe entnommen und eingefärbt, so dass die MRP in den Zellen sichtbar wird. Dies dient der Markierung von afferenten Axonen.

MEG ▶ Magnetoenzephalographie

Meiose *(engl. meiosis, reduction division; Syn. Reduktionsteilung; Reifeteilung; Cyclus meioticus)* Meiose ist der Vorgang der Zellkernteilung bei der geschlechtlichen Fortpflanzung. Das Ergebnis sind vier Keimzellen, die leichte Unterschiede im genetischen Material aufweisen können. Beim Aufeinandertreffen der Gene der Parentalgeneration ist das Lebewesen besser vor Mutationen geschützt, da wenigstens ein gesundes Allel eines Elternteils vorhanden ist. Voraussetzung für die Meiose ist, wie bei der Mitose, die Verdopplung des genetischen Materials durch identische Replikation in der Interphase. Es folgen nun zwei Reifeteilungen: eine Reduktionsteilung und eine einfache mitotische Teilung. Die erste Reifeteilung (Reduktionsteilung) beginnt mit der Prophase, die deutlich länger dauert als die Prophase der Mitose. Dabei kondensiert das im Zellkern vorhandene Chromatin und strukturiert sich so zu 2-Chromatid-Chromosomen. In der Interphase verdoppelt sich auch das in der Zelle liegende Zentriol, und sie wandern nun zu gegenüberliegenden Polen der Zelle und bilden den Spindelfaserapparat aus. Die Prophase ist abgeschlossen, wenn das Kernkörperchen aufgelöst und die Kernhülle fragmentiert ist. In der Prometaphase zerfällt nun die Kernhülle komplett, die Spindelfasern dringen in den Kern ein und die Chromosomen wandern in die Mitte der

Zelle. An den Zentromeren der homologen 2-Chromatid-Chromosomen setzen die Zugfasern des Spindelfaserapparates an. In der Metaphase ordnen sich die nun maximal verkürzten Chromosomen paarweise übereinander in der Äquatorialebene an. Hierbei kommt es zur Tetradenbildung, d. h., dass sich die homologen Chromosomen praktisch gegenüber liegen. Es kann zum Crossing-over kommen, wobei die Chromosomen untereinander Bruchstücke austauschen. In der folgenden Anaphase werden die homologen Chromosomen voneinander getrennt und jeweils an die gegenüber liegenden Pole gezogen. In der abschließenden Telophase verschwinden die Spindelfasern wieder, die Chromosomen entspiralisieren, eine neue Kernmembran wird aufgebaut und das Kernkörperchen entsteht. Das Ergebnis der Reduktionsteilung sind somit zwei haploide Zellen mit 2-Chromatid-Chromosomen, wenn die Ausgangszelle diploid war. In der zweiten Reifeteilung (mitotische Teilung) erfolgt keine erneute Verdopplung der DNA. Die einfache mitotische Teilung erfolgt nun nach dem Prinzip der Mitose. Da die Chromosomen unterschiedlicher Herkunft sind (Mutter und Vater), in der Metaphase I zufällig angeordnet werden und das Crossing-over stattfindet, entstehen als Endergebnis der Meiose vier nicht identische Keimzellen.

Meissner-Körperchen (*engl. pl. Meissner's (tactile) corpuscles; Syn. Meissner-Tastkörperchen, Meissner Tastscheiben*) Für den Tastsinn gibt es Rezeptoren, die abhängig von der Art der Stimulationsmodalität (Druck, Berührung, Vibration), spezifisch auf diese Modalität reagieren. Zu den Berührungsrezeptoren zählen auch die Meissner-Körperchen, die als Mechanorezeptoren in der Haut in den Papillen des Koriums (Dermis/Lederhaut) liegen. Sie bestehen aus Schwann-Zellen und terminalen Nervenfasern, umgeben von einer Kapsel und dienen der Registrierung von bewegter Berührung und leichter Vibration. Dabei feuern die Meissner-Körperchen nicht bei Dauerdruck, sondern nur bei Druckänderung, adaptieren aber bei konstantem Druckreiz – anders als die Merkel-Zellen – mittelschnell. Meissner-Körperchen sind nur in der unbehaarten Haut und zudem in einer hohen Dichte in den Fingerspitzen zu finden. Sie werden von schnell leitenden, markhaltigen Nervenfasern versorgt, die eine rasche Weiterleitung der Impulse von den Zellen ins Rückenmark bewirken. Meissner-Körperchen können auch als Geschwindigkeitsdetektoren bezeichnet werden, da die Impulsfrequenz von der Eindrucksgeschwindigkeit abhängt.

Meissnersche Tastkörperchen ▶ Meissner-Körperchen

Melanin (*engl. melanin*) Melanin ist ein braunes oder schwarzes Pigment (Farbmittel), das durch die enzymatische Oxidation des Tyrosins gebildet wird. Beim Menschen ist es verantwortlich für Haut-, Augen- und Haarfarbe. Als Farbmittel spielt es aber auch bei Wirbeltieren, Insekten, in Tintenfischtinte, Mikroorganismen und Pflanzen eine große Rolle. Bei Wirbeltieren sind Melanozyten in der Haut und der Retina für die Melaninbildung verantwortlich. Beim Menschen unterscheidet man zwei Varianten: das braun/schwarze Eumelanin und das hellere, schwefelhaltige gelblich/rötliche Phäomelanin. Die Melanine der menschlichen Haut und der Haare sind Mischformen aus Eumelaninen und den Phäomelaninen. Das Mischungsverhältnis bestimmt den Hauttyp. Bei roten Haaren ist der Phäomelaningehalt sehr hoch und nimmt über braune und schwarze Haare hin ab. Melanin bildet sich in der Haut vermehrt bei Sonneneinstrahlung und dient möglicherweise auch als Schutz gegen UV-Strahlung. Durch genetische Veranlagung bzw. durch erworbene Schäden an der Erbsubstanz kann die Melaninsynthese gestört sein. Bei unzureichender Produktion fehlen auch die Farbmittel in Haut, Haaren und Augen, was zu den Symptomen des Albinismus führt. Bei Überproduktion treten vermehrt dunkle Flecken in der Haut auf (Leberflecken, Sommersprossen, Muttermale), die sich auch bösartig verändern können (malignes Melanom).

Melanopsin (*engl. melanopsin*) Melanopsin ist ein Protein, das zur Gruppe der Opsine (oder »Sehfarbstoffe«) gehört. Produziert wird Melanopsin in der Retina in einer Untergruppe der lichtsensitiven retinalen Ganglienzellen. Die spinnwebartig angeordneten Zellen reagieren auf Helligkeitsunterschiede und ihre Axone ziehen direkt über den retinohypothalamischen Pfad in den suprachiasmatischen Nucleus (SCN). Melanopsin spielt eine Rolle bei der lichtabhängigen Unterdrückung der Ausschüttung von Melatonin aus der Epiphyse (Zirbeldrüse). Zudem ist es an der Synchronisation der zirkadianen Rhythmik (inneren Uhr) beteiligt.

Melatonin *(engl. melatonin; N-Azetyl-5-Methoxytryptamin)* Melatonin ist ein Hormon, das zu der Monoaminklasse der Indolamine gehört. Es wird in der Zirbeldrüse (Epiphyse), der Retina und im Magen-Darm-Trakt aus Serotonin produziert. Die Synthese und der Ausstoß Melatonins wird durch den Tag-Nacht-Zyklus beeinflusst: Beim Einsetzen der Dunkelheit wird die sympathische Innervation der Epiphyse durch den Nucleus suprachiasmaticus (SCN) des Hypothalamus erhöht. Dies steigert die Produktion und den Ausstoß von Melatonin. Bei Säugetieren, deren Reproduktion an Jahreszeiten gebunden ist, wirken sich saisonale Fluktuationen im Melatoninspiegel auf die Einleitung der Paarungszeit aus. Melatonin scheint weiterhin an der Einleitung der Pubertät beteiligt zu sein und sich auf den Schlaf auszuwirken. Der Einsatz von Melatonin zur Behandlung von Schlafstörungen ist umstritten; eine Melatonin-Einnahme zur Verhinderung/Abschwächung eines Jetlags bei längeren Flugreisen mit Überschreitung mehrerer Zeitzonen scheint hilfreich zu sein.

Membran *(engl. membrane)* Eine Membran bezeichnet in der Technik ein dünnes Blättchen unterschiedlicher stofflicher Herkunft, das sich durch seine Schwingungsfähigkeit auszeichnet. In der Biologie wird darunter eine dünne Hautschicht verstanden, die eine trennende oder abgrenzende Funktion oder Filterfunktion erfüllt. In der Zytologie sind vor allem die doppelschichtigen Biomembranen der Zellen von Bedeutung.

Membran, arachnoide *(engl. arachnoid mater; Syn. Arachnoida, Spinnengewebshaut)* Die arachnoide Membran ist die mittlere der drei Meningen (Hirnhäute) und besteht aus feinen Fasern des kollagenen Bindegewebes. Über Ausstülpungen, die sog. Arachnoidalzotten, hat die arachnoide Membran Kontakt zur darüber liegenden Dura mater und realisiert so die Liquorresorption. Zwischen der Arachnoidea und der darunter liegenden Pia mater befindet sich der Subarachnoidalraum, der mit Zerebrospinalflüs-

sigkeit (CSF) gefüllt ist und den äußeren Liquorraum darstellt.

Membran, postsynaptische *(engl. postsynaptic membrane)* Als postsynaptische Membran wird die Zellmembran nach dem synaptischen Spalt bezeichnet. Auf bzw. in ihr befinden sich Rezeptoren für Neurotransmitter. Bei der neuronalen Erregungsweiterleitung diffundieren Neurotransmitter von der präsynaptischen Membran zur postsynaptischen Membran über den synaptischen Spalt und binden an diese Rezeptoren.

Membran, präsynaptische *(engl. presynaptic membrane)* Als präsynaptische Membran wird der Teil der Synapse vor dem synaptischen Spalt bezeichnet, genauer gesagt, die Zellmembran vor dem synaptischen Spalt. Bei ankommenden Aktionspotenzialen kommt es zur Depolarisation der Präsynapse, was dazu führt, das darin gelagerte Vesikel mit der präsynaptischen Membran verschmelzen und dabei Transmitter in den synaptischen Spalt freisetzen. Diese Transmitter geben das Signal aus der Präsynapse weiter an die postsynaptische Membran.

Membranleitfähigkeit *(engl. membrane permeability)* Die Membranleitfähigkeit beschreibt die Fähigkeit von Biomembranen, die ihnen anliegende Spannung durch Öffnung oder Schließung von Ionenkanälen oder die Auslösung von Second-Messenger-Systemen zu ändern. Die Membranleitfähigkeit ist die Grundlage von Ruhe- und Aktionspotenzial. Eine Erhöhung der Membranleitfähigkeit tritt bei Rezeptoren auf, die Na^+ oder Ca^{++} in die Zelle einströmen lassen. Die Leitfähigkeit kann aber auch über metabotrophe Rezeptoren verändert werden, die intrazelluläre Prozesse zur Spannungsänderung in Gang setzen.

Membranpotenzial *(engl. membrane potential)* Das Membranpotenzial ist die elektrische Spannung, die zwischen der Innen- und Außenseite einer Biomembran anliegt und über einen Bereich von bis zu 120 mV variieren kann. Ein solches Potenzial tritt immer dann auf, wenn sich auf beiden Membranseiten die Teilchenanzahlen unterscheiden (bzw. Teilchen verschiedener Ladungen vorliegen). Das Membranpotenzial ermöglicht die Steuerung von Ionenströmen, die entweder entlang oder entgegen des Konzentrationsgefälles erfolgen kann und legt somit Grundlage für eine Reaktion auf Veränderungen. Die zwei wichtigsten Membranpotenziale sind das Ruhepotenzial (–60mV bis –90mV, abhängig vom Nervenzelltyp) und das Aktionspotenzial (bis +30mV).

Membranprotein *(engl. membrane protein)* Ein Membranprotein ist ein Eiweißmolekül, das in oder auf einer biologischen (Zell-) Membran sitzt. Membranproteine können Tunnel- oder Carrier-Proteine sein, welche die Membran durchdringen und so Teilchen den Stofftransport ermöglichen. Sie können aber auch in Form von Rezeptoren für Botenstoffe vorliegen, bei deren Kontakt intrazelluläre Veränderungen ausgelöst werden (Ioneneinstrom, Second Messenger). Zu den Membranproteinen zählen auch Aquaporine, die in der Lage sind, innerhalb kurzer Zeit große Mengen an Wassermolekülen passieren zu lassen, um somit einen Flüssigkeitsausgleich zwischen Intra- und Extrazellulärraum vorzunehmen.

Membranruhepotenzial ▶ Ruhepotenzial

Menarche *(engl. menarche; Syn. Regelblutung)* Menarche ist die Bezeichnung für den Zeitpunkt der ersten Regelblutung bzw. für den ganzen ersten Regelzyklus der Frau.

Meningen *(engl. singl. meninx, pl. meninges; Syn. Hirnhäute)* Der Begriff Meningen bezeichnet die drei Hirn- und Rückenmarkshäute. Die Hirnhäute werden bezeichnet als Dura mater, Spinnengewebshaut (Arachnoidea) und Pia mater, die sich alle ins Rückenmark fortsetzen. Die Meningen dienen neben den Schädelknochen und dem Liquor (Zerebrospinalflüssigkeit) dem Schutz des Gehirns.

Meningeom *(engl. meningioma, meningeal sarcoma; Syn. Meningiom)* Ein Meningeom ist ein meist gutartiger Hirntumor, der durch eine Entartung von Zellen in der Arachnoidea (Spinnenhaut = weiche innere Hirnhaut) entsteht. Charakteristisch ist sein langsames und verdrängendes Wachstum.

Meningitis *(engl. meningitis; Syn. Hirnhautentzündung)* Meningitis ist eine Entzündung der Hirn- und Rückenmarkshäute, die durch Bakterien oder Viren verursacht wird. Symptome sind ein steifer Nacken (Kinn kann nicht mehr zur Brust geführt werden), Fieber, Kopfschmerzen, Übelkeit und Lichtempfindlichkeit. Bleibt eine von Bakterien ausgelöste Meningitis unbehandelt, kann sie zum Tod führen. Unter die möglichen Komplikationen fallen auch Sepsis (Blutvergiftung) oder Thrombosen. Eine Hirnhautentzündung kann auf das Gehirn übergreifen (Hirnentzündung, Enzephalitis), was sich durch Störungen oder Ausfälle von Gehirnfunktionen zeigt. Zur Behandlung der bakteriellen Meningitis werden Antibiotika eingesetzt, die so früh wie möglich verabreicht werden müssen, um schwerwiegende Folgen zu vermeiden. Die harmlosere Form der von Viren ausgelösten Meningitis heilt in den meisten Fällen spontan aus, sodass keine besondere Medikation (außer zur Symptombekämpfung) erfolgen muss. Besonders gefährdet sind Personen mit eingeschränkter Immunkompetenz (Säuglinge oder ältere Menschen).

Meninx *(engl. meninx)* Meninx bezeichnet eine Hirn- bzw. Rückenmarkshaut (▶ Meningen).

Menopause *(engl. menopause; Syn. Wechseljahre)* Im Alter zwischen 45 und 55 Jahren verändert sich die Hormonproduktion der Frau. Die Eierstöcke steuern zum letzten Mal die Menstruationsblutung, was im eigentlichen Sinne als Menopause bezeichnet wird. Die Phase zwei Jahre davor und danach wird als Perimenopause benannt. Der Zeitraum vier bis fünf Jahre vor der letzten Blutung wird als Prämenopause bezeichnet und ab einem Jahr danach beginnt für weitere vier bis fünf Jahre die Postmenopause. Insgesamt beinhaltet die Menopause die Übergangsphase von der vollen Geschlechtsreife bis zum Senium. Viele Frauen leiden in dieser Zeit unter Hitzewallungen, übermäßigem Schwitzen, Haarausfall und Schwindelgefühl. Die Östrogenproduktion nimmt immer mehr ab. Um den Symptomen entgegenzuwirken, kann während der Menopause eine hormonelle Therapie erfolgen.

Menstruationszyklus *(engl. menstrual cycle)* Unter Menstruationszyklus versteht man die periodischen (Zyklus zwischen 21 und 31 Tagen, durchschnittlich 28 Tage) Veränderungen der Gebärmutterschleimhaut (endometrialer Zyklus) und der Eierstöcke (Ovarien; ovarieller Zyklus) bei der geschlechtsreifen Frau. Der Anfang eines Zyklus wird durch den ersten Tag der Menstruationsblutung (Desquamationsphase) markiert. Im Anschluss an die Blutung kommt die Proliferations- oder Follikelphase, in der unter Einfluss des Follikel-stimulierenden Hormons (FSH) eine Eizelle heranreift. Zugleich wird in der Gebärmutter unter Einfluss des Hormons Östrogen die Schleimhaut aufgebaut. Steigen die Spiegel der gonadotropen Hormone FSH und LH (luteinisierendes Hormon) an, erfolgt um den 12.–14. Tag der Follikelsprung (Ovulation). Aus der Hülle der Eizelle entwickelt sich der Gelbkörper, der das Hormon Progesteron produziert, das bis zur nächsten Blutung (Luteal- oder Sekretionsphase) die Schleimhaut weiter aufbaut.

Merkelsche Tastscheiben *(engl. pl. Merkel's corpuscules)* Die Merkelschen Tastzellen gehören neben den Ruffini-Körperchen zu den Mechanosensoren des Tastsinns, die als Drucksensoren die Stärke oder Eindrucktiefe eines mechanischen Hautreizes messen. Sie feuern dabei umso stärker, je größer die auf die Haut wirkende Kraft pro Flächeneinheit ist. Als Intensitätsdetektoren reagieren sie auf die Intensität des Druckreizes und nicht auf seine zeitlichen Veränderungen. Bei konstantem Druckreiz adaptieren Merkel-Zellen nur langsam und können so auch die Dauer eines Druckreizes angeben. Merkel-Zellen befinden sich v. a. in den Fingerspitzen und den Fingern. In der unbehaarten Haut liegen sie in kleinen Gruppen in den untersten Schichten der Epidermis. In der behaarten Haut bilden die Merkel-Zellen hingegen Merkelsche Tastscheiben, die punktförmig über die Hautoberfläche herausragen.

Mesenzephalon *(engl. mecencephalon, midbrain; Syn. Mittelhirn)* Das Mesenzephalon ist Teil des Hirnstamms. Es liegt zwischen Pons und Dienzephalon und ist dorsal von der Vierhügelplatte abgegrenzt. Der Aquaeductus cerebri, der den 3. und 4. Hirnventrikel miteinander verbindet, durchzieht das Mesenzephalon. Das Mittelhirn kann grob in drei Strukturen unterteilt werden: (1.) Zwei Hirnschenkel (Crura cerebri) werden durch absteigende Faserbündel gebildet (Tractus corticospinalis, Tractus corticopontini, kortikonukleare Bahn). (2.) In der Vierhügelplatte (Tectum) bilden die oberen beiden Hügel ein visuelles Reflexzentrum, die unteren bei-

den Hügel sind Teil der Hörbahn. (3.) Die Haube (Tegmentum) enthält einige Kerne der Formatio reticularis, Hirnnervenkerne sowie zwei zentrale Strukturen des motorischen Systems: die Substantia nigra und den Nucleus ruber.

Mesodermschicht *(engl. mesoderm)* Mesoderm wird die mittlere der drei embryonalen Keimschichten genannt (von innen nach außen: entoderm, mesoderm und ektoderm). Alle Strukturen des menschlichen Körpers leiten sich von drei Keimblättern ab. Die Mesodermschicht wird von Mesoblastzellen gebildet, die ursprünglich von Epiblastzellen (Ekto-dermzellen) stammen. Sie wird unterteilt in paraxiales Mesoderm, intermediäres Mesoderm, Chordamesoderm und Seitenplattenmesoderm. Aus der Mesodermschicht gehen Muskeln, Skelett, das Harn- und Genitalsystem und Teile der Haut (Dermatom) hervor. Aus dem paraxialen Mesoderm werden das Skelett, die Skelettmuskulatur und das Dermatom gebildet, aus dem intermediären Mesoderm entstehen das Harnsystem und die Gonaden (Hoden bzw. Eierstöcke). Das Seitenplattenmesoderm differenziert zur Eingeweidemuskulatur sowie Knochen und Knorpeln in Organen und aus dem Chordamesoderm entsteht die Wirbelsäule. Aus anderen Mesoblastzellen, die sich als kardiogene Platte ablagern, bildet sich die Herzmuskulatur.

Messenger-RNA ► Botenribonukleinsäure

Metabolismus *(engl. metabolismus; Syn. Stoffwechsel)* Metabolismus bezeichnet alle chemischen und physikalischen Prozesse im Organismus, die lebenserhaltend sind, da sie den Aufbau und die Erhaltung der Körpersubstanz garantieren und Energie erzeugen. Dazu gehören die Aufnahme, der Transport und die Umwandlung von Stoffen (z. B. bei der Verdauung) sowie die Ausscheidung von Abbauprodukten an die Umgebung.

Metabolit *(engl. metabolite; Syn. Stoffwechselprodukt)* Der Metabolit ist eine Substanz, die als Zwischenprodukt oder Abbauprodukt aus einem Stoffwechselvorgang des Organismus ensteht.

Metenzephalon *(engl. metencephalon, hindbrain; Syn. Hinterhirn)* Das Metenzephalon besteht aus

Pons und Zerebellum (Kleinhirn). Es umschließt den 4. Ventrikel von ventral (Pons und Medulla oblongata) und dorsal-kranial (Zerebellum) und bildet eine funktionelle Einheit bei der Koordination von motorischen Bewegungen, Gleichgewicht und Muskeltonus.

Methylphenidat *(engl. methylphenidat)* Methylphenidat ist ein Dopamin-Wiederaufnahmehemmer und wird (z. B. unter dem Namen Ritalin®) zur Behandlung der Aufmerksamkeitsdefizit-/Hyperaktivitätsstörung (ADHS) verwendet.

Migration *(engl. migration)* Migration beschreibt in der Biologie eine gerichtete Bewegung von Zellen oder Organismen von einem Start- zu einem Zielort. Bei Tieren meint Migration die (meist regelmäßige) Wanderung über relativ weite Strecken. Viele verschiedene Arten zeigen Migrationsverhalten (auch Zugverhalten genannt), wobei sehr große zwischenartliche Unterschiede bestehen können. Die bemerkenswertesten Beispiele für Migration sind der Vogelzug und die Wanderungen der Wale sowie die einiger Fischarten (z. B. Lachse). Man geht davon aus, dass es drei grundlegende Mechanismen gibt, anhand derer sich die Tiere bei der Migration orientieren können. Es handelt sich dabei um das Pilotieren, die Kompassorientierung und echte Navigation. Während manche Arten nur einen dieser Mechanismen nutzen, gibt es andere, die sich einer Kombination bedienen.

Migrationsphase *(engl. cell migration)* In der Migrationsphase wandern die Zellen von ihrem Bildungsort in der Ventrikularzone des Neuralrohrs zu ihrem Bestimmungsort im reifen Nervensystem.

Mikrodialyse *(engl. microdialysis)* Diese Technologie wird bei der Messung der Sekretion von Neurotransmittern und anderen löslichen Substanzen in einzelnen Hirnregionen im Tierversuch eingesetzt. Dabei wird Blutersatzlösung in einen Mikrodialyse-Katheter gepumpt, der über eine Membran in Kontakt mit dem zu untersuchenden Gewebe steht. Die Moleküle der extrazellulären Flüssigkeit diffundieren über die Membran in den Katheter. Diese Flüssigkeit wird aufgefangen und mit Hilfe der Hochleistungsflüssigkeitschromatographie (HPLC) auf die gelösten Substanzen analysiert. Auf diese Weise lassen sich Stoffwechselprozesse über einen Zeitraum von mehreren Tagen untersuchen. Ein weiterer Vorteil ist, dass nahezu jede membrangängige Substanz aus den gewonnenen Mikrodialysaten bestimmt werden kann.

Mikroelektrode *(engl. microelectrode)* Die Mikroelektrode ist eine miniaturisierte Elektrode zur Messung von Potenzialveränderungen in einzelnen Zellen. Meist handelt es sich dabei um eine mit Salzlösung gefüllte Glaskapillare mit einem Spitzendurchmesser von bis zu 0,1 μm.

Mikrofilamente *(engl. pl. microfilaments; Syn. Aktinfilamente)* Das Mikrofilament bezeichnet eine dünne, fadenförmige Ansammlung des Proteins Aktin unterhalb der Plasmamembran. Mikrofilamente umgeben auch die Membranausbuchtungen wie die Mikrovilli und Pseudopodien und sind einer der drei Hauptbestandteile des Zytoskeletts. Mikrofilamente sind beteiligt an der mechanischen Stabilisierung der Zelle und verbinden transmembrane Proteine mit Zytoplasmaproteinen. Während der Mitose verankern die Mikrofilamente die Zentromere an unterschiedlichen Polen und bei der Zytokinese sind sie beteiligt an der Trennung der tierischen Zellen.

Mikroglia *(engl. microglia)* Bei den Mikroglia handelt es sich um den kleinsten Gliazelltyp, der sowohl in der weißen als auch in der grauen Substanz vorkommt. Unter dem Mikroskop erscheinen sie als lange schmale Zellen mit länglichem Zellkern und dichtem Chromatin. Die Zellfortsätze können fein und sehr verzweigt sein. Mikroglia-Zellen sind in der Lage, sich amöboid fortzubewegen. Sie sind Teil des zellulären Immunsystems und zuständig für die Phagozytose von Fremdkörpern und Zellfragmenten, die Antigenpräsentation und die Eliminierung von absterbenden Neuronen und Gliazellen während der embryonalen Entwicklung.

Mikroiontophorese *(engl. microiontophoresis)* Die Mikroiontophorese ist eine Technik, bei der Ione und geladene Moleküle in sehr kleinen Dosen aus einer mit einer Lösung gefüllten Mikropipette ausgestoßen werden können. Hierfür wird elektrischer Strom durch eine Mikropipette geleitet, wodurch sie polarisiert wird. Wird die Spannung an eine Lösung gelegt, bewegen sich Ione und geladene Teilchen je nach ihrer Ladung vom elektrischen Feld weg. Wird die Pipette nun an ein Neuron herangeführt, können Medikamente injiziert werden und deren pharmakologische Effekte als Reaktion des Membranpotenzials, der Membranströme oder der neuronalen Entladungsrate erschlossen werden. Ein großer Vorteil dieser Technik ist die Möglichkeit, die Effekte von Medikamenten an einzelnen Neuronen testen zu können, ohne dass das gesamte Nervensystem beeinflusst wird.

Mikrotom *(engl. microtome; Syn. Kleinschneider)* Das Mikrotom ist ein Schneideapparat für die Herstellung dünner Schnitte für mikroskopische Betrachtungen (Lichtmikroskop). Das zu untersuchende Gewebe muss in festen Proben (Blöcken) vorhanden sein. Bei weichen Proben kann vor dem Schneiden eine Einbettung in Materialien wie Paraffin, Kunstharz oder synthetische Wachse vorgenommen werden. Mikrotome funktionieren nach Prinzip eines Hobels, Schnittdicken bis unter 10 μm sind möglich. Als Schneidwerkzeug werden Stahlmesser verwendet, die einen Facettenschliff aufweisen. Es können verschiedene Mikrotome unterschieden werden, bspw. Schlitten-, Rotations- oder Gefriermikrotom. Zum berührungslosen Schneiden von Proben werden Laser-Mikrotome eingesetzt.

Mikrotubuli *(engl. pl. microtubules)* Mikrotubuli sind lang gestreckte, röhrenförmige Polymere, die sich aus Alpha- und Betatubulin aufbauen. Sie haben einen Durchmesser von etwa 25 nm und können sich in ihrer Länge dynamisch anpassen. Eine Verlängerung der Mikrotubuli erfolgt weg von ihrem Ursprung in Richtung Zellmembran. Sie sind Teil des Zytoskeletts einer Zelle und somit an vielen strukturellen Aufgaben beteiligt. Eine wesentliche Rolle spielen sie bei der Verteilung der Chromosomen auf die Tochterzellen während der Zellteilung. Durch chemische Substanzen (z. B. Kolchizin) kann man die Depolymerisierung der Mikrotubuli verhindern. Dadurch werden die Zellen in einem Stadium des Zellzyklus arretiert, da die Chromosomen nicht mehr an die Zellpole gezogen werden können. Außerdem spielen sie beim axonalen Transport von Stoffen in Nervenzellen eine entscheidende Rolle.

Mikrovilli *(engl. pl. microvilli)* Mikrovilli sind fingerförmige Zellausstülpungen, die der Vergrößerung der Oberfläche bei Epithelzellen dienen. Die Mikrozotten sind dort lokalisiert, wo im hohen Maße Stoffe resorbiert werden müssen, also z. B. im Darm (dort werden die parallelen Zotten Bürstensaum genannt) oder in den Nierentubuli.

Miktion *(engl. miction, micturion)* Eine Miktion bezeichnet die natürliche, d. h. willkürliche und schmerzlose Entleerung der Harnblase. Die Menge einer Miktion kann variieren, beträgt aber im Schnitt mehrere Hundert Milliliter. Obwohl die Miktion willkürlich ausgelöst wird, ist der Prozess der Harnblasenentleerung ein reflektorischer: Es kommt zur Kontraktion der glatten Muskulatur der Blasenwand und durch Verschluss der Harnleiteröffnungen und Erweiterung des Blasenhalses steigt der Druck auf den Blaseninhalt. Dehnungsrezeptoren senden eine Meldung an das Gehirn und das Bedürfnis der Blasenentleerung entsteht. Wenn die quergestreifte Muskulatur (die willkürlich steuerbar ist) erschlafft, kommt es unter Zuhilfenahme der Bauch- und Beckenbodenmuskulatur zur Entleerung der Blase über die Harnröhre.

Milz *(engl. spleen)* Die Milz ist ein 150–200 g schweres Bauchorgan des Menschen, das unter dem Zwerchfell auf der linken Seite lokalisiert ist. Die Milz erfüllt mehrere wichtige Funktionen. In ihr findet die sog. Blutmauserung statt, bei der die Erythrozyten, die ständig die Milz durchfließen, im Falle der mangelnden Funktionstüchtigkeit ausgesondert, zerstört und abgebaut werden. Ebenso werden in der Milz funktionstüchtige Thrombozyten gespeichert, die im Falle eines Mehrverbrauchs (z. B. bei einer Blutung) ausgeschüttet werden können. Als sekundäres lymphatisches Organ ist die Milz für die spezifische Immunantwort auf die aus dem Blut stammenden Antigene verantwortlich. Vor der Geburt findet in der Milz die Blutbildung statt.

Miosis *(engl. miosis; Syn. Pupillenverengung)* Die Miosis ist die natürliche Reaktion des Auges auf einen starken Lichtreiz. Bei plötzlichem Lichteinfall kommt es zu einer vorübergehenden, parasympathisch ausgelösten Verengung der Pupille. Diese wird realisiert durch eine Kontraktion des Musculus sphincter pupillae oder einer verminderten Aktivität des Musculus dilatator pupillae. Auch der Konsum von bestimmten Drogen und Medikamenten kann eine Verengung der Pupille nach sich ziehen, so z. B. bei Opiaten (z. B. Kodein, Morphin und Heroin) und antipsychotischen Substanzen (z. B. Haloperidol und Thorazin). Im höheren Alter tritt die Pupillenverengung häufiger auf und kann auch Ausdruck von Krankheiten sein.

Mirror-Drawing-Test ▶ Spiegelzeichnen

Mismatch-Negativität (engl. mismatch negativity; dt. Mismatch-Negativität) Fügt man einer Reihe gleichartiger Reize einen abweichenden, seltenen Reiz hinzu, kann das Ereignis korrelierte Potenzial der sog. Mismatch-Negativität (MMN) beobachtet werden. Im Elektroenzephalogramm (EEG) zeigt sich die Mismatch-Negativität anhand der Änderung von Frequenz oder Dauer des Pegels. Bei der Mismatch-Negativität ist keine Aufmerksamkeitsleistung notwendig. Es wird angenommen, dass der eintreffende andersartige Reiz mit der Gedächtnisspur der Standardstimuli verglichen und die Differenz durch einen Komparator registriert wird.

Mitochondrien (engl. pl. mitochondria) Mitochondrien sind die »Kraftwerke« der Zelle. Sie sind der Ort der Zellatmung, d. h. sie nehmen Glukose auf und bauen sie ab, dabei entsteht Adenosintriphosphat (ATP), das von anderen Zellbestandteilen als Energiequelle genutzt wird. Gehirnzellen besitzen besonders viele Mitochondrien, da sie ihre Energie nahezu ausschließlich aus Glukose gewinnen. Außerdem speichern Mitochondrien Kalzium, den Regulator der Transmitterausschüttung. Mitochondrien ähneln in ihrer Struktur einfachen Bakterien und Blaualgen. Deswegen wird davon ausgegangen, dass diese aeroben oder photosynthetisch aktiven Prokaryonten von anderen Prokaryonten aufgenommen wurden und sie sich zusammen zu der komplexeren Euzyte entwickelt haben (Endosymbiontentheorie). Dafür spricht auch der Aufbau der Mitochondrien. Sie haben eine eigene DNA und Ribosomen, eine Doppelmembran (wobei die äußere durch die Zellkern-DNA kodiert wird, die innere durch die Mitochondrien-DNA) und sie entstehen nur durch Teilung ihrer selbst.

Mitose (engl. mitosis) Mitose ist der Vorgang der Zellkernteilung bei der ungeschlechtlichen Fortpflanzung der Einzeller oder in Körperzellen eukaryotischer Lebewesen. Das Ergebnis sind zwei vom genetischen Material her identische Tochterzellen. Der artspezifische Chromosomensatz bleibt dabei erhalten und die Konstanz der Art ist gesichert. Die Mitose besteht aus vier Hauptphasen. In der (1) Prophase kondensiert das im Zellkern vorhandene Chromatin und strukturiert sich so zu 2-Chromatid-Chromosomen. Kernmembran und Kernkörperchen lösen sich auf, das Zentriol verdoppelt sich und beide Zentriole wandern zu gegenüber liegenden Polen der Zelle und bilden den Spindelfaserapparat aus. In der (2) Metaphase ordnen sich die nun maximal verkürzten Chromosomen übereinander in Äquatorialebene an und werden in der folgenden (3) Anaphase an dem Zentromer längs voneinander getrennt. Dabei entstehen 1-Chromatid-Chromosomen, welche nun von den Zugfasern an die beiden Pole der Zelle gezogen werden. In der anschließenden (4) Telophase verschwinden die Spindelfasern wieder, die Chromosomen entspiralisieren, eine neue Kernmembran wird aufgebaut und das Kernkörperchen entsteht. Damit ist die Kernteilung abgeschlossen. Anschließend setzt zumeist die Zytokinese ein, die Zellteilung, bei der sich die Zellmembran einschnürt und so aus der einen Zelle zwei werden. Es folgt die Interphase, in der das Erbgut durch Kopieren jedes Chromatids verdoppelt wird.

Mitralzelle (engl. mitral cell) Mitralzellen sind neben den Büschelzellen die zweite Form von Pyramidenzellen im Bulbus olfactorius.

Mitteilungsregel (engl. pl. display rules; Syn. Darstellungsregeln, Affektzeigeregeln) Mitteilungsregeln sind gesellschaftliche Regeln, die Aussagen darüber machen, welche Emotionen in welcher Intensität in welchen sozialen Situationen gezeigt werden dürfen. Emotionen und der (mimische) Emotionsaudruck sind zwar angeboren und kulturübergreifend (Universalität des Gesichtsausdrucks, dennoch wird der Ausdruck durch diese Regeln modifiziert. Große Unterschiede in diesen Regeln finden sich v. a. zwischen der asiatischen und der US-amerikanischen Kultur (das Zeigen von Emotionen in der Öffentlichkeit ist in asiatischen Ländern verpönt).

Mittelhirn ▶ Mesenzephalon

mnestisch *(engl. mnestic)* Mnestisch meint das Gedächtnis betreffend und mnestische Störungen bezeichnen Gedächtnisstörungen.

Moclobemid *(engl. moclobemide)* Moclobemid ist ein bei Depressionen und sozialer Angst verwendeter reversibel und selektiv wirkender MAO(Monoaminoxidase)-Hemmer, der die Monoaminoxidase A hemmt. Moclobemid ist ein Benzamidderivat, welches die Desaminierung (die Abspaltung einer Aminogruppe als Ammoniumion) von Serotonin, Noradrenalin und Dopamin verhindert. Dies führt zu einer erhöhten Konzentration dieser Neurotransmitter und begründet die antidepressive Wirkung dieses Stoffes. Nach Absetzen von Moclobemid klingt die MAO-Hemmung innerhalb von 24 Stunden nach der letzten Einnahme ab.

Mongolismus ▶ Down-Syndrom

Monismus *(engl. monism)* Mit Monismus wird eine philosophische Lehre bezeichnet, nach der jede Erscheinung auf ein einheitliches Prinzip zurückgeführt werden kann. Eine Spezialisierung stellt der physikalische Monismus dar. Laut dieser Auffassung sind nur physikalische Objekte und deren Effekte real. Weiterhin sind geistige Phänomene auf einen funktionalen Mechanismus reduzierbar, der unabhängig vom verwendeten Material ist. Richtungen, die diese Auffassung vertreten, sind die Kognitionswissenschaften und die künstliche Intelligenzforschung. Für Naturwissenschaften ebenfalls relevant sind der anomale Monismus und der Entwicklungsmonismus. Zum Ersteren gehört die Vorstellung, dass das Mentale sich nicht verändern kann, ohne dass sich das Physische zuvor verändert hat. Der Entwicklungsmonismus befasst sich mit der Einordnung des Menschen in die Natur und betont dabei den Verzicht auf jeglichen Wunderglauben.

Monoamine *(engl. pl. monoamines)* Monoamine gehören zur Klasse der niedermolekularen Transmitter. Die chemische Struktur beinhaltet eine Aminogruppe, sie werden aus einer einzigen Aminosäure synthetisiert, deshalb die Bezeichnung Monoamine. Vier Monoaminneurotransmitter werden aufgrund der Struktur in zwei Gruppen unterteilt. Dopamin, Noradrenalin und Adrenalin sind Katecholamine, die aus der Aminosäure Tyrosin synthetisiert werden. Serotonin ist ein Indolamin und entsteht aus der Synthese von Tryptophan. Monoamine kommen in Neuronengruppen vor, deren Zellkörper sich v. a. im Hirnstamm befinden. Axone mit vielen Varikositäten schütten sie diffus in die Extrazellulärflüssigkeit aus. Monoamine haben an verschiedenen Zellen stimulierende und inhibierende Wirkungen in ihrer Funktion als Überträgerstoffe. Der Abbau erfolgt durch Monoaminoxidase (MAO).

Monoaminhypothese (der Depression) *(engl. monoamine hypothesis [of depression])* Die Monoaminhypothese nimmt an, dass niedrige Serotonin- und Noradrenalinkonzentrationen depressive Symptome, höhere Konzentrationen dagegen manische Symptome hervorrufen. Diese Ansicht wurde abgelöst durch die Beobachtung, dass die Symptome nicht an die absoluten Monoaminspiegel, sondern u. a. an synaptische Veränderungen (Sensitivitätsveränderungen durch Second Messenger) gekoppelt sind.

Monoaminoxidase *(engl. monoamine oxidase)* Monoaminoxidase (MAO) ist ein Enzym, das Neurotransmitter, die zur Gruppe der Monoamine gehören (Dopamin, Noradrenalin, Adrenalin und Serotonin), im synaptischen Spalt abbaut. Man unterscheidet MAO-A, das v. a. im peripheren Nervensystem auftritt, und MAO-B, das primär im zentralen Nervensystem wirkt.

Monoaminoxidasehemmer *(engl. monoamine oxidase inhibitor; Syn. MAO-Hemmer)* Monoaminoxidasehemmer (MAOI) hemmen das Enzym Monoaminoxidase, von dem zwei Untergruppen unterschieden werden, die bestimmte Botenstoffe im zentralen Nervensystem abbauen. Durch eine Hemmung dieses Enzyms kann man den Abbau von Serotonin, Dopamin und Noradrenalin verhindern und eine längere Verfügbarkeit im synaptischen Spalt erreichen. Monoaminoxidasehemmer werden u. a. in der Therapie von Depressionen angewandt. Man unterscheidet die irreversiblen MAO-Hemmer, die auf beide Untergruppen wirken und das Enzym komplett zerstören, von den reversiblen MAO-Hemmern, die nur auf eine der beiden Untergruppen wirken und das Enzym nicht zerstören, sondern lediglich blockieren. Als Nebenwirkungen treten u. a. Unruhe- und Schlafstörungen, Übelkeit, Kopfschmerzen und Schwindel auf.

monokular (engl. monocular) Der Begriff monokular bezieht sich auf das Sehen und bedeutet in diesem Zusammenhang einäugiges Sehen bzw. das Sehen mit einem Auge. Bei monokularem Sehen ergibt sich eine Einschränkung in der Tiefenwahrnehmung.

Monozyten (engl. pl. monocytes) Monozyten gehören neben den Lymphozyten und den Granulozyten zu den Leukozyten (weiße Blutkörperchen). Ihre Funktion besteht in der Antigenrepräsentation und Zytokinbildung im Blut. Nach Wanderung aus dem Blutstrom in das Gewebe werden aus Monozyten Makrophagen (»große Fresszellen«), zu deren Aufgaben die Aufnahme von Zelltrümmern und eingedrungenen Krankheitserregern zählen.

Moosfasern (engl. pl. mossy fibres) Moosfasern sind afferente Nervenfasern, die aus den Brückenkernen, dem Vestibulariskern und der Formatio reticularis zu der Körnerschicht in der Kleinhirnrinde ziehen. Sie verwenden Glutamat als Transmitter und gehören zu den erregungsleitenden Fasern. Aus der Körnerschicht des Gyrus dentatus ziehen Moosfasern zur CA3 Region des Hippocampus.

Morgans Regel (engl. Morgan's rule) Morgans Regel ist eine Richtlinie für die (biopsychologische) Interpretation von Verhaltensbeobachtungen. Sie besagt, dass bei verschiedenen möglichen Deutungen für ein Verhalten immer die einfachste Interpretation zu bevorzugen sei. Diese Regel soll ebenfalls dazu anhalten, Schlussfolgerungen kritisch zu hinterfragen.

Morphium (engl. morphine; Syn. Morphin) Morphium ist ein Alkaloid, das 1805 von Friedrich Sertürmer aus den Samen der Mohnblume synthetisiert wurde. Es wurde nach Morpheus, dem griechischen Gott der Träume, benannt. Morphium ist ein Derivat von Opium und wird, wie auch Kodein, als Opiat bezeichnet. Es ist eine Droge, die zu den narkotisierenden Analgetika gehört und eines der meist verwendeten Schmerzmittel ist. Aus ihm kann Heroin synthetisiert werden. Im ZNS lagert sich

Morphium reversibel an Opioidrezeptoren und blockiert diese, wodurch die Schmerzweiterleitung verhindert wird. Im peripheren Nervensystem setzt Morphium die Schmerzempfindlichkeit der Nervenenden herab. Seine Wirkung kann durch Opiumantagonisten, z. B. Naloxon®, verhindert werden. Die psychische Wirkung erstreckt sich von hypnotisch, euphorisierend und analgetisch bis hin zu einer psychischen Abhängigkeit. Auf der somatischen Ebene führt Morphium zu Abfall der Herzfrequenz, Atemdepression und Verstopfung.

Morula (engl. morula, mulberry mass) Die Morula ist ein Stadium in der Embryogenese bei vielzelligen Tieren. Der Begriff kommt aus dem Lateinischen und heißt »kleine Maulbeere«. Nach der Befruchtung der Eizelle beginnt sich diese mitotisch (▶ Mitose) zu teilen (sog. Furchung), gewinnt aber noch nicht an Volumen. Es dauert ca. 3 Tage, bis die Zellansammlung ins Morulastadium übergeht. Zu diesem Zeitpunkt befinden sich die Zellen im Eileiter auf dem Weg zum Uterus. Dabei entspricht die äußere Gestalt der Morula der einer kleinen, kompakten Beere. In diesem Stadium teilen sich die Zellen in eine äußere und eine innere Zellmasse. Aus der äußeren entstehen Plazenta und Eihäute (Trophoblast), während aus der inneren der eigentliche Embryo (Embryoblast) hervorgeht. Am Ende des vierten Tages wird die Morula zur Blastozyste.

Motoneuron (engl. motoneuron) Als Motoneuron werden die Neuronen bezeichnet, welche für die Informationsübertragung vom zentralen Nervensystem zur Muskulatur zuständig sind. Die oberen Motoneurone liegen im motorischen Kortex der Großhirnrinde, ihre Axone ziehen als Pyramidenbahn zu den unteren Motoneuronen im Rückenmark. Die Zellkörper der unteren Motoneuronen befinden sich im Vorderhorn des Rückenmarks; ihre Axone ziehen über die Vorderhornwurzel zu den innervierten Muskeln. Man unterscheidet zwischen extrafusalen (α) und intrafusalen (γ) Motoneuronen.

Motoneuron, extrafusales (engl. extrafusal motoneuron; Syn. α-Motoneuron, Alphamotoneuron) Die extrafusalen Motoneuronen (auch α-Motoneuronen) innervieren mit einer Leitungsgeschwindigkeit von bis zu 120 m pro Sekunde die Muskelfasern, welche die aktive motorische Arbeit leisten. Hierbei variiert die Anzahl der von einem Motoneuron innervierten Muskelfasern zwischen 2 und 60. Je weniger Fasern von einem extrafusalem Motoneuron innerviert werden, desto feiner die motorische Kontrolle.

Motoneuron, intrafusales *(engl. intrafusal motoneuron; Syn. γ-Motoneuron, Gammamotoneuron)* Das intrafusale Motoneuron zieht zu den Muskelspindeln, wo es im Inneren spezielle Muskelfasern innerviert und dadurch die Länge und Stärke der Spannung der Spindel ändern kann. Dadurch ist es möglich, die Empfindlichkeit der Rezeptoren in der Muskelspindel zu regulieren.

Motorkortex *(engl. motor cortex; Syn. Gyrus precentralis)* Der Motorkortex entspricht dem Areal 4 nach Brodmann, dem Gyrus praecentralis. Er ist für das willkürliche Ausführen von Bewegungen der jeweils kontralateral gelegenen Körperhälfte zuständig und somatotop organisiert, d. h. der Körper wird im Kortex verkleinert als motorischer Homunkulus abgebildet. Allerdings entspricht dieser nicht den realen Körperproportionen (z. B. ist die Hand im Vergleich zu anderen Körperteilen überrepräsentiert), da einige Körperteile komplexere und diffizilere Bewegungen ausführen, z. B. Sprechen, Schreiben und Feinmotorik. Der motorische Kortex erhält Informationen vom Thalamus, den Basalganglien, dem Zerebellum (Kleinhirn), dem Gyrus postcentralis (Somatosensorik) und dem prämotorischen Kortex. Er selbst unterhält efferente Verbindungen über die Pyramidenbahn (Tractus corticospinalis) und den Tractus corticonuclearis.

mRNA ▶ Botenribonukleinsäure

MRT ▶ Magnetresonanztomographie

MS ▶ Multiple Sklerose

MST ▶ Areal, medio-superior-temporales

MT ▶ Areal, medio-temporales

Müllersches Gang-Syndrom, persistentes *(engl. persistent muellerian duct syndrome)* Das persistente

Müllersche Gangsyndrom ist eine genetische Störung, die nur beim genetisch männlichen Geschlecht auftritt. Sie kann auf zwei Ursachen beruhen: Entweder fehlt das antimüllersche Hormon, oder es fehlen die entsprechenden Rezeptoren dafür. Dadurch bleibt der defeminisierende Effekt aus, und der Müllersche Gang entwickelt sich zu den inneren weiblichen Geschlechtsorganen. Zusätzlich wirken jedoch – wie beim genetisch männlichen Geschlecht üblich – die Androgene maskulinisierend und es kommt parallel zur Ausbildung der inneren männlichen Geschlechtsorgane. Die betroffenen Personen werden also mit den inneren Geschlechtsorganen beider Geschlechter geboren (sog. Zwitter). Für gewöhnlich beeinträchtigen die inneren weiblichen Geschlechtsorgane die Funktionsfähigkeit der inneren männlichen Geschlechtsorgane.

Müllersche Gänge *(engl. pl. muellerian ducts)* Die Müllerschen Gänge (benannt nach ihrem Entdecker Johann Müller) sind die Vorläufer der inneren weiblichen Geschlechtsorgane. Sie sind bei Embryonen beider Geschlechter vorhanden. Etwa im dritten Schwangerschaftsmonat verkümmern sie bei männlichen Embryonen, während sich bei weiblichen Embryonen daraus Eileiter, Uterus und die inneren Teile der Vagina ausbilden. Im Gegensatz zum Wolffschen Gang entwickeln sich die Müllerschen Gänge ohne hormonale Stimulation. Die Entwicklung der Müllerschen Gänge wird bei männlichen Embryonen durch das antimüllersche Hormon verhindert.

Multiple Sklerose *(engl. multiple sclerosis; Syn. Muskelschwund)* Die multiple Sklerose (MS) ist eine Autoimmunkrankheit im zentralen Nervensystem, bei der Myelinscheiden der Axone im ZNS vom Immunsystem fälschlicherweise als Antigene erkannt und abgebaut werden. Auch kommt es zu Schädigungen der Axone. Dies führt zu Entzündungen in Gehirn und Rückenmark. MS führt in Abhängigkeit von Ort und Größe der Entzündungsherde zu unterschiedlichen Symptomen wie etwa Sehstörungen, Gleichgewichts- und Koordinationsstörungen, Spastizität, Parästhesien, Sprachstörungen, großer Müdigkeit sowie kognitiven und emotionalen Problemen. Der Verlauf der Krankheit kann von Patient zu Patient sehr unterschiedlich sein, findet jedoch zumindest zu Beginn der Krankheit häufig schubweise statt. Dabei kommt es nach einem Schub zur vollständigen oder teilweisen Rückbildung der aufgetretenen Symptome. Nach diesem Schub kommt es zu einer remittierenden Phase ohne Symptomatik, die bis zu mehreren Jahren dauern kann. Bei einem Großteil der Patienten geht der schubartige Verlauf mit Fortschreiten der Krankheit in einen chronischen Verlauf über, bei dem es nicht mehr zu einer Rückbildung der Symptome kommt. MS ist nicht heilbar, jedoch gibt es Medikamente zur Milderung und Verkürzung der Schübe. Die ersten Symptome treten in der Regel zwischen dem 20. und 40. Lebensjahr auf, wobei Frauen etwa doppelt so häufig betroffen sind wie Männer. MS zählt zu den häufigsten Erkrankungen des zentralen Nervensystems in Mitteleuropa, man geht von etwa 100.000 Betroffenen in Deutschland aus.

Mumby-Box *(engl. Mumby box)* Die Mumby-Box ist ein Apparat nach David Mumby zur Durchführung von verzögerten Lernaufgaben (delayed-non-matching-to-sample) mit Tieren (Affen, Ratten). Sie besteht in der Regel aus drei Kammern, die durch entfernbare Trennwände voneinander abgegrenzt sind. In einer der Kammern bekommt das Versuchstier den Zielstimulus präsentiert. Manipuliert das Tier jenes Objekt, wird es mit Futterpellets belohnt. Nach einer gewissen Zeit (wenige Sekunden bis mehrere Minuten) wird dem Tier das Zielobjekt in einer der anderen Kammern erneut, dann in Kombination mit einem neuen, noch unbekannten Stimulus, präsentiert. In dieser Situation wird nur die Wahl des neuen Objekts belohnt. Danach beginnt ein neuer Durchgang mit anderen Stimuli. Je nach Länge des Zeitintervalls unterscheidet sich die Trefferquote. Bedeutend für die Gedächtnisforschung sind dabei die Erinnerungsleistungen von Tieren mit Läsionen in unterschiedlichen Hirnregionen (z. B. Hippocampus, rhinaler Kortex, Amygdala).

Muscimol *(engl. muscimol)* Muscimol ist ein Alkaloid, das in Pilzen vorkommt, v. a. in Amanita muscaria (Fliegenpilz) und Amanita pantherina (Pantherpilz). In frischen Pilzen ist Muscimol nur in geringen Mengen enthalten. Dafür findet sich in diesen Ibotensäure, aus welcher während des Trocknungsvorgangs Muscimol dekarboxyliert werden kann. Da Muscimol eine halluzinogene Wirkung besitzt, weisen getrock-

nete Pilze eine starke psychoaktive Wirkung auf. Muscimol entfaltet seine Wirkung am $GABA_A$-Rezeptor. Dem schlafähnlichen Zustand nach Einnahme folgt eine halluzinogene Phase mit Synästhesien, auch Übelkeit kann auftreten. Bei Vergiftungen treten toxische Psychosen, Halluzinationen, Erregungen und Tobsuchtsanfälle auf, die tagelang anhalten können. Muscimol ist wasserlöslich und aufgrund der Ausscheidung über die Nieren einige Tage im Urin nachweisbar.

Musculus stapedius *(engl. stapedius muscle; Syn. Stapediusmuskel)* Der Musculus stapedius ist ein kleiner, im Mittelohr befindlicher Muskel, der vom Gesichtsnerv, dem siebenten Hirnnerv, innerviert wird. Er setzt an der Fußplatte des Steigbügels, dem dritten der drei Gehörknöchelchen, im ovalen Fenster an. Wenn sich der Muskel verkürzt, werden die Schwingungen des ovalen Fensters abgeschwächt, was zu einer Desensibilisierung des Gehörsinns während der Sprachproduktion führt. Somit ist es möglich, die Empfindlichkeit des Gehörs zu verändern. Der Musculus stapedius ist auch ein Bestandteil des Stapediusreflexes, eines Mechanismus, der vor Hörschäden bewahrt. Dabei wird neben dem Musculus stapedius auch der Musculus tensor tympani verkürzt, um den Kontakt zwischen Innenohr und Trommelfell zu verschlechtern.

Musculus tensor tympani *(engl. tensor tympani muscle; Syn. Trommelfellspanner)* Der Musculus tensor tympani ist ein kleiner Muskel im Mittelohr, der am Hammer, dem ersten der drei Gehörknöchelchen hinter dem Trommelfell, ansetzt. Er spannt das Trommelfell, weshalb er oft auch als »Trommelfellspanner« bezeichnet wird. Durch diese Spannung wird die Gehörleistung schlechter, was einen Schutz gegen laute Geräusche ermöglicht. Neben dem Musculus stapedius ist der Musculus tensor tympani ein Bestandteil des Stapediusreflexes. Dabei verkürzen sich beide Muskeln zur gleichen Zeit, wodurch die Gehörknöchelchenkette zusammengepresst wird und sich versteift. So wird das Trommelfell nach innen gezogen und seine Schwingfähigkeit lässt nach, wodurch die Gefahr eines Hörschadens sinkt.

Muskel *(engl. muscle)* Ein Muskel ist ein kontraktiles Körperorgan. Durch Zusammenziehen (Kontraktion) und Erschlaffen einzelner Muskeln oder Muskelgruppen und durch das Zusammenspiel verschiedener Muskeln und Muskelgruppen können innere und äußere Strukturen des Körpers bewegt werden. Die Kontraktilität des Muskels beruht auf Aktin- und Myosinfilamenten, die sich ineinander verhaken (Kontraktion) und wieder von einander lösen können (Erschlaffung). Es wird zwischen der glatten und der quer gestreiften Muskulatur unterschieden, die sich durch Unterschiede in Ausdauerleistung und Kontraktilität auszeichnen. Muskeln sind die Grundlage der aktiven Fortbewegung und vieler innerer Körperfunktionen.

Muskel, antagonistischer *(engl. antagonistic muscle)* Skelettmuskeln sind in einander entgegenwirkende Muskelpaare unterteilt. Um eine Bewegung in eine bestimmte Richtung ausführen zu können, benötigt man immer Muskeln, welche die Bewegung in die gewünschte Richtung ausführen, und andere, die das entsprechend bewegte Körperteil wieder in die Ausgangsstellung zurück bewegen, da Muskeln nicht von allein zurückschnellen können. Diese Muskelpaare werden aus agonistischen und antagonistischen Muskeln gebildet. Der agonistische Muskel ist derjenige, der eine Bewegung in betrachteter Richtung ausführt, der antagonistische Muskel bewegt das Glied zurück in die Gegenrichtung. Kontrahiert der Agonist, so ist der Antagonist gehemmt. Ein antagonistischer Muskel ist definiert als Muskel, dessen Kontraktion einer bestimmten Bewegung widersteht oder diese ins Gegenteil umkehrt.

Muskel, glatter *(engl. smooth muscle)* Die glatte Muskulatur lässt sich im Gegensatz zur quergestreiften Muskulatur nicht willkürlich bewegen und steuern. Die Kontraktion erfolgt also gänzlich unwillkürlich und wird z. B. durch das vegetative Nervensystem oder bestimmte andere Faktoren (z. B. nach dem Essen durch die Dehnung des Darms) ausgelöst. Glatte Muskulatur findet sich z. B. im unteren Magen-Darm-Trakt und in den Blutgefäßen.

Muskel, quergestreifter *(engl. striated muscle)* Quergestreifte Muskulatur ist im Gegensatz zur glatten Muskulatur willkürlich und direkt aus dem ZNS steuerbar. Da die gesamte Skelettmuskulatur aus quergestreifter Muskulatur besteht, ist sie die Basis der Steuerung sämtlicher Bewegungen. Quergestreifte Muskulatur findet sich aber auch an Zunge, Speiseröhre und dem Zwerchfell. Die für diese Art von Muskeln typischen Streifen beruhen darauf, dass die Skelettmuskulatur in weiße und durch den Farbstoff Myoglobin rotgefärbte Muskulatur unterteilt ist, die jeweils für Kraftbewegungen bzw. Ausdauerbewegungen verantwortlich sind.

Muskelfaser *(engl. muscle fibre)* Muskelfasern sind Bestandteile des Muskels und in mit bloßem Auge sichtbare Muskelfaserbündel zusammengefasst. Die Muskelfasern selbst sind fadenartige, bis zu 20 cm lange Zellen mit einem Durchmesser von 10–100μm. Muskelfasern durchlaufen meist den gesamten Muskel und schließen an die Bindegewebstrukturen der Enden an. Im Aufbau ähneln sie den übrigen Körperzellen, in ihren elektrophysiologischen Eigenschaften (Aktionspotenzial, Ruhepotenzial, Erregbarkeit) sind sie jedoch mit den Nervenzellen vergleichbar. Die Bestandteile der Muskelfasern sind die Myofibrillen, die bei Erregung der Muskelfaser kontrahieren und somit eine Verkürzung der Muskelfasern bewirken.

Muskelfaser, extrafusale *(engl. extrafusale muscle fibre)* Extrafusale Muskelfasern liegen außerhalb der Muskelspindel und sind für die Kontraktionskraft der Skelettmuskeln zuständig. Ihren Input bekommen sie von α-Motoneuronen, dessen Axone mit den extrafusalen Muskelfasern synaptisch verknüpft sind. Wird das α-Motoneuron aktiviert, so kontrahiert die Muskelfaser. Wie viele extrafusale Muskelfasern von einem einzigen myelinisierten Axon eines α-Motoneurons versorgt werden, hängt ganz von den Präzisionsanforderungen des jeweiligen Muskels ab. Das Verhältnis bei Primaten z. B. liegt bei 1:10 bei den Muskeln für Finger oder Augapfel und 1:300 bei den Muskeln für die Beine.

Muskelfaser, intrafusale *(engl. intrafusal muscle fibre)* Intrafusale Muskelfasern liegen innerhalb der Muskelspindel und dienen als Dehnungsrezeptoren der Skelettmuskulatur. Da sie parallel zu den extrafusalen Muskelfasern angeordnet sind, können sie Längenänderungen dieser wahrnehmen. Versorgt werden diese Fasern von zwei Axonen, einem sensorischen und einem motorischen. Ihre Kontraktion trägt nicht zur Muskelkraft bei.

Muskelspindel (*engl. neuromuscular spindle*) Die Muskelspindel ist der Sensor des monosynaptischen Dehnungsreflexes. Man kann sie auch als Sinnesorgane der Muskeln bezeichnen. Sie schützt ihn vor Überdehnung, indem sie den jeweiligen Dehnungszustand erfasst und an das ZNS rückmeldet.

Muskulatur (*engl. musculature*) Die Muskulatur des Körpers ist ein Organsystem, das alle Muskeln des Körpers umfasst. Der Begriff kann auch auf einzelne Muskelgruppen in einem bestimmten Körperabschnitt angewendet werden. Hier wird der entsprechende Körperabschnitt dem Wort »Muskulatur« vorangestellt: z. B. Bauchmuskulatur oder Rückenmuskulatur.

Mustervergleich mit Verzögerung (*engl. delayed matching-to-sample*) Dies ist eine Lernaufgabe, bei der aus verschiedenen Objekten oder Bildern ein vorher gesehenes (gelerntes) ausgewählt werden muss (► Übereinstimmungstest). Jedoch erfolgt der Abgleich nicht sofort, sondern erst eine gewisse Zeit nach dem Lernen. Die Länge des Zeitraums zwischen Lernen und Abruf kann dabei variieren. Die Informationen müssen also über einen bestimmten Zeitraum gespeichert werden. Dadurch eignet sich das Verfahren um festzustellen, ob und in welchem Ausmaß eine anterograde Amnesie vorliegt.

Mutation (*engl. mutation*) Als eine Mutation bezeichnet man eine Veränderung im Erbgut eines Organismus. Ursache dafür können chemische Stoffe (z. B. Spindelgifte), aber auch Strahlungsenergie sein wie z. B. Röntgenstrahlen, Gammastrahlen oder UV-Licht. Diese Strahlung führt zu einer strukturellen Veränderung des DNA-Moleküls, da sie von den Nukleotiden absorbiert wird und dort die Abfolge der einzelnen Bausteine verändert. Durch diese Umstrukturierung in der DNA kann es zu Veränderungen einzelner äußerer Merkmale (Phänotyp) kommen. Mutationen werden in vier Arten unterteilt. Bei der Genmutation wird lediglich auf einem einzelnen Abschnitt des Gens die Nukleotidabfolge verändert, während bei der sog. Chromosomenmutation ganze Teile von Chromosomen völlig wegfallen können oder falsch eingesetzt werden. Tritt ein vollständiges Chromosom mehrmals auf oder geht verloren, bezeichnet man das als Genommutation.

Als weitere Form gilt die Splicingmutation, bei der das Splicing der DNA, d. h. ein Schritt zwischen Auslesen der DNA und Proteinsynthese, betroffen ist. In der Medizin bezeichnet der Begriff Mutation weiterhin den Stimmbruch bei Eintritt in die Pubertät.

Mutation, gezielte (*engl. site-directed mutagenesis*) Als gezielte Mutation bezeichnet man eine labortechnische Änderung einer spezifischen DNA/RNA-Sequenz, die z. B. in einer Mutation bzw. Änderung der Proteinsequenz resultieren kann. Die Zielsequenz muss hierfür bekannt sein. Das Mutationsspektrum kann einen Austausch und/oder das Entfernen von lediglich einer Position bis hin zu ganzen Bereichen umfassen. Diese Methode macht man sich z. B. bei funktionellen Untersuchungen und Weiterentwicklungen von DNA, RNA und Proteinen zunutze.

Myasthenie (*engl. myasthenia; Syn. Muskelschwäche, schwere Muskelschwäche*) Die Myasthenia gravis (»schwere Muskelschwäche«) ist eine neurologische Erkrankung, bei der die neuromuskuläre Endplatte der quergestreiften Muskulatur betroffen ist. Diese Autoimmunerkrankung ist gekennzeichnet durch eine abnorme Muskelermüdung der Willkürmuskulatur bei wiederholten Bewegungen. Das heißt, dass sich die Symptome bei Erkrankten im Laufe des Tages verschlechtern. Polyklonale IgG-Antikörper binden bei der Myasthenie an die Azetylcholinrezeptoren der postsynaptischen Membran und verhindern damit die Weiterleitung des Aktionspotenzials, was auch zu einer Senkung der Anzahl der Azetylcholinrezeptoren führt. Die Symptome können sich auf alle Muskeln der quergestreiften Muskulatur erstrecken. Zu Beginn treten Probleme im Bereich der Augenmuskulatur auf, d. h. die Augenlider können nicht mehr gehoben werden (Ptosis). Folgend sind die Gesichtsmuskulatur, die Kaumuskulatur sowie die Rachenmuskulatur betroffen, danach zeigen sich die ersten Symptome in den Extremitäten. Im schwersten Fall führt eine Lähmung der Atemmuskulatur zum Atemstillstand. Bei der medikamentösen Therapie werden Cholinesteraseinhibitoren verabreicht, so dass ein Überschuss an Azetylcholin im synaptischen Spalt vorliegt. Zudem wird häufig die Thymusdrüse entfernt. Neben einer genetischen Prädisposition, Stress und Antibiotika kann eine Hormonausschüttung während der Schwangerschaft an der Entstehung der Myasthenia gravis beteiligt sein.

Myelenzephalon ▶ Medulla oblongata

Myelinfärbung (engl. myelin staining) Mit Hilfe der Myelinfärbung lässt sich die lipidreiche Myelinumhüllung der Axone anfärben. Dabei werden alle myelinisierten Gebiete sichtbar, wodurch sich die subkortikale weiße Substanz gut vom Kortex und subkortikalen Kernen unterscheiden lässt. Daher eignet sich diese Methode, um die zerebrale Organisation zu untersuchen. Sie eignet sich hingegen nicht dazu, den Verlauf einzelner Axone zu verfolgen, da das Initialsegment und die Endverzweigungen des Axons aufgrund der nicht vorhandenen Myelinisierung nicht eingefärbt werden können. Somit kann ein Axon kaum von anderen abgehoben werden.

Myelinscheide (engl. myelin sheath; Syn. Markscheide) Die Myelinscheide ist die elektrisch isolierende und fetthaltige Hülle markhaltiger Axone. Sie besteht aus Myelin und bietet zum einen Schutz vor mechanischer Überbeanspruchung und sichert die Ernährung des Axons. Zum anderen ermöglicht sie zusammen mit den Ranvierschen Schnürringen, die die Myelinschicht im Abstand von jeweils etwa 0,2 bis 1,5 mm unterbrechen, eine schnelle Leitungsgeschwindigkeit von Nervenimpulsen. Die Myelinisierung der Axone im zentralen Nervensystem erfolgt durch die Oligodendrozyten und im peripheren Nervensystem durch die Schwann-Zellen. Neben den myelinisierten Axonen gibt es auch unmyelinisierte Fasern, die eine langsamere Erregungsleitung besitzen. Bei den sog. demyelinisierenden Erkrankungen, wie z. B. Multipler Sklerose, wird die Myelinscheide zerstört.

Myofibrille (engl. myofibril) Myofibrillen sind als Eiweißstrukturen Bestandteile der Muskelfasern. Sie werden als Minimotoren der Skelettmuskulatur bezeichnet, weil sie sich bei Erregung der Muskelfaser zusammenziehen können und somit eine Muskelkontraktion auslösen. Myofibrillen sind sehr lange, ca. 1 µm dünne Schläuche, die durch proteinhaltige Z-Scheiben in einzelne Kammern von 2,5 µm Länge, den Sarkomeren, unterteilt werden. Tausende hintereinander angereihte Sarkomere bilden die Myofibrille. Die kleinsten Bestandteile der Myofibrille sind die Aktin- und Myosinfilamente, die sich bei Erregung der Muskelfaser durch chemische Reaktionen ineinander schieben und so die Kontraktion der Myofibrille auslösen.

Myokard (engl. myocardium, heart muscle) Das Myokard ist die mittlere der drei Schichten, die das Herz umgeben (die beiden anderen Schichten sind das Epikard und das Endokard). Es ist die Muskelschicht, die dafür sorgt, dass das Blut aus dem Herzen in den Körper gepumpt wird. Die Muskelschicht ist um die linke Herzkammer am dicksten, da hier die größte Kraft aufgebracht werden muss, um das Blut in die Körperperipherie zu pumpen; die Muskelschicht an den Vorhöfen ist vergleichsweise dünn. Bei großen Belastungen (z. B. bei Ausdauersportarten) kann die Muskulatur in Länge und Breite wachsen und ermöglicht so bessere Leistungen, was als Hypertrophie bezeichnet wird. Durch Erkrankungen (z. B. Hypertonie) kann eine krankhafte Hypertrophie des Myokards entstehen.

Myoklonie, nächtliche (engl. myoclonia; Syn. Einschlaf-Myoklonie) Unter nächtlicher Myoklonie versteht man schnelle, unwillkürliche Muskelzuckungen im Schlaf, besonders in den Einschlaf- und Aufwachphasen. Sie halten nur Bruchteile von Sekunden an und betreffen vorrangig die Muskelgruppen der Extremitäten, aber auch Mimik und Rumpfmuskulatur. Die Zuckungen sind ungefährlich, sie haben keine pathologische Bedeutung; unter Stress sind sie häufiger zu beobachten. Die Ursache für dieses Phänomen ist noch nicht ausreichend geklärt, sie scheint aber mit Regionen im Hirnstamm zusammen zu hängen, die Aktivierungen von Kortex und Rückenmark koordinieren. Es wird vermutet, dass in Traumphasen diese Koordination (v. a. die Hemmung der Reizweiterleitung zur Muskulatur) nicht immer vollständig funktioniert.

Myosin (engl. myosin) Beim Myosin handelt es sich um ein lang gestrecktes, paarweise vorkommendes Molekül, dessen Form einem Golfschläger ähnelt, d. h. ein stabförmiger Myosinschaft, an dessen einem Ende zwei globuläre Kopfteile sitzen. 100 dieser Proteinpaare bilden ein Myosinfilament und wiederum ca. 1000 dieser Filamente liegen in der Mitte eines Sarkomers, der kleinsten funktionell eigenständigen Einheit eines Muskels. Im Zusammenspiel mit den Aktinfilamenten kommt es zur Muskelkontraktion. Zudem ist Myosin auch beim Stofftransport im Axon aktiv.

Myotonie *(engl. myotonia; Syn. Muskelsteifheit)* Myotonie ist eine neurologische Erkrankung, die jeden Nerv und damit auch jeden Muskel betreffen kann. Die Ursache sind Mutationen der Ionenkanäle, so dass diese in Ausübung einer fehlerhaften Funktion entweder zu viel oder zu wenig Natrium-, Kalium-, Chlorid- oder Kalziumionen durch die Membran passieren lassen. Die Folge ist eine Über- oder Untererregbarkeit der Zellmembran am Skelettmuskel. Bei Übererregbarkeit nimmt die Muskelspannung bei Willkürbewegungen zu, Steife ist die Folge. Muskelschwäche und Lähmungen sind Resultate der Untererregbarkeit. Bei den Mutationen des Chloridkanals (Myotonia congenita der Form Thomsen und der Form Becker) ist das typische Symptom der Dekontraktionsbehinderung zu erkennen. Das bedeutet, dass Patienten bei erstmaliger Ausführung einer Bewegung meist nicht fähig sind, diese Bewegung wieder aufzulösen, nach einer Warming-up-Phase die Bewegung aber immer schneller durchführbar ist. Bei der Mutation des Natriumkanals, der sog. paradoxen Myotonie, wird die Steifheit der Muskeln nach Wiederholung der Bewegungen schlimmer, hinzu kommt übermäßiges Schwitzen. Die Diagnose erfolgt vorwiegend mittels EMG, Muskelbiopsie und der Patch-Clamp-Technik. Die Prognose für den Krankheitsverlauf ist günstig, da eine Medikation oft nicht zwingend erforderlich ist und die Krankheit keinen direkten Einfluss auf das Lebensalter hat. Die Myotonie ist autosomal erblich, je nach Typ rezessiv oder dominant.

N

Nachbild *(engl. afterimage)* Nachbilder sind Phänomene der visuellen Wahrnehmung, die bei einer langen Fixierung eines Bildes bzw. einem starken Reiz entstehen können. Dabei besteht die Wahrnehmung für eine gewisse Zeit weiter, obwohl der auslösende Reiz nicht mehr vorhanden ist. Man unterscheidet zwischen positiven (gleiche Konfiguration wie der Reiz) und negativen Nachbildern.

Nachbild, negatives *(engl. negative afterimage)* Bei negativen Nachbildern ist die Wahrnehmung mit der eines Fotonegativs vergleichbar. So werden vor einem einheitlichen hellen (weißen) Hintergrund helle Abschnitte dunkel (und umgekehrt) sowie Farben in der Gegenfarbe (Rot/Grün; Blau/Gelb) wahrgenommen. Ursache dafür ist die Adaptation der einzelnen Netzhautabschnitte an den wahrgenommen Reiz.

Nachhirn ▶ Medulla oblongata

Nachtblindheit *(engl. night blindness; Syn. Nyktalopia)* Nachtblindheit bezeichnet eine Einschränkung der Sehleistung bei Dämmerlicht und vollkommener Dunkelheit. Ursache ist eine mangelnde Fähigkeit der Augen, sich an Nacht- oder Zwielicht anzupassen (sog. Dunkeladaption). Dieser Defekt kommt durch eine Funktionsstörung der Stäbchenzellen in der Netzhaut des Auges zustande, kann angeboren oder erworben sein. Ein postnatales Versagen der Stäbchen kann durch Vitamin-A-Mangel oder Erkrankungen der Netzhaut und des Sehnervs (z. B. Retinitis pigmentosa) verursacht werden. Eine Heilung ist für die angeborene Form nicht möglich. In anderen Fällen werden Augenoperationen oder eine Nahrungsergänzung durch Vitamin A angewandt.

Nahrungsdeprivation *(engl. food deprivation)* Nahrungsdeprivation bezeichnet einen Zustand des Mangels an Nahrung für einen Organismus, der mit einem Hungergefühl einhergeht. Versuchstiere in Experimenten, in denen Nahrung als belohnender Reiz eingesetzt wird, werden häufig im Vorfeld des Experiments nahrungsdepriviert, um die Belohnungswirkung des Futters zu verstärken.

Naloxon *(engl. naloxone)* Naloxon ist die kurze Bezeichnung für L-17-Allyl-4,5α-epoxy-3,14-dihydroxy-6-morphinanon, und gehört zu den Opioidantagonisten. Opiatrezeptoren werden durch Gabe von Naloxon besetzt, aber nicht aktiviert. Das heisst, durch Opiate hervorgerufene euphorische Zustände können gemildert oder aufgehoben werden. Mit einer Wirkdauer von bis zu 2 Stunden wirkt es kürzer als die meisten Opiate, daher sind oft Nachinjektionen nötig. Naloxon wird im Notfall bei Heroinüberdosierungen und zusammen mit dem Schmerzmittel Tilidin beim Entzug eingesetzt. Bei Überdosierung von Naloxon besteht die Gefahr von akuten Entzugserscheinungen.

Naltrexon *(engl. naltrexone)* Naltrexon ist ein Opioidantagonist und kann unabhängig vom beteiligten Rezeptortyp die Wirkung von Opioiden hemmen oder gänzlich aufheben. Naltrexon ist stoffwechselstabiler (weniger empfindlich auf präsynaptische Elimination) als Naloxon und kann deshalb peroral (über den Mund/geschluckt) angewandt werden. Naltrexon kann zur Unterstützung einer Entzugstherapie eingesetzt werden. Durch die Gabe von Naltrexon kommt es zur Hemmung des opioidergen Tonus auf die endogene CRH-Freisetzung (CRH = Corticotropin-Releasing-Hormon), welche zu einer Steigerung der HHNA-Aktivität (Hypothalamus-Hypophysen-Nebennieren-Achse) führt.

Narkolepsie *(engl. narcolepsy; Syn. Schlafkrankheit)* Narkolepsie bezeichnet eine Funktionsstörung der Regulation von Schlaf- und Wachzyklen. Narkoleptiker leiden an einer extremen Einschlafneigung, die zu plötzlichen Schlafanfällen führen kann. Die Prävalenzrate beträgt 1:1000. Narkolepsie tritt meist im frühen Erwachsenenalter auf, die Krankheit verläuft chronisch. Die Symptome der Narkolepsie sind ständige Schläfrigkeit und Schlafanfälle, mit denen Konzentrations- und Gedächtnisstörungen einhergehen, Kataplexie (affektiver Tonusverlust), die eine für wenige Sekunden anhaltende Muskelschwäche durch Verlust der Muskelspannung auslöst, Wachträume (hypnagoge Halluzinationen), Schlaflähmung (vollständige Bewegungsunfähigkeit, die meist in der Einschlafphase auftritt und Sekunden bis Minuten andauert) und ein gestörter Nachtschlaf. Auslöser für narkoleptische Anfälle sind meist Affekte wie Lachen, Überraschung, Ärger, aber auch körperliche Anstrengung. Es wird vermutet, dass eine stark reduzierte hypothalamische Produktion des Peptids Orexin A (Syn. Hypocretin-1) das Anfallsleiden auslöst oder unterstützt.

Narkotikum *(engl. narcotic; Syn. Betäubungsmittel)* Ein Narkotikum ist ein Narkosemittel, das das Bewusstsein z. B. während ärztlicher Eingriffe, auszuschalten vermag. Es führt, je nach Dosis, zur Hemmung der Funktionen des ZNS und Reflexe; Schmerzen, Atmung und Hirnaktivität werden verringert. Ein Narkotikum kann inhaliert (z. B. in Form von Äther oder Lachgas) oder injiziert (z. B. als Barbiturate) werden. Im Zusammenhang mit Analgetika (schmerzstillende Mittel) bezeichnet man Narkotika als narkotisierende Analgetika (z. B. Kodein und Morphium). Als Nebenwirkungen können Delirien, Abhängigkeit und Toleranzentwicklung auftreten.

Natriumamytaltest ▶ Wada-Test

Natrium-Kalium-Pumpe *(engl. sodium-potassium pump)* Die Natrium-Kalium-Pumpe ist ein energieaufwändiger Mechanismus, der Natriumionen aus der Zelle hinaus und Kaliumionen in die Zelle hineinpumpt. Da die Zellmembran nicht absolut impermeabel gegenüber Natriumionen ist, werden diese durch die negative Ladung des Zellinneren angezogen und fließen in kleinen Mengen in die Zelle hinein. Um das Ruhepotenzial wieder herzustellen, pumpt die Natrium-Kalium-Pumpe je 3 Na$^+$ nach außen und 2 K$^+$ nach innen. Dieser Prozess benötigt

Energie in Form von ATP, da er sowohl gegen das Konzentrationsgefälle als auch gegen die elektrostatischen Anziehungskräfte wirkt.

Nature nurture issue ▶ Erbe-Umwelt-Problem

Nausea *(engl. nausea)* Nausea ist der medizinische Begriff für Übelkeit bzw. ein auf den Magen-Darm-Trakt projiziertes Gefühl der Übelkeit, das oft mit Brechreiz (Schutzmechanismus des Körpers gegen Vergiftung) einhergeht. Nausea ist ein komplexes Körpergefühl, dessen neuronale Entstehung noch nicht vollständig geklärt ist und welches vom zentralen Nervensystem (ZNS) sowie vom autonomen Nervensystem (ANS) reguliert wird. Bei den Ursachen wird grob unterschieden zwischen internen und externen Reizen. Externe Reize können Gerüche, Geschmack, Bilder, Schilderungen, aber auch eine ungewohnte Reizung des Vestibularorgans (Diskrepanz zwischen visueller und sensorischer Information) sein. Interne Reize sind hohe Hormonkonzentrationen (Histamin, Serotonin, Gastrin), seelische Belastungen sowie körperliche Erkrankungen (bspw. Tumoren, Infektionen). Auch Medikamente, Schwangerschaft oder Vergiftungen können Übelkeit hervorrufen. Als Gegenmittel werden Antihistaminika, Neuroleptika oder pflanzliche Mittel eingesetzt.

NCAMs ▶ Zelladhäsionsmoleküle

Nebenniere *(engl. adrenal gland; Syn. Glandula suprarenalis, Glandula adrenalis)* Die Nebennieren sind paarige endokrine Drüsen, die auf den oberen Polen der beiden Nieren sitzen und sich in zwei funktionell unterschiedliche Anteile – Nebennierenmark und Nebennierenrinde – gliedern. Die Nebenniere ist Teil des vegetativen Nervensystems. Sie besteht aus einer typischen Dreischichtung: das graue Nebennierenmark liegt in der Mitte, beidseitig umgeben von der gelben Nebennierenrinde, welche somit die Oberfläche der Nebennieren darstellt. Die Nebenniere eines Erwachsenen wiegt durchschnittlich etwa 4–5 g, ist ca. 3 cm lang und 1 cm breit. Die rechte und die linke Nebenniere unterscheiden sich in ihrer Form. Während die rechte Drüse ein pyramidenförmiges Aussehen hat, gleicht die linke Nebenniere eher einem Halbmond.

Nebennierenmark *(engl. adrenal medulla)* Das Nebennierenmark ist der kleinste Teil der Nebenniere (endokrine Drüse) und besteht aus chromaffinen Zellen (Histologie: in diesen Zellen enthaltene Granula zeigen typische Anfärbbarkeit-Bräunung), die aus L-Tyrosin die Katecholamine Adrenalin (80 %) und Noradrenalin (20 %) bilden. Entwicklungsgeschichtlich handelt es sich beim Nebennierenmark um postganglionäre Zellen des Sympathikus.

Nebennierenrinde *(engl. adrenal cortex)* Die Nebennierenrinde macht den größten Anteil der Nebenniere aus. Die Nebennierenrinde produziert eine Vielzahl von Hormonen, die aus Cholesterin synthetisiert werden. In der inneren Schicht, der sog. Zona reticularis, werden Sexualhormone, v. a. Androgene, produziert. In der mittleren Schicht der Nebennierenrinde, der sog. Zona fasciculata, werden Glukokortikoide gebildet und in der äußeren Schicht, der Zona glomerulosa, werden Mineralkortikoide produziert. Eine Über- bzw. Unterfunktion der Nebennierenrinde kann zu verschiedenen Symptomen führen. Eine Überfunktion kann im Cushing-Syndrom resultieren, aus einer Unterfunktion ergibt sich eine Nebennierenrindeninsuffizienz (Morbus Addison) mit lebensbedrohlichen Konsequenzen bei Nichtbehandlung.

Negativsymptom *(engl. negative symptom)* Als Negativsymptom gilt ein Krankheitszeichen, das ein fehlendes oder ein deutlich geringer ausgeprägtes Verhaltens- oder Erlebenselement beschreibt. So können zuweilen bei einer Schizophrenie Antriebs- und Interessenslosigkeit bei den betroffenen Patienten beobachtet werden.

Neglekt, kontralateraler *(engl. contralateral neglect)* Neglekt bezeichnet die Nichtbeachtung von Reizen auf der zu einer Hirnläsion gegenüberliegenden Seite und eine fehlende spontane Orientierungsreaktion. Diese Störung tritt meist nach Läsionen des rechten inferioren Parietallappens (Areale 40 und 7 nach Brodmann) auf. Bei diesem Störungsbild ist z. B. zu beobachten, dass Patienten Bilder nur bis zur Hälfte abmalen. Neglekt umfasst visuelle, auditorische wie auch somatosensorische Stimuli der kontraläsionalen Seite. Er geht meist einher mit Anosognosie (Nichterkennen der Einschränkung) in der Akutphase. Derzeit werden zwei Neglekttypen diskutiert: der egozentrische (raumzentrierte) Neglekt und der objektzentrierte Neglekt. Zu untersuchen bleibt, ob es sich um ein Defizit bei der Empfindung und Wahrnehmung oder um ein Defizit bei Aufmerksamkeit und Orientierung handelt.

Nekrose *(engl. necrosis)* Nekrose bezeichnet den Tod einzelner Zellen oder ganzer Gewebeteile. Auslöser dafür können Gifte, Bakterien, Radioaktivität, Verbrennungen oder mechanische Verletzungen sein. Nekrose tritt auch bei Durchblutungsstörungen von Geweben auf, da die Zellen dann nicht mehr ausreichend mit Nährstoffen und Sauerstoff versorgt werden. Jeder dieser Auslöser führt zu einer Schädigung der Zellstruktur, die irreversibel ist. Die auftretenden Membrandefekte führen dazu, dass der Inhalt der Zelle in die Umgebung austritt. Als Folge entzündet sich das umliegende Gewebe. Die betreffende Stelle kann entweder durch das Nachwachsen neuer Zellen komplett verheilen oder es kommt zur Narbenbildung.

Neokortex *(engl. neocortex; Syn. Isokortex)* Der Neokortex ist der stammesgeschichtlich jüngste und der am meisten ausdifferenzierte Teil der Großhirnrinde. Entgegen früherer Annahmen findet er sich nicht ausschließlich bei Säugetieren, beim Menschen bildet er jedoch im Gegensatz zu anderen Spezies den Großteil der Oberfläche des Großhirns (rund 90 %). Er besteht u. a. aus den auf die Repräsentationen der Sinneseindrücke spezialisierten sensorischen Arealen, dem für die Bewegungen zuständigen Motorkortex und den weiträumigen Assoziationszentren. Der Neokortex zeichnet sich bei vielen Säugetieren durch zahlreiche Windungen (griech. Gyri, singl. Gyrus), Spalten (lat. Fissurae, singl. Fissura) und Furchen (lat. Sulci, singl. Sulcus) aus. Die Faltung dient der Vergrößerung der Oberfläche. Aufgrund einiger tiefer Spalten erfolgt eine Gliederung des Neokortex in vier Lappen (lat. Lobi, singl. Lobus), dem Frontal- oder Stirnlappen (Lobus frontalis), dem Parietal- oder Scheitellappen (Lobus parietalis), dem Temporal- oder Schläfenlappen (Lobus parietalis) und dem Okzipital- oder Hinterhauptslappen (Lobus occipitalis). Der Begriff Neokortex ist weitgehend synonym mit dem Wort Isokortex, wobei die Benennung im ersten Fall nach entwicklungsgeschichtlichen und im zweiten nach histologischen (geweblichen) Kriterien erfolgt ist. Histologisch gesehen lässt sich der Neokortex in sechs Schichten unterteilen, die durch das Vorkommen bestimmter Zelltypen definiert sind.

Neologismus *(engl. neologism)* Ein Neologismus ist eine Wortneuschöpfung, die durch das Zusammenfügen heterogener Silben bzw. durch die ungewöhnliche Verwendung von Wörtern zustande kommt. Er findet sich v. a. bei Aphasie- und Schizophreniepatienten. Im Rahmen einer formalen Denkstörung handelt es sich um eine Störung des Denkablaufs, bei der es zu einer Verdichtung unterschiedlicher Impulse kommt, so dass der Patient sich nicht mehr adäquat ausdrücken kann.

Neoplasma *(engl. neoplasm)* Neoplasma steht für eine Neubildung im Zellbereich. Im Bereich der Krebserkrankung versteht man unter Neoplasma bösartige Neubildungen bzw. Geschwüre oder Tumoren.

Neostigmin *(engl. neostigmine)* Neostigmin ist ein Wirkstoff, der die Wirkung des Parasympathikus nachahmt (Parasympathomimetikum). Als Azetylcholinesterasehemmer behindert Neostigmin an cholinergen Synapsen den Abbau des Transmitters Azetylcholin, wodurch die Wirkung dieses Transmitters potenziert wird. Die physiologischen Effekte umfassen Abnahme der Herzfrequenz, Verengung der Pupillen, Erhöhung der Schweißsekretion und Miktion, Kontraktion der Gallenblase sowie an den Bronchien Kontraktion der Muskulatur und Zunahme der Sekretion. Neostigmin kann die Blut-Hirn-Schranke nicht passieren, deshalb hat es kaum zentralnervöse Wirkungen. Anwendung findet es als Antidot (Gegengift) bei Vergiftung mit Curare (kompetitiver Azetylcholinrezeptor-Antagonist).

Nephron *(engl. nephron)* Das Nephron ist der Teil der Niere, in der die Urinbildung erfolgt. Jede Niere enthält Millionen von Nephronen. Ein Nephron besteht aus Harnkanälchen (dem sog. Tubulusapparat) und Nierenkörperchen (dem sog. Glomerulum). Aus dem Blut, das ständig durch die Nierenkörperchen fließt, werden bestimmte Substanzen und Abfallprodukte herausgefiltert und bilden das sog. Glomerulum-

filtrat. Dieses Filtrat wird in den Tubulusapparat geleitet, wo er durch Reabsorption noch konzentriert und mit weiteren Stoffwechselprodukten angereichert wird. Das entstandene Sekret ist der Harn, der später über die Blase ausgeschieden wird.

Nerv *(engl. nerve)* Ein Nerv ist ein Erregungsleiter im peripheren Nervensystem, der aus Bündeln von Axonen besteht, welche von schützendem Bindegewebe umschlossen sind. Dabei werden einzelne Axone vom Endoneurium umhüllt (welches auch größere Nerven umgibt), mehrere vom Perineurium. Nerven dienen der Kommunikation zwischen dem zentralen Nervensystem und den verschiedenen Organen bzw. Regionen des Körpers. Je nach Richtung der Erregungsleitung unterscheidet man zwischen afferenten Nerven und efferenten Nerven. Des Weiteren differenziert man bei Wirbeltieren hinsichtlich des Ursprungs zwischen Hirnnerven und Spinalnerven.

Nerve growth factor ▶ Nervenwachstumsfaktor

Nerven, afferente *(engl. pl. afferent nerves; Syn. Afferenzen, aufsteigende Bahnen)* Afferente Nervenfasern leiten Impulse über Veränderungen im Organismus und der Umwelt von einem Organ, Gewebe oder Sinnesorgan an das Zentralnervensystem. Somatische Afferenzen übermitteln Meldungen von den Sinnesorganen und gehören zum somatischen Nervensystem. Viszerale Afferenzen leiten Informationen von den Eingeweiden und zählen zum vegetativen Nervensystem. Als sensorische Afferenzen bezeichnet man jene, die aus Wahrnehmungsorganen, z. B. Auge, Ohr oder der Haut stammen.

Nerven, efferente *(engl. pl. efferent nerves; Syn. Efferenzen, absteigende Bahnen)* Efferente Nervenfasern leiten Impulse vom Zentralnervensystem (Rückenmark, Gehirn) zu zentralen oder peripheren Erfolgsorganen (Muskeln, Drüsen), den sog. Effektoren. Eine Unterscheidung erfolgt entsprechend ihrem Zielort. Somatische Efferenzen sind motorische Nervenfasern, die zu den Skelettmuskeln führen und zum somatischen Nervensystem gehören. Viszerale Efferenzen leiten u. a. Informationen an die glatte Muskulatur, die Herzmuskulatur und Drüsen, sie zählen zum vegetativen Nervensystem.

Nervensystem, animalisches *(engl. voluntary nervous system)* Das animalische Nervensystem ist eine andere Bezeichnung für das somatische Nervensystem.

Nervensystem, autonomes *(engl. autonomous nervous system; Syn. vegetatives Nervensystem)* Das autonome Nervensystem ist das Teilsystem des Nervensystems, das sich einer willkürlichen Kontrolle durch das Bewusstsein weitgehend entzieht. Über das autonome Nervensystem (ANS) werden Vitalfunktionen (z. B. Atmung, Herzschlag, Blutdruck) gesteuert, es teilt sich in Sympathikus, Parasympathikus und enterisches Nervensystem. Das ANS hat sowohl Anteile am zentralen Nervensystem (ZNS) als auch am periphären Nervensystem (PNS).

Nervensystem, enterisches ▶ Darmnervensystem

Nervensystem, peripheres *(engl. peripheral nervous system)* Das periphere Nervensystem (PNS) umfasst alle Nervenzellen außerhalb des Gehirns bzw. Rückenmarks, die keine Teile des zentralen Nervensystems (ZNS) sind. Nervenzellen des PNS werden dementsprechend nicht von Knochen oder der Blut-Hirn-Schranke geschützt. Unter funktionellen Aspekten ist eine Trennung in ZNS und PNS fragwürdig, da der Großteil aller peripheren Nervenzellen entweder im ZNS beginnt (motorische und vegetative Nerven) oder dort endet (sensorische Nervenzellen).

Nervensystem, somatisches *(engl. somatic nervous system)* Das somatische Nervensystem (SNS) ist, im Gegensatz zum autonomen Nervensystem, für die willkürliche, also beabsichtigte, Kontrolle von Organen zuständig. Hierzu gehören z. B. Aufgaben wie die Bewegungen des Körpers (Motorik). Das SNS steuert alle Funktionen, die den Beziehungen zur Außenwelt dienen. Das SNS ist zwar Teil des peripheren Nervensystems (PNS), wo es auch zum größten Teil angesiedelt ist, einige Teile befinden sich jedoch auch im zentralen Nervensystem (ZNS).

Nervensystem, vegetatives ▶ Nervensystem, autonomes

Nervensystem, zentrales ▶ Gehirn; Rückenmark

Nervenwachstumsfaktor *(engl. nerve growth factor)* Der Nervenwachstumsfaktor ist eine Bezeichnung für den ersten identifizierten und molekular charakterisierten neurotrophen Faktor (▶ Neurotrophine). Rita Levi-Montalcini und Viktor Hamburger entdeckten die Substanz in den 1950er Jahren. Beim Nervenwachstumsfaktor handelt es sich um eine körpereigene Substanz, die von einigen Neuronen selbst produziert wird und deren Wachstum anregt. Nervenwachstumsfaktorproduzierendes Gewebe wird genutzt, um Alzheimer- und Parkinsonpatienten zu behandeln.

Nervenzelle ▶ Neuron

Nervus cranialis ▶ Hirnnerv

Nervus spinalis ▶ Rückenmarknerv

Nervus vagus *(engl. vagus nerve; Syn. zehnter Hirnnerv)* Der Nervus vagus ist der zehnte Hirnnerv und zugleich der größte Nerv des parasympathischen Systems. Seinen anatomischen Ursprung hat der Nerv in der Medulla oblongata. Er ist u. a. an der Funktionsregulation der meisten inneren Organe beteiligt. Im motorischen Bereich übernimmt er die Kontrolle von Kehlkopf, Rachen und der oberen Speiseröhre. Der Nervus vagus überträgt Informationen des Geschmacks, der Berührung und des äußeren Gehörgangs. Im Bereich der inneren Organe kommt dem Nervus vagus efferent eine bedeutende Rolle im Zusammenhang mit der parasympathischen Kontrolle zu. Afferent liefert der Nervus vagus wichtige Informationen über den (Aktivitäts-) Zustand der inneren Organe ins zentrale Nervensystem.

Netzhaut ▶ Retina

Neuralgie *(engl. neuralgia)* Eine Neuralgie bezeichnet Schmerzen im Versorgungsgebiet bestimmter Nerven. In den meisten Fällen sind davon der Gesichtsbereich, die Ischiasregion und der Bandscheibenbereich betroffen. Der Schmerzreiz wird nicht von Schäden im Versorgungsgebiet verursacht, sondern von einer Reizung oder Schädigung des versorgenden Nervs selbst. Auslöser von Neuralgien sind vielfältig und reichen von Entzündungen und Vergiftungen über Quetschungen bis zu Stress. Die Schmerzen treten mehrmals täglich auf, sind dabei sehr intensiv, aber nur von kurzer Dauer. Therapiemöglichkeiten bestehen in der Behandlung durch Akupunktur, die Anwendung von Psychopharmaka und Antikonvulsiva oder einem medizinischen Eingriff.

Neuralleiste *(engl. neural crest)* Die Neuralleiste entsteht während der embryonalen Entwicklung des Nervensystems aus Zellmaterial des Neuroepithels, welches sich aus dem Ektoderm entwickelt. Sie spaltet sich ab dem 18. Embryonaltag von der Neuralrinne ab und bildet danach die Nahtstelle zwischen Neuralrohr und dem Restektoderm. Aus der Neuralleiste entwickeln sich im weiteren Entwicklungsverlauf des Embryos u. a. die Hirnnerven, die Spinalganglien, der sympathische Grenzstrang, die periphere Neuroglia sowie sensible und vegetative Nerven.

Neuralplatte *(engl. neural plate)* Die Neuralplatte stellt die erste Phase der embryonalen Entwicklung des Nervensystems dar (2. Phase: Neuralrinne, 3. Phase: Neuralrohr). Sie entsteht aus dem Ektoderm (einem der drei embryonalen Keimblätter), welches am 17. Embryonaltag das Neuroektoderm ausbildet. Aus diesem entwickelt sich eine spezialisierte Region, die Neuralplatte, aus der der größte Teil des Nervensystems entsteht.

Neuralrohr *(engl. neural tube)* Das Neuralrohr stellt die dritte Phase der embryonalen Entwicklung des Nervensystems dar (1. Phase: Neuralplatte 2. Phase: Neuralrinne). Die Neuralrinne schließt sich am 22. Embryonaltag zum Neuralrohr, an deren Übergang zum Restektoderm sich die Neuralleiste abspaltet (sie bildet später das periphere Nervensystem). Aus dem oberen Ende des Neuralrohrs bildet sich das Gehirn, aus dem hinteren Abschnitt entsteht das Rückenmark. Die Hohlräume des Neuralrohrs bilden später das Ventrikelsystem. Die Enden des zunächst offenen Neuralrohrs schließen sich zwischen dem 25. und 27. Embryonaltag.

Neuraxis *(engl. neural axis)* Eine Neuraxis ist eine zu Orientierungszwecken vorgestellte Linie, die längs durch das zentrale Nervensystem verläuft. Sie beginnt am unteren Ende des Rückenmarks und geht hinauf bis zur vorderen Seite des Gehirns. Richtungen im Nervensystem (z. B. sagittal) sind normalerweise relativ zur Neuraxis angegeben. Im Gegensatz zum Tier ist beim Menschen die Neuraxis aufgrund der aufrechten Haltung abgeknickt.

Neurit ▶ Axon

Neuroanatomie *(engl. neuroanatomy)* Die Neuroanatomie ist ein Teilgebiet der Neurobiologie, ein Wissenschaftszweig, der sich mit der Erforschung von Struktur und Form des Zentralnervensystems auseinandersetzt. Es geht dabei v. a. um die Definition (Größe, Lage, Struktur, Benennung) verschiedener Strukturen des Zentralnervensystems bei Mensch und Tier. Die vergleichende Neuroanatomie erforscht Zusammenhänge zwischen Gehirn- und Rückenmarksstrukturen bei verschiedenen Tiergruppen und versucht so Aussagen über die Evolution des Nervensystems zu machen. Verwandte Disziplinen sind Neurophysiologie und Neurochemie.

Neurochemie *(engl. neurochemistry)* Die Neurochemie ist die Erforschung chemischer Grundlagen und Prozesse neuronaler Aktivität im Nervensystem und im Gehirn. Der Fokus liegt besonders auf der interneuronalen Signalübertragung.

Neuroendokrinologie *(engl. neuroendocrinology)* Neuroendokrinologie ist die Lehre und Erforschung der Interaktionen und Wechselwirkungen zwischen Nervensystem und endokrinem System. Dabei geht es z. B. um die Wirkung von Hormonen auf die neuronale Aktivität und Verhalten, die Wirkung nervöser Erregung auf die Ausschüttung von Hormonen oder die Synthese und Bedeutung von Hormonen im Nervensystem.

Neurofibrillen *(engl. pl. neurofibrils)* Neurofibrillen sind sehr feine, fadenartige intrazelluläre Bestandteile der Nervenzelle. Sie sind Bestandteil des Zytoskeletts, d. h. sie geben der Nervenzelle ihre Form und stützen sie. Außerdem sind sie für den Stofftransport innerhalb der Nervenzelle wichtig. Bei der Alzheimer Erkrankung sind die Neurofibrillen vermehrt und verknäult. Diese sog. neurofibrillären Einlagerungen stellen einen pathologischen Marker dieser Erkrankung dar.

Neuroglia ▶ Gliazellen

Neurohormone *(engl. pl. neurohormones)* Das sog. neuroendokrine System (Verbindung von Nervensystem und Endokrinologie) fasst Zellen, Organe oder Organbestandteile zusammen, die an der Prozessierung und Sekretion von Neurohormonen beteiligt sind. Im weitesten Sinne können Neurohormone als Effektormoleküle verstanden werden, die von Zellen des neuroendokrinen Systems abgegeben (sezerniert) werden. Es werden sowohl Releasing- und Inhibiting-Hormone des Hypothalamus-Hypophysen-Systems dazugezählt als auch auch Oxytozin und Antidiuretisches Hormon (ADH, Vasopressin) der Neurohypophyse, APUD-Zellen (der Neuralleiste entstammende Zellen) des Pankreas, des Gastrointestinal-, Bronchial- sowie Urogenitalsystems. Auch bestimmte Neurotransmitter oder endogene Opioide können zu den Neurohormonen gezählt werden.

Neurohypophyse *(engl. neurohypophysis; Syn. Hypophysenhinterlappen)* Die Neurohypophyse ist der hintere Teil der Hypophyse, einer endokrinen Drüse im Gehirn. Sie wird daher auch Hypohysenhinterlappen (HHL) genannt. Wie die Adenohypophyse (Hypophysenvorderlappen, HVL) ist auch diese Drüse abhängig vom Hypothalamus. Dort produzieren neuroendokrine Zellen die Hormone Oxytozin und Vasopressin (Antidiuretisches Hormon, ADH) und leiten sie über spezielle Axone durch den Hypophysenstiel in den HHL. Dort werden sie gespeichert und bei Bedarf durch Exozytose ins Blut freigesetzt.

Neuroimaging *(engl. neuroimaging)* Neuroimaging ist ein Überbegriff für alle Verfahren, welche eine bildliche Ansicht (Image) der Hirnanatomie bzw. des Hirnmetabolismus ermöglichen, wie z. B. Magnetresonanztomographie (MRT), Positronenemissionstomographie (PET).

neurokrin *(engl. neurocrine)* Die neurokrine Kommunikation beschreibt die Abgabe eines chemischen Signals von der präsynaptischen Membran einer Synapse in den synaptischen Spalt und die Aufnahme dieses Signals an der postsynaptischen Membran. Die Freisetzung des Signals aus der präsynaptischen Zelle wird durch ein vom Soma entlang des Axons kommendes Aktionspotenzial ausgelöst. Die Aufnahme des Botenstoffes aus dem synaptischen Spalt kann in der postsynaptischen Zelle zu verschiedenen Änderungen führen.

Neuroleptika, atypische *(engl. pl. atypical neuroleptic drugs)* Ein Neuroleptikum ist ein Medikament, das zur Behandlung von Psychosen (v. a. bei Schizophrenie) angewandt wird und eine sedierende Wirkung besitzt. Die atypischen Neuroleptika unterscheiden sich von den typischen Neuroleptika in ihrer chemischen Struktur und in ihrem Wirkprofil. Es handelt sich dabei hauptsächlich um Stoffe, die erst seit wenigen Jahren auf dem Markt sind. Eine Ausnahme ist Clozapin®, welches bereits seit 1972 eingesetzt wird. Vorteile atypischer Neuroleptika sind geringere extrapyramidal-motorische Störungen, eine geringere Beeinträchtigung intellektueller Fähigkeiten (Denkvermögen, Konzentration, Kreativität), eine günstige Beeinflussung der Negativsymptome und eine dennoch gute antipsychotische Wirkung. Zu den in Deutschland zugelassenen atypischen Neuroleptika gehören Zeldox®, Leponex®, Solian®, Seroquel®, Risperdal® und Serdolect®. Neuere Studien lassen jedoch an der besseren Verträglichkeit zweifeln.

Neuroleptika, typische *(engl. pl. typical neuroleptic drugs)* Neuroleptika sind psychotrope Substanzen mit antipsychotischer, sedierender und psychomotorischer Wirkung. Sie finden v. a. Anwendung bei der Behandlung akuter Psychosen. Sie wirken über eine prä- und postsynaptische Blockade der Dopaminrezeptoren und in unterschiedlichem Ausmaß auch über Beeinflussung serotonerger, noradrenerger, histaminerger und cholinerger Rezeptoren, woraus sich u. a. die typischen Nebenwirkungen ergeben. Eingeteilt nach neuroleptischer Potenz unterscheidet man hochpotent (v. a. antipsychotisch) und niederpotent (v. a. schlafanstoßend, beruhigend) wirkende Substanzen (Bezugssubstanz: Chlorpromazin mit Potenz = 1). Nach Stoffgruppen wird unterschieden zwischen trizyklischen Neuroleptika, Butyrophenonen, Diphenylbutylpiperidinen und Benzamiden. Nebenwirkungen sind extrapyramidal-motorische Störungen, das maligne neuroleptische Syndrom, vegetative, hormonelle und psychische Störungen sowie allergische Reaktionen.

Von den klassischen Neuroleptika unterscheidet man die atypischen Neuroleptika.

Neuromodulator *(engl. neuromodulator)* Neuromodulatoren sind Stoffe, die das Nervensystem regulierend beeinflussen. Sie übertragen nicht selbst Signale, sondern regulieren die Wirkungsweise (Intensität, Dauer) von Neurotransmittern an der Synapse. Neben körpereigenen Neuromodulatoren (Neuropeptide) können auch exogene Substanzen wie Pharmaka oder Drogen neuromodulatorisch wirken.

Neuron *(engl. neuron; Syn. Nervenzelle)* Neuronen sind auf Signalübertragung spezialisierte Zellen. Sie realisieren den Empfang, die Weiterleitung und die Übertragung elektrischer und chemischer Signale. Strukturelle Charakteristika der Nervenzellen sind u. a. Dendriten, der Axonhügel, Axon sowie synaptische Vesikel, welche Neurotransmitter enthalten. Nach ihrem Aufbau bzw. ihrer Funktion unterscheidet man verschiedene Typen von Neuronen.

Neuron, bipolares *(engl. bipolar neuron)* Bipolare Neurone sind Nervenzellen, die aus genau einem Dendriten und einem gegenüberliegenden Axon bestehen. Sowohl Dendriten als auch Zellkörper liegen in der Inputzone. Sie sind spezialisiert auf einige sensorische Systeme von Wirbeltieren und treten u. a. in der Retina und dem olfaktorischen System auf. Bipolare Zellen in der Retina leiten die Informationen von den Rezeptorzellen zu den Ganglienzellen weiter.

Neuron, multipolares *(engl. multipolar neuron)* Multipolare Neurone sind Nervenzellen, die viele Dendriten und ein Axon besitzen. Sowohl Dendriten als auch Zellkörper liegen in der Inputzone. Das Gehirn von Wirbeltieren besteht hauptsächlich aus multipolaren Neuronen.

Neuron, postganglionäres *(engl. postganglionic neuron)* Sympathikus und Parasympathikus des peripheren vegetativen Nervensystems bestehen in ihrer Endstrecke aus einer Verschaltung von zwei Neuronenarten, prä- und postgnglionären Neuronen. Neuronen, deren Zellkörper außerhalb des Zentralnervensystems liegen und mit anderen Zellkörpern ein Ganglion bildet, werden als postganglionäre Neuronen bezeichnet. Die Zellkörper der postganglionären Zellen des Sympathikus befinden sich im sog. sympathischen Grenzstrang, der neben der Wirbelsäule verläuft. Die dünnen Axone postganglionärer Zellen des Sympathikus sind nichtmyelinisiert und leiten die Erregung langsamer weiter als die präganglionären Zellen. Die sehr kurzen postganglionären Zellen der parasympathischen Neuronenkette befinden sich im Kopf- und Beckenbereich in der Nähe der Erfolgsorgane sowie als intramurale Ganglien bei Magen-Darm-Trakt, Herz und Lunge.

Neuron, präganglionäres *(engl. preganglionic neuron)* Sympathikus und Parasympathikus des peripheren vegetativen Nervensystems bestehen in ihren Endstrecken aus einer Verschaltung von zwei Neuronenarten. Der Zellkörper, der noch innerhalb von Hirnstamm oder Rückenmark des Zentralnervensystems liegt, wird als präganglionäres Neuron bezeichnet. Die präganglionären Zellen des Sympathikus sind mit einer Myelinschicht umgeben und befinden sich im Brustmark und im oberen Lendenmark. Sie treten aus dem Rückenmark über die Vorderwurzeln aus und ziehen zu den sympathischen präganglionären Neuronen außerhalb des ZNS. Die sehr langen präganglionären Zellen des Parasympathikus besitzen z. T. eine Myelinschicht und befinden sich im Kreuzmark und im Hirnstamm. Im Brustbereich zieht der Nervus vagus zu den parasympathischen postganglionären Neuronen nahe der Organe, im Beckenbereich übernimmt diese Aufgabe der Nervus splanchnicus pelvinus.

Neuron, sensorisches *(engl. sensory neuron; Syn. afferentes Neuron)* Die Dendriten sensorischer Neurone sind darauf spezialisiert, Reize aus der Peripherie wie Gerüche, Geschmack, Berührungen, Licht oder Geräusche aufzunehmen und diese sensorischen Informationen an das ZNS weiterzuleiten.

Neuron, unipolares *(engl. unipolar neuron)* Das unipolare Neuron besitzt einen kurzen Fortsatz, der sich in zwei Zweige aufteilt, wobei der eine sensorische Informationen registriert und der andere diese aus der Umgebung ans ZNS weiterleitet. Meistens empfangen unipolare Neurone sensorische Ereignisse wie Berührungen und Temperaturveränderungen oder Informationen aus Haut, Gelenken und Muskeln.

Neuropathologie *(engl. neuropathology)* Neuropathologie ist die Lehre und Erforschung von krankhaften Störungen des Nervensystems einschließlich Auswirkungen auf den körperlichen und/oder psychischen Zustand des Organismus. Die Neuropathologie ist ein Zweig der allgemeinen Pathologie und der pathologischen Anatomie. Arbeitsgebiete sind u. a. morphologische Untersuchungen und Obduktionen des Nervensystems.

Neuropeptid *(engl. pl. neuropeptide)* Neuropeptide sind kurze Aminosäureketten, die neben den Monoaminen als Botenstoffe (Signalstoffe) des Zentralnervensystems fungieren. Sie werden in den Endigungen von Nervenfasern bestimmter Neuronen gespeichert. Die Freisetzung wird durch Einstrom von Kalziumionen ausgelöst. Ihr Aufbau ist meist kettenförmig (manchmal ringförmig). Die Wirkung der Neuropeptide ist neuromodulatorisch, da sie andere Neurotransmitter graduell hemmen oder unterstützen können; einige Neuropeptide wirken auch als Hormone. Zu den Neuropeptiden gehören u. a. Angiotensin, Bradykinin, Cholezystokinin, Dynorphin, Galanin, Glukagon, NPY, Oxytozin, Prolaktin, Substanz P, TSH und Vasopressin.

Neuropeptid Y *(engl. neuropeptide Y)* Das Neuropeptid Y ist ein 1982 entdecktes, aus 36 Aminosäuren bestehendes Neuropeptid, das v. a. im Gehirn und an noradrenergen Rezeptoren des peripheren Nervensystems wirksam ist. NPY ist in hoher Konzentration im ZNS, im Nebennierenmark, in sympathischen Ganglien und adrenergen Neuronen des peripheren Nervensystems zu finden. Es wird gemeinsam mit Noradrenalin in Vesikeln abgespeichert und unter Aktivierung des Sympathikus in die Umgebung abgegeben (sezerniert). Es ist an der Regulation von Hunger (wirkt Appetit steigernd), Insulinfreisetzung, gastrointestinaler Motilität sowie Angst beteiligt und kontrolliert epileptische Krämpfe. Außerdem beeinflusst es das Herz-Kreislaufsystem sowohl direkt (Vasokonstriktion) als auch indirekt (prä- und postsynaptische Modulation des autonomen Nervensystems). Das Neuropeptid Y wirkt über mindestens sechs verschiedene Rezeptoren (Y1–Y6) und hat strukturelle Ähnlichkeit zum Peptid YY und zum pankreatischen Polypeptid.

Neuropharmakologie *(engl. neuropharmacology)* Neuropharmakologie ist die Lehre und Erforschung der Wirkung von pharmakologisch wirksamen Substanzen auf die Aktivität des Nervensystems. Im Fokus der Erforschung stehen insb. Stoffe, welche die Signalübertragung zwischen den Nervenzellen beeinflussen, sowie Veränderungen neuronaler Vorgänge unter dem Einfluss von Pharmaka (Arzneimittel).

Neurophilosophie *(engl. neurophilosophy)* Die Neurophilosophie beschäftigt sich mit Elementen der Philosopie und versucht Erkenntnisse der Neurowissenschaften dabei zu integrieren. Betrachtungsfelder sind u. a. das Leib-Seele-Problem und der Sitz des Bewusstseins. In letzter Zeit erlangten auch Fragen der Neuroethik eine größere Bedeutung in der Neurophilosophie.

Neurophysiologie *(engl. neurophysiology)* Die Neurophysiologie ist ein Teilgebiet der Physiologie, welches sich mit Reaktionen, Funktionen und dynamischen Prozessen des zentralen (ZNS) und des autonomen Nervensystems (ANS) beschäftigt. Es wird zwischen allgemeiner und spezifischer Neurophysiologie unterschieden. Im Fokus der allgemeinen Neurophysiologie stehen Wechselwirkungen der Nervenzellen und Zellverbände einschließlich biochemischer Veränderungen und Membranpotenziale. Die spezielle Neurophysiologie untersucht Reaktionen und Prozesse einzelner Körperfunktionen wie Stoffwechsel oder Herzkreislauf.

Neuropsychologie *(engl. neuropsychology)* Die Neuropsychologie ist ein Bereich der Hirnforschung und studiert den Zusammenhang zwischen den biologischen Funktionen des Gehirns und dem Verhalten und Erleben, u. a. in den Bereichen Wahrnehmung, motorische Geschicklichkeit, Aufmerksamkeit, Lernen, Gedächtnis, Sprache und Denken, aber auch im Hinblick auf die Wahrnehmung und den Ausdruck von Emotionen und Sozialverhalten. Die klinische Neuropsychologie befasst sich mit den verschiedenen Funktionsstörungen, die nach einer angeborenen oder erworbenen Hirnschädigung auftreten können. Zu den zentralen Aufgaben der klinischen Neuropsychologie gehören die Diagnostik und Behandlung der Funktionsstörungen. Die neuropsychologische Therapie umfasst zunächst das Bemühen um größtmögliche Verminderung der funktionellen Defizite durch funktionelle Therapien. Weiterhin enthält sie das Erlernen der Kompensation beeinträchtigter Funktionen (Kompensationstherapien) sowie die soziale und berufliche Neuanpassung durch die Herausarbeitung und Verwirklichung neuer Verhaltensweisen (integrative Therapien) wie auch die Anpassung des familiären, sozialen und beruflichen Umfelds an die veränderte Situation des Patienten.

Neurose *(engl. neurosis)* Unter Neurose wurde ursprünglich eine Nervenkrankheit ohne anatomisch nachweisbare Ursachen verstanden. Hierbei geht die Psychoanalyse davon aus, dass Neurosen durch einen oft bereits in der Kindheit begründeten Konflikt zwischen Es und Über-Ich bzw. durch eine missglückte Konfliktabwehr entstehen. Hingegen werden in der Lerntheorie bzw. Verhaltenstherapie Neurosen als gelernte Fehlanpassungen interpretiert. Es bestehen Schwierigkeiten in der begrifflichen Abgrenzung zur Psychose. Heute wird der Begriff im akademischen Sprachgebrauch weitgehend vermieden; gängige Diagnosesysteme sprechen stattdessen von psychischen Störungen, die in verschiedene Gruppen unterteilt werden.

Neurosteroid *(engl. neurosteroid)* Neurosteroide sind neuroaktive Steroide, die sich von dem tetrazyklischen Kohlenwasserstoff Perhydro-1H-Cyclo-Penta[a]-Phenantren ableiten und Einfluss auf neuronale Aktivität, Gehirnfunktion und Verhalten ausüben. Sie werden im Nervensystem synthetisiert und wirken hauptsächlich durch ihre Interaktion mit GABA$_A$-Rezeptoren. Neurosteroide bilden eine wichtige Arzneimittelgruppe für Krankheiten wie Epilepsie, Angststörungen und Demenzen und haben Einfluss auf das Sozial- und Sexualverhalten.

Neurotoxine *(engl. pl. neurotoxins; Syn. Nervengifte)* Nervengifte sind giftige Substanzen, die das Nervensystem schädigen können. Sie können endogen (im Körper selbst) entstehen oder exogen (von außen) zugeführt werden. Von endogenen Neurotoxinen spricht man im Falle von Autoimmunkrankheiten,

wie z. B. Multipler Sklerose. Der Körper kann Antikörper erzeugen, welche verschiedene Störungen hervorrufen, indem sie bestimmte Komponenten des Nervensystems angreifen. Beispiele für exogen zugeführte Neurotoxine sind Substanzen wie Alkohol, Nikotin, Quecksilber oder Amphetamine.

Neurotransmitter *(engl. neurotransmitter)* Neurotransmitter sind chemische Stoffe, die eine wichtige Rolle in der elektrochemischen Signalübertragung spielen. Sie werden in Vesikeln im präsynaptischen Endkopf eines Neurons gespeichert und nach Einlaufen eines Aktionspotenzials über Exozytose in den synaptischen Spalt ausgeschüttet. Nach dem Schlüssel-Schloss-Prinzip bindet das Neurotransmittermolekül an einen passenden Rezeptor auf der postsynaptischen Zelle. Ob ein Neurotransmitter eine Hyperpolarisation oder Depolarisation in der postsynaptischen Zelle bewirkt, hängt von der Art des aktivierten Rezeptors ab. Nach der Signalübertragung wird der Botenstoff desaktiviert, indem er wieder in den präsynaptischen Endkopf aufgenommen (Reuptake) oder mit Hilfe von Enzymen im synaptischen Spalt abgebaut wird. Anhand der chemischen Struktur werden Neurotransmitter in Amine, Aminosäuren, Peptide und lösliche Gase eingeteilt.

Neurotrophine *(engl. neurotrophines)* Neurotrophine ist eine Sammelbezeichnung für den Nervenwachstumsfaktor und die strukturell verwandten Proteine BDNF, Neurotrophin-3 und Neurotrophin-4/5. Neurotrophine sind körpereigene Signalstoffe, die zielgerichtet Verbindungen zwischen Nervenzellen schaffen.

Neurowissenschaft *(engl. neuroscience)* Die Neurowissenschaft ist ein Forschungsgebiet, welches sich mit dem Aufbau und der Funktionsweise des Nervensystems beschäftigt. Dabei ist die Neurowissenschaft stark grundlagenorientiert und interdisziplinär ausgerichtet. Durch die daraus resultierenden Anknüpfungspunkte vieler Fachrichtungen (z. B. Psychologie, Medizin, Biologie, Informatik, Physik) erlebte die Neurowissenschaften in den letzten Jahren ein stark anwachsendes Forschungsinteresse. Die kognitive Neurowissenschaft bezieht sich auf das Teilgebiet der Neurowissenschaften, welches die biologische Seite von kognitiven Funktionen betrachtet und so u. a. die neuronalen Grundlagen der Informationsverarbeitung untersucht.

NGF ► Nervenwachstumsfaktor

Nicht-REM-Phasen ► nREM-Schlaf

nichtglandotrop (*engl. non-glandotropic*) Nichtglandotrop bedeutet »nicht auf einzelne Drüsen einwirkend«. Zwei der sechs Hormone der Adenohypophyse sind nichtglandotrop. Im Gegensatz zu den glandotropen Hormonen beeinflussen sie nicht einzelne Drüsen, sondern wirken auf Organsysteme oder den gesamten Organismus ein. Es handelt sich dabei um das Wachstumshormon (GH) und das Prolaktin.

Nidation (*engl. nidation, implantation; Syn. Implantation*) Als Nidation wird die Einnistung einer befruchteten Eizelle (Zygote) in die Uterusschleimhaut (Endometrium) bezeichnet. Nach der Befruchtung gelangt die Eizelle durch den Eileiter nach drei bis fünf Tagen hin zur Gebärmutter (Uterus). Zum Zeitpunkt der Nidation hat sich die befruchtete Eizelle bereits zu einer Zellansammlung von mehreren hundert Zellen geteilt und befindet sich im späten Morulastadium oder ist bereits eine Blastozyste. Die Gebärmutterschleimhaut befindet sich in der Sekretionsphase des Menstruationszyklus. Durch die Nidation verbindet sich die befruchtete Eizelle mit dem mütterlichen Organismus, über welchen sie fortan genährt wird. Medizinisch und juristisch gesehen beginnt die Schwangerschaft mit der Nidation.

Nikotin (*engl. nicotine*) Nikotin ist der im Tabak enthaltene psychoaktive Stoff. Nikotin ist ein Alkaloid, mit stereochemisch ähnlicher Struktur wie die Opiate. Bei niedrigen Dosen führt Nikotin zur Stimulation von nikotinergen Azetylcholinrezeptoren im ZNS. Bei höheren Dosen tritt durch Blockade der Azetylcholinrezeptoren Entspannung auf. Die Produktion von Katecholaminen und Serotonin im Hirn wird durch Nikotin angeregt. Nikotin kann u. a. zu verkürzten Reaktionszeiten, verbesserter Konzentration und Muskelentspannung führen. Es führt zu einer eher psychischen als zu einer physischen Abhängigkeit. Nebenwirkungen sind u. a. das

Rauchersyndrom, ein erhöhtes Herzinfarkt- und Lungenkrebsrisiko und bei Rauchen während der Schwangerschaft eine erhöhte Sterblichkeit und Fehlentwicklungen des Kindes.

Nikotinerger Rezeptor ► Rezeptor, nikotinerger

Nissl-Färbung (*engl. Nissl's/staining/method*) Die nach ihrem Erfinder Franz Nissl benannte Färbung ist eine Methode zur Anfärbung von Zellkernen und Tigroidschollen (Stapel aus rauem endoplasmatischen Retikulum im Zytoplasma der Nervenzelle) von Neuronen. Man verwendet dabei basische Teerfarbstoffe wie Kresylviolett oder Methylenblau. Bei der Färbung kommt es zur elektropolaren Anlagerung des basischen Farbstoffes an die sauren Gruppen der Nukleinsäuren in der Nervenzelle. Nach der Reaktion wird mit Alkohol der Stärkegrad der Färbung differenziert.

NK-Zellen (*engl. NK-cells; Syn. natürliche Killerzellen*) Natürliche Killerzellen gehören zu den Leukozyten, welche sich wiederum in Granulozyten, Monozyten und Lymphozyten unterteilen lassen. Die Lymphozyten sind im Rahmen der Abwehr besonders für die Entfernung von Viren und Tumorzellen sowie die Produktion der Antikörper zuständig und lassen sich in weitere Subgruppen unterteilen: B-Zellen, T-Zellen und NK-Zellen. Letztere sind zytotoxische Lymphozyten und machen 15 % der peripheren Blutlymphozyten aus. Sie entstehen aus den gleichen Vorläuferzellen wie T-Zellen im Knochenmark. NK-Zellen befinden sich insb. in den sekundären Lymphorganen, im Blut und in der Milz, hingegen nicht in der Lymphe, den thorakalen Organen oder im Thymus. Ihre Bezeichnung geht auf den Umstand zurück, dass sie tumuröse und virusinfizierte Zellen, z. T. auch gesunde Zellen, ohne vorhergehende Immunisierung oder Beteiligung von Antikörpern zerstören können.

NMDA-Rezeptor (*engl. NMDA receptor; Syn. N-Methyl-D-Aspartat-Rezeptor*) Der NMDA-Rezeptor ist ein transmembranes, meist ionotropes Rezeptormolekül für den Neurotransmitter Glutamat, an das der Glutamatagonist N-Methyl-D-Aspartat binden kann. Der Kalziumkanal des Rezeptors ist mit einem Magnesiummolekül blockiert, weshalb bei einer geringen Depolarisation kein Kalzium in die Zelle gelangen kann. Erst bei einer Positivierung des Membranpotenzials löst sich das Mg^{++} und Kalzium (Ca^{++}) tritt in die Zelle ein. Die Eigenschaft, erst bei hoher Ladung, aber sehr nachhaltig zu reagieren, macht den NMDA-Rezeptor zu einem Koinzidenzdetektor mit großer Bedeutung bei der Langzeitpotenzierung (LTP), bei welcher NMDA- und AMPA-Rezeptoren zusammenwirken. Auch in der Nozizeption spielt der Rezeptor eine wichtige Rolle. Bei extremer Stimulation führt eine Aktivierung der NMDA-Rezeptoren zu einer stärkeren Antwort der Rückenmarkszellen und somit zu einer kurzen Form der zentralen Sensibilisierung für weitere Reize (Wind-up-Phänomen).

N-Methyl-D-Aspartat-Rezeptor ▶ NMDA-Rezeptor

NMR-Tomographie ▶ Magnetresonanztomographie

Nootropika *(engl. pl. nootropics; Syn. smart drugs)* Nootropika sind Psychopharmaka, welche dazu eingesetzt werden, kognitive Funktionen zu verbessern. Üblicherweise werden sie bei älteren Menschen im Zusammenhang mit der Alzheimer Krankheit als Azetylcholinagonisten verwendet.

Noradrenalin *(engl. noradrenaline, norepinephrine; Syn. Norepinephrin)* Noradrenalin ist ein Hormon des Nebennierenrindenmarks, Neurotransmitter und Katecholamin (besitzt eine Aminogruppe und vier Aminosäuren). Noradrenalin entsteht aus Tyrosin, das durch Tyrosin-Hydroxylase in L-DOPA, dann in Dopamin und in einem weiteren Schritt zu Noradrenalin umgewandelt wird. In einem weiteren enzymatischen Schritt wird Noradrenalin zu Adrenalin umgebaut. Die zwei großen noradrenergen Systeme (aufsteigende aktivierende Systeme) im ZNS gehen vom Locus coeruleus und von den lateral tegmentalen Kernen aus. Noradrenalin steht mit Funktionen wie Essverhalten und Aufmerksamkeit in Verbindung. Einige Symptome von Depression und Manie scheinen mit Veränderungen (Verminderung und Erhöhung der Aktivität der noradrenergen Neurone) im noradrenergen System in Verbindung zu stehen. Peripher wirkt Noradrenalin als postganglionärer Neurotransmitter des Sympathikus (autonomes Nervensystem) zumeist anregend auf zahlreiche Organe.

Noxe *(engl. noxa, noxiousness)* Eine Noxe ist eine Substanz oder ein Ereignis, dass eine schädigende oder krankheitserregende Wirkung auf den Körper oder einen Körperbestandteil ausübt. Umfassender definiert ist eine Noxe jede Art von potenziell schädlicher Substanz oder jede Art von Krankheitsursache. Man kann zwischen inneren und äußeren Noxen unterscheiden. Zu Noxen zählen Chemikalien, Drogen, Gifte, Medikamente, physikalische Ereignisse, Strahlung und psychosoziale Bedingungen.

noxisch *(engl. noxious)* Noxisch bedeutet schädigend bzw. krankheitserregend (▶ Noxe).

Nozizeption *(engl. nociception)* Nozizeption ist die Fähigkeit der Wahrnehmung von gewebsschädigenden oder bedrohenden Reizen (▶ Noxe) in Form von Schmerzempfindungen.

Nozizeptoren *(engl. pl. nociceptors; Syn. Nozisensoren, Schmerzrezeptoren)* Nozizeptoren sind Sensoren, die lediglich von gewebsschädigenden oder bedrohenden Reizen (▶ Noxe) erregt werden und Schmerzempfindungen auslösen.

NPY ▶ Neuropeptid Y

nREM-Schlaf *(engl. non-REM-sleep; Syn. non-REM-Phasen)* Zu den nREM-Phasen gehören alle Schlafphasen außer der REM-Phase (engl. rapid eye movement). Somit werden die Phasen 1 und 2 (Leichtschlaf) und die Phasen 3 und 4 (Tiefschlaf) kollektiv als non-REM bezeichnet. REM- und nREM- Schlaf unterscheiden sich sowohl durch ihre subjektiven Inhalte als auch durch eine Reihe physiologischer Parameter (Hormonausschüttung, Blutdruck, Herzrate, EEG, Muskeltonus, Gedächtnismodulation etc.).

Nuclei olivares superiores *(engl. sing. superior olive nuclei; Syn. obere Olivenkerne)* Bei den oberen Olivenkernen handelt es sich um Nervenzellgruppen, welche die zweite Umschaltstelle in der Hörbahn nach dem Nucleus cochleares darstellen. Die oberen Olivenkerne erhalten Informationen von beiden Ohren und können somit Zeitdifferenzen beim Auftreffen des Schalls verarbeiten, was zu einer Lokalisation der Schallquelle im Raum beiträgt.

Nuclei raphes *(engl. pl. raphe nuclei; Syn. Raphé-Kerne)* Die Nuclei raphes sind mittig auf ganzer Länge des Hirnstamms angeordnete Zellgruppen (die Mittellinie wird auch Raphe mediana genannt). Zu den Raphé-Kernen zählen die sechs Nuclei Ncl. raphe dorsalis, Ncl. centralis superior, Ncl. raphe pontis, Ncl. raphe magnus, Ncl. raphe obscurus und Ncl. raphe pallidus. In den Nuclei wird Serotonin synthetisiert, die Raphé-Kerne bilden damit die Grundlage des serotonergen Systems im Zentralnervensystem. Die serotonergen Neurone projizieren in weite Teile des Großhirns, aber auch ins Zerebellum (Kleinhirn) und ins Rückenmark. Efferenzen enden auch an den Umschaltstellen der Schmerzbahnen, wo sie die Informationsübertragung hemmen können. Mit Hilfe endogener Opioide als Transmitter vermitteln sie die Herabsetzung der Schmerzempfindung.

Nucleolus *(engl. nucleole, nucleolus)* Der Nucleolus ist eine dichte Struktur im Zellkern eukaryontischer Organismen, in dem ein Teil der ribosomalen Gene (18 S-, 5,8 S- und 28 S-Untereinheit) durch ein spezielles Enzym (RNA-Polymerase I) abgelesen wird. Außerdem beginnt im Nucleolus bereits die Zusammenlagerung der Ribosomen aus den o. g. und weiteren Bestandteilen der Ribosome, die nicht im Nucleolus synthetisiert werden. Durch die Parallelität dieser Prozesse kann in den Zellen eine Vielzahl an Ribosomen bereitgestellt werden.

Nucleus *(engl. nucleus)* Nucleus ist eine Bezeichnung für den Zellkern oder eine Ansammlung funktionell oder anatomisch ähnlicher Nervenzellkörper im Gehirn.

Nucleus accumbens *(engl. nucleus accumbens)* Der Nucleus accumbens ist ein Nucleus des basalen Vorderhirnbündels und ist nahe des Septums gelegen. Er ist Teil des mesolimbischen Systems und erhält Projektionen aus dopaminergen Neuronen des ventralen tegmentalen Area (VTA). Der Nucleus accumbens projiziert über das mediale Vorderhirnbündel in das limbische System und den Hypothalamus. Seine Funktionen hängen mit Verstärkung bzw. Belohnung und Aufmerksamkeit zusammen. Auch scheint er eine Einwirkung auf die Vorgänge bei intrakranieller Selbststimulation und Drogeneinnahme zu haben.

Nucleus arcuatus *(engl. arcuate nucleus)* Der Nucleus arcuatus ist ein Kern des Hypothalamus und liegt nahe der Eminentia mediana. Er enthält zwei als Gegenspieler arbeitende Neuronenpopulationen. Der Neurotransmitter Neuropeptid Y (NPY) und das Agouti-verwandte Peptid-produzierende Neurone steigern Appetit und Metabolismus; dagegen reduziert der zweite Neuronenkomplex, das POMC (Proopiomelanokortin)/CART (Kokain und Amphetamin regulierendes Transkript) System Hunger durch die Ausschüttung des α-Melanozyten-stimulierenden Hormons (α-MSH). Bei der hormonellen Regulation der Nahrungsaufnahme besitzt er durch die Integration der Hungergefühle eine wichtige Funktion. Auch Rezeptoren für Leptin (zentrale Rolle bei Gewichtsregulation) und Endorphinzellen kommen in Kerngebieten des Nucleus arcuatus vor.

Nucleus caudatus *(engl. caudate nucleus)* Der Nucleus caudatus gehört zu den Basalganglien, neben Putamen und Globus pallidus, wobei der Nucleus caudatus und das Putamen das Corpus striatum (Streifenkörper) bilden. Der Schweif- oder Schwanzkern liegt in der Tiefe der Großhirnhemisphären (im Telenzephalon oder Endhirn) seitlich am dritten Hirnventrikel, in das er sich hineinwölbt. Im Zentrum seiner lang gezogenen, beinahe kreisförmig geschwungenen Struktur liegt das Putamen, mit dem der Nucleus durch Faserzüge verbunden und von der Capsula interna abgegrenzt ist. Der Nucleus caudatus besteht aus dem Corpus nuclei caudati (Körper), dem Cauda nuclei caudati (Schwanz) und dem Caput nuclei caudati (Kopf). Als Komponente des extrapyramidalmotorischen Systems (EPS) besitzt er eine zentrale Funktion in der Steuerung der Willkürmotorik.

Nucleus cochlearis *(engl. cochlear nucleus)* Der Nucleus cochlearis befindet sich im Hirnstamm und bildet den Kern des VIII. Hirnnervs, den Nervus vestibulocochlearis. Der Nucleus cochlearis ist die erste Umschaltstelle im auditiven System, auf dem Weg der Informationen von der Cochlea zum primären auditiven Kortex. Die Efferenzen dieses Nucleus ziehen z. T. auf die Gegenseite und bilden die Hörbahn. Der Nucleus cochlearis ist aufgeteilt in dorsale und ventrale Anteile. Aus dem ventralen Teil werden die Informationen weitergeleitet zum oberen Olivenkomplex.

Nucleus dentatus *(engl. dentate nucleus)* Der Nucleus dentatus ist eine gezackte, bandartige Konfiguration grauer Substanz in den beiden Hemisphären des Kleinhirns. Sie weist eine enge funktionale Verbindung mit dem Kortex des Zerebellums auf und ist an der Koordination der vom Assoziationskortex ankommenden Bewegungsentwürfe beteiligt.

Nucleus fastigii *(engl. fastigial nucleus)* Nucleus fastigii befindet sich im Marklager der zerebellaren Vermis und ist funktionell mit der Rinde des Lobus flocculonodularis (Vestibulozerebellum) verknüpft. Über Verbindungen mit dem Ncl. vestibulares und dem Vestibulärorgan des Mittelohrs ist dieser Kern an der Koordination des Gleichgewichts beteiligt.

Nucleus magnocellularis *(engl. magnocellular nucleus)* Der Nucleus magnocellularis gehört zur Formatio reticularis und hat absteigende Bahnen zum Rückenmark. Es wird vermutet, dass er an der Reizhemmung von Schmerzinformationen aus dem Hinterhorn beteiligt ist.

Nucleus medialis *(engl. medial nucleus)* Der Nucleus medialis ist eine Ansammlung mehrerer kleiner Kerne im Thalamus. Er bekommt sensorischen Input (bspw. Pheromoninformationen) und projiziert auf den Hypothalamus und auf den präfrontalen Kortex. Beteiligt ist er an der Steuerung von emotionalem Verhalten, Motivation und Ich-Erleben. Bei Zerstörung dieser Ansammlung kann es zu Störungen im Sozialverhalten und zu Persönlichkeitsveränderungen kommen.

Nucleus medialis dorsalis *(engl. nucleus medialis dorsalis)* Der Nucleus mediales dorsalis ist der Kern des Thalamus, in den Neurone aus dem Bulbus olfactorius (Riechkolben) projizieren.

Nucleus paragigantocellularis *(engl. nucleus paragigantocellularis)* Der Nucleus paragigantocellularis liegt in der Formatio reticularis, in der Medulla oblongata, und hat afferente Verbindungen zur Area praeoptica medialis. Efferente Bahnen ziehen zum Rückenmark und haben Einfluss auf Rückenmarksreflexe.

Nucleus paraventricularis *(engl. paraventricular nucleus)* Der Nucleus paraventricularis liegt im Hypothalamus an den seitlichen Hirnventrikeln und bildet verschiedene Neuropeptide. Die magnozellulären Neurone des Nucleus paraventricularis bilden Oxytozin und Vasopressin, die über axonalen Transport in den Hypophysenhinterlappen gelangen, wo sie bei Bedarf in den peripheren Blutstrom ausgeschüttet werden. Die parvozellulären Neurone produzieren Kortikotropin-Releasing-Hormon, Vasopressin und Thyrotropin-Releasing-Hormon, welche nach Ausschüttung in das Pfortadersystem in den Hypophysenvorderlappen gelangen. Hier stimulieren sie die Freisetzung von Adrenokortikotropin und Schildrüsen-stimulierendem Hormon. Zentral projizierende Neurone des Nucleus paraventricularis senden Axone in Hirnstamm, Rückenmark, andere Hypothalamuskerne sowie in das limbische System. Diese zentralen Projektionen haben eine wichtige Bedeutung für stressbezogene Verhaltensweisen.

Nucleus pontis *(engl. nucleus pontis)* Nuclei pontis befinden sich im Metenzephalon (Hinterhirn) im Pons und werden deshalb auch als Brückenkerne bezeichnet. Die Kerngebiete liegen verstreut zwischen den Fasern der Pyramidenbahn, die durch den Pons verlaufen. Sie haben eine zentrale Stellung in der Kommunikation zwischen zerebralem Kortex und Zerebellum (Kleinhirn), da sich in ihnen die Schaltstation der Bahn zwischen Großhirn- und Kleinhirnhemisphären befindet. Afferenzen stammen, über den Tractus corticopontinus, aus dem Kortex und den Nuclei cerebelli. Efferente Bahnen, d. h. Fasern des Tractus pontocerebellaris, die in der Raphe pontis zur Gegenseite kreuzen, projizieren in alle Teile des Zerebellums.

Nucleus raphe magnus *(engl. nucleus raphe magnus)* Der Nucleus raphe magnus stellt einen Kern im Hirnstamm dar, der Teil des aufsteigenden retikulären Aktivierungssystems (ARAS) ist. Er enthält Neurone, die Serotonin produzieren. Mit seinen Projektionen zum Vorderhirn, dem Hirnstamm und dem Rückenmark ist er aktiv daran beteiligt, ein Wach-EEG-Muster aufrecht zu erhalten. Bei Ausfällen des Nucleus raphe magnus und somit einer Minderversorgung mit Serotonin kann es zu Depressionen kommen. Eine Überversorgung mit Serotonin hin-

gegen kann zu bestimmten Formen von Schizophrenie führen. Der Nucleus raphe magnus ist in die
Schmerzlinderung, die durch Opiate herbeigeführt
werden kann, involviert. Für diese Aufgabe erhält
er u. a. Projektionen von inhibitorischen Neurone
in der periaqueduktalen grauen Substanz (PAG) des
Mittelhirns und sendet seinerseits Projektionen an
das sensorische Hinterhorn des Rückenmarks.

Nucleus ruber *(engl. red nucleus)* Der Nucleus ruber
ist ein großer, durch hohen Eisengehalt in den Peri-
karyen rötlich gefärbter Kern im Mesenzephalon
(Mittelhirn). Der in beiden Hemisphären vorkommende runde Nucleus wird in Pars magnocellularis
(rostral) und Pars parvocellularis (kaudal) unterteilt.
Afferente Bahnen stammen aus Zerebellum (Kleinhirn), Pallidum, Thalamus, Gyrus praecentralis,
Nuclei vestibularis und Colliculi superiores. Efferente Bahnen projizieren ins Rückenmark, Kleinhirn
und die Hirnnervenkerne (Tractus rubrospinalis,
Tractus rubroolivaris, Tractus rubrotectalis sowie
Tractus rubrothalamicus). Der Nucleus ruber wird
zum extrapyramidalmotorischen System (EPMS)
gezählt und ist zentral für Körperhaltung und Muskeltonus.

Nucleus solitarius *(engl. solitary nucleus)* Der Nucleus solitarius liegt im Hirnstamm, ist ein Kern der
Medula oblongata und eine Schaltstelle der Geschmacksbahn. Gustatorische Informationen werden
von Chorda tympani und Nervus glossopharyngeus
in den Nucleus solitarius weitergeleitet, dort bilden
Axone der afferenten Neurone Synapsen. Vom Hirnstamm aus führt die Geschmacksbahn zu Thalamus
und Amygdala. Funktionen der Nahrungsaufnahme
wie Speichelfluss, Schluckbewegung sowie Stimulation der Insulinfreisetzung werden vom Nucleus
solitarius kontrolliert. Zudem stehen auch Schutz-
funktionen wie Anhalten der Luft, Husten und
gustofaziale Reflexe unter seiner Kontrolle, wie sie
bei Erkennung ungenießbarer Substanzen im Mund
ausgelöst werden. Zum Nucleus solitarius werden
auch sensorische Fasern des Nervus vagus geleitet.

Nucleus suprachiasmaticus *(engl. suprachiasmatic
nucleus)* Der Nucleus suprachiasmaticus (SCN) liegt
im Hypothalamus und ist eine Struktur, die abhängig von Licht-Dunkel-Informationen den Schlaf-

Wach-Rhythmus und viele andere zirkadiane Rhythmen steuert. Retinale Ganglienzellen, die das licht-
sensitive Melanopsin enthalten, projiizieren zum
Nucleus suprachiasmaticus (retino-hypothalami-
scher Weg), wo nach Ausschüttung von Glutamat
die Abschreibung der Gene für Period und Krypto-
chrom moduliert wird. Über eine Efferenz zur
Zirbeldrüse (Epiphyse) wird die Produktion und
Ausschüttung des Hormons Melatonin gesteuert,
das maßgeblich an der zirkadianen Steuerung zahlreicher Körperfunktionen beteiligt ist. Neben den
Ganglienzellen erhält der SCN weitere Afferenzen
vom Nucleus geniculatum laterale. Efferente Verbindungen bestehen des Weiteren zu Hypophyse, Septum, Hirnstamm und Rückenmark.

Nucleus supraopticus *(engl. supraoptic nucleus)* Der
Nucleus supraopticus ist ein Kerngebiet im Hypothalamus oberhalb des Tractus opticus. In den Zellkörpern der Neurone im Nucleus supraopticus werden Peptidhormone (Vasopressin und Oxytozin)
synthetisiert. Axone der Nervenzellen ziehen durch
den Hypophysenstiel und schütten die Neuropeptide in das Kapillarnetz der Neurohypophyse; von
dort erreichen Oxytozin und Vasopressin alle peripheren Organe. Gleichzeitig werden die beiden
Neuropeptide aus den wenigen (1–3) Dendriten der
Zellkörper im Nucleus supraopticus durch Exozytose in das zentrale Nervensystem freigesetzt. Hier
könnten Oxytozin und Vasopressin wichtige ver-
haltenssteuernde Effekte bewirken. Weiter wird das
Durstgefühl durch den Nucleus supraopticus ausgelöst (Neurone schrumpfen durch Volumenverlust).
Als Folge einer Schädigung des Nucleus supraopticus oder der Neurohypophyse kann das Krankheitsbild des Diabetes insipidus entstehen.

Nucleus tractus solitarii ▶ Nucleus solitarius

Nucleus ventralis anterior *(engl. ventral anterior
nucleus)* Der Nucleus ventralis anterior (VA) ist ein
Kern im Thalamus, welcher für die motorische Integration zuständig ist. Er erhält Informationen aus
den Basalganglien vom Globus pallidus und projiziert zum motorischen Kortex.

Nucleus ventrolateralis *(engl. ventrolateral nucleus)*
Der Nucleus ventrolaterlis ist wie der Nucleus vent-

ralis anterior ein Kern des Thalamus und für die motorische Integration verantwortlich. Er erhält u. a. Input vom Zerebellum (Kleinhirn) und dem Globus pallidus und leitet Informationen an den motorischen Kortex.

Nucleus vestibularis *(engl. nucleus vestibularis; Syn. Vestibularkern)* Der Nucleus vestibularis verarbeitet die Informationen aus dem Vestibularorgan des Innenohrs. Dementsprechend ist er zuständig für Gleichgewicht, Ausgleichsbewegungen, Raumorientierung und Blickkonstanz (= Fixierung eines Objektes auch bei gegenläufiger Kopfbewegung). Seine Informationen erhält er über den VIII. Hirnnerv. Genau genommen besteht der Vestibularkern aus vier Unterkernen. Die Vestibularkerne projizieren direkt ins Kleinhirn (Gleichgewicht), ins Rückenmark (Gleichgewicht, Ausgleichsbewegungen, Reflexe) und zu den Augenmuskelkernen (Blickkonstanz). Die Informationsverarbeitung muss rasch erfolgen und ist deshalb unbewusst. Das dennoch eine Körperlokalisation und Wahrnehmung von Bewegung möglich ist, gründet sich auf Projektionen zum Thalamus. Bei Schädigung der Vestibularkerne kommt es zu Gleichgewichtsstörungen, Schwindel und Nystagmus.

Nukleinsäuren *(engl. pl. nucleic acids)* Nukleinsäuren (DNA und RNA) sind Polymere aus Nukleotiden, deren Rückgrat aus abwechselnd angeordneten Zuckern (Desoxyribose bei DNA, Ribose bei RNA) und Phosphatgruppen aufgebaut ist. An jedem Zuckermolekül ist eine organische Base (Adenin, Zytosin, Guanin oder Thymin/Urazil) gebunden. Durch Paarung von Basen zweier Einzelstränge können sich diese zu einem Doppelstrang zusammenlagern. Die DNA dient der Speicherung und Weitergabe von Erbinformationen. RNA ist am Aufbau und der Funktion von Proteinen, aber auch an der Regulation des Stoffwechsels beteiligt.

Nukleotid *(engl. nucleotide)* Nukleotide sind Bausteine der zellulären Nukleinsäuren (RNA, DNA).

Sie bestehen aus einem Zucker (Ribose), der in der DNA am 2'-Kohlenstoffatom reduziert ist; einer Nukleotidbase und einer oder mehreren Phosphatgruppen, die am das 5'-Kohlenstoffatom des Zuckers gebunden sind. Entsprechend der Anzahl der Phosphatgruppen handelt es sich um ein Nukleotid-Mono-, -Di- oder -Triphosphat.

Nukleotidbasen *(engl. pl. nucleotide bases)* Nukleotidbasen sind die an die Ribose gebundenen, organischen Basen der Nukleotide. Es gibt fünf verschiedene Basen: Adenin (A), Guanin (G), Zytosin (Z – alle in RNA und DNA), Thymin (T – nur in DNA) und Urazil (U – nur RNA). Die Bildung von Nukleinsäure-Doppelsträngen begründet sich dabei auf die Paarung von Nukleotidbasen, wobei Adenin immer an Thymin/Urazil und Guanin an Zytosin bindet.

Nystagmus *(engl. nystagmus)* Mit Nystagmus bezeichnet man unkontrollierbare, rhythmische Bewegungen der Augen (»Augenzittern«). Dies dient dazu, die Funktion der visuellen Rezeptoren der Netzhaut aufrecht zu erhalten, da durch den Nystagmus das auf der Retina einfallende Bild ständig leicht variiert wird. Starker Nystagmus dagegen kann krankhaften Ursprungs sein oder auch durch bestimmte Drogen wie Ecstasy ausgelöst werden. Man unterscheidet verschiedene Formen des Nystagmus. Der optokinetische Nystagmus tritt auf, wenn sich Wahrnehmungsobjekte relativ zur Netzhaut kontinuierlich bewegen, etwa beim Blick aus einem fahrenden Zug. Beim rotatorischen Nystagmus (z. B. wenn man auf einem sich drehenden Bürostuhl sitzt) kommt es zu einer langsamen horizontalen Augenbewegung gegen die Drehrichtung, gefolgt von schnellen, der Rotationsrichtung gleich gerichteten Rückstellbewegungen, um ein neues Objekt in der Fovea centralis abzubilden. Der Nystagmus verläuft also zunächst der Drehrichtung gleichgerichtet. Sobald die Drehung endet, kommt es aufgrund der Trägheit der Endolymphe in den Bogengängen zu einem postrotatorischen Nystagmus in entgegengesetzter Richtung.

Obere Olivenkerne ▶ Olivenkerne, obere

Oberflächendyslexie *(engl. surface dyslexia)* Die Oberflächendyslexie ist eine neuropsychologische Störung der Lesefähigkeit, bei der das Ganz-Wort-Lesen beeinträchtigt ist. Die Betroffenen sind nicht in der Lage, ein Wort visuell zu erkennen und daraufhin auszusprechen, können Wörter jedoch lautierend lesen. Daher sind die Patienten häufig nicht in der Lage, irregulär ausgesprochene Worte richtig auszusprechen. Die Oberflächendyslexie wird häufig durch Läsionen im linken Temporallappen ausgelöst.

Oberflächenschmerz *(engl. superficial pain)* Der Oberflächenschmerz gehört zu den somatischen Schmerzen. Er wird durch Reizung der Haut hervorgerufen (z. B. Nadeleinstich), hat einen hellen, stechenden Charakter und ist sehr einfach lokalisierbar. Nach Beendigung des Reizes klingt der Oberflächenschmerz i. d. R. schnell ab, er kann in ein Brennen übergehen. Wahrgenommmen wird der Oberflächenschmerz durch freie Nervenendigungen und Schmerzrezeptoren (Nozizeptoren) in der Haut. Das Signal wird durch schnell leitende Nervenfasern (A-δ-Fasern) übertragen. Das Gegenteil von Oberflächenschmerz ist der Tiefenschmerz.

Oberton *(engl. overtone; Syn. Partialton, Teilton, Harmonische)* Jeder natürlich erzeugte Ton besteht neben dem Grundton aus einer Vielzahl von höheren Tönen, den Obertönen, deren Frequenzen ein ganzzahliges Vielfaches der Frequenz des Grundtons sind. Die Folge dieser Töne bezeichnet man als Obertonreihe oder Naturtonreihe und die Gesamtheit aller Obertöne ergibt das Frequenzspektrum eines Tons.

Ob-Mäuse *(engl. pl. ob/ob mice)* Der Name geht auf eine Punktmutation im sog. »ob-Gen« (obese-Gen,

Fettsuchtgen) zurück. Dieses Gen produziert das Hormon Leptin, welches über einen Regelkreis Informationen über Energiereserven bereitstellt und damit an der Steuerung der Nahrungsaufnahme beteiligt ist. Bei Ob-Mäusen ist die Leptinbildung durch eine Genmutation gestört, infolge dessen werden sie extrem fettleibig (adipös) und träge. Wird ihnen Leptin zugeführt, ändern sie ihr Fressverhalten und sie verlieren an Gewicht. Es findet sich auch häufig die Bezeichnung ob/ob-Mäuse, da beide Allele des ob-Gens gestört sind, die Tiere bezüglich dieser Anlage also homozygot sind.

Obsession ▶ Gedanke, zwanghafter

Obstipation *(engl. constipation)* Obstipation bezeichnet eine verzögerte bzw. erschwerte Darmentleerung. Sie ist durch eine schmerzhafte Stuhlentleerung, eine geringe Stuhlfrequenz und harten Stuhl gekennzeichnet. Eine akute Obstipation kann durch mechanische Hindernisse im Dickdarm (z. B. ein Tumor), Störungen der Peristaltik (z. B. nach Operationen), aber auch durch willentliche Unterdrückung der Darmentleerung (z. B. bei schmerzhaften Erkrankungen der Analregion) ausgelöst werden. Eine chronische Obstipation kann aus organischen Ursachen resultieren (z. B. Mangel an körperlicher Bewegung, unzureichende Flüssigkeitsaufnahme, ballaststoffarme Ernährung, hormonelle Umstellung bei einer Schwangerschaft oder als Nebenwirkung von Medikamenten, besonders bei Opiaten), aber auch ohne organische Ursache auftreten (habituelle Obstipation). Auch psychische Ursachen (z. B. Scham oder ein veränderter Tagesablauf) können einer Obstipation zugrunde liegen. Bei bestehender Obstipation wird ein Einlauf oder Klistier angewendet, sinnvoller ist jedoch die vorbeugende Obstipationsprophylaxe.

Off-Zentrum-Neurone *(engl. pl. off-center neurons)* Mit dem Begriff Off-Zentrum-Neurone werden Nervenzellen bezeichnet, die ihre Feuerrate verringern, wenn ein adäquater Reiz das Zentrum ihres rezeptiven Feldes erreicht. Umgekehrt führt eine Stimulation von Off-Zentrum-Neuronen in der Peripherie ihres rezeptiven Feldes zu einer erhöhten Feuerrate. In der Retina des Auges finden sich beispielsweise Ganglienzellen, die mit einer verringerten Feuerrate auf Lichtquanten reagieren, die das Zentrum oder das gesamte rezeptive Feld des entsprechenden Neurons erreichen. Das Gegenteil zu Off-Zentrum-Neuronen sind On-Zentrum-Neurone.

Ohr *(engl. ear)* Das Ohr ist sowohl Hör- als auch Gleichgewichtsorgan. Es besteht aus dem äußeren Ohr (Auris externa), dem Mittelohr (Auris media) und dem Innenohr (Auris interna). Das äußere Ohr setzt sich zusammen aus Ohrmuschel und äußerem Gehörgang, während das Mittelohr die Paukenhöhle mit dem Trommelfell, die Gehörknöchelchen, Nebenräume der Paukenhöhle im sog. Warzenfortsatz und die Ohrtrompete umfasst. Während das äußere sowie das Mittelohr eher ein schallleitender Apparat sind, besteht das Innenohr aus dem Schneckenlabyrinth mit dem eigentlichen Hörorgan (Cochlea) und dem Vorhoflabyrinth mit dem Gleichgewichtsorgan (Vestibularorgan). Das Innenohr ist zudem mit einer klaren Flüssigkeit (Peri- und Endolymphe) gefüllt. Medizinische, das Ohr betreffende Begriffe werden meistens auf die lateinische (»auris«) oder griechische (»otós«) Übersetzung zürückgeführt.

Okulomotorik *(engl. pl. eye movements; Syn. Augenbewegungen)* Die Okulomotorik ist die Bewegung des Auges. Dafür sind sechs Augenmuskeln verantwortlich, die von den drei Hirnnerven III (N. oculomotorius), IV (N. trochlearis) und V (N. abducens) innerviert werden.

Okzipitalkortex *(engl. occipital cortex; Syn. visueller Kortex)* Der Okzipitalkortex nimmt den hintersten Bereich des Gehirns ein und beinhaltet u. a. die primäre Sehrinde und andere für die visuelle Wahrnehmung bedeutende Hirnstrukturen. Daher wird der Okzipitalkortex auch als »visueller Kortex« genannt. Das primäre Sehzentrum bzw. Brodmann Areal 17 wird auch als Area striata aufgrund seines gestreiften Aussehens bezeichnet. Der Corpus geniculatum laterale (CGL) des Thalamus erhält Informationen von der Retina über den Sehnerv und leitet diese dann zum primären visuellen Kortex (V1) weiter. Das sekundäre Sehzentrum ist ein Assoziationszentrum des Gehirns, in dem die Wahrnehmung aus der primären Sehrinde mit dem Gedächtnisinhalt verglichen wird.

Okzipitallappen *(engl. occipital lobe; Syn. Hinterhauptslappen)* Der Okzipitallappen ist Teil des Großhirns und wird wegen seiner hinteren Lage im Gehirn auch als Hinterhauptslappen bezeichnet. Oberhalb grenzt er an den Parietallappen und unterhalb an den Temporallappen. Der Okzipitallappen ist ausschließlich für das Sehen verantwortlich. Hier geschieht die Unterscheidung von Formen, Farben, Linien und Kontrasten in der visuellen Wahrnehmung. Die eigentliche Objekterkennung findet überwiegend im Parietallappen und Temporallappen statt. Da sich die Sehnerven vor dem Okzipitallappen kreuzen, geschieht die Verarbeitung linksseitiger Informationen auf der rechten Seite des Hinterhauptslappens (kontralateral) und umgekehrt. Nach einer Schädigung des Okzipitallappens fehlt der betroffenen Person die Wahrnehmung einer Raumhälfte auf beiden Augen.

Oligodendroglia *(engl. pl. oligodendroglia, oligodendrocytes; Syn. Oligodendrozyten)* Oligodendroglia sind asymmetrische Gliazellen, die mit ihren Fortsätzen die Myelinschicht um Axone in Gehirn und im Rückenmark (ZNS) formen. Zwischen den Myelinummantelungen bleibt ein schmaler Spalt, der Ranviersche Schnürring, der eine saltatorische Erregungsleitung ermöglicht. Im peripheren Nervensystem erfolgt die Myelinisierung nicht durch Oligodendroglia, sondern durch Schwann-Zellen. Sowohl Oligodendroglia als auch Schwann-Zellen sind wie andere Gliazellen im Stoffaustausch mit Neuronen beteiligt. Im Gegensatz zu den Schwann-Zellen unterstützen die Oligodendrozyten die Neuronenreparatur nicht, sondern halten verletzte Axone mit dem sog. NOGO-Faktor vom erneuten Wachsen ab, vermutlich um »freies Wuchern« von Axonen im ZNS zu verhindern.

Oligodendrozyte ▶ Oligodendroglia

Olivenkerne, obere ▶ Nuclei olivares superiores

Ommatidium *(engl. ommatidium)* Ommatidien stellen die funktionelle Einheit eines Komplex- oder Facettenauges der Insekten dar. Jedes Ommatidium wird aus acht Sinneszellen gebildet und besitzt einen dioptrischen Apparat, der aus einer stark brechenden Cornealinse besteht. Ein Komplexauge kann aus einigen wenigen bis zu mehreren zehntausend Ommatidien (bei Libellen) bestehen, von denen jedes in eine geringfügig andere Richtung ausgerichtet ist. Aus den verschiedenen Einzelbildern wird dann ein Mosaikbild der Umgebung zusammengesetzt. Diese spezifische Anatomie des Insektenauges führt zu einer hohen zeitlichen Auflösung der Bilder, die räumliche Auflösung ist allerdings deutlich geringer als die des Wirbeltierauges.

Ontogenese *(engl. ontogeny; Syn. Ontogenie)* Ontogenese bezeichnet die Geschichte der strukturellen Veränderung einer Einheit ohne Verlust ihrer Organisation. In der Biologie ist damit die Individualentwicklung gemeint, die Entwicklung des Lebewesens von der befruchteten Eizelle bis hin zum erwachsenen Lebewesen. Im Laufe der Ontogenese entwickeln sich beim Embryo Organanlagen, aus denen später Organe entstehen, in denen sich wiederum die Zellen weiter spezialisieren. Die Ontogenese eines vielzelligen Organismus setzt sich zusammen aus der Embryogenese, dem Juvenilstadium, dem Adultstadium und der Seneszenz. Im heute heftig umstrittenen »Biogenetischen Grundgesetz« behauptet Ernst Häckel, dass in der Ontogenese Merkmale der Phylogenese (Stammesentwicklung) sichtbar werden.

On-Zentrum-Neurone *(engl. pl. on-center neurons)* On-Zentrum-Neurone sind Zellen u. a. in der Retina, die antagonistisch zu den Off-Zentrum-Neuronen arbeiten. Die On-Zentrum-Neurone feuern, wenn das Zentrum ihres rezeptiven Feldes durch einen Lichtreiz stimuliert wird, und werden gehemmt, wenn die Peripherie ihres rezeptiven Feldes beleuchtet wird.

Open-Field-Test *(engl. open-field test)* Der Open-Field-Test ist eine Versuchsanordnung im Tierexperiment. Dabei befinden sich Nager (z. B. Mäuse, Ratten) in einer nach oben hin offenen Box, die als »Offenfeld« bezeichnet wird. Im Open-Field-Test lässt sich das Verhalten des Versuchstieres sehr gut beobachten, meist wird zusätzlich mit Videoaufnahmen gearbeitet. Viele Parameter wie Lokomotion, Rearing (»Männchen machen«) oder Putzzeit können mit dieser Versuchsanordnung erhoben werden. Auch Gedächtnisaufgaben lassen sich mit dem Open-Field-Test verwirklichen, indem man bekannte oder neue Objekte an bestimmten Orten innerhalb der Box platziert. Anhand des Verhaltens können Forscher auf zugrunde liegende Zustände des Tieres wie Neugier, Angst usw. schließen.

operant *(engl. operant)* Der Begriff operant beschreibt Zustände oder Vorgänge, die zufällig und spontan auftreten. Erstmals beschrieben wurde dieser Begriff von Burrhus Frederic Skinner (1937), der operantes von reaktivem Verhalten trennte. Seiner Definition nach handelt es dabei um spontan auftretendes Verhalten, das ohne das Vorhandensein eines Reizes stattfindet. Diese Form von Verhalten bildet die Grundlage für operante Konditionierung, bei der ein Tier in einer Versuchssituation aktiv ist und bestimmte operante Verhaltensweisen verstärkt oder bestraft werden.

Operculum *(engl. operculum)* Mit Operculum werden spezifische Rindengebiete des Frontal-, Schläfen- und des Scheitellappens bezeichnet, die an der seitlichen Hirnfurche anliegen und die sog. Insel bedecken. Es wird unterteilt in frontales Operculum, parietales Operculum und temporales Operculum.

Operculum, frontales *(engl. frontal operculum)* Das frontale Operculum ist der Sitz des motorischen Sprachzentrums und entspricht ungefähr dem Broca-Areal. Es ist asymmetrisch organisiert. Das Gebiet, das auf der Gehirnoberfläche liegt, ist in der rechten Hemisphäre um etwa ein Drittel größer als das der linken Hemisphäre. Die in den Sulci verborgene kortikale Fläche hingegen ist in der linken Hemisphäre größer als in der rechten. Eine mögliche Erklärung für diese Asymmetrie könnte in der Bedeutung der rechten Hemisphäre für die Prosodie sowie in der Rolle der linken Hemisphäre für die Sprachproduktion liegen. Insgesamt ist das frontale Operculum in beiden Hemisphären etwa gleich groß, jedoch in der linken Hemisphäre stärker gefurcht.

Opiate *(engl. pl. opiates; Syn. Opioide)* Der Begriff
»Opiat« ist eine Sammelbezeichnung für alle Stoffe
(sowohl Drogen als auch Medikamente), die Opium
enthalten, oder Stoffe, die hinsichtlich der Wirkung
mit dem Opium vergleichbar sind. Als Opium wird
der getrocknete Saft des Schlafmohns bezeichnet,
der v. a. Kodein und Morphium enthält. Alle Opiate
unterliegen in Deutschland dem Betäubungsmittelgesetz, einige von ihnen werden unter ärztlicher
Kontrolle verwendet. Morphium gehört dabei zu
den stärksten Analgetika und Methadon wird bei
der Heroinsubstitution eingesetzt. Opiate haben ein
massives körperliches und psychisches Abhängigkeitspotenzial.

Opiate, endogene *(engl. pl. endogeneous opiates;
Syn. endogene Opioide)* Als 1973 die ersten körpereigenen Rezeptoren für Opiate durch Pert und
Snyder entdeckt wurden, gelangte man zu der Ansicht, dass der Körper eigene Opiate besitzen müsse.
Die Eigenschaften dieser Stoffe sind denen von Morphin ähnlich, sie lassen sich einteilen in die Gruppen
der Endorphine, Enkephaline, Dynorphine und
Nozizeptine. Diese Substanzen sind sowohl als
Neurotransmitter als auch Neuromodulatoren wirksam. Opioide spielen eine große Rolle bei der Vermittlung von stressinduzierten Reaktionen und bei
der Schmerzwahrnehmung bzw. -hemmung. Opioide haben eine analgetische (schmerzstillende) Wirkung, weshalb ihre Ausschüttung nach Verletzungen
zu einer vorübergehenden Schmerzfreiheit führt.

Opioidrezeptoren *(engl. pl. opioid receptors)* Opioidrezeptoren befinden sich bei Säugetieren v. a. im
Zentralnervensystem (Gehirn und Rückenmark),
sind aber auch in anderen Geweben zu finden. Sie
gehören zur Familie der Endorphinrezeptoren und
lassen sich in vier Gruppen unterteilen: μ-Rezepto-
ren, κ-Rezeptoren, σ-Rezeptoren und δ-Rezeptoren.
An diese binden endogene und exogene Opioide als
Agonisten sowie Opiatantagonisten.

Opium *(engl. opium)* Opium ist ein Rauschmittel,
das man einnehmen, rauchen oder auch injizieren
kann, wobei es oft mit anderen Substanzen gemischt
wird, um bspw. den Geschmack zu überdecken oder
die Injektion zu erleichtern. Opium wird aus den
Blütenkapseln des Schlafmohns gewonnen, die nach

der Blütenphase angeritzt werden. Der so heraustre-
tende Milchsaft wird bei Kontakt mit der Luft zu
braunem Rohopium und kann nach ca. einem Tag
abgekratzt werden. Morphin, Papaverin, Kodein,
Narkotin und Thebain sind einige der Opiumalkalo-
ide, von deren Zusammensetzung die Wirkung des
Opiums abhängt. Isoliertes Morphin (Morphium)
wird oft in der Medizin als Schmerzmittel eingesetzt.
Wird Opium oral verabreicht, ist seine Wirkung
stärker als beim Rauchen, wo die Wirkung eher die
Phantasie anregt und Halluzinationen mit oft eroti-
schem Charakter auslöst. Der Konsum von Opium
war bis Anfang des letzten Jahrhunderts in einigen
europäischen Staaten legal, wurde aber aufgrund seines hohen Abhängigkeitspotenzials verboten. Nach
Abklingen der berauschenden Wirkung tritt häufig
Übelkeit und Erbrechen auf.

Opsin *(engl. opsin)* Opsin ist ein Protein in den Photorezeptoren der Retina. Zusammen mit Retinal bildet es das lichtempfindliche Molekül Rhodopsin,
welches sich in den stapelartig angeordneten Schei-
ben im Außensegment der Photorezeptoren befindet. Jeder Photorezeptortyp (ein Stäbchentyp und
drei Zapfenarten) besitzt seine eigene Opsinart. Es
ist folglich abhängig vom Opsin, welcher Bereich des
Lichtspektrums durch den Photorezeptor am besten
absorbiert wird. Opsin spielt daher eine große Rolle
bei der visuellen Signaltransduktion. Defekte der
Gene, welche die Opsininformation kodieren, können zu Störungen im Farbensehen (bei mutierten
Genen für die Zapfenopsine) oder Retinitis pigmentosa, einer erblichen Zerstörung der Netzhaut (bei
defektem Stäbchenopsin) führen.

Opsonierung *(engl. opsonization)* Mit Opsonierung
wird die Anlagerung von körpereigenen Stoffen aus
dem Plasma an körperfremde Stoffe und Mikroorganismen (z. B. Bakterien, Pilze) bezeichnet. Die Anlagerung dient der Vernichtung dieser Fremdkörper
durch Phagozytose. Die Opsonine, wie diese körpereigenen Substanzen bezeichnet werden, dienen der
Infektionsabwehr. Opsonine sind z. B. die Antikörper IgG und IgM, das Protein C3b des Komplementsystems und das Plasmaprotein Fibronectin.

Orchidektomie *(engl. orchi/d/ectomy; Syn. Orchiek-
tomie)* Orchidektomie meint die operative Entfer-

nung eines Hodens durch einen Schnitt in die Leiste und kommt bei Nekrose oder Krebs (Malignom) zur Anwendung. Bei Hodenkrebs ist Orchidektomie bedeutsam für die Diagnose, da anschließend eine histologische Untersuchung des entnommenen Gewebes erfolgen kann. Zudem ist die Entfernung des Primärtumors ein wichtiger Behandlungsschritt. Langfristige Nebenwirkungen wie Unfruchtbarkeit oder Impotenz treten aufgrund der Übernahme der Funktion durch den verbliebenen Hoden nicht auf.

Orexin *(engl. orexin; Syn. Hypokretin)* Orexin gehört zur Gruppe der Neuropeptide. Derzeit werden Orexin A und Orexin B bzw. Hypokretin-1 und Hypokretin-2 unterschieden. Hergestellt wird es in bestimmten Kernen des Hypothalamus und wirkt dort Appetit steigernd. Die Ausschüttung von Orexin wird durch Leptin gehemmt. Neuere Forschungsergebnisse zeigen, dass Orexin eine bedeutende Rolle bei der Regulation des Schlaf-Wach-Rhythmus spielt. Im Tierexperiment zeigten Tiere mit einer genetischen Veränderung des Orexin-Rezeptors-2 narkoleptische Symptome. Weiterhin wird bei Narkolepsiepatienten praktisch kein Orexin A im Gehirn gebildet, während der Blutspiegel an Hypokretin normal ist. Orexin hat eine katabole Funktion, es erhöht die Aufmerksamkeit und Wachheit, reguliert die Körpertemperatur sowie das Gewicht.

Organ, vomeronasales *(engl. vomeronasal organ; Syn. Jacobson-Organ)* Das vomeronasale Organ befindet sich in den Nebenhöhlen der Riechhöhle, eingebettet im vomeronasalen Knorpel. Es bezeichnet ein Geruchs- und Witterungsorgan, dessen Höhle mit Flüssigkeit gefüllt ist. Nur die Unterseite des Organs ist mit sensorischem Epithel bedeckt. Beim Menschen wird das Organ zwar im fetalen Stadium ausgebildet, jedoch entwickelt es sich noch vor der Geburt wieder zurück. Daher ist seine Funktionsfähigkeit beim Menschen noch stark umstritten, während sie bei den meisten anderen Wirbeltieren eindeutig nachgewiesen wurde. Die Sinneszellen des vomeronasalen Organs sind auf die Erfassung von Pheromonen spezialisiert. Ihr Aufbau ist ähnlich zu denen des olfaktorischen Systems, doch statt der Zilien befinden sich an ihrer Oberfläche Mikrovilli. Die Axone des Organs formen den vomeronasalen Nerv, der im Schädel auf den Riechkolben trifft und später zu Arealen der Amygdala und des Hypothalamus weiterreicht.

Organe, lymphatische *(engl. pl. lymphoid organs)* Zu den lymphatischen Organen zählen u. a. Milz, Thymus, Lymphknoten, der lymphatische Rachenring (Rachen-, Zungen- und Gaumenmandeln) und das lymphatische Gewebe des Darms. Die Hauptaufgabe der lymphatischen Organe besteht v. a. in der Bildung und Vermehrung der Lymphozyten (der sog. weißen Blutkörperchen), die körpereigene sowie körperfremde Fremdstoffe erkennen und beseitigen. Man unterscheidet die primären lymphatischen Organe, in denen die Differenzierung in B- und T-Lymphozyten erfolgt, von den sekundären lymphatischen Organen, in denen anschließend die Vermehrung der Lymphozyten stattfindet. Zusammen mit den im gesamten Körper vorhandenen Lymphbahnen bilden die lymphatischen Organe das lymphatische System, das der Immunabwehr des Körpers dient.

Organelle *(engl. pl. organelles)* Organellen sind Kompartimente einer eukaryontischen Zelle, die durch eine Membran umgeben sind. Durch die Membran entsteht ein abgeschlossener Raum, in dem spezifische Reaktionen unabhängig vom Rest der Zelle ablaufen können. Der Transport von Stoffen in das Organell und heraus erfolgt über bestimmte Kanäle oder Carrierproteine in der Membran. Zu den Zellorganellen gehören bspw. Mitochondrien sowie das raue und glatte endoplasmatische Retikulum.

Organisation, hierarchische *(engl. hierarchical organisation)* Eine hierarchische Organisation ist der Aufbau eines Systems aus einer Anzahl von Strukturen, die zueinander in Rangordnung stehen. Eine hierarchische Organisation findet man bspw. im sensorischen System, bei dem die Rezeptoren die unterste Ebene darstellen, gefolgt von Thalamuskernen, primärem sensorischen Kortex, sekundärem sensorischen Kortex und dem Assoziationskortex als höchste Ebene. Die Reizanalyse wird aufsteigend zunehmend komplexer und feiner.

Organisationseffekte *(engl. pl. organizational effects)* Organisationseffekte sind dauerhafte Wirkungen eines Hormons auf die Gewebedifferenzierung und

Entwicklung eines Organismus. Bspw. steuern Sexualhormone in der pränatalen Entwicklung die Ausbildung der Geschlechtsorgane einer Person sowie die Entwicklung des Gehirns und beeinflussen somit dauerhaft das Verhalten der Person.

Organum vasculosum der Lamina terminalis
▶ OVLT

Orientierungssäule *(engl. orientation column)* Die Area striata der Sehrinde ist in Säulen organisiert, in denen alle Neurone gleiche Antworteigenschaften zeigen, unabhängig von der Kortexschicht (Schicht 1–6), in der sie liegen. In einer Orientierungssäule feuern demnach alle Neurone maximal bei einer bestimmten Ausrichtung des Lichtreizes (bspw. senkrechte Lichtbalken). Die Orientierungssäulen bilden die Bestandteile der Augendominanzsäulen, welche jeweils Informationen des rechten oder linken Auges verarbeiten. Innerhalb einer Augendominanzsäule befinden sich Orientierungssäulen, die alle möglichen Orientierungen eines Lichtbalkens abdecken (0–180°).

orthodrom *(engl. orthodromic)* Orthodrom bedeutet, dass sich etwas in die richtige bzw. normale Richtung bewegt. Ein Impuls bewegt sich z. B. im Axon weg vom Soma hin zur Synapse. Das Gegenteil von orthodrom ist antidrom.

Orthostase *(engl. orthostasis, orthostatism)* Orthostase bezeichnet die aufrechte Haltung des Körpers.

Ortsfrequenz *(engl. spatial frequency)* Die Ortsfrequenz ist neben Wellenform, Kontrast, Orientierung und Phase eine Eigenschaft von Streifenmustern. Durch das Betrachten dieser Muster kann man das Phänomen der Adaptation von Neuronen und der damit zusammenhängenden Sensitivitätsänderung beschreiben. Die Ortsfrequenz umfasst dabei die Anzahl von Perioden pro Sehwinkelgrad auf der Netzhaut. Eine Periode besteht immer aus z. B. einem weißen und einem schwarzen Streifen. Je nachdem, wie groß das Netzhautbild ist, also wie viele Streifen in einen Sehwinkel von einem Grad passen, wird die Ortsfrequenz angegeben. Dadurch erhält man Aussagen über die örtliche Auflösung in optischen Abbildungen.

Ortskode *(engl. place code)* Der Ortskode ist ein Prinzip, nach dem in der Cochlea Frequenzen kodiert werden. Für jede Frequenz gibt es in der Cochlea auf der Basilarmembran einen optimalen Bereich, in dem die Frequenz die Membran zum maximalen Ausschlag anregt. Durch die max. Schwingung werden hier die Zellen erregt und durch diesen Ort der Erregung wird die Frequenz kodiert. An der Basis der Cochlea führen hohe, am Apex niedrige Frequenzen zum maximalen Ausschlag.

Ortszelle *(engl. place cell)* Ortszellen sind Pyramidenzellen im Hippocampus. Diese Zellen feuern am stärksten, wenn sich ein Versuchstier an einem bestimmten Ort innerhalb einer Umgebung befindet. Die Aktivierung einer Zelle »signalisiert« dem Tier somit eine bestimmte Position im Raum und erleichtert dadurch die Orientierung. Bei verschiedenen Tierarten (bspw. Ratten) scheint der Hippocampus für die Orientierung im Raum wichtig zu sein. Am Menschen konnte nachgewiesen werden, dass diese Zellen bereits bei vorgestellten Bewegungen bzw. bei Bewegung im virtuellen Raum aktiviert sind.

Osmolarität *(engl. osmolarity)* Osmolarität ist die Angabe der osmotisch aktiven Bestandteile (Atome, Ione, Moleküle) pro Volumeneinheit (z. B. Liter) in einer Lösung bzw. einem Untersuchungsmaterial unabhängig von deren Art bzw. Zusammensetzung oder elektrischer Ladung. Die Einheit ist osmol/l. Generell gilt, dass Wasser aus Regionen niedriger Osmolarität in Regionen höherer Osmolarität diffundiert (Gleichgewicht). Bei nichtionischen Substanzen entspricht die Osmolarität der Molarität (Stoffmenge n eines gelösten Stoffes * einer Mischphase geteilt durch das Volumen V der Lösung). Bei ionischen Substanzen muss die Molarität zusätzlich mit der Anzahl der Ionen in einem Molekül multipliziert werden. Die Osmolaritäten von Flüssigkeiten werden oft zueinander in Bezug gesetzt (hypoosmolar, isoosmolar, hyperosmolar), Vergleichslösungen helfen diese zu bestimmen.

Osmorezeptor *(engl. osmoreceptor)* Osmorezeptoren sind sensorische Nervenzellen im Hypothalamus und im dritten Hirnventrikel. Sie sind an der Kontrolle des Wasserhaushalts des Organismus beteiligt, indem sie den osmotischen Druck messen. Bei verringerter Extrazellularflüssigkeit tritt Wasser aus den Zellen aus, woraufhin die Osmosensoren schrumpfen. Der Dehnungszustand der Zellmembran wird gemessen und an den Nucleus präopticus im Hypothalamus gemeldet, so dass ein Durstgefühl entsteht und der Organismus den Wasserverlust durch aktive Wasseraufnahme ausgleicht.

Osmose *(engl. osmosis)* Osmose ist Diffusion durch eine semipermeable (halbdurchlässige) Membran, d. h. es können nur Teilchen mit bestimmten Eigenschaften, z. B. einer bestimmten Größe, durch die Membran hindurchtreten. Diese Diffusion erfolgt vom Ort der höheren zum Ort der niedrigeren Konzentration, entlang eines Konzentrationsgefälles und zwar so lange, bis ein Konzentrationsausgleich erreicht ist.

Östradiol *(engl. oestradiol, estradiol)* Östradiol ist ein Steroidhormon, welches in den Ovarien gebildet wird und wichtigster Vertreter der Östrogene ist. In seiner Funktion ist es mitverantwortlich für die Ausbildung des weiblichen Menstruationszyklus sowie der Ausbildung und Erhaltung der sekundären weiblichen Geschlechtsmerkmale wie z. B. der weiblichen Brust und des Uterus.

Östrogene *(eng. pl. oestrogens, estrogens)* Östrogene sind neben dem Progesteron die wichtigsten weiblichen Sexualhormone und gehören der Gruppe der Steroidhormone an, wobei das wichtigste Östrogen des Menschen das Östradiol ist. Gebildet werden Östrogene v. a. in den Eierstöcken, der Nebennierenrinde, während einer Schwangerschaft auch in der Plazenta sowie zu geringen Anteilen bei Männern im Hoden. Östrogene bewirken v. a. das Herausbilden der weiblichen Geschlechtsmerkmale und sind für die Regulation des Mentruationszyklus unerlässlich. In der Therapie werden sie primär bei Menstruationsstörungen oder Hautproblemen (bei vermehrter Talgproduktion) eingesetzt, aber auch bei der Schwangerschaftsverhütung (Antibabypille) spielen sie eine zentrale Rolle. Für den Abbau der Östrogene ist die Leber verantwortlich, wobei synthetisch hergestellte Östrogene nur langsamer abgebaut werden als die vom eigenen Körper produzierten.

Östrus *(eng. oestrus, estrus)* Zyklusphase des weiblichen Menstruationszyklus; in der Zoologie bezeichnet der Begriff auch die Brunft bei Paarhuflern.

Oszillation *(engl. oscillation)* Oszillation bezeichnet periodisch sich wiederholende Vorgänge, die in vielen Wissenschaftszweigen beschrieben werden (bspw. Physik, Geologie, Elektronik, Chemie, aber auch Wirtschaftswissenschaften). In den Neurowissenschaften beschreibt Oszillation das aufeinander abgestimmte Feuern verschiedener Neurone bzw. Neuronengruppen.

Oszilloskop *(engl. oscilloscope)* Ein Oszilloskop ist ein elektronisches Messgerät, mit dem die Größe und der zeitliche Verlauf einer (Gleich- oder Wechsel-)Spannung dargestellt werden. Meist wird im Verlaufsgraphen auf der horizontalen Achse die Zeit, auf der vertikalen Achse die Spannung abgetragen. Das entstandene Bild wird Oszillogramm genannt.

Otolithen *(engl. pl. otoliths; Syn. Statolithen)* Otolithen sind kleine Kristalle aus Kalziumkarbonat (Kalzitkristalle), die sich im Gleichgewichtsorgan (Vestibulärorgan) des Ohres befinden. Sie bedecken die Oberfläche der Gallertmasse im Utriculus und Sacculus. Gallert und Otolithen zusammen werden auch als Otolithenmembran bezeichnet. Die Trägheit der »Kalksteinchen« bewirkt, dass sich das Gallert bei Bewegung gegen die Haarzellen (Zilien) verschiebt. Die Gehörsteinchen liefern dem zentralen Nervensystem so Informationen über die Bewegungsrichtung und die Stärke der Beschleunigung des Kopfes und ermöglichen damit eine Regulation der Körperstellung und -haltung.

Ovarektomie *(engl. ovariectomy; Syn. Ovariektomie)* Ovarektomie bezeichnet die operative Entfernung der Ovarien (Eierstöcke; weibliche Keimdrüsen).

Ovarien *(engl. pl. ovaries; Syn. Eierstöcke)* Die Ovarien, das primäre weibliche Geschlechtsorgan, befinden sich beidseitig neben der Gebärmutter, in der Fossa ovarica des kleinen Beckens. Sie weisen eine mandelähnliche, zu beiden Seiten konvexe Form auf, sind 3 bis 5 cm lang und 0,5–1 cm breit und z. T. von fransenartigen Trichtern, den Enden des Eileiters, umgeben. Die paarig vorhandenen Keimdrüsen

(Gonaden) besitzen zwei Funktionen: die Bildung von Eizellen (Oozyten) und die Bildung weiblicher Geschlechtshormone (Östrogene und Gestagene). In der Rinde des Ovars (Eierstock) liegen funktionell wichtige Strukturen, in denen die Follikelreifung stattfindet. Die Funktion der Ovarien unterliegt einer übergeordneten Regulation durch Hypothalamus und Hypophysenvorderlappen (HVL).

Overshoot (*engl. overshoot; Syn. Überschuss*) Im Verlauf eines Aktionspotenzials strömen durch plötzliches Öffnen der spannungsgesteuerten Natriumionenkanäle der Nervenzellmembran Na^+-Ionen nach Überschreiten der Erregungsschwelle massiv in die Zelle ein. Dies bewirkt einen sprunghaften Anstieg der Spannung über der Zellmembran. Während der sog. Depolarisationsphase verliert die Zelle ihre negative Ruheladung und es können Werte bis zu +30 mV erreicht werden. Der positive Anteil der Depolarisationsphase, der Spannungswerte von 0 mV bis +30 mV umfasst, wird Überschuss bzw. Overshoot genannt.

OVLT (*engl. organum vasculosum of lamina terminalis; Syn. Organum vasculosum der Lamina terminalis*) Das OVLT ist ein Teil der zirkumventrikulären Organe und liegt im Bereich der Lamina terminalis zwischen Chiasma opticum und der Commissura anterior. Es wird angenommen, dass Zellen in der OVLT Hunger und Durst regulieren sowie an der Regulation und Entstehung von Fieber beteiligt sind.

Ovulation (*engl. ovulation; Syn. Eisprung, Follikelsprung*) Unter Ovulation wird die Loslösung einer Eizelle vom weiblichen Eierstock (Ovar) mit anschließender Aufnahme durch den Eileiter (Tuba uterina) verstanden. Die Ovulation ist eine kurze Phase in der Mitte des Menstruationszyklus. Gegen Ende der ersten Hälfte des Zyklus (Follikelphase) steigen die Spiegel der hypophysär ausgeschütteten gonadotropen Hormone FSH (Follikel-stimulierendes Hormon) und LH (luteinisierendes Hormon) an, die an spezifische Rezeptoren des Follikels binden und die Östradiolbildung anregen. Durch zusätzliche Östradiolrezeptoren wird eine zunehmend höhere Östradiolausschüttung induziert, so dass es zu einem Östradiolpeak kommt, der nach 14 Stunden einen LH-Peak in der Hypophyse auslöst; rund zehn Stunden später wird der Eisprung ausgelöst. Der gesprungene Follikel wandelt sich zum Gelbkörper (Corpus luteum) und beginnt in der zweiten Hälfte des Zyklus (Lutealphase) in großen Mengen Progesteron sowie Östradiol zu bilden.

Oxytozin (*engl. oxytozin*) Das Hormon Oxytozin wird im Nucleus paraventricularis und im Nucleus supraopticus des Hypothalamus gebildet und nach Stimulation über axonalen Transport aus dem Hypophysenhinterlappen (HHL) in die Blutbahn ausgeschüttet. Das neun Aminosäuren lange Peptidhormon weist zahlreiche periphere und zentralnervöse Effekte auf. So veranlasst es bei der Frau die Kontraktion der Gebärmuttermuskulatur (Einleitung der Wehen) sowie die Milchejektion in den Milchdrüsen. Beim Stillen scheint Oxytozin eine beruhigende Wirkung auf die Mutter auszuüben. In Laborversuchen wurde ein positiver Einfluss auf die Paarbindung bei Tieren und Vertrauensbildung beim Menschen beobachtet. Viele Säugetierarten produzieren oxytozinähnliche Substanzen. Oxytozin wird auch beim (menschlichen) Geschlechtsverkehr freigesetzt und kann Gefühle wie Euphorie und Beruhigung mit auslösen.

P

Paar-Assoziationsaufgabe *(engl. pair-association task)* Bei einer Paar-Assoziationsaufgabe werden der Versuchsperson im Lerndurchgang paarweise zumeist sinnlose Silben dargeboten. Auf die Reizsilbe soll die Versuchsperson dann in der Prüfphase mit der richtigen Responsesilbe reagieren, wobei jedoch Antworten vorgegeben werden. Es handelt sich also um eine Wiedererkennungsleistung.

Pacini-Körperchen ▸ Lamellenkörperchen

PAG ▸ Periaquäduktales Grau

palliativ *(engl. palliative)* Palliativ bezeichnet eine lindernde, unterstützende Behandlung. Palliative Betreuung beinhaltet die Palliativmedizin, palliative Pflege, psychosoziale Unterstützung und Seelsorge. Im Zentrum steht nicht die Verlängerung der Lebenszeit, sondern eine Erhöhung der Lebensqualität. Die Palliativmedizin stammt aus dem St. Christopher Hospiz in London, gegründet von C. Saunders (1967). Grundsätze dieser Versorgungsform sind die Berücksichtigung der Bedürfnisse des Patienten (ganzheitlicher Ansatz), die Behandlung in der Wahlumgebung (ambulant, stationär, zuhause), die Symptomkontrolle (z. B. Schmerzmittel), die Arbeit im multidisziplinären Team (Ärzte, Pflege, Sozialarbeiter, Psychologen, Seelsorger), die Erfüllung eines individuellen Behandlungsziels, die Bejahung des Lebens (keine sinnlosen Therapieversuche), die Akzeptanz des Todes (Sterbebegleitung) und eine fachlich kompetente Ausbildung.

Pallidum ▸ Globus pallidus

Panikattacken *(engl. pl. panic attacks)* Panikattacken sind Zustände oder Anfälle, welche plötzlich und ohne definierbaren Grund auftreten und innerhalb von kurzer Zeit ihren Höhepunkt erreichen. Sie gehen mit folgenden Symptomen einher: Herzklopfen, Herzrasen, Kloß im Hals, Schmerzen in der Brustgegend, Zittern, Schwitzen, Ohnmacht, Gefühle von Kontrollverlust, Todesangst oder Angst vor Ohnmacht. Panikattacken mit pathologischem Krankheitswert beeinträchtigen mindestens einen Lebensbereich und sind mit einer ständigen Angst vor einem weiteren Anfall oder Sorge vor Folgen dieser Panikzustände verbunden.

Panikstörung *(engl. panic disorder)* Die Panikstörung gehört nach DSM-Klassifikation zur Gruppe der Angststörungen und kann ohne (F41.0) oder mit Agoraphobie (F41.1) auftreten. Zu den diagnostischen Kriterien zählen wiederkehrende unerwartete Panikanfälle und folgende Symptome, die mindestens einen Monat auf eine Attacke folgen: anhaltende Besorgnis über das Auftreten weiterer Anfälle, Sorgen über die Bedeutung oder Konsequenzen der Anfälle und eine deutliche Verhaltensänderung infolge der Attacken. Die Diagnose Panikstörung wird nicht vergeben, wenn die Panikanfälle besser durch andere psychische Störungen zu erklären sind (z. B. infolge einer Depression) oder wenn sie auf Substanzeinnahme oder einen medizinischen Krankheitsfaktor zurückgehen.

Pankreas *(engl. pancreas; Syn. Bauchspeicheldrüse)* Das Pankreas ist eine retroperitoneal liegende Drüse, die sich anatomisch in den Pankreaskopf, den Pankreaskörper und den Pankreasschwanz unterteilt. Sie erfüllt exogene und endogene Funktionen. Das Pankreas bildet täglich ca. 1,5 Liter Sekret, welches über den Ductus pancreaticus – gemeinsam mit dem Ductus choledochus – über die Papilla vateri im Zwölffingerdarm (Duodenum) endet. Das Sekret enthält wichtige Verdauungsenzyme zur Spaltung der Nahrungsstoffe (z. B. Amylase und Lipase). Die endogenen Zellen des Pankreas liegen in den sog. Langerhans-Inseln verteilt auf der Pankreasoberfläche. Hier werden u. a. die Hormone Insulin, Glukagon und Somatostatin gebildet.

Papez-Kreis (*engl. circle of Papez*) Der von James W. Papez (1937) postulierte Neuronenschaltkreis war einer der ersten Versuche, die für die Entstehung von Emotionen und Gefühlen verantwortlichen neuronalen Strukturen zusammen zu fassen. Er beschreibt den Informationsfluss von den sensorischen Thalamuskernen zu den Mammilarkörperchen (Hypothalamus), zum anterioren Thalamus, Gyrus cinguli, Hippocampus und über die Fornix zurück zum Hypothalamus. Gleichzeitig werden die Reize vom Thalamus in die sensorischen Rindenareale projiziert, um von dort u. a. in den Gyrus cinguli zu münden. Hier treffen sich nach Papez' Vorstellungen der Gefühls- und der Denkstrom und es entsteht ein Gefühl. Paul MacLean (1949) führte die Überlegungen von Papez fort und erweiterte den Schaltkreis um die Strukturen der Amygdala, Septum und PFC und nannte es das limbische System. Heute ist die Vorstellung des geschlossenen Neuronenschaltkreises zwar nicht mehr aktuell, unbestritten ist jedoch, dass Papez einen unverzichtbaren Beitrag zur Erforschung des limbischen Systems leistete.

Papille (*engl. papilla*) Eine Papille ist eine Warze (auch Brustwarze) oder ein Bläschen. Häufiger wird der Begriff allerdings als Synonym für eine warzenartige Erhebung an der Oberfläche von Organen verwendet. In einem solchen Fall bezeichnet sie u. a. den Nervenkopf des Sehnerves, d. h. den Ort, an dem der Sehnerv die Augenhöhle verlässt (blinder Fleck). Liegt ein Objekt in diesem Sehbereich, kann es vom Menschen nicht wahrgenommen werden. Außerdem ist eine Papille eine Erhebung der Lederhaut am Grund des Haarfollikels, die das Haar mit Blut versorgt und so das Wachstum des Haares ermöglicht. Auch die Geschmackszellen auf der Zunge werden als Papillen (Geschmackspapillen) bezeichnet. In der Pflanzenwelt sind damit hingegen haar-ähnliche Ausstülpungen an der Pflanzenoberhaut gemeint.

parakrin (*engl. paracrine*) Eine Kommunikation zwischen Zellen bezeichnet man als parakrin, wenn das von einer Zelle ausgeschiedene Signal durch den extrazellulären Raum diffundiert und von benachbarten Zielzellen aufgenommen wird.

Paralyse (*engl. paralysis; Syn. Lähmung*) Eine Paralyse beschreibt eine vollständige Lähmung der motorischen Nerven eines Körperteils bzw. des ganzen Körpers und damit eine Unfähigkeit sich zu bewegen.

Paralyse, progressive (*engl. paralytic dementia*) Die progressive Paralyse ist eine Form der Neurosyphilis (eine Spätfolge einer Syphiliserkrankung), die sich darin äußert, dass mit Fortschreiten der Krankheit zunehmend motorische Funktionen ausfallen und Demenzsymptome bzw. Symptome einer Psychose auftreten. Hierzu gehören Affektstörungen und Antriebsminderung, Veränderung der Persönlichkeit, Neigung zu Größenwahn, Sprachstörungen (Dysarthrie, periorale motorische Unruhe), Störungen der Pupillenmotorik und Epilepsie. Im Allgemeinen treten neurologische Symptome 5 bis 30 Jahre nach der Infektion mit dem Syphiliserreger Spirochaeta pallida (auch bekannt als Treponema pallidum) auf. Bis ins 19. Jh. verlief die progressive Paralyse zumeist tödlich. Heute besteht die Therapie einerseits in der symptomatischen Linderung der psychotischen Symptome und neurologischen Ausfälle, zum anderen wird die Syphilis durch Benzylpenizillin über mind. 10 Tage behandelt. Retrospektive Studien deuten auf einen Zusammenhang zwischen fehlender oder zu niedrig dosierter Penizillintherapie und dem Auftreten der progressiven Paralyse.

Paraphasie (*engl. paraphasia*) Die Paraphasie ist eine Form der kortikalen sensorischen Aphasie, die durch eine nicht intendierte Verwechslung von Buchstaben, Silben oder Wörtern gekennzeichnet ist. Die produzierte Sprache ist jedoch relativ gesetzmäßig und korrekt artikuliert. Paraphasien sind häufig bei flüssigen Aphasien zu beobachten, können jedoch auch bei milderen Formen der Broca-Aphasie auftreten.

Paraphasie, phonematische (*engl. phonematic paraphasia*) Die phonematische Paraphasie bezeichnet eine Veränderung der Lautstruktur eines Wortes durch Substitution (z. B. »Takke« statt »Tasse«), Tilgung (z. B. Inder statt Kinder), Umstellung (z. B. Feleton statt Telefon) oder Hinzufügung (z. B. Tantle statt Tante) einzelner Laute.

Paraphilie (*engl. paraphilia*) Eine Paraphilie bezeichnet eine Störung der Sexualpräferenz, d. h. das

Objekt, von dem der Betroffene angezogen wird, ist in irgendeiner Form »abweichend« (z. B. unbelebte Objekte, Schmerz, Kinder, Tiere, Fäkalien, Leichen). Paraphilien zählen zu den psychischen Störungen und äußern sich als ausgeprägte, abweichende, sexuell erregende Phantasien, dranghafte sexuelle Bedürfnisse oder Verhaltensweisen, die in klinisch bedeutsamer Weise Leiden oder Beeinträchtigung (beim Betroffenen und auch bei möglichen Opfern) hervorrufen können. Häufige Paraphilien sind der Fetischismus (F65.0), Exhibitionismus (F65.2), der Voyeurismus (F65.3), die Pädophilie (F65.4) und der Sadomasochismus (F65.5).

Parasomnie *(engl. parasomnia)* Parasomnie ist eine Bezeichnung für eine Reihe von Schlafstörungen, eine »aus dem Schlaf heraus auftretende Auffälligkeit«. Diese Störung tritt nach der wörtlichen Übersetzung also beim Erwachen oder nahe dem Erwachen auf. Parasomnien werden in vier Gruppen eingeteilt: Aufwachstörungen (z. B. Schlafwandeln, schreiend aufwachen), Störungen des Schlaf-Wach-Übergangs (z. B. Einschlafzuckungen, Sprechen im Schlaf), REM-Schlaf-Parasomnen (z. B. Albträume, Schlaflähmung) und andere Parasomnien (z. B. Zähneknirschen, Bettnässen, Schnarchen). Parasomnien sind meist ungefährlich, können in seltenen Fällen jedoch zu belastenden Ein- oder Durchschlafproblemen führen.

Parasympathikus *(engl. parasympathetic nervous system)* Der Parasympathikus ist neben Sympathikus und Darmnervensystem (enterisches Nervensystem) ein Teilsystem des vegetativen Nervensystems. Präganglionäre Neurone des Parasympathikus haben ihren Ursprung im Hirnstamm und im Kreuzmark. Als Botenstoff verwenden alle Neurone des Parasympathikus Azetylcholin. Erfolgsorgane sind die glatte Muskulatur und die Drüsen des Magen-Darm-Traktes, Ausscheidungs- und Sexualorgane, die Lunge sowie Vorhöfe des Herzens, Tränen- und Speicheldrüsen im Kopfbereich und die inneren Augenmuskeln. Bei Erregung des Parasympathikus wird eine trophotrope Reaktion ausgelöst, d. h. alle Vorgänge, die der Restitution dienen, werden gesteigert. Die Tätigkeit der Verdauungsdrüsen und Darmmuskulatur nimmt zu, während Kreislaufleistung und Atmung abnehmen. Alle Organe, die durch den Parasympathikus innerviert werden, sind auch an den Effekten des Sympatikus beteiligt. Die Effekte beider Systeme sind antagonistisch, d. h. gegensätzlich (funktioneller Antagonismus). Ein besonders wichtiger Nerv des Parasympathikus ist der Nervus vagus (X. Hirnnerv).

Parasympathomimetika *(engl. pl. parasympathomimetics; Syn. Parasympathikomimetika)* Man unterscheidet direkte und indirekte Parasympathomimetika. Direkte Parasympathomimetika sind Stoffe, die eine direkte Stimulation des parasympathischen Systems bewirken wie z. B. Carbachol. Diese Stoffe sind Muskarinrezeptor-Agonisten, d. h. sie haben die gleiche Wirkung auf Rezeptoren wie Azetylcholin. Bei den indirekten Parasympathomimetika unterscheidet man reversible und irreversible Azetylcholinesterasehemmer, d. h. Stoffe, die die Wirkung des Enzyms Azetylcholinesterase hemmen. Der Azetylcholinabbau wird dadurch bei irreversiblen Parasympathomimetika verhindert und bei reversiblen Parasympathomimetika verlangsamt. Irreversible Parasympathomimetika, wie z. B. Insektizide, bewirken daher eine toxische Anreicherung von Azetylcholin. Zu den reversiblen Parasympathomimetika gehören z. B. Neostigmin und Physostigmin.

Parentalgeneration *(engl. parental generation; Syn. Elterngeneration)* Parentalgeneration ist ein ursprünglich aus der Genetik stammender Ausdruck für die »Elterngeneration«, der mittlerweile auch Verwendung in der Verhaltensforschung und in der Tier- bzw. Pflanzenzucht findet. Er bezeichnet die Ausgangsgruppe einer Abstammungslinie und kann aus nur zwei Individuen bzw. Organismen bestehen (männlich und weiblich) oder aber aus einer größeren Gruppe, in der sich die Individuen untereinander paaren können. Die folgenden Generationen (also die unmittelbaren Nachkommen der Parentalgeneration) werden als Filialgenerationen bezeichnet. In wissenschaftlichen Veröffentlichungen wird die Parentalgeneration mit »P« abgekürzt und die erste Folgegeneration mit »F1«.

parenteral *(engl. parenteral)* Die parenterale Verabreichung ist die Verabreichung von Medikamenten oder Nahrung unter Umgehung des Magen-Darm-Traktes. Dabei kann ein Medikament oder Nährstoff direkt ins Blut durch intravenöse Injektion oder Infusion verabreicht werden. Dies bietet sich bspw. in Notfallsituationen an, wenn das Medikament schnell einen hohen Wirkspiegel erreichen soll, das Medikament oral nicht resorbierbar ist oder wenn eine orale Gabe aufgrund des Krankheitsbildes oder des Zustands des Patienten nicht möglich ist. Auch eine intraarterielle, intramuskuläre oder subkutane Medikamentengabe bezeichnet man als parenterale Verabreichung. Ist es nicht möglich, den Patienten auf andere Weise zu ernähren, ist eine parenterale Ernährung, d. h. die Zuführung aller erforderlichen Nährstoffe und der angemessenen Menge an Flüssigkeit, erforderlich. Die kann über einen peripheren oder einen zentralnervösen Venenkatheter erfolgen.

Parese *(engl. paresis)* Parese meint eine unvollständige Lähmung der Muskulatur (vollständige Lähmung = Paralyse). Betroffen können ein einzelner Muskel, eine Muskelgruppe oder die ganze Extremität sein. Die grobe Kraft einer Muskelgruppe ist vermindert, Muskeltonus und Muskelreflexe sind normal oder ebenfalls beeinträchtigt. Eingeschränkt ist die Feinmotorik, die Sensibilität ist nicht betroffen. Es wird unterschieden zwischen der Monoparese (Lähmung einer Gliedmaße oder eines Gliedmaßenabschnittes), der Paraparese (Lähmung beider Arme oder Beine), der Tetraparese (Lähmung aller vier Extremitäten) und der Hemiparese (Lähmung einer Körperseite). Ursachen von Paresen liegen in neurologischen Störungen, v. a. periphere Nervendurchtrennungen als Folge von Unfällen oder Erkrankungen, die zum Untergang von Motoneuronen führen, spielen eine Rolle.

Parietallappen *(engl. parietal lobe; Syn. Lobus parietalis, Scheitellappen)* Der Parietallappen ist ein Teil des Großhirns, der über (superior) dem Okzipitallappen und hinter (posterior) dem Frontallappen liegt. Hier finden u. a. die Integration von sensorischen Informationen unterschiedlicher Wahrnehmungsorgane und die mentale Manipulation von Objekten statt. Im Parietallappen finden sich neben anderen neuronalen Zentren der somatosensorische Kortex und das dorsale System.

Parkinson-Krankheit *(engl. Parkinson's disease; Syn. Morbus Parkinson)* Die Parkinson-Krankheit ist eine meist schubweise fortschreitende Erkrankung des Gehirns, die zu den häufigsten neurologischen Erkrankungen weltweit gehört. Etwa 100–200 von 100.000 Personen der Gesamtbevölkerung leiden unter Morbus Parkinson; bei Personen über 85 Jahren liegt die Prävalenz bei rund 2 %. Männer sind etwas häufiger als Frauen betroffen. Bei den betroffenen Personen kommt zu einem Absterben Dopamin-produzierender Neurone in der Substantia nigra und infolgedessen zu einem Mangel an Dopamin und einem Überschuss an Azetylcholin in den Basalganglien. Die Parkinson-Krankheit zeichnet sich durch drei Kardinalsymptome aus: Tremor, Rigor und Akinese. Tremor bezeichnet das Zittern der Gliedmaße (v. a. der Hände), wodurch Willkürbewegungen nicht mehr oder nur stark eingeschränkt ausgeführt werden können. Rigor ist eine Muskelstarre und die Akinese bezeichnet eine Bewegungsarmut. Zusätzlich kommt es häufig zu Haltungsstörungen (z. B. eine unnormale Kopfhaltung). Die Parkinson-Krankheit ist nicht heilbar, es gibt jedoch verschiedene Möglichkeiten, die Symptome zumindest zeitweise zu lindern (hauptsächlich durch die Gabe der Dopaminvorstufe L-DOPA).

parvozellulär *(engl. parvocellular)* In der Neuroanatomie bezeichnet man Gruppen oder Bereiche relativ kleiner Nervenzellen als parvozellulär. So finden sich bspw. im sechsschichtigen Corpus geniculatum laterale (seitlicher Kniehöcker) vier parvozelluläre Zellschichten. Diese übertragen Informationen über die Farbe und Details gesehener Objekte zum primären visuellen Kortex (V1). Parvozelluläre Neurone finden sich u. a. auch im Hypothalamus. Diese Zellen sind verantwortlich für die Produktion wichtiger Peptidhormone (bspw. CRH, Vasopressin, TRH).

Patch-Clamp-Technik *(engl. patch clamp technique)* Die Patch-Clamp-Technik ist ein von Neher und Sakmann (1976) entwickeltes Verfahren zur Messung der Funktion von Ionenkanälen. Die Patch-Clamp ist eine spezielle Mikropipette, mit der es möglich ist, Ionenströme an einzelnen Ionenkanälen aufzuzeichnen. Dazu wird die Pipette mit einer Elektrolytlösung gefüllt und an die Zellmembran gesetzt. Durch die Erzeugung von Unterdruck wird ein sehr kleiner Teil der Membran (wenige Quadratmikrometer) angesaugt. Der Unterdruck isoliert den zu unter-suchenden Teil (patch) vom Rest der Zellmembran. Durch die Isolation wird gewährleistet, dass nur die Reaktionen der Ionenkanäle innerhalb der Mikro-pipette aufgezeichnet werden. Die Elektrolytlösung in der Pipette bewirkt eine Änderung des Memb-ranpotenzials, woraufhin sich die Ionenkanäle (im besten Fall nur einer) innerhalb der Pipette für einen kurzen Moment öffnen und wieder schließen. Diese Reaktion wird von der Pipette aufgezeichnet. Über dieses Verfahren ist es bspw. möglich, die Wirksam-keit von Medikamenten zu prüfen.

Patellarsehnenreflex *(engl. patellar tendon reflex)* Der Patellarsehnenreflex ist ein monosynaptischer Dehnungsreflex. Er dient dem Ausgleich einer extern verursachten Lageveränderung des Muskels. Durch einen Schlag auf die Sehne des Musculus quadriceps femoralis unterhalb der Kniescheibe wird eine schnelle Streckbewegung des Beines ausgelöst. Die plötzliche Dehnung der intrafusalen Muskelfasern durch den Schlag verursacht eine Erregung der Ia-Fasern und Gruppe II-Fasern. Diese erregen im Vorderhorn des Rückenmarks die α-Motoneurone, was zu schneller Kontraktion (nach ca. 20 ms) dessel-ben Muskels führt. Der Patellarsehnenreflex enthält auch einige polysynaptische Schaltungen, z. B. für die zeitgleiche Hemmung des Beugers über ein hem-mendes Interneuron sowie die rekurrente Hemmung über Renshaw-Zellen zur Beendigung des Reflexes.

Paukenhöhle *(engl. tympanic cavity)* Als Pauken-höhle wird der luftgefüllte Hohlraum des Mittelohrs bezeichnet, in dem sich die Gehörknöchelchen (Hammer, Amboss und Steigbügel) befinden. Die Paukenhöhle liegt hinter dem Trommelfell und be-steht aus drei Abschnitten: Paukenkuppel (Epitym-panon), Paukenmittelraum (Mesotympanon) und Paukenkeller (Hypotympanon). Die Paukenhöhle besitzt eine Länge von 12–15 mm und ist 3–7 mm breit. Sie ist über die eustachische Röhre mit den Atemwegen im Rachenraum verbunden. Über diese Verbindung kann ein Luftdruckausgleich stattfin-den. Dabei wird der Druck im Mittelohr dem Druck des Nasen-Rachen-Raums und dadurch dem Außen-druck angeglichen. Ein solcher Druckausgleich spielt beim Schluckakt, Gähnen sowie Tauchen oder Fliegen eine wichtige Rolle.

PCP ▶ Phencyclidin

Pedunculus cerebellaris *(engl. cerebral peduncle)* Der Pedunculus cerebellaris bezeichnet einen von insgesamt drei Stielen, über welche das Kleinhirn afferent und efferent mit anderen Strukturen ver-bunden ist. Die Hauptafferenzen des Kleinhirns stammen von den Brückenkernen Nucleus pontis, dem Rückenmark und Hirnstammkernen wie bspw. der Formatio reticularis oder den Nuclei vestibulares und dem Ncl. olivaris (Olivenkerne). Seine Effe-renzen richtet das Kleinhirn v. a. in den Thalamus, den Nucleus ruber, die Nuclei vestibulares und die Formatio reticularis. Die 3 Kleinhirnstiele sind nicht nach Afferenzen und Efferenzen getrennt. Im Pe-dunculus cerebellaris inferior verlaufen der Tractus vestibulocerebellaris, der Tractus olivocerebellaris, der Tractus spinocerebellaris posterior und der Trac-tus cerebellovestibularis. Im Pedunculus cerebellaris medius befindet sich allein der Tractus pontocere-bellaris. Im Pedunculus cerebellaris superior verlau-fen der Tractus spinocerebellaris anterior, der Tractus cerebellothalamicus und der Tractus cerebello-rubralis.

Peptid *(engl. peptide)* Peptide sind Ketten von Ami-nosäuren, die durch Verbindung von Karboxyl- und Aminogruppe zweier Aminosäuren unter Abspal-tung von Wasser entstehen (Peptidbindung). Peptide und demnach auch Proteine gehören zu den wich-tigsten Bausteinen pflanzlicher und tierischer Zel-len. Sie bilden Hormone, Enzyme, sind als kontrak-tile Elemente an der Bewegung beteiligt, haben Transportfunktion im Blut und stellen Bauelemente aller Biomembranen dar.

Peptidhormon *(engl. peptide hormone)* Peptidhor-mone bestehen aus einer Kette von rund 3–50 Ami-nosäuren und bilden zusammen mit den Protein-hormonen (mehr als 50 Aminosäuren lang) die zah-lenmäßig größte Gruppe der Hormone. Peptid-hormone sind wasserlöslich und können daher die Doppellipidmembran der Körperzellen nicht passiv überwinden. Peptidhormone binden an spezifische Rezeptoren auf der Zellmembran und entfalten ihre Wirkung durch Second-Messenger-Systeme (bspw. cAMP). Wie bei den meisten anderen Hormonen wird die Ausschüttung von Peptidhormonen über negative Feedback-Schleifen kontrolliert. Die Inaktivierung erfolgt durch enzymatischen Abbau direkt am Wirkort, in Leber, Niere oder nach Rezeptorbindung innerhalb der Zelle.

Peptid YY3-36 *(engl. peptide YY$_{3-36}$)* Bei dem Peptid YY$_{3-36}$ handelt es sich um ein Hormon, welches von Dünndarmzellen produziert und freigesetzt wird. Es spielt eine wesentliche Rolle bei der Regulation von Hunger und Sättigung eines Organismus. Während der Nahrungsaufnahme steigt die Konzentration von YY$_{3-36}$ und wirkt als Botenstoff inhibierend auf die NPY/AgRP-Neurone im »appetite controller« des Nucleus. Der daraus resultierende Effekt ist eine Senkung des Hungergefühls.

Perfusion *(engl. perfusion)* Unter Perfusion versteht man das Durchströmen von Flüssigkeiten (z. B. Blut) durch Organe oder Blutgefäße. Perfusion ist meist natürlich, kann aber auch künstlich hervorgerufen werden.

Perfusionsdruck *(engl. perfusion pressure)* Der Perfusionsdruck gibt an, wie viel Blut pro Zeiteinheit durch die Arterien fließt. Jener Druck wird bspw. aufgrund des Durchströmens durch die Nierentubuli der Niere erzeugt und kann durch spezielle Volumensensoren gemessen werden. Dies spielt eine wesentliche Rolle beim Wasserhaushalt eines Organismus (► Durst, volumetrischer).

Periaquäduktales Grau *(engl. periaqueductal gray)* Neben der Substantia nigra und dem Nucleus ruber ist das periaquäduktale Grau (PAG) die zentrale Struktur des Tegmentums. Das PAG umgibt den Aquaeductus cerebri. Da das PAG eine hohe Dichte von Opiatrezeptoren aufweist, spielt es eine wichtige Rolle bei der schmerzunterdrückenden Wirkung opiater Stoffe.

Perikaryon *(engl. perikaryon; Syn. Soma, Zellkörper)* Das Perikaryon ist der Zellleib und das metabolische Zentrum des Neurons mit für Stoffwechselvorgänge und Regeneration unerlässlichen Zellbestandteilen (endoplasmatisches Retikulum, Mitochondrien, Golgi-Apparat, Neurofilamente und Lysosomen). Der Zellkörper besteht aus Zytoplasma, dem Zellkern und Zellorganellen und ist zumeist kugel- oder

pyramidenförmig. Von ihm gehen Axone und Dendriten, die Fortsätze des Neurons, ab.

Perimetrie *(engl. perimetric test)* Die Perimetrie ist eine Vermessung des Gesichtsfeldes, des Bereiches, den man mit den Augen wahrnehmen kann. Es existieren zwei Untersuchungsarten, die beide auf demselben Prinzip beruhen: Der Proband/Patient fixiert mit dem zu untersuchenden Auge einen Punkt, bewegt das Auge also nicht. Nun werden Stimuli präsentiert und der Proband/Patient hat die Aufgabe anzugeben, ob und wann er den Stimulus wahrnimmt. Aus dem Protokoll der wahrgenommenen Stimuli kann das Gesichtsfeld des Probanden rekonstruiert werden. Die erste Untersuchungsart erfolgt manuell durch den Untersucher. Bei der Finger- oder Konfrontationsperimetrie decken Untersucher und Proband/Patient jeweils das gleiche Auge ab und fixieren gegenseitig ihre Nasen. Der Untersucher führt nun seinen Finger von außen an das Gesichtsfeld heran und kann direkt vergleichen, wann er seinen Finger wahrnimmt und ab wann der Proband das tut. Die zweite Untersuchungsart ist die kinetische Perimetrie (auch Goldmann-Perimetrie genannt) und erfolgt in einem Projektionsperimeter. Der Kopf des Probanden befindet sich in dieser Halbkugel und es werden ihm Reize dargeboten. Die Reizorte können außerhalb der Halbkugel auf Papier projiziert und somit das Gesichtsfeld graphisch dargestellt werden. Diese Untersuchung kann dynamisch oder statisch erfolgen, wobei bei der dynamischen Anordnung die Stimuli von außen ans Gesichtsfeld sukzessiv herangeführt werden und in der statischen Form die Orte der Lichtreize erzeugt werden. Die Stimuli können unterschiedlicher Helligkeit oder Farbe sein und aus verschiedenen Richtungen präsentiert werden. Mit Hilfe der Perimetrie können Gehirnschäden lokalisiert werden und Glaukome, Skotome oder Hemianopsien erkannt werden.

peripheres Nervensystem ► Nervensystem, peripheres

Permeabilität *(engl. permeability)* Permeabilität ist eine Eigenschaft von Membranen und bezeichnet ihre Durchlässigkeit für bestimmte Stoffe. Welche Stoffe eine Membran passieren können, ist sowohl abhängig von der Struktur und Größe des Stoffes als auch von der Struktur, der Stärke und Poren- bzw. Kanalanzahl der Membran.

Peroxisom *(engl. peroxisome)* Peroxisome sind in allen eukaryotischen Zellen vorkommende Organellen, die im Gegensatz zu Mitochondrien und Chloroplasten (nur bei Pflanzen) nur von einer einschichtigen Membran umgeben sind. Wie in den Mitochondrien findet die Fettsäureoxidation auch in Peroxisomen statt. Es wird vermutet, dass langkettige Fettsäuren in den Peroxisomen verkürzt werden, um sie dann besser in den Mitochondrien abbauen zu können. Zahlreiche Stoffwechselschritte, bei denen Wasserstoffperoxid anfällt, laufen in den Peroxisomen ab, da Wasserstoffperoxid als Zellgift nur dort durch das in hohen Konzentrationen vorhandene Enzym Katalase abgebaut werden kann.

Perseveration *(engl. perseveration)* Perseveration bezeichnet ein mitunter krankhaftes Beharren oder Haftenbleiben an Vorstellungen und eine beharrliche Wiederholung von Wörtern und Bewegungen. Sie ist oft bei autistischen Störungen, Epilepsie, hirnorganischen Erkrankungen und der Schizophrenie zu beobachten. Perseverationstendenzen nach Hirnschäden werden oft über den Wisconsin-Karten-Sortier-Test untersucht. Personen mit Perseverationstendenzen sind dabei nicht in der Lage, den Sortiermodus im Laufe des Versuchs zu ändern (d. h. sie sortieren nach der alten falschen Regel weiter), obwohl sie artikulieren können, das ihre Sortierung falsch ist.

PET ▶ Positronenemissionstomographie

Petit mal *(engl. petit mal, absense attack, minor motor seizure)* Petit mal bezeichnet einen kleinen generalisierten epileptischen Anfall. Typisch für epileptische Anfälle sind abnorme exzessive Entladungen von Neuronen im Gehirn. Es wird zwischen partieller (nur einen Teil des Gehirns betreffend) und generalisierter Epilepsie (das gesamte Gehirn betreffend) unterschieden. Im Gegensatz zum Grand mal ist das Petit mal nicht mit Krämpfen verbunden, sondern ist primär durch die Absence, also eine Trübung des Bewusstseins, gekennzeichnet und wird bisweilen von einem Flattern der Augenlider beglei-

tet. Am häufigsten sind Kinder vom Petit mal betroffen. In vielen Fällen kommt es aber nicht zur Diagnose, da die Anfälle nicht erkannt, sondern mit Aufmerksamkeitsdefiziten verwechselt werden.

Pfad, dorsaler *(engl. dorsal pathway)* Visuelle Informationen werden nach Verarbeitung in den visuellen Kortexarealen des Okzipitallappens (Hinterhauptslappen) über den sog. dorsalen und den sog. ventralen Pfad weiter verarbeitet. Der dorsale Pfad verläuft vom Okzipitallappen zum Parietallappen (Scheitellappen). Der dorsale Pfad dient zur Orientierung und Positionierung von Objekten im Raum. Schäden in den Hirnarealen, die an der Verarbeitung visueller Informationen in diesem Pfad beteiligt sind, führen u. a. zu einer unterbrochenen Wahrnehmung der Objektbewegung, d. h. eine Bewegung wird nicht mehr fließend, sondern nur noch in einzelnen Bildern wahrgenommen.

Pfad, ventraler *(engl. ventral pathway)* Erreicht die vom Auge wahrgenommene Information den Okzipitallappen (Hinterhauptslappen), wird sie von dort entweder auf dem ventralen oder dem dorsalen Pfad weiterverarbeitet. Der ventrale Pfad verläuft hin zum unteren Bereich des Temporallappens (Schläfenlappen). Verarbeitet wird hierbei, was wahrgenommen wird, also die Farbe und Form von Objekten. Auf diesem Pfad wird das Objekt als solches mit seinen Merkmalen identifiziert. Hirnläsionen, die den ventralen Pfad betreffen, verhindern eine rein visuelle Objekterkennung, wobei dieses aber meist unter Zuhilfenahme anderer Sinne (Tasten etc.) identifiziert werden kann.

PGO-Welle *(von: Pons, Geniculatum, Occipital)* Bei der PGO-Welle handelt es sich um Salven phasischer elektrischer Aktivität, die ihren Ursprung in dem Pons haben und sich von dort über den Corpus geniculatum bis hin zum visuellen Kortex erstrecken. PGO-Wellen sind ein reines REM-Schlaf-Charakteristikum und stellen die erste Phase einer REM-Epoche dar, welcher EEG-Desynchronisation, Paralyse und schnelle Augenbewegungen (Rapid-Eye-Movements) als weitere Phasen folgen.

Phagozytose *(engl. phagozytosis)* Die Phagozytose ist eine Form der Endozytose, bei der feste Stoffe von einer Zelle aufgenommen werden. Bei diesen Bestandteilen kann es sich um Nahrungspartikel oder Krankheitserreger handeln. Tierische Einzeller nutzen die Phagozytose zur Nahrungsaufnahme, bei höheren Organismen werden dabei durch Fresszellen körperfremde Zellen oder beschädigte, körpereigene Zellen vernichtet. Die aufzunehmenden Partikel werden aufgrund spezifischer Oberflächenstrukturen erkannt. Dieser Mechanismus wird zumeist über einen Liganden an der Oberfläche des Partikels und einem Rezeptor auf der Zelloberfläche vermittelt. Nach der Phagozytose werden die Teilchen in der Zelle durch Enzyme zerlegt.

Phalangenzellen ▶ Deiters-Stützzellen

Phänotyp *(engl. phenotype)* Der Phänotyp bezeichnet die äußerlich feststellbaren Merkmale eines Organismus. Er wird durch den Genotyp des Individuums und verschiedene Umwelteinflüsse bestimmt. Organismen mit demselben Phänotyp können unterschiedliche Genotypen haben, da sie sich in rezessiven Allelen, die keinen Einfluss auf den Phänotyp haben, unterscheiden können.

Phantomglied *(engl. phantom limb)* Phantomglieder sind Gliedmaßen, die trotz einer erfolgten Amputation vom Patienten als noch vorhanden empfunden werden. Diese Empfindung äußert sich meist in Form von Schmerzen oder anderen negativen Wahrnehmungen wie bspw. Jucken (▶ Phantomschmerz).

Phantomschmerz *(engl. phantom pain)* Phantomschmerz meint das Schmerzen einer nicht mehr vorhandenen Gliedmaße nach einer Amputation. Er wird als brennend, stechend, nadelstich- oder krampfartig beschrieben. Zur Erklärung dieses Phänomens wird zum einen vermutet, dass bei der Amputation beschädigte Nerven(enden) den Schmerz auslösen. Eine zweite Theorie geht von einem »Schmerzgedächtnis« der durch die Vollnarkose nicht betäubten weiterleitenden nozizeptiven Nervenbahnen aus, die – durch mangelnde weitere Impulse nach der Amputation – den erinnerten Schmerz zum Gehirn leiten. Deshalb wird heutzutage vermehrt mit zusätzlicher Lokalanästhesie operiert. Die aktuellste Theorie erklärt Phantomschmerzen mit der Plastizität des Gehirns. Nach einer Amputation hat die Region im Kortex, die die entsprechende Gliedmaße repräsentiert hat, durch die Deafferenzierung keine Funktion mehr. Nach und nach wird die betroffene Region von anderen, benachbarten Repräsentationen mit verwendet. Je größer dabei die vormalige Repräsentation war, desto stärker ist der Phantomschmerz. Trotz unterschiedlicher Therapien haben diese generell nur geringe Erfolgsaussichten. Ein Verfahren ist die sog. Spiegelbox (Mirrorbox) von Ramachandran.

Pharmakokinetik *(engl. pharmakokinetics)* Wörtlich übersetzt bedeutet Pharmakokinetik soviel wie »Bewegung der Pharmaka« und beschreibt den Prozess, durch den Wirksubstanzen aufgenommen, im Körper verteilt, verstoffwechselt und wieder ausgeschieden werden.

Phencyclidin *(engl. phencyclidine)* Phencyclidin (PCP) ist eine synthetisierte Substanz, die als Partydroge gilt und dem Körper gewöhnlich oral, nasal, intravenös oder durch Rauchen zugeführt wird. Als Dissoziativum kann PCP Halluzinationen, Lethargie, Desorientation, Koordinationsverlust, trance-ähnliche ekstatische Zustände, Euphorie und visuelle Verzerrungen hervorrufen. PCP bindet hauptsächlich an den N-Methyl-D-Aspartat (NMDA)-Rezeptor und verhindert so die glutamaterge Neurotransmission (v. a. im Hippocampus). PCP birgt ein massives Abhängigkeitspotenzial und kann je nach Reinheitsgrad innerhalb kurzer Zeit zu starken physischen und psychischen Abbauvorgängen führen. PCP wird in der Drogenszene auch als Angel Dust, Crystal oder Flakes bezeichnet.

Phenothiazine *(engl. pl. phenothiazines)* Phenothiazine bilden eine Gruppe von Arzneistoffen, deren strukturchemische Grundlage ein räumlich annähernd planares Dreiringsystem (Phenothiazin) bildet. Sie werden vor allem bei der Behandlung von Schizophrenie als Neuroleptika eingesetzt, finden aber auch Anwendung als Sedativa, Antihistaminika und Antiemetika bzw. Antivertiginosa. Phenothiazine zeichnen sich durch ihre Affinität zu Dopaminrezeptoren (D2) aus, die sie kompetitiv blockieren können. Daneben hemmen verschiedene Wirkstoffe auch andere Neurotransmitter, bspw. Histamin, Serotonin oder Noradrenalin. Durch die Blockierung der Dopaminrezeptoren kommt es zu einer

Reihe von Nebenwirkungen, darunter die extrapyramidal-motorischen Störungen (EPMS), d. h. Früh- und Spätdyskinesien, Akathisien und parkinsonähnliche Symptome. Einige Phenothiazine können auch Störungen der Wärmeregulation verursachen.

Phenylbrenztraubensäure *(engl. phenylpyruvic acid)* Phenylbrenztraubensäure ensteht als Abbauprodukt des überschüssigen Phenylalanins, wenn der Umbau zu Tyrosin durch Fehlen des Enzyms Phenylalaninhydroxylase (aufgrund eines rezessiven Erbleidens) blockiert ist. Die Phenylbrenztraubensäure wird dann über den Harn ausgeschieden. Ein erhöhter Phenylalaninspiegel wirkt störend bei der Hirnentwicklung.

Phenylketonurie *(engl. phenilketonuria)* Bei der Phenylketonurie handelt es sich um eine Störung des Aminosäurestoffwechsels. Die Aminosäure Phenylalanin kann nicht katalysiert werden und reichert sich infolge im Blut an. Das führt bei unbehandelten Patienten im Laufe des Lebens zu schweren Störungen wie bspw. zu schwerer geistiger Behinderung. Die Störung wird autosomal-rezessiv vererbt und die Behandlung besteht in einer phenylalaninarmen Diät. Die Diagnose wird meist aufgrund eines pathologischen Guthrie-Tests innerhalb der ersten Lebenstage eines Neugeborenen gestellt.

Pheromon *(engl. pheromone)* Pheromone sind »Erregungsträger«, die oft auch als »Sexuallockstoffe« bezeichnet werden. Es handelt sich dabei um chemische Verbindungen, die von geschlechtsreifen Tieren freigesetzt werden und auf physiologische Vorgänge von Artgenossen sowie auf deren Verhalten, welches mit Sexualität und Fortpflanzung im Zusammenhang steht, wirken. Viele Pheromone werden olfaktorisch wahrgenommen oder über das vomeronasale Organ, das nicht die in der Luft befindlichen Moleküle wahrnimmt, sondern nichtflüchtige Verbindungen (z. B. im Urin der Tiere). Das vomeronasale Organ wird für die durch Pheromone vermittelten Effekte wie den Lee-Boot-Effekt, den Whitten-Effekt, den Vandenbergh-Effekt und den Bruce-Effekt verantwortlich gemacht.

Phobie *(engl. phobia)* Phobie bezeichnet eine pathologische Form der Angst vor bestimmten Objekten oder Situationen, bei der die subjektiv eingeschätzte Gefahr weit über der objektiven liegt. Einher geht die Phobie mit einer starken Angstreaktion, wenn der phobische Reiz nicht vermieden werden kann, sondern ausgehalten werden muss. Patienten versuchen meist, das entsprechende Objekt oder die Situation zu vermeiden, so dass sich, in Abhängigkeit vom phobischen Objekt, Einschränkungen im Alltag ergeben können (Sozialkontakte, Beruf etc.). Therapeutisch wird häufig mit sog. Expositions- oder Konfrontationsverfahren gearbeitet, bei denen der angstauslösende Reiz präsentiert und an den angstauslösenden Überzeugungen gearbeitet wird.

Phonem *(engl. phoneme)* Ein Phonem ist die kleinste Einheit einer Sprache, welche die Bedeutung eines Wortes bestimmt. Wenn in einem Wort ein Phonem durch ein anderes ersetzt wird, ändert sich die Bedeutung des Wortes (z. B. »Rinne« vs. »Sinne«, »Kamm« vs. »kam«). In der menschlichen Sprache kommen zwischen 13 (Hawaiianisch) und 80 Phoneme vor. Im Deutschen werden ca. 40 Phoneme unterschieden.

Phospholipide *(engl. pl. phospholipids)* Lipide sind wasserunlösliche Biomoleküle mit relativ einfachen chemischen Strukturen. Bei den Phospholipiden ist eine der Fettsäureketten des Triglycerids durch eine phosphathaltige Gruppe ersetzt. Folglich sind Phospholipide sog. amphotere Moleküle, da sie hydrophile (phosphathaltige Gruppe) und hydrophobe (Fettsäureketten) Bereiche besitzen. Aufgrund dieser Eigenschaft sind Phospholipide geeignet zur Bildung von Grenzflächen zwischen wässrigen und fetthaltigen Umgebungen. Biologische Membranen bestehen zum Großteil aus Phospholipid-Doppelschichten, wobei die unpolaren Schwänze nach innen und die polaren Köpfe der Struktur nach außen ausgerichtet sind.

Phylogenie *(engl. phylogeny; Syn. Phylogenese)* Phylogenie bezeichnet die biologische Evolution einer Art oder Artengruppe (Stammesentwicklung) im Verlauf der Erdgeschichte. Es werden u. a. Beziehungen und Verwandtschaften zwischen Großgruppen von Organismen betrachtet. Die Entwicklung basiert auf der kombinierten Wirkung von genetischen Variationen und Umwelt, die Selektion, Anpassung, Differenzierung und Spezialisierung zur Folge haben. Die Phylogenie forscht anhand von morphologischen und anatomischen Merkmalen von Fossilien, Vergleichen morphologischer, anatomischer und physiologischer Merkmale gegenwärtiger Lebewesen sowie Vergleichen der Ontogenese (▶ Ontogenese) gegenwärtiger Lebewesen. Hinzu kommt der Bereich der molekularen Phylogenie, der sich mit der Eruierung der Entstehungsgeschichte und Verwandtschaft molekularer Merkmale (DNA, RNA) beschäftigt.

Physiologie *(engl. physiology)* Die Physiologie ist die Lehre und Erforschung der natürlichen Lebensvorgänge (biochemische sowie biophysikalische Funktionsweisen) des Organismus. Sie umfasst z. B. die Physiologie der Atmung, des Herz-Kreislaufs, der Muskeln, des Stoffwechsels (spezielle Physiologie) oder die Funktion und Wechselwirkungen allgemeiner Lebensvorgänge (allgemeine Physiologie).

Pia mater *(engl. pia mater; Syn. weiche Hirnhaut)* Die Pia mater ist die innerste der drei Hirnhäute (Meningen). Sie besteht aus weichem Bindegewebe und ist von der Arachnoidea durch den mit Liquor gefüllten Subarachnoidalraum getrennt. Sie liegt dem Rückenmark und der Gehirnoberfläche eng an und dringt bis in die Sulci (Gehirnfurchen) ein. Die Pia mater umkleidet auch die ins Gehirn führenden Blutgefässe.

Pimozid *(engl. pimozide)* Pimozid ist ein Butyrophenonderivat (Handelsname: Orap®) und gehört zur Gruppe der hochpotenten Neuroleptika, d. h. es hat ausgeprägte antipsychotische und psychomotorisch dämpfende Wirkung. Zugelassen ist es in Österreich und Deutschland. Pimozid ist ein Dopaminantagonist und verfügt über eine hohe Affinität für den D2-Rezeptor. Nebenwirkungen sind extrapyramidal-motorische Symptome, das maligne neuroleptische Syndrom, ZNS-Effekte (wie bspw. Kopfschmerzen, Schlaflosigkeit, Angst), endokrine Effekte (wie bspw. Amenorrhoe oder Impotenz), kardiovaskuläre Effekte (wie bspw. Hypotension), gastrointestinale Beschwerden, Schwindel, Schwäche, Mundtrockenheit und Schwitzen. Es kommt häufig zu Entzugserscheinungen wie Übelkeit, Erbrechen, Dyskinesie und Schlaflosigkeit. Pimozid

wird auch zur Behandlung des Tourette Syndroms angewendet.

Pinozytose *(engl. pinocytosis)* Die Pinozytose wird auch als »Zelltrinken« bezeichnet. Flüssigkeit oder in Flüssigkeit gelöste Substanzen werden in das Zellinnere aufgenommen, indem Flüssigkeit umschließende Vesikel gebildet werden. Sie ist besonders für die Fettresorption in Dünndarm und Leber von Bedeutung. Bei der Phagozytose hingegen werden Partikel wie Zelltrümmer oder ganze Bakterien ins Zellinnere aufgenommen. Beide Vorgänge werden unter dem Begriff Endozytose zusammengefasst.

Planum temporale *(engl. planum temporale)* Akustische Signale gelangen vom Corpus geniculatum mediale (CGM) über die Hörstrahlung zum primären auditorischen Kortex. Das Planum temporale besteht aus sieben sekundären Gebieten, die das primäre Areal innerhalb des Sulcus lateralis teilweise umschließen. Es bildet so den sekundären auditorischen Kortex, der gleichfalls den auditorischen Assoziationskortex darstellt und ebenfalls Signale aus dem CGM bekommt. Der gesamte auditorische Kortex liegt im Temporallappen, dehnt sich jedoch bis in den Parietallappen aus. Zuständig ist das Planum temporale für die Erkennung reiner Töne wie auch akustischer Muster. Die funktionelle und strukturelle Asymmetrie der Hemisphären werden bei Betrachtung des Planum temporale deutlich. Dieses ist aufgrund seiner Rolle bei der Sprachproduktion (als Bestandteil des Wernickschen Sprachareals) und der Sprachdominanz der linken Hemisphäre auf der linken Seite (bei Rechtshändern) größer.

Plaques, amyloide *(engl. pl. amyloid plaques)* Amyloid ist der Oberbegriff für Proteinfragmente, welche vom Körper produziert werden. Amyloide Plaques bestehen hauptsächlich aus Amyloid-β42 (Peptidisoform mit 42 Residuen), welches aus einem größeren Protein mit dem Namen APP (Amyloid-Vorläufer-Protein) herausgeschnitten wird. Die Anhäufung von amyloiden Plaques zwischen den Neuronen (extrazellulär) im Gehirn ist eines der Hauptmerkmale der Alzheimer-Krankheit. Im gesunden Gehirn werden diese Fragmente zersetzt und vernichtet. Bei der Alzheimer-Krankheit häufen sie sich zu harten, unauflöslichen Plaques an. Der Zusammenhang zwischen

Amyloidablagerungen und Demenzschweregrad konnte dennoch bisher nicht gesichert werden. Auch bei gesunden älteren Menschen sind mitunter ausgeprägte neokortikale amyloide Plaques zu finden.

Plasmalemma ▶ Zellmembran

Plastizität, synaptische *(engl. synaptic plasticity)* Plastizität beschreibt die Veränderbarkeit der funktionellen und anatomischen Organisation des zentralen Nervensystems als Anpassung an die Umwelt. Bei Synapsen kommt es zu einer veränderten Feuerrate und dadurch zu einer veränderten synaptischen Verschaltung und Stärke der Verbindung verschiedener Nervenzellen untereinander. Synaptische Plastizität wird meist als eine Voraussetzung für Lern- und Gedächtnisprozesse betrachtet. Es existieren verschiedene Prinzipien der Plastizität: eine erhöhte Nutzung eines Körperteils führt zu einer Expansion der kortikalen Repräsentation und einer Verkleinerung des rezeptiven Feldes; Deafferenzierung führt zu einer Invasion anderer Zellen in die Repräsentationszone; synchrone, verhaltensrelevante Stimulation von nah beieinander liegenden rezeptiven Feldern führt zu einer Integration von Repräsentationen und bei asynchroner Stimulation werden die Repräsentationen getrennt.

Platzpräferenz-Paradigma, konditioniertes *(engl. conditioned place preference paradigm)* Ein konditioniertes Platzpräferenz-Paradigma stellt einen Test zur Erfassung der Präferenz eines Versuchtieres für einen bestimmten Ort dar, an dem es zuvor z. B. die Auswirkung einer verabreichten Droge erlebt hat.

Plazebo *(engl. placebo)* Ein Plazebo ist ein Scheinmedikament, also eine Substanz, die selbst keine nachweisliche Wirkung besitzt. Nach Verabreichung von Plazebos tritt trotzdem häufig eine messbare Veränderung bei Patienten auf, wenn diese an die Wirkung des Plazebos glauben. Plazebos bestehen oft aus einfacher Stärke oder Milchzucker und lösen zuweilen auch Nebenwirkungen wie Hautausschläge, Juckreiz, Übelkeit oder Müdigkeit aus.

Plazenta *(engl. placenta)* Die Plazenta bezeichnet sowohl bei Menschen als auch bei Tieren den sog. Mutterkuchen im weiblichen Körper während einer Schwangerschaft. Sie ist zuständig für den Stoffwechsel des Embryos, der durch die Nabelschnur mit der Plazenta verbunden ist und über sie Nährstoffe aufnimmt. Die Plazenta ist außerdem für die Produktion von zahlreichen für die Schwangerschaft wichtigen Hormonen zuständig.

Plethysmographie *(engl. plethysmography)* Plethysmographie ist ein Sammelbegriff für Techniken zur Veränderungsmessung des Blutvolumens in bestimmten Körperregionen. Bei der Volumenplethysmographie wird ein Dehnungsmesser um das Zielgewebe gelegt. Mit zunehmendem Blutvolumen steigt die Dehnung. Bei der Photoplethysmographie wird die Absorption oder Reflektion von Infrarotlicht durch das Zielgewebe untersucht. Je mehr Licht absorbiert oder je weniger reflektiert wird, desto mehr Blut befindet sich im Gewebe. Impendanzplethysmographie basieren auf der Veränderungsmessung des Blutvolumens in einem Körperteil aufgrund von Veränderungen des elektrischen Widerstandes. Die Plethysmographie wurde bis vor einigen Jahren in Form der Penisplethysmographie bei Sexualstraftätern angewendet, um deren sexuelle Orientierung zu untersuchen.

Plexus chorioideus *(engl. choroid plexus)* Alle vier Ventrikel im Gehirn sind mit einem Adergeflecht ausgekleidet, dem sog. Plexus chorioideus. Dieser ist für die Produktion von Liquor (Syn. zerebrospinale Flüssigkeit, CSF) verantwortlich. Dabei erfolgt die Bildung von Liquor durch Filtration von Blut; die tägliche Produktionsrate beträgt bei Erwachsenen rund 500 ml.

poikilotherm *(engl. poikilotherm; Syn. wechselwarm)* Als poikilotherm werden Tiere bezeichnet, die ihre Körpertemperatur an die Umgebungstemperatur anpassen können. Das Gegenteil von poikilotherm ist homoiotherm (gleichwarm).

polygen *(engl. polygenic)* Polygen ist ein Begriff aus der Genetik und bezeichnet die Tatsache, dass die Ausprägung eines Merkmals nicht durch ein einzelnes Gen (monogen), sondern durch mehrere Gene bestimmt wird.

Polymorphismus *(engl. polymorphism)* Der Begriff Polymorphismus bedeutet »Vielgestaltigkeit«. Er tritt in der Chemie, der Informatik und der Biologie auf. Genetischer Polymorphismus beschreibt das Vorkommen von Genvariationen (d. h. mehrerer Allele eines Gens) innerhalb einer Population. Per Definition muss ein Allel mit einer Frequenz von mind. 1 % in einer Population auftreten, damit man von Polymorphismus und nicht Mutation spricht. Genetische Polymorphismen können zu unterschiedlichen Phänotypen (Erscheinungsformen) führen, bspw. gibt es Geschlechts-, Farb- oder Verhaltenspolymorphismen.

Pons (engl. pons) Der Pons ist Teil des Hirnstamms und liegt zwischen der Medulla oblongata (kaudal) und dem Mesenzephalon (kranial). Zusammen mit dem Zerebellum bildet er das Metenzephalon. Der Pons besteht aus wulstigen, quer verlaufenden Fasern, in die einige Hirnnervenkerne sowie die Brückenkerne eingebettet sind. Letztere stellen ein wichtiges afferentes System des Zerebellums dar und beeinflussen Bewegungsentwürfe und die Feinabstimmung von Bewegungen, indem sie über den Tractus corticopontinus Afferenzen vom Kortex, insb. vom Frontallappen, erhalten und efferent die kontralaterale Kleinhirnhemisphäre versorgen. Läsionen der Brückenkerne können ähnliche Symptome verursachen wie eine Kleinhirnläsion selbst (Störungen der motorischen Koordination und des Gleichgewichts, Ataxie).

Portalsystem (engl. portal venous system) Portalsystem ist eine Bezeichnung für ein Venensystem bei Wirbeltieren und Menschen, das Blut in das Kapillarbett eines anderen Organs führt, anstatt es direkt ins Herz zurück zu leiten. Dieses Venensystem erstreckt sich vom Ösophagus bis zum oberen Teil des Afters. Dazu gehören ebenfalls der Blutabfluss von Milz und Bauchspeicheldrüse sowie das Pfortadersystem, das den Hypothalamus mit dem Hypophysenvorderlappen verbindet.

Positive-incentive theory ▶ Anreiztheorie

Positivsymptom (engl. positive symptome) Als Positivsymptom gilt ein Krankheitszeichen, das dem gesunden Erleben etwas Neues hinzufügt bzw. mehr als das statistisch normale oder gesunde Erleben beschreibt. So können z. B. bei einer Schizophrenie

Wahn oder Halluzinationen vorkommen, d. h. Besonderheiten, die beim gesunden Menschen nicht auftreten.

Positron (engl. positron) Ein Positron ist ein positiv geladenes Elementarteilchen. Das Gegenteil nennt man Elektron. Beim Zusammentreffen beider Teilchen kommt es zu Paarvernichtung (Annihilation) – eine Eigenschaft, die in der Medizin bei der Positronenemissionstomographie (PET) ausgenutzt wird.

Positronenemissionstomographie (engl. positron emission tomography) Positronenemissionstomographie (PET) ist ein bildgebendes Verfahren, mit dem Schnittbilder vom Inneren des Organismus erstellt werden können. Dabei werden instabile Radioisotope, die Positronen emittieren, dem Patienten injiziert oder mittels Inhalation verabreicht. Das Positron tritt nun in Wechselwirkung mit einem Elektron, wobei beide Teilchen vernichtet werden und dabei zwei Photonen entstehen, die sich in einem Winkel von 180° voneinander entfernen. Wenn diese Vernichtungsstrahlung gleichzeitig an zwei Stellen von ringförmig angeordneten Detektoren auftreffen, können mit Hilfe eines Computers Stoffwechselabläufe in einem Organismus bildlich dargestellt werden. Die PET wird besonders in der Onkologie, Kardiologie und Neurologie angewandt.

posterior (engl. posterior) Anatomische Lagebezeichnung für »hinten«. Das Gegenteil von posterior ist anterior.

post mortem (engl. post mortem) In der Pathologie und Gerichtsmedizin werden Untersuchungen post mortem durchgeführt, um z. B. die Todesursache genau zu bestimmen. In der Forschung verwendet man post mortem Untersuchungen, um Aufschluss darüber zu bekommen, welche Auswirkungen z. B. eine bestimmte Erkrankung oder (experimentell durchgeführte) Intervention auf das Gehirn oder den Körper des Verstorbenen hatte (z. B. Untersuchung verstorbener demenzkranker Personen).

Potenzial, Ereignis korreliertes (engl. event-related potential) Ereignis korrelierte Potenziale (EKPs) sind per EEG gemessene Hirnströme, die auf bestimmte

Stimuli (wie visuelle, auditive oder taktile Wahrnehmungen oder kognitive Prozesse) folgen. Im EEG eines solchen evozierten Potenzials findet sich neben dem eigentlich interessierenden Signal immer noch das sog. Rauschen, die ständige Hintergrundaktivität. Um ein besseres, unverdecktes Resultat zu erhalten, wird über viele Versuche hinweg mehrmals gemittelt, so dass die vom Ereignis unabhängigen Anteile herauspartialisiert werden und zum Schluss ein klares Signal entsteht. Die Wellen können dann anhand ihrer Dauer und ihrer Ausschlagsrichtung beurteilt werden (▶ P300-Welle).

Potenzial, exzitatorisches postsynaptisches *(engl. excitatory postsynaptic potential)* Ein exzitatorisches postsynaptisches Potenzial (EPSP) bezeichnet die vorübergehende Depolarisation der postsynaptischen Membran. Dadurch steigt das Erregungsniveau im Soma des postsynaptischen Neurons. Ein EPSP entsteht an einer exzitatorischen Synapse, an der durch einen Neurotransmitter oder anderen Liganden Natrium-, Kalzium- oder Kaliumionenkanäle an der postsynaptischen Membran geöffnet werden. Dies führt zu einer Depolarisation, die sich entlang der Membran fortsetzt und bei ausreichender Stärke am Axonhügel ein neues Aktionspotenzial auslöst. Dabei können sich mehrere EPSPs gegenseitig verstärken.

Potenzial, inhibitorisches postsynaptisches *(engl. inhibitory postsynaptic potential)* Ein inhibitorisches postsynaptisches Potenzial (IPSP) ist eine Hyperpolarisierung an der postsynaptischen Membran, die zu einer Absenkung des Erregungsniveaus im Soma des postsynaptischen Neurons führt. Ein IPSP entsteht an einer inhibitorischen Synapse durch Ausschüttung von Transmittern an der präsynaptischen Membran, die zur Öffnung von Kalium- bzw. Chlorid-Ionen-Kanälen führen und dadurch die Hyperpolarisation auslösen. Diese Hyperpolarisation breitet sich entlang der Membran aus und wirkt entgegen der Depolarisation, die durch EPSPs ausgelöst werden kann. Durch ein IPSP wird das Entstehen eines Aktionspotenzials im Neuron unwahrscheinlicher.

Potenzial, postsynaptisches *(engl. postsynaptic potential)* Ein postsynaptisches Potenzial beschreibt die Veränderung der Membranpotenziale postsyn-

aptischer Neurone, ausgelöst durch Neurotransmitter, welche an den Synapsen freigesetzt werden, oder andere Liganden. Ein postsynaptisches Potenzial drückt sich in Abhängigkeit von den aktivierten Rezeptoren durch Erhöhung oder Verminderung der Feuerrate postsynaptischer Neurone aus.

Prädisposition *(engl. predisposition)* Unter Prädisposition versteht man in der Biopsychologie eine genetisch bedingte Anlage zur Ausprägung eines Merkmals oder Phänotyps bzw. die Empfindlichkeit für bestimmte Krankheiten.

Primärantwort *(engl. primary response)* Die Primärantwort ist die spezifische Immunreaktion eines Organismus auf den erstmaligen Kontakt mit einem Antigen nach einer Latenzzeit von 3–14 Tagen. Es entstehen im Verlauf einiger Tage antikörperproduzierende Plasmazellen, wobei die Menge der gebildeten Antikörper zunächst exponentiell ansteigt und dann stufenweise bis zum Minimalniveau nach ca. 2 Monaten abfällt. Durch die Bildung langlebiger Gedächtniszellen ist sie die Grundlage der spezifischen Immunität.

Primaten *(engl. pl. primates)* Die Ordnung der Primaten (Herrentiere), zu der auch der Mensch (Homo sapiens) gehört, ist in die Klasse der Mammalia, Unterklasse Placentalia, einzugliedern. Es handelt sich dabei um die am höchsten entwickelte Tiergruppe. Generell handelt es sich bei Primaten um baumlebende Bewohner der Tropen und Subtropen, bei denen sich der Körperschwerpunkt durch eine von den Hinterextremitäten dominierte Fortbewegung auf die Hinterbeine verlagert hat. Besondere Kennzeichen der Primaten sind neben dem räumlichen Sehen auch das höhere relative Hirngewicht im Vergleich zu anderen Säugern, eine sehr lange Embryonalentwicklung und ein langsames postnatales Wachstum.

Priming *(engl. priming)* Priming bezeichnet einen Behaltensvorteil oder die Beeinflussung des Gedächtnisses bzw. von Reaktionen durch Vorerfahrung. Dieser Vorgang geschieht meist unbewusst (subliminales Priming). Ist der geprimten Person der Vorgang hingegen bewusst, kann der Effekt ins Gegenteil umschlagen. Priming kann für den Bruchteil von

Sekunden wirksam sein, wurde jedoch auch schon bis zu einer Woche und länger nachgewiesen. Eine Sonderform ist das affektive Priming, bei dem man mittels Reaktionszeiten Einstellungsmaße misst, was v. a. in der Sozialpsychologie Anwendung findet.

Prinzip der Äquipotenz (*engl. principle of equipotentiality*) Das Prinzip der Äquipotenz nimmt an, dass Konditionierung unter allen Umständen mit allen Stimuli gleich funktioniert. Es hat sich allerdings früh gezeigt, dass nicht jede Reaktion auf jeden Stimulus konditioniert werden kann und manche Reiz-Reaktionsverbindungen generell besser gelernt werden als andere (*engl. preparedness*).

Prinzip der Denkökonomie ▶ Morgans Regel

Prinzip der gleichen Wirkungsstärke ▶ Prinzip der Äquipotenz

Prion (*engl. prion*) Prione sind Eiweiße, die verantwortlich für infektiöse Krankheiten wie Creutzfeld-Jakob beim Menschen oder BSE (»Rinderwahnsinn«) beim Rind sind. Wie Viren sind sie nicht zur selbständigen Vermehrung fähig, sie besitzen auch kein eigenes genetisches Material (DNA oder RNA).

Progesteron (*engl. progesterone*) Progesteron ist ein Gestagen, welches in den Ovarien vom Gelbkörper gebildet wird und dessen Funktion die Vorbereitung von Uterus und Brüsten auf die Schwangerschaft ist. Im Menstruationszyklus steigt die Produktion von Progesteron nach dem Eisprung stark an und wird unterdrückt, wenn sich kein befruchtetes Ei in die Gebärmutter eingenistet hat. Bei Männern werden geringe Progesteronmengen in den Hoden produziert.

Prognose (*engl. prognosis*) Eine Prognose ist eine Vorhersage, die, im medizinischen Bereich angewendet, etwas über den wahrscheinlichen Krankheitsverlauf aussagen soll. Die Prognose wird anhand vorhandener Hinweise und Erfahrungen bereits bekannter ähnlicher/gleicher Phänomene und Symptome vorgenommen.

Prokaryonten (*engl. pl. procaryotes*) Prokaryonten sind Organismen, die im Gegenteil zu Eukaryonten keinen Zellkern besitzen. Sie sind nur wenige Mikrometer groß, kugel- oder stäbchenförmig und haben neben einer Zellwand auch eine Plasmamembran. Im Zytoplasma der Prokaryonten finden sich alle lebensnotwendigen Substanzen (Proteine, RNS, DNS). Die Prokaryonten umfassen Bakterien und Archaeen.

Prolaktin (*engl. prolactin*) Prolaktin ist ein Hormon, das im Hypophysenvorderlappen gebildet wird. Der Freisetzungsmechanismus wird durch Releasing- und Inhibiting-Hormone des Hypothalamus gesteuert. Das prolaktinhemmende Hormon (PIH) ist Dopamin. Für die Ausschüttung von Prolaktin ist kein spezifisches Prolaktin-Releasing-Hormon bekannt; das Thyreotropin-Releasing-Hormon (TRH) scheint aber die Freisetzung von Prolaktin anzuregen. Prolaktin steuert das Wachstum der Brustdrüsen in der Schwangerschaft und ist verantwortlich für die Milchsynthese in der Stillperiode der Frau. Weiter spielt es eine bisher nicht vollständig geklärte Rolle im Immunsystem. Eine Erhöhung des Prolaktinspiegels kann Ursache von Störungen des Menstruationszyklus, aber auch Hinweis auf eine Erkrankung (z. B. Hypothyreose) sein.

Proliferation (*engl. proliferation*) Die Proliferation bezeichnet das Wachstum bzw. die Vermehrung von Gewebe durch Wucherung, welche aufgrund einer beschleunigten Teilung von Zellen, die am Gewebsaufbau beteiligt sind, zustande kommt. Dies findet meist im Rahmen einer Entzündung oder einer Regenerationsphase statt. Die Proliferation von Zellen wird durch verschiedene Faktoren gelenkt, wie z. B. durch Hormone oder wachstumsfördernde Proteine. Proliferation findet auch während der frühen Entwicklungsphase des Gehirns im Neuralrohr statt (neurale Proliferation).

Propriozeption (*engl. proprioceptive sensibility; Syn. Tiefenwahrnehmung*) Propriozeption ist die Wahrnehmung der Position des eigenen Körpers bzw. der Lage/Stellung einzelner Körperteile zueinander. Die Propriozeption wird durch spezielle Rezeptoren in Gelenken (Gelenksensoren), Muskeln (Muskelspindeln) und Sehnen (Sehnen-Organe) ermöglicht und kann z. B. nach einer Schädigung des Gehirns eingeschränkt sein. Untersucht wird eine derartige Störung, indem die Gelenke des Probanden (z. B. in Arm oder Hand) bei geschlossenen Augen (passiv) in verschiedene Stellungen gebracht werden. Der Proband muss angeben, welche Bewegungen ausgeführt wurden oder die Stellung der Gelenke mit der anderen Extremität nachahmen.

Prosodie *(engl. prosody)* Prosodie bezeichnet suprasegmentale Merkmale des Sprechvorgangs. Akustisch lässt sich dies als Variationen in der Frequenz, Intensität und zeitlicher Abstimmung von Lauten (Melodie, Rhythmus und Tempus) definieren, die eine übergeordnete Struktur über einer Sammlung von Phonemen, Silben und Wörtern bilden.

Prosopagnosie *(engl. prosopagnosia)* Prosopagnosie ist die Unfähigkeit Gesichter zu erkennen. Sie kann durch einen Schlaganfall oder eine andere schwere Hirnverletzung entstehen oder angeboren (kongenital) sein. Zurzeit wird bei der angeborenen Prosopagnosie von einer autosomal dominanten Vererbung ausgegangen. Bei der erworbenen Prosopagnosie unterscheidet man zwei Typen. Die apperzeptive Prosopagnosie ist gekennzeichnet durch eine ausbleibende Integration von physischen Merkmalen eines Objekts zu einem Ganzen. Bei der assoziativen oder amnestischen Prosopagnosie werden Gesichter erkannt, aber die Zuordnung zu Personen als bekannt oder unbekannt ist gestört. Beide Formen hängen mit einer beidseitigen oder rechtslateralen Schädigung im temporalen Okzipitallappen zusammen.

Prostaglandine *(engl. pl. prostaglandins)* Prostaglandine sind Hormone, die in zahlreichen Geweben produziert werden. Sie werden chemisch aus mehrfach ungesättigten Fettsäuren (Arachidonsäure) gebildet. Ihre Freisetzung erfolgt über eine parakrine Wirkung, d. h. die Botschaft wird von Zellen mit entsprechenden Rezeptoren in unmittelbarer Nachbarschaft gelesen. Prostaglandine werden bei Entzündungen vermehrt freigesetzt und sind mitverantwortlich für Entstehung von Schmerzen und Fieber. Sie sind bei der Nozizeptorensensibilisierung besonders bedeutend, da dort eine wirksame Behandlung des Entzündungsschmerzes erfolgt. So wird die Wirkung des schmerzhemmenden Aspirins (Azetylsalizylsäure) auf Hemmung der Prostaglandinsynthese zurückgeführt.

Protanopie *(engl. protanopia; Syn. Rotblindheit)* Die Protanopie ist ein genetisch bedingter Defekt des Farbsehens. Die Betroffenen sind nicht in der Lage die Farben Rot und Grün zu unterscheiden. Es wird angenommen, dass die Rot-Zapfen das Opsin der Grün-Zapfen enthalten. Die Sehschärfe der Betroffenen verschlechtert sich durch Protanopie nicht. Die Störung wird x-chromosomal vererbt und tritt daher häufiger bei Männern auf.

Protein *(engl. protein; Syn. Eiweiß)* Ein Protein ist ein Makromolekül, das sich aus ein oder mehreren unverzweigten Aminosäureketten aufbaut. Die räumliche Anordnung und Bindung der verschiedenen Aminosäureketten (Untereinheiten) kann über kovalente, aber auch über nichtkovalente Bindungen erfolgen. Bei Oligomeren können unterschiedliche Aminosäureketten in einem Protein vereint werden. Die Art der in den Ketten vorkommenden Aminosäuren bestimmt die Eigenschaften des gesamten Proteins (Ladung). Ihre Reihenfolge (Sequenz) bestimmt, welche Aufgaben das Protein in der Zelle übernimmt. Es kann eine strukturelle Komponente sein (z. B. Mikrotubuli), an der Signalwahrnehmung in der Zellmembran beteiligt sein (Rezeptor) oder als Enzym chemische Reaktionen in der Zelle katalysieren.

Proteinhormon *(engl. protein hormone; Syn. Proteohormone)* Proteinhormone sind aus Aminosäuren aufgebaute Hormone, die bei geringem Molekulargewicht Peptidhormone genannt werden. Sie sind nicht fettlöslich, können daher die Zellmembran nicht durchdringen und binden an spezifische Rezeptoren an der Oberfläche der Membran, wo sie ihre Wirkung über Second-Messenger entfalten. Im Golgi-Apparat der endokrinen Drüsenzellen werden zunächst höhermolekuläre Vorläufermoleküle der Proteinhormone gebildet (Präprohormone), die dann enzymatisch in die biologisch wirksame Form gespalten und bis zu ihrer Ausschüttung in Granula gespeichert werden. Abgebaut werden diese Hormone zum einen durch Enzymsysteme und zum anderen, im Inneren der Zelle, von Lysosomen. Wichtige Vertreter sind Insulin, Prolaktin, Leptin und Somatostatin.

Proteinkinase *(engl. protein kinase)* Proteinkinasen sind eine Klasse von Enzymen, die von Adenosintriphosphat (ATP) eine Phosphatgruppe an die Hydroxygruppe der Seitenketten (meist Serin-, Threonin-, oder Thyminreste) von Proteinen transferieren (Phosphorylierung) und dadurch deren Form verändern. Meist fungieren Proteinkinasen als Teile einer Signaltransduktion, z. B. als Second-Messenger. Dadurch sind sie in die Kommunikation zwischen den Zellen, die Regulation neuronaler Aktivität und die Genexpression (durch die Aktivierung von Transkriptionsfaktoren) involviert. Etwa 2 % des eukaryotischen Genoms verschlüsselt Proteinkinasen, weshalb diese Proteinfamilie als eine der größten gilt. Fehlgesteuerte Proteinkinasen sind an vielen Erkrankungen beteiligt, so wird z. B. in Tumorzellen häufig eine abnormale Chromosomenzahl festgestellt, was auf entartete Zentrosomen durch Störungen regulatorischer Proteinkinasen zurückzuführen ist.

Proteinkinase A *(engl. protein kinase A)* Die Proteinkinase A ist eine spezifische Form der Proteinkinasen, die als Second-Messenger fungiert und viele Funktionen in der Zelle (z. B. im Glykogen-, Zucker- und Lipidmetabolismus) erfüllt. Sie gilt als die am besten untersuchte Proteinkinase und wird durch cAMP (zyklisches Adenosinmonophosphat) aktiviert und phosphoriliert bestimmte Enzyme, Ionenkanäle und weitere Transportproteine, wodurch sie deren Funktion beeinflusst. Darüber hinaus phosphoriliert sie auch den Transkriptionsfaktor CREB (cAMP-responsives Bindungselement) und löst so die Expression cAMP-abhängiger Gene aus. Eine Wirkform besteht in der Auslösung der cAMP-Kaskade, in der die cAMP-aktivierte Proteinkinase A die Ca^{++}-Kanäle der Membran phosphoriliert und damit die Wahrscheinlichkeit der Kanalöffnung erhöht. Weitere Schlüsselfunktionen der Proteinkinase A liegen in der Regulation des Energiestoffwechsels, in Zellwachstum und -differenzierung, in der Gedächtnisbildung und im programmierten Zelltod (Apoptose).

Proteinkinase C *(engl. protein kinase C)* Die Proteinkinase C ist eine Form der Proteinkinasen, die als Second-Messenger fungiert und durch Kalzium aktiviert wird (bis heute wurden 12 verschiedene Arten entdeckt). Diazylglyzerol, das aus den Membranphospholipiden entsteht, und Ca^{++} aktivieren die Proteinkinase C, die u. a. Transportproteine in der Zellmembran beeinflusst. So aktiviert sie z. B. NE1, eine Ionenpumpe, die H$^+$ gegen Na$^+$ austauscht und so die intrazelluläre H$^+$-Konzentration senkt. Weitere Funktionen bestehen in der Vernetzung des Zytoskelettes und der Regulation von Transkriptionsfaktoren (hauptsächlich die sog. »Early-Response«-Gene, die eine schnelle Anpassung an sich verändernde Umweltbedingungen ermöglichen). Inzwischen wird vermutet, dass die Proteinkinase C auch an der Regulation der Schmerzempfindlichkeit beteiligt ist.

Proteinkinase D *(engl. protein kinase D)* Die Proteinkinase D ist eine spezifische Form der Proteinkinasen, der unterschiedliche Funktionen zugeschrieben werden. Sie scheint eine Rolle bei der Expression antiapoptotischer Gene zu spielen, ist ein wichtiger Regulator von Plasmamembranenzymen und -rezeptoren und ist an der Kommunikation unterschiedlicher Signalsysteme beteiligt. Zudem beeinflusst sie die Ausschüttung von Wachstumsfaktoren und greift in Stressreaktionen ein. Eine klinische Bedeutung erlangt die Proteinkinase D v. a. durch ihre Beteiligung an infektiösen und entzündlichen Prozessen. Sie ist an der Rezeptor-Antigenbindung von T- und B-Zellen, Mastzellen und Neutrophilen beteiligt und mediiert die Reaktion von Mastzellen auf eine Vielzahl von Zytokinen.

Proteinkinase G *(engl. protein kinase G)* Die Proteinkinase G ist eine spezifische Form der Proteinkinasen, die bei der Bindung des Signalmoleküls cGMP (zyklisches Guanosinmonophosphat) seine Struktur verändert, wodurch Zielproteine phosphoryliert werden können. Die Proteinkinase G spielt eine wichtige Rolle in der Regulation der zystolischen Ca^{++}-Konzentration. Im Lepra- und im Tuberkulosebakterium scheint sie daran beteiligt zu sein, dass diese Erreger lange Zeit im Körper überleben können, bevor die Krankheit tatsächlich ausbricht. cGMP-vermittelte Prozesse via Proteinkinase G spielen zudem eine Rolle bei der Entstehung der männlichen Erektion.

Proteinsynthese *(engl. protein synthesis; Syn. Proteinbiosynthese)* Die Proteinsynthese beschreibt den Vorgang der Umsetzung der DNS-Sequenz über die

Bildung einer Messenger-RNS (Transkription) in eine Aminosäurekette (Translation). Während der Transkription im Zellkern (bei Eukaryonten) wird ein Teil der DNS-Sequenz abgelesen und als mRNS in das Zytoplasma transportiert. Auf diesem Weg finden nur bei Eukaryonten einige Modifikationen statt (Capping, Splicing, Polyadenylierung). Ribosomen lagern sich im Zytoplasma an die mRNS und setzen die Sequenz der mRNS in eine Aminosäuresequenz um. Durch Bildung räumlicher Strukturen dieser Kette erlangt das Protein seine endgültige Konformation.

Pseudorabies-Virus *(engl. pseudorabies virus)* Der Pseudorabies-Virus ist der Verursacher der Pseudowut.

Pseudowut *(engl. pseudorabies; Syn. Juckseuche, Aujeszkysche Krankheit)* Die Pseudowut ist eine Infektionskrankheit, die beim Menschen durch eine Laboratoriumsinfektion und bei anderen Säugetieren durch das Suine Herpesvirus oder Pseudorabies-Virus verursacht wird. Symptome sind unruhiges Verhalten, Zuckungen und Nervosität, schnelles und unruhiges Atmen, starker Speichelfluss (Schaum), Appetitlosigkeit, Schluckbeschwerden, Lähmung der Kaumuskulatur, Erbrechen sowie ein typischer Juckreiz an den oberen Gliedmaßen und Schwäche der unteren Gliedmaßen.

Psychoneuroendokrinologie *(engl. psychoneuroendocrinology)* Die Psychoneuroendokrinologie ist die Lehre von den Interaktionen und Wechselwirkungen zwischen psychologischen, neurologischen und endokrinologischen Faktoren und den daraus entstehenden Auswirkungen auf andere physiologische Systeme, psychische Prozesse oder die Gesundheit und das Wohlbefinden.

Psychoneuroimmunologie *(engl. psychoneuroimmunology)* Die Psychoneuroimmunologie ist die Lehre von den Interaktionen und Wechselwirkungen zwischen psychologischen, neurologischen und immunologischen Faktoren. Die psychoneuroimmunologische Forschung beschäftigt sich u. a. mit Fragen zur Wirkung von Stress auf das Immunsystem oder zur Veränderung zentralnervöser Strukturen durch Signalmoleküle des Immunsystems.

Psychopharmakologie *(engl. psychopharmacology)* Die Psychopharmakologie ist die Lehre von der Wirkung von Psychopharmaka auf Gehirn und Verhalten. Die Forschung bedient sich hier z. B. der Manipulation neuronaler Aktivität mithilfe psychoaktiver Substanzen wie Pharmaka und Drogen. Dabei werden häufig psychoaktive Substanzen eingesetzt, um die grundlegenden Prinzipien der Wechselwirkungen zwischen Verhalten und Gehirn zu untersuchen, neue Medikamente zu entwickeln oder Drogenmissbrauch zu vermindern.

Psychophysiologie *(engl. psychophysiology)* Die Psychophysiologie umfasst die noninvasive Erforschung der Beziehungen zwischen psychologischen Prozessen und der physiologischen Aktivität beim Menschen. Historisch bedingt überwiegt in der psychophysiologischen Forschung heute die Arbeit mittels elektroenzephalografischer (EEG) Methoden, die in jüngster Zeit zunehmend stärker von bildgebenden Verfahren (fMRT, MEG, PET) abgelöst wird.

Psychose *(engl. psychosis)* Psychose ist ein Sammelbegriff für verschiedene schwere psychische Erkrankungen, deren Symptome Wahnvorstellungen, Halluzinationen, Denkstörungen, gestörte Motorik und Verlust des Realitätsbezugs umfassen. Betroffene haben eine gestörte Fähigkeit, Umweltreize wahrzunehmen, zu verarbeiten und darauf zu reagieren. Folgen sind unangepasstes Verhalten und fehlende Rollenerfüllung. Häufigste und schwerste Form der Psychose ist die Schizophrenie. Ursachen für Psychosen werden dem Einfluss von Genen und Umweltbedingungen und deren Interaktion zugeschrieben, sind aber auch in organischen Prozessen (Erkrankungen des ZNS, Stoffwechselstörungen, von außen einwirkende Schädigungen durch Medikamente oder Drogen, Tumoren) zu sehen. Die Behandlung erfolgt meist medikamentös und wird oft soziotherapeutisch (Psychoedukation) begleitet.

Psychose, toxische *(engl. toxic psychosis)* Eine toxische Psychose ist eine durch die Einwirkung eines Nervengiftes (Neurotoxin) hervorgerufene Psychose. Unter Nervengifte fallen dabei Stoffe wie Blei oder Quecksilber, aber auch Drogen wie z. B. Cannabis. Eine Aufnahme der Nervengifte ist über die Haut, Lungen oder den Verdauungstrakt möglich.

psychotrop *(engl. psychotropic, psychoactive)* Das Wort psychotrop bezeichnet eine Wirkungsweise, die wörtlich übersetzt »auf den Geist oder das Verhalten wirkend, eine Richtung gebend« bedeutet. Psychotrope Substanzen verändern die Stimmung, das Verhalten, Denk- und Wahrnehmungsprozesse. Sie können als Medikation bei der Behandlung neurologischer oder psychischer Erkrankungen eingesetzt werden und werden häufig in Form von Drogen (z. B. Amphetamine) missbraucht.

Ptosis *(engl. ptosis; Syn. Ptose)* Ptosis bezeichnet die Senkung eines Organs nach kaudal. Am häufigsten wird Ptosis für das Herabhängen des Oberlides, d. h. Parese des Oberlides, z. B. nach einem Schlaganfall, verwendet. Abhängig von der Ursache werden verschiedene Formen unterschieden. Die Ptosis congenita, meistens einseitig ausgebildet, wird vererbt und beinhaltet eine Fehlbildung des Muskels für das Heben des oberen Augenlids. Bei Ptosis paralytica ist der Nervus oculomotorius geschädigt, das Augenlid wird von der glatten Muskulatur zusammengehalten. Im Falle der Ptosis sympathica liegt eine Schädigung dieser Muskeln vor. Eine länger bestehende Ptosis birgt die Gefahr einer Amblyopie (Überlastung des gesunden sowie Degeneration des erkrankten Auges).

pulsatil *(engl. pulsatile)* Pulsatil bedeutet stossweise oder mit nachweisbarer wellenförmiger Schwankungsbewegung und wird häufig zur Beschreibung der Hormonsekretionsmuster verwendet (pulsatile Hormonausschüttung), da die meisten Hormone periodisch in größeren Mengen ausgeschüttet werden. So erfolgt bspw. die ACTH-Sekretion pulsatil über 24 Stunden verteilt in ca. 15 Pulsen. Als pulsatile Systeme werden Verdrängungspumpen bezeichnet, die als Unterstützungssysteme bei einer Herzinsuffizienz oder als ganzes Kunstherz einen pulsatilen Blutfluss erzeugen.

Pulvinar *(engl. pulvinar)* Das Pulvinar ist ein großer Kern im posterioren Thalamus, der an der erhöhten Erregbarkeit bei einem beachteten Reiz beteiligt ist, wodurch die Zellen des visuellen Kortex weit vor dem bewussten Erleben feuern. Dieser Mechanismus belegt, dass der Thalamus an Selektionsmechanismen beteiligt ist.

Punch-Drunk-Syndrom *(engl. punch-drunk syndrome)* Das Punch-Drunk-Syndrom beinhaltet Demenz und Gehirnvernarbungen infolge wiederholter Gehirnerschütterungen. Insbesondere bei Boxern kann es nach häufigen mittelschweren oder einmaligen schweren Treffern am Kopf zu traumatischen Schädigungen des Gehirns kommen. Folgen können akuter Hirndruck, ein subdurales Hämatom (Contrecoup-Folgen) oder Mikroblutungen sein. Die Symptome des Punch-Drunk-Syndroms entsprechen häufig denen der Parkinson-Krankheit (Tremor, Akinese etc.).

Purkinje-Effekt *(engl. Purkinje's phenomenon)* Dieser Effekt ist benannt nach dem Physiologen Jan Evangelista Purkinje, der feststellte, dass bei Tageslicht gelbe und rote Blumen heller erscheinen als blaue und sich dieser Effekt bei Dunkelheit/Dämmerung umkehrt. Der Grund dafür liegt in der unterschiedlichen »spektralen Hellempfindlichkeit« beim Stäbchen- (Nacht-) und beim Zapfensehen (Tagsehen). Die spektrale Hellempfindlichkeit beschreibt, wie hell ein Lichtreiz verschiedener Wellenlänge (400–700 nm) bei konstanter physikalischer Intensität wahrgenommen wird. Die Stäbchen reagieren am sensitivsten auf Licht mit einer Wellenlänge um 500 nm (›blau‹), Zapfen auf solches mit einer Wellenlänge um 560 nm (›gelb‹).

Putamen *(engl. putamen)* Das Putamen gehört zu den Kerngebieten des Großhirns. Es ist ein Bestandteil des extrapyramidal-motorischen Systems und zählt zu den Basalganglien. Es wird mit dem Nucleus caudatus zum Striatum (Streifenkörper) zusammengefasst, da beide Bestandteile durch zahlreiche streifenförmige Zellbrücken miteinander verbunden sind. Das Putamen ist an der Kontrolle von Bewegungsabläufen beteiligt; die Basalganglien ermöglichen zielgerichtete willentliche Bewegungen durch Hemmung anderer, störender Bewegungen. Diese Funktion wird besonders bei der Parkinson-Erkrankung deutlich, bei der ein Mangel an Dopamin im Streifenkörper vorliegt und es so zu Störungen der Ingangsetzung und Ausführung von willkürlichen Bewegungen kommt.

P300-Welle *(engl. p300 wave)* Die P300-Welle ist ein Ereignis korreliertes Potenzial, das im Elektroenzephalogramm (EEG) gemessen werden kann. Das Auftreten dieser positiven Welle (»P« steht jeweils für einen positiven, »N« für einen negativen Ausschlag) ca. 300 ms nach dem Reiz ist charakteristisch für die Reaktion auf einen seltenen, für die Versuchsperson bedeutungsvollen Zielreiz. So etwa wird bei Wahrnehmung eines abweichenden Tons in einer Reihe von gleichen Tönen eine deutliche P300-Welle ausgelöst.

Pyramidenbahn *(engl. pyramidal pathway; Syn. Tractus corticospinalis)* Die Pyramidenbahn ist der Hauptteil des pyramidalen Systems, welches für Feinmotorik und Willkürbewegungen zuständig ist. Die Bezeichnung Pyramidenbahn leitet sich von der Tatsache ab, dass sie an beiden Seiten der Unterseite der Medulla oblongata als Längswulst sichtbar ist. Sie entspringt im motorischen Kortex der Großhirnrinde, der Pyramidenzelle (ers-tes Motoneuron), und zieht zur weißen Substanz des Rückenmarks, meist ohne Umschaltung zum zweiten Motoneuron. Beim Übergang von Nachhirn zum Rückenmark befindet sich die Pyramidenkreuzung, wo 70–90 % der Bahnen auf die andere Seite kreuzen. Dieser Anteil stellt den Tractus corticospinalis laterale dar; das Ausmaß der Kreuzung ist artabhängig. Bei einseitiger Schädigung des pyramidalen Systems kommt es dementsprechend zu Lähmungen auf der anderen Körperhälfte. Die restlichen Bahnen laufen im Vorderstrang des Rückenmarks hinab und kreuzen segmental ins Vorderhorn der kontralateralen Seite des Rückenmarks. Diese Bahnen tragen den Namen Tractus corticospinalis anterior. Die Pyramidenbahn läuft vorwiegend zu den Interneuronen des Rückenmarks, die die motorischen Wurzelzellen des zweiten Motoneurons steuern.

Pyramidenzelle *(engl. pyramidal neuron)* Pyramidenzellen besitzen einen ihrem Namen entsprechenden Zellkörper (dreizipfelig). Diese großen Neurone liegen in der Großhirnrinde und in der Hippocampusformation. Im Hippocampus werden sie auch als Ortszellen bezeichnet, da sie nur feuern, wenn sich ein Tier an einem bestimmten Ort in seiner Umgebung befindet. Verändert das Tier seine Position, werden benachbarte Ortszellen aktiv.

Pyramidenzellschicht *(engl. pyramidal cell layer; Syn. stratum pyramidale)* Die Pyramidenzellschicht ist die Hauptzellschicht der pyramidenförmigen Zellkörper im Hippocampus.

Querdisparation *(engl. retinal disparity; Syn. bino-kulare Disparation)* Querdisparation ist ein Phänomen, welches beim Sehen mit zwei Augen auftritt und die Tiefenwahrnehmung ermöglicht. Durch die Entfernung beider Augen voneinander haben beide einen anderen Blickwinkel und die Bildwahrnehmung vom rechten und vom linken Auge ist leicht verschieden. Durch den Vergleich dieser beiden Bilder ist Wahrnehmung räumlicher Tiefe möglich. Der Horopter ist dabei ein theoretisch gedachter Kreis, dessen Punkte auf zueinander korrespondierenden Netzhautstellen der Retina fallen. Das bedeutet, diese Punkte würden sich genau überlagern, wenn man die zwei Netzhäute übereinander legen würde und sie sind mit derselben Stelle im Kortex verbunden. Die gleiche Tiefe haben nun zwei Punkte, wenn der Abstand auf der Retina von einem fixierten Punkt aus in beiden Augen gleich groß und auch gleich gerichtet ist. Punkte vor dem Horopter, also in den äußeren Bereichen der Retina und hinter dem Horopter, also im inneren Bereich der Retina, fallen demzufolge nicht auf korrespondierende Netzhautstellen. Im ersten Fall spricht man von gekreuzter, im letzteren von ungekreuzter Querdisparation. Disparität ist dabei der kleinere oder größere Abstand zum eigentlichen korrespondierenden Punkt. Ungeklärt ist weiterhin, wie die zwei verschiedenen Netzhautbilder zu einem zusammen gefügt werden (Korrespondenzproblem).

Querschnitt *(engl. transverse section)* Als Richtungsinformation benutzt, bezeichnet der Querschnitt eine Schnittführung, die rechtwinklig durch eine Struktur oder Organ verläuft. Auf das Gehirn bezogen, wird diese Schnittführung als Transversalschnitt, der parallel zum Gesicht liegt, genannt.

Radiatio optica *(engl. pl. Gratiolet's radiating fibres; Syn. Sehstrahlung)* Für die Objektwahrnehmung ziehen Sehnerven von den Photorezeptoren über das Chiasma opticum zum Corpus geniculatum laterale (CGL) im Thalamus, der als Schaltstelle dient. Der folgende Teil der Sehbahn wird Sehstrahlung (Radiatio optica) genannt. Diese leitet die Informationen vom CGL zur primären Sehrinde (dem visuellen Kortex oder V1-Areal) im Hinterhauptslappen der Großhirnrinde. Über die sich dort befindenden Hypersäulen findet dann die Signalverarbeitung statt.

Radikale, freie *(engl. pl. free radicals)* Freie Radikale sind Teile von Molekülen, die in jedem Körpergewebe vorkommen und es zerstören können. Sie bestehen aus einem oder zwei Atomen und besitzen ungepaarte Elektronen. Dadurch entziehen sie anderen gesunden Zellen im Körper die Elektronen und es kommt zu einer Kettenreaktion, bei der immer neue Radikale gebildet werden, deren Wirkung v. a. negativer Art ist. So zerstören sie schutzbietende Zellmembranen, greifen Proteine sowie das Erbgut an und sind mit verantwortlich für den Alterungsprozess. Fehlt dem Körper der Schutzmechanismus gegen freie Radikale, kommt es zum äußerst seltenen Hutchinson-Gilford-Syndrom, bei dem die Betroffenen extrem schnell altern und nur eine geringe Lebenserwartung haben. Freie Radikale sind auch für die Entstehung von Krebserkrankungen oder Arteriosklerose mitverantwortlich. Mit Vitamin C und E kann man den freien Radikalen entgegenwirken, da sie die Kettenreaktion durch Abgabe von Elektronen unterbrechen können, ohne dabei selbst geschädigt zu werden. Positive Wirkungen haben freie Radikale v. a. bei der Immunabwehr, indem sie Bakterien und andere Fremdstoffe zerstören, und bei der körpereigenen Tumorsuppression.

Ranviersche Schnürringe *(engl. pl. nodes of Ranvier)* Der Ranviersche Schnürring ist ein ca. 1 µm schmaler myelinfreier Streifen auf dem Axon einer Nervenzelle. An diesen Einschnürungen ist das Axon in regelmäßigen Abständen nicht isoliert. Der zwischen zwei Schnürringen gelegene Abschnitt wird als Internodium bezeichnet. Die Ranvierschen Schnürringe sind für die schnelle saltatorische Erregungsleitung wichtig, da das Aktionpotenzial bei myelinisierten Nervenfasern nicht kontinuierlich das Axon entlang läuft, sondern elektrotonisch vom erregten Schnürring zum unerregten Schnürring springt.

Raphe-Kerne ▶ Nuclei raphes

Rasterelektronenmikroskop *(engl. scanning electron microscope)* Mittels eines feingebündelten Elektronenstrahls wird beim Rasterelektronenmikroskop die Oberfläche des zu untersuchenden Objektes abgetastet. Die entstehenden Bilder weisen im Vergleich zu Lichtmikroskopen eine höhere Schärfentiefe auf, der maximale Vergrößerungsfaktor liegt bei 500.000:1. Der Elektronenstrahl wird meist über einen Wolframdraht erzeugt und dann in einem elektrischen Feld beschleunigt. Mit Hilfe von Magnetspulen wird er auf einen Punkt auf dem Objekt fokussiert und über dessen Oberfläche geführt (Rastern). Dieser Vorgang findet im Hochvakuum statt. Die zu untersuchenden Präparate müssen daher wasserfrei sein, eine Betrachtung lebender Objekte ist demnach nicht möglich.

Rating-Skala *(engl. rating scale)* Die Rating-Skala ist ein Erhebungsinstrument, das bei Bewertungen von Themen, Gegenständen, Personen etc. verwendet wird. Der Bewertende markiert auf einem Merkmalskontinuum den Punkt, der seine Meinung über die Merkmalsausprägung am besten vertritt. Dabei werden die Abstände auf der Skala als gleich groß angenommen. Rating-Skalen können bipolar oder unipolar sein, wobei bipolare Skalen meist genauer sind, da sich die Begriffe an den Polen gegenseitig definieren. Die Abschnitte auf Rating-Skalen können durch feste Intervalle definiert werden (z. B. 1, 2, 3, 4 und 5) oder es kann ein durchgängiges Kontinuum markiert werden (z. B. durchgehender Strahl von 1 bis 100).

Rauchersyndrom *(engl. smoker's syndrome)* Das Rauchersyndrom stellt eine der Nebenwirkungen von übermäßigem Tabakkonsum dar. Dieses Syndrom ist u. a. charakterisiert durch Brustschmerzen, Husten und eine hohe Anfälligkeit für Infektionen des respiratorischen Traktes (Atemsystem).

Rautenhirn *(engl. rhombencephalon; Syn. Rhombenzephalon)* Das Rautenhirn bezeichnet den hinteren Teil des Gehirns, also die Verbindung mit dem Rückenmark (ist daher Teil des ZNS). Es gehört zum Hirnstamm und besteht aus Metenzephalon (Hinterhirn) mit Zerebellum (Kleinhirn) und Pons (Brücke) sowie dem Myelenzephalon (Nachhirn; Medulla oblongata) und dem 4. Ventrikel. Der Sammelbegriff »Rhombenzephalon« erklärt sich aus der Entstehung des Gehirns in der ganz frühen Phase der Embryonalentwicklung. Das Gehirn entsteht zunächst als bläschenförmiges Gebilde am Vorderende des Neuralrohrs. Durch verschiedene Wachstumsprozesse wird erst ein Zweiblasenstadium erreicht, das das spätere Prosenzephalon und das Rhombenzephalon beinhaltet, das sich in der folgenden Zeit im Fünfblasenstadium in Metenzephalon und Myelenzephalon gliedert.

Reuptake *(engl. reuptake)* Unter Reuptake versteht man die Wiederaufnahme eines Neurotransmitters aus dem synaptischen Spalt in die präsynaptische Zelle. Der Reuptake geschieht durch ein Transporterprotein und führt zur Wirkminderung des Transmitters. Wird der Reuptake gehemmt (z. B. bei Serotonin durch selektive Serotonin-Wiederaufnahmehemmer), erhöht sich die Konzentration des Neurotransmitters im synaptischen Spalt, was bei Transmittermangel therapeutisch nutzbar ist. Die Inhibition des Reuptakes ist auch eine Wirkungsweise vieler Drogen mit v. a. anregenden Effekten (z. B. Kokain).

Reafferenzprinzip *(engl. reafference principle)* Das Reafferenzprinzip beschreibt die Tatsache, dass bei Wahrnehmungsleistungen (z. B. beim Sehen oder Wahrnehmung der Position im Raum) ein Abgleich zwischen der afferenten (z. B. Information auf der Netzhaut) und der efferenten Information (z. B. gleichzeitige Bewegung des Kopfes) erfolgt und diese miteinander verrechnet werden. So bewegt sich das gesehene Bild subjektiv bei einer Bewegung des Kopfes nicht, obwohl sich das Bild auf der Netzhaut objektiv bewegt.

Reaktion, konditionierte emotionale *(engl. emotional conditioned reaction)* Bei einer konditionierten emotionalen Reaktion handelt es sich um eine klassische konditionierte Reaktion (▶ Konditionierung, klassische), die auftritt, wenn ein neutraler Reiz mit einem aversiven Reiz gekoppelt wird, so dass der neutrale Reiz die emotionale Reaktion auf den aversiven Reiz auslöst.

Rebound-Phänomen *(engl. rebound phenomenon)* Das Rebound-Phänomen beschreibt in der Pharmakologie das rasche, verstärkte Wiederauftreten einer Symptomatik bei nachlassender Medikamentenwirkung. So wird z. B. bei Kindern mit Aufmerksamkeits-Hyperaktivitätsstörung häufig ein solches plötzliches »Zurückschlagen« der Symptomatik geschildert. In der Neurologie wird der Begriff auch im Zusammenhang mit dem Zurückschnellen passiv, gegen Widerstand gedrückter Extremitäten benutzt.

Reduktion *(engl. reduction)* Reduktion bezeichnet die Zurückführung von Erscheinungen auf deren Ursachen oder Ausgangszustand, von vielschichtigen Gegebenheiten auf einfachere Bedingungen oder vom Besonderen auf das Allgemeine. Die Meiose wird bspw. Reduktionsteilung genannt, weil aus einer diploiden Zelle (doppelter Chromosomensatz) nur haploide Zellen (einfacher Chromosomensatz) hervorgehen.

Referenzgedächtnis ▶ Langzeitgedächtnis

Reflex *(engl. reflex)* Reflexe sind von Geburt an vorhandene, unwillkürliche (d. h. nicht steuerbar ablaufende) Reaktionen des Organismus auf innere oder äußere Reize. Man unterscheidet verschiedene Arten von Reflexen. Bei Muskeleigenreflexen sind der Ort der Reizauslösung und der Ort, an dem die physiologische Reaktion (Erfolgsorgan) darauf erfolgt, identisch (bspw. Zehenbeugereflex), während diese Orte bei Fremdreflexen verschieden sind. Erstere werden auch monosynaptische, letztere polysynaptische Reflexe genannt. Während diese beiden durch Reflexbögen vermittelt werden, treten bedingte Reflexe erst nach Konditionierung auf. Reflexbögen beschreiben die Stationen, die bei Auslösung eines Reflexes nacheinander im Körper aktiviert werden.

Refraktärphase *(engl. refractory period)* Die Refraktärphase bezeichnet den Zustand der Unerregbarkeit einer Zelle nach einem Aktionspotenzial. Man unterscheidet die absolute und die relative Refraktärphase. In der Erstgenannten können, selbst durch sehr starke Reize, etwa 2 ms lang keine Aktionspotenziale (APs) ausgelöst werden. Durch diese Phase wird die Frequenz bestimmt, mit der eine Zelle maximal feuern kann (durchschnittlich etwa 500 APs pro sec.). Die relative Refraktärphase zeichnet sich dadurch aus, dass durch sehr große Depolarisationen Aktionspotenziale ausgelöst werden können. Allerdings besitzen diese eine kleinere Amplitude als die »normalen« Aktionspotenziale. Ursache für die Entstehung dieser »Ruhephasen« ist die Inaktivität des Natriumsystems, da nach der Depolarisation der Zelle die Natriumkanäle geschlossen bleiben. Nach einem Aktionspotenzial beginnt ein massiver Kaliumausstrom, um den Ausgangszustand der Spannungsverteilung wieder herzustellen. Durch diese Repolarisation bzw. sogar Hyperpolarisation wird die Inaktivität des Natriumsystems wieder aufgehoben und die erneute Auslösung eines APs ist möglich.

Refraktärzeit, absolute *(engl. absolute refractory period)* Als absolute Refraktärzeit wird die unmittelbare Phase nach dem Aktionspotenzial bezeichnet. Sie beträgt ca. 2 ms. Unabhängig von der Reizstärke ist es nicht möglich, ein weiteres Aktionspotenzial auszulösen, da die Natriumionenkanäle inaktiv sind und in dieser Phase geschlossen bleiben. Die absolute Refraktärzeit legt somit die maximale Frequenz fest, mit der eine Zelle Aktionspotenziale weiterleiten kann.

Refraktärzeit, relative *(engl. relative refractory period)* Die relative Refraktärzeit folgt auf die ab-

solute Refraktärzeit, ist also die zweite Phase nach der Weiterleitung eines Aktionspotentials. In der relativen Refraktärzeit sind aufgrund der fortgeschrittenen Repolarisation einige Natriumkanäle in einem aktivierbaren Zustand, so dass Aktionspotenziale weitergeleitet werden können, die allerdings nur infolge sehr starker Reize entstehen. Dabei ist zum einen die Amplitude dieses Aktionspotenzials kleiner, zum anderen ist der Anstieg geringer und die Zeitdauer kürzer. Die Refraktärzeit sichert, dass Aktionspotenziale sich nur gerichtet vom Soma zu den synaptischen Endknöpfchen ausbreiten.

Regelgröße *(engl. output quantity)* Die Regelgröße ist ein Begriff der Regelungslehre, die veranschaulichen soll, wie durch biologische Regelungsvorgänge ein biologisches Gleichgewicht erreicht oder beibehalten werden kann. Im Regelsystem der Thermoregulation kann die vorhandene Körpertemperatur als Regelgröße betrachtet werden. Diese stellt einen Ist-Wert dar, der durch Einwirkung von Störgrößen vom normalen Soll-Wert abweichen kann. Im Verlauf der Temperaturregulation wird der Unterschied zwischen Ist und Soll ermittelt und über Regler die Körpertemperatur auf einen normalen Wert zurückgeführt. Die Regelgröße soll über längere Zeiträume möglichst konstant gehalten werden, um das normale Funktionieren des regulierten Systems sicherzustellen.

Regenbogenhaut *(engl. iris; Syn. Iris)* Die Regenbogenhaut ist eine weiche kreisrunde Membran im Auge, welche die vordere von der hinteren Augenkammer trennt. Die Iris hat ein kreisrundes Loch in der Mitte, die Pupille, an deren Rand die Regenbogenhaut auf der Linse aufliegt. Eine unterschiedlich starke Pigmentierung der Regenbogenhaut (Einlagerung von Melanin) definiert die Augenfarbe von hellblau (sehr geringe Melanin-Einlagung) bis dunkelbraun/schwarz (hohe Melanin-Einlagerung). Beim sog. Albinismus fehlt die Pigmentierung völlig, daher erscheint die Iris rosa-weiß oder infolge hoher Blutgefäßdichte rötlich.

Region *(engl. region)* Eine Region bezeichnet einen Abschnitt, eine Sphäre oder ein Gebiet. In der Anatomie ist hiermit meist der Abschnitt eines Organs oder eines Körperteils bzw. eine Körpergegend gemeint.

Region, ventrolaterale präoptische *(engl. ventrolateral preoptic area)* Die ventrolaterale präoptische Region (VLPA) liegt rostral des Hypothalamus und ist für die Einleitung von Schlaf (Slow-Wave-Schlaf) von besonderer Bedeutung. Die VLPA steht in reziproker, hemmender Verbindung (GABAerg) mit einem Arousalsystem, welches azetylcholinerge, serotoninerge, noradrenerge, histaminerge und hypokretinerge Neurone umfasst. Ist dieses Arousalsystem aktiviert, wird die Aktivität der VLPA gehemmt und der Organismus befindet sich in einem wachen Zustand. Wird hingegen das Arousalsystem z. B. durch die Akkumulation von Adenosin gehemmt, so ist das VLPA aktiv und der Schlaf wird eingeleitet. Im Tierexperiment führt eine Läsion der VLPA zu einer vollständigen Insomnie (pathologische Schlaflosigkeit).

Reiz, bestrafender *(engl. punishment)* Das Ziel beim Einsatz eines bestrafenden (aversiven) Reizes ist es, ein bestimmtes Verhalten weniger häufig auftreten zu lassen oder es ganz zu unterdrücken. Man unterscheidet zwei Formen der Bestrafung, Typ 1 und Typ 2. Bei der Typ-1-Bestrafung wird ein negativer Reiz in einer bestimmten Situation hinzugefügt, bei der Typ-2-Bestrafung ein positiver Reiz entfernt, was sich in beiden Fällen in gleichem Maße als bestrafend erweist. Der Einsatz von bestrafenden Reizen führt in jedem Falle dazu, dass das Verhalten, welches der Konsequenz zugrunde lag, weniger häufig auftritt, auf Dauer sogar unterdrückt wird. Zusammen mit verstärkenden Reizen handelt es sich um die Mechanismen, welche die operante Konditionierung zu einer flexiblen Lernform macht. Sie erlauben es einem Organismus, sein Verhalten nach antizipierten Konsequenzen auszurichten.

Reiz, verstärkender *(engl. positive reinforcement)* Verstärkende Reize sind alle Reize, welche die Auftretenswahrscheinlichkeit oder die Stärke einer Reaktion erhöhen, wenn sie als deren Folge auftreten. Man unterscheidet primär verstärkende und sekundär verstärkende Reize. Primär verstärkende sind angeboren und besonders nach zeitweiliger Deprivation sehr stark wirksam. Es handelt sich dabei z. B. um Nahrung, Flüssigkeit oder Schlaf. Sekundär verstärkende Reize sind solche, die gemeinsam mit den Primären dargeboten werden. Bildet sich eine Assoziation zwischen beiden, so wird der Sekundärverstärker selbst zum Verstärker.

Reize, adäquate *(engl. pl. adequate stimuli)* Adäquate Reize entsprechen in ihrer Intensität exakt dem Bereich, auf den bestimmte Sinneszellen spezialisiert sind. So sind z. B. elektromagnetische Schwingungen im Bereich von 400 nm bis 700 nm für menschliche visuelle Sinneszellen und Schallwellen zwischen 20 Hz und 16.000 Hz für menschliche akustische Sinneszellen jeweils adäquate Reize. Diese Reize aktivieren spezielle Rezeptoren auf optimale Weise. Extreme Schallereignisse können aber auch Wirkung auf visuelle Rezeptoren ausüben, was einer Erregung durch einen inadäquten Reiz entspricht und dementsprechend inadäquate Reaktionen auslöst.

Reize, chimärische *(engl. pl. chimeric stimuli)* Chimärische Reize sind Stimuli, die aus zwei Hälften zusammengesetzt sind, die sich nicht in jedem Fall entsprechen müssen. Diese Reize werden u. a. im Gesichtsschimären-Test verwendet.

Reizlimen *(engl. threshold stimulus)* Mit Reizlimen bezeichnet man die absolute Schwelle bei der Messung von Empfindungen, d. h. den minimalsten Reiz, der gerade noch in der Lage ist, eine Empfindung auszulösen.

Releasing-Hormon *(engl. pl. releasing hormone)* Releasing-Hormone werden im Hypothalamus synthetisiert und steuern die Freisetzung von Hormonen aus dem Hypophysenvorderlappen (HVL). Zu diesen Releasing-Hormonen gehören z. B. das Kortikotropin-Releasing-Hormon (CRH), welches die Freisetzung von ACTH (adrenokortikotrophes Hormon) in der Hypophyse stimuliert, oder das Gonadotropin-Releasing-Hormon (GnRH), welches die Freisetzung von FSH (Follikel-stimulierendes Hormon) und LH (luteinisierendes Hormon) in der Hypophyse stimuliert.

Remission *(engl. remission)* Remission bezeichnet das vorübergehende oder andauernde Nachlassen der Symptome bei (chronischen) Krankheiten, ohne dass eine Heilung stattgefunden hat. Man unterscheidet zwischen kompletter und partieller Remission. Bei der kompletten Remission verschwinden die Symptome vollständig durch die Behandlung, bei der partiellen nur teilweise. Plötzliche Heilungsprozesse, die ohne medizinisches Einwirken stattfinden, bezeichnet man als spontane Remission. Das Gegenteil der Remission stellt die Exazerbation (Verschlimmerung der Symptome) dar.

REM-off-Neurone *(engl. pl. REM-off neurons)* Bei REM-off-Neuronen handelt es sich um Neurone, die nur in den Phasen außerhalb des Rapid-Eye-Movement-Schlafes (also Wachheit und Short-Wave-Schlaf) aktiv sind und diesen hemmen. Es handelt sich um serotonerge Neurone der Nuclei raphes und die noradrenergen Neurone des Locus coeruleus.

REM-on-Neurone *(engl. pl. REM-on neurons)* Bei REM-on-Neuronen handelt es sich um azetylcholinerge Neurone, die innerhalb des Pons lokalisiert sind. Die Aktivität dieser Neurone ist in direk-tem Bezug mit dem REM-(Rapid-Eye-Movement) Schlaf zu setzen, da ihre Feuerrate ca. 80 Sek. vor Beginn einer REM-Schlafphase stark zunimmt und während des REM-Schlafes auf einem relativ hohen Niveau bleibt. Außerhalb des REM-Schlafes zeigen diese Neurone kaum Aktivität. Es wird davon ausgegangen, dass diese REM-on-Neurone den exekutiven Mechanismus des REM-Schlafes darstellen.

REM-Schlaf *(engl. rapid eye movement sleep; Syn. paradoxer oder Traumschlaf)* Diese Schlafphase ist durch schnelle Augenbewegungen und das Erlöschen des Muskeltonus charakterisiert. Im EEG (Elektroenzephalogramm) finden sich Thetawellen mit einer Frequenz von 4 bis 8 Hz und langsame Alphawellen, was dem Muster eines wachen Menschen entspricht. In dieser Schlafphase, die etwa 20–25 % des Schlafes eines Erwachsenen ausmacht, finden v. a. lebhafte Träume statt. Vermutlich wird in den ca. vier bis sechs REM-Schlafphasen pro Nacht Erlebtes verarbeitet und aufgenommene Informationen z. T. ins Langzeitgedächtnis gespeichert. Bei Neugeborenen macht der REM Schlaf etwa 50 % aller Schlafphasen aus, was sich vermutlich förderlich auf die Entwicklung des Hippocampus auswirkt.

REM-Rebound *(engl. REM-rebound)* Der REM-Rebound bezeichnet einen Effekt, der nach Nächten mit geringem REM-Anteil auftritt. Kommt es in einer Nacht zu einer verkürzten REM-Schlafphase, also dem Traumschlaf mit niedrigamplitudigem EEG, folgt darauf eine Verlängerung der REM-Phase in den darauffolgenden Nächten.

Renin *(engl. renin)* Renin ist ein hauptsächlich in der Niere, aber auch im ZNS, Uterus, Nebenniere, Hypophyse sowie Speicheldrüse produziertes und danach ins Plasma sezerniertes Enzym. Seine Aufgabe ist die Blutdruckregulation. Als Protease wandelt Renin inaktives Angiotensinogen in Angiotensin I um, welches durch ACE Angiotensin II bildet. Dieses wirkt gefäßverengend, fördert die Aldosteron- sowie die Adiuretin-Ausschüttung und hemmt in Form eines negativen Feedbacks die Ausschüttung von Renin. Blutdruckabfall und geringer Natriumgehalt der Niere führen zu einer Erhöhung des Reninspiegels, hingegen hemmen parasympathische Aktivität und die Ausschüttung des Angiotensin II die Reninsezernierung.

Renshaw-Hemmung *(engl. feed-back inhibition; Syn. Rückwärtshemmung)* Bei der Renshaw-Hemmung handelt es sich um einen optischen Effekt, der durch die Renshaw-Zellen bedingt wird. Diese Interneurone werden bei der postsynaptischen Hemmung durch die Axonkollaterale des sog. Alphamotoneurons aktiviert und hemmen dieses durch Glyzin. Durch die gegenseitige Hemmung der Retinazellen erscheint z. B. bei längerer Betrachtung der Schnittpunkt zweier sich kreuzender Linien dunkler.

Reparaturenzym *(engl. repair enzyme)* Reparaturenzyme sind für die Beseitigung von spontanen und induzierten DNS-Schäden verantwortlich. Diese Reparatur ist besonders für die Replikation und die Transkription essenziell, da sich sonst Schäden anreichern und als Mutationen manifestiert werden können. Dabei gibt es für die Vielzahl von auftretenden DNS-Schäden (Alkylierungen, Mismatches, lichtbedingte Schäden) spezifische Systeme und Reparaturenzyme, die sehr schnell reagieren und den Defekt reparieren.

Repetition-Priming-Test *(engl. repetition priming test)* Ein Repetition-Priming-Test wird zur Überprüfung des impliziten Gedächtnisses durchgeführt. Dabei wird der Testperson zunächst eine Wortliste gegeben, von der ihr später jedoch nur Fragmente der anfänglichen Wörter dargeboten werden. Der Proband soll daraufhin die Fragmente mit jedem beliebigen Wort ergänzen, das ihm gerade einfällt. Ein Priming-Effekt liegt vor, wenn der Proband als Ergänzung Wörter bildet, die auf der vorher gelesenen Liste dargeboten wurden.

Replikation *(engl. replication)* DNS-Replikation ist ein Prozess, bei dem die vorhandene Menge an DNS verdoppelt wird. Die Verdopplung ist notwendig, damit aus der Teilung einer Mutterzelle hervorgehende Tochterzellen die gleiche Menge an Erbsubstanz erhalten. Die Replikation beginnt an definierten Stellen eines Chromosoms durch Trennung der beiden DNS-Stränge (Replikationsursprung). Während die Synthese an einem Strang nach Ansetzen eines kurzen Primers kontinuierlich in 5'- 3'-Richtung der Trennung der DNS-Stränge folgen kann, müssen am anderen Strang immer wieder neue Primer angesetzt werden. Die Synthese am zweiten Strang erfolgt immer vom Replikationsursprung weg. Die replizierten Einzelstränge werden anschließend wieder zu einer Doppelhelix zusammengefügt.

Repolarisation *(engl. repolarization)* Die Repolarisation ist die Phase nach der Weiterleitung eines Aktionspotenzials, bei der sich das Potenzial an der Membran wieder auf das Niveau eines Ruhepotenzials, also ca. –60 mV, absenkt. Etwa eine Millisekunde nach Beginn der Depolarisation kommt es zu einer erhöhten Membranpermeabilität für K^+-Ionen, wodurch diese in großen Mengen aus dem Zellinneren austreten und der zuvor eingetretenen Depolarisierung entgegenwirken. An die Repolarisation fügt sich die Phase der Hyperpolarisation an, die durch einen überschüssigen K^+-Austritt charakterisiert ist und das Membranpotenzial kurzfristig unter –60 bis –90 mV senkt.

Repräsentation, tonotope *(engl. tonotopic organization)* Die tonotope Repräsentation oder Tonotopie ist die topografische Anordnung aller Frequenzen des hörbaren Bereiches auf allen Verschaltungsebenen der Hörbahn. Neuronen, die auf einen Ton mit definierter Frequenz reagieren, liegen örtlich in unmittelbarer Nähe zu Neuronen, welche auf geringfügig geringere oder höhere Frequenzen ansprechen.

Somit definiert bereits die Lage der Haarzellen auf der Basilarmembran (in der Cochlea) in etwa die Repräsentation des wahrgenommenen Tones im Kortex. Die einzelnen Sinneszellen auf der Basilarmembran reagieren maximal auf bestimmte Tonfrequenzen, wobei tiefe Frequenzen maximal den Apex, hohe Frequenzen dagegen die Basis der Membran stimulieren.

Repressor *(engl. repressor)* Ein Repressor ist ein DNS-bindendes Protein, das an der Hemmung der Genexpression eines Gens beteiligt ist. Durch die Bindung des Repressors im Promotorbereich, unmittelbar am Transkriptionsstartpunkt, wird die Bindung der für die Transkription nötigen RNS-Polymerase verhindert und somit die Transkription des Gens unterdrückt. Für die Bindung des Repressors an seine Bindestelle (Operator) sind in einigen Fällen zusätzliche Faktoren (Korepressoren) nötig.

Reserpin *(engl. reserpine)* Reserpin ist ein Alkaloid aus der Wurzel der Rauwolfia serpentina, einem in Indien heimischen Strauchgewächs. In der Vergangenheit wurde Reserpin als sedierendes Psychopharmakon eingesetzt. Gleichzeitig ist es ein Antihypertonikum, dessen Wirkung durch die Aufhebung des Noradrenalin-Speichervermögens postganglionärer Nervenendigungen vermittelt wird. Reserpin schwächt die Sympathikus-aktivierenden Effekte von Noradrenalin, woraus sich eine Erweiterung der Blutgefäße und eine Verlangsamung des Herzschlages ergeben.

Residualvolumen *(engl. residual volume)* Das Atemminutenvolumen eines Menschen, d. h. die Luftmenge, die ein Mensch pro Minute durch seine Lunge ein- und ausatmet, beträgt bei einem erwachsenen Menschen ca. 7,5 l. Bei verstärkter Ein- oder Ausatmung kann zusätzlich das sog. inspiratorische bzw. expiratorische Reservevolumen mobilisiert werden. Obwohl damit die maximale mögliche Reserve ein- und ausgeatmet wird, existiert das sog. Residualvolumen, dass trotz Ein- und Ausatmung stets in der Lunge verbleibt. Es beträgt bei einem erwachsenen Menschen ca. 1 l. Bei (chronisch) obstruktiven Atemwegserkrankungen bzw. bei Verkleinerung der Lungenoberfläche steigt das Residualvolumen an.

Resorption *(engl. resorption)* Wenn in biologischen Systemen gelöste Stoffe durch ein Körpergewebe aufgenommen werden, bezeichnet man diesen Vorgang als Resorption. Bei Menschen und anderen Wirbeltieren geschieht dies meist im Dünndarm während der Verdauung. Gelangen die Stoffe von einer Umgebung mit hoher Konzentration in eine Umgebung mit niedriger Konzentration, wie z. B. vom Dünndarm über die Darmzotten ins Blut, nennt man dies passive Resorption, da diese entlang des Konzentrationsgefälles verläuft. Im umgekehrten Fall, also beim Stoffaustausch von niedriger zu hoher Konzentration, nennt man den Vorgang aktive Resorption. Resorption kann im Falle von Salben und Cremes auch über die Haut erfolgen.

Restless-Leg-Syndrom *(engl. restless leg syndrome)* Das Restless-Leg-Syndrom (RLS) ist eine neurologische Erkrankung, die mit Bewegungsunruhe (v. a. in den Beinen) in Ruhesituationen einhergeht. Hinzu kommen schmerzhafte Empfindungen oder Missempfindungen wie Kribbeln, Ziehen oder Drücken direkt im Muskel oder Knochen. Die Symptome treten vor allem gegen Abend und in der Nacht auf, was zu Einschlaf- und/oder Durchschlafstörungen und daraus resultierender Müdigkeit und Erschöpfung führt. Es werden die idiopathische und die symptomatische Form des RLS unterschieden. Idiopathisch ist das Restless-Leg-Syndrom eine eigenständige Krankheit, deren Ursachen weitestgehend ungeklärt sind. Symptomatisch ist das RLS die Folge einer anderen Erkrankung, z. B. von Rückenmarksschädigungen, Polyneuropathien oder Eisenmangel. Eine medikamentöse Therapie erfolgt dopaminerg oder über Benzodiazepine und wird nur bei stark beeinträchtigten Patienten angewendet.

Restriktionsenzym *(engl. restriction enzyme; Syn. Restriktionsendonuklease)* Restriktionsenzyme sind Enzyme, die die DNS sequenzspezifisch schneiden, dabei erkennen sie häufig palindromische Sequenzen (gleiche Nukleotidabfolge von »vorn« oder »hinten« gelesen). Ursprünglich handelt es sich dabei um ein Schutzsystem von Bakterien, mit dem diese sich vor fremder DNS schützen können. Die Eigenschaft dieser Enzyme wird heutzutage im Bereich der rekombinanten DNS-Technologie genutzt. Restriktions-

enzyme können den DNS-Doppelstrang auf unterschiedliche Weise schneiden. Einige hinterlassen einzelsträngige Überhänge, d. h. ein Strang ist an der Stelle um wenige Nukleotide länger als der komplementäre Strang; andere schneiden den DNS-Doppelstrang so, dass jedes Nukleotid weiterhin an seinem komplementären Nukleotid gebunden ist (glatte Enden). Modifikationen an den Schnittstellen (z. B. Methylierungen) verhindern das Angreifen des Enzyms an diesem Ort.

Retikulum, endoplasmatisches *(engl. endoplasmatic reticulum)* Das endoplasmatische Retikulum (ER) ist ein flaches, röhren- und bläschenförmiges Memb-ransystem, das im Zytoplasma liegt. Man unterscheidet zwischen dem mit Ribosomen besetzten rauen ER (granuläres ER) und dem ribosomenfreien glatten ER (agranuläres ER), die sich wiederum hinsichtlich ihrer Aufgaben unterscheiden. Hierbei ist das glatte ER z. B. für die Hormonsynthese, Entgiftung in der Leber und für den Kohlenhydratstoffwechsel verantwortlich. Das raue ER ist zum einen für den Transport von Eiweißmolekülen zuständig, die von den Ribosomen gebildet werden, so dass es hiermit auch dem Stoffwechsel zwischen Zellkern und Zytoplasma dient. Zum anderen besteht seine Aufgabe darin, eigene Membran zu produzieren, so dass sich die Struktur des ER an die wechselnden Aufgaben anpassen kann.

Retikulum, sarkoplasmatisches *(engl. sarcoplasmatic reticulum)* Das sarkoplasmatische Retikulum (SR) erkennt man im Feinbau einer Skelettmuskelfaser. Senkrecht zu den transversalen Tubuli des endoplasmatischen Retikulums (ER), die sich in die Muskelfaser einstülpen, liegen die longitudinalen Tubuli des SR. Im Bereich der Z-Scheiben weiten sich die longitudinalen Tubuli zu sog. Terminalzisternen aus, welche die Enden der transversalen Tubuli berühren und mit diesem Triaden bilden. In den Terminalzisternen sind v. a. Kalziumionen gespeichert, die durch in den Membranwänden des SR eingebaute Kalziumpumpe angereichert werden. Bei einem ankommendem Aktionspotenzial wird die Erregung vom ER auf das SR übertragen, das durch Freisetzung der Kalziumionen die elektromechanische Kopplung auslöst, die schließlich die Kontraktion der Muskelfaser bewirkt. Ebenso kann das

SR durch Herabsetzen der Kalziumionenkonzentration das Ende des Aktionspotenzials einleiten.

Retina *(engl. retina; Syn. Netzhaut)* Die Retina ist die lichtempfindliche Schicht in menschlichen und einigen tierischen Augen. Sie enthält Photorezeptoren (Stäbchen und Zapfen), die das Hell-Dunkel-Sehen und Farbensehen ermöglichen. Die Netzhaut liegt im hinteren Teil der Augeninnenseite auf der Aderhaut (Chorioidea) auf und wird von dieser versorgt. Besondere Regionen der Netzhaut sind der gelbe Fleck mit der Fovea centralis, dem Ort des schärfsten Sehens, und der blinde Fleck, an dem der Sehnerv austritt und an dem der Organismus objektiv blind ist.

Retinex-Theorie *(engl. retinex theory; Syn. Farbkonstanztheorie)* Die Retinex-Theorie nach Edwin Land (1983) dient der Erklärung der (annähernd) gleich bleibenden Wahrnehmung einer bestimmten Farbe bei unterschiedlichen Lichtverhältnissen. Die wahrgenommene Farbe ergibt sich aus dem Verhältnis der Lichtintensität in einem Wellenlängenbereich des jeweiligen Reizes relativ zur Umgebung. Dieses Verhältnis wird für alle Wellenlängen berechnet und so der spezifische Einfluss der Lichtquelle »korrigiert«. Nach Lands Versuchen sind für die Farbwahrnehmung demnach nicht die absolut reflektierten Wellenlängen entscheidend, sondern das Verhältnis verschiedener reflektierter Wellenlängen zueinander. Dieses Verhältnis ist stabil unter verschiedenen Bedingungen und wird bestimmt durch die Reflektanz eines Objekts, also seine »Reflektionseigenschaften«.

Retinol *(engl. retinol; Syn. Vitamin A, Axerophthol)* Retinol ist ein fettlösliches essenzielles Vitamin, bestehend aus einem Ring von sechs Kohlenstoffverbindungen und weist konjugierte Doppelbindungen auf. Die Vitamin-A-Vorstufe Betakarotin (Provitamin A) ist in vielen Obst- und Gemüsesorten enthalten und wird im menschlichen Körper zu Retinol umgewandelt. Es hat große Bedeutung für Wachstum, Funktion und Aufbau von Haut und Schleimhäuten, Bildung neuer Blutkörperchen, Stoffwechsel und den Sehvorgang. Außerdem ist Retinol für den Erhalt von Nervenzellen im ZNS und den peripheren Nervenbahnen von Bedeutung. Der Tagesbedarf an Retinol ist u. a. abhängig von Alter und Geschlecht, der Durchschnittsbedarf eines Erwachsenen beträgt 0,8 bis 1,0 mg. Bei Retinolmangel kann es u. a. zu erhöhter Infektionsanfälligkeit, trockener Haut und Nägeln, verringerter Sehschärfe, Eisenmangel sowie Wachstumsstörungen kommen.

Retinotopie *(engl. retinotopic mapping)* Die sog. retinotope Organisation ist eine topologische Organisation im visuellen System, bei dem Lichtpunkte, die auf der Netzhaut nebeneinander abgebildet werden, auch im primären visuellen Areal (V1) nebeneinander verarbeitet werden. Werden also auf der Retina zwei nebeneinander liegende Bereiche erregt, wird das Signal so weitergeleitet, dass die feuernden Neuronenbereiche in der Sehrinde ebenso nebeneinander liegen. Die Weiterleitung erfolgt jedoch nicht linear. So nimmt die Fovea centralis, die Stelle des schärfsten Sehens, ein ebenso großes Feld auf der Sehrinde ein wie die gesamten übrigen Retinabereiche zusammen.

retrograd *(engl. retrograde)* Retrograd meint rückwärtsgerichtet. Bei einer retrograden Amnesie fehlt z. B. die Erinnerung an einen Zeitpunkt vor der Schädigung, die Amnesie ist rückwärtsgerichtet. In der Biologie werden Axone retrograd markiert, wobei der chemische Stoff rückwärts das Axon hinauf wandert (von den synaptischen Endknöpfchen zum Zellkörper). Auch Transmitter im synaptischen Spalt können retrograd wirken, dabei führt eine Transmitterfreisetzung von der Postsynapse zur Präsynapse dazu, dass die Transmitterausschüttung verstärkt oder gehemmt wird.

Rey-Osterrieth-Figurentest *(engl. Rey-Osterrieth complex figure test)* Der Rey-Osterrieth Figurentest wird zur Überprüfung der unmittelbaren und verzögerten visuellen Behaltensleistung eingesetzt. Ausserdem können die visuelle Wiedererkennungsleistung sowie visuomotorische Fertigkeiten damit getestet werden. Der Proband muss zunächst die komplexe Rey-Osterrieth-Figur abzeichnen (visuomotorische Fertigkeit). Nach drei Minuten (unmittelbare visuelle Behaltensleistung) und nach 30 Minuten (verzögerte Behaltensleistung) soll die Figur aus dem Gedächtnis gezeichnet werden. Patienten mit linkslateralen Hirnschädigungen können die Umrisse der Figur gut reproduzieren, vergessen jedoch die Details, während Patienten mit rechtslateralen Hirnläsionen die Details richtig reproduzieren, jedoch die Grundrisse der Figur nicht.

rezeptiv *(engl. receptive)* Rezeptiv meint einerseits empfängnisbereit (z. B. bei läufigen Weibchen), andererseits bedeutet es empfänglich im Sinne von aufnehmend/ aufnahmebereit (bzgl. der Sinne und der Verarbeitung von äußeren Reizen).

Rezeptor *(engl. receptor)* Rezeptoren sind Proteinmoleküle auf der Oberfläche der postsynaptischen Zellmembran oder im intrazellulären Raum der postsynaptischen Zelle, die Bindungsstellen für bestimmte Neurotransmitter aufweisen (Schlüssel-Schloß-Prinzip). Eine Reaktion in der postsynaptischen Zelle wird ausgelöst, wenn Neurotransmittermoleküle an den Bindungsstellen der Rezeptoren andocken. Es existieren ionotrope und metabotrope Rezeptoren, die intrazelluläre Veränderungen über unterschiedliche Mechanismen in Gang setzen.

Rezeptor, ionotroper *(engl. ionotropic receptor)* Ionotrope Rezeptoren sind Proteine, die in der postsynaptischen Membran eingebettet sind. Bindet ein passender Ligand (Agonist), fungiert der Rezeptor als Ionenkanal und verändert damit das Membranpotenzial der Postsynapse. Dieser Prozess erfolgt schneller und kürzer als metabotrope Reaktionen und kann von Antagonisten verhindert werden, indem sie die Bindungsstellen der Agonisten blockieren oder deren Effekte verhindern. Beispiele für ionotrope Rezeptoren sind der nikotinerge Azetylcholinrezeptor und der GABA$_A$-Rezeptor.

Rezeptor, metabotroper *(engl. metabotropic receptor)* Metabotrope Rezeptoren sind Proteine, die in der postsynaptischen Membran eingebunden sind. Bindet der passende Ligand (Agonist), wird ein G-Protein aktiviert, und eine Signalkette über einen Second-Messenger ausgelöst. Dieser kann entweder Ionenkanäle in der Membran öffnen oder über andere Prozesse das elektrische Potenzial oder den Eiweißhaushalt der Zelle beeinflussen. Die Wirkung eines solchen Prozesses kann von wenigen Sekunden bis zu Stunden andauern. Beispiele für metabotrope Rezeptoren sind der muskarinerge Azetylcholinrezeptor und der GABA$_B$-Rezeptor.

Rezeptor, muskarinerger *(engl. muscarinic receptor)* Der muskarinerge Rezeptor ist ein cholinerger Rezeptor, der sowohl durch Azetylcholin (ACh) als auch durch Muskarin, das Gift des Fliegenpilzes, aktiviert wird. Er zählt zur Klasse der metabotropen Rezeptoren, da er an ein G-Protein gekoppelt ist, welches bei der Bindung eines Liganden aktiviert wird. Es gibt mehrere Subtypen des muskarinergen Rezeptors, die entweder erregend oder hemmend wirken können. Sie befinden sich v. a. postganglionär im parasympathischen Nervensystem (z. B. ACh-Rezeptor des Vagusnervs am Herzen), aber auch in einigen Zielorganen des Sympathikus. Die Bindung von ACh und Muskarin wird u. a. durch die Antagonisten Atropin und Skopolamin blockiert.

Rezeptor, nikotinerger *(engl. nicotinic receptor)* Der nikotinerge Rezeptor gehört zu den cholinergen Rezeptoren und wird sowohl durch Azetylcholin (ACh) als auch Nikotin aktiviert. Er ist ein ionotroper Rezeptor, d. h. er ist ein Ionenkanal, der sich aus fünf Proteinuntereinheiten zusammensetzt, die die postsynaptische Membran durchziehen. Der Ionenkanal, der durchlässig für kleine Kationen (Natrium, Kalium, Kalzium) ist, öffnet sich, wenn ein Ligand bindet, und wirkt dadurch v. a. exzitatorisch. Nikotinerge Rezeptoren befinden sich vorwiegend präganglionär im Parasympathikus und Sympathikus und an Muskeln (neuromuskuläre Endplatte). Die Antagonisten des Rezeptors sind u. a. das Pfeilgift Curare und das Schlangengift Bungarotoxin, welche die Bindung von ACh und Nikotin am Rezeptor blockieren.

Rezeptor, sensorischer *(engl. sensory receptor)* Ein sensorischer Rezeptor ist ein spezialisiertes Neuron, welches auf Umweltenergien reagiert und diese in eine Veränderung des eigenen elektrischen Potenzials transformiert. So reagieren bspw. die Sehpigmente in den Stäbchen und Zapfen im Auge auf Photonen (Licht), wodurch ein elektrisches Signal im Rezeptor ausgelöst wird. Rezeptoren sind der Ausgangspunkt eines jeden sensorischen Systems.

Rezeptorblocker *(engl. antagonist)* Rezeptorblocker oder -antagonisten sind Substanzen, die an prä- oder postsynaptische Rezeptoren binden, ohne diese zu aktivieren oder einen Effekt auszulösen. Als kompetitive Antagonisten konkurrieren sie um dieselbe Bindungsstelle mit dem endogenen Neurotransmitter; als nichtkompetitive Antagonisten binden sie an einer anderen Stelle des Rezeptors. In beiden Fällen verhindern Antagonisten die Wirkung des natürlichen Liganden.

Rezeptorpotenzial (*engl. receptor potential; Syn. Sensorpotenzial, Generatorpotenzial*) Rezeptorpotenziale (RP) sind in Sinneszellen entstehende Potenziale, die durch einen Reiz ausgelöst werden. Sie dauern so lange an wie der auslösende Reiz, während die Amplitude von der Stärke des Reizes abhängt. RP verursachen in angrenzenden afferenten Nervenzellen Aktionspotenziale und sind der erste Schritt bei der Übertragung von Informationen auf dem Weg vom Sinnesorgan in das ZNS. Dabei können RP sowohl von adäquaten Reizen als auch inadäquaten Reizen ausgelöst werden.

rezessiv (*engl. recessive*) Der Begriff rezessiv stammt aus der Genetik und bezeichnet die Eigenschaft einer Erbanlage, sich von einer anderen (dominanten) überdecken zu lassen. So bestimmen rezessive Allele den Phänotyp nur bei Reinerbigkeit (homozygot; zwei identische Allele liegen vor). Dominante Allele werden durch Groß-, rezessive Allele durch Kleinbuchstaben dargestellt.

Rhinenzephalon ▶ Riechhirn

Rhodopsin (*engl. rhodopsin*) Rhodopsin ist der Sehfarbstoff der Stäbchen (Photosensoren der Retina) und befindet sich in deren Scheibchenmembran. Da die im Dunkeln hergestellte Lösung dieses Stoffes eine rote Farbe aufweist, wird das Pigment auch als Sehpurpur bezeichnet. Die Lichtempfindlichkeit ist umso größer, je mehr Sehfarbstoff vorhanden ist. In großer Helligkeit ist es dagegen fast ausgebleicht, was bedeutet, dass Stäbchen kaum noch lichtempfindlich sind. Wieder in Dunkelheit findet die Regeneration des Sehpurpurs zur maximalen Konzentration statt. Rhodopsin besteht aus Opsin (Eiweiß) und Retinal I (Aldehyd des Vitamins A). Bei Belichtung kommt es zum Zerfall in die Bestandteile Opsin (farblos) und Vitamin A und anschließend unter Energieaufwand zum Wiederaufbau. Ein Mangel an Vitamin A behindert diesen Aufbau und führt zur Nachtblindheit.

Rhythmen, freilaufende (*engl. pl. free-running rhythms*) Freilaufende Rhythmen nennt man jene zirkadianen Rhythmen, die nicht durch Zeitgeber (Licht, Uhrzeit o. ä.) dem 24-Stundentag angepasst werden. Viele psychophysiologische Prozesse (z. B. Schlaf) besitzen in konstanter Umwelt, die keinerlei Hinweise auf den künstlichen 24-Stunden-Rhythmus enthält, eher einen 23- oder 25-Stunden-Rhythmus.

Rhythmen, lunare (*engl. pl. lunar rhythms*) Biologische Rhythmen, die sich nach ungefähr 28 Tagen, also der Zeit zwischen zwei Vollmondphasen, wiederholen, nennt man lunar. Ein Beispiel für einen lunaren Rhythmus ist der weibliche Menstruationszyklus.

Rhythmen, ultradiane (*engl. pl. ultradian rhythms*) Biologische Rhythmen, die sich nach wenigen Stunden wiederholen und kürzer als 24 Stunden sind, nennt man ultradian. Beispiele dafür sind die Ausschüttung von Kortisol, der Pulsverlauf, der Blutdruck mit seinen Spitzen morgens und abends, die REM-Schlafphasen oder die Phasen von Essen und Trinken.

Rhythmen, zirkadiane (*engl. pl. circadian rhythms*) Zirkadiane Rhythmen sind biologische Rhythmen, die sich nach ungefähr 24 Stunden wiederholen, also rund einen Tag dauern. Beispiele dafür sind der Schlaf-Wach-Rhythmus, der Verlauf der Körpertemperatur, die Kaliumausscheidung, die Serotoninproduktion und die Freisetzung bestimmter Hormone.

Rhythmen, zirkannuale (*engl. pl. circannual rhythms*) Unter zirkannualen Rhythmen versteht man biologische Rhythmen, die sich nach einem Jahr wiederholen und meist von äußeren Faktoren bestimmt werden wie z. B. der Außentemperatur oder der Verfügbarkeit von Futter. Ein Beispiel für einen solchen zirkannualen Rhythmus ist bei Nagern die Angleichung des Phänotyps an (antizipierte) Jahreszeiten. Zirkannuale Rhythmen zählen zu den sogenannten infradianen Rhythmen, da sie länger als 24 Stunden dauern.

Ribonukleinsäure (*engl. ribonucleic acid*) Die Ribonukleinsäure (RNS) ist ein polares Polymer, welches im Aufbau der DNS ähnelt. Unterschiede zwischen beiden Nukleinsäuren liegen im Zucker (Ribose bei RNS und Desoxyribose bei DNS) und in den vorkommenden Basen. Während Adenin, Guanin und Zytosin in beiden Molekülen auftreten, findet sich Thymin nur in der DNS und Uracil nur in der RNS. Ein Großteil der zellulären RNS entfällt auf die ribosomale RNS, die strukturellen Komponenten der Ribosomen. Einen weiteren Teil stellt die Transfer-RNS (tRNS) dar, die für die Proteinsynthese nötig ist. Die kleinste Menge RNS ist die Messenger-RNS (mRNS), die Zwischenstufe zwischen einem Gen und dem entsprechenden funktionsfähigen Protein.

Ribosom *(engl. ribosome)* Das Ribosom ist das Zellorganell, das für die Proteinbiosynthese der Zelle zuständig ist. Es liegt entweder frei im Zytoplasma vor oder ist am rauen endoplasmatischen Retikulum (raues ER) gebunden. Ribosomen werden im Zellkern gebildet und im Zytoplasma zusammengesetzt. Um in möglichst kurzer Zeit ein bestimmtes Eiweiß mehrfach zu produzieren, liegen Ribosomen, oft durch eine RNA verbunden, hintereinander, was als Polysom bezeichnet wird. Das ca. 20–25 nm große Ribosom, ein Komplex aus Proteinen und rRNA, besteht aus zwei Untereinheiten. Die große Untereinheit dient dabei der Verknüpfung der Aminosäuren zu einer Kette, die kleine der mRNA- Erkennung. Man kann weiterhin drei Domänen des Ribosoms unterscheiden: (1.) A-Domäne (Aminoazetyl-Domäne), die der Bindung der Aminosäure an der tRNA dient. (2.) P-Domäne (Peptidyl-Domäne), die der Bindung der Aminosäure an die Peptidkette dient. (3.) E-Domäne (Exit-Domäne), wo die Freisetzung der um eine Aminosäure verlängerten Kette stattfindet.

Riechepithel *(engl. olfactory epithelium)* Das Riechepithel ist ein kleines, bräunlich-gelbes Schleimhautareal, das etwa 5 cm in der oberen und mittleren Conche der lateralen Nasenwand ausmacht. In ihm befinden sich die für den Geruchssinn wichtigen Riech-, Stütz- und Basalzellen. Die dicken dendritischen Fortsätze der Riechzellen enden in der Schleimschicht des Riechepithels, ihre langen unmyelinisierten Axonfortsätze bilden beim Austritt aus dem Riechepithel Axonbündel und ziehen als Nervus olfactorius zum Bulbus olfactorius.

Riechhirn *(engl. rhinencephalon)* Das Riechhirn setzt sich aus verschiedenen Gebieten des Palaeokortex zusammen und umfasst dabei das Tuberculum olfactorium, die Area praepiriformis, die als wesentliches Zentrum für die Geruchsdiskrimination gilt, einen Teil der Amygdala sowie die Regio entorhinalis. Diese Areale sind aus drei Schichten aufgebaut und gehören demnach zum Allokortex. Die über die Riechzellen aufgenommenen Sinnesinformationen gelangen vom Bulbus olfactorius über den Tractus olfactorius zu den Bereichen des Riechhirns. Vom Tuberculum olfactorium werden sie weitergeleitet über den dorsomedialen Kern des Thalamus zum orbitofrontalen Neokortex. Zudem ziehen vom Riechhirn Bahnen zum limbischen System (Mandelkern, Hippocampus) und weiter zum Hypothalamus und der Formatio reticularis.

Riechkolben *(engl. olfactory bulb)* Die dünnen, unmyelinisierten Axone der Riechzellen, die von der Riechschleimhaut in der Nase durch das Siebbein in die Schädelhöhe ziehen, enden im Bulbus olfactorius. Von dort zieht der Tractus olfactorius (Axone der Mitralzellen) zentralwärts, um in verschiedenen Gebieten des Palaeokortex zu terminieren, die insgesamt als Riechhirn bezeichnet werden.

Riechschleimhaut *(engl. olfactory mucosa; Syn. Regio olfactoria, Riechepithel)* Die Riechschleimhäute beim Menschen und anderen Säugetieren sind Schleimhäute im oberen Bereich der Nasenhöhle. In ihnen befinden sich Geruchs- oder Riechsinneszellen. Der Mensch besitzt etwa 10–30 Mio. Riechsinneszellen, ein Hund hat etwa 250 Mio. Aus den Riechsinneszellen ragen Härchen mit den Chemorezeptoren heraus, die auf verschiedene Duftmoleküle in der Atemluft ansprechen. Nicht bei allen Tieren befinden sich die Riechschleimhäute in der Nasenhöhle, bei Insekten z. B. sind sie an den Fühlern lokalisiert.

RNA ▶ Ribonukleinsäure

Röhre, eustachische *(engl. eustachian tube)* Die eustachische Röhre wurde benannt nach Bartolomeo Eustachi und ist eine röhrenartige Verbindung zwischen dem Nasenrachen und dem Mittelohr. Sie öffnet sich beim Schlucken oder Gähnen und dient dem Druckausgleich.

Röntgenkontrasttechnik (*engl. x-ray contrast*) Die Röntgenkontrasttechnik wird genutzt, um mithilfe von Röntgenstrahlung Gehirnstrukturen abbilden zu können. Mit der »normalen« Röntgentechnik kann nur der Schädelknochen dargestellt werden, da sich die restlichen Strukturen innerhalb der Hirnmasse kaum in ihrer Absorptionsfähigkeit bezüglich der Röntgenstrahlung unterscheiden. Deshalb wird bei der Röntgenkontrasttechnik ein Kontrastmittel genutzt, um die Absorptionsfähigkeit zu verändern und so ein Abheben von umgebenden Strukturen zu ermöglichen. Dadurch können flüssigkeitsgefüllte Räume abgebildet werden. Prinzipiell unterscheidet man dabei zwischen der Pneumoenzephalographie (Darstellung von Ventrikeln und Fissuren) und der Angiographie (Darstellung des Blutgefäßsystems). Die Röntgenkontrasttechnik wird aber auch zur Untersuchung der Funktion anderer Organe eingesetzt.

rostral (*engl. rostral*) Rostral ist eine anatomische Lagebezeichnung und meint »zum Gesicht hin«. Das Gegenteil von rostral ist kaudal.

Rotary-Pursuit-Test (*engl. Rotary-Pursuit-Test*) Der Rotary-Pursuit-Test ist ein Verfahren zur Ermittlung von Gedächtnisfähigkeiten und experimentellen Dissoziationen von explizitem und implizitem Wissen. Der Proband muss hierbei einen Stift auf dem Kontaktpunkt einer sich drehenden Kreisplatte halten. Wichtigste abhängige Variable ist die Zeit des Kontakts. Probanden mit Läsionen des medialen Temporallappens verbessern sich systematisch in ihrer Leistung (implizites Wissen), wissen aber nicht, dass sie die Aufgabe davor schon mehr oder weniger oft durchgeführt haben (Defizit an explizitem Wissen).

Rückenmark (*engl. spinal cord; Syn. Medulla spinalis*) Das Rückenmark ist ein Teil des ZNS, der innerhalb des Wirbelkanals liegt. Es schließt kaudal an die Medulla oblongata an, reicht bei Erwachsenen bis zum ersten Lendenwirbelkörper und ist wie das Gehirn von Hirnhäuten und Liquor cerebrospinalis umgeben. Zwischen den Wirbelkörpern treten aus den Vorder- und Hinterwurzeln des Rückenmarks die Spinalnerven aus, die den Rumpf und die Extremitäten sensibel und motorisch versorgen. Das Rücken-

mark wird nach den Austrittsstellen der Spinalnerven in Zervikalmark, Thorakalmark, Lumbalmark und Sakralmark unterteilt. Es enthält weiße und graue Substanz, letztere besteht aus Neuronen und bildet eine schmetterlingsförmige Figur, welche auf jeder Seite ein Vorder-, ein Seiten- und ein Hinterhorn enthält. Die umgebende weiße Substanz enthält auf jeder Seite einen Vorder-, einen Seiten- und einen Hinterstrang. In ihnen verlaufen wichtige aufsteigende (Tractus spinothalamicus, Hinterstrangbahn, Tractus spinocerebellaris) und absteigende (Pyramidenbahn und Tractus rubrospinalis, Tractus vestibulospinalis, Tractus reticulospinalis) Bahnen. Das Rückenmark ist u. a. an der Generierung von Reflexen beteiligt.

Rückenmarknerv (*engl. spinal nerve*) Rückenmark- oder Spinalnerven sind Nervenpaare, die zwischen den Wirbeln aus dem Rückenmark austreten. Die 31 paarig angelegten Nerven werden in Abhängigkeit vom Austrittsort als zervikale, thorakale, lumbale oder sakrale Rückenmarknerven bezeichnet. Dabei bilden die vordere und hintere Wurzel eines Rückenmarknervs einen Faserstrang (Nervus mixtus), der sich in afferente und efferente Fasern verzweigt. Die Afferenzen (auch sensorische Bahnen genannt) leiten die Signale der Sinneszellen (z. B. Schmerz- oder Berührungsempfindungen) aus dem Körper über die graue Substanz des Rückenmarks ins ZNS, wobei ihre Zellkörper in den Hinterhornwurzeln (Spinalganglien) liegen. Hingegen verlassen die efferenten (motorischen) Axone das Rückenmark und transportieren Signale vom ZNS in den Körper bzw. zu Muskeln und Drüsen, so dass z. B. eine Muskelkontraktion ausgelöst wird.

Rückenmarksreflex (*engl. spinal reflex*) Rückenmarksreflexe sind das Resultat neuronaler Schaltkreise des Rückenmarks. Dabei handelt es sich um eine Vielzahl von Reflexen sowie um automatische und stereotype Bewegungsmuster, die auch nach Trennung des Rückenmarks vom Gehirn ausgelöst werden können. Rückenmarksreflexe sind oft überlebensnotwendige Reflexe, die ohne aktive Beteiligung des Gehirns zum Schutz des Organismus ablaufen können und daher häufig sehr schnell erfolgen.

Rückkopplung, negative (*engl. negative feedback*) Die negative Rückkopplung ist ein Phänomen, welches in allen Homöostase anstrebenden Regelsystemen auftritt. Sie beschreibt die Tatsache, dass eine erhöhte Konzentration eines Stoffes so auf das System zurückwirkt, dass dieser Stoff weniger produziert bzw. abgebaut wird (z. B. Hormonregulation). Im Nervensystem bezieht es sich auf die Möglichkeit, dass aktivierte Zellen durch diese Aktivierung sich selbst oder andere vorgeschaltete Nervenzellen hemmen. Dies kann direkt über eine rückführende inhibitorische Synapse geschehen oder durch die Aktivierung eines inhibitorischen Interneurons. Auch hier dient der Mechanismus der Regulation und stellt einen Schutz vor Übererregung dar.

Ruffini-Körperchen *(engl. Ruffini's corpuscle)* Die Ruffini-Körperchen sind langsam adaptierende Mechanosensoren bzw. Dehnungsrezeptoren der behaarten und unbehaarten Haut. Sie finden sich aber auch in der Iris, dem Ziliarkörper und den Gelenkkapseln. Ruffini-Körperchen vermitteln Informationen über Richtung und Stärke von Scherkräften, die in der Haut und zwischen Haut und Unterhaut bei Gelenkbewegungen oder bei Bewegungen der Hände auftreten.

Ruhe-Aktivitäts-Zyklus, fundamentaler *(engl. rest-activity cycle)* Beim fundamentalen Ruhe-Aktivitäts-Zyklus handelt es sich beim Menschen um einen 90-Minuten-Zyklus steigender und fallender Wachheit.

Ruhepotenzial *(engl. resting potential)* Beim Ruhepotenzial handelt es sich um das Potenzial, das im unerregten Zustand an der Membran einer Nervenzelle anliegt. Es liegt bei ca. -60 mV (abhängig vom Nervenzelltyp) und ist dadurch bedingt, dass unterschiedliche Konzentrationen geladener Teilchen im Zellinneren und im Zelläußeren vorliegen. Dieses Gefälle wird aufgrund der eingeschränkten Permeabilität der Membran aufrechterhalten. Dabei ist das Zellinnere durch eine hohe Konzentration an negativen Anionen negativ geladen, das Zelläußere dagegen weist eine hohe Konzentration positiv geladener Natriumionen auf. Das Ruhepotenzial ist nicht statisch, sondern ein sogenanntes Fließgleichgewicht. Der elektrostatischen Anziehungskraft der negativ geladenen Teilchen folgend, strömen Kaliumionen durch permanent offene Kanäle in das Zellinnere ein, bis im Zellinneren eine weitaus höhere Kaliumionenkonzentration als im Extrazellulärraum vorliegt. Die nun größer werdende Diffusionskraft bringt schließlich den passiven Kaliumioneneinstrom zum Stillstand. Jetzt liegt über der Zellmembran eine Spannung von ca. –60 mV an (negativ geladener Zellinnenraum). Während sich die Kaliumkonzentration aufgrund elektrostatischer Anziehungs- und Abstoßungskräfte selbstständig ausgleicht, müssen eindringende Natriumionen durch die Natrium-Kalium-Pumpe aktiv aus der Zelle hinaus gepumpt werden.

Ruhetonus *(engl. resting tonus)* Der Muskeltonus ist der Spannungszustand der Muskulatur des Körpers. Auch in völliger Ruhe ist die Muskulatur niemals völlig erschlafft, d. h. selbst wenn keine Bewegung ausgeführt wird, finden in den Muskelfasern (quergestreifte Muskulatur) oder Muskelzellen (glatte Muskulatur) in einem bestimmten Umfang Kontraktionen statt. Dies bezeichnet man als Ruhetonus, d. h. Spannungszustand der Muskeln in Ruhebedingung. Der Ruhetonus ist z. B. nötig um die Haltung des Körpers zu ermöglichen.

Sacculus *(engl. saccule)* Der Sacculus ist Teil des Gleichgewichtorgans im Innenohr. Er steht in einem stumpfen Winkel auf einem weiteren Hohlraum, dem Utriculus. Diese beiden Hohlräume sind für die Erfassung der linearen Besch leunigung und Gravitationskraft zuständig. Dabei detektiert der Sacculus die vertikale Beschleunigung. Sowohl im Sacculus als auch im Utriculus befinden sich Sinnesfelder (Maculae) von ca. 1 mm Durchmesser, die mit Sinneshärchen besetzt sind. Diese sind von einer gallertartigen Membran bedeckt, auf der wiederum Kalziumkarbonatkristalle (Otolithen) eingelagert sind. Diese bleiben aufgrund der Trägheit bei einer linearen Beschleunigung hinter der Körperbewegung zurück und reizen damit die Sinneshärchen. Diese Information wird an das Gehirn weitergeleitet, wo eine Änderung der Körperstellung im Raum registriert wird.

sagittal *(engl. sagittal)* Sagittal ist eine anatomische Richtungsangabe, die die seitliche Ansicht des Körpers bezeichnet, d. h. die vertikale, sich von vorne nach hinten (oder umgekehrt) erstreckende Ebene. Der Sagittalschnitt ist einer von drei Schnittebenen für die Darstellung des Gehirns und der Körperorgane.

Sagittalschnitt *(engl. sagittal view)* Der Sagittalschnitt ist ein virtueller Schnitt durch den Körper (z. B. durch das Gehirn), der mittels bildgebender Verfahren erfolgt und parallel zur Neuraxis und rechtwinklig zum Boden verläuft.

Sakkaden *(engl. pl. saccades)* Sakkaden sind sprungartige, konjugierte, bewusst oder unbewusst ausgelöste Augenbewegungen. Sie dienen der Fixation, können aber auch ohne Reiz in der Sekunde zwei bis drei Mal auftreten. Sakkaden werden durch ruckartige, koordinierte Bewegungen der äußeren Augenmuskeln ausgelöst. Zwischen den Sakkaden treten Fixa-

tionsperioden von 0,15 bis etwa 2 sec. Dauer auf. Die Dauer der Sakkaden ist abhängig von den Winkelminuten, welche bei 3° bis zu 90° liegen können. Große Sakkaden werden von Kopfbewegungen begleitet.

Sakromer *(engl. sacromer)* Als Sakromer bezeichnet man die kleinste funktionelle Einheit eines Muskels. Es ist durch Z-Scheiben begrenzt, an denen Aktinfilamente angeheftet sind, welche sich in Richtung des Zentrums eines Sakromers erstrecken, wo parallel zu den Aktinfilamenten die dickeren Myosinfilamente angeordnet sind. Im Ruhezustand eines Sakromers überlappen Aktin- und Myosinfilamente nur teilweise, wodurch das Sakromer seine charakteristische Bänderung bekommt. Man kann ein Sakromer demnach in verschiedene Bereiche unterteilen: I-Bande (heller Bereich, hier liegen nur dünne Aktinfilamente), A-Bande (Bereich über die ganze Länge der Myosinfilamente) und H-Zone (Zentrum der A-Bande, hier liegen nur die dicken Myosinfilamente, denn die Aktinfilamente erstrecken sich nicht über das gesamte Sakromer). Bei einer Kontraktion schieben sich Aktin- und Myosinfilamente ineinander (Gleitfilamenttheorie) und das Sakromer verkürzt sich.

saltatorisch *(engl. saltatory)* Saltatorisch ist ein Ausdruck aus der Neurophysiologie und bezeichnet die sprunghafte Erregungsweiterleitung in myelinisierten Nerven im Gegensatz zu einer kontinuierlichen Erregungsleitung. Bei der saltatorischen Erregungsleitung springt der Nervenimpuls von einem Ranvierschen Schnürring zum nächsten, da durch eine Myelinummantelung der Kaliumionen-Ausstrom und damit die Depolarisation an den myelinisierten Stellen verhindert wird. Die saltatorische Erregungsleitung erfolgt weitaus schneller als die kontinuierliche Erregungsleitung.

Satellitenzellen *(engl. pl. satellite cells)* Satellitenzellen sind (unter)stützende Zellen des peripheren

Nervensystems und stellen das Pendant zu den Gliazellen des ZNS dar. Satellitenzellen sind z. B. die Schwann-Zellen, die jeweils ein Segment eines Axons umschließen und so eine Myelinscheide bilden. Diese Myelinumhüllung ermöglicht die besonderen Reizleitungseigenschaften der Neurone, d. h. die saltatorische Erregungsleitung.

Sättigung, sensorisch-spezifische *(engl. sensory specific satiety)* Bei der sensorisch-spezifischen Sättigung tritt eine Sättigung an bestimmten Stoffen ein, die zu Genüge aufgenommen wurden, z. B. Salz. Für diese besteht dann kein Appetit und kein Defizit mehr. Diese Art der Sättigung kann v. a. durch die Anreiztheorie der Motivation erklärt werden.

Säuger *(engl. pl. mammals)* Die Klasse der Säugetiere (Mammalia) zählt im Stamm der Chordata zum Unterstamm der Vertebraten. Wesentliche Merkmale der Säugetiere sind der Wärmeisolation dienende Haare, ein geschlossener Blutkreislauf mit getrennten Herzkammern, ein verknöcherter Schädel, eine Wirbelsäule und Extremitäten, ein relativ großes Gehirnvolumen, hoch entwickelte Sinnesorgane (z. B. drei Gehörknöchelchen), Atmung über Lungen, Nieren als Exkretionssystem, paarige Geschlechtsorgane, eine Gliederung der Leibeshöhle in Brust- und Bauchhöhle durch eine muskulöse Wand und charakteristische Verhaltensweisen (Säugen der Jungtiere).

Säure *(engl. acid)* Gruppe von chemischen Verbindungen, welche die gemeinsame Eigenschaft haben, dass sie Wasserstoffionen (H^+) enthalten, die in wässriger Lösung abgespalten werden.

Schachter-Singer-Theorie *(engl. Schachter-Singer theory)* Die Schachter-Singer-Theorie (1962) ist eine kognitive Theorie der Emotionsgenese, die besagt, dass bei Gefahr oder anderen emotionsauslösenden Situationen eine unspezifische physische Erregung auftritt, aufgrund derer das Individuum beginnt, die Situation nach Hinweisreizen für diese Erregung zu durchsuchen. Diese Hinweisreize der Situation werden dann aufgrund von Erfahrung positiv oder negativ bewertet. Erst nach dieser Interpretation der Situation kann die undefinierte anfängliche Erregung als positiv oder negativ gedeutet werden und als Emotion oder Gefühl, wie z. B. Angst, wahrgenommen werden. Experimente von Schachter und Singer, die diese Theorie mit eigenen Ergebnissen belegten, konnten bisher nicht erfolgreich repliziert werden.

Schaffer-Kollateralen *(engl. pl. Schaffer's collaterals)* Als Schaffer-Kollateralen werden die Axone der Neurone der CA3 (Cornu Ammonis, im Hippocampus) bezeichnet, welche die CA3 mit der CA1 verbinden. An ihren Synapsen wurde das Phänomen der assoziativen Langzeitpotenzierung (LTP) ausführlich untersucht.

Schalldruckwellen *(engl. pl. sound pressure waves)* Eine Schalldruckwelle ist eine Druckwelle, die von Sinneszellen des Gehörorgans in akustische Wahrnehmungen übersetzt werden kann. Schalldruckwellen bewegen sich mit 330 m/s (Schallgeschwindigkeit) und werden in Hertz (Hz), also in der Frequenz der Welle, gemessen. Dabei sind Schalldruckwellen im Bereich von 20 Hz bis 16.000 Hz adäquate Reize für das menschliche Ohr.

Scheinessen ▶ Scheinfütterung

Scheinfütterung *(engl. sham eating)* Bei der Scheinfütterung wird die zur Fütterung gerichtete Nahrung vom Versuchstier gekaut und geschluckt, jedoch verlässt das gerade aufgenommene Futter den Körper sofort wieder durch eine Ösophagusfistel (angeborene oder erworbene röhrenartige Verbindung zwischen Speise- und Luftröhre). Der visuelle, olfaktorische und Geschmacksinput ist somit gegeben, allerdings essen Tiere mit offener Ösophagusfistel wesentlich größere Mengen, was ein Indiz dafür ist, dass Sättigungssignale erst im unteren Teil des Magens oder des Duodenums (Zwölffingerdarm) entstehen.

Scheinkonturen *(engl. pl. subjective contours)* Scheinkonturen sind Sinnestäuschungen, bei denen ohne physikalisches Korrelat visuelle Grenzen oder Kanten wahrgenommen werden. Das Gehirn scheint Wahrscheinlichkeitserwägungen über die Beschaffenheit der Außenwelt anzustellen, die über die bloße Reproduktion von Sinnesdaten hinausgehen. Die Wahrnehmung von Scheinkanten resultiert aus der Fähigkeit des visuellen Systems, unvollständige

Objektgrenzen zu ergänzen. Sensorische Verarbeitungsprozesse auf frühen Stufen der Sehbahn scheinen für die Wahrnehmung von Scheinkanten verantwortlich zu sein.

Scheintrinken *(engl. sham drinking)* Scheintrinken tritt bei Versuchstieren mit einer Ösophagusfistel (angeborene oder erworbene röhrenartige Verbindung zwischen Speise- und Luftröhre) auf. Dabei fließt das getrunkene Wasser durch die Fistel wieder nach außen und gelangt nicht in den Magen-Darm-Trakt (▶ Scheinessen).

Scheitellappen ▶ Parietallappen

Schicht, magnozelluläre *(engl. magnocellular layer)* Magnozelluläre Schichten bestehen aus relativ großen Neuronen. Die beiden inneren Schichten des Corpus geniculatum laterale (CGL) sind magnozelluläre Schichten, die (indirekt) Input von den Stäbchen der Retina erhalten und Informationen der Form- und Tiefenwahrnehmung sowie Informationen über geringe Helligkeitsunterschiede zum primären visuellen Kortex (V1) leiten. Magnozelluläre Information ist schnell, besitzt eine hohe Kontrastsensitivität, aber eine geringe Auflösung.

Schicht, parvozelluläre *(engl. parvocellular layer)* Parvozelluläre Schichten, d. h. Schichten aus Neuronen geringer Größe, finden sich im Corpus geniculatum laterale (CGL). Die vier äußeren Schichten dieser sechsschichtigen Struktur sind die parvozellulären (im Gegensatz zu den beiden inneren mag-nozellulären Schichten) und haben die Aufgabe, Informationen über die Farbe oder über Details gesehener Objekte zum primären visuellen Kortex (V1) weiterzuleiten. Die parvozellulären Schichten erhalten demnach indirekt Input aus den Zapfen der Retina. Parvozelluläre Information ist eher langsam, besitzt eine niedrige Kontrastsensitivität und eine hohe Auflösung.

Schilddrüse *(engl. thyroid gland)* Die Schilddrüse ist eine Hormondrüse, die wie ein »H« geformt vor der Luftröhre liegt. Ihr Gewicht beträgt bei Frauen durchschnittlich 18 g, bei Männern 25 g. Sie besteht aus einem rechten und einem linken »Lappen«, die jeweils ca. 3 bis 5 cm groß sind und von einem Ver-

bindungsstück (Isthmus) zusammengehalten werden. Die Schilddrüse bildet die Hormone Kalzitonin (Regulation des Kalziumstoffwechsels) sowie Trijodthyronin (T3) und Thyroxin (T4), wobei die Bildung der beiden letzteren Hormone vom TSH (Thyroideastimulierendes Hormon) des Hypophysenvorderlappens (HVL) angeregt wird. Ein wichtiger Baustein für die Produktion der Hormone T3 und T4 ist das Spurenelement Jod. T3 und T4 sind im Körper zuständig für den Energiestoffwechsel (Blutdruck, Temperatur, Puls), für das Wachstum und viele andere wichtige Bereiche. Oftmals befinden sich an der Rückseite der Schilddrüse vier Nebenschilddrüsen, zwei obere und zwei untere, die sich jedoch in Lage und Zahl unterscheiden können. Fehlfunktionen dieser Drüse können sich in einer Über- oder Unterfunktion der Schilddrüse manifestieren, die medikamentös behandelt werden muss.

Schilddrüsenhormone *(engl. pl. thyroid hormones)* Die Schilddrüse produziert die Hormone Kalzitonin, Thyroxin (Tetrajodthyronin oder T4) sowie Trijodthyronin (T3). Normalerweise werden lediglich die beiden letztgenannten als Schilddrüsenhormone bezeichnet. Sie sind die einzigen im Körper produzierten Moleküle, welche Jod enthalten, und ihre Ausschüttung wird durch das Schilddrüsen-(Thyroidea-)stimulierende Hormon (TSH) des Hypophysenvorderlappens (HVL) geregelt. T3 und T4 werden in den Schilddrüsenfollikeln gespeichert (im Normalfall mit einem Vorrat für rund 100 Tage, wodurch der Körper lange Zeit ohne Jodzufuhr auskommen kann). Viele der T4-Moleküle werden im Blut in die wirksamere Form des Hormons, T3, umgewandelt. Sowohl T3 als auch T4 beeinflussen den Energieumsatz des Körpers, sie steigern die Eiweißsynthese und den Abbau von Kohlenhydraten und Lipiden. In der Schwangerschaft steuern sie Knochenwachstum und geistige Entwicklung des Embryos.

Schizophrenie *(engl. schizophrenia)* Die Gruppe der schizophrenen Störungen (F2 nach ICD-10) ist durch grundlegende und charakteristische Störungen von Denken und Wahrnehmung sowie inadäquate oder verflachte Affekte gekennzeichnet. Bewusstseinsklarheit und intellektuelle Fähigkeiten sind in der Regel nicht beeinträchtigt. Die wichtigsten psychopathologischen Phänomene sind Gedankenlautwerden, Gedankenausbreitung, Wahnwahrnehmung, Kontrollwahn, Beeinflussungswahn oder das Gefühl des Gemachten, Stimmen, die in der dritten Person den Patienten kommentieren oder über ihn sprechen, Denkstörungen und Negativsymptome (z. B. Antriebslosigkeit, abgeflachter Affekt). Der Verlauf der Erkrankung kann entweder kontinuierlich episodisch mit zunehmenden oder stabilen Defiziten sein oder es können eine oder mehrere Episoden mit vollständiger oder unvollständiger Remission auftreten. Schizophrene Erkrankungen werden medikamentös mit sog. Neuroleptika behandelt, die bei den typischen Neuroleptika zu schweren Nebenwirkungen führen können.

Schlaf *(engl. sleep)* Als Schlaf wird der Zustand der äußeren Ruhe eines Menschen oder eines Tieres bezeichnet. Im Schlaf verringern sich Puls, Atemfrequenz und Blutdruck. Auch die Gehirnaktivität verändert sich im Vergleich zum Wachzustand. Es gibt verschiedene Hypothesen über den Zweck von Schlaf. Nach der »regenerativen Hypothese« dient der Schlaf der Erholung der Körperorgane, so dass die Körperfunktionen problemlos ablaufen können. Eine andere Hypothese besagt, dass Schlaf der Einsparung von Energie dient. Die verschiedenen Schlafstadien können nach EEG- (Elektroenzephalogramm-)Mustern in SW-(Slow-Wave)Schlaf und REM-(Rapid-Eye-Movement)Schlaf eingeteilt werden.

Schlaf, paradoxer ▶ REM-Schlaf

Schlafapnoe *(engl. sleep apnoea)* Unter Schlafapnoe versteht man vorübergehende Atemaussetzer im Schlaf, die gehäuft und v. a. verlängert auftreten. Von Schlafapnoe wird gesprochen, wenn Atemaussetzer häufiger als zehnmal pro Stunde für mehr als zehn Sekunden auftreten. Die Ursache liegt in einer Erschlaffung der Muskulatur des Nasen-Rachen-Raumes. Wenn es dann zu einer Rückverlagerung der Zunge und zu einer Engstellung des Rachenraumes kommt, wird die Atmung behindert. Atemaussetzer werden im Gehirn registriert, und eine Arousalreaktion führt zur Wiederaufnahme der Atemaktivität, indem ein tiefer Atemzug ausgelöst wird, der die verengten Atemwege öffnet und als lautes Schnarchen hörbar wird. Eine chronische

Schlafapnoe verschlimmert sich mit der Zeit und kann zu Bluthochdruck, Herzinsuffizienz (verminderte Herzleistung), Herzrhythmusstörungen und der verstärkten Neigung zu Herzinfarkt und Schlaganfall führen. Außerdem wird der gesunde Schlafrhythmus gestört und, bedingt durch die Arousalreaktionen, werden tiefe Schlafstadien verkürzt.

Schlafattacke *(engl. narcoleptic attack)* Schlafattacken zeichnen sich durch einen überwältigenden Drang zu schlafen aus und können bei Narkoleptikern, aber auch bei gesunden Menschen auftreten. Der auf eine Attacke folgende Schlaf dauert in der Regel nur 2 bis 5 Minuten, der Betroffene erwacht dennoch ausgeruht. Schlafattacken können in verschiedenen Situationen auftauchen, bei gesunden Menschen sind es häufig langweilige oder monotone Situationen, v. a. nach verkürztem Nachtschlaf. Bei Narkolepsie treten sie allerdings in emotional erregenden Situationen auf, wobei beim Betroffenen eine Kataplexie (vollständiger Verlust des Muskeltonus) erfolgt und er sofort in den Tiefschlaf übergeht.

Schlafentzug, therapeutischer *(engl. sleep deprivation)* Schlafentzug oder Wachtherapie für die Dauer von einer Nacht oder nur der zweiten Nachthälfte wird als Therapieform für depressive Patienten genutzt. Bei 60–80 % führt dieser Schlafentzug zu einer kurzfristigen Besserung von Stimmung und Antrieb, wenn am nächsten Tag nicht geschlafen wird. Schlafentzug als Therapieform wird mindestens drei Mal hintereinander durchgeführt, wobei jeweils eine Nacht Schlaf dazwischen liegt. Verschiedene Wirkmechanismen werden für die Verbesserung der Stimmung bei Depressiven durch Schlafdeprivation postuliert, u. a. Unterdrückung von SW-(Slow-Wave) Schlaf, Verringerung des Arousal-Zustandes von Depressiven und Herunterregulierung von präsynaptischen Serotoninrezeptoren.

Schlafinduktion *(engl. sleep induction)* Unter Schlafinduktion versteht man das bewusste Hervorrufen oder Erleichtern des Schlafes durch schlaffördernde Mittel. Dazu gehören u. a. Opiate, Barbiturate, Melatonin, Progesteron, sedative trizyklische Antidepressiva, sedative Neuroleptika, Alkohol sowie Injektionen von schlaffördernden Neuropeptiden. Um dabei einen optimalen Effekt zu erzielen, sollten diese Mittel kurz vor dem natürlichen Schlafbeginn verabreicht werden. Ebenfalls gelten körperliche Anstrengung, Vertrautheit der Umgebung, Verdauung und sexuelle Betätigung als förderlich. Bei Tieren kann Schlaf über eine elektrische Stimulation bestimmter Gehirnareale induziert werden.

Schlaflähmung (engl. sleep paralysis) Eine Schlaflähmung ist eine Störung des Schlafes, die durch zeitweilige Lähmungserscheinungen des Körpers gekennzeichnet ist. Sie tritt entweder kurz nach dem Erwachen (hypnopompe Schlaflähmung) oder, seltener, kurz vor dem Einschlafen (hypnagoge Schlaflähmung) auf. Im physiologischen Sinne entspricht sie der Lähmung, die sich während des REM-Schlafes einstellt. Ein willentliches Aufstehen oder Sprechen ist für die Dauer der Schlaflähmung nicht möglich. Dieser, für den Betroffenen hochbeängstigende Zustand, gehört zu den Hauptsymptomen der Narkolepsie, kann aber auch gesunde Menschen betreffen.

Schlafspindel (engl. sleep spindle) Die Schlafspindel ist ein Charakteristikum im EEG der Schlafstadien 1–4 eines typischen Nachtschlafes. Sie zeichnet sich durch kurze Wellenstöße von 12–14 Hz aus und kann als Ausdruck der fortlaufenden Aktivität eines Organismus die den Schlaf absichert gewertet werden. Mit zunehmendem Alter treten Schlafspindeln weniger häufig auf, ein Mensch erwacht öfter aus dem Schlaf.

Schlafstadien (engl. sleep stages) Während des Schlafes treten verschiedene Schlafstadien und -phasen unterschiedlicher Schlaftiefe auf, die sich untereinander zyklisch abwechseln. Beginnend mit der Einschlafphase, geht man in einen leichten Schlaf über (Schlafstadien 1 und 2), der dann zum Tiefschlaf wird (Schlafstadien 3 und 4). Dann wird der Schlaf weniger tief und es folgt als letztes der REM-(Rapid-Eye-Movement)Schlaf, in dem v. a. bewegte und emotional gefärbte Träume auftreten. In dieser Phase steigen Blutdruck und Atemfrequenz, während der Muskeltonus vollkommen abfällt. Ein Schlafzyklus dauert etwa 90 bis 100 Min. und pro Nacht finden sich etwa fünf bis sechs Zyklen bei gesunden jüngeren Erwachsenen. Über den Nachtverlauf werden die Tiefschlafphasen kürzer und die REM-Pha-

sen länger. Charakteristische Veränderungen im EEG (Elekroenzephalogramm) finden sich in allen Schlafphasen; diese spezifischen EEG-Muster stellen die Grundlage der Schlafphasen-Einteilung in SW- und REM-Schlaf nach Kleitman und Dement dar; Rechtschaffen und Kales erstellten dazu ein Manual, um die einzelnen Schlafstadien auf EEG-Grundlage dem individuellen Schlafverlauf zuzuordnen.

Schlafwandeln (engl. sleepwalking; Syn. Somnambulismus) Beim Schlafwandeln kommt es im ersten Drittel des Nachtschlafes zu komplexen Verhaltensepisoden wie bspw. Umherlaufen oder anderen Tätigkeiten. Diese Aktivitäten haben psychische Ursachen und erfolgen unbewusst, d. h. Betroffene sind im Nachhinein nicht in der Lage, sich an die nächtlichen Aktivitäten zu erinnern. Schlafwandeln tritt meist im Kindesalter auf (bei etwa 1–6 % aller Kinder) und setzt sich nur in seltenen Fällen in der Pubertät oder im Erwachsenenalter fort. Beginnt das Schlafwandeln im Erwachsenenalter, was äußerst selten vorkommt, ist von einem chronischen Verlauf auszugehen. Die Anlage zum Schlafwandeln ist vererbbar, Männer sind häufiger davon betroffen als Frauen. Die Folgen des Schlafwandelns sind körperliche, z. T. lebensbedrohliche, Schäden (Unfälle, Absturz etc.), aber auch psychische Belastungen, da Betroffene oftmals versuchen, die Krankheit zu verbergen und bestimmte psychosoziale Aktivitäten (Zelten, Besuche etc.) zu vermeiden.

Schlaganfall (engl. stroke) Beim Schlaganfall kommt es aufgrund von Störungen der Blutversorgung des Gehirns zu einem Ausfall von Funktionen des zentralen Nervensystems. Diese beruhen auf akuten Durchblutungsstörungen des Gehirns und werden oft durch einen sog. Embolus ausgelöst, eine Verklumpung verschiedener Stoffe, die im Durchschnitt breiter ist als die Gefäße und somit das Blutgefäßsystem verstopft. Die Symptome, die in Folge eines Schlaganfalles auftreten, hängen davon ab, welche Stelle des Gehirns betroffen und wie schwer die Durchblutungsstörung ist. Häufige Symptome sind Veränderungen der Sprache, des Sehens, der Muskelkraft und Lähmungen.

Schmeckzellen (engl. pl. taste cells) Die Schmeckzellen liegen in den Geschmacksknospen (Faden-,

Pilz-, Blätter- und Wallpapillen) auf der Zunge und im Rachen. Jede Schmeckzelle kann alle fünf Geschmacksqualitäten (süß, sauer, bitter, salzig, umami) wahrnehmen, sie reagiert aber aufgrund unterschiedlicher Empfindlichkeit preferenziell auf eine der Grundqualitäten mit einer Reiztransduktion.

Schmerz *(engl. pain; Syn. Schmerzsinn)* Der Schmerz bezieht sich auf die Wahrnehmungsfähigkeit von noxischen Reizen, welche affektive, vegetative, sensorische und motorische Komponenten beinhaltet. Ursprung einer Schmerzwahrnehmung ist häufig die Zerstörung von Zellen oder Geweben in der Nähe von freien Nervenendigungen. Diese transportieren die schmerzrelevanten Reize (z. B. Ausschüttung von Gewebshormonen) aus der Haut und dem Körperinneren über dünne markhaltige sowie sehr dünne marklose Fasern zum Rückenmark. Nach Verschaltung auf die kontralaterale Seite steigen die Schmerzsignale im spinothalamischen Trakt auf und leiten die Information zur Medulla, zum periaquäduktalen Grau (PAG) und verschiedenen Thalamuskernen weiter. Von hier erfolgt die Projektion in verschiedene Kortexbereiche. Absteigende Faserbündel modulieren die nozizeptive Reizverarbeitung auf verschiedenen Ebenen (PAG, Rückenmark).

Schmerzkomponenten *(engl. pl. pain components)* Schmerzkomponenten sind verschiedene, voneinander unabhängige Schmerzdimensionen. Sie werden unterschieden in sensorisch-diskriminante Schmerzkomponenten (= sensorische Qualität des Schmerzes; betrifft Art, Ort und Dauer), affektive Schmerzkomponenten (= affektive und emotionale Bewertung des Schmerzes), vegetative (autonome) Schmerzkomponenten (= reflektorische Reaktionen des autonomen Nervensystems auf schmerzhafte Reizung), motorische Schmerzkomponenten (= Flucht- und Schutzreflexe; durch Schmerz hervorgerufene Verhaltensweisen) und kognitive Schmerzkomponenten (= Bewertung des Schmerzes; Abgleichung mit früheren Erfahrungen, Erwartungen).

Schnecke *(engl. cochlea)* Das Hörorgan wird wegen seiner zweieinhalb Windungen Schnecke genannt und befindet sich im Innenohr. Es besteht aus drei Ebenen: der Scala vestibuli und der Scala tympani, welche durch die Scala media getrennt werden. Diese drei Ebenen enthalten eine Flüssigkeit (Lymphe), welche durch den Schall in Schwingung gerät. Dabei bilden sich entlang der Scala media, die das Corti-Organ und die Basilarmembran enthält, Wanderwellen, wodurch der Hörimpuls für die sensiblen Haarzellen entsteht (▶ Corti-Organ).

Schutzreflex *(engl. protective reflex)* Schutzreflexe sind polysynaptische Reflexe (= Fremdreflexe), die dazu dienen, den Körper vor potenziell schädlichen externen Reizen zu schützen oder diese zu entfernen. Typische Schutzreflexe sind Beugereflexe (z. B. Beugung des gesamten Beins bei einem Schmerzreiz an der Fußsohle), Tränenfluss- und Lidschlussreflex sowie Nies- und Kratzreflex.

Schwann-Zellen *(engl. pl. Schwann cells)* Schwann-Zellen erfüllen die Funktion von Gliazellen in der Peripherie und bilden die Markhülle der Axone, welche sie isolieren und ernähren. Zwischen den Myelinscheiden befinden sich die sog. Ranvierschen Schnürringe, über die eine springende (saltatorische) Reizweiterleitung stattfindet.

Schwelle, absolute *(engl. absolute threshold)* Die absolute Schwelle bezeichnet den Wert für die Intensität eines Reizes (Beispiel: Lautstärke eines Tones), die ausreicht, damit der Stimulus von einer Person gerade noch wahrgenommen wird. Dieser Punkt des subjektiven Verschwindens bzw. Erscheinens eines Stimulus ist nicht konstant, sondern eine Größe, die aufgrund des Einwirkens mehrerer Faktoren durch inter- und intraindividuelle Variabilität gekennzeichnet ist. Man unterscheidet die untere von der oberen Absolutschwelle. In der Psychophysik wurden einige Verfahren zur Bestimmung der jeweiligen Schwellen entwickelt (Herstellungs-, Grenz- oder Konstanzmethode), welche jedoch durch die Signalentdeckungstheorie weitgehend abgelöst wurden.

Scrotum *(engl. scrotum)* Das Scrotum ist eine beutelartige Ausstülpung der vorderen Bauchwand und gehört zu den männlichen Geschlechtsorganen. In ihm eingeschlossen sind Hoden (Testes), Nebenhoden, Samenstränge, Nerven und Gefäße. Der Hautbeutel selbst ist aus mehreren Schichten aufgebaut: der Haut, der Unterhaut, der Fascia cremasterica, dem Musculus cremaster, der Fasciae spermaticae und der Tunica vaginalis testis. Eine der Hauptaufgaben des Scrotums ist es, die Temperatur der Hoden zu regulieren. Beim Menschen bewegt sich die optimale Temperatur für die Spermien bei ca. 34,4° Celsius, also leicht unter der normalen Körpertemperatur. Bei Kälte kann das Scrotum durch reflexartige Anspannung des Musculus cremaster die Hoden näher an den Körper bringen und wärmen, während bei Wärme der Musculus cremaster entspannt, das Scrotum sich ausdehnt und die Hoden vom Körper entfernen, sodass sie gekühlt werden.

Second-Messenger ▶ Botenstoff, sekundärer

Sehbahn *(engl. optic nerve)* Die Sehbahn ist die neuronale Verbindung des optischen Systems vom Auge bis zum Okzipitallappen des Kortex, wo die Verarbeitung der optischen Reize stattfindet. Die Zapfen und Stäbchen der Retina bilden das erste Neuron der Sehbahn, das zweite Neuron wird von den inneren Körnerzellen gebildet. Diese sind bipolare Nervenzellen, deren Axone zu den multipolaren Nervenzellen, dem dritten Neuron der Netzhaut, führen. Die Sehnerven werden von den langen Axonen der multipolaren Nervenzellen über die Sehnervenkreuzung (Chiasma opticum) hinweg gebildet. Über die Sehbahnen findet die Reizweiterleitung bis zum vierten Neuron statt. Die Reize werden übertragen und als Sehstrahlung zur primären Sehrinde im Okzipitallappen weitergeleitet.

Sehen, photopisches *(engl. photopic vision)* Photopisches Sehen ist das detaillierte Sehen bei Tageslicht, welches bei einigen Spezies, so auch beim Menschen, das Farbsehen einschließt. Es benötigt eine hohe Lichtintensität und erfolgt über die Zapfen der Retina. Die Dunkeladaptation erfolgt schnell. Die Zapfen sind weit weniger lichtsensitiv als die Stäbchen; daher ist ein Farbsehen bei Dämmerung eingeschränkt bzw. in der Nacht nicht möglich. Der Gegensatz zum photopischen Sehen ist das skotopische Sehen.

Sehen, skotopisches *(engl. scotopic vision)* Skotopisches Sehen beinhaltet sowohl Dämmerungssicht als auch das Sehen von Schwarz-Weiß, allerdings können keine Farben unterschieden werden. Es erfolgt mittels der Stäbchen der Retina, die bereits ab einer sehr geringen Lichtintensität reagieren. Dadurch, dass viele Stäbchen auf wenige Ganglienzellen umgeschaltet werden, ist die Sehschärfe jedoch eher gering. Die Dunkeladaptation erfolgt langsam, ist aber deutlich besser als die der Zapfen. Das Gegenteil zum skotopischen Sehen ist das photopische Sehen.

Sehgrube *(engl. fovea)* Die Sehgrube ist der Bereich des schärfsten Sehens auf der Netzhaut bei Säugetieren. Er befindet sich im Zentrum des gelben Flecks und stellt eine im Durchmesser ca. 1,5 mm große Einsenkung dar. Die Fovea centralis enthält keine Stäbchen zum Dämmersehen, aber ca. 60.000 Zapfen zur Farbwahrnehmung. Diese Zapfen sind 1:1 mit den Ganglienzellen verschaltet, was zu einer kortikalen Überrepräsentation der Fovea centralis im visuellen Kortex führt.

Sehpurpur ▶ Rhodopsin

Sehschärfe *(engl. visual acuity; Syn. Visus)* Sehschärfe bezieht sich auf das Auflösungsvermögen des Auges. Gemeint ist die Fähigkeit des Auges, zwei nahe beieinander liegende Punkte gerade noch als getrennt voneinander wahrzunehmen. Nur wenn sich in der Retina zwischen zwei gereizten Zapfen ein nicht gereizter Zapfen befindet, ist die getrennte Wahrnehmung zweier Punkte möglich. Überprüft wird die Sehschärfe mit Leseprobetafeln, auf denen Optotypen (Sehzeichen wie einzelne Buchstaben oder Zahlen) abgebildet sind, die in festgelegter Entfernung erkannt werden sollen. Die mathematische Formel des Visus lautet: Visus = $1/\alpha$ (Winkelminuten-1). Ein Visus von 1,0 oder 100 Prozent entspricht einer vollen Sehschärfe. Die Sehschärfe ist in der Fovea centralis am größten und korreliert mit der Dichte der Sensoren und rezeptiven Feldgröße in der Netzhaut.

Sehstrahlung *(engl. optic radiation)* Bei der Wahrnehmung eines Objektes leiten Sehnerven die von den Ganglienzellen der Netzhaut generierten Aktionspotenziale über das Chiasma opticum, den Corpus geniculatum laterale (CGL) im Thalamus zur primären Sehrinde (visueller Kortex, V1-Areal) im Hinterhauptslappen der Großhirnrinde. Aufgrund der ausgeprägten, streifenförmig aussehenden Nervenbahnen zwischen Thalamus und V1 wird dieser Teil der Sehbahn als Sehstrahlung bezeichnet.

Sekretion *(engl. secretion)* Als Sekretion wird die Ausscheidung von Körperflüssigkeiten (Sekreten) wie Hormone, Zytokine, Schweiß, Tränen, Speichel, Magensäure oder Gallenflüssigkeit bezeichnet. Die Sekretion erfolgt entweder über spezielle Ausführungsgänge an die Körperoberfläche (Exokrinie) oder die Stoffe werden von den produzierenden Zellen direkt in das Blut oder in den Magen-Darm-Trakt abgesondert (Endokrinie).

Sekundärantwort *(engl. secondary response)* Die Sekundärantwort ist eine spezifische Immunantwort, die bei erneutem Kontakt mit dem gleichen Antigen auftritt, auf das bereits eine Primärantwort stattgefunden hat. Bei der primären Antwort wurden langlebige Gedächtniszellen (antigenspezifische B- und T-Lymphozyten) gebildet, die es ermöglichen, dass bei Sekundärkontakt eine spezifische Immunreaktion früher beginnt, stärker ausgeprägt ist und über einen längeren Zeitraum erhöht bleibt. Damit ist ein effektiveres Reagieren auf Antigene gewährleistet und verhindert meist eine Erkrankung.

Selbstreizung, intrakranielle *(engl. intracranial self stimulation)* Bei der intrakraniellen Selbstreizung stimulieren sich Versuchstiere durch eine implantierte Elektrode im Gehirn selbst. Diese Stimulation wird, abhängig vom Ort der Elektrode, von den Versuchstieren als belohnend oder bestrafend erlebt und führt zu Annäherungs- oder Vermeidungsverhalten. Das mesolimbische Dopaminsystem sowie der Präfrontalkortex sind die bevorzugten zentralnervösen Gebiete, in denen die Effekte intrakranieller Selbstreizung – meist im Zusammenhang mit Drogenwirkungen im Gehirn – untersucht werden.

Selbsttoleranz *(engl. self-tolerance; Syn. Eigentoleranz)* Selbsttoleranz ist die Toleranz des Immunsystems gegenüber körpereigenen Antigenen, die eine Unterscheidung von körpereigenen und körperfremden Stoffen ermöglicht. Auf diese Weise können Fremdkörper abgewehrt und Autoimmunerkrankungen verhindert werden. Selbsttoleranz wird in einer frühen Entwicklungsphase des Immunsystems durch Abtötung und/oder Inaktivierung der selbstreaktiven Immunzellen erreicht.

Selektion, natürliche *(engl. natural selection)* Die natürliche Selektion ist ein Begriff der Darwinschen Evolutionstheorie. Danach werden Merkmale im Phänotyp einer Art, die zu einer höheren Überlebens- und Fortpflanzungsrate führen, mit größerer Wahrscheinlichkeit an die nachfolgende Generation weitergegeben. Die höhere Fitness (Wahrscheinlichkeit zu überleben und sich fortzupflanzen) führt zu einer besseren Anpassung an die Umwelt. Die künstliche Selektion, die in der Tierzucht eingesetzt wird, ist der natürlichen sehr ähnlich, allerdings werden dabei vom Züchter gewünschte spezifische Eigenschaften (wie etwa die Fellfarbe) durch gezielte Züchtungen erreicht.

selektive Noradrenalin-Wiederaufnahmehemmer *(engl. pl. selective noradrenaline reuptake inhibitors)* Selektive Noradrenalin-Wiederaufnahmehemmer (SNRI) sind Medikamente, die zur Klasse der Antidepressiva gehören. Sie hemmen die Wiederaufnahme von Noradrenalin in die präsynaptische Endigung und erhöhen damit seine Konzentration im synaptischen Spalt, so dass es länger an der postsynaptischen Zelle wirken kann. Ein bekannter SNRI ist Reboxetin.

selektive Serotonin-Wiederaufnahmehemmer *(engl. selective serotonin reuptake inhibitors)* Selektive Serotonin-Wiederaufnahmehemmer (SSRI) sind Medikamente, die zur Klasse der Antidepressiva gehören und die dritte Generation dieser Medikamente darstellen. Sie hemmen die Wiederaufnahme von Serotonin in die präsynaptische Endigung und erhöhen damit die Serotonin-Konzentration im synaptischen Spalt, so dass es länger an der postsynaptischen Zelle wirken kann. Ein Vorteil der SSRIs gegenüber trizyklischen Antidepressiva sind die geringeren Nebenwirkungen, da sie spezifisch am bei Depressionen häufig gestörten Serotoninhaushalt ansetzen. Neben der Behandlung von Depressionen finden SSRIs auch Verwendung bei der Behandlung von Angststörungen und Phobien. Ein bekannter selektiver Serotonin-Wiederaufnahmehemmer ist Fluoxetin®.

Sensibilisierung *(engl. sensitization)* Verabreicht man einem Organismus wiederholt den gleichen Wirkstoff, so bleibt seine Wirkung oft nicht konstant. Wird die verabreichte Substanz immer wirksamer, so spricht man von Sensibilisierung. Da körpereigene kompensatorische Mechanismen Abweichungen vom optimalen Wertebereich des physiologischen Prozesses korrigieren, tritt Sensibilisierung deutlich seltener auf als Toleranz (= wiederholte Verabreichung führt zu geringerer Wirksamkeit eines Stoffes). Sensibilisierung entsteht meist durch Erhöhung der Rezeptorenanzahl für den verabreichten Stoff.

Septum *(engl. septum)* Septum ist der Fachbegriff für vielfältige Scheidewände im Körper. Dazu zählen das Septum cordis (Herzscheidewand), das Septum interatriale (Scheidewand zwischen dem linken und dem rechten Vorhof des Herzens), das Septum interventriculare (Herzkammerscheidewand; sie bildet die Grenze linker und rechter Herzkammer), das Septum intermusculare (Trennwand aus Bindegewebe zwischen einzelnen Muskelgruppen), das Septum nasi (Nasenscheidewand) und das Septum linguae (Trennwand aus Bindegewebe in der Zunge). In der Neuroanatomie wird mit dem Septum eine Hirnstruktur benannt, die zusammen mit Mammilarkörpern, Hippocampus und Amygdala Teile des limbischen Systems bildet. Es befindet sich an der vorderen Spitze des zingulären Kortex.

Serotonin *(engl. serotonin)* Serotonin (5-Hydroxytryptamin, 5-HT) wird aus der Aminosäure Tryptophan synthetisiert und zählt zur Klasse der Indolamine. Der Name wird aus seiner Wirkung auf den Blutdruck abgeleitet: Serotonin ist ein Bestandteil des Serums, der den Tonus (Druck) der Blutgefäße reguliert. Große Teile des Gehirns werden von serotonergen Fasern innerviert, obwohl die 5-HT-Zellkörper relativ selten sind (beim Menschen ca. 200.000) und ihren Ursprung hauptsächlich in den Raphé-Kernen des Hirnstammes haben. Serotonin wirkt als Gewebehormon bzw. Neurotransmitter im zentralen Nervensystem, im Herzkreislaufsystem, im Blut und im gastrointestinalen Trakt. Eine Fehlregulation des zentralnervösen serotonergen Systems scheint in engem Zusammenhang zur Entstehung oder Aufrechterhaltung von Depressionen zu stehen, daher beeinflussen gängige Antidepressiva (z. B. Serotonin-Wiederaufnahmehemmer, SSRIs) gezielt den Serotoninhaushalt. Des Weiteren spielt Serotonin eine wichtige Rolle bei der Regulation von Schlaf, Arousal sowie verschiedenen motorischen und sensorischenn Prozessen.

Set Point ▶ Bezugspunkt

sezernieren ▶ Sekretion

Sham drinking ▶ Scheintrinken

Sham eating ▶ Scheinfütterung

Signalentdeckungstheorie *(engl: signal detection theory)* Die Signalentdeckungstheorie (SDT) befasst sich mit der Vorhersage und Erklärung von Entscheidungen unter Unsicherheit. Sie berücksichtigt neben Reizeigenschaften die Sensitivität des Wahrnehmenden und dessen Entscheidungskriterien. Jeder Reiz (Signal) wird von einem Rauschen überlagert. Signal und Rauschen können als zwei einander überlappende Wahrscheinlichkeitsverteilungen dargestellt werden. In einer konkreten Wahrnehmungssituation muss ein Mensch entscheiden, ob nur ein Rauschen oder tatsächlich ein Signal vorhanden ist. Er kann einen tatsächlich vorhandenen Reiz erkennen (*hit*, Treffer = Sensitivität) oder ihn übersehen (*miss*, Verpasser = β-Fehler), einen nicht vorhandenen Reiz fälschlich »wahrnehmen« (*false alarm*, falscher Alarm = α-Fehler) oder ihn richtig als nicht vorhanden einschätzen (*correct rejection*, korrekte Zurückweisung = Spezifität). Diese Entscheidung hängt neben der Sensitivität des Wahrnehmenden auch von Eigenschaften des Reizes ab (Unterscheidbarkeit des Reizes vom Rauschen, d. h. Überlappung der beiden Kurven und deren Streuung) sowie vom Entscheidungskriterium des Wahrnehmenden. Dieses kann liberal, neutral oder konservativ sein, je nachdem, welche Fehlerart (*miss* oder *false alarm*) als schlimmer bewertet wird. Die Sensitivität kann ermittelt werden, indem Treffer und falsche Alarme in einer sog. *Receiver Operating Characterstics Curve* (ROC-Kurve) gegeneinander abgetragen werden. Die SDT wird auf Entscheidungsprobleme u. a. in der Ingenieurspsychologie (z. B. Anlagenüberwachung) und der Medizin (z. B. Befundung von CT-Bildern) angewendet.

Simultanagnosie *(engl. simultanagnosia)* Bei der Simultanagnosie handelt es sich um eine Störung der Aufmerksamkeit, bei der die Patienten nicht mehr als ein Objekt zur selben Zeit wahrnehmen können. Simultanagnosie ist ein für das Balint-Syndrom typisches Symptom.

Single-Photon-Emission-Computed-Tomography *(engl. single photon emission computed tomography)* Die Single-Photon-Emission-Computed-Tomography (SPECT) gehört zu den invasiven funktionellen bildgebenden Verfahren und ist neben der Positronen-Emissions-Tomographie (PET) das wichtigste emissionscomputertomographische Verfahren. Auf SPECT-Bildern werden keine Strukturen, sondern physiologische Prozesse dargestellt. Bei der Durchführung werden die interessierenden Substanzen im Körper mit Radionukliden versehen. Das geschieht je nach Art des SPECTs über eine intravenöse Injektion (HMPAO-SPECT) oder eine Inhalation (Xenon-SPECT) des Radiopharmakons. Radionuklide sind radioaktive Substanzen, die in alle Richtungen Gammastrahlen abgeben. Diese Strahlung wird mit speziellen Detektoren, die entweder um den Körper rotieren oder fest installiert sind, gemessen. Per Computer kann man anhand dieser Werte die Verteilung der interessierenden Substanz errechnet werden. Das Resultat ist eine Vielzahl von Schnittbildern. Vorteile des SPECTs sind die lange Halbwertszeit der Nuklide, die Langzeitbeobachtungen ermöglichen (so kann ein Radiopharmakon während eines epileptischen Anfalls gespritzt werden, die Messung erfolgt später), sowie die Möglichkeit, verschiedene Nuklide gleichzeitig zu beobachten. Nachteile sind die hohen Kosten sowie hohe Invasivität durch radioaktive Belastung.

Sinneskanal *(engl. labeled line)* Sinneskanäle dienen der Unterscheidung von einkommenden Aktionspotenzialen, die bestimmten Sinnen zuzuordnen sind. Sinneskanäle sind spezifische Nervenzellen mit ihren Fortsätzen, die auf ganz bestimmte Sinneserfahrungen bzw. -qualitäten spezialisiert sind. So werden bspw. Geruchsinformationen über einen anderen Sinneskanal transportiert als auditive Informationen, ebenso Berührungen, Sehempfindungen und Geschmacksinformationen. Selbst innerhalb einer Sinnesqualität erfolgt die Weiterleitung unterschiedlicher Aspekte desselben Sinnes über getrennte Nervenbahnen. So etwa werden leichte Berührungen, Dehnung der Haut oder Vibrationsreize über verschiedene Sinneskanäle an das ZNS gemeldet.

Sinus-Knoten *(engl. sinus knot)* Der Sinus-Knoten ist der Ursprung der Erregungsbildung und Erregungsweiterleitung im Herzen. Er liegt im oberen Teil der Wand des rechten Vorhofes. Über den Sinus-Knoten verläuft die Erregung weiter zum AV-Knoten, zum His-Bündel, zu den Kammerschenkeln und den Purkinje-Fasern, von wo sie in die Kammermuskulatur weitergeleitet wird. Ziel ist die Erregung der kompletten Vorhof- und Kammermuskulatur. Das Erregungsbildungs- und Weiterleitungssystem des Herzens ist autonom. Der Sinus-Knoten wird auch als körpereigener Herzschrittmacher bezeichnet.

Skelettmuskel *(engl. extrafusal muscle fiber)* Skelettmuskeln stellen als eigentliche Arbeitsmuskulatur den Großteil eines Muskels dar. Sie liegen außerhalb der Muskelspindeln und haben einen Durchmesser von fünfzehn bis dreißig Mikrometer.

Skin conductance ▶ Hautleitfähigkeitreaktion

Skin conductance level ▶ Hautleitwertniveau

Skin conductance response ▶ Hautleitfähigkeitsreaktion

Sklera *(engl. sclera)* Als Sklera wird die weiße und undurchsichtige Lederhaut bezeichnet, die den Augapfel umschließt. Sie ist eine dehnungsfeste Bindegewebskapsel, die aus dicken, vorwiegend kollagenen Fasern besteht. Durch den Augeninnendruck unterstützt, hält sie die Form des Augapfels aufrecht. Sie besteht hauptsächlich aus drei Schichten: der Episklera, dem Stroma und der Lamina fusca. Die Sklera reicht von der Eintrittsstelle des Sehnervs bis zur Hornhaut (Cornea) des Auges. Dort, wo die Lichtstrahlen eintreffen, an der Vorderseite des Auges, geht sie in die durchsichtige Linse über, mit welcher sie gemeinsam die stabile Außenhülle des Auges bildet. Die Sklera hat die Aufgabe das Auge zu schützen. Bei einer Entzündung dieser Hautschicht spricht man von Episkleritis oder Skleritis.

Skopolamin Skopolamin ist eng verwandt mit Atropin und kommt in Nachtschattengewächsen wie der Tollkirsche und Engelstrompete vor. Es blockiert als kompetitiver Antagonist muskarinerge Acetylcholin-(ACh-)Rezeptoren, so dass der aktivierende Agonist ACh nicht mehr am Rezeptor binden kann. Skopolamin wirkt auf das zentrale Nervensystem ein und wird v. a. in negativen Zusammenhang mit Lernen und Gedächtnis gebracht. Es kann bei einer höheren Dosis bzw. Überdosierung zu weit reichendem Gedächtnisverlust führen. Andere Nebenwirkungen sind z. B. traumloser Schlaf, Delirium, Verwirrtheitszustände, Konzentrationsstörungen und eine erhöhte Herzfrequenz. Skopolamin wird wie Atropin auch zur Pupillenerweiterung eingesetzt.

Skotom (engl. scotoma) Skotome sind Ausfälle eines Teiles des Gesichtsfeldes infolge des Verlusts der visuellen Empfindung. Gesichtsfeldausfälle können als Folge von einer Reihe von Erkrankungen der Retina oder der Sehbahn im Gehirn auftreten. Hinweise auf den Sitz der Schädigung geben Ort und Umfang sowie ein- oder beidseitiges Auftreten des Skotoms. Ein begrenzter vorübergehender Gesichtsfeldausfall wird als Flimmerskotom bezeichnet und tritt häufig bei Migräne auf. Das physiologische Skotom, den sog. blinden Fleck, gibt es im Gesichtsfeld jedes Auges und zwar an der Stelle, an der der Sehnerv die Netzhaut verlässt.

Slow-Wave-Schlaf (engl. slow-wave-sleep) Der Slow-Wave-Schlaf (SWS) ist abzugrenzen vom REM-Schlaf, also dem »Traumschlaf«, welcher u. a. durch schnelle Augenbewegungen gekennzeichnet ist. Slow-Wave-Schlaf ist in vier Schlafstadien zu trennen, die als nREM-Schlaf (non-REM) bezeichnet werden. Das dritte und vierte Stadium machen dabei die »Tiefschlaf«-Phase aus. Das EEG zeigt für die dritte Phase Spindeln mit unregelmäßigen, hohen Wellen und für die vierte Phase eine hohe, langsame Delta-Aktivität. Unter Normalbedingungen geht bei Säugetieren der SWS stets dem REM-Schlaf voraus. Während der gesamten Schlafphase wiederholen sich die Phasen in ähnlichen Zyklen. Die SWS-Phasen sind im zweiten und dritten Schlafzyklus am längsten, in den letzten Zyklen kommen sie hingegen fast gar nicht mehr vor.

SNRI ▶ selektive Noradrenalin-Wiederaufnahmehemmer

SNS ▶ Sympathikus

Sollwert (engl. set point) Der Sollwert ist ein Begriff der Regelungslehre, die veranschaulichen soll, wie durch Regelungsvorgänge ein biologisches Gleichgewicht (Homöostase) erreicht oder beibehalten werden kann. Zum Beispiel kann im Regelsystem der Thermoregulation die für den Organismus optimale Körpertemperatur als Sollwert bezeichnet werden. Dieser kann jedoch vom tatsächlich vorhandenem Wert, Istwert oder Regelgröße genannt, abweichen. Haben Istwert und Sollwert unterschiedliche Werte, liegt eine Regelabweichung vor. Im Verlauf der Temperaturregulation wird der Unterschied gemessen und über Regler die Körpertemperatur dem Sollwert angeglichen.

Soma (engl. cell body) Soma bezeichnet den Zellkörper, der den Kern einer Körperzelle umgibt. Es enthält u. a. die Zellorganellen (u. a. Mitochondrien, endoplasmatisches Retikulum, Golgi-Apparat) und eine Vielzahl von geladenen und ungeladenen Teilchen. Der Zellkörper kann somit als Stoffwechselzentrum der Zelle bezeichnet werden. Bei Nervenzellen zweigen sich vom Soma Dendriten und das Axon ab, wobei Letzteres mit dem Soma durch den Axonhügel verbunden ist.

Somatosensorik (engl. somatosensation) Die Somatosensorik beinhaltet alles, was der Organismus über die Haut, Muskeln oder Gelenke wahrnimmt: Berührung, Kälte, Schmerz etc. Ebenso wie bei anderen Sinnen kann auch hier ein Stimulus genau lokalisiert und dessen Stärke rasch erkannt werden. Einige Bereiche der Haut sind sensitiver für Berührungen als andere. So sind bspw. in den Lippen wesentlich mehr somatosensorische Rezeptoren enthalten als im Rücken. Es gibt fünf verschiedene Hautrezeptortypen: in den Vater-Pacini-Körperchen, Meissner-Korpuskeln, Merkelscheiben, Ruffini-Endigungen und freien Nervenendigungen. Diese Rezeptorstrukturen sind unterschiedlich aufgebaut und verarbeiten verschiedene Reize. So etwa feuern Ruffini-Endigungen, wenn die Haut gedehnt wird, während Vater-Pacini-Körperchen einen vibrierenden Reiz detektieren können. Somatosensorische Reize werden über das Rückenmark und Hirnstamm zum Thalamus geleitet und von dort in den somatosensorischen Kortex projiziert.

Somatotopie *(engl. somatotopy)* Die Abbildung von Körperregionen auf einem Gehirnareal nennt man Somatotopie. Im somatosensorischen Kortex trifft Information von Sinneszellen von der gesamten Körperoberfläche sowie von Muskeln und Gelenken ein. Körperregionen mit besonders vielen Sinneszellen (z. B. Lippen) belegen den größten Teil des somatosensorischen Kortex, während unempfindlichere Regionen (z. B. Rumpf) auf wesentlich kleineren Flächen repräsentiert werden. Punkte, die auf der Körperoberfläche nebeneinander liegen, werden auch im Gehirn nebeneinander abgebildet (Punkt-zu-Punkt-Abbildung), d. h. die Körperoberfläche ist im Gehirn wieder wie ein Körper (somatotop) abgebildet.

Sommerdepression *(engl. summer depression)* Sommerdepression ist die Form der saisonal affektiven Störung, die im späten Frühling oder zeitigen Sommer beginnt. Sie ist ungefähr zehnmal seltener als die Winterdepression und bis heute noch wenig erforscht. Die Symptome der Sommerdepression sind entgegen den Symptomen der Winterdepression Reizbarkeit, Teilnahmslosigkeit, Gewichtsverlust, verringerter Appetit, Schlaflosigkeit und innere Unruhe sowie Angstzustände. Auch lassen sich typische Depressionssymptome finden wie z. B. Schuldgefühle, Gefühle der Hilflosigkeit und Hoffnungslosigkeit, Interessenverlust und physiologische Symptome wie Kopfschmerzen. Ausgelöst wird die Sommerdepression wahrscheinlich eher durch Hitze als durch starke Beleuchtungsbedingungen. Es wird empfohlen, die Körpertemperatur konstant niedrig zu halten, was durch kalte Duschen, Schwimmen, kalte Getränke und v. a. durch eine Klimaanlage gesichert werden kann. In milden Fällen von Sommerdepression reicht es, regelmäßige Aufgaben innerhalb des Hauses zu erledigen, seine sozialen Kontakte ins Haus zu verlegen sowie regelmäßiger Schlaf und die Vermeidung von kohlenhydrathaltigen Nahrungsmitteln. Zur medikamentösen Therapie werden wie bei jeder Form der Depression Antidepressiva eingesetzt.

Somnambulismus ▶ Schlafwandeln

Somnolenz *(engl. somnolence)* Man unterscheidet quantitativ verschiedene Bewusstseinsstörungen, bei denen alle Bewusstseinsleistungen betroffen sind (Benommenheit, Somnolenz, Sopor und Koma). Dabei bezeichnet die Somnolenz einen schläfrigen Zustand. Der Patient ist nur durch von außen gegebene Reize erweckbar (z. B. Kneifen) und kann dann einfache Fragen beantworten. Ursache für einen solchen Zustand können u. a. hirnorganische Prozesse wie z. B. ein Hirntumor oder eine toxische Ursache (z. B. Drogeneinnahme) sein. Als Sofortmaßnahme gilt das Sichern der Vitalfunktionen und schnelle intensivmedizinische Betreuung, gefolgt von der Suche nach dem Auslöser und der Therapie des Grundleidens.

Spalt, synaptischer *(engl. synaptic cleft)* Das präsynaptische Endköpfchen wird von der postsynaptischen Membran durch den synaptischen Spalt getrennt. Dieser ist ca. 20–40 nm breit und mit Extrazellulärflüssigkeit gefüllt. Die Synapse stellt also einen Bereich extremer Annäherung dar, ohne dass sich prä- und postsynaptische Zelle direkt berühren. Signale, die in der Präsynapse ankommen, werden mittels Neurotransmitter über den Spalt hinweg zur postsynaptischen Membran übertragen. Dort binden die Botenstoffe an Rezeptoren, so dass eine Kommunikation sowie Signalübertragung zwischen den Nervenzellen stattfindet. Im synaptischen Spalt befinden sich Enzyme, die in der Lage sind, die Neurotransmitter der Präsynapse zu zerlegen und sie somit zu deaktivieren.

Spalthirn-Operation *(engl. split brain surgery)* Bei einer Spalthirnoperation wird der Corpus callosum (Balken) durchtrennt, um eine deutliche Verringerung von epileptischen Anfällen zu bewirken. Der Corpus callosum ist die größte Kommissur des Gehirns und verbindet die Areale des Neokortex beider Hemisphären miteinander. Bei Epilepsie handelt es sich um starke Überaktivität einer Hemisphäre, welche über die Faserverbindungen des Corpus callosum auf die andere Hemisphäre weitergeleitet wird. Der Balken ermöglicht also eine Ausbreitung von epileptischen Herden im Gehirn. Die Durchtrennung des Corpus callosum verhindert diese

Ausbreitung und senkt deutlich das Auftreten epileptischer Anfälle.

Sparse-Coding *(engl. sparse coding)* Unter dem »Sparse-Coding-Model« der neuronalen Kommunikation versteht man, dass wenige Neurone in einem großen neuronalen Netzwerk Informationen in Form von Aktionspotenzialen weiterleiten.

Spasmus *(engl. spasm)* Als Spasmus bezeichnet man eine unwillkürlich verkrampfende Kontraktion einzelner Muskeln oder Muskelgruppen, welche in bestimmten Zeitintervallen wiederkehrt.

Spätdyskinesie *(engl. tardive dyskinesia)* Eine Spätdyskinesie ist eine Bewegungsstörung, die als mögliche Nebenwirkung nach längerer Einnahme bestimmter Arzneimittel (z. B. Neuroleptika) auftreten kann. Mögliche Symptome sind z. B. Zittern der Hände, ungelenke oder abrupte, eventuell aber auch verringerte, stockende Bewegungen von Armen und Beinen, Krämpfe oder unwillkürliche Schnalz- und Grunzlaute. Die Symptome gehen vermutlich auf eine durch die Neuroleptikagabe beeinträchtigte dopaminerge Erregungsübertragung in den Basalganglien zurück.

SPECT ▶ Single-Photon-Emission-Computed Tomography

Spezies *(engl. species)* Spezies ist ein Begriff aus der Taxonomie (= systematische, wissenschaftlich begründete Einteilung von Organismen zum Zwecke der Beschreibung ihrer Stammesentwicklung und ihrer Verwandtschaftsbeziehungen). Der Artbegriff ist unterhalb der Gattung (= Genus) angesiedelt. Die Vertreter einer Art stimmen in sehr vielen Gestalt- und Physiologiemerkmalen überein. Laut internationalen Bestimmungen setzt sich der Begriff aus dem allgemeinen Gattungsnamen und dem Speziesnamen als Attribut zusammen, z. B. Leptospira interrogans.

Spiegelzeichnen *(engl. mirror drawing)* Spiegelzeichnen ist ein nach Blakemore (1977) entwickelter Test zur Überprüfung des prozeduralen Gedächtnisses (▶ Gedächtnis, nondeklaratives) anhand einer motorischen (impliziten) Lernaufgabe. Der Proband hat die Aufgabe, eine einfache geometrische Figur nachzuzeichnen. Dabei hat er keinen direkten Blick auf seine Zeichnung, sondern kann sie nur in einem Spiegel sehen. Bei einem intakten prozeduralen Gedächtnis benötigt der Proband mit zunehmender Anzahl an Wiederholungen der Aufgabe weniger Zeit für eine akkurate Leistung des Nachzeichnens. Dieses Paradigma wurde in der Forschung u. a. dazu verwendet, explizites und implizites Gedächtnis als zwei getrennt voneinander arbeitende Systeme nachzuweisen.

Spike-Wave-Komplex *(engl. spike wave complex)* Bei Epilepsien typischerweise auftretendes Krampfpotenzial im Elektroenzephalogramm (EEG), bei dem Spikes (zackenartige Auslenkungen), gefolgt von einer langsamen Welle, zu beobachten sind.

Spinalganglion *(engl. spinal ganglion)* Spinalganglien sind Nervenzellansammlungen in den Hinter- und Vorderhornwurzeln des Rückenmarks. Hier finden sich die Zellkörper der meisten Nervenzellen, welche entweder sensorische Informationen aus der Körperperipherie (u. a. Haut, innere Organe) zum zentralen Nervensystem leiten (Hinterhornwurzel) oder die periphere Muskulatur innervieren (Vorderhornwurzel).

Spinalnerven *(engl. pl. spinal nerves)* Spinalnerven sind Nervenpaare, die zwischen den Wirbeln aus dem Rückenmark austreten. Die vordere und hintere Wurzel eines Rückenmarknervs bilden einen gemischten Nerv (Nervus mixtus), da er aus afferenten (sensorischen) und efferenten (motorischen) Fasern besteht. Die Afferenzen leiten Signale der Sinneszellen (z. B. Schmerz- oder Berührungsempfindungen) aus dem Körper über die graue Substanz des Rückenmarks ins ZNS. Die efferenten Axone treten aus dem Rückenmark aus und leiten Signale vom ZNS in die Peripherie (zu den Erfolgsorganen), so dass nachfolgend z. B. Muskelkontraktionen ausgelöst werden.

Spines ▶ Dornen, dendritische

Split-Brain *(eng. split brain)* Bei Split-Brain-Patienten sind die Querverbindungen der beiden Hirnhemisphären – der Corpus callosum (Balken) – durchtrennt (Kommissurektomie). In der Medizin wird diese Operationsmethode zur Behandlung nichtmedikamentös beeinflussbarer epileptischer Erkrankungen angewendet. Roger Sperry (1913–1994; Neurologe) und Kollegen führten zahlreiche Experimente mit Split-Brain-Patienten durch, um die Spezialisierung der beiden Hirnhemisphären zu erforschen. Hierfür erhielten sie 1981 den Nobelpreis.

Sprechapraxie *(engl. verbal apraxia)* Die Sprechapraxie bezeichnet eine Störung der Fähigkeit Bewegungen auszuführen, die zur Erzeugung von sinnvollen Sprachlauten notwendig sind. Dazu zählen Bewegungen des Kehlkopfs, der Zunge und der Lippen. Eine organische Schädigung dieser Bereiche liegt dabei nicht vor. Die Sprechapraxie wird häufig durch Schädigungen eines Hirnareals infolge eines Schlaganfalls verursacht. Es wird vermutet, dass es sich bei dem dafür relevanten Areal um den linken insulären Kortex handelt.

Sprouting ▶ Aussprossen, kollaterales

Spurenelement *(engl. micro element, trace element)* Spurenelemente sind anorganische Nährstoffe, die vom menschlichen Organismus, wenn auch nur in sehr geringen Mengen, benötigt werden. Es werden essenzielle und nichtessenzielle Spurenelemente unterschieden. Zu den essenziellen (lebensnotwendigen) Spurenelementen zählen Chrom, Eisen, Fluor, Iod, Kupfer, Kobalt, Mangan, Molybdän, Selen, Vanadium und Zink. Sie sind wichtige Bestandteile von Enzymen, Vitaminen und Hormonen. Zudem wirken sie als Koenzyme katalysierend und modulieren Stoffwechselreaktionen. Zu den nichtessenziellen (nicht lebensnotwenigen) Spurenelementen, deren biologische Funktion noch unklar ist, gehören Arsen, Aluminium, Barium, Bismut, Bor, Brom, Germanium, Lithium, Nickel, Quecksilber, Rubidium, Silizium, Strontium, Tellur, Titan, Wolfram und Zinn. Eine Unterversorgung des Organismus mit Spurenelementen kann gesundheitsschädliche Folgen haben und wird z. B. durch vermehrte Ausscheidung bei Durchfall oder Schwitzen, durch Stoffwechselerkrankungen oder falsche Ernährungsgewohnheiten mitbedingt.

SRY-Gen *(engl. SRY gene)* Diese Region des kurzen Armes des Y-Chromosoms wurde als geschlechtsbestimmend erkannt. Auf dem Gen konnte eine kodierende Region für den Transkriptionsfaktor TDF (Testis-determinierender Faktor) identifiziert werden. Dieser Transkriptionsfaktor spielt eine entscheidende Rolle bei der Differenzierung der humanen Gonaden. Der genaue Mechanismus der Einflussnahme ist jedoch noch unklar. Fehlt das SRY-Gen oder ist es defekt, so wird trotz eines männlichen Chromosomensatzes (44 + XY) ein weiblicher Phänotyp ausgebildet. Auf der anderen Seite können durch Rekombinationsereignisse, welche die SRY-Region betreffen, auch genotypisch weibliche Menschen (44 + XX) einen männlichen Phänotyp entwickeln.

SSRI ▶ selektive Serotonin-Wiederaufnahmehemmer

Stäbchen *(engl. pl. rods)* Stäbchen sind neben Zapfen die lichtempfindlichen Rezeptoren der Retina. Morphologisch sind sie langgestreckte Sinneszellen, deren Photopigment das Rhodopsin (Syn. Sehpurpur) ist. In der Dämmerung, wenn die Lichtintensität abnimmt, wird das lichtempfindliche Stäbchensystem aktiviert. Das durch die Stäbchen vermittelte Sehen wird als skotopisches Sehen bezeichnet und besitzt eine hohe Sensitivität, gleichzeitig aber auch eine geringe Sehschärfe. Stäbchen kommen zahlreich außerhalb der Fovea centralis vor, ihre Anzahl nimmt mit zunehmender Entfernung von der Fovea ab. Durch diese Anordnung wird bei Dämmerung in der Peripherie besser gesehen als im Zentrum. Stäbchen werden optimal von blau-grünem Licht (500 nm) angeregt und vermitteln die Wahrnehmung von Grautönen.

Stapes *(engl. stapes; Syn. Steigbügel)* Der Stapes ist neben Hammer und Amboss einer der drei Gehörknöchelchen im Mittelohr. Über die Gehörknöchelchenkette werden Schwingungen des Trommelfells zum Innenohr weitergeleitet. Der Stapes ist der kleinste Knochen des menschlichen Körpers, misst ungefähr 3,5 mm und wiegt ca. 3–5 mg. Anatomisch besteht der Stapes aus dem hinteren Schenkel, der Steigbügelfußplatte, dem Steigbügelköpfchen und dem vorderen Schenkel. An der Fußplatte ist er elastisch am ovalen Fenster aufgehängt, welches den Übergang zum Innenohr bildet. Über ein Gelenk ist der Stapes mit dem Incus verbunden. Über den Steigbügel läuft der Stapediusreflex ab, ein Mechanismus des Gehörs, der das Innenohr durch Einschränkung der Schwingungsamplitude vor Schäden durch zu lauten Schall schützt.

Steigbügel ▶ Stapes

Stereognosie *(engl. stereoagnosis)* Stereognosie bezeichnet die Fähigkeit der Gestalt- und Raumwahrnehmung durch Betasten oder Tasterkennung. Sie beruht auf einem komplexen Zusammenspiel zwischen Bewegungen und der dadurch ausgelösten somatosensorischen Stimulation. Der Verlust der Fähigkeit, Objekte durch Betasten zu erkennen, wird als Astereognosie bezeichnet.

stereotaktischer Apparat *(engl. stereotaxic instrument)* Stereotaktische Apparate sind Halteapparate, mit denen der Kopf eines Versuchstieres oder Patienten in einer bestimmten Position gehalten wird, um gezielte Eingriffe in das Zentralnervensystem zu ermöglichen. Sie bestehen aus zwei Teilen: einer Metallringvorrichtung, die am Kopf befestigt wird und die Position des Gehirns fixiert, und einem Metallringssystem, auf dem die Elektrode (auch Biopsiekanüle), die in das Gehirn eingeführt wird, beweglich installiert ist. Zum stereotaktischen Eingriff wird ein Loch in die Schädeldecke gebohrt und eine Elektrode entlang stereotaktischer Koordinaten exakt im Gehirn platziert. Die Konstruktion des Apparates erlaubt die Bewegung und Fixation der Elektrode in allen drei Raumachsen. Da jedes Gehirn leicht verschieden ist, werden die Regionen lokalisiert, indem durch leichte Stromzufuhr über die Elektroden Reaktion und Empfindung des Patienten provoziert werden. Das erste Stereotaxiesystem wurde 1908 durch V.A.H. Horsley und R.H. Clark entwickelt, erste Anwendungen an Patienten wurden vierzig Jahre später realisiert.

stereotaktischer Atlas *(engl. stereotactic atlas)* Ein stereotaktischer Atlas dient bei stereotaktischen Untersuchungen als Orientierung. Mithilfe von genauen Koordinaten sowie zweidimensionalen Abbildungen von Hirnschnitten können Messelektroden oder andere Untersuchungsinstrumente exakt in die gewünschten Hirnregionen eingeführt werden. Solche Atlanten existieren u. a. für Ratten-, Maus-, Tauben-, Zebrafinken- und Meerschweinchengehirne.

Stereotaxie *(eng. stereotaxia)* Die Stereotaxie ist ein invasives Verfahren, bei dem Elektroden oder andere Instrumente an einen bestimmten Zielort im Gehirn geführt werden. Die Stereotaxie wird meist im Rahmen von neurochirurgischen Operationen angewendet und erfolgt computerassistiert. Durch ein kleines Bohrloch im Schädel kann ein Punkt im Gehirn auf den Zehntelmillimeter genau erreicht werden. Durch die exakte Berechnung der Wege zum Zielpunkt wird das Hirngewebe nur minimal verletzt. Die onkologische Stereotaxie ermöglicht die Behandlung von Hirntumoren und Gefässmissbildungen, z. B. durch stereotaktisches Einsetzen von Strahlenquellen. Im Rahmen der funktionellen Stereotaxie werden Schrittmachersonden zur Tiefenhirnstimulation implantiert. So werden Bewegungsstörungen wie z. B. der Tremor bei Morbus Parkinson behandelt. Im Rahmen der Forschung wird die stereotaktische Methode an Tieren zur Untersuchung der Funktion neuronaler Strukturen verwendet, wobei bestimmte Hirnregionen durch einen derartigen Eingriff gezielt lädiert oder stimuliert werden.

Sternzellen ▶ Astrozyt

Steroidhormone *(engl. pl. steroid hormones)* Steroidhormone sind eine Klasse von Hormonen (u. a. Sexualhormone und Kortikoide), die vor allem in den Keimdrüsen und in der Nebennierenrinde aus Cholesterol synthetisiert wird. Zu den wichtigsten Vertretern zählen Aldosteron, Kortisol, Testosteron und Östradiol. Durch ihre fettlösliche Eigenschaft diffundieren Steroidhormone als einzige Hormonklasse leicht durch die Zellmembran und binden dort an spezifische intrazelluläre Rezeptoren. Der Steroidhormon–Rezeptorkomplex bindet dann an die DNS im Zellkern und beeinflusst so Gentranskription und Proteinsynthese. Die Steroidwirkung tritt hier nach Minuten bis Stunden erst auf. Darüber hinaus sind auch Steroideffekte an membranständigen Rezeptoren nachgewiesen. Hierbei handelt es sich vermutlich meist um modulierende Effekte an Neurotransmitterrezeptoren. Bei diesen Effekten sind steroidinduzierte Veränderungen an der Zielzelle bereits innerhalb von wenigen Sekunden oder Bruchteilen davon nachweisbar. Steroidrezeptoren finden sich im gesamten Organismus.

Stevensches Gesetz *(engl. Stevens' power law)* Das Stevensche Gesetz beschäftigt sich mit der Frage, ob die objektive Verdoppelung der Reizintensität auch eine subjektive Verdoppelung der Reizwahrnehmung zur Folge hat. Laut Stanley S. Stevens (1906–1973) muss z. B. bei Licht die Intensität neunfach größer sein, um doppelt so hell wahrgenommen zu werden. Dieser Faktor unterscheidet sich in Abhängigkeit vom dargebotenen Reiz. Stevens fand, dass der Logarithmus der Reizintensität abgetragen gegen den Logarithmus der Empfindungsstärke eine Gerade bildet, die je nach Reiz- und Rezeptoreneigenschaften eine spezifische Steigung hat.

Stickoxid *(engl. nitric oxid)* Stickoxid ist ein farbloses Gas, welches zusammen mit Stickstoffdioxid zur Herstellung von Nitriten verwendet wird. Entdeckt wurde Stickoxid erstmals 1970 durch Ferid Murad. Erst später wurde bekannt, dass Stickoxid auch im menschlichen Körper von Endothelzellen aus Arginin produziert wird. Stickoxid hat zahlreiche Wirkungen im Organismus. Zum einen führt es zur Entspannung der glatten Gefäßmuskulatur (Vasodilatation) und somit zur Absenkung des Blutdruckes, zum anderen dient es dem Schutz des Körpers vor Eindringlingen, indem es von Makrophagen in Bakterien injiziert wird. Des Weiteren fungiert Stickoxid als Botenstoff im Gehirn und trägt u. a. zur Gedächtnisbildung bei. Im Darm ist das Gas an der Steuerung wellenförmiger Kontraktionen im Gastrointestinaltrakt beteiligt. Therapeutisch wird Stickoxid u. a. bei Säuglingen mit Atemproblemen oder bei Lungenhochdruck eingesetzt.

Stimulantien *(eng. pl. stimulants)* Der Begriff Stimulantien bezeichnet eine Gruppe von Medikamenten oder Drogen, die antriebs- und leistungssteigernd wirken, Müdigkeitsgefühle unterdrücken und die allgemeine Stimmung heben. Unter anderem werden Koffein, Weckmittel (Analeptika), Appetitzügler (Anorektika) und blutdrucksteigernde Mittel (Antihypnotika) als Stimulantien bezeichnet. Ein Teil dieser Substanzen ist in Deutschland illegal oder darf nur unter ärztlicher Aufsicht verwendet werden.

Stimulation, transcraniale magnetische ▶ Magnetstimulation, transkranielle

Störung, affektive *(eng. mood disorder)* Überbegriff für Störungen der Stimmungslage (Depression, manische Episode, bipolare Störungen), die klinisch bedeutsames Leiden der Betroffenen und/oder seiner Umgebung verursachen. Affektive Störungen beziehen sich v. a. auf das Grundbefinden (Traurigkeit oder Euphorie) eines Patienten. Nach ICD-10 werden diese Störungen unter der Kategorie F3 zusammengefasst und in vier große Gruppen geteilt. F31 bezeichnet die bipolare affektive Störung (Wechsel von manischen und depressiven Episoden), F32 bezeichnet eine einzelne depressive Episode, F33 bezieht sich auf eine rezidivierende depressive Störung (bereits mehrfaches Auftreten von depressiven Episoden, chronischer Verlauf, Episoden z. T. remittiert) und F34 kennzeichnet die anhaltende affektive Störung (Dysthymie, Affektstärke weniger abgeflacht als bei Depressionen).

Störung, bipolare affektive *(engl. bipolar depression)* Die bipolare affektive Störung ist durch einen Wechsel von manischen bzw. hypomanischen und depressiven Phasen gekennzeichnet. Die Dauer und Häufigkeit der einzelnen Episoden ist variabel. Während der manischen Episode ist der Betroffene in einer anhaltend-glücklichen Stimmung, wobei es zu Symptomen wie Selbstüberschätzung, extrem vermindertem Schlafbedürfnis, Redebedürfnis oder einem übermäßigen Hang zu Vergnügen kommen kann. Dabei richtet die Person meist ihre volle Konzentration auf angenehme Dinge ihres Lebens, während sie andere völlig vernachlässigen. Die Hypomanie stellt eine abgeschwächte Form der Manie dar und ist durch erhöhte Risikobereitschaft, ein gesteigertes Selbstbewusstsein und gehobene Stimmung charakterisiert. Während der depressiven Phase verliert der Patient das Interesse an Aktivitäten, ist apathisch, leidet unter Appetitlosigkeit, Schlafstörungen, Schuld- und Wertlosigkeitsgefühlen, das Suizidrisiko ist erhöht. Die bipolare Störung scheint eine genetische Komponente zu besitzen, zu der biologische Faktoren hinzukommen, wobei die Neurotransmitter Serotonin, Dopamin und Noradrenalin sowie das Stresshormon Kortisol eine wichtige Rolle spielen. Bedeutung wird daneben auch Stress und Umweltfaktoren wie etwa traumatischen Ereignissen beigemessen. Neben einer medikamentösen Behandlung (deren Fortführung sich in der manischen

Episode häufig schwierig gestaltet) hat sich die Psychotherapie als sinnvoll erwiesen, da die Betroffenen dort eigene Warnsysteme entwickeln, durch die extreme Krankheitsphasen abgemildert werden können.

Störung, saisonale affektive (*engl. seasonal affective disorder*) Die saisonal affektive Störung (SAD) ist gekennzeichnet durch jahreszeitlich schwankende Veränderungen in Stimmung, Antrieb und physiologischen Parametern. Diese Veränderungen treten v. a. in den Herbst- und Wintermonaten auf (Winterdepression), können sich aber auch im Frühling und frühen Sommermonaten zeigen (Sommerdepression). Zu den wichtigsten Symptomen zählen Müdigkeit, verändertes Essverhalten, erhöhtes Schlafbedürfnis, Niedergeschlagenheit, Reizbarkeit, Konzentrationsschwäche und ein vermindertes sexuelles Interesse. Die Verbreitung dieser Störung schwankt in Abhängigkeit von der geografischen Breite, Frauen sind häufiger als Männer betroffen. Für SAD scheint eine genetische Prädisposition zu existieren, der Auslöser scheint aber mangelndes Licht (Winterdepression) oder Hitze (Sommerdepression) zu sein. In beiden Fällen erfolgt eine medikamentöse Therapie mit Antidepressiva und/oder Psychotherapie.

Störung, somatoforme (*engl. somatoform disorder*) Die somatoforme Störung (F45 nach ICD-10) ist eine Störung des Erlebens und Verhaltens. Kennzeichnend ist die Somatisierung, d. h. das klinische Bild ist geprägt durch körperliche (häufig wechselnde) Beschwerden oder Symptome, ohne dass hierfür eine organische Grunderkrankung oder ein spezifischer pathophysiologischer Prozess bestimmt werden kann. Die am häufigsten auftretende Form ist die Somatisierungsstörung. Des Weiteren gehören zu dieser Klasse von Störungen die hypochondrische, die Schmerz-, Konversions- und Dissoziationsstörung. Somatoforme Störungen können sich spontan entwickeln oder aber als Folge einer Erkrankung auftreten.

Störung, unipolare affektive (*engl. unipolar depression*) Im Verlauf einer unipolaren affektiven Störung treten nur Symptome gleicher Art auf, die zumeist depressiver Natur sind. Dabei haben Betroffene Gefühle der Traurigkeit und Hoffnungslosigkeit, zeigen massiven Interessenverlust sowie ein niedriges Selbstwertgefühl und leiden unter Schuld- und Wertlosigkeitsgefühlen. Zu diesen Symptomen kommen Appetitlosigkeit, Gewichtsverlust, Schlaflosigkeit, Konzentrationsstörungen und Selbstmordgedanken hinzu. Es wird davon ausgegangen, dass eine depressive Phase durch einen Mangel von Noradrenalin und Serotonin begünstigt wird. Frauen sind, wie bei allen affektiven Störungen, häufiger betroffen als Männer. Zur medikamentösen Therapie werden Antidepressiva verwendet oder ausschließlich auf Psychotherapie fokussiert.

Strecker (*engl. extensor*) Der Strecker ist ein Muskel, dessen Kontraktion die Streckung eines Gliedes verursacht. Gelegentlich werden extensorische Muskeln auch als Antigravitätsmuskeln bezeichnet, da es sich bei ihnen u. a. um Muskeln handelt, die ein Organismus benötigt, um aufzustehen. Die Antagonisten der Strecker sind die Beuger, die einen Muskel verkürzen und im Wechselspiel mit den Streckern eine koordinierte Bewegung ermöglichen.

Streifenkörper ▶ Striatum

Stress (*engl. stress*) Mit Stress wird im Allgemeinen eine Situation oder ein Lebensumstand bezeichnet, in dem ein Organismus unter erhöhter Belastung steht und Anpassungsreaktionen von diesem erfordert. Auslöser von Stress können psychische oder physische Reize (Stressoren) sein, die akut oder chronisch auf den Organismus einwirken. Stress kann zu deutlichen subjektiven und biologischen Veränderungen auf vielen Ebenen führen; zahlreiche Krankheiten können durch Stress ausgelöst oder in ihrem Verlauf ungünstig beeinflusst werden. Die Unterscheidung zwischen angenehm (Eustress) und unangenehm erlebtem Stress (Distress) hat sich wissenschaftlich nicht durchgesetzt. Heute werden eher Anstrengungs- (*Effort-*) von *Distress*-Anteilen differenziert.

Stressor (*engl. stressor*) Ein Stressor ist ein Objekt, ein Reiz oder eine innere bzw. äußere Situation, die bei einem Individuum psychischen oder physischen Stress auslöst bzw. zu einer Stressreaktion führt.

Stressreaktion *(engl. stress response)* Eine Stress-reaktion tritt auf, wenn ein Organismus belastende oder potenziell schädliche Reize oder Situationen mit einer Veränderung psychischer und biologischer Funktionen beantwortet. Markante Stressreaktionen sind bspw. eine Aktivierung von Hormonachsen (z. B. Hypothalamus-Hypophysen-Nebennierenrin-den-Achse), eine Veränderung des Tonus sympa-thischer und parasympathischer Nerven oder auch Angst/Furcht. Neben einer verstärkten Aktivität vie-ler Körpersysteme werden im Rahmen einer Stress-reaktion aber auch zahlreiche physiologische Funk-tionen gedrosselt (z. B. Verdauung, Reproduktion).

Stresssyndrom, posttraumatisches *(engl. posttrau-matic stress disorder)* Das posttraumatische Stress-syndrom (F43.1 nach ICD-10) ist ein Störungsbild, das sich nach dem Erleben bzw. Beobachten eines für die eigene oder eine andere Person lebens-bedrohlichen, katastrophalen Ereignisses (Trauma) einstellen kann. Die Symptome lassen sich in drei Komplexe unterteilen: Wiedererleben (Flashbacks, Albträume), Vermeidung und Hyperarousal (Schlaf-störungen, erhöhte Reizbarkeit). Es wird angenom-men, dass die überwiegend sensorischen Erinne-rungen an das traumatische Erlebnis nicht in das kontextuelle Gedächtnis eingespeichert werden und deswegen auch in der Gegenwart präsent bleiben. Eine Beteiligung psychophysiologischer Prozesse (erhöhte Katecholaminproduktion, reduzierte Kor-tisolspiegel, evtl. verringertes Hippocampusvolu-men) wird ebenfalls angenommen. Eine Besonder-heit besteht im Phänomen der dissoziativen Amne-sie, bei der Betroffene große Teile des traumatischen Erlebnisses vergessen, während andere Teile äußerst präsent bleiben. Therapeutisch wird v. a. mit Expo-sition *in sensu* (Exposition in Gedanken) gearbeitet, in denen der Patient das Trauma durch detailliertes Erzählen in den eigentlichen kontextuellen Hinter-grund einbetten soll. Von allen Personen, die jemals eine traumatische Situation erleben, erleiden etwa 5–20 % eine posttraumatische Belastungsstörung.

Striatum *(engl. striatum)* Das Striatum ist die Ein-gangsstruktur der Basalganglien. Es befindet sich seitlich des Thalamus und besteht aus dem Putamen, dem Nucleus caudatus und dem Nucleus accum-bens. Die Neuronen des Striatums spielen eine he-rausragende Rolle bei der Planung und Ausführung von Bewegungsabläufen und sind an exekutiver Handlungskontrolle beteiligt. Insbesondere der Nucleus accumbens gehört darüber hinaus zu Ner-venzellnetzwerken, in welchen Belohnung und Be-strafung neuronal kodiert werden.

Strychnin *(engl. strychnine)* Strychnin ist ein kristal-liner Stoff, der aus den Samen des Brechnussbaumes gewonnen wird. Selbst in starker Verdünnung schmeckt er extrem bitter und wirkt bereits ab ge-ringen Dosen hoch giftig. Zu den Vergiftungssymp-tomen gehören Atemnot, Tremor, Krämpfe und Angstgefühle. Strychnin wirkt als Antagonist von Glyzin, d. h. es verhindert die Wirkung dieses in-hibitorischen Transmitters. Zur Behandlung einer Strychninvergiftung wird Diazepam eingesetzt, das die Tätigkeit eines weiteren inhibitorischen Trans-mitters, der Gamma-Aminobuttersäure (GABA), fördert. Trotz seiner Giftigkeit wird Strychnin als homöopathisches Heilmittel bei Magenproblemen und als Dopingsubstanz verwendet. Ursprünglich wurde der Stoff als anregendes Medikament zur Kreislaufverbesserung verschrieben, heute wird es vor allem genutzt, um illegale Drogen wie Kokain und Heroin zu strecken.

Stupor *(engl. stupor)* Stupor beschreibt eine Starre bzw. Regungs- und Ausdruckslosigkeit trotz wachen Bewusstseins. Dieser Zustand kann somit von Schlaf und Bewusstlosigkeit abgegrenzt werden. Die Be-troffenen zeigen weder körperliche noch psychische Reaktionen auf ihre Umwelt, obwohl sie in der Lage sind, Reize aufzunehmen. Oft kommt bei Patienten eine innere Angespanntheit mit erhöhtem Muskel-tonus hinzu. Stupor kann als pathologischer Zustand bei verschiedenen neurologischen (z. B. Morbus Parkinson) und psychischen (z. B. Schizophrenie) Erkrankungen auftreten.

Subarachnoidalraum *(engl. subarachnoid space)* Der Subarachnoidalraum befindet sich zwischen der mittleren Hirnhaut, der Arachnoidea, und der inne-ren Hirnhaut, der Pia mater. Er enthält neben der Zerebrospinalflüssigkeit (CSF, Liquor) auch große Blutgefäße. Die CSF zirkuliert ständig durch den Subarachnoidalraum und die Hirnventrikel, über-flüssige Flüssigkeit wird aus dem Subarachnoidalraum wieder in die Hirnsinus, blutgefüllte Kanäle in der Dura mater, aufgenommen.

Subcutis *(engl. subcutis; Syn. Unterhaut)* Die Subcutis besteht aus Bindegewebe und liegt unter der Epidermis und dem Korium. Sie bildet die unterste der drei Hautschichten. Die Subcutis ermöglicht die verschiebliche Beweglichkeit zwischen den über und den unter ihr liegenden Schichten (unter der Subcutis liegt u. a. Knochenhaut) und dient dem Menschen als Kälte- und Stoßpuffer. In der Subcutis finden sich insbesondere Schweißdrüsen und Vater-Pacini-Lamellenkörperchen für Druck- und Vibrationsempfinden. Da die Unterhaut nur gering durchblutet wird, eignet sie sich für die Gabe von Subkutan-Injektionen, die den Vorteil haben, dass die Medikamente über einen längeren Zeitraum resorbiert werden (wie z. B. bei Insulin angestrebt).

Subduralraum *(engl. subdural space)* Der Subduralraum ist der Spalt unterhalb der Dura mater und oberhalb der Arachnoidea. Venen, die in diesem Spalt verlaufen, können bspw. durch einen Unfall oder infolge einer Hirnoperation, aber auch spontan verletzt werden. Dann findet eine Einblutung in den Subduralraum statt, was als Subduralhämatom bezeichnet wird. Dabei entsteht durch den wachsenden Druck auf das Gehirn eine akute neuropsychologische Symptomatik, die durch motorische oder kognitive Ausfallerscheinungen begleitet wird.

Subiculum *(engl. subiculum)* Das Subiculum ist ein Teil der Hippocampusformation und liegt zwischen der Region CA1 (Cornu ammonis 1) und dem entorhinalen Kortex. Es steht mit diesen beiden Strukturen sowie mit den Mamillarkörpern in Verbindung.

Substantia grisea centralis ▶ Höhlengrau, zentrales

Substantia nigra *(engl. substantia nigra)* Die Substantia nigra ist ein Kern, der im Tegmentum des Mesenzephalons liegt. Er ist aufgrund eines hohen Gehaltes an Melanin im Zellkörper der Neurone schwarz gefärbt. Die Substantia nigra spielt eine wichtige Rolle bei der Initiation und Modulation von Bewegungen und ihren Abläufen. Projektionen erhält sie von wichtigen motorischen Zentren wie dem Striatum, dem Motorkortex und dem prämoto-

rischen Kortex. Neuronen dieser Region projizieren in das Striatum, die Formatio reticularis, den Thalamus und das limbische System. Sehr bedeutsam sind ihre hemmenden efferenten Verbindungen zum Striatum, wobei v. a. der Neurotransmitter Dopamin freigesetzt wird. Bei der Parkinson-Krankheit degenerieren dopaminerge Neuronen in der Substantia nigra, was zu den typischen motorischen Ausfallerscheinungen führt. Durch ihre efferenten Fasern in das limbische System nimmt die Substantia nigra auch Einfluss auf psychische Vorgänge.

Substanz, graue *(engl. gray matter)* Die graue Substanz besteht aus vielen dicht aneinander liegenden Neuronen, ihre Färbung kommt v. a. durch die Häufung an Zellkörpern zustande. Im Rückenmark liegt die graue Substanz zentral und wird von der weißen Substanz umgeben. Sie wird in Vorderhorn (Cornu anterius), Hinterhorn (Cornu posterius) und Seitenhorn (Cornu lateralis) eingeteilt, die in ihrem Gesamtumriss an einen Schmetterling erinnern. Im Gehirn liegt die graue Substanz an der weißen Substanz an und bildet somit die Rinde (Kortex).

Substanz, weiße *(engl. white matter)* Die weiße Substanz ist ein Neuronengewebe, dessen weiße Färbung durch die myelinisierten Nervenfasern entsteht. Im Rückenmark umschließt sie die graue Substanz, wobei sie in Vorderstrang (Funiculus anterior), Seitenstrang (Funiculus lateralis) und Hinterstrang (Funiculus posterior) unterteilt wird. Im Gehirn verhält es sich umgekehrt: Hier ist die weiße Substanz von der grauen Substanz umgeben.

Substanz P *(engl. substance P)* Substanz P ist ein Neuropeptid, das sowohl als Neurotransmitter als auch als Neuromodulator fungiert. Wird ein Schmerzrezeptor erregt, wird Substanz P ausgeschüttet, was zu einer Gefäßerweiterung und Steigerung der Durchlässigkeit der Gefäßwände führt. Dadurch wird das Gewebe stärker durchblutet, Empfindsamkeit der Nozirezeptoren gesteigert und der Transport weiterer schmerzmodulierender Substanzen erleichtert. Substanz-P-Antagonisten werden bei der Schmerztherapie und als Antidepressiva diskutiert.

Substanzen, psychoaktive *(engl. pl. psychoactive drugs; Syn. Psychopharmaka)* Psychoaktive Substanzen sind künstlich hergestellte oder organische Stoffe, die das Zentralnervensystem beeinflussen und so das Erleben und Verhalten verändern. Diese Substanzen können anregend oder beruhigend wirken, einige können auch Halluzinationen hervorrufen. Neben illegalen Drogen (z. B. Halluzinogene oder Opiate) und Medikamenten (z. B. Sedativa) werden auch Genussmittel (z. B. Alkohol) zu den psychoaktiven Substanzen gezählt.

Subthalamus *(eng. subthalamus)* Der Subthalamus ist Teil des Zwischenhirns, welches den Übergangsbereich zwischen Tegmentum, Hypothalamus und Basalganglien darstellt. Seine Funktion liegt hauptsächlich in der Steuerung der Grobmototrik, speziell in der Integration von motorischen Programmen. Die wichtigsten Strukturen des Subthalamus sind der Nucleus subthalamicus und das Pallidum. Das Pallidum gilt als Zentrum des extrapyramidal-motorischen Systems und stellt den Antagonisten zum Corpus striatum dar. Der Nucleus subthalamicus wird vom motorikfördernden Teil des Pallidums gehemmt und wirkt auf den motorikhemmenden Teil des Pallidums erregend. Somit nimmt er eine bewegungsimpulshemmende Funktion ein.

Sulcus *(eng. sulcus)* Sulcus ist der neuroanatomische Begriff für die Furchen auf der Oberfläche des Gehirns.

Sulcus calcarinus *(engl. calcarine sulcus)* Eine okzipital gelegene Furche, die den primären visuellen Kortex nach unten hin abgrenzt.

Sulcus centralis *(engl. central sulcus)* Der Sulcus centralis verläuft etwa in der Mitte des Gehirns von der Sylvischen Furche aus in superiore und posteriore Richtung. Die Zentralfurche trennt Frontallappen (anterior von dieser) und Parietallappen (posterior von dieser) voneinander.

Sulcus lateralis *(engl. lateral sulcus; Syn. Sylvische Furche)* Der Sulcus lateralis ist eine leicht erkennbare Furche des Gehirns, die mit einem tiefen Einschnitt am vorderen unteren Pol des Kortex beginnt. Er trennt den Temporallappen (inferior von dieser) von den superior liegenden Parietal- und Frontallappen. Der Sulcus lateralis der linken Hemisphäre verläuft

in einer leichteren Steigung als der der rechten Hemisphäre.

Summation *(engl. summation)* Ankommende exzitatorische (EPSPs) und inhibitorische postsynaptische Potenziale (IPSPs) werden fortlaufend am Neuron verrechnet. Dabei wird zwischen räumlicher und zeitlicher Summation unterschieden. Bei der räumlichen Summation feuern benachbarte Synapsen gleichzeitig, wodurch es auf postsynaptischer Seite in der Summe zu größeren IPSPs oder EPSPs kommt als beim Feuern eines einzelnen Neurons. Bei der zeitlichen Summation werden EPSPs oder IPSPs nur von einer Nervenzelle gesendet, allerdings gleich mehrere Potenziale kurz hintereinander, die sich wiederum aufsummieren können. Bei beiden Summationsformen kommt es zur anschließenden Verrechnung beider Potenzialarten, bei der sich IPSPs und EPSPs gegenseitig abschwächen oder aufheben können.

superior *(engl. superior)* Superior ist eine anatomische Lagebezeichnung und meint »obere/r«. So bezeichnet z. B. der Sulcus temporalis superior die obere Hirnfurche im Temporallappen.

SW-Schlaf ▶ Slow-Wave-Schlaf

Sylvische Furche ▶ Sulcus lateralis

Sympathikus *(engl. sympathetic nervous system)* Wie Parasympatikus und Darmnervensystem (enterisches System) ist der Sympathikus Teil des vegetativen Nervensystems. Er besteht aus zweizelligen Neuronenketten, deren Zellkörper im Brustmark oder oberen Lendenmark liegen. Axone ziehen in die glatte Muskulatur von allen inneren Organen, zu Blutgefässen der Haut, Haaren, Pupillen, Herzmuskelfasern und Drüsen (z. B. Speicheldrüsen). Die Zielzellen werden auch als Effektoren bezeichnet. Die verwendeten Transmitter sind Azetylcholin (präganglionär) und Noradrenalin (postganglionär). Die Erregung des Sympathikus löst eine ergotrope Funktion aus, d. h. die Fähigkeit zur Auseinandersetzung mit der Umwelt wird erhöht. Herz, Kreislauf und Atmung werden aktiviert, Glykogen wird mobilisiert, die Tätigkeit des Magen-Darm-Kanals dagegen wird vermindert. Gefäßsystem, Schweißdrüsen

S

und Nebennieren werden ausschließlich vom Sympathikus innerviert. Der Sympathikus gilt als funktioneller Gegenspieler des Parasympathikus.

Sympatholytikum *(engl. sympatholytic)* Substanz, die adrenerge Rezeptoren hemmt und somit die Erregungsübertragung von sympathischen Nervenendigungen auf das Erfolgsorgan blockiert. Die Wirkung des Sympatholytikums hängt von der Art der adrenergen Rezeptortypen (α_1-, α_2-, β_1- oder β_2-Rezeptoren) an den zu erregenden Zellen und der Spezität des Sympatholytikums für die jeweiligen Rezeptortypen ab. Sympatholytika mit Spezität für α-Rezeptoren werden α-Sympatholytika genannt, spezifische für β-Rezeptoren werden als β-Sympatholytika bezeichnet. In diesem Zusammenhang spricht man auch von Alpha- bzw. Betablockern.

Sympathomimetikum *(engl. sympathomimetic amine)* Substanz, die vorwiegend über die Erregung des Sympathikus auf den Körper wirkt. Man unterscheidet direkt und indirekt wirkende Sympathomimetika, in Abhängigkeit davon, ob die Substanzen direkt an die adrenergen Rezeptoren binden oder indirekt die Konzentration von Noradrenalin am Erfolgsorgan erhöhen. Vertreter der Sympathomimetika sind z. B. Adrenalin, Noradrenalin und Amphetamin und seine Derivate.

Symptom *(engl. symptom)* Ein Symptom ist ein Hinweis, Merkmal oder Zeichen, z. B. einer Krankheit. So deutet das Auftreten von Wahn oder Halluzinationen auf das mögliche Vorliegen einer Schizophrenie hin. Symptome können positiv oder negativ sein. (Krankheits-)Symptome helfen, Krankheiten zu erkennen und zu diagnostizieren. Die Gesamtheit der aus einem Krankheitsprozess resultierenden Symptome wird als Symptomatik oder auch als klinisches Bild bezeichnet. Gelegentlich werden mehrere gemeinsam auftretende Merkmale oder Besonderheiten (Symptomkomplex) unter dem Begriff »Syndrom« zusammengefasst. Der Begriff Syndrom macht jedoch keine Aussage über den Krankheitswert dieser Besonderheit.

Synapse *(engl. synapse)* Eine Synapse ist die Verbindung zwischen dem Endknopf eines Axons und der Membran einer angrenzenden Zelle und besteht aus präsynaptischem Element, synaptischem Spalt und postsynaptischem Element. Über die Synapse hinweg werden Informationen von Zelle zu Zelle weitergegeben. Es werden chemische und elektrische Synapsen unterschieden. Bei chemischen Synapsen erfolgt die Erregungsübertragung durch die Freisetzung von Neurotransmittern in den synaptischen Spalt und einer darauf folgenden De- bzw. Hyperpolarisation der postsynaptischen Zelle. Elektrische Synapsen hingegen zeichnen sich durch sog. *gap junctions* aus. Diese Kanäle ermöglichen es, dass Ionen von einer Zelle direkt in die andere diffundieren können, ohne durch einen »echten« Spalt getrennt zu sein. Diesen Synapsen wird eine wesentliche Rolle bei der Ausbreitung epileptischer Herde im Gehirn zugesprochen.

Syndrom, amotivationales *(engl. amotivational syndrom)* Bezeichnung für eine nach langjährigem Drogenkonsum auftretende Antriebsstörung. Betroffene verlieren das Interesse an fast allen Aktivitäten, werden lethargisch und stumpfen ab. Weitere Merkmale sind Leistungsverweigerung, Einsamkeit und Isolation. Das amotivationale Syndrom kann auch als unerwünschte Nebenwirkung bei der Behandlung depressiver Störungen mit selektiven Serotonin-Wiederaufnahmehemmern (SSRIs) auftreten.

Syntax *(engl. syntax)* Syntax ist die Lehre vom Satzbau. Sie bezeichnet eine Sammlung von Mustern und Regeln, nach denen Wörter zu Phrasen und Sätzen zusammengestellt werden, die dann einen Sinn ergeben. Die Syntax ist Forschungsgegenstand der Linguistik.

System, adrenerges *(engl. adrenergic system)* Das adrenerge System besteht aus Neuronen im zentralen Nervensystem, die Adrenalin als Transmitter verwenden. Dazu gehören die Neurone der Medulla oblongata, die in verschiedene Teile des Hirnstammes als auch zu den dorsalen Thalamuskernen und anderen Teilen des Dienzephalons projizieren. Absteigende Verbindungen ziehen zum Rückenmark und beeinflussen hier das autonome Nervensystem. Im Gegensatz zu dieser eingeschränkten Beschreibung fassen manche Autoren alle katecholaminergen Bahnsysteme unter dem Begriff »adrenerges System« zusammen.

System, cholinerges *(engl. cholinergic system)* Zum cholinergen System gehören alle Nervenzellkörper, die Azetylcholin (ACh) freisetzen, und deren Projektionen. Es bestehen zwei wesentliche Cluster. Zum einen im basalen Vorderhirn: hier projizieren der Nucleus basalis, der Kern des diagonalen Bandes und das Septum in alle Lappen des Großhirns sowie in den Hippocampus und die Amygdala. Zum anderen existiert eine kleinere Formation im pedunkulopontinen Nucleus und im latero-dorsal-tegmentalen Nucleus, welche zur Formatio reticularis und zum Thalamus projizieren. Von dieser wird angenommen, dass sie Anteile am Arousal und am Schlaf-Wach-Zyklus hat. Das gesamte cholinerge System spielt eine große Rolle bei Gedächtnisprozessen. Der Verlust von ACh-produzierenden Zellen ist ein wichtiges Korrelat der Alzheimer-Erkrankung.

System, dopaminerges *(engl. dopaminergic system)* Das dopaminerge System ist in verschiedene Teilsysteme gegliedert, die zwei wichtigsten sind das nigrostriatale (auch mesostriatale) sowie das mesolimbische (auch mesolimbokortikale) System. Das nigrostriatale System hat seinen Ursprung in der Substantia nigra, dessen Neurone zum Striatum (Nucleus caudatus, Putamen) projizieren. Die dopaminergen (= Dopaminausschüttenden) Neuronen des mesolimbischen Systems projizieren vom Tegmentum zu Kerngebieten des limbischen Systems (Nucleus accumbens, Amygdala, Hippocampus) sowie in die Großhirnrinde. Insgesamt gibt es im menschlichen Gehirn ca. 1 Million dopaminerger Nervenzellen, ihr Niedergang (v. a. in der Substantia nigra) führt zum Krankheitsbild des Morbus Parkinson.

System, limbisches *(engl. limbic system)* Das limbische System umfasst folgende um den Thalamus gruppierte, kortikale und dienzephale Strukturen: den Gyrus cinguli, den parahippocampalen Gyrus, den Hippocampus, die Amygdala, die Mamillarkörper sowie die anterioren Thalamuskerne. Des Weiteren werden z. T. auch die Fornix, der Bulbus olfactorius und das Septum zum limbisches System gezählt. Demnach ist das limbische System kein einheitlich definiertes und scharf abgrenzbares System, sondern eher ein Netzwerk eng miteinander verbundener ZNS-Gebiete. Zunächst wurden diese Strukturen aufgrund ihrer Bedeutung für die Emotionsverarbeitung (Papez, MacLean) zusammengefasst. Inzwischen ist bekannt, dass das limbische System an emotionalen und motivationalen Aspekten vielfältiger Verhaltensfunktionen (wie z. B. Lernen und Gedächtnis) beteiligt ist, was u. a. durch extensive Verbindungen limbischer Strukturen zum Neokortex und (anderen) Kernen des Hypothalamus ermöglicht wird.

System, noradrenerges *(engl. noradrenergic system)* Es gibt drei Cluster von Zellen, die Noradrenalin im ZNS synthetisieren. Die Hälfte aller Noradrenalin-produzierenden Zellen im ZNS entspringen im Locus coeruleus (auch »blauer Kern« genannt), der Noradrenalin via Axone zum Hippocampus, zu den Basalganglien und in weite Teile des Isokortex transportiert. Des Weiteren synthetisieren das laterale tegmentale System und das mediale Vorderhirnbündel Noradrenalin und transportieren es zum Kleinhirn, in den Pons, in Hypothalamus, das limbische System und das Rückenmark. Aufgrund der weiten Verzweigung des noradrenergen Systems ist es an vielen Prozessen beteiligt, u. a. Stimmung, Arousal, Aufmerksamkeit, Lernen in emotionalen Situationen und Sexualverhalten.

System, serotonerges *(engl. serotonergic system)* Serotonin (5-Hydroxytryptamin, 5-HT) wird hauptsächlich in den Raphe-Kernen des Mittelhirns und des Hirnstamms synthetisiert. Nur ca. 200.000 Nervenzellen stellen den Neurotransmitter her, versorgen aber weite Teile des gesamten Gehirns mit diesem Botenstoff. So wird Serotonin in den Isokortex, den Hippocampus, den Thalamus, den Hypothalamus, in die Basalganglien, das Kleinhirn und das Rückenmark transportiert. Das serotonerge System regelt u. a. Stimmung, Anspannung, den Blutfluss im Gehirn und im Zusammenspiel mit anderen Transmittern im Rückenmark die Schmerzwahrnehmung. Serotoninanregende Medikamente wirken antidepressiv. Es existieren mindestens 15 verschiedene Rezeptoren für Serotonin.

System, vestibuläres *(engl. vestibular system)* Das vestibuläre System besteht aus dem Gleichgewichtsorgan und den verarbeitenden Zentren im Hirnstamm. Das Gleichgewichtsorgan befindet sich im Innenohr und besteht aus drei Bogengängen, Sacculus und Utriculus. Die Bogengänge sind mit Endolymphe gefüllt, sie stehen fast senkrecht zueinander und erfassen so die Drehbewegungen des Kopfes. Bei Bewegung des Kopfes strömt die Endolymphe aufgrund ihrer Trägheit entgegen der Drehrichtung durch die Bogengänge. Dadurch werden die Sinneszellen des Gleichgewichtsorgans erregt und ein elektrisches Signal gelangt über den Bogengangnerv zum Gehirn. Sacculus und Utriculus erfassen die lineare Beschleunigung des Körpers im Raum, der Sacculus spricht auf vertikale und der Utriculus auf horizontale Beschleunigungen an. Von den Sinneszellen gelangt die Sinnesinformation über den VIII. Hirnnerv (Nervus vestibulocochlearis) zu entsprechenden Nervenkernen im Hirnstamm (Vestibulariskerne), wo Informationen über das Gleichgewicht verarbeitet werden.

Systole *(engl. systole)* Systole bezeichnet die Anspannungsphase und die Austreibung des Blutes durch die Herzkontraktion. Der auf dem Höhepunkt der Kontraktion auftretende, maximale Blutdruck entspricht dem systolischen Blutdruck. Der optimale (normotone) Wert für den systolischen Blutdruck beträgt 120 mm Hg. Ab einem systolischen Blutdruckwert von 140 mm Hg liegt eine Hypertonie (Bluthochdruck) vor.

T

T3 ▶ Trijodthyronin

T4 ▶ Thyroxin

Tachykardie *(engl. tachykardia)* Tachykardie bezeichnet eine Herzfrequenz von über 100 Schlägen pro Minute. Sie kann physiologisch sein und z. B. bei körperlicher Anstrengung oder Aufregung auftreten, oder pathologisch bei Fieber oder hohen Flüssigkeitsverlusten, Stoffwechselstörungen oder Herzrhythmusstörungen auftreten. Tachykardien werden häufig auch als Nebenwirkung verschiedener Medikamente beobachtet.

Tachykinin *(engl. tachykinin)* Tachykinine sind eine Gruppe von Peptidhormonen, zu denen Substanz P, Neurokinin A und B gehören. Diese Transmitter wirken u. a. an Synapsen für sensorische Afferenzen und sind an der Immunabwehr beteiligt. Sie werden bei Stress im Gehirn, im Rückenmark, in der Peripherie und in Schleimdrüsen ausgeschüttet und bewirken eine Kontraktion der Skelettmuskulatur, eine Gefäßerweiterung in der Peripherie und eine Gefäßverengung im Gehirn sowie eine vermehrte Schleimbildung. Substanz P spielt v. a. eine Rolle bei der Schmerzweiterleitung.

Tangles ▶ Fibrillen

Taschenmesserphänomen *(engl. clasp-knife phenomenon)* Das Taschenmesserphänomen ist ein charakteristisches Anzeichen der Spastik. Beim passiven Strecken der gebeugten Gliedmaße sorgt die Muskeltonuserhöhung für einen Widerstand, der jedoch nach einiger Zeit plötzlich zusammenbricht, als würde man die Klinge eines Taschenmessers einklappen. Dieser Reflex tritt auch auf, wenn man versucht, die Gliedmaße eines Tieres mit Dezerebrationsstarre zu biegen oder zu dehnen. Die plötzliche Entspannung der Muskulatur tritt infolge Aktivierung des Golgi-Sehnenorganreflexes auf.

Tastscheiben *(engl. pl. Merkel cells)* Tastscheiben gehören neben den Ruffini-Körperchen zu den Mechanosensoren des Tastsinns, die als Drucksensoren die Stärke oder Eindrucktiefe eines mechanischen Hautreizes messen. Sie feuern dabei umso stärker, je größer die auf die Haut wirkende Kraft pro Flächeninhalt ist. Als Intensitätsdetektoren reagieren sie auf die Intensität des Druckreizes und nicht auf seine zeitlichen Veränderungen. Bei konstantem Druckreiz adaptieren Tastscheiben nur langsam und können so auch die Dauer eines Druckreizes angeben. Man findet die Merkel-Zellen v. a. in den Fingerspitzen und den Fingern. In der unbehaarten Haut liegen sie in kleinen Gruppen in den untersten Schichten der Epidermis. In der behaarten Haut bilden die Merkel-Zellen hingegen Merkelsche Tastscheiben, die punktförmig über der Hautoberfläche herausragen.

Tatwissens-Test *(engl. Guilty Knowledge Test)* Der von Lykken (1981) entwickelte Tatwissens-Test stellt ein indirektes Verfahren zur psychophysiologischen Täterschaftsermittlung (▶ Lügendetektor) dar. Mit diesem Test soll überprüft werden, ob ein Proband detaillierte Informationen besitzt, die nur ein Tatbeteiligter haben kann. Ein Tatwissens-Test setzt sich aus mehreren Fragen zusammen, die sich jeweils auf bestimmte Details der fraglichen Tat beziehen. Nach jeder Frage werden sechs Antwortmöglichkeiten (darunter eine zutreffende) vorgegeben, die für den Tatunbeteiligten alle gleich wahrscheinlich sind. Nur für einen Tatbeteiligten sollte die eine, tatsächlich zutreffende Antwort, zu einer Orientierungsreaktion führen, was sich in einer erhöhten messbaren physiologischen Reaktion niederschlägt. Über mehrere Fragen hinweg sollte also ein Tatbeteiligter konsistent erhöhte Reaktionen bei den zutreffenden Antworten zeigen. Bei Validitätsprüfungen konnten durch den Tatwissens-Test 80–95 % der Personen mit Tatwissen richtig klassifiziert und Falschklassifizierungen von Personen ohne Tatwissen vollkommen vermieden werden. Die größte Einschränkung dieses Verfahrens liegt darin, dass dem Untersucher zahlreiche Details des Tathergangs, die sonst nur Tatbeteiligte kennen können, bekannt sein müssen.

Tectum *(engl. tectum; Syn. Vierhügelplatte)* Das Tectum (= Dach) entspricht dem dorsalen Teil des Mittelhirns. Hier finden sich zwei paarige Nervenzellansammlungen, die hügelig aus dem Mittelhirn heraustreten, den Colliculi superiores oben und den Colliculi inferiores unten. In diesen Nuclei erfolgen Umschaltungen afferenter sensorischer Reize der Hörbahn (C. inferiores) bzw. der Sehbahn (C. superiores).

Tectum opticum *(engl. optic tectum)* Als Tectum opticum werden die Colliculi superiores der Vierhügelplatte bezeichnet, da sie für die Verarbeitung visueller Informationen zuständig sind (▶ Colliculi superiores).

Tegmentum *(engl. tegmentum)* Das Tegmentum ist der ventrale Teil des Mittelhirns. Es besteht aus mehreren Strukturen, zu denen die Substantia nigra, das periaquäduktale Grau (PAG), der Nucleus ruber und einige Hirnnervenkerne gehören. Neben dem Ventrikelkanal, Aquaeductus cerebri, verlaufen auch Teile der Formatio reticularis und mehrere Faserzüge durch das Tegmentum.

Tegmentum, ventrales *(engl. ventral tegmental area)* Struktur des Mesenzephalons und wichtiger Teil des mesolimbokortikalen Dopaminsystems. Seine Verbindungen ziehen sowohl zu limbischen Strukturen (Amygdala, Nucleus accumbens) als auch zum präfrontalen Kortex. Durch Anregung der Ausschüttung von Dopamin aus dem Nucleus accumbens ist das ventrale Tegmentum in Belohnungsprozesse integriert.

Tektorialmembran *(engl. tectorial membrane)* Gallertartige Masse, die sich über das Corti-Organ, den für das Hören zuständigen Sinneszellen des Innenohres, erstreckt. Sie ist an der Innenseite der Cochlea befestigt und liegt über den Zilien der inneren und äußeren Haarzellen, die von einer Lymphflüssigkeit umgeben sind. Akustische Reize lösen über Einstülpung des ovalen Fensters eine Druckwelle im Innenohr aus, welche zu einer Verschiebung der Tektorialmembran relativ zur Basilarmembran führt. Hierdurch werden die Zilien der Haarzellen abgeschoren, was zu einem Einstrom von Kaliumionen und folglich zur Depolarisation der Sinneszellen führt.

Telenzephalon ▶ Großhirn

Temporallappen *(eng. temporal lobe)* Teil des Großhirns mit vielfältigen funktionellen Bereichen. Vorne grenzt er an den Parietallappen und Frontallappen und nach hinten an den Okzipitallappen. Der Temporallappen enthält im Wesentlichen drei Teile: den primären auditorischen Kortex, Sprachzentren und gedächtnisrelevante Strukturen. Viele seiner Bereiche sind für die Erkennung von nichträumlichen auditorischen und visuellen Reizen zuständig wie z. B. die Erkennung von Gesichtern. Wenn Läsionen im Bereich des Temporallappens auftreten, kann es zu Agnosien (v. a. Prosopagnosie), Amnesien und Aphasien kommen. Andere Bereiche des Temporallappens (u. a. Hippocampus) erlauben die Einspeisung von vornehmlich raum-zeitlichen Informationen in kortikale Nervenzellnetze.

Temporallappen-Amnesie, mediale *(engl. medial temporal lobe amnesia)* Form der Amnesie mit charakteristischen Defiziten. Betroffene haben große Schwierigkeiten, explizite (episodische, weniger semantische) Langzeitgedächtnisinhalte zu bilden, können aber implizites Wissen speichern und abrufen. Die Beeinträchtigungen werden zurückgeführt auf Läsionen im medialen Temporallappen, besonders dem Hippocampus wird eine bedeutende Rolle zugeschrieben. Der bekannteste Fall einer medialen Temporallappenamnesie ist der Patient H. M., der seit einer bilateralen Entfernung großer Teile des Temporallappens unter schwerster anterograder Amnesie leidet, aber dennoch neue motorische Fähigkeiten (z. B. Spiegelzeichen) erlernen oder andere implizite Gedächtnisinhalte aufbauen kann.

Teratogene *(eng. pl. teratogenic agents)* Stoffe, welche die normale Entwicklung des Fetus oder Embryos verändern, verzögern oder hemmen. Teratogene Einflüsse können Missbildungen hervorrufen oder den Fruchttod herbeiführen. Sie wirken durch Einnahme, Aufnahme oder Produktion durch die Mutter und umfassen Medikamente (z. B. Lithium), Drogen (z. B. Alkohol, Kokain), chemische Substanzen (z. B. Alkohol), Pathogene (z. B. Rubella-, Varicella-Viren), physikalische Einflüsse (z. B. Röntgenstrahlung) oder Stoffwechselkrankheiten der Mutter (z. B. Diabetes).

Testes ▶ Hoden

Testosteron *(engl. testosterone)* Testosteron ist das wichtigste Androgen und wirkt als männliches Sexual- bzw. Geschlechtshormon. Gebildet wird es beim Mann in den Hoden, bei Frauen zu deutlich geringeren Mengen in den Eierstöcken und bei beiden Geschlechtern in den Nebennierenrinden und der Leber. Testosteron ist im Blut zumeist an ein Trägerprotein (SHBG) gebunden. Seine Ausschüttung und Bildung wird durch das vom Gehirn gebildete luteinisierende Hormon (LH) gesteuert. Es ist beteiligt an der Herausbildung der sekundären Geschlechtsmerkmale beim Mann sowie am Wachstum der Hoden, der Samenproduktion und der Libidostärke. Haben Frauen einen zu hohen Testosteronanteil im Blut, kann es zu Vermännlichung und zu einem gesteigerten Geschlechtstrieb (Libido) kommen. Bei beiden Geschlechtern scheint sich Testosteron auch auf kognitive (z. B. Gedächtnisleistungen) auszuwirken.

Tetanie *(eng. tetany)* Tetanie bezeichnet eine Störung der Motorik (Muskelkrämpfe) und der Sensibilität (Kribbeln), die bei neuromuskulärer Übererregbarkeit auftritt. Sie tritt infolge einer Störung im Kalziumstoffwechsel auf; es werden zwei Formen der Tetanie unterschieden: Bei der hypokalzämischen Tetanie kommt es zu einem Abfall des Kalziumspiegels im Körper, dadurch lösen sich Ca^{++} von Natriumkanälen und ein Aktionspotenzial kann leichter ausgelöst werden. Das führt zu Krämpfen der Muskulatur und zu einem Kribbeln an sensiblen Nervenbahnen. Im Falle der normokalzämischen Tetanie bleibt der Kalziumspiegel konstant, aber Kalziumionen werden verstärkt an Plasmaproteine gebunden.

Tetanus *(engl. tetanus; Syn. Wundstarrkrampf)* Schwere, akute Infektionskrankheit, die durch das Gift der Tetanusbakterien (Tetanospasmin) hervorgerufen wird. Diese Erreger leben im Erdreich und in Tierexkrementen. Die Folge einer Infektion ist eine krampfartige Starre der gesamten Muskulatur, da durch das Gift inhibitorische Neurotransmitter gehemmt werden. Symptome einer Erkrankung sind Mundsperre, Krämpfe der Gesichtsmuskeln, Verkrampfung von Armen oder Beinen, Fieber und Krämpfe der Blasen- und Darmmuskeln. Wenn sich die Krämpfe auf die Atemmuskulatur ausweiten, kommt es zum Aussetzen der Atmung und der Patient stirbt. Die wichtigste Prävention gegen die Erkrankung ist eine Tetanus-Impfung; erfolgt eine Infektion dennoch, muss innerhalb kürzester Zeit eine passive Immunisierung durch Gabe von Antitetanospasminglobulin stattfinden. Die Gefahr einer Infektion besteht bei Verletzungen der Haut (z. B. nach Tierbiss) oder bei Wundflächen mit starker Verschmutzung.

Thalamus *(engl. thalamus)* Der Thalamus bildet den größten Bestandteil des Zwischenhirns und wird von beiden Seiten des dritten Ventrikels begrenzt. Seine mediale Fläche wird von der Seitenwand des dritten Ventrikels gebildet, seine laterale Fläche grenzt an die Capsula interna. Beide Thalami werden durch die Adhesio interthalamica verbunden. Aus den vielen Kernen, welche durch Assoziationsfasern verbunden werden, lassen sich grundsätzlich zwei Kerngruppen unterscheiden: (a) Die spezifischen Thalamuskerne (Palliothalamus), welche direkt mit einem bestimmten Teil der Großhirnrinde verbunden sind, und (b) die unspezifischen Thalamuskerne (Truncothalamus), welche eine diffuse Verbindung zum gesamten Kortex aufweisen. Die Funktion des Thalamus besteht aufgrund einer intensiven Wechselbeziehung zum Kortex in der Umschaltung sensibler Informationen zum Kortex und in der Integration sensibler und motorischer Impulse. Dabei verbinden Gebiete des Palliothalamus Aufmerksamkeits- mit motivational-emotionalen Prozessen (anteriore und dorsomediale Gruppe) sowie motorische Aufmerksamkeit und Planung (Nucleus ventralis anterolateralis). Gebiete des Truncothalamus regulieren die allgemeine Hirnaktivität und integrieren motorische Impulse mit Bewegungsentwürfen (besonders intralaminäre Kerne, wie der Ncl. centromedianus). Mit Ausnahme von Geruchsinformationen werden alle sensorischen Informationen über spezifische Kerne des Thalamus verschaltet, bevor sie in Punkt-zu-Punkt-Projektionen die entsprechenden Abschnitte der sensorischen Rinde erreichen (Thalamus als »Tor zum Bewusstsein«).

Thermorezeptor ▶ Thermosensor

Thermosensor *(engl. thermosensor)* Freie Nervenendigung zur Wahrnehmung von Temperaturen bzw. Temperaturveränderungen, die entsprechend der Reizqualität als Kaltsensor oder Warmsensor bezeichnet wird. Die in der Haut und den Schleimhäuten liegenden Thermosensoren messen die Temperatur auf der Körperoberfläche, während solche, die sich im Zentralnervensystem befinden, die Körpertemperatur registrieren. Thermosensoren dienen auf der einen Seite der Aufrechterhaltung der Körpertemperatur sowie auf der anderen Seite dem Schutz des Körpers vor zu hohen lokalen Temperatureinwirkungen wie Erfrierungen oder Verbrennungen.

Theta-Rhythmus *(engl. theta-rhythm)* Der Theta-Rhythmus ist ein typisches Muster im Elektroenzephalogramm (EEG). Dabei handelt es sich um einen Rhythmus von ca. 4–8 Hz bei einer Amplitude von 5–100 µV. Er dauert ca. 125–250 Millisekunden und wird zu den langsamen Wellen im EEG gerechnet. Theta-Wellen zeigen eher eine geringe Aktivität an und treten sowohl beim Schlaf (leichter Slow-Wave-Sleep und REM-Schlaf) als auch beim Übergang zwischen Wachsein und Schlaf (Schläfrigkeit) auf. Somit können Theta-Wellen als Unterscheidungskriterium zwischen Schlaf und Wachheit genutzt werden. Bei Kindern sind sie auch unter Normalbedingungen im EEG zu finden.

Thetaaktivität *(engl. theta activity)* EEG-Aktivität, die aus Theta-Wellen besteht (▶ Theta-Rhythmus).

Thiamin *(engl. thiamine)* Bei Thiamin handelt es sich um ein weißes, wasserlösliches und hitzeempfindliches Vitamin B1, das für die Kohlenhydratverwertung im Körper zuständig ist. Es ist in vielen Lebensmitteln enthalten und der Bedarf liegt bei ca. 1,2 mg/ Tag. Es wirkt bei der Erregungsübertragung zwischen Nerv und Muskel im peripheren Nervensystem und bei der Regeneration des Nervensystems bei Traumen und Erkrankungen. Kondition und Gedächtnis sind ebenfalls von Thiamin abhängig. Ein Thiamin-Mangel wirkt sich besonders auf Gehirn- und Nervenfunktionen aus, da diese auf Kohlenhydratenergie angewiesen sind.

Thigmotaxis *(engl. thigmotaxis)* Taxis meint gerichtete Orientierungsbewegungen von Organismen oder Fortpflanzungseinheiten (wie Spermien), die sich frei bewegen, entweder in Richtung auf eine Reizquelle hin oder von ihr weg. Als Thigmotaxis wird die durch Berührungs- oder Tastreize ausgelöste Orientierungsbewegung von Tieren bzw. frei lebenden Organismen bezeichnet.

Thrombose *(engl. thrombosis)* Bei einer Thrombose verschließt ein Blutgerinnsel (= Thrombus) teilweise oder ganz ein Blutgefäß. Am häufigsten tritt sie in den tiefen Becken- und Beinvenen auf, ist an oberflächlichen Venen (Krampfadern) aber meist harmlos. Thrombosen können entstehen, wenn der Blutfluss sich verlangsamt (z. B. bei langem Liegen nach einer Operation), eine Schädigung der Gefäßinnenwand vorliegt (z. B. durch Verletzungen oder Arteriosklerose) oder sich die Blutzusammensetzung ändert (z. B. durch eine Verringerung blutgerinnungshemmender Stoffe). Typische Symptome einer Thrombose sind (Druck)Schmerzen, Schweregefühl und Ödeme. Im Akutzustand werden blutgerinnungshemmende Medikamente gegeben, der Thrombos operativ entfernt oder das betroffene Gefäß künstlich erweitert oder überbrückt (Bypass). Löst sich der Thrombus in einer tiefen Vene, besteht die Gefahr einer Embolie. Bei einer arteriellen Thrombose kann es durch die Durchblutungsstörungen zu einem Herzinfarkt oder Schlaganfall kommen.

Thrombozyte *(eng. platelet)* Thrombozyten sind ein essenzieller Bestandteil des Blutes. Mit zweitausendstel Millimetern Größe sind sie die kleinsten der drei Arten von Blutkörperchen (neben den Erythrozyten und den Leukozyten) mit einem Anteil von etwa 10 % der zellulären Blutbestandteile. Thrombozyten werden im Knochenmark durch den Zerfall von Megakaryozyten (große Zellen) gebildet und sind verantwortlich für die Blutgerinnung, wenn es zu einer offenen Wunde kommt. Die Öffnung in der Haut wird mit sogenannten Fibrinogenfäden verschlossen, nachdem sich die Blutgefäße allgemein um die Verletzung zusammengezogen haben, um den Blutfluss zu verringern. Verklumpt eine große Anzahl von Thrombozyten innerhalb der Blutbahn zu einem Blutgerinnsel (Thrombus), kann es in der Folge der mangelnden Durchblutung zu einem Herzinfarkt kommen.

Thymoleptikum *(engl. thymolepticum)* ▸ Antidepressiva

Thymus *(engl. thymus)* Der Thymus ist ein primäres lymphatisches Organ und somit wichtiger Bestandteil des Immunsystems. Er liegt hinter dem Brustbein über dem Herzbeutel und ist zuständig für die Prägung der T-Lymphozyten des Immunsystems. T-Zellen »lernen« im Thymus körpereigene Zellen nur dann anzugreifen, wenn sie auf ihrer Oberfläche Virus- oder Tumorproteine zusammen mit einem MHC-Protein präsentieren. Zudem produziert der Thymus bestimmte Hormone, die die Reifung von Immunzellen in den Lymphknoten beeinflussen. Im Thymus findet die Ausbildung der Killerzellen, der Helferzellen, der Gedächtniszellen und der regulatorischen T-Zellen statt. Während der Jugend und des Erwachsenenalters bildet sich diese Drüse stark zurück.

Thyreotropin *(engl. thyroid-stimulating hormone)* Das Thyreotropin (TSH) ist ein Hormon des Hypophysenvorlappens und gehört mit einer Gesamtlänge von 201 Aminosäuren zur Gruppe der Proteinhormone. Die Aufgabe des Thyreotropins ist die Stimulation der Schilddrüse zur Ausschüttung der Schilddrüsenhormone Trijodthyronin (T3) und Thyroxin (T4). Außerdem fördert es die Umwandlung von T4 in das biologisch wirksamere T3. Die Ausschüttung des TSH wird einerseits durch die Produktion des Thyreotropin-releasing-Hormons (TRH) im Hypothalamus stimuliert, andererseits besteht ein negatives Feedback der Schilddrüsenhormone im Blut auf die Produktion des TSH. Fehlt TSH oder kann es nicht ausreichend produziert werden, schrumpft die Schilddrüse und verkümmert, was zu einer sekundären Schilddrüsenunterfunktion (hypophysäre Hypothyreose) führt. Aus übermäßiger Produktion von TSH im Hypophysenvorderlappen resultiert eine sekundäre Schilddrüsenüberfunktion (hypophysäre Hyperthyreose).

Thyreotropin-Releasing Hormon *(engl. thyrotropin-releasing-hormone)* Das Thyreotropin-Releasing Hormon (TRH) ist ein aus drei Aminosäuren bestehendes Releasinghormon des Hypothalamus, das die Produktion und Sekretion von Thyreotropin (TSH) aus dem Hypophysenvorderlappen steuert. Die Menge an TRH wird durch ein negatives Feedback der Hormone Trijodthyronin (T3) und Thyroxin (T4) reguliert. Bei Kälte und körperlicher Anstrengung kann dieses negative Feedback überwunden werden und eine erhöhte Freisetzung an TRH erfolgen.

Thyroxin *(engl. thyroxine)* Thyroxin (T4) ist ein Hormon der Schilddrüse und gehört zur Gruppe der Aminosäurenderivat-Hormone. Thyroxin stimuliert den Stoffwechsel im Körper und erhält wie T3 die Alarmbereitschaft und die Reflexe des Körpers aufrecht. Gebildet wird T4 vorrangig in der Schilddrüse, seine Synthese ist aber angewiesen auf die Verfügbarkeit von Jod. Kommt es zu einem Jodmangel, wird weniger T4 produziert, und es kann zu Kretinismus kommen. Dabei wird im sich entwickelnden Organismus das Gehirnwachstum gehemmt, Axone und Dendriten verkümmern, es resultiert eine mentale Retardierung.

Tiefendyslexie *(engl. visual dyslexia)* Dyslexien sind Lesestörungen, die ohne verminderte Intelligenz des Betroffenen auftreten. Zu den zentralen Dyslexien zählen die Oberflächendyslexie, die Tiefendyslexie und die direkte Dyslexie. Bei der Tiefendyslexie kommt es beim Lesen von Wörtern oft zu semantischen Fehlleistungen, d. h. ein visueller Stimulus wie »König« wird bedeutungsmäßig erfasst, jedoch nicht lautlich ähnlich, sondern z. B. als »Fürst« vorgelesen. Zudem treten häufig Lexikalisierungsfehler auf, während jedoch das verbale Benennen oder Schreiben des Begriffes bzw. das Lesen von Fremdwörtern und unregelmäßigen Wörtern keine Schwierigkeiten bereiten. Ursache dafür könnte die ausschließliche Verwendung des im Dreiroutenmodell beschriebenen semantisch-lexikalischen Weges sein.

Tiefenschmerz *(engl. deep pain)* Diffuser, als dumpf empfundener Schmerz in tieferen Strukturen wie Muskelgewebe, Knochen, Gelenken oder Bindegewebe, der auch in die Umgebung ausstrahlen kann.

Kopfschmerzen gehören bspw. zu den Tiefenschmerzen.

Tiefensensibilität *(engl. proprioception)* Fähigkeit der Wahrnehmung der Stellung, der passiven und aktiven Bewegung der Körperglieder und des Ausmaßes an Muskelkraft, das verwendet wird, um eine Bewegung auszuführen oder eine Gelenkstellung zu halten.

Tiefschlaf *(eng. delta sleep)* Nach dem Einschlafen wechseln sich in periodischen Abständen Schlafstadien ab, die in sogenannte nonREM- und REM-Schlafphasen eingeteilt werden. Von Tiefschlaf spricht man, wenn der Schlafende sich in der dritten oder vierten Schlafphase befindet. Diese zeichnen sich im EEG durch das Auftreten hochamplitudiger, niederfrequenter Wellen (Delta-Wellen) aus. In den Tiefschlafphasen 3 und 4 verlangsamen sich Atmung und Herzschlag, der Magen-Darm-Trakt ist während dieser Zeit sehr aktiv. Die erste Tiefschlafphase dauert etwa eine Stunde, dann folgt der REM-(Rapid Eye Movement)Schlaf. Während in der ersten Nachthälfte die Tiefschlafphasen dominieren, treten in der zweiten Nachthälfte zunehmend mehr REM-Schlafphasen auf.

Tiermodell *(engl. animal model)* Erkrankung eines Tieres, die der zu untersuchenden menschlichen Störung möglichst entspricht. Dieser Forschungsansatz soll Hinweise auf Ursachen, Verlauf und Behandlungsmöglichkeiten der jeweiligen Erkrankung bieten. Unter anderem in der Analyse von genetischen Einflüssen spielt das (isomorphe) Tiermodell eine große Rolle, da hier Gene gezielt manipuliert werden können (▶ Knockout-Mäuse) und daraufhin die Genexpression und -regulation untersucht werden kann. Die Übertragbarkeit so gewonnener Erkenntnisse auf den Menschen ist allerdings nicht uneingeschränkt möglich.

Tiermodell, homologes/isomorphes *(engl. homologous animal model)* Bei einem homologen Tiermodell handelt es sich um ein experimentelles Modell, bei dem die Krankheit des Tieres der Störung beim Menschen entspricht. Dies gilt auch für das isomorphe Tiermodell, nur dass hier die Krankheit beim Tier künstlich im Labor hervorgerufen wird.

Diese Tiermodelle dienen nicht nur der Vorhersage der Störung, sondern ebenso der Erforschung der zugrunde liegenden Mechanismen und Ursachen.

Timbre *(engl. timbre)* Das Timbre eines Tons beschreibt seine Klangfarbe. Damit ist die spezifische Mischung von Frequenzen, also das Zusammenspiel von Grund- und Obertönen (ganzzahlige Vielfache der Grundtöne) gemeint. Während die Frequenz die Tonhöhe und die Amplitude die Lautstärke bestimmen, lassen sich anhand ihres Timbres verschiedene Instrumente oder Stimmen unterscheiden.

Tinnitus *(engl. tinnitus)* Unter dem Begriff Tinnitus werden störende(s) Ohrgeräusche, -sausen oder -klingeln verstanden. Er bezeichnet einen medizinischen Zustand, in dem ein dauerhafter, nicht aus der Umwelt stammender Ton auf einem oder beiden Ohren gehört wird. Die Ursache von Tinnitus ist nicht vollständig geklärt. Aktuell gelten eine Reorganisation des auditorischen Kortex, ähnlich der des Phantomschmerzes, oder eine Veränderung der Spontanaktivität des auditorischen Kortex als Auslöser. Dieses Phänomen kann bspw. durch Erkrankungen des Innenohrs, akute Knalltraumata, chronische Lärmschädigungen oder Hörstürze hervorgerufen werden. Tinnitus führt häufig zu Folgeschäden wie Depressionen, Schlaf- und Konzentrationsstörungen. Bei akutem Tinnitus werden meist durchblutungsfördernde Infusionen oder eine hyperbare Sauerstofftherapie angewandt. Bei chronischem Tinnitus gilt eine Akzeptanz des Tinnitus als vorrangiges Therapieziel.

Tip link *(engl. tip link)* Kleine, drahtartige Strukturen an der Spitze der Stereozilien (Hörhaare) an den Haarzellen der Cochlea. Sie verbinden die einzelnen Stereozilien untereinander und sind an Ionenkanäle gekoppelt. Beim Hörvorgang werden die Hörhaare durch die Bewegung der Tektorialmembran im Innenohr in eine Richtung »abgeknickt«. Dadurch straffen sich die Tip links und die Ionenkanäle in den Stereozilien werden mechanisch geöffnet. Durch dieses Prinzip ist die Zelle sehr leistungsfähig, da Ionenkanäle mehrere tausend Mal pro Sekunde geöffnet und geschlossen werden können. Neben Kalium können allerdings auch Fremdstoffe (z. B. Antibiotika) eindringen, die zum Absterben der

Zelle und damit zum Verlust des Gehörs führen können.

T-Lymphozyt *(engl. T-lymphocyte, T-cell)* T-Lymphozyten (oder T-Zellen) sind Teil des zellulären Immunsystems und bilden zusammen mit den B-Zellen die Gruppe der Lymphozyten. Sie werden in Stammzellen des Knochenmarks gebildet und erhalten im Thymus ihre immunologische Spezifität. Die Zellen werden vom Blut und der Lymphflüssigkeit transportiert. An ihrer Oberfläche finden sich antigenspezifische Rezeptoren. Bei Kontakt mit einer Antigen-präsentierenden Zelle wird eine Vermehrung der entsprechenden T-Zelle und u. U. die Abtötung der gebundenen (Körper-)Zelle angeregt. Das Antigen wird nur gebunden, wenn es als Teil einer körpereigenen oder fremden Zelle zusammen mit einem MHC-Molekül erkannt wird. Nach Erstkontakt mit einem Antigen bildet die Zelle verschiedene Tochterzellen, welche entweder als Effektorzelle an der sofortigen Abwehr beteiligt sind oder als Gedächtniszellen bei erneutem Kontakt mit dem gleichen Antigen eine schnellere und intensivere Immunreaktion bedingen. Nach ihren Oberflächenmolekülen lassen sich die T-Lymphozyten in T-Helferzellen (CD4) und zytotoxische T-Zellen (CD8) unterscheiden.

TMS ▶ Magnetstimulation, transkranielle

Token-Test *(engl. token test)* Der Token-Test ist ein einfacher neuropsychologischer Test zur Überprüfung des Sprachverständnisses eines Patienten. Zwanzig verschiedene Plättchen (die Tokens) in unterschiedlichen Farben und Formen werden vor dem Patienten auf dem Tisch verteilt. Dem Patienten werden nun in Bezug auf die Tokens diverse Aufgaben mit ansteigendem Schwierigkeitsgrad verbal gestellt (etwa »Berühren Sie den weißen Kreis!«). Daraus, wie der Patient diese Aufgaben bewältigen kann, werden Rückschlüsse auf sein Sprachverständnis gezogen. Der Token-Test wird v. a. zur groben Abschätzung des Vorliegens einer Aphasie eingesetzt, die dann mit weiteren Tests genauer überprüft wird.

Toleranz, funktionelle *(engl. functional tolerance)* Drogentoleranz, bei der fortschreitende Behandlung mit einer bestimmten Droge immer geringere Effekte erzielt. Bei der funktionellen Toleranz zeigt das Zielgewebe selbst eine veränderte Sensitivität bezüglich der Droge. In der Neuropharmakologie ist die Regulation von Rezeptorproteinen (Veränderung der vorhandenen Rezeptoranzahl) eine wichtige Quelle der funktionellen Toleranz. Diese Rezeptorregulation verändert die neuronale Sensitivität in entgegengesetzter Richtung des Drogeneffektes. Setzt man sie wiederholt einer agonistischen Droge aus, regulieren Zielneuronen die Anzahl verfügbarer Rezeptoren, für die Droge herunter (Down-Regulation) und wirken so dem Drogeneffekt entgegen. Ist die Droge ein Antagonist, können die Zielneuronen stattdessen die Anzahl der Rezeptoren erhöhen (Up-Regulation).

Toleranz, metabolische *(engl. metabolic tolerance)* Drogentoleranz bedeutet, dass eine fortschreitende Einnahme einer bestimmten Droge weniger Effekte zur Folge hat. Einige Drogen verursachen metabolische Toleranz, bei der das organische Stoffwechselsystem des Körpers (z. B. die Leber) die Droge zunehmend effektiver eliminiert, bevor diese das Gehirn oder andere Zielgewebe beeinflussen kann. Alternativ kann das Zielgewebe selbst veränderte Sensitivität bezüglich der Droge zeigen (▶ Toleranz, funktionelle).

Tonotopie *(engl. tonotopic organization)* Tonotopie bezeichnet das Prinzip, nachdem das auditorische System auf jeder Ebene, von der Basilarmembran (Lamina basilaris) bis hin zum Kortex, systematisch nach Frequenzen organisiert ist. Frequenzinformationen eines Reizes werden so direkt in Ortsinformationen umgewandelt.

totipotent *(engl. totipotent)* Zellen bezeichnet man als totipotent, wenn sich aus ihnen ein vollständiger Organismus inklusive aller während der Entwicklung gebildeter extraembryonaler Strukturen entwickeln kann. Beim Menschen weisen die Zellen des 4-Zellstadiums diese Eigenschaften auf. Aus ihnen kann sich neben den Körperzellen auch extraembryonales Gewebe (Plazenta) entwickeln. Im Vergleich dazu können sich aus pluripotenten Zellen, die sich in der Blastozyste finden, nur Körperzellen entwickeln, die Plazenta selbst kann aus diesen aber nicht gebildet werden.

Tourette-Syndrom *(engl. Tourette's syndrome)* Diese seltene Erkrankung wurde nach George Gilles de la Tourette benannt, einem französischen Arzt, welcher die Symptome im 19. Jahrhundert als erstes beschrieb. Sie zeichnet sich durch eine gestörte Bewegungskontrolle und -koordination aus. Symptome sind körperliche Tics (Zuckungen und seltsame Bewegungen) und/oder das Ausstoßen von Geräuschen, obszönen Worten oder Tierlauten. Zusätzlich scheint eine hohe Empfindlichkeit für Außenreize vorzuliegen. Die Erkrankung manifestiert sich früh im Leben und hält ohne Behandlung ein Leben lang an. Über die Ätiologie ist noch nicht viel bekannt, jedoch zeigen sich bei den Betroffenen Veränderungen in den Basalganglien sowie im dopaminergen System. Auch genetische Einflüsse werden diskutiert.

Tractus *(engl. tract)* Tractus ist eine viele Nervenfasern enthaltende Bahn. Meist lassen sich aus dem Beinamen der Ursprungsort und das Zielgebiet ableiten.

Tractus corticobulbaris *(engl. corticobulbar tract)* Der Tractus corticobulbaris ermöglicht durch seine Verbindung zum Hirnstamm die kortikale Kontrolle der motorischen Hirnnervenkerne. Zu den im Hirnstamm liegenden Kerngebieten der Kopf- und Halsmuskulatur zählen u. a. der N. trochlearis, der N. trigemini, der N. facialis und der N. hypoglossus. Diese Kerngebiete enthalten Motoneurone, die die gemeinsame motorische Endstrecke zur Muskulatur bilden und werden vom Kortex über den Tractus corticonuclearis kontrolliert.

Tractus corticobulbospinalis *(engl. corticobulbospinal tract)* Der Tractus corticobulbospinalis ist der indirekte Teil der ventromedialen motorischen Bahn. Er beginnt im motorischen Kortex und steigt dann über den Hirnstamm zum Rückenmark ab. Diese Bahn hat zwei Besonderheiten. Zum einen projiziert sie auf vier Strukturen des Hirnstammes: das Tectum, die Formatio reticularis, den Vestibularkern und die motorischen Hirnnervenkerne der Gesichtsmuskeln. Zum anderen verläuft sie ab dem Hirnstamm bilateral im ventromedialen Rückenmark. Von dort aus gibt es Verschaltungen zu den nahe gelegenen Muskeln der Gliedmaßen und des Rumpfes.

Tractus corticospinalis *(engl. corticospinal tract; Syn. Pyramidenbahn)* Der Tractus corticospinalis bildet die größten der motorisch absteigenden Bahnen und innerviert die Alpha-Motoneurone, v. a. der distalen Extremitätsmuskeln. Seinen Ursprung nimmt er vom Motorkortex (BA 4), den Brodmannschen Arealen 6 und 8 (willkürliche Augenbewegungen) und den primären und sekundären somatosensiblen Arealen des Parietallappens und verläuft als Tractus corticospinalis durch die Capsula interna und den Hirnstamm. Der Tractus corticospinalis endet in der Medulla oblongata, wo er eine ventral sichtbare Wölbung – die sog. Pyramide – bildet.

Tractus corticospinalis anterior *(engl. anterior corticospinal tract)* Ungekreuzte Fasern (10–30 %) der Pyramidenbahn verlaufen als Tractus corticospinalis anterior medial neben der Fissura longitudinalis, anterior nach kaudal und enden auf Höhe des Zervikalmarks, um danach zu kreuzen. Sie tragen hauptsächlich zur Innervation der Feinmotorik und zur Hemmung propriospinaler Aktivität und Verbindungen bei wie z. B. primitiver Fremdreflexe (Babinski-Reflex u.a.).

Tractus corticospinalis lateralis *(engl. lateral corticospinal tract)* Unterhalb der Pyramide kreuzen 70–90 % der Fasern auf die kontralaterale Seite und bilden den Tractus corticospinalis lateralis. Sie enden am Vorderhorn des Rückenmarks und bilden Synapsen über Interneurone mit Motoneuronen der motorischen Spinalnerven.

Tractus corticospinalis ventralis *(engl. ventral cerebrospinal tract)* Der Tractus corticospinalis ventralis enthält motorische absteigende Bahnen, die aus Axonen von Neuronen des primären motorischen Kortex, aber auch des Parietal- und Temporallappens, gebildet werden. Im Gegensatz zum Tractus corticospinalis lateralis kreuzen die Fasern des Tractus corticospinalis ventralis nicht in der Medulla oblongata, sondern steigen ventral im ipsilateralen Rückenmark ab. Die Fasern enden an Alpha-Motoneuronen des Rückenmarks, welche v. a. die Oberschenkel- und Rumpfmuskulatur innervieren.

Tractus lemniscus lateralis ▶ Lemnicus lateralis

Tractus lemniscus medialis ► Lemnicus medialis

Tractus perforans *(engl. perforant tract)* Axonenbündel im medialen Temporallappen, deren Neurone v. a. in Schicht II und III des entorhinalen Kortex liegen und in die Körnerzellen des Gyrus dentatus der Hippocampusformation projizieren. Auf seinem Weg durchdringt der Tractus perforans das Subiculum, woraus sein Name abgeleitet wird. Der Hippocampus erhält einen Großteil der Informationen über diese Bahn.

Tractus reticulospinalis *(engl. reticulospinal tract)* Faserbündel, welches seinen Ursprung in der Formatio reticularis hat und dann in der weißen Substanz, im Vorderstrang des Rückenmarks, zu den Vorderhornzellen zieht, um hier Signale an Motoneurone der Skelettmuskulatur weiterzuleiten. Anatomisch gesehen gehört der Tractus reticulospinalis zur extrapyramidalen Bahn und verläuft im Rückenmark beidseitig. Die Signale, die über dieses Faserbündel vermittelt werden, dienen der Aufrechterhaltung von Körperspannung und sind an statischen Reflexen beteiligt.

Tractus rubrospinalis *(engl. rubrospinal tract)* Als Teil der extrapyramidalen Bahnen nimmt der Tractus rubrospinalis seinen Ursprung im Nucleus ruber, kreuzt auf Höhe des Tegmentums und zieht ins Rückenmark nach kaudal, um im Vorderhorn zu enden, wo er exzitatorischen Einfluss auf die Motoneurone der Flexoren ausübt. Der Tractus rubrospinalis gilt als einziges extrapyramidales Faserbündel, das bevorzugten Einfluss auf die distale Extremitätsmuskulatur ausübt. Es ist beim Menschen relativ schwach ausgebildet.

Tractus tectospinalis *(engl. tectospinal tract)* Faserbündel, welches aus dem Mittelhirndach entspringt. Der Tractus tectospinalis verläuft als absteigende Bahn am Vorderseitenstrang des Rückenmarks und verschaltet dort Signale auf Motoneurone. Er leitet Informationen weiter, die optisch oder akustisch aufgenommen wurden und der Realisierung von Fluchtreflexen dienen.

Tractus vestibulospinalis *(engl. vestibulospinal tract)* Faserbündel, welches dem Nucleus vestibularis entspringt und dann im Rückenmark im Vorderstrang zu den Vorderwurzelzellen zieht. Der Tractus vestibulospinalis gehört zur motorischen Bahn und dem extrapyramidalen System. Er verläuft im Rückenmark gekreuzt und gibt seine Signale an die Motoneuronen der Skelettmuskulatur weiter. Durch diese Verschaltung ist der Tractus vestibulospinalis an der Aufrechterhaltung der Körperspannung und der Extension von rumpfnahen Muskeln beteiligt.

Tranquilizer *(engl. tranquilizer)* Eine Medikamentengruppe mit beruhigender (sedativer), spannungslösender und schlaffördernder Wirkung wie z. B. Barbiturate und Benzodiazepine (u. a. Valium). Tranquilizer werden zur Behandlung von Angstzuständen und Panikattacken verabreicht, die Medikation wird aber im Laufe einer Psychotherapie gegen Angststörungen wieder abgesetzt. Neben legalen Tranquilizern existiert eine ganze Reihe an illegalen Substanzen, die ebenfalls sedierend wirken (v. a. Opioide). Alle Tranquilizer besitzen ein großes Abhängigkeitspotenzial.

Transfer-RNA *(engl. transfer ribonucleic acid)* Die Transfer-Ribonukleinsäure (tRNS) ist ein ca. 80 Nukleotid langes Molekül mit intramolekularen Basenpaarungen. Durch diese Paarungen entsteht eine komplexe Tertiärstruktur mit drei Schlaufen (Kleeblattstruktur). Eine der drei Schlaufen trägt ein Motiv aus drei Nukleotiden (Anticodon), welches komplementär zu einem entsprechenden Triplet der mRNS (Messenger-RNS; Codon) ist. Jede tRNS ist kovalent mit einer Aminosäure verbunden, wobei eine tRNS mit einem bestimmten Anticodon stets die gleiche Aminosäure zum Ribosom transportiert. Somit stellt die tRNS einen Kontakt zwischen der mRNS und den Aminosäu-ren her.

Transformation *(engl. transformation)* Umwandlung einer anhaltenden Depolarisation des Sensorpotenzials in Aktionspotenziale. Die Transformation findet im Anfangsabschnitt der Sensorzelle oder in einer Endigung der afferenten Nervenzelle, die mit der Sensorzelle synaptischen Kontakt hält, statt.

Transgen *(engl. transgene)* Als Transgen bezeichnet man ein modifiziertes oder von einem anderen Organismus stammendes Gen, welches zusätzlich zum normalen Genom eines Organismus vorliegt. Organismen, die diese zusätzlich eingebrachten Gene stabil erhalten und dauerhaft an ihre Nachkommen weitergeben können, bezeichnet man als transgene Organismen.

Transkription *(engl. transcription)* Transkription ist der erste Prozess der Proteinbiosynthese, bei der spezifische Abschnitte der DNA zur Synthese der mRNS dienen. Bei diesem Vorgang werden die Nukleinbasen der DNS (Adenin, Thymin, Guanin, Zytosin) in Nukleinbasen der mRNS (Adenin, Uracil, Guanin, Zytosin) umgeschrieben. Während bei Prokaryoten die Transkription im Zytoplasma der Zelle stattfindet, erfolgt der Prozess bei Eukaryoten im Zellkern, bevor die mRNS für die Translation in das Zytoplasma transportiert wird. An der Promoterstelle, der Startstelle der Matrize der DNS für ein bestimmtes Gen, lagert sich auf beiden Strängen das Enzym RNS-Polymerase an. Im Bereich von 10 oder 11 Nukleotiden wird durch die Auflösung der Wasserstoffbrückenbindung die Doppelhelix der DNS entwunden. Am kodogenen Strang der DNS, in 3'-5'-Richtung, lagern sich durch Basenpaarung komplementäre mRNS-Nukleotide an. Durch eine esterartige Bindung zwischen der Phosphorsäure und der Ribose werden diese Nukleotide miteinander verknüpft. Die RNS-Polymerase erkennt die Stopp-Sequenz, den Terminator, auf der Matrize und dort endet die Transkription. Die Wasserstoffbrückenbindungen zwischen den Nukleinbasen der DNS-Stränge bilden sich wieder aus und die Form der Doppelhelix wird wieder hergestellt. Bei Prokaryoten fangen noch im Transkriptionsprozess Ribosomen an der einsträngigen mRNS mit dem Translationsvorgang an. Bei Eukaryoten gelangt die durch die Transkription entstanden prä-mRNS noch nicht direkt zu den Ribosomen, sondern wird durch *Splicing*, *Capping* und Anlagerung eines Poly-A-Strangs noch modifiziert. Dann gelangt die reife mRNA durch eine Kernpore in das Zytoplasma, um mit dem Ribosom in Interaktion zu treten.

transkutan *(engl. transcutaneous)* Transkutan bezeichnet den Transport durch den inneren Teil der Haut, durch die unter der Epidermis liegende Dermis. Der Begriff wird in der Medizin im Zusammenhang mit Verfahren verwendet, die nichtinvasiv (ohne Verletzung der Haut) Messwerte aus dem Körperinneren liefern (z. B. die transkutane Blutgasanalyse). Hauptanwendungsbereich sind Pflastersysteme – je nach Wirkstoff und angestrebten Eigenschaften unterschiedlich aufgebaut – zum Wirkstofftransport durch die Haut. Auch Kanülen werden fast ausnahmslos transkutan eingestochen.

Translation *(engl. translation)* Die Translation ist der Vorgang, bei dem aus der Nukleotidabfolge der Messenger-RNS (mRNS) ein Primärprotein hergestellt wird. Die Translation stellt den letzten Schritt der Proteinbiosynthese dar und läuft an den Ribosomen ab. Die in der Transkription entstandene mRNS wird bei Eukaryoten aus dem Zellkern hinaus in das Zytoplasma transportiert und gelangt an die freien Ribosomen oder an die Ribosomen des rauen endoplasmatischen Retikulums (raues ER). Je drei aufeinander folgende Nukleotide der mRNS, ein Triplet, entsprechen einer bestimmten Aminosäure und die Abfolge dieser Aminosäuren ist für verschiedene Proteine spezifisch. Die Transporter-RNS (tRNS) bindet mit Hilfe von Aminoacyl-tRNS-Syntheasen die im Zytoplasma befindlichen Ami-nosäuren an eine spezifische Basensequenz (Anti-kodon) und transportiert die verschiedenen Aminosäuren zu den Ribosomen. Die Peptidyl-Transferase-Aktivität des Ribosoms überträgt nun die angelieferte Aminosäure an die sich bildende Peptidkette. Der Beginn der Polypeptidsynthese findet am Start-Codon mit der Aminosäure Methionin statt, die am Ende des Vorgangs wieder abgespalten wird. Nun lagert sich die nächste passende tRNS an und eine neue Aminosäure wird gebunden. So bildet sich Schritt für Schritt eine Polypeptidkette. Das Ribosom wandert dabei immer um genau ein Triplet auf der mRNS in 5'-3'-Richtung weiter. Dies geschieht solange, bis die Informationen der mRNS vollständig ausgelesen sind, d. h. bis zum sog. Stopp-Codon, an dem es keine komplementäre tRNS gibt. So entsteht ein Polypeptid in Primärstruktur. Dieses neu gebildete Protein löst sich endgültig vom Ribosom ab und faltet sich zur Sekun-där- oder Tertiärstruktur. Oft liegen im Zytoplasma viele Ribosomen hintereinander, so dass das Eiweiß in kürzester Zeit mehrfach hergestellt werden kann.

Traum *(engl. dream)* Physiologisches Phänomen, das vorwiegend während Rapid-Eye-Movement-Phasen

(REM) des Schlafs auftritt. Da die Tätigkeit des Kortex während des Schlafs gedämpft wird, können Reize aus der Umgebung oder in der Person nicht adäquat und logisch, wie im Wachzustand, verarbeitet werden. Die Folge ist ein zumeist lebhaftes und emotionales Erleben im Schlaf. Nach dem Erwachen können diese Erlebnisse z. T. erinnert werden, d. h. es besteht ein Traumbewusstsein. Laut Psychoanalyse zeigen sich im Traum Phantasien und Wünsche, die der Person im Wachzustand nicht zugänglich sind. Die im Traum als Symbole verschlüsselten Wünsche können mittels Traumdeutung entschlüsselt und damit bewusst gemacht werden. Anders als im REM-Schlaf werden Träume in den Slow-Wave-Sleep-Phasen (SWS) häufig als »nachdenkende« oder »problembearbeitende« Träume ohne direkten Ich-Bezug beschrieben.

Trichromasie *(engl. trichromatopsia)* Trichromasie bezeichnet zum einen die trichromatische Theorie des Farbensehens bzw. Dreikomponententheorie (nach T. Young und H. v. Helmholtz). Dabei wird angenommen, dass drei unterschiedliche Rezeptortypen (Zapfenarten rot, grün, blau) mit unterschiedlichen spektralen Empfindlichkeiten im Auge vorkommen, die für die gesamte Farbwahrnehmung zuständig sind. Zum anderen bezeichnet Trichromasie die normale Farbsichtigkeit bzw. das Dreifarbensehen. Alle drei Grundspektralfarben (Rot, Grün, Blau) werden wahrgenommen und somit das ganze Farbspektrum, das aus einer Mischung dieser drei Farben besteht. Ist die Wahrnehmung einer der Grundfarben eingeschränkt, spricht man von einer anomalen Trichromasie bzw. einem gestörten Dreifarbensehen.

Trigeminusneuralgie *(engl. trigeminal neuralgia)* Bei einer Trigeminusneuralgie handelt es sich um wiederkehrende Schmerzattacken im Bereich der Äste des N. trigeminus (meist an Wange, Oberlippe und Kinn). Die Ursache hierfür ist bisher unklar. Auslöser solcher Schmerzattacken sind sogenannte Trigger-Reize wie Hitze, Kälte oder Berührung. Die Schmerzattacken setzen blitzartig als brennender und heftiger Schmerz ein und können ausschließlich durch die Gabe von Analgetika (schmerzstillende Mittel) gemildert werden.

Triglyzerid *(engl. triglyceride)* Triglyzerid stellt den bedeutsamsten Energiespeicher der Zelle dar. Diese chemische Verbindung besteht aus einem Molekül Glyzerin und drei Fettsäuren. Das Langzeitfettreservoir ist mit Triglyzeriden angefüllt, welches das Überleben, z. B. beim Fasten, sichern. Wenn auf dieses Reservoir zurückgegriffen werden muss, werden die Triglyzeride in Glyzerin und Fettsäuren aufgespalten. Dabei können die Fettsäuren von den meisten Körperzellen direkt verstoffwechselt werden. Für die Zellen des Gehirns muss die Leber Glyzerin jedoch erst in Glukose umwandeln.

Trijodthyronin *(engl. triiodothyronine)* Trijodthyronin (T3) ist ein Hormon der Schilddrüse, das zum Großteil außerhalb der Schilddrüse aus Thyroxin (T4) gebildet wird. Die Produktion von T3 ist stark Jod-abhängig. Es gehört zur Gruppe der Aminosäurenderivat-Hormone, verhält sich von der Wirkung her allerdings wie ein Steroidhormon. Im Blut ist das T3 zu über 99 % proteingebunden (Thyroxinbindendes Globulin), biologisch wirksam ist allerdings nur das freie T3 (fT3). T3 reguliert den Stoffwechsel und das Wachstum und wirkt auf das zentrale Nervensystem, indem es die Alarmbereitschaft und die Reflexe des Körpers erhält. Die Konzentration von T3 unterliegt tageszeitlichen Schwankungen. Fehlt es in der Entwicklungsphase an T3, kann es zum Krankheitsbild des Kretinismus kommen, bei dem das Gehirnwachstum gehemmt wird sowie Axone und Dendriten verkommen. Als Folge tritt eine mentale Retardierung ein.

Trinken, spontanes *(engl. spontaneous drinking)* Bezeichnet das Trinken ohne akuten Wassermangel.

Triplet *(engl. triplet)* Ein Triplet (Codon) ist die kleinste funktionelle Untereinheit der DNS und der RNS. Es bezeichnet einen Bereich von drei aufeinanderfolgenden Nukleotiden einer DNS oder RNS, der den Einbau einer spezifischen Aminosäure in das kodierte Protein festlegt. Grundlage hiervon ist die Kodierung einer Aminosäure eines Proteins durch drei aufeinander folgende Nukleotide in der Sequenz des dazugehörigen Gens.

Trisomie 21 ▶ Down-Syndrom

Tritanopie *(engl. tritanopia; Syn. Blaublindheit)* Genetisch bedingter Defekt des Farbsehens. Betroffene sind nicht in der Lage die Farbe Blau zu sehen, da ihre Retina keine Blau-Zapfen besitzt. Stattdessen nehmen sie die Umwelt in Grün und Rot war. Die Sehschärfe der Betroffenen verschlechtert sich durch Tritanopie nicht. Die Störung wird im Gegensatz zur Protanopie und Deuteranopie nicht X-chromosal vererbt, daher kommt sie bei beiden Geschlechtern gleich häufig vor.

Trommelfell (*engl. eardrum*) Das Trommelfell ist eine bewegliche Membran aus Bindegewebe am Ende des Gehörgangs und grenzt das Mittelohr, d. h. die Paukenhöhle, gegen den äußeren Gehörgang ab. Durch Schallwellen wird es in Schwingungen versetzt, diese Schwingungen vom Außenohr sind Grundlage für Hörempfindungen. Das Trommelfell ist aus mehreren Gewebsschichten aufgebaut: dem einschichtigem Plattenepithel des äußeren Gehörgangs, der Bindegewebsschicht mit radiär sowie zirkulär verlaufenden Fasern und dem einschichtigem Epithelgewebe der Paukenhöhle. Das Trommelfell besitzt eine runde bis längsovale Form und ist in Relation zum äußeren Gehörgang leicht schräg gestellt. Bei einer Beschädigung wird das Hörvermögen beeinträchtigt und das Mittelohr verliert seinen Schutz, da das Trommelfell das Eindringen von Schmutz und Krankheitserregern verhindert.

trophotrop (*engl. trophotrop*) Trophotrop bedeutet die Ernährung, Ernährungsweise oder Nährstoffe betreffend.

Truncus sympathicus (*engl. sympathic trunk*) Paarig angelegte, segmentale Ganglienkette des Sympathikus (Grenzstrang), die sich bei den meisten Wirbeltieren rechts und links der Wirbelsäule befindet. Die autonomen Grenzstrangganglien sind untereinander verbunden, dadurch können Erregungen auch höher oder tiefer gelegene Segmente erreichen. Die sympathischen präganglionären Fasern ziehen als Ramus communicans albus zu einem Ganglion des Grenzstranges, dort werden sie auf ein zweites Neuron umgeschaltet. Dessen Nervenzellfortsatz zieht dann zu den Blutgefäßen, zum Herzen, zu den Bronchien, Speicheldrüsen und zum Auge. Die umgeschalteten Fasern kehren als Ramus communicans griseus zum Spinalnerv zurück und ziehen mit diesem zu den entsprechenden Organen. Eine Ausnahme bilden die

sympathischen Nerven, die die Organe des Bauchraums versorgen, sie schalten erst in einem dem Organ nahe liegenden Nervengeflecht um. Diese den Grenzstrang als präganglionäre Fasern verlassende Nerven werden als Nervi splanchnici bezeichnet.

TSH ▶ Thyreotropin

Tuba eustachii ▶ Röhre, eustachische

Tuberculum olfactorium (*engl. olfactory tubercle*) Teil der Riechbahn, der das Gebiet zwischen den beiden Schenkeln des olfaktorischen Trakts an der Hirnbasis markiert. Er wird von zahlreichen kleinen Blutgefäßen durchstoßen und enthält viele kleine Nervenzellenhaufen (Calleja-Inseln).

Tumor (*engl. tumor*) Zellwucherung, also eine Zellanhäufung, die unkontrolliert wächst. Tumore können im gesamten Körper auftreten.

Tumor, abgekapselter (*engl. encapsulated tumor*) Abgekapselte Tumoren gehören zu den benignen (gutartigen) Tumoren. Diese wachsen langsam und örtlich begrenzt und sind vom umgebenden Gewebe abgegrenzt. Sie können sich z. T. von selbst zurückbilden, aufhören zu wachsen oder aber Vorboten für einen malignen (bösartigen) Tumor sein. Diese Art von Tumoren ist leicht operabel und hat eine eher günstige Prognose.

Tumor, benigner (*engl. benign tumor*) Benigne (gutartige) Tumoren unterscheiden sich von malignen (bösartigen) Tumoren insbesondere in folgenden Punkten: benigne Tumoren wachsen meist langsam, expansiv und erweisen sich als gut abgrenzbar zu gesundem Gewebe. Das umliegende gesunde Gewebe wird verdrängt und zur Seite verschoben, der benigne Tumor wächst aber nicht in das Gewebe hinein. Benigne Tumoren entwickeln keine Metastasen und zeigen nur geringe Auswirkungen auf den Gesamtorganismus. Die eigentliche Funktion des Gewebes, in dem sich der Tumor befindet, bleibt erhalten. Der benigne Tumor lässt sich, je nach Lokalisation, durch eine Operation entfernen; der Patient erhält in der Regel eine gute Gesamtprognose. Lebensbedrohlich werden benigne Tumoren erst bei einer ungünstigen Lokalisation.

Tumor, infiltrierend wachsender *(engl. infiltrating tumor)* Infiltrierend wachsende Tumoren gehören zu den malignen (bösartigen) Tumoren. Dabei überschreiten Krebszellen die Gewebsgrenzen und wachsen in benachbartes Gewebe ein. Vollständige Operationen dieser Art von Tumoren sind schwierig durchzuführen und Patienten erhalten meist eine eher schlechte Prognose. Maligne Tumoren sind zu unterteilen in infiltrierende, destruierende und metastasierende Formen.

Tumor, maligner *(engl. malignant tumor)* Ein maligner (bösartiger) Tumor wächst invasiv und infiltrierend, d. h. er wächst sehr schnell, weist eine hohe Zellteilungsrate auf und ist zum Nachbargewebe kaum bis gar nicht abgrenzbar. Er bricht in das Nachbargewebe bzw. die Nachbarorgane ein, verwächst mit ihnen und zerstört sie. Die Funktionen des zerstörten Gewebes können nicht aufrechterhalten werden. Der maligne Tumor streut schnell und auf unterschiedlichem Weg seine Tochtergeschwülste (Metastasen). Maligne Tumore sind für Patienten lebensbedrohlich und nur durch rasche und konsequente Therapie heilbar.

Tumor, metastasierender *(engl. metastizing tumor)* Metastasen (Tochtergeschwülste) können bei einem malignen (bösartigen) Tumor auftreten. Dabei werden die Tumorzellen über die Lymphbahnen oder über die Blutgefäße an andere Stellen des Körpers transportiert, siedeln sich dort an und bilden neue Geschwülste, die durch ein eigenes Gefäßsystem versorgt werden. Je nach Lokalisation des Primärtumors zeigen sich typische Metastasierungsmuster, die durch den Anschluss an das Lymph- und Blutsystem und den jeweiligen Transportweg der Tumorzellen gekennzeichnet sind. So streuen Mammakarzinome (Brustkrebs) bevorzugt in Knochen, Leber, Gehirn und Lunge, während das maligne Melanom bevorzugt in Leber, Gehirn und Darm streut.

Turner-Syndrom *(engl. Turner's syndrome)* Genetische Anomalie, die nur beim genetisch weiblichen Geschlecht auftritt. Betroffene besitzen nur ein X-Chromosom (X0 statt XX). Das vorhandene X-Chromosom stammt meist von der Mutter, so dass die Ursache der Störung im väterlichen Spermium zu liegen scheint. Durch das fehlende X-Chromo-som bilden sich aus den Gonaden keine Ovarien (Eierstöcke), daraus resultiert eine Amenorrhoe (Ausbleiben der Regel) und Infertilität (Unfruchtbarkeit). Während der IQ meist im Normbereich liegt, können sich schon beim Neugeborenen körperliche Auffälligkeiten wie z. B. Minderwuchs, kurzer Hals, Hand- und Fußrückenödeme und evtl. Fehlbildungen innerer Organe zeigen.

T-Zelle ▶ T-Lymphozyt

U

Übereinstimmungstest (*engl. matching-to-sample test*) Neuropsychologisches Verfahren zum Testen von Gedächtnisdefiziten. Dabei bekommt der Proband ein Objekt dargeboten, welches z. B. figural sein kann. Anschließend wird dem Probanden eine Reihe von verschiedenen Objekten vorgegeben und er soll das vorher Gesehene erkennen. Die Zeit zwischen der Darbietung des Objektes und dem Wiedererkennen kann dabei variieren (▶ Mustervergleich mit Verzögerung). Dieses Verfahren gibt es auch als non-matching-Variante, dabei muss das nicht gezeigte Objekt ausgewählt werden. Dieses Paradigma wird unter Zuhilfenahme von Gegenständen oft in der Gedächtnisforschung von Primaten eingesetzt.

Übersensibilität (*eng. hypersensibility*) Über- oder Hochsensibilität ist eine stark gesteigerte Wahrnehmungsfähigkeit. Diese angeborene Eigenschaft beschränkt sich nicht auf eine spezielle Sinneswahrnehmung, sondern kann in verschiedenen Ausprägungen und Stärken auftreten. Dabei ist die Verarbeitung der wahrgenommenen Reize, meist eines speziellen Sinnes, verstärkt, so dass detaillierter und genauer wahrgenommen wird. Übersensibilität kann aber auch zur Überlastung in besonders reizreichen Umgebungen führen (Reizüberflutung); in besonders ausgeprägten Fällen führt dies zu einer Isolation der betroffenen Person.

UCP ▶ Entkopplungsprotein

Uhr, innere (*engl. endogenous clock*) Die innere Uhr regelt zahlreiche physiologische, psychologische und behaviorale Prozesse, die sich ungefähr alle 24 Stunden wiederholen (Körpertemperaturschwankung, Hormonausschüttung, Aufmerksamkeit, Schlaf-Wach-Rhythmus etc.). Curt Richter hat in den 1960er Jahren erkannt, dass Neurone im Hypothalamus für diese biologischen Rhythmen verantwortlich sein müssen. In der Folgezeit wurde der Nucleus suprachiasmaticus (SCN) des Hypothalamus unstrittig als Sitz der inneren Uhr entdeckt. Von den zahlreichen Proteinen, die an der zirkadianen Regulation beteiligt sind, kommt den beiden Eiweißen Clock und Cycle besondere Bedeutung zu. Sie bilden ein Dimer, das im Zellkern der SCN Neurone die Transkription der Gene Per und Cry anregt. Die nach Translation gebildeten Eiweiße Period und Cryptochrom verbinden sich im Zellplasm mit dem Protein Tau zu einem Trimer; dieser Komplex wandert nun in den Zellkern und verhindert die durch Clock und Cycle induzierte Transkription. Nach metabolischem Zerfall des Per/Cry/Tau-Komplexes innerhalb von ca. 24 Stunden kann dieser Kreislauf erneut beginnen. Der wichtigste Zeitgeber zur Anpassung der inneren Uhr an die tatsächliche Uhrzeit der aktuellen Umgebung ist Licht.

Ulcus (*engl. ulcer*) Zerstörung von Gewebe der Haut und/oder der Schleimhaut. Liegt eine entzündliche Schädigung in der Magenwand vor, so spricht man von Ulcus ventriculi (Magengeschwür). Beim Ulcus duodeni befindet sich die Zerstörung in der Wand des Zwölffingerdarms (Duodenum). Die Ursache für einen Ulcus liegt in einem Ungleichgewicht zwischen den Schleimhaut schützenden (wie Schleim) und angreifenden Faktoren (wie Magensäure). Infektionen mit Bakterien (Heliobacter pylori), Medikamente, Nikotin, Alkohol, Stressbelastungen, vermehrte/verminderte Säure des Magensaftes oder Motilitätsstörungen können die Entstehung eines Ulcus begünstigen. Spontanheilungen, unterstützt durch Vermeidung von Alkohol oder diätetische Maßnahmen, sind bei einem Ulcus möglich. In schweren Fällen ist eine medikamentöse Behandlung erfolgreich, bei chronisch rezidivierendem Verlauf sind auch verhaltenstherapeutische Maßnahmen mit psychotherapeutischen Elementen effektiv.

ultradian ▶ Rhythmen, ultradiane

Umami *(engl. umami)* Japanische Forscher entdeckten, dass Menschen neben den vier Grundgeschmacksqualitäten süß, bitter, salzig und sauer auch eine fünfte wahrnehmen: umami, was übersetzt »guter Geschmack« oder »fleischig« bedeutet. Der Geschmacksforscher Kikunae Ikeda untersuchte diese Geschmacksqualität und fand heraus, dass sie durch Glutamat herbeigeführt wird, welches ein Bestandteil vieler Nahrungsmittel ist. Besonders hohe Glutamatkonzentrationen findet man in reifen Tomaten, Käse, Fleisch sowie in der menschlichen Muttermilch. Der angenehme Umami-Geschmack signalisiert eiweiß- und fettreiche Nahrung. Die Geschmacksqualität wird über einen spezifischen Rezeptorkomplex (T1R1-T1R3 Heterodimer) detektiert.

Undichtes-Fass-Modell *(engl. leaky barrel model)* Eine von J. Pinel herangezogene Analogie zur Erklärung der Bezugspunkttheorie der Gewichtsregulation. Danach ist der Körper ein undichtes Wasserfass, welches auf dem Zulaufschlauch steht. Das Model enthält folgende Faktoren: (1) Wasser im Schlauch = verfügbare Nahrungsmenge, (2) Wasserdruck = Anreiz der Nahrung, (3) einfließende Wassermenge = aufgenommene Energiemenge, (4) Wasserspiegel = Körperfett, (5) auslaufendes Wasser = verbrauchte Energie, (6) Druck auf den Schlauch = Sättigungsgefühl. Es verdeutlich so, wie die gewichtsverändernden Faktoren zusammenwirken. Außerdem erklärt es, warum das Körpergewicht eines Erwachsenen nur solange stabil bleibt, wie es keine einschneidenden Veränderungen in den einzelnen Faktoren gibt (z. B. es läuft ständig mehr Wasser aus).

Unterschiedsschwelle *(engl. just-noticable difference)* Als Unterschiedsschwelle (JND) wird diejenige Differenz aus Standard- und Vergleichsreiz bezeichnet, welche die Versuchsperson in 50 % der Reizdarbietungen als unterschiedlich erkennt. Die JND gibt an, wie stark sich zwei Reize der gleichen Sinnesmodalität physikalisch unterscheiden müssen, damit sie von einer Versuchsperson gerade noch bzw. gerade schon als unterschiedlich identifiziert werden können. Diese aus der Psychophysik stammende Größe wurde zuerst von dem Physiologen und Anatom Ernst Heinrich Weber (1795–1878;) untersucht (► Webersches Gesetz). Man unterscheidet absolute und relative Unterschiedsschwellen.

Urämie *(engl. uraemia)* Vergiftungserscheinungen, die durch akutes Nierenversagen eintreten. Dabei werden Giftstoffe im Körper angereichert, so dass eine Vergiftung akut oder chronisch auftreten kann. Eine Urämie entsteht durch mangelnde Durchblutung der Niere, Vergiftungen, schlecht behandelten Bluthochdruck, wiederholt schwere Nierenentzündungen, Zysten innerhalb der Nieren oder durch Nierenschäden, die durch bestimmte Schmerzmittel verursacht werden. Die Symptomatik ist äußerst umfangreich und reicht von Problemen des MagenDarm-Traktes, Erbrechen und Bluthochdruck über neurologische Störungen und Müdigkeit bis hin zu Krampfanfällen, Bewusstlosigkeit und zu verminderter Harnausscheidung. Behandelt wird eine Urämie durch Dialyse (Blutwäsche), strenge Diät, wassertreibende Medikamente, die Behandlung von Bluthochdruck und einer bilanzierten Flüssigkeitsaufnahme.

Uterus *(engl. uterus)* Der Uterus (Gebärmutter) ist das weibliche Geschlechtsorgan, in dem die befruchtete Eizelle vor der Geburt zu einem Embryo heranreift. Der Uterus besteht aus dem oberhalb gelegenen Uteruskörper und dem unterhalb gelegenen Gebärmutterhals, welcher mit der Vagina verbunden ist. Die Öffnung zur Vagina hin bezeichnet man als Gebärmuttermund. Der Uteruskörper hat zwei seitliche Ausläufer, die Eileiter. Die Gebärmutter einer erwachsenen Frau ist etwa 5–10 cm groß, dehnt sich während der Schwangerschaft stark aus und schrumpft nach der Entbindung wieder zusammen. Der Auf und Abbau der Gebärmutterschleimhaut wird im monatlichen Zyklus hormonell gesteuert. Bei einer Befruchtung wächst die Gebärmutterschleimhaut und stellt somit die Versorgung des heranwachsenden Embryos sicher. Nach der Geburt wird die Schleimhaut mit Plazenta als Nachgeburt ausgestoßen.

Utriculus *(engl. utricle)* Der Utriculus liegt im Innenohr und ist neben den drei Bogengängen und dem Sacculus Teil des Gleichgewichtsorgans (Vestibularorgan). Zusammen mit dem Sacculus erfasst er die lineare Beschleunigung (Translationsbeschleunigung) des Körpers im Raum, wobei der Utriculus auf die horizontale Beschleunigungen anspricht. In Utriculus und Sacculus befinden sich die Sinneszellen für die translatorischen Bewegungen, die Macula utriculi bzw. Macula sacculi genannt werden. Insgesamt gibt es vier Makulaorgane, d. h. je zwei Maculae sacculi und utriculi in jedem Innenohr. Am Utriculus, einem ovalen Säckchen, beginnen und enden die häutigen Bogengänge. Innerviert wird der Utriculus durch den Nervus utricularis. Das Sinnesfeld des Utriculus besitzt ungefähr eine Grösse von 2–3 mm^2 und steht horizontal zur Körperachse.

V

Vagotonie *(engl. vagotony)* Mit Vagotonie ist ein klinisches Syndrom gemeint, bei dem sich das Gleichgewicht des vegetativen Nervensystems zwischen Sympathikus und Parasympathikus in Richtung einer erhöhten Erregbarkeit bzw. Aktivität des Parasympathikus verschiebt. Dies kann zu Hypotonie (zu niedriger Blutdruck), Bradykardie (verlangsamte Herzfrequenz) und Miosis (Pupillenverengung) führen. Betroffene verspüren meist Antriebslosigkeit. Das Gegenteil der Vagotonie ist die Sympathikotonie.

Vagusnerv *(engl. vagal nerve)* Der Vagusnerv ist der zehnte (X.) Hirnnerv und gleichzeitig Teil des autonomen Nervensystems. Er tritt lateral hinter der Olive aus der Medulla oblongata aus dem zentralen Nervensystem. Er übernimmt generelle visceromotorische (parasympathische) Funktionen, spezielle visceromotorische Aufgaben für Schlund- und Kehlkopfmuskulatur, sensible Funktionen für Schlund, Kehlkopf und äußeren Gehörgang, sensorisch-gustatorische Funktionen für einige Geschmacksknospen auf der Epiglottis sowie viscerosensible Funktionen für die inneren Organe des Bauch- und Brustbereichs.

Vandenbergh-Effekt *(engl. Vandenbergh's effect)* Der Vandenbergh-Effekt (benannt nach Vandenbergh, Whitstt & Lombardi, 1975) beschreibt die Tatsache, dass bei weiblichen Tieren, die mit männlichen Tieren zusammenleben, die Fortpflanzungsfähigkeit früher einsetzt als bei anderen Weibchen (frühere Pubertät). Dies liegt an den im Urin gesunder fortpflanzungsfähiger Männchen enthaltenden Pheromonen. Dieser Effekt wurde zuerst bei Ratten nachgewiesen.

Varianz *(engl. variance)* Ein Begriff aus der Statistik, der das Maß der Streuung einer Zufallsgröße bezeichnet. Er gibt die Abweichung einer Zufallsvariable von ihrem Erwartungswert an. Varianz bezeichnet im biologischen Sinne die Vielfältigkeit in Genotyp und Phänotyp der Individuen einer Population.

Vasoaktives intestinales Peptid *(engl. vasoactive intestinal peptide)* Das Vasoaktive intestinale Peptid (VIP) ist ein Neuropeptid und wird im Zwölffingerdarm gebildet. Es wirkt v. a. als Neurotransmitter und Neuromodulator in den Neuronen des zentralen Nervensystems und in parasympathischen Nervenfasern. Es hat entzündungshemmende Wirkung, erweitert die Atemwege und die Lungengefäße und hemmt die Blutgerinnung. Des Weiteren führt VIP zu einer Erschlaffung der glatten Muskulatur in Magen, Darm, Trachea und Bronchien sowie der Blutgefäße, steigert die Sekretion von Bikarbonaten in Darm, Pankreas und Leber und hemmt die Magensäure-Sekretion.

Vasodilatation *(engl. vasodilation)* Vasodilatation ist die Bezeichnung für die Erweiterung der Blutgefäße als Gegenteil der Vasokonstriktion (Gefäßverengung). Zur Vasodilatation kommt es einerseits durch erhöhte Aktivität, z. B. beim Sport, wenn der Sauerstoffbedarf der Zellen steigt und durch gesteigerten Blutfluss die Versorgung gesichert wird und andererseits durch die Erschlaffung der Gewebsmuskulatur. Vasodilatation ist eine Maßnahme zur Senkung der Körpertemperatur.

Vasokongestion *(engl. vasocongestion)* Vasokongestion meint die Zunahme der Blutmenge in bestimmten Körpergebieten. Dabei ist der Blutfluss ins Gewebe schneller als der Rückfluss. Durch Vasokongestion kommt es beispielsweise beim Mann zur Erektion.

Vasokonstriktion *(engl. vasoconstriction)* Vasokonstriktion bedeutet Gefäßverengung, die durch das Zusammenziehen der Gefäßwandmuskulatur v. a. in den Arteriolen bedingt ist. Dadurch erhöhen sich der Gefäßwiderstand und somit auch der Blutdruck. Dies ist eine typische Reaktion in Flucht-, Kampf- und anderen Situationen und tritt auch bei Senkung der Körpertemperatur auf. Das Gegenteil von Vasokonstriktion ist die Vasodilatation (Gefäßerweiterung).

Vasopressin *(engl. vasopressin; Syn. Adiuretin, Antidiuretisches Hormon)* Vasopressin ist ein wichtiges Hormon zur Regulation des Wasserhaushaltes. Das aus neun Aminosäuren bestehende Peptid wird im Hypothalamus produziert, zum Hypophysenhinterlappen transportiert, dort gespeichert und bei Bedarf direkt in die Blutbahn abgegeben. Die Ausschüttung wird im Rahmen des osmoregulatorischen Systems gesteuert und die Sekretion durch Reduzierung des extrazellulären Flüssigkeitsvolumens stimuliert. Vasopressin wirkt auf zwei Wegen: Die antidiuretische Wirkung besteht in der Förderung der Wasserrückresorption in den distalen Tubuli sowie in den Sammelrohren der Niere. Dies erfolgt durch das Einbauen von Aquaporinen in die Membran von Sammelrohrzellen. Dadurch geht dem Körper möglichst wenig Wasser verloren. Die vasopressorische Wirkung hingegen verursacht eine Blutdruckerhöhung, da Vasopressin stark gefäßverengend wirkt. Der Ausfall der Vasopressin-Produktion führt zu starkem Wasserverlust, während eine Überproduktion eine verminderte Wasserausscheidung zur Folge hat. Vasopressin scheint darüber hinaus bedeutsame Wirkungen auf das zwischenmenschliche Bindungsverhalten zu haben.

Vater-Pacini-Lamellenkörperchen ▶ Pacini-Körperchen

vegetativ *(engl. vegetative)* In der Biologie meint vegetativ asexuell bzw. ungeschlechtlich (z. B. die Vermehrung bei Einzellern) oder auch »pflanzlich«, »Pflanzen betreffend«. In der Medizin bezeichnet es nicht willentlich steuerbare bzw. autonom ablaufende Prozesse (▶ Nervensystem, vegetatives).

Veitstanz ▶ Chorea Huntington

Vektor *(engl. vector)* In der Genetik sind Vektoren Transportsysteme, die fremde DNA in eine Zelle einschleusen und dort zur Entfaltung bringen. Als Vektoren dienen meist Plasmide, Cosmide (Cosmide sind Plasmide, in die etwa viermal längere Basen-

sequenzen eingebaut werden können), Viren (z. B. Bakteriophagen oder Retroviren) und »künstliche« Chromosome (z. B. Yeast Artificial Chromosom).

ventral *(engl. ventral)* Der Begriff ventral ist eine anatomische Lagebeschreibung für die Position einzelner Organe und Strukturen zueinander. Ventral bedeutet demnach bauchseitig bzw. näher zum Bauch gelegen.

Ventralbahn *(engl. ventral stream)* Die Ventralbahn ist einer der zentralen Pfade der Verarbeitung bewusster visueller Informationen. Vom primären visuellen Kortex (V1) werden die Informationen über visuelle Reize weiter geleitet in Richtung Temporallappen, zunächst zu V2, dann zu V4, wo Farbe und Form verarbeitet werden, anschließend zur komplexeren Formerkennung zu V8 (auch zum Gyrus fusiformis) bzw. zur Analyse von Objektbewegung zu V5. Die Ventralbahn hat eine enge Assoziation mit dem Sprachsystem, was es möglich macht, erkannte Objekte auch zu benennen.

Ventrikel ▶ Hirnventrikel

Ventrikularzone *(engl. ventricular zone)* Zellschicht an der Innenseite des sich im Embryonalstadium entwickelnden Neuralrohrs, die an die Ventrikel angrenzt. In der Ventrikularzone befinden sich die Gründerzellen, welche schließlich zu Zellen des Zentralnervensystems werden.

Verabreichung, intrazerebrale *(engl. intracerebral injection)* Stoffe, die die Blut-Hirn-Schranke nicht passieren können, müssen direkt in eine bestimmte Gehirnregion verabreicht werden, um die Wirkung einer Substanz in einer bestimmten Gehirnregion untersuchen zu können.

Verabreichung, intrazerebroventrikulare *(engl. intracerebroventricular injection)* Bei diesem Verfahren wird eine Substanz in den Liquor des Ventrikelsystems im Gehirn verabreicht, so dass sich der Wirkstoff im gesamten Gehirn ausbreiten kann.

Verabreichung, intrarektale *(engl. intrarectal application)* Bei der intrarektalen Verabreichung wird eine Substanz oder ein Wirkstoff in das Rektum

(Mastdarm) eingeführt. Diese Art der Verabreichung wird bei Tierversuchen aus praktischen Gründen nur selten eingesetzt, dient aber als übliche Methode zur Verhinderung von Magenverstimmungen, die z. B. bei oraler Verabreichung auftreten können. Diese Form der Medikamentengabe wird ebenfalls verwendet, wenn eine andere Form der Stoffaufnahme (z. B. Gefäßverschluss bei Injektion) nicht mehr gesichert werden kann.

Verabreichung, topische *(engl. topical application)* Bei der topischen Verabreichung werden die Wirkstoffe direkt über die Haut aufgenommen wie bspw. bei Nikotinpflastern. Auch die Membran in den Nasengängen eignet sich für die topische Verabreichung von Drogen wie Kokain, so dass deren Wirkstoffe schnell ins Gehirn gelangen.

Verbindung, neuromuskuläre *(engl. neuromuscular junction)* Synaptische Verbindungen zwischen einer Nerven- und einer Muskelzelle finden sich an der motorischen oder neuromuskulären Endplatte. Das Aktionspotenzial einer Nervenzelle bewirkt eine Ausschüttung von Azetylcholin, das über nikotinerge Rezeptoren auf die Muskelzelle wirkt und ein exzitatorisches postsynaptisches Potenzial auslöst. Daraufhin verkürzt sich die Muskelzelle. Neuromuskuläre Verbindungen sind wesentlich für die Kommunikation zwischen Nervenzellen und Muskeln.

Verdauung *(engl. digestion)* Verdauung ist die Umwandlung von hochmolekularen Stoffen in niedermolekulare Stoffe mit Hilfe von speziellen Enzymen. Im Körper von Menschen und Tieren wird die aufgenommene Nahrung im Verdauungssystem immer weiter zerkleinert und aufgespalten, um die in der Nahrung enthaltenen Stoffe so umzuwandeln, dass sie vom Körper in die Blutbahn aufgenommen, verarbeitet und genutzt werden können. Die Nahrung durchläuft hierbei eine Reihe aufeinander folgender Stationen im Körper, von denen jede für bestimmte Stoffe zuständig ist und somit auch unterschiedliche Enzyme enthält. Nicht benötigte, unverarbeitete Abfallstoffe werden in Form von Kot oder Urin ausgeschieden.

Verfahren, bildgebende *(engl. imaging)* Untersuchungsmethoden, die Bilder vom Körperinneren erzeugen wie z. B. Röntgen, Computertomographie (CT), Kernspintomographie (MRI), Ultraschalluntersuchung, Endoskopie oder Knochenszintigraphie.

Vergenzbewegung *(engl. vergence)* Unwillkürliche, durch vestibuläre Reize ausgelöste, kooperative Augenbewegung, die gewährleistet, dass beide Augen auf denselben Zielpunkt fixieren und so dass das Abbild dieses Zielobjektes auf identische Teile beider Netzhäute fällt. Das bedeutet, dass die optischen Achsen beider Augen relativ zueinander verschoben werden. Bei der Fixation in der Nähe kommt es zur Konvergenz der beiden Achsen, beim Blick in die Ferne zur Divergenz.

Vergraben, konditioniertes defensives *(engl. conditioned defensive burying)* Ein Objekt, von dem ein aversiver Stimulus ausgeht, wird schon nach einmaliger Präsentation erkannt und vom Versuchstier vergraben. So lernen z. B. die meisten Ratten, denen ein Elektroschock verabreicht wurde, das Objekt, von dem sie den Schock erhalten hatten, schon nach dem ersten Durchgang dieses Objektes im Streu des Käfigs zu vergraben und sich so vor ihm zu schützen. Diese Reaktion wird durch anxiolytische Pharmaka geschwächt.

Vermis *(engl. vermis)* Das Kleinhirn besteht aus zwei Hälften, die durch die Vermis miteinander verbunden sind. Aufgrund seiner Form wird sie auch als Kleinhirnwurm bezeichnet wird. Sie besteht aus weißen Nervenfasern und kann in neun Abschnitte gegliedert werden (Lingula, Lobulus centralis, Culmen, Declive, Folium, Tuber, Pyramis, Uvula, Nodulus). Die Abschnitte sind durch Querfurchen voneinander getrennt. Auch eine Aufteilung in Ober- und Unterwurm ist möglich. Während die Aufgaben des Kleinhirns u. a. in der Koordination der Muskelbewegungen, der Steuerung des Gleichgewichts und der Sprachkoordination liegen, spielt die Vermis eine entscheidende Rolle bei Muskelspannung (Tonus) und der Kontrolle der Körperhaltung.

Versikel ▶ Vesikel, synaptische

Verstopfung *(engl. obstipation)* Von Verstopfung spricht man, wenn ein Patient weniger als drei Mal pro Woche Stuhlgang hat, wobei es gleichzeitig häufig Probleme bei der Entleerung gibt und der Stuhl zu hart ist. Der Patient hat Schmerzen und eventuell auch einen aufgeblähten Bauch. Ursachen können eine Kombination aus zu ballaststoffarmer Ernährung, zu wenig Flüssigkeitsaufnahme und zu wenig körperlicher Betätigung sein. Auch das Reizdarmsyndrom (Funktionsstörung des Verdauungstrakts mit chronischen Beschwerden wie Bauchschmerzen) kann eine Ursache sein. Seltener liegen die Auslöser bei einer Schilddrüsenunterfunktion oder Darmkrebs. Behandeln kann man die Verstopfung mit genügend Ballaststoffen, viel Flüssigkeit, ausreichender Bewegung oder der Gabe von Abführmitteln. Eine Verstopfung erhöht das Risiko für Hämorrhoiden, Analfissuren und Divertikel.

Vertebraten (*engl. pl. vertebrates; Syn. Wirbeltiere*) Zu den Vertebraten gehören alle Lebewesen, die eine Wirbelsäule besitzen, also alle Säugetiere. Heute umfasst diese Gruppe etwa 54.000 Arten. Wirbeltiere sind eine Untergruppe der Chordaten. Sie lassen sich in die zwei Überklassen Kieferlose (Agnatha) und Kiefermäuler (Gnathostomata) einteilen. Kennzeichnend für alle Vertebraten ist, dass ihr Körper in Kopf, Rumpf, zwei Paar Extremitäten und (teilweise) Schwanz gegliedert ist, sie ein zentrales Nervensystem, ein inneres Skelett aus Knochen oder Knorpel besitzen, ihre Haut mehrschichtig ist, ein geschlossener Blutkreislauf mit einem mehrkammerigen Herz als Zentrum vorliegt und zumeist zwei Geschlechter auftreten. Das Gegenteil von Vertebraten sind Invertebraten.

Vesikel (*engl. vesicle; Syn. Bläschen*) Vesikel sind mikroskopisch kleine (50–100 nm), rundliche bis ovale und von einer einfachen Membran umhüllte Zellstrukturen. Sie sind somit eigene Kompartimente, in denen zelluläre Prozesse räumlich getrennt vom Zytoplasma ablaufen können. Vesikel können Stoffe enthalten, die zur Exozytose bestimmt sind (z. B. Neurotransmitter) und bei der Verschmelzung mit der Zellmembran freigesetzt werden. Sie können aber auch Substanzen enthalten, die durch Endozytose in die Zelle aufgenommen wurden. Je nach den in ihnen nachweisbaren Enzymen werden verschiedene Typen unterschieden: Lysosomen, Peroxisomen, Mikrosomen und Glyoxisomen. In der Dermatologie wird ein

mit seröser Flüssigkeit gefülltes, leicht vorgewölbtes, im Hautniveau liegendes oder leicht erhabenes Bläschen (Primäreffloreszenz, d. h. eine pathologische Hautveränderung) mit einem Durchmesser von bis zu 5 mm als Vesikel bezeichnet.

Vesikel, synaptische (*engl. synaptic vesicle*) Synaptische Vesikel sind im Synapsenendknöpfchen, also am Ende eines Axons, befindliche Vesikel. Diese sind mit einem oder mehreren unterschiedlichen Neurotransmittern gefüllt. Kommt ein Impuls (Aktionspotenzial) an der Synapse an, dringt Ca^{++} in die Präsynapse ein, die Bläschen verschmelzen mit der präsynaptischen Membran und entleeren ihren Inhalt in den synaptischen Spalt (Exozytose).

Vestibularkern ▶ Nucleus vestibularis

Vestibularorgan (*engl. vestibular organ; Syn. Gleichgewichtsorgan*) Das Vestibularorgan befindet sich im Innerohr und setzt sich aus den Bestandteilen Sacculus, Utriculus und den Bogengängen zusammen. Sacculus und Utriculus sind zwei in einem stumpfen Winkel aufeinander stehende Hohlräume und detektieren lineare Beschleunigungen und Gravitation, während die im Raum senkrecht aufeinander stehenden drei Bogengänge Winkelbeschleunigungen, also Rotationen, erfassen. Das Vestibularorgan ist wiederum Teil eines größeren Gleichgewichtsystems, das auch die Kontrolle der Körperstellung durch das visuelle System und durch den Muskeltonus des Halteapparats beinhaltet. Die Informationen des Vestibularorgans, des visuellen Systems und des Muskeltonus sowie der Gelenkrezeptoren werden im Hirnstamm integriert.

Vibrationssensor (*engl. vibration sensor*) Mechanorezeptoren (z. B. Pacini-Körperchen), welche durch sinusförmige Reize ab 100–300 Hz erregt werden. Sie leiten über afferente myelinisierte Fasern den Reiz in das dorsale Säulensystem.

VIP ▶ Vasoaktives intestinales Peptid

Visus (*engl. visual acuity*) Visus bezeichnet die Sehschärfe, die im Bereich der Fovea centralis am höchsten und in der Netzhautperipherie am geringsten ist. Zur Bestimmung des Visus werden sogenannte Landolt-Ringe verwendet. Dabei handelt es sich um kreisförmige Figuren, die an einer Seite geöffnet sind. Aufgabe des Betrachters ist es, die Lage der Öffnung anzugeben. Die Liniendicke und die Breite der Öffnung betragen jeweils 1/5 des äußeren Kreisdurchmessers. Der Zahlenwert des Visus (= V) berechnet sich wie folgt: $V = 1/\alpha$. Alpha (α) entspricht dabei der Lücke im Landolt-Ring, die der Betrachter gerade noch eindeutig erkennen kann. Angegeben wird α in sogenannten Winkelminuten = $1/60°$. Ein Visus von 1 ergibt sich also bei einem α von 1. Diese Sehschärfe entspricht der eines Menschen mit normaler Sehkraft und wird daher auch als 100%-ige Sehkraft definiert.

viszeral *(engl. visceral)* Viszeral bedeutet »die Eingeweide betreffend«, »zu den Eingeweiden gehörig«.

viszerotop *(engl. viscerotope)* Liegt in einer neuronalen Struktur eine viszerotope Ordnung bzw. Gliederung vor, spricht man von einer neuronal weitgehend getrennten Repräsentation verschiedener Organe, d. h. Organe werden von unterschiedlichen abgrenzbaren Regionen innerviert (von intakten Nerven versorgt).

Viszerozeption *(engl. visceroception)* Viszerozeption beschreibt Empfindungen der inneren Organe.

Vitalkapazität *(engl. vital capacity)* Als Vitalkapazität bezeichnet man das Luftvolumen, das nach maximaler Einatmung maximal ausgeatmet werden kann. Die Vitalkapazität hängt stark von Alter, Geschlecht, Körpergröße, Körperposition und Trainingszustand ab. Auch unter extremer körperlicher Beanspruchung wird diese höchstmögliche Atemtiefe im alltäglichen Leben nicht vollständig ausgenutzt. Gemessen wird die Vitalkapazität mit einem Spirometer.

Vitamin *(engl. vitamin)* Vitamine sind eine Gruppe chemisch unterschiedlicher Substanzen, die lebenswichtig für den Stoffwechsel in unserem Körper sind. Sie werden vorwiegend in Pflanzen oder Bakterien synthetisiert. Bis auf das Vitamin D können sie vom menschlichen Körper nicht selbst hergestellt werden, weshalb eine ausreichende Vitaminzufuhr von zentraler Bedeutung ist. Vitamine werden zu-

meist unterteilt in fettlösliche und wasserlösliche Vitamine, die alle mit Buchstaben bezeichnet werden. Fettlösliche Vitamine sind: Retinol = Vitamin A, Calciferol = Vitamin D, Tocopherol = Vitamin E und Phyllochinon = Vitamin K. Wasserlösliche Vitamine sind: Thiamin = B1, Riboflavin = B2, Niacin, Pyridoxin = B6, Pantothensäure, Biotin, Folsäure, Cobalamin = B12 und Ascorbinsäure = Vitamin C. Da Vitamine sehr instabil sind, zerfallen sie bei zu langer Lagerung und durch Erhitzen.

Voltage-Clamp Technik ▶ Patch-Clamp-Technik

Volumensensoren *(engl. volume pl. sensors)* Die sogenannten Volumensensoren befinden sich in den Nieren. Sie registrieren, wenn das Blutvolumen abnimmt (Hypovolämie) und lösen direkt in den Nieren Transmitterkaskaden aus, die zu Durst führen und die Wasserreserven im Körper erhalten (▶ Durst, volumetrischer).

Vorderhorn *(engl. anterior horn)* Ventrale Ausläufer der grauen Substanz im Rückenmark, an denen die Vorderwurzeln aus dem Rückenmark austreten. In ihnen sind Neuronen (multipolare Alpha-, Beta- und Gamma-Motoneuronen) zu finden, welche mit ihren Fortsätzen die Skelettmuskulatur in der Peripherie motorisch versorgen. Sie sind in ihrer Funktion für die motorische Feinabstimmung von Bewegungen von Bedeutung. Der hier verwandte Neurotransmitter ist Azetylcholin.

Vorderseitenstrangsystem *(engl. anterolateral column)* Funktioneller Überbegriff für die aufsteigende Bahn des Rückenmarks, die neben dem Hinterstrang existiert. Der Vorderseitenstrang liegt im ventralen und lateralen Teil der weißen Substanz und bildet die protopathisch-sensible Bahn des Rückenmarks, welche die grobe Wahrnehmung von Druck, Berührung, Schmerz und Temperatur aus Rumpf und Extremitäten (Haut, Eingeweide, Muskeln, Gelenke) vermittelt. Der Vorderseitenstrang enthält den Tractus spinothalamicus lateralis und anterior sowie den Tractus spinoreticularis. Die dünnen, markarmen Fasern des Vorderseitenstrangs treten vom Spinalganglion kommend über die Hinterwurzeln ins Rückenmark ein und kreuzen unmittelbar nach der Umschaltung auf das zweite Neuron im Hinterhorn, so dass sie entlang der gesamten Bahn kontralateral und somatotopisch verlaufen. Läsionen des Vorderseitenstrangs führen dazu, dass kontralaterale Schmerz-, Druck- und Temperaturreize nicht mehr wahrgenommen werden.

Vorderwurzel *(engl. ventral root)* Über die Vorderwurzel der Spinalnerven verlassen efferente Nervenbündel das Rückenmark und transportieren Signale vom ZNS in den Körper, so dass z. B. eine Muskelkontraktion erzeugt wird.

Vorteil, selektiver *(engl. selective advantage)* Ein selektiver Vorteil eines Individuums ist gemäß der Evolutionstheorie der Vorteil, den dieses Individuum gegenüber seinen Konkurrenten in Bezug auf Nahrungsquellen sowie zugängliche Reproduktionspartner hat. Dieser selektive Vorteil liegt in den Erbanlagen begründet und sichert diesem Individuum in ständiger Konkurrenz mit anderen Individuen seiner Art das Überleben und erhöht seine Fitness, da dieser Vorteil die Wahrscheinlichkeit erhöht, dass dieses Individuum seine Gene weitergeben wird.

W

Wachstumshormon *(engl. growth hormone; Syn. somatotropes Hormon)* Ein nichtglandotropes Hormon, das im Hypophysenvorderlappen produziert wird. Reguliert wird die Freisetzung des Wachstumshormons durch das Growth-Hormone-Releasing-Hormone (GHRH) und durch das Growth-Hormone-Inhibiting-Hormone (GHIH), welche beide aus dem Hypothalamus stammen. Besonders in der Kindheit hat das GH Bedeutung, da es für die normale körperliche Entwicklung wichtig ist (z. B. Längenwachstum). Es wirkt auf viele Körperzellen und fördert somit Knochenwachstum und Eiweißsynthese. Kommt es zu Störungen wie Minderproduktion oder vermehrter Ausschüttung dieses Hormons, so resultieren hypophysärer Zwergwuchs bzw. Riesenwuchs. Grund für diese Störungen kann z. B. ein Tumor in der Hypophyse sein.

Wachstumskegel *(engl. growth cone)* Der lange Ausläufer einer Nervenzelle wird als Axon bezeichnet, an dessen Vorderende sich der Wachstumskegel befindet. Dieser verfügt über fußartige und fühlerartige Ausläufer (Lamellipodien und Filopodien), durch die sich die Nervenzelle ihren Weg durch das Gewebe bahnt und Kontakte zu anderen Nervenzellen herstellt. Der Wachstumskegel dient der Nervenzelle zur Bahnung neuer Verknüpfungen mit anderen Nervenzellen. Dabei kommt die Zelle in Berührung mit anderen Zellen, welche ihr den Weg weisen, indem sie kurz an die Nervenzelle anbinden und diese dann wieder abstoßen. Dadurch fällt der Wachstumskegel in sich zusammen und seine Ausläufer ziehen sich zurück. Nach einer Ruhephase sucht das Axon einen neuen Weg. Bei derartigen Kontakten können aber auch dauerhafte Verknüpfungen entstehen.

Wada-Test *(engl. Wada test)* Der Wada-Test dient zur Überprüfung der Funktionen einer Hemisphäre, insbesondere der Sprachfunktion. Vor allem vor chirurgischen Eingriffen ins Gehirn wird dieser Test eingesetzt. Durch Injektion eines Betäubungsmittels (z. B. Natriumamytal) in die linke oder rechte Arteria carotis wird die jeweils ipsilaterale Hemisphäre anästhesiert. Vor der Injektion wird der Patient gebeten zu zählen. Wenn er nach Einsetzen der Betäubung nicht mehr in der Lage ist, weiter zu zählen, so wurde die für Sprache dominante Hemisphäre betäubt, wenn er weiter zählen kann, die nichtsprachdominante. Bei Betäubung einer Gehirnhälfte kann die andere Gehirnhälfte auf Sprache, Wahrnehmung und Gedächtnis geprüft werden.

Wahnvorstellung ▶ Halluzination

Wahrnehmung *(engl. perception)* Wahrnehmung bezeichnet den Vorgang der Reizverarbeitung sowie deren Ergebnis. Sie bezieht sich sowohl auf die äußere Umwelt wie auch auf die eigene Person (Innenwelt) und wird sowohl durch den äußeren Sinneseindruck als auch durch individuelle (Lern-) Erfahrungen, Erwartungen und andere innere Zustände bestimmt. Ebenso haben die Lenkung der Aufmerksamkeit und auch Habituationsprozesse einen Einfluss auf die Wahrnehmung.

WAIS ▶ Wechsler-Intelligenztest

Wanderwelle *(engl. progressive wave)* Bezeichnet die Resonanzschwingung der cochlearen Membranen (Basilarmembran) bei eintreffenden akustischen Reizen. Die dabei entstehende Welle läuft von der Schneckenbasis zur Schneckenspitze (Apex) und weist dabei in Abhängigkeit von der Frequenz des Reizes an einer bestimmten Stelle eine maximale Amplitude auf. Die kontinuierlich sich ändernden Eigenschaften der Basilarmembran sind Grundlage für das Zustandekommen von Wanderwellen. Nahe der Schneckenbasis ist die Membran relativ dick und steif und zeigt Resonanz bei hohen Frequenzen. Zur Schneckenspitze hin wird sie dünner und schlaffer und reagiert auf Töne mit niedriger Frequenz.

Wärmekonduktion *(engl. heat conduction; Syn. Wärmediffusion, Wärmeleitung)* Konduktion ist die Wärmeübertragung von Molekül zu Molekül in Feststoffen oder ruhenden Flüssigkeiten. Sie wird durch einen Temperaturunterschied zwischen Molekülen ausgelöst. Die Wärme fließt aufgrund der Eigenbewegung der Teilchen vom Ort der höheren zum Ort der niedrigeren Wärmekonzentration, d. h. von der wärmeren in die kältere Region. Dieser Wärmefluss erfolgt bis zum Temperaturausgleich und dabei geht keine Wärme verloren. Konduktion ist das Gegenteil von Konvektion. Bei dieser Übertragungsart wird die Wärme in Gasen und Flüssigkeiten durch strömende Materie mitgenommen.

Wärmekonvektion *(engl. heat convection)* Als Wärmekonvektion wird der Vorgang bezeichnet, bei dem aufgrund von Temperaturunterschieden in Flüssigkeiten oder Gasen Strömungen entstehen, so dass Wärme von einer Stelle zu einer anderen transportiert wird. Bei Erwärmung einer Flüssigkeit nimmt deren Dichte ab. Daraus folgt, dass sie nach oben steigt und die kältere, dichtere Flüssigkeit nach unten sinkt. Im Gegensatz zu dieser natürlichen Konvektion kann dieser Vorgang auch dadurch erzeugt werden, dass die Flüssigkeit einem Druckunterschied ausgesetzt wird, so dass eine Strömung entsteht. Die Wärmekonvektion dient der Wärmeabgabe und der physiologischen Wärmeregulation.

Wasserlabyrinth, Morrissches *(engl. Morris water maze)* Eine standardisierte Versuchsanordnung für Verhaltensexperimente mit Nagetieren, speziell Ratten und Mäuse. Es handelt sich dabei um ein rundes, mit trübem Wasser gefülltes Becken, dessen Rand mit »Orientierungsmarkern« versehen ist. An einer Stelle ist knapp unter der Wasseroberfläche eine unsichtbare Plattform aus Plexiglas angebracht. Im Experiment sollen die Tiere lernen, möglichst schnell diese »rettende Insel« (wieder) zu finden und sich deren Position zu merken. Abgezielt wird auf die Untersuchung von Gedächtnisleistungen, insbesondere räumliches Lernen. Beispielsweise versucht man anhand von Knockout-Mäusen die für diese Art von Lernen verantwortlichen Gene zu identifizieren.

Webersches Gesetz *(engl. Weber's Law)* Ein Grundsatz der Psychophysik. Dieses Gesetz besagt, dass Veränderungen eines Reizes einen bestimmten Bruchteil des Ausgangsreizes betragen müssen, wenn die Veränderung als Empfindungsunterschied bemerkt werden soll (▶ Unterschiedsschwelle). So muss sich bspw. 1 kg um mind. 100 g, also um 1/10 vergrößern, damit ein fühlbarer Unterschied bemerkt wird. Weber (1795–1878) fasste das Gesetz für Gewicht-, Druck- und Längenbestimmungen ab. Später wurde es von Fechner (1801–1887) erweitert und übertragen auf Licht-, Schall-, Distanz- und andere Schätzungen. So wurde es zum sogenannten psychophysischen Gesetz.

Wechsler Adult Intelligence Scale ▶ Wechsler-Intelligenztest

Wechsler-Intelligenztest *(engl. Wechsler adult intelligence scale)* Nach ihrem Autor David Wechsler (1896–1981) benannte Reihe von Intelligenztests. 1939 wurde in den USA die »Wechsler Bellevue Intelligence Scale« veröffentlicht, die 1955 eine umfassende Überarbeitung erfuhr: »Wechsler Adult Intelligence Scale« (WAIS). Darauf wurde eine deutsche Version, der »Hamburg Wechsler Intelligenztest für Erwachsene« (HAWIE), erstellt, später eine Version für Kinder (HAWIK) vorgestellt. Wechsler orientierte sich bei der Konzeption seines Tests an dem Intelligenzmodell Spearmans, welches besagt, dass bei Intelligenzmessverfahren immer zwei Faktoren zum Ausdruck kommen: ein gemeinsamer, genereller Intelligenzfaktor (g-Faktor) und ein aufgabenspezifischer Intelligenzfaktor (s-Faktor). Die aktuelle Version für Erwachsene, der HAWIE-R (1991), besteht aus 11 Untertests, davon stellen sechs Verbal- und fünf Handlungstests dar. Beipiele für Verbaltests sind »Allgemeines Wissen«, »Wortschatz« und »Rechnerisches Denken«, im Handlungsteil sollten die Probanden »Bilder ergänzen« oder »Bilder ordnen« können. Die Durchführung und Auswertung durch einen Testleiter ist standardisiert, es werden bspw. Frageformulierungen, die Vorlage des Reizmaterials oder die Bewertung nur teilweise richtiger Antworten genau durch das Manual vorgegeben. Es kann sowohl der Gesamt-IQ errechnet als auch ein Profil über alle Untertests erstellt werden. Letzteres ist besonders nützlich bei der Untersuchung und Einstufung klinischer Fälle (d. h. Schwankungen zwischen verschiedenen »Intelligenzbereichen« werden deutlicher).

Wernicke-Aphasie *(engl. Wernicke's aphasia)* Patienten mit einer Wernicke-Aphasie weisen eine Hirnschädigung im sog. Wernicke-Areal auf. Die Wernicke-Aphasie wird auch rezeptive Aphasie genannt und zeichnet sich durch Defizite beim Verständnis gesprochener Sprache, durch die sog. Worttaubheit, aus. In diesem Fall ist es Betroffenen nicht möglich, Gesprochenes zu verstehen, wenn es auch wahrgenommen wird. Patienten mit einer Wernicke-Aphasie produzieren bedeutungslose Sprache, die allerdings flüssig und grammatikalisch richtig ist. Meist sind sich die Betroffenen ihrer Defizite nicht bewusst.

Wernicke-Areal *(engl. Wernicke's area)* Nach seinem Entdecker benanntes Sprachzentrum im mittleren und hinteren Teil des Gyrus temporalis superior der linken Hemisphäre (Brodmann-Areale 44 und 45). Das Wernicke-Areal ist Teil des auditiven Assoziationskortex und ist für das Erkennen und Verstehen von Worten von großer Bedeutung. Eine Läsion dieses Bereiches führt zur Wernicke-Aphasie.

Wernicke-Geschwind-Modell *(engl. Wernicke-Geschwind model)* Einflussreiches Modell über die kortikale Lokalisation der Prozesse von Sprachrezeption und -verarbeitung sowie der Sprachproduktion. Nach dem Modell sind folgende Regionen in der linken Hirnhälfte nacheinander an diesen Prozessen beteiligt: (1.) primärer visueller Kortex und Gyrus angularis (gelesene Sprache) bzw. primärer auditorischer Kortex (gehörte Sprache), (2.) Wernicke-Areal, (3.) Fasciculus arcuatus, (4.) Broca-Areal und (5.) primärer motorischer Kortex. Dabei wird im Wernicke-Areal die Sprache auf ihre Bedeutung hin analysiert und somit »verstanden«. Ist eine gesprochene Antwort notwendig, wird im Broca-Areal ein entsprechender motorischer Ausführungsplan gebildet und der primärmotorische Kortex für die Ausführung aktiviert.

Whitten-Effekt *(engl. Whitten effect)* Whitten-Effekt meint Synchronisation des Menstruationszyklus mehrerer Weibchen, der durch Pheromone eines Männchen im Urin ausgelöst wird. Dieser Effekt, bei dem alleine der Geruch von Männchen als Stimulation ausreicht, tritt v. a. bei Mäusen auf und wurde erstmalig 1956 von W. K. Whitten beschrieben.

Wiederaufnahme ► Reuptake

Wirbeltiere ► Vertebraten

Wirkstoffeffekt *(engl. drug effect)* Der Wirkstoffeffekt beschreibt die Veränderungen der physiologischen Prozesse und des Verhaltens eines Organismus nach Verabreichung eines bestimmten Wirkstoffes. Der Wirkstoffeffekt der meisten Opiate ist z. B. eine herabgesetzte Schmerzsensibilität, kombiniert mit Sedierung, Muskelrelaxation und anderen Erscheinungen.

Wirkungsort *(engl. site of action)* Stelle auf oder in bestimmten Zellen, an der Wirkstoffe mit den Zellen des Organismus interagieren, um diese biochemisch zu beeinflussen. Dies können z. B. Rezeptoren in der Membran einer Zelle sein. Erreicht ein Wirkstoff seinen Wirkungsort nicht, so kann er keinen Einfluss auf den Organismus ausüben.

Wisconsin-Kartensortiertest *(engl. Wisconsin Card Sorting Test)* Der Wisconsin-Kartensortiertest (WCST; Grant und Berg 1948, Heaton 1981, modifizierte Version von Nelson 1976) ist ein diagnostisches Verfahren der Neuropsychologie, welches bei einem Patienten die Fähigkeit zur Konzeptbildung und Kategorisierung erfasst. Diagnostik mit diesem Verfahren ist bei Patienten mit Störungen von Planungs- und Kontrollfunktionen sinnvoll (► Perseveration). Der Patient hat die Aufgabe, entsprechend bestimmter Vorlagen Karten in bestimmte Kategorien zusammenzulegen. Er erhält dabei Falsch- oder Richtig-Rückmeldungen vom Versuchsleiter. Im Testablauf müssen auch Kategoriewechsel erkannt werden.

Wolffscher Gang *(engl. Wolffian duct)* Der Wolffsche Gang (benannt nach seinem Entdecker Kaspar Friedrich Wolff) ist der Vorläufer der inneren männlichen Geschlechtsorgane bei Embryonen und ist anfangs bei Embryonen beider Geschlechter vorhanden. Etwa im dritten Schwangerschaftsmonat verkümmert er bei weiblichen Embryonen. Bei männlichen Embryonen entwickeln sich ab dieser Zeit aus dem Wolffschen Gang der Samenleiter, die Bläschendrüse und die Nebenhoden. Die Entwicklung des Wolffschen Gangs wird durch die Androgene Testosteron und Dihydrotestosteronstimuliert.

Wortform-Dyslexie *(engl. visual word form dyslexia)* Die Wortform-Dyslexie wird auch Buchstabier-Dyslexie genannt und bezeichnet eine Störung des Lesens, bei welcher Patienten schriftliche Worte als Ganzes nicht mehr erkennen oder aussprechen können. Die Patienten sind allerdings in der Lage, Worte zu lesen, wenn sie zunächst jeden einzelnen Buchstaben des Wortes nacheinander benennen, so dass das Lesen stark verlangsamt ist. Ist die Wortform-Dyslexie besonders stark ausgeprägt, kann es jedoch auch zu Buchstabenverwechslungen beim Buchstabieren kommen, so dass Fehler beim Lesen entstehen. Patienten mit einer Wortform-Dyslexie sind in der Lage, von anderen Personen oder von ihnen selbst ausgesprochene Worte zu verstehen.

Worttaubheit, reine *(engl. pure word deafness)* Unter reiner Worttaubheit versteht man die Unfähigkeit Sprachworte zu verstehen bei uneingeschränkter Hörfähigkeit. Sie wird durch eine Schädigung im Wernicke-Areal oder durch Unterbrechung der auditiven Nervenbahnen, die zu diesem Areal führen, verursacht. Tritt die reine Worttaubheit zusammen mit einer transkortikalen sensorischen Aphasie auf, spricht man von einer Wernicke-Aphasie.

Wo-versus-was-Theorie *(engl. What-and-where theory)* Die Wo-versus-was-Theorie bezieht sich auf die Einteilung des visuellen Systems in den ventralen (»was«) und den dorsalen (»wo«) Pfad. Während der ventrale Pfad mit dem primären visuellen Kortex beginnt und durch den Temporallappen verläuft, können Informationen für den dorsalen Pfad auch von subkortikalen Strukturen wie dem Thalamus stammen, ohne direkte Informationen aus dem primären visuellen Kortex zu erhalten. Der dorsale Pfad verläuft durch den Parietallappen und enthält Neurone, die für die Vorbereitung visuomotorischer Handlungen von Bedeutung sind. Der ventrale Pfad enthält unterdessen sehr spezialisierte Areale, die Farbe, Form und Textur von Objekten detektieren und ist verantwortlich für das bewusste Erleben bei der Objektwahrnehmung.

Yerkes-Dodson-Gesetz *(engl. Yerkes-Dodson law)* Nach Robert Yerkes (Psychologe und Zoologe) und John D. Dodson (Psychologe) beschreibt dieses Gesetz den Zusammenhang zwischen Leistungsfähigkeit und Erregungsniveau (Aktiviertheit) eines Individuums. Zwischen der physiologischen Aktivierung und der Leistungsfähigkeit besteht ein umgekehrter U-förmiger Zusammenhang. Bei Unterforderung bleibt der Mensch hinter seinen Möglichkeiten zurück, es entsteht ein Leistungsleck (suboptimaler Bereich). Auf einem mittleren Erregungsniveau kann die Leistung bis zu einem Spitzenwert gesteigert werden (Leistungsoptimum). Erhöht sich das Erregungsniveau über das erforderliche Maß, kommt es zu Leistungsdruck, Stress, Belastung und Leistungsabfall (supraoptimaler Bereich). Entscheidend bei dieser Kurve ist, dass es eine individuell unterschiedliche Reaktivität gibt, also Menschen ganz unterschiedlich auf ein erhöhtes Aktivierungsniveau zu reagieren gewohnt sind. Dabei spielen auch situative Faktoren eine Rolle, z. B. momentane Ängstlichkeit oder aktuelle Umgebungseinflüsse.

Zahlengedächtnistest *(engl. digit span test)* Zahlengedächtnistests werden eingesetzt, um insbesondere die Merkfähigkeit bzw. das Kurzzeitgedächtnis zu überprüfen, aber auch um das Langzeitgedächtnis zu testen. Sie sind häufig Bestandteil von Intelligenztests und können auch als Teil von neuropsychologischen Testbatterien eingesetzt werden (bspw. nach Hirnverletzungen oder auch bei Demenzen). Einer der bekanntesten Zahlengedächtnistests ist ein Subtest des HAWIE-R (Hamburg-Wechsler-Intelligenztest für Erwachsene), bei dem Zahlenreihen nachgesprochen werden müssen. Dabei handelt es sich um sieben Zahlenfolgen, bei denen jede Zahlenreihe eine Ziffer mehr als die vorhergehende Zahlenreihe enthält. Als Zahlengedächtnistests gelten auch kurze Texte, in denen viele Zahlen vorkommen, die man nach einem Tag oder einer Woche nochmals wiedergeben soll.

Zapfen *(engl. pl. cones)* Zapfen sind lichtempfindliche Photorezeptoren, die sich in der Retina (Netzhaut) des Auges befinden. In der Fovea centralis (gelber Fleck) ist die Dichte der Zapfen am größten und zur Peripherie hin nimmt diese ab. Zapfen sind verantwortlich für die Farbwahrnehmung, allerdings sind sie weniger lichtsensitiv als Stäbchen, so dass man im Dunkeln keine Farben mehr erkennen kann. In den Zapfen kommt es zur Signaltransduktion, d. h. die eintreffenden Lichtwellen (physikalische Reize) werden in elektrische Signale umgewandelt. Dabei existieren drei Arten von Zapfen: Blaurezeptoren (S-Zapfen, reagieren am stärksten auf Licht mit ca. 430 nm Wellenlänge), Grünrezeptoren (M-Zapfen, max. Reaktion auf ca. 530 nm Wellenlänge) und Rotrezeptoren (L-Zapfen, max. Reaktion bei ca. 560 nm Wellenlänge). Die verschiedenen Farben werden auf der Ebene der Retina dadurch kodiert, dass die drei Zapfenarten in unterschiedlichen Verhältnissen feuern.

Zapfensehen *(engl. photopic vision; Syn. photopisches Sehen, Farbsehen)* Zapfensehen oder photopi-sches Sehen bezeichnet das Tagsehen, was durch die Zapfen bei Beleuchtungsstärke von mehr als 0,02–0,05 Lux ermöglicht wird. Es konzentriert sich auf den Bereich der Fovea, da an dieser Stelle die meisten Zapfen vorkommen. Die Sehschärfe beim photopischen Sehen ist hoch und es können Farben wahrgenommen werden.

Zeitgeber *(engl. Zeitgeber)* Als Zeitgeber bezeichnet man Hinweisreize, die Menschen und Tiere nutzen, um ihre Aktivität und den zirkadianen Rhythmus mit den Umgebungsbedingungen (z. B. Tag und Nacht) zu synchronisieren. Es wird unterschieden zwischen physikalischen Zeitgebern (z. B. Licht) und sozialen Zeitgebern (z. B. Essenszeiten). Eine Veränderung der Zeitgeber (z. B. nach Überschreiten von Zeitzonen) führt zu einer Veränderung im zirkadianen Rhythmus.

Zelladhäsionsmoleküle *(engl. pl. cell adhesion molecules)* Transmembrane Proteine, die eine Interaktion zwischen Zellen (Adhäsion) oder der Zelle und der extrazellulären Matrix (Kommunikation) ermöglichen. Man unterscheidet vier Hauptgruppen: Selektine vermitteln z. B. das Anheften von Leukozyten an der Gefäßwand und die Migration dieser Zellen zu entzündetem Gewebe; Integrine verknüpfen das Zytoskelett mit der umgebenden extrazellulären Matrix und ermöglichen so die Kommunikation zwischen Zellen. Diese beiden Arten von Zelladhäsionsmolekülen gehen heterophile Bindungen ein. Zelladhäsionsmoleküle, die homophile Bindungen eingehen, gewährleisten eine Selektivität in der Zelladhäsion und haben v. a. eine bedeutende Rolle in der Entwicklung des Organismus. Ca^{++}-abhängige Cadherine und Ca^{++}-unabhängige NCAMs *(nerve cell adhesion molecule)* spielen eine Rolle in der Migration von Nervenzellen und der Bildung von zusammenhängendem Gewebe (z. B. Organe). NCAMs werden durch ihre strukturelle Ähnlichkeit zu den Immunglobulinen auch als Immunglobulin-Superfamilie bezeichnet.

Zelle, amakrine *(engl. amacrine cell)* Amakrine Zellen, auch kurz Amakrine genannt, sind spezialisierte Neuronen, die an der neuronalen Verschaltung der Retina beteiligt sind. Sie sind speziell für laterale Wechselwirkungen in der Retina verantwortlich und verbinden Bipolarzellen mit den Ganglienzellen. Beteiligt sind sie allerdings nur an der Informationsverarbeitung auf der lateralen Bahn, vertikal findet eine direkte Verschaltung von den Rezeptorzellen über die Bipolarzellen zu den Ganglienzellen statt. Die laterale Bahn verläuft von den Rezeptorzellen auf Bipolarzellen und von da aus verteilen die amakrinen Zellen die Information weiter auf mehrere Ganglienzellen. Neben den amakrinen sind Horizontalzellen an der Informationsverarbeitung der lateralen Bahn beteiligt.

Zelle, antigenpräsentierende *(engl. antigen presenting cell)* Fresszellen, die aufgenommene Stoffe mithilfe chemischer Substanzen zerlegen und in ihrer Membran Bruchstücke dieser phagozytierten Stoffe zusammen mit Proteinen des eigenen Hauptgewebeverträglichkeitskomplexes (MHC) präsentieren. Die Präsentation der Antigen-Bruchstücke ist in der Regel die Voraussetzung für die Aktivierung des spezifischen Immunsystems. T- und B-Lymphozyten erkennen meist den Krankheitserreger erst nach entsprechender Verdauung und Präsentation durch die antigenpräsentierenden Zellen (APC). Zu den APC gehören Zellen des Monozyten-Makrophagen-Systems und dendritische Zellen.

Zelle, eukaryonte *(engl. eukaryote; Syn. Eukaryonta)* Als eukaryonte Zellen werden alle Organismen (z. B. Tier- und Pflanzenzellen) mit einem echten Zellkern, also einem, der die DNA enthält, bezeichnet. Die Größe der eukaryonten Zellen übersteigt die der Prokaryonten um das 100–1000fache, ihre Form erhalten sie durch das Zytoskelett. Der gesteigerte Organisationsgrad zeigt sich in der Strukturierung der Zelle in Zellorganellen, die verschiedene Funktionen ausüben. Dies ermöglicht ein besseres Funktionieren zellulärer Vorgänge und Transporte über größere Entfernungen innerhalb der Zelle. Des Weiteren sind eukaryonte Zellen zur Proteinbiosynthese fähig.

Zelle, neurosekretorische *(engl. neurosecretory cell)* Spezielle Nervenzellen, die auf Signale von anderen Nervenzellen mit Ausschüttung von Hormonen in die Körperflüssigkeit oder Speicherorgane reagieren. Über diese Flüssigkeiten erreichen die Hormone zu einem späteren Zeitpunkt die Zielzellen im Körper. Kerne des Hypothalamus enthalten besonders viele neurosekretorische Zellen, die u. a. die Releasing- und Inhibiting-Hormone sowie Oxytozin und Vasopressin produzieren.

Zellmembran *(engl. cell membrane)* Die Zellmembran umgibt die lebende Zelle und wird bei Pflanzenzellen auch Plasmalemma genannt. Die Zellmembran ist die Grundlage aller Stoffwechselprozesse, die bei lebenden Organismen auftreten. Durch sie wird der Austausch von Stoffen zwischen dem Zellinneren und -äußeren (und auch außerhalb des Organismus) selektiv beschränkt, sie bietet zugleich Schutz vor und Kontakt zu anderen Zellen. Die Bio-membranen bestehen zumeist aus einer Doppellipidschicht mit ein- und aufgelagerten Proteinen.

Zellnekrose *(engl. single cell necrosis)* Der Begriff Zellnekrose bezeichnet in der Medizin den Zelltod von Einzelzellen im lebenden Organismus (Gewebeuntergang). Ursache ist eine lokale Gewebeschädigung, die mit der Fragmentierung der Zellen (Zellbrüche) einhergeht, d. h. die Zellen platzen auf und laufen aus. Es kommt zu einer Enzündungsreaktion und zur unumkehrbaren Degeneration der Zellen. Meist bleiben nach der Regeneration Narben im Bindegewebe zurück.

Zellorganellen *(engl. cell organelles)* Zellorganellen werden in der Biologie als von einer Membran umschlossene, funktionelle Untereinheiten einer Zelle definiert. Es gibt verschiedene Arten dieser subzellulären »Organe« und jede hat ihre eigene Funktion innerhalb der Zelle (Produktion von Proteinen, Kohlenhydraten, Fetten u. v. m.). Zu den Zellorganellen gehören Chloroplasten (in Pflanzenzellen, gehören zu den Plastiden), Mitochondrien, endoplasmatisches Retikulum (ER), Zentriolen (nur in Tierzellen), Zytoplasma, Zytoskelett, Golgi-Apparat (Dyctiosom), Glyoxisome, Lysosomen, Mikrotubuli, Mikrosomen, Peroxisomen, Plastiden (in Pflanzenzellen), Ribosomen, Vacuole (in Pflanzenzellen), Vesikel, Zellkern, Zilien.

Zentralfurche *(engl. central sulcus, central fissure)* Die Faltung der Oberfläche des menschlichen Gehirns führt zu seiner flächenmäßigen Vergrößerung und zu sog. Hirnwindungen (Gyri, sg. Gyrus) und Furchen (Sulci, sg. Sulcus), wobei die Hirnwindungen durch die Furchen voneinander getrennt werden. Die Zentralfurche (Sulcus centralis) trennt den Stirn- oder Frontallappen (Lobus frontalis) vom Scheitel- oder Parietallappen (Lobus parietalis) ab.

Zentralkanal *(engl. central canal)* Im Zentrum des Rückenmarks liegender Kanal, der den Rest des embryonalen Neuralrohrs in diesem Bereich markiert. Während beim Menschen die inneren Hohlräume im Gehirn als Hirnventrikel erhalten bleiben, kommt es im Bereich des Rückenmarks zum vollständigen Verschluss des Hohlraumes. Nur die sog. Ependymzellen markieren die frühere Position des Zentralkanals. Der Zentralkanal hat somit keinen Einfluss auf den Austausch der Zerebrospinalflüssigkeit (CSF). Bei einigen Wirbeltieren ist der Kanal noch offen.

Zentralkörperchen *(engl. Microtubuli-Organizing-Center)* Ein Organell in tierischen und z. T. auch pflanzlichen Zellen, welches eine wichtige Rolle bei der Zellteilung spielt. Das Zentriol ist 0,3 bis 0,5 µm lang und hat einen Durchmesser von 0,15µm. Es befindet sich in der Nähe des Zellkerns und ist aus neun zylinderförmig angeordneten Mikrotubuli-Triplets aufgebaut (9 × 3; also drei Mikrotubuli bilden ein Triplet, neun Triplets bilden ein Zentriol). Die Triplets werden untereinander durch Proteine (Nexin) zusammengehalten. Vom Zentriol aus werden Mikrotubuli gebildet, was u. a. für das Zytoskelett von großer Wichtigkeit ist. Vor der Zellteilung (in der Interphase der Mitose) verdoppelt sich das Zentriol spontan, die zwei Zentrosome wandern anschliessend an die Zellpole und bilden gleichzeitig den Ausgangspunkt für den Spindelapparat. Nach erfolgter Kern- und Zellteilung erhält dann jede Tochterzelle je eines der beiden Zentralkörperchen.

Zentralnervensystem *(engl. central nervous system)* Der Begriff Zentralnervensystem (ZNS) umfasst bei Menschen und Wirbeltieren das Gehirn und das Rückenmark. Im Gehirn bildet die graue Substanz, überwiegend bestehend aus Nuclei (Nervenzellkörpern), die äußere Schicht, die weiße Substanz, bestehend aus Axonen (Leitungsbahnen) und eingestreuten Nuclei, bildet das Innere des Gehirns. Im Rückenmark bildet die weiße Substanz die äußere und die graue Substanz die inneren Strukturen.

zentrifugal *(engl. centrifugal)* Zentrifugal bedeutet vom Zentrum bzw. Zentralnervensystem wegführend. Neuriten sind zentrifugal, wenn sie vom ZNS die Erregung zu den peripheren Erfolgsorganen (Effektoren) leiten.

Zentriol ▶ Zentralkörperchen

zentripetal *(engl. centripetal)* Zentripetal bedeutet zum Zentrum bzw. Zentralnervensystem hinführend. Nerven können z. B. nervöse Impulse zentripetal vom Sinnesorgan zum Zentralnervensystem weiterleiten.

Zerebellum *(engl. cerebellum; Syn. Kleinhirn)* Das Zerebellum ist das wichtigste Integrationszentrum für die Koordination, Feinabstimmung, Planung sowie das Erlernen von Bewegungsabläufen. Es ist verantwortlich für die Steuerung und Korrektur der stützmotorischen Anteile der Haltung und Bewegung und für die Kurskorrektur langsamer und schneller zielmotorischer Bewegungen. Ebenso ist es auch in höhere kognitive Prozesse eingebunden. Das Kleinhirn ist dorsal dem Hirnstamm aufgelagert. Neben dem Großhirn ist es die zweitgrößte Gehirnstruktur, bestehend aus mehreren Teilen: dem Wurm (Vermis), der sich an beiden Seiten anschließende Pars media und der seitlichen Hemisphären. Die Kleinhirnrinde ist von parallel laufenden Furchen überzogen, welche der Oberflächenvergrößerung dienen. Die Rinde besteht aus drei Schichten: der Molekular-, Purkinje- und der Körnerschicht. Afferente Fasern, die Moos- und Kletterfasern, die für die Bewegungskoordination und -durchführung zuständig sind, erhalten Informationen aus dem Rückenmark, dem motorischen Zentrum des Hirnstamm und der Körpersensorik wie dem Gleichgewichtsorgan und der Haut- und Tiefensensibilität. Zusätzlich dazu erhält das Kleinhirn Informationen aus den Kortexregionen. Efferenzen gehen von den

Kleinhirnkernen in den Thalamus zum Nucleus ruber.

Zerebrospinalflüssigkeit *(engl. cerebrospinal fluid; Syn. Liquor)* Die Zerebrospinalflüssigkeit (CSF) – oder Liquor – ist eine Flüssigkeit, die sich in den Hohlräumen des Gehirns, den Ventrikeln, und des Rückenmarks sowie in den Subarachnoidalräumen befindet. Der Liquor entspricht in seiner Zusammensetzung der interstitiellen (extrazellulären) Flüssigkeit. Die CSF erfüllt mehrere Funktionen: Sie dient als Puffer und Schutzkissen für das darunter liegende Nervengewebe, versorgt Gehirn und Rückenmark mit wichtigen Nährstoffen und transportiert im Gegenzug Stoffwechselprodukte ab. Normalerweise ist die CSF klar, sie kann jedoch bei bestimmten Erkrankungen (z. B. einem Tumor oder einer Entzündung) blutig oder trüb verfärbt sein oder eine erhöhte Menge an Bakterien aufweisen. Somit kann eine Entnahme der CSF durch eine Lumbalpunktion als diagnostisches Instrument in der Neurologie angezeigt sein. Die CSF wird im Plexus chorioideus aller vier Hirnventrikel durch Blutfilterung erzeugt.

Zielzelle *(engl. target cell)* Zellen, die Rezeptoren für ein bestimmtes Hormon oder eine andere Substanz besitzen und somit auf die Anwesenheit des Stoffes im Blutkreislauf mit Änderung ihrer Aktivität reagieren. Die auf diese Substanz spezialisierten Rezeptoren der Zielzelle können auf der Oberfläche der Zellmembran oder aber im Zellkern liegen. Bei Toleranzentwicklung kann die Anzahl an Zielzellen für einen Stoff sinken, bei Sensibilisierung hingegen steigt die Rezeptorenanzahl.

Ziliarmuskeln *(engl. pl. ciliary muscles)* Die Ziliarmuskeln sind wesentlich an der Akkommodation, der Änderung der Brechkraft der Linse des menschlichen Auges, beteiligt. Sie sind ringartig um die Linse angeordnet und kontrollieren die Zugkraft der Zonulafasern. Bei Kontraktion der Ziliarmuskeln wird die Zugkraft der Zonulafasern verringert, weil ihr Aufhängepunkt nach vorn verlagert wird. Hierdurch wird die Linse runder und die Nahakkommodation möglich. Werden die Ziliarmuskeln entspannt, steigt die Zugkraft der Zonulafasern und die Linsenkrümmung lässt nach. Auf diese Weise erfolgt mit dem Auge die Fernakkomodation.

Zilien *(engl. pl. cilia)* Allgemein ist ein Zilium ein härchenförmiger Zytoplasmafortsatz einer eukarionten Zelle. Zilien befinden sich in verschiedenen Körperregionen und erfüllen jeweils spezifische Aufgaben: (1.) Feine, borstenartige Haare am Augenlid, die Wimpern, schützen das Auge vor eindringenden Fremdkörpern. (2.) Die mikroskopisch kleinen, haarförmigen Fortsätze an den Hör- und Gleichgewichtszellen, die Hörhaare oder Stereozilien, ermöglichen das Hören und die Regulation des Gleichgewichtes. (3.) Die feinen Fortsätze der Riechzellen, die Riechhaare, sind mitbeteiligt an der Erfassung und Weiterleitung von Gerüchen. (4.) Die eigenbeweglichen Haare des Flimmerepithels, eines gefäßlosen Deckgewebes, das an seiner Oberfläche dicht mit Haaren besetzt ist, befinden sich im Uterus und im Eileiter. Das Flimmerepithel dient zur Weiterleitung der Eizelle vom Eileiter in den Uterus. Haarzellen sind sekundäre Sinneszellen, die keine eigenen Nervenfortsätze besitzen und von den jeweiligen afferenten Nervenfasern innerviert werden. Auf diese Weise übermitteln sie Informationen über den Erregungszustand der jeweiligen Region zum Zentralnervensystem.

Zingulotomie *(engl. cingulotomy)* Unter Zingulotomie versteht man einen neurochirurgischen Eingriff, bei dem uni- oder bilateral der Gyrus cinguli durchtrennt wird. Diese Methode kann bei Patienten mit schwersten psychischen Störungen, beispielsweise ausgeprägten Zwangsstörungen, bei denen keine andere Therapieform zum Erfolg geführt hat, zur Anwendung kommen. Die Methode ist aber wegen extremer Nebenwirkungen kontrovers diskutiert. Mögliche Nebenerscheinung können Persönlichkeitsveränderungen oder auch dissoziative Zustände sein. Bisweilen wurde die Zingulotomie auch zur Behandlung von Malignomschmerzen durchgeführt, was heute aber nicht mehr praktiziert wird, da moderne, ungefährlichere Verfahren existieren.

Zirbeldrüse ▶ Epiphyse

zirkadian *(engl. circadian)* Der Begriff »zirkadian« wird zur Beschreibung von physiologischen Prozessen benutzt, die sich ungefähr alle 24 Stunden wiederholen. Zu diesen Prozessen gehören z. B. die Produktion bestimmter Hormone, die Regulation der Körpertemperatur, des Blutdrucks und des Schlafes. Der wichtigste äußere Zeitgeber für den zirkadianen Rhythmus ist der Wechsel von Hell- und Dunkelperioden. Das neuronale Zentrum der zirkadianen Rhythmik, der angeborene endogene Zeitgeber, sitzt im suprachiasmatischen Kern (SCN) des Hypothalamus, der Efferenzen aus der Retina (über den retinohypothalamischen Trakt) erhält. Diese versorgen den SCN ohne Umschaltung mit Helligkeitsinformationen aus der kontralateralen peripheren Retina. Zudem erhält der SCN aus dem Nucleus geniculatum laterale des Thalamus und aus dem Chiasma opticum visuelle Informationen. Andere hypothalamische Kerne, Hypophyse, Zirbeldrüse, Septum, die aktivierenden und REM-Schlaf erzeugenden Regionen des Hirnstamms, Rückenmark und die cholinergen basalen Strukturen des Vorderhirn erhalten Efferenzen des SCN. Er gibt über die pulsatile Freisetzung von Hormonen und die rhythmische Entladung seiner Neurone anderen Strukturen den endogenen Rhythmus vor.

Zisterne *(engl. cistern)* Zytologisch gesehen sind Zisternen die flüssigkeitsgefüllten Hohlräume des endoplasmatischen Retikulums (ER). Mit dem Begriff »Zisterne« werden aber auch flüssigkeitsgefüllte Räume im Körper bezeichnet; die größte im Körper vorhandene Zisterne liegt zwischen Kleinhirn und verlängertem Rückenmark (= Cisterna cerebellomedullaris) und ist mit dem IV. Hirnventrikel verbunden.

Z-Linse *(engl. Z-lens)* 1955 entwickelte Roger Sperry eine Apparatur, die es ermöglicht, visuelle Reize lateralisiert, d. h. nur auf eine der beiden Hirnhemisphären, zu projizieren. Diese Technik, Z-Linse genannt, erlaubte erstmalig die experimentelle Untersuchung hemisphärenspezifischer Leistungen bei Normalpersonen und Patienten. In einer Weiterentwicklung dieser Technik stellte Eran Zaidel 1970 eine Kontaktlinse vor, die auf einer Seite opaque ist und somit den visuellen Input bei Split-Brain-Patienten in nur eine Hemisphäre gelangen lässt. Dies funktioniert trotz Augenbewegungen, da sich die Linse mit dem Auge bewegt. Zaidel und Sperry benutzten diese Linse, um die unterschiedlichen Fähigkeiten der linken und rechten Hemisphäre in eleganten Studien zu untersuchen.

ZNS ▶ Zentralnervensystem

Zuchtlinien, reinerbige *(engl. pl. pure-bred breeding lines)* Jedes Merkmal eines Organismus beruht auf Erbinformationen von zwei Chromosomen, die der Organismus jeweils von Mutter und Vater erhalten hat. Sind die Informationen für ein bestimmtes Merkmal gleich, ist das Erbgut auf diese Eigenschaft bezogen reinerbig (homozygot). Dies wird v. a. in der Züchtung genutzt. Zuchtlinien sind geschlossene Teilpopulationen innerhalb einer Rasse oder Population, die nur mit Angehörigen ihrer eigenen Zuchtlinie verpaart werden. Um ein bestimmtes Merkmal zu erhalten und/oder zu festigen, nimmt man eine solche Verpaarung reinerbiger Individuen vor.

Zwangshandlung *(engl. compulsive act)* Eine Zwangshandlung ist eine Handlung, die sich im Rahmen einer Zwangsstörung permanent der betroffenen Person unwillkürlich und gegen ihren Willen aufdrängt. Es handelt sich dabei meist um stereotype wiederholte Akte, die v. a. im Rahmen von Reinigungs- und Kontrollzwängen stattfinden. Der Zwangshandlung liegen oftmals Zwangsgedanken zugrunde, die durch die Handlung abgewehrt werden sollen.

Zwangsstörung *(engl. obsessive compulsive disorder)* Die Zwangsstörung ist eine psychische Störung und durch das wiederkehrende Auftreten von Zwangsgedanken und Zwangshandlungen gekennzeichnet, die zu einer erheblichen Beeinträchtigung im täglichen Leben der betroffenen Person führen. Sie wird nach ICD-10 mit F42 kodiert und zählt zu den Angststörungen. Auftretende Gedanken und Handlungen müssen vom Patienten umgesetzt werden, auch wenn sie diesem selbst als übertrieben oder sinnlos erscheinen. Der Versuch, dem Zwang zuwider zu handeln, bleibt meist erfolglos, weswegen dieser Zustand von Patienten als qualvoll empfunden wird.

Zwei-Prozess-Theorie *(engl. two-process model)* Die Zwei-Prozess-Theorie ist eine Lerntheorie, die erstmals ausführlich von O.H. Mowrer 1957 beschrieben wurde. Sie versucht die Aufrechterhaltung von Vermeidungsreaktionen zu erklären. Hierbei werde zunächst im Sinne der klassischen Konditionierung eine unkonditionierte Reaktion (Angst o. ä.), die eigentlich durch einen unkonditionierten Reiz hervorgerufen wird (z. B. leicht erhöhter Puls), mit einem bis dahin neutralen Reiz assoziiert (z. B. Kaufhaus). Danach werde im zweiten Schritt im Sinne instrumenteller Konditionierung dieser nun konditionierte Reiz durch eine entsprechende Reaktion vermieden (nicht mehr ins Kaufhaus gehen). Obwohl zahlreiche Untersuchungen auf Schwächen der Theorie hinweisen, wird sie sehr oft zur Erklärung der Entstehung verschiedener Störungen (Panikstörung, Zwangsstörung) herangezogen.

Zweipunktschwelle *(engl. two-point discrimination threshold)* Die Zweipunktschwelle gilt als Abstand zwischen zwei taktilen Reizen, bei dem diese gerade noch als getrennt wahrgenommen werden. Sie bestimmt das Maß für das räumliche Auflösungsvermögen der Haut für taktile Reize.

Zwerchfell *(engl. diaphragm)* Das Zwerchfell ist eine vom Nervus phrenicus innervierte dünne Muskelplatte, die im oberen zentralen Anteil in eine Sehnenplatte (Centrum tendineum) übergeht. Es trennt bei Säugetieren Brust-und Bauchhöhle voneinander. Seine verschiedenen Anteile setzen an Rippen, Lendenwirbelsäule und Sternum an. Öffnungen in der Muskulatur erlauben den Durchtritt von Ösophagus, Vena cava inferior, Aorta und einigen Nerven. Das Zwerchfell ist der wichtigste Muskel für die Bauchatmung. Durch die Kuppelform vergrößert eine Kontraktion der Muskulatur den Thoraxraum und verkleinert den Abdominalraum. Durch die Verwachsungen des Zwerchfells mit der Pleura parietalis wird so das Lungenvolumen vergrößert und der entstehende Unterdruck führt zur Einatmung. Beim Ausatmen entspannt sich das Zwerchfell, die Baucheingeweide drücken es brustwärts und durch die elastischen Fasern in der Lunge zieht sich diese wieder zusammen. Außerdem dient die Zwerchfellkontraktion der Bauchpresse, bspw. bei der Defäkation oder dem Geburtsvorgang.

Zwillinge, eineiige *(engl. pl. monozygotic twins)* Eineiige Zwillinge entstehen, wenn eine befruchtete Eizelle sich im frühen Entwicklungsstadium in ihrer Gesamtheit teilt und jeder Teil sich selbständig weiter entwickelt. Eineiige Zwillinge entstehen also aus ein und derselben Ei- und Samenzelle, weshalb man

sie auch als monozygot bezeichnet. Nur 25 % der Zwillingsgeburten sind eineiig und nur 12 bis 14 von 1000 Frauen gebären überhaupt Zwillinge. Beide Kinder sind genotypisch (und zumeist auch phänotypisch) zu 100 % identisch, durch Umwelteinflüsse kommt es aber dennoch zu einer unterschiedlichen Entwicklung, die sich oftmals in Persönlichkeitsunterschieden manifestiert. Trennt sich die befruchtete Eizelle in den ersten drei Tagen, bilden sich zwei getrennte Eihäute und Plazentae; allerdings können bis zum 13. Tag beide Eizellen in derselben Fruchtblase liegen, so dass sich in Folge nur eine Plazenta entwickelt.

Zwillinge, zweieiige *(engl. pl. dizygotic twins)* Zweieiige Zwillinge entstehen, wenn innerhalb eines Zyklus der Frau zwei Eizellen reifen und jede dieser Eizellen von einer Samenzelle befruchtet wird. Die beiden Eizellen müssen nicht zur gleichen Zeit befruchtet werden, da eine Frau an mehreren Tagen fruchtbar ist. Da die beiden Eizellen von verschiedenen Spermien befruchtet werden, kann das Geschlecht der Zwillinge unterschiedlich oder gleich sein. Bei zweieiigen Zwillingen hat jeder Zwilling eine eigene Fruchtblase und eine eigene Plazenta, diese können jedoch auch zusammen wachsen. Ihre Gene stimmen wie bei normalen Geschwistern zu 50 % überein. Zweieiige Zwillinge können auch aus einer Eizelle entstehen, die sich vor der Befruchtung teilt. Die zweieiigen Zwillinge haben dann von der Mutter die gleichen Erbanlagen, vom Vater jedoch unterschiedliche. Da in manchen Familien Zwillingsgeburten gehäuft auftreten, vermutet man, dass eine erbliche Komponente auf Seiten der Frau eine Rolle spielt. Einen weiteren Einfluss haben Hormonbehandlungen, bei denen mehrere Eizellen reifen, und das Alter der Frau, da mit zunehmendem Alter die Konzentration des Follikel-stimulierenden Hormons (FSH) im Blut steigt, was zu mehreren befruchtungsfähigen Eizellen führen kann. Die statistische Häufigkeit, zweieiige Zwillinge zu bekommen, liegt bei 1:125.

Zwischenhirn *(engl. diencephalon)* Das Zwischenhirn ist Teil des Stammhirns und es wird rostral und dorsal vom Großhirn und kaudal vom Mittelhirn begrenzt. Wichtige funktionelle Strukturen des Zwischenhirns sind der Thalamus und der Hypothalamus. Der Thalamus hat sowohl spezifische als auch unspezifische Verbindungen zur Großhirnrinde. So kommt es zu einer unspezifischen Erregung im ganzen Kortex, wenn die unspezifischen Thalamuskerne erregt werden. Eine spezifische Verbindung stellt z. B. die Verbindung vom Corpus geniculatum laterale (CGL) zum Okzipitallappen (»Sehrinde«) dar. Die Kerne des Hypothalamus steuern lebenswichtige Funktionen wie Hunger, Durst, Fortpflanzungsverhalten und Körpertemperatur. Des Weiteren spielt der Hypothalamus auch in Zusammenarbeit mit der Hypophyse eine große Rolle bei der Hormonregulation.

Zwölffingerdarm ▶ Duodenum

Zyanose *(engl. cyanosis; Syn. Blausucht)* Zyanose bezeichnet eine blaurote Verfärbung der Haut und der Schleimhäute infolge einer Sauerstoffabnahme im arteriellen Blut. Sie tritt als generalisierte Zyanose oder Akrozyanose (nur Hände, Füße, Nase und Ohren sind betroffen) auf. Die vielfältigen Ursachen für Zyanosen werden in drei Kategorien eingeteilt: (1.) Angeborene Herzfehler (z. B. werden arterielles und venöses Blut vermischt) oder Lungenerkrankungen, bei denen der Gasaustausch gestört ist, (2.) vergrößerte arterielle Sauerstoffdifferenz bei normaler Sauerstoffsättigung des Blutes oder verlangsamte Blutzirkulation (Schock, Kälte, Herzinsuffizienz) oder (3.) krankhafte Hämoglobinveränderungen, wodurch nicht mehr genug Sauerstoff aufgenommen werden kann.

Zygote *(engl. zygote)* Eine Zygote ist eine befruchtete Eizelle. Sie entsteht bei der Verschmelzung der Gameten, also der weiblichen Ei- und der männlichen Samenzelle.

Zyklotron *(engl. cyclotron)* Zyklotronen sind Teilchenbeschleuniger und werden in der physikalischen Forschung zur Auslösung von Kernreaktionen eingesetzt. Ein Zyklotron besteht aus zwei Dipolmagneten, zwischen welchen sich zwei D-förmige (»D«'s oder Dees) Elektroden befinden, die senkrecht vom Magnetfeld durchsetzt sind. Zwischen den Dees ist ein Spalt mit einer Ionenquelle, welche die zu beschleunigenden Teilchen erzeugt. Diese werden durch die ständige Wechselspannung der Elektro-

den auf eine spiralförmige Umlaufbahn um die Quelle gebracht. Je häufiger die Teilchen um diese kreisen, desto schneller werden sie, da die zu durchlaufenden Strecken (aufgrund der Spiralform) immer größer werden, die Wechselspannung jedoch mit gleich bleibender Frequenz umpolt. Haben die Teilchen die gewünschte Geschwindigkeit erreicht, werden sie von einem Ablenkkondensator auf ihr Ziel gelenkt. Ein Zyklotron wird u. a. benutzt, um radioaktive Marker für die Positronen-Emissionstomographie (PET) zu produzieren.

Zytoarchitektonik *(engl. cyto architecture)* Die Zytoarchitektonik des Kortex beschreibt das Phänomen, dass die Struktur der Großhirnrinde nicht durchgängig gleich ist, sondern dass man verschiedene Zelldichten und -größen unterscheiden kann. Diese verschiedenen Variationen im Schichtenbau des Kortex haben dazu geführt, Gebiete, in denen eine ähnliche zelluläre Struktur vorliegt, zu einem Areal zusammenzufassen und von anderen Arealen abzugrenzen. Auf diese Art kann eine Kartierung der gesamten Großhirnrinde vorgenommen werden. Für den menschlichen Kortex hat sich dabei die zytoarchitektonische Einteilung nach Brodmann durchgesetzt, bei welcher der Kortex in 52 Areale eingeteilt ist. Oftmals ist eine deutliche Beziehung zwischen der Struktur und der Funktion des Areals erkennbar. Das Brodmann Areal 17 ist z. B. das primäre visuelle Projektionsfeld.

Zytochromoxidase *(engl. cytochrome oxidase)* Zytochromoxidase ist ein Enzym und gilt als wichtigster Bestandteil in der Atmungskette. Sie fungiert als Katalysator für die letzte Phase der Umwandlung von molekularem Sauerstoff. Dabei findet in den Mitochondrien eine Elektronenübertragung auf den Sauerstoff unter Bildung von Wasser statt (Sauerstoffreduktion zu Wasser). Eine weitere Funktion ist der Transport von Protonen über die biologische Membran. Die Zytochromaxidase wird auch als Marker für Stoffwechselaktivität eingesetzt. Mit ihr kann z. B. die Stoffwechselaktivität in bestimmten Hirnregionen sichtbar gemacht werden.

Zytokin *(engl. cytokine)* Zytokine sind eine umfangreiche Gruppe körpereigener Peptide oder Proteine, die von Zellen des Immunsystems produziert und freigesetzt werden. Ihre Wirkungsweise ist metabotroph, d. h. sie docken an Rezeptoren der Zelloberfläche an und lösen Reaktionen über Second-Messenger in der Zelle aus. Zytokine dienen den Immunzellen als Botenstoffe zur Kommunikation, indem sie dafür sorgen, dass Immunzellen an Entzündungsstellen verfügbar sind. Sie wirken auch als Wachstumsfaktoren für andere Zellen und können Gewebeschäden reparieren. Allerdings können sie Entzündungen nicht nur fördern, sondern auch hemmen. Zu den Zytokinen gehören Interferone, Interleukine, der Tumor-Nekrose-Faktor und Monokine. Sie werden entweder nach ihrer Funktion oder nach dem Ort ihrer Entstehung (z. B. Lymphozyten) benannt.

Zytoplasma *(engl. cytoplasm; Syn. Zellplasma, Sarkoplasma)* Das Zytoplasma ist der Bestandteil der Zelle, der sich zwischen der Zellwand und dem Zellkern befindet. Es stellt, bis auf den Zellkern, den gesamten lebenden Inhalt einer Zelle dar. Das Zytoplasma ist der wichtigste Ort für Stoffwechselreaktionen innerhalb der Zelle und das größte Transportmedium. Es besteht größtenteils aus der Zellflüssigkeit und enthält neben Ionen, Nährstoffen und Enzymen auch alle Zellorganellen.

Zytoskelett *(engl. cytoskeleton)* Das Zytoskelett ist ein zellinternes Faser- und Filamentsystem. Es dient der Aufrechterhaltung der Zellform sowie deren Veränderung. Im Zytoskelett sind die Zellformen verankert und es findet der Transport von zellulären Strukturen wie Mitochondrien und Vesikeln statt. Mit dem Z. sind viele Proteine verbunden, wie z. B. Motorproteine, die für dynamische Prozesse verantwortlich sind. Es gibt drei Hauptkomponenten des Zytoskeletts: (1.) Die Aktinfilamente sind dynamische Polymere in Form einer Doppelhelix und verantwortlich für die Zellform, (2.) die Mikrotubuli sind Polymere in Form eines Hohlzylinders und von Bedeutung für die intrazelluläre Organisation, Kernteilung und die Positionierung der Organellen und (3.) die intermediären Filamente haben strukturgebende Aufgaben für die Plasmamembran und den Zellkern.

Zytosol *(engl. cytosol; Syn. Protoplasma)* Zytosol ist der biochemische Begriff für Protoplasma. Es umfasst die flüssigen Abschnitte des Zellinneren einschließlich des Zellkern-Raumes.

Druck: Krips bv, Meppel, Niederlande
Verarbeitung: Stürtz, Würzburg, Deutschland